토목 BIM 설계활용서

BIM

비쥬얼 프로그래밍(Dynamo)을 이용한 교량 및 터널 고급편

지은이 김영휘 · 박형순 · 송윤상 · 신현준 · 안서현 · 박진훈 · 노기태

본 교재의 특징

- Revit 과 Dynamo 제품을 활용하여
  BIM기반의 구조물 설계 프로세스에 대해서 이해 할 수 있습니다.

한솔아카데미 H/A/N/S/O/L/A/C/A/D/E/M/Y

추천의 글

한국BIM학회 학회장
중앙대학교 토목공학과 교수 심창수

건설산업의 전통적인 패러다임이 새로운 혁신과 도전을 맞이하고 있는 시기에 좋은 서적이 기획되고 출판되어서 기쁜 마음으로 추천의 글을 작성합니다. 건설산업에서의 의사소통의 핵심 수단은 도면이고 이를 오랫동안 사용하면서 우리들만의 언어로 자리매김하였습니다. 이러한 독립적인 산업 구조가 정보통신 기술과 로보틱스 등의 기술 발전에 따라 변화하고 있고 기술의 경계가 모호해지면서 도면 기반의 산업기 가지는 생산성 한계가 명확해졌습니다. BIM은 이러한 건설산업의 현실을 반영한 기술적 진보입니다.

BIM을 기술적 단계로 구분할 때 현재까지 2차원 도면 기반의 설계를 진행한 후 3차원 모델링을 하는 소극적이고 수동적인 BIM을 Level-2로 정의하는데 가능성을 보여줄 뿐 실질적인 혁신을 보여주지 못하고 있습니다. 데이터기반 엔지니어링(Data-driven Engineering)은 디지털 모델 기반의 정보 흐름을 필요로 하고 데이터는 산업간 경계를 넘나들 수 있는 핵심 자원이 되고 있습니다. Level-3 BIM에서는 디지털 모델이 법적 지위를 갖게 되고 지적자산으로서 역할을 수행할 수 있어야 합니다. 정보의 통합은 현재까지 개별화된 경험지식을 관통하는 약속을 필요로 합니다. 세계적으로 이러한 흐름이 명확해지고 있고 국내에서도 최근에 "스마트건설"을 새로운 화두로 두면서 제조업의 생산성 혁신 하드웨어와 소프트웨어가 건설에 적용되기 시작하고 있습니다. 스마트 건설의 정보 플랫폼으로서 BIM은 중요한 역할을 해야 합니다.

단순 3차원 모델링에서 벗어나야 설계 생산성을 확보할 수 있습니다. 이를 위해서는 프로그래밍 하듯이 기술자들이 고민하고 상호 연결된 업무들이 3차원 디지털 모델 기반으로 이루어지도록 하는 노력이 필요합니다. Dynamo는 이러한 모델 기반 업무 혁신에 유용한 솔루션입니다. 다만, 기술자들이 익숙해지는데 시간이 필요하고 시행착오를 거치면서 본인만의 혹은 각 기업의 고유한 "in-house model"을 창출하는 단계가 와야 합니다. 건설분야의 글로벌 컨설팅 기업들이 활발하게 이러한 개발노력을 경주하는 것은 향후 건설산업의 핵심 경쟁력이 소프트파워에 있다는 인식이 있기 때문입니다.

이 책은 이러한 기술자들의 초기 출발을 도와주는데 상당히 유용한 내용을 담고 있습니다. 기존 업무지식과 융합되는 디지털 모델을 만들고 활용하는 가이드를 제공하고 있습니다. 좋은 경험을 가진 기술자들이 새로운 도구를 보유함으로써 기술적 가치와 활용도를 높이는 계기가 되기를 기원합니다.

㈜도화엔지니어링 대표이사 박승우

BIM은 다보스 세계경제포럼(WEF)에서 4차 산업혁명의 수많은 기술 중 건설산업 전반에 영향력이 크거나 가능성이 높은 기술이라고 밝힌 바 있습니다. 그렇지만 3차원 공간계획, 기본 및 실시 설계, 시공까지 모든 정보를 담아 장래 유지관리를 위한 플랫폼의 역할을 수행하는 기술이며 기반시설의 생애주기 단계별 프로세스를 재정립하는 기술로 평가 받고 있습니다.

토목분야는 비정형 설계가 대부분이기 때문에 정형구조물 위주의 BIM기술은 토목설계에 한계가 있었으나 이를 해결하기 위한 BIM도구들이 출시되면서 BIM을 이용한 기반시설 설계로 확대되고 있습니다. BIM설계에 이여 시공을 위한 BIM, 가상현실(VR), 증강현실(AR) 및 자산관리까지 접목하고 있는 등 기반시설의 생애주기 설계에도 Digital Transformation이 이루어지고 있어 BIM은 E&C분야 전반에 걸쳐 혁신적인 변화를 몰고 올 것입니다.

이 교재는 이러한 디지털 혁신에 대응하고자 우선 적용이 쉬운 교량 및 터널을 중심으로 BIM과 컴퓨터 언어 Python을 활용하여 BIM설계 및 모델링을 자동으로 수행하는 방법과 명령어를 개발하는 기술을 소개하고 있습니다.

이 교재를 통해 독자는 아치교 및 FCM교, 터널에 대한 BIM 모델 작성 및 데이터 구축을 수행할 수 있는 기본적인 지식을 얻을 수 있을 것이며, 여러 가지의 설계 대안에 대한 BIM모델을 쉽게 작성하고 검토할 수 있을 것입니다. 이러한 BIM설계는 기반시설 설계단계에서 기능과 여러 장애요소를 사전에 파악하여 설계오류를 방지하고 품질을 높여 생산성 향상에도 크게 기여하게 될 것입니다.

끝으로 이 교재를 개발한 저자들의 노력과 수고에 감사를 전합니다.

추천의 글

㈜케이씨엠씨 대표이사 곽동구

최근 몇 년간의 건설시장은 4차산업 혁명과 더불어 빠른 속도로 변화하고 있으며, 스마트 건설기술은 그 변화의 한가운데 서 있다고 할 것입니다. 그 중에서도 BIM은 스마트 건설기술을 구현하기 위한 가장 기초적인 기반기술이며, 이제 건설기술자에게 BIM 기술이 선택이 아닌 필수 역량이 되어 간다는 것을 의미합니다.

스마트 건설기술 로드맵(2018, 국토교통부)에 따르면 라이브러리를 활용하여 속성정보가 포함된 3D 모델 구축(BIM 설계) 기술, 완료된 프로젝트에서 BIM 라이브러리를 자동 생성하는 기술, 자체 해석(구조·에너지 등) 및 기술판단까지 가능한 BIM 설계 기술, 축적된 사례의 인식·학습을 통한 AI 기반 BIM 설계 자동화 기술 등의 주요 기술을 기반으로 하여 2030년까지 BIM 설계 자동화 기술 구축 계획이 제시되어 있습니다. 이렇듯 스마트 건설에서 요구하는 BIM은 단순히 전환설계가 가능하도록 프로그램을 다루는 기능적 요소가 아니라, 4차산업 혁명시대의 건설산업이 반드시 극복해 나아가야할 중요한 전문분야로 인식하는 엔지니어들의 인식전환이 필요한 시점입니다.

본 교재에서 주로 다루고 있는 다이나모(DYNAMO)는 BIM(Building Information Modeling) 업무를 어떻게 더 효율적으로 수행할 수 있을까 고민하는 엔지니어들에게 좀 더 효율적인 BIM 수행환경을 제공하기 위해서 오토데스크에서 출시한 비주얼 프로그래밍(Visual Programming) 소프트웨어입니다.

본 교재의 전편에 해당하는 토목BIM 실무활용서(3차원 토목설계를 위한 지침서, 2016, 한솔아카데미)를 기반으로 Revit을 활용하여 교량, 터널 등 인프라스트럭처에 대한 모델링 시 Revit에서 제공하는 기본기능만으로는 구현하기 힘든 복잡한 모델링 작업, 단순하지만 반복 작업 등으로 인한 어려움 등을 다이나모(DYNAMO)를 통한 간단한 프로그래밍을 통해 해결할 수 있는 방법을 제시하고 있습니다. 본 교재는 단순한 프로그램 매뉴얼이 아니라 실제 설계에서 적용되는 사례를 중심으로 현업에서 실무자들이 겪게 되는 사용상의 어려움을 해결해 주고자 발간한 실무지침서입니다.

아무쪼록 본 교재가 토목엔지니어들이 시대의 변화를 견인할 수 있는 엔지니어로 거듭나는데 조금이나마 도움이 되길 기대하면서 이 교재를 적극 추천해봅니다.

오토데스크 기술그룹 AEC매니저 나재훈

해외 전문 컨설팅사인 맥킨지 컨설팅은 건설 시장이 전체적으로 디지털화 된다면 전세계적으로 최소 0.7～1.2 Trillion USD의 비용을 절감할 수 있다고 발표하였습니다. BIM이라는 용어가 처음 한국에 도입되었던 2000년 중반만 하더라도 모두에게 생소하게 다가왔으나, 이제는 정부, 지자체 뿐만 아니라 엔지니어링사 및 시공사 모두 당연히 도입해야 된다는 인식이 강해지고 있습니다.

4차 산업혁명의 대표 기술들 중에서 BIM을 제외하고 구현할 수 있는 기술은 거의 없습니다. 하지만, 토목의 도로, 철도, 교량과 같이 3차원적으로 변화하는 기하 비선형적인 지오메트리를 구현하기 위해서는 엔지니어가 단순 BIM도구만을 활용하여 모델링 하는 것이 쉽지 않은 게 현실입니다. 따라서, 본 교재와 같이 비쥬얼 코딩을 접목하여 좀 더 편리하게 지오메트리 형상 정보를 활용하며 모델링 할 수 있다면, BIM기술을 좀 더 효율적으로 활용할 수 있을 것입니다.

BIM 도입을 신중히 고려 중이거나 이미 도입한 모든 엔지니어링사 및 BIM 컨설팅사들은 Dynamo와 같은 고급 기술을 활용하여 기술 향상을 이루고 또한 수주 경쟁력을 강화할 수 있기를 기원합니다.

예제파일 다운로드 방법

한솔아카데미 홈페이지(www.inup.co.kr) 자료실에서 제공되는 예제파일을 활용하세요.

❶ 한솔아카데미 홈페이지에 접속하여 상단의 [인터넷서점 베스트북]을 클릭합니다.

❷ [베스트북] 홈페이지 접속 후 상단의 [자료실]에 마우스 포인터를 올립니다.

❸ 아래에 표시되는 메뉴 중 [도서자료]를 클릭합니다.

❹ 검색란에 '토목BIM 설계활용서'를 입력하고 [검색] 버튼을 클릭합니다.

❺ 해당되는 글을 클릭합니다.

❻ 하단의 [예제파일.zip]을 클릭해 다운로드하여 '토목BIM 설계활용서-고급편 : 비쥬얼프로그래밍을 이용한 교량 및 터널'에 활용하세요.

본 교재의 구성 및 특징

BIM설계를 위한 토목 BIM 실무활용서 '비쥬얼 프로그래밍(Dynamo)을 이용한 교량 및 터널 설계 활용서 - 고급편'은 토목 분야에서 BIM설계를 꾸준히 해오셨던 전문가 분들이 모여 만든 전문적인 BIM 교육 교재입니다. 본 콘텐츠는 토목 BIM 구조물 모델링을 좀 더 효율적으로 하기 위해 필요한 실무적인 내용을 다루고 있습니다. 주요 내용은 본 교재의 실습에 활용되는 BIM저작도구인 Revit과 비쥬얼 프로그래밍 도구인 Dynamo의 일반사항이 포함되어 있고, 특수교량인 아치교에서 부터 기하 비선형 구조를 가진 곡선교 모델링, 단면이 매 세그먼트 마다 변하는 FCM(Free Cantilever Method)교량, 많은 매개변수를 관리해야 되는 터널 모델링까지 직접 따라하면서 모델링 할 수 있도록 가이드 하고 있습니다.

1단계 학습목표 및 개요

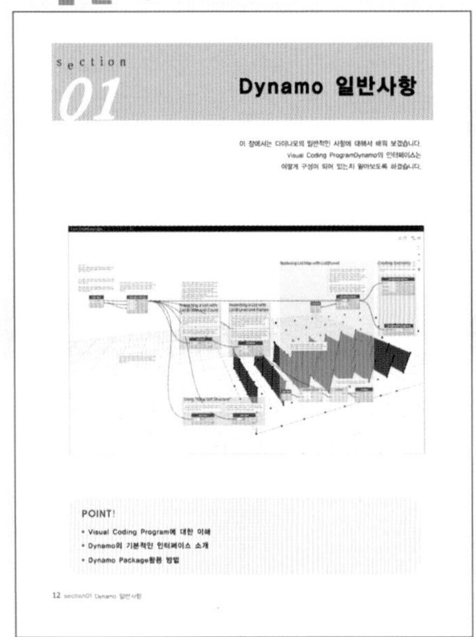
section 01

Dynamo 일반사항

이 장에서는 다이나모의 일반적인 사항에 대해서 배워 보겠습니다.
Visual Coding ProgramDynamo의 인터페이스는
어떻게 구성이 되어 있는지 알아보도록 하겠습니다.

POINT!
- Visual Coding Program에 대한 이해
- Dynamo의 기본적인 인터페이스 소개
- Dynamo Package활용 방법

12 section01 Dynamo 일반사항

강의별 학습목표 설명을 통해 실습의 목표를 명확하게 설정하고, 쉽게 정리된 Point를 제공하여 학습효과를 향상시킬 수 있습니다.

2단계 따라하기 편의성 제공

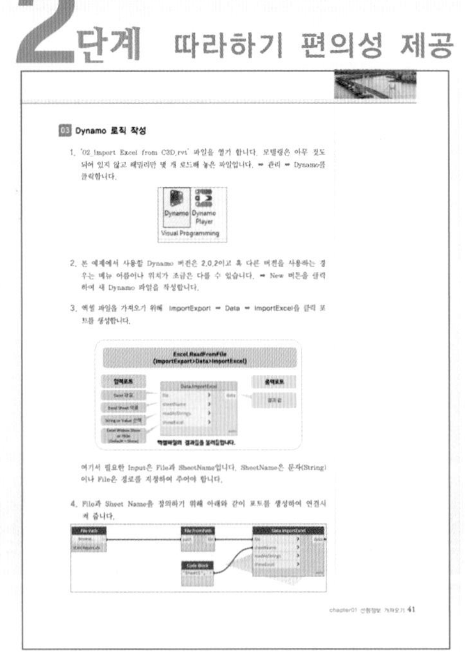
03 Dynamo 로직 작성

1. '02_Import Excel from C3D.rvt' 파일을 열기 합니다. 모델링은 아무 것도 되어 있지 않고 패밀리만 몇 개 로드해 놓은 파일입니다. ➡ 관리 ➡ Dynamo를 클릭합니다.

2. 본 예제에서 사용할 Dynamo 버전은 2.0.2이고 혹 다른 버전을 사용하는 경우는 메뉴 이름이나 위치가 조금은 다를 수 있습니다. ➡ New 버튼을 클릭하여 새 Dynamo 파일을 작성합니다.

3. 엑셀 파일을 가져오기 위해 ImportExport ➡ Data ➡ ImportExcel을 클릭 노드를 생성합니다.

여기서 필요한 Input은 File과 SheetName입니다. SheetName은 문자(String)이나 File은 경로를 지정하여 주어야 합니다.

4. File과 Sheet Name을 정의하기 위해 아래와 같이 노드를 생성하여 연결시켜 줍니다.

chapter01 선형정보 가져오기 41

Dynamo 및 Revit 모델링을 따라하기 순서대로 제공하여, 처음 모델링 하시는 분들이라도 충분히 따라할 수 있도록 하였습니다.

3단계 BIM Tip 제공

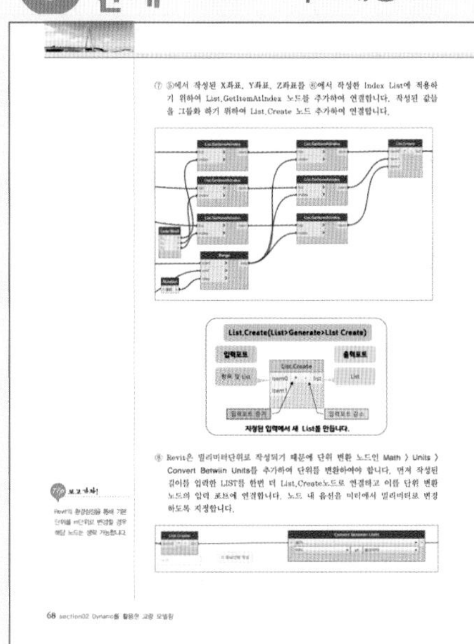

본문의 교재 옆에 있는 Tip부분에는 기능설명, 개념 등이 자세히 수록되어 있습니다. 또한, Dynamo 로직에 대해서도 상세 이미지로 설명하였습니다.

4단계 참고노트 제공

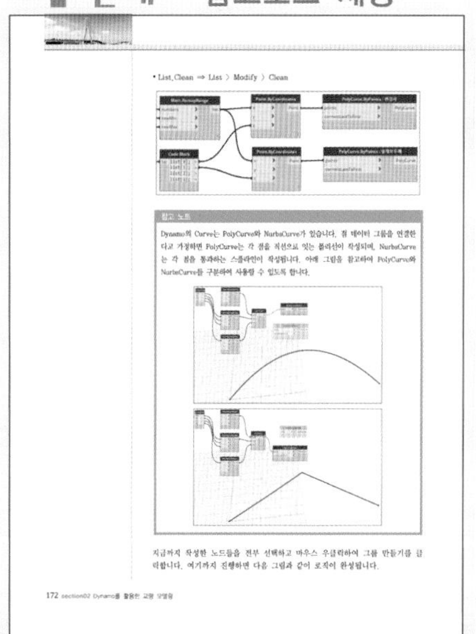

로직에 대한 상세 설명이 필요하거나, 부가적인 설명이 필요한 경우 참고노트를 제공하여 이해에 도움을 주었습니다.

Dynamo

Dynamo 일반사항

section

01 Dynamo 일반사항

이 장에서는 다이나모의 일반적인 사항에 대해서 배워 보겠습니다.
Visual Coding ProgramDynamo의 인터페이스는
어떻게 구성이 되어 있는지 알아보도록 하겠습니다.

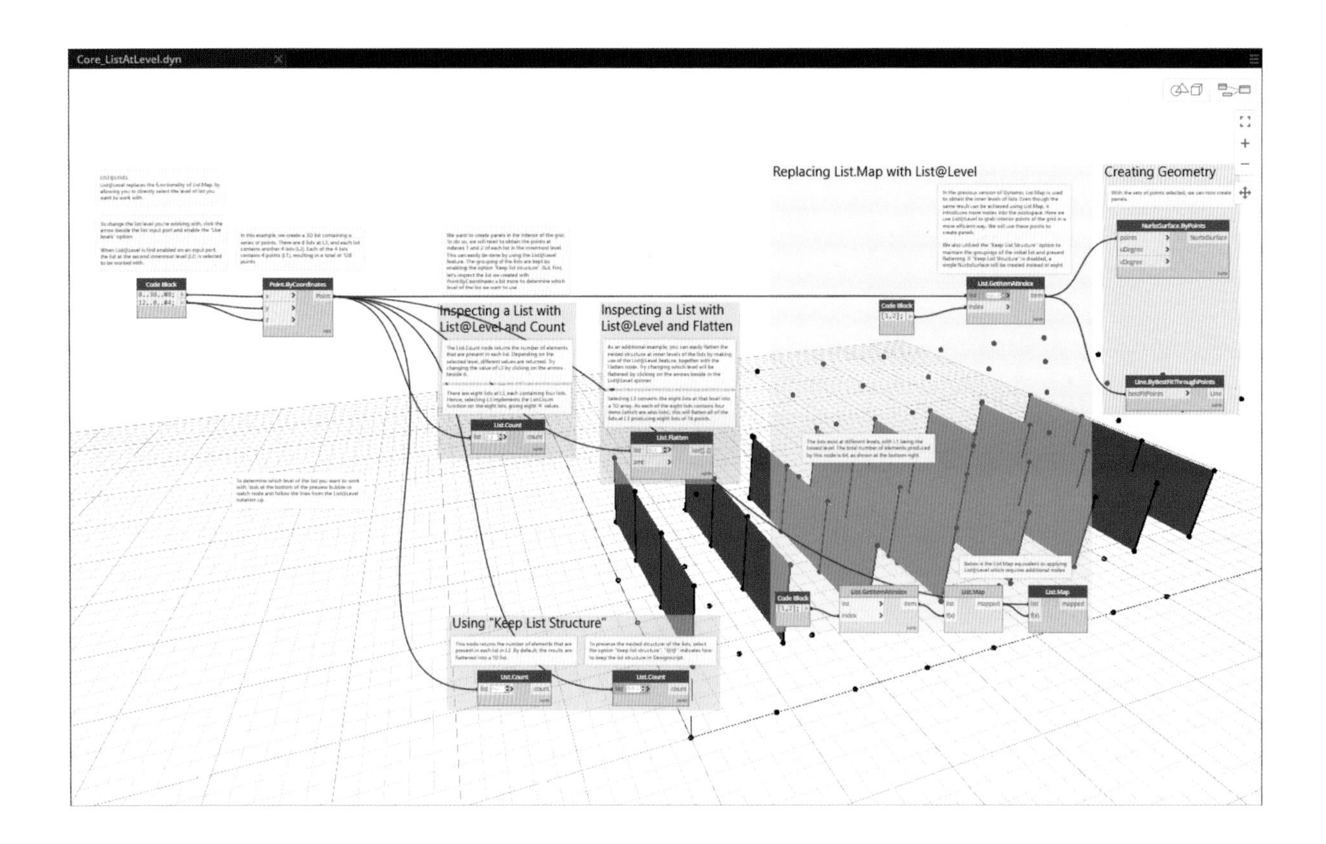

POINT!

- Visual Coding Program에 대한 이해
- Dynamo의 기본적인 인터페이스 소개
- Dynamo Package활용 방법

Dynamo 소개 : Visual Coding Program

chapter 01

01 Dynamo 프로그램이란?

Dynamo는 Visual Programming 프로세스를 통하여 Revit 또는 Civil 3D와 같은 프로그램과 연동되어 모델링 작업을 진행하는 프로그램이다.
Dynamo는 Autodesk 소프트웨어와 관계없이 Visual Programming 프로세스를 사용하여 광범위한 사용자 커뮤니티에 참여 가능하기도 하지만, 이 책은 Revit에서 구현하기 힘든 비정형 또는 비효율적인 반복작업을 Dynamo 프로그램 프로세스(로직)을 통하여 손쉽게 구현하는 방법을 소개하고, 이를 통하여 BIM 모델링의 작업 효율성 및 모델링의 높은 완성도를 기대할 수 있다.

Dynamo는 프로그래머와 비프로그래머 모두 접근 할 수 있도록 하는 Visual Programming 도구로써, 사용자에게 시각적인 스크립트 작성, 프로세스(로직)에 대한 정의 및 다양한 Text Programming 언어를 사용한 스크립트 작성을 제공한다.

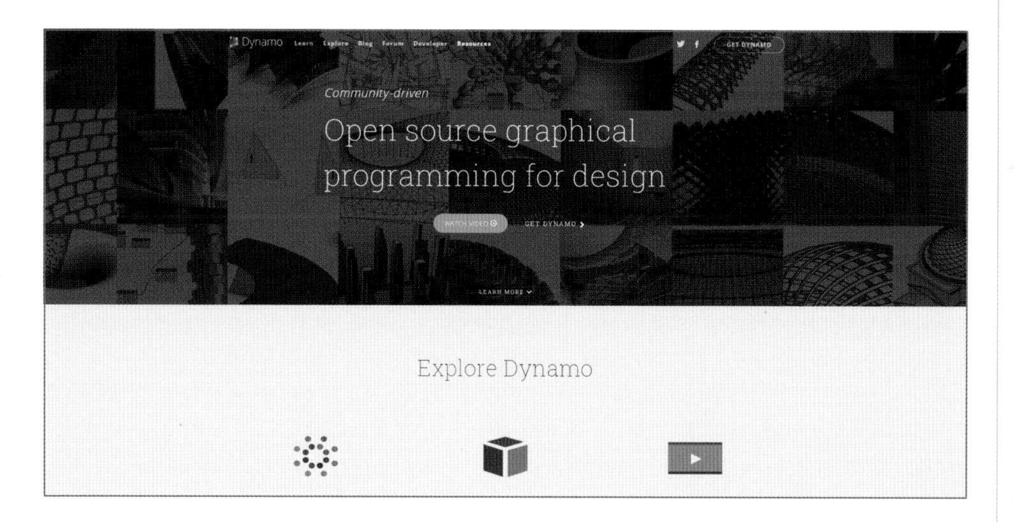

02 Visual Programming이란?

Dynamo에서 사용되는 'Visual Programming'이란, 과정은 Programming과 본질적으로 동일하다. Programming은 형식화된 프레임워크를 사용하지만, Visual Programming은 Visual(또는 Graphic)화된 사용자 인터페이스를 통해 프로그램의 지시와 관계를 정의한다.

Visual화된 프로세스를 통하여 프로그래밍의 관계 정의를 쉽게 이해할 수 있다.

다음은 Dynamo 상에서, 같은 로직을 Visual Programming과 Text Programming을 비교한 것이다.

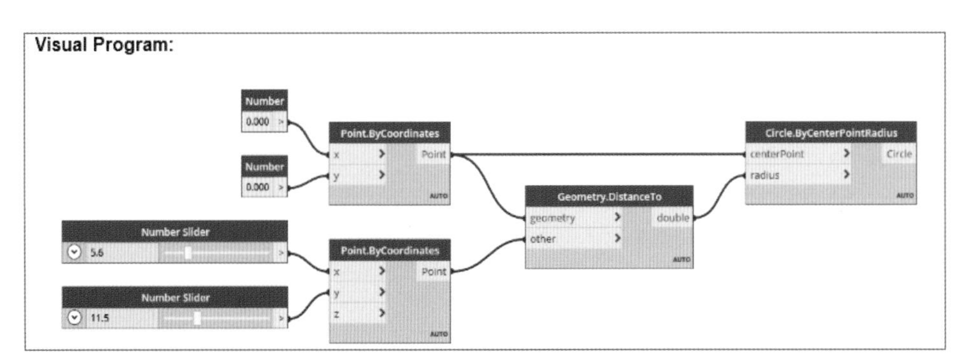

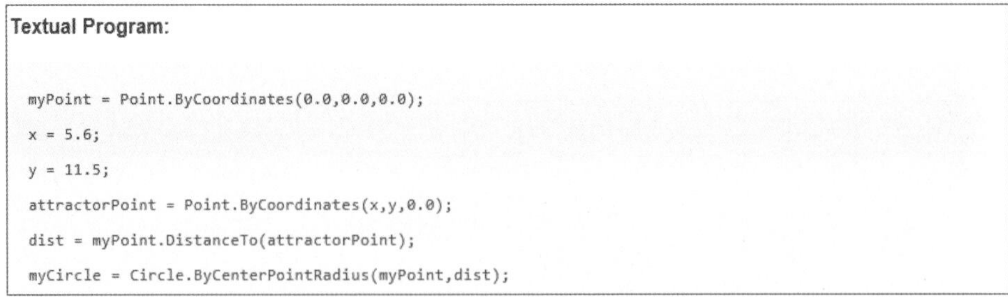

Textual Program:

```
myPoint = Point.ByCoordinates(0.0,0.0,0.0);
x = 5.6;
y = 11.5;
attractorPoint = Point.ByCoordinates(x,y,0.0);
dist = myPoint.DistanceTo(attractorPoint);
myCircle = Circle.ByCenterPointRadius(myPoint,dist);
```

위와 같이 로직을 작성했을 때 Dynamo에서는 다음과 같은 알고리즘 결과가 나타난다.

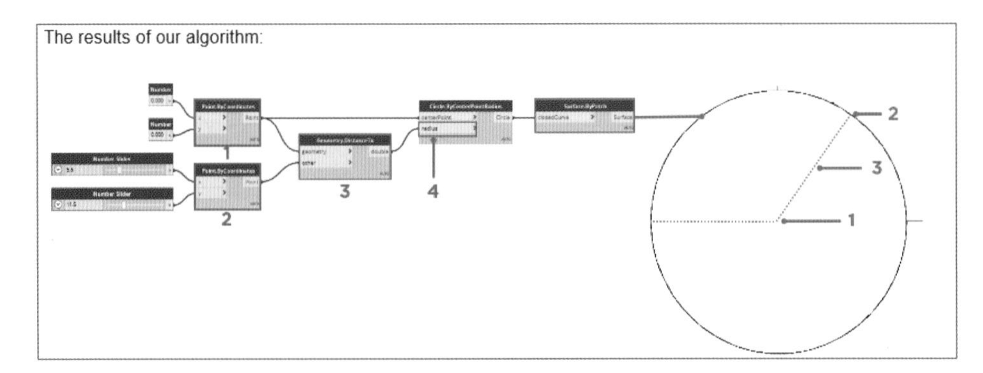

Dynamo의 장점은 로직을 통한 관계정의를 쉽게 이해할 수 있을 뿐 아니라, 실시간 동기화를 통하여 3D 모델링을 직관적으로 확인 할 수 있고, 로직의 노드를 선택하면 3D 모델링에서 로직의 역할 및 진행단계를 바로 확인할 수 있다.

인터페이스

chapter 02

Dynamo의 Use Interface(UI)는 크게 5개의 주요 영역으로 구성되며, 각 영역의 주요 기능을 알아보도록 한다.

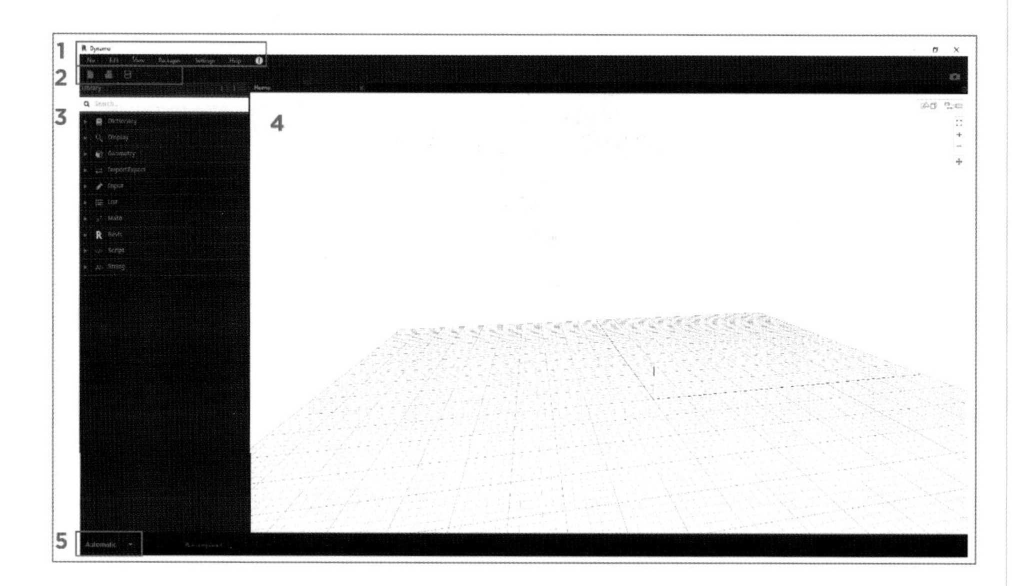

1. Menu
2. Tool Bar
3. Library
4. Workspace
5. Execution Bar

01 Menu

프로그램 상단의 Dropdown Menu는 대부분의 Windows 소프트웨어와 마찬가지로, 처음 두 메뉴는 선택 및 내용 편집을 위한 파일 및 작업 관리와 관련된 작업을 찾을 수 있고, 나머지 메뉴들은 Dynamo 기능을 위한 작업으로 구성되어 있다.

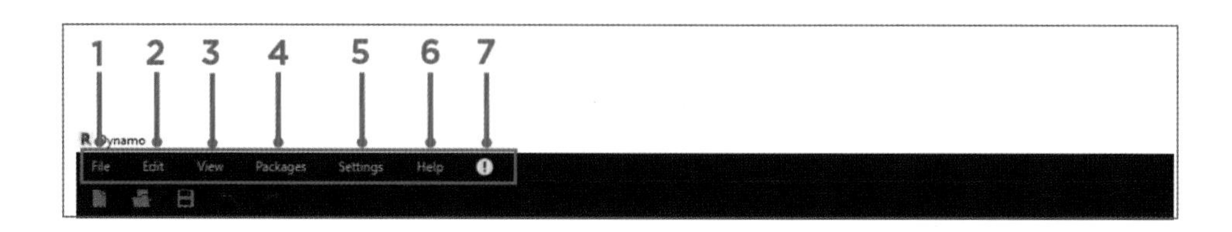

1. File
2. Edit
3. View
4. Packages
5. Settings
6. Help
7. Notifications

02 Tool Bar

Menu 하단의 Tool Bar에는 파일 작업에 신속히 접근할 수 있는 버튼과 Undo [Ctrl+Z] 및 redo [Ctrl+Y]와 같은 명령이 포함되어 있다. 우측에는 문서화 및 공유에 매우 유용한 작업 영역의 스냅샷을 내보내는 버튼이 있다.

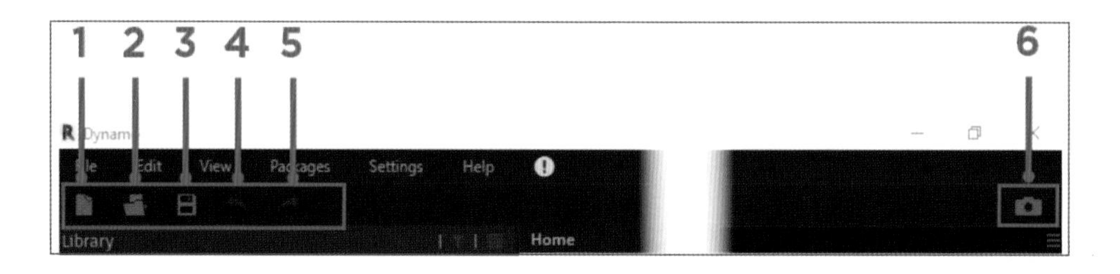

1. New:. Dyn file 새로 작성
2. Open: 기존 .dyn(작업영역) 또는 .dyf(사용자 정의 노드) 파일 열기
3. Save/Save As: 작업 .dyn 또는 .dyf 파일 저장
4. Undo: 마지막 작업 취소
5. Redo: 다음 작업 실행
6. Export Wokrspace as Image: 현재 작업 영역 PNG파일로 내보내기

03 Library

Library에는 설치와 함께 제공되는 기본 노드와 추가로 로드된 사용자 정의 노드(Custom node) 또는 패키지를 포함하여 로드 된 모든 노드가 리스트업 된다. Library의 노드는 노드 생성, 작업 실행 또는 Query data 여부에 따라 Library, 카테고리 및 해당하는 경우 하위 카테고리 내에 계층적으로 구성된다.

기본적으로, Library에는 8개의 노드 카테고리를 포함한다.
'Core' 및 'Geometry'는 기본적으로 가장 자주 사용되는 주요 노드를 포함하며, Dynamo 프로그램을 Browsing 하기 좋은 카테고리이다.

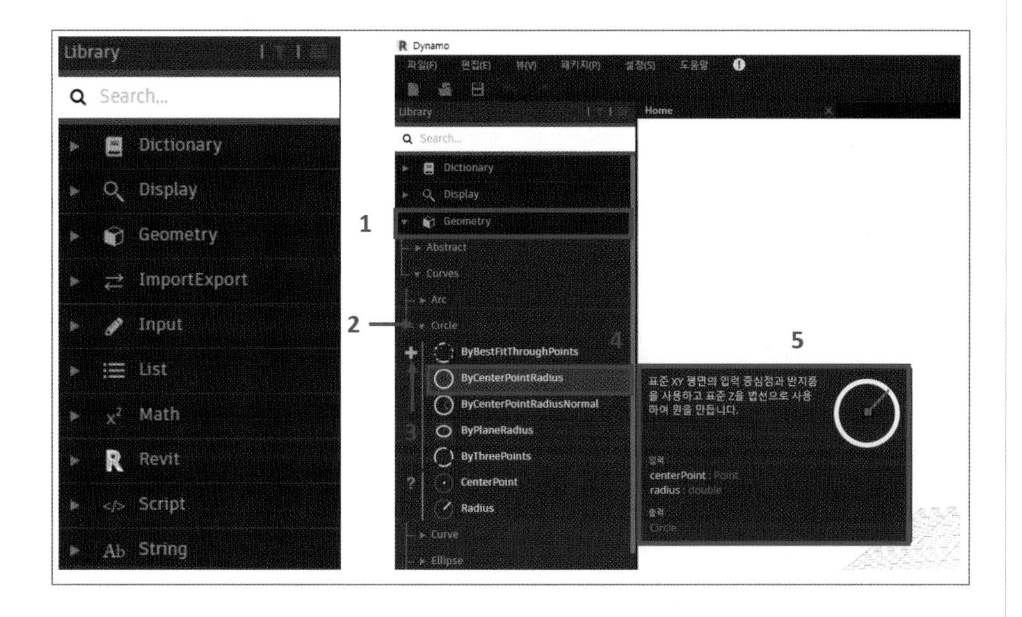

1. Library
2. Category
3. Subcategory
4. Node
5. Node 설명 및 특성

라이브러리 List에서 카테고리를 선택하고, 하위 카테고리에서 원하는 노드를 선택하여, 프로세스(로직)을 작성한다.

Library 카테고리 리스트에서 원하는 노드를 매번 찾아서 선택하는 대신, 필요한 노드가 어떤 것인지 알고 있다면, Library의 '검색' 기능을 사용할 수 있다. 검색 결과 리스트에서 원하는 노드를 선택하여, 작업 공간에 배치할 경우 보다 빠르게 노드를 배치할 수 있다.

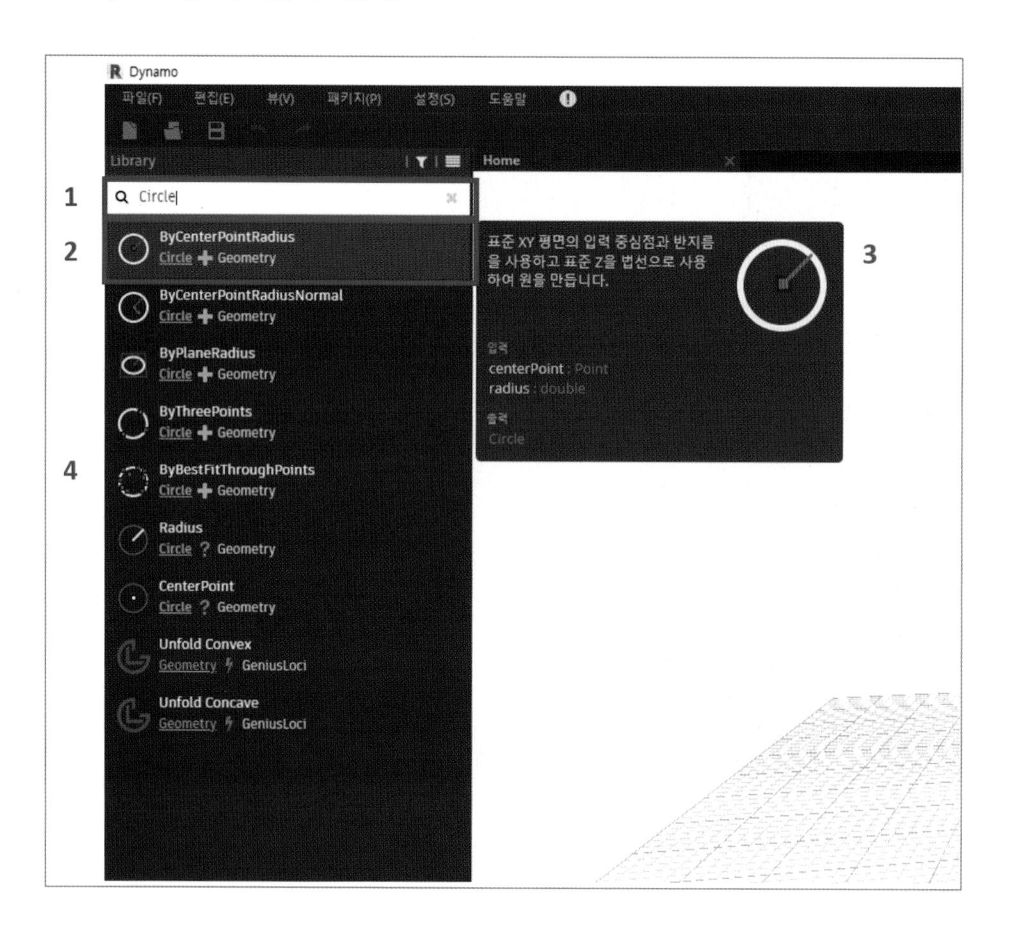

1. 검색창
2. 검색 결과/선택
3. 선택 노드 Preview
4. 유사 결과 리스트

Dynamo 실행 상태에서, Workspace(작업 공간)에서 설정을 편집하거나 값을 지정하지 않을 때 커서는 항상 '검색' 필드에 위치한다.
원하는 노드명을 타이핑하면 Library는 노드 카테고리 내에서 검색할 수 있는 최적의 일치 노드 목록을 리스트업 하며, 그 중 원하는 노드를 클릭하여 선택하거나, 리스트업 상태에서 바로 Enter 키를 누르면 리스트 최상단의 노드가 Workspace에 배치된다.

04 Workspace

Dynamo 실행 창에서 가장 큰 영역을 차지하는 Workspace는, Dynamo 프로세스(로직)을 통하여 Visual Programming을 작성하는 공간이기도 하지만, 프로세스를 통한 결과를 Geometry로 미리 볼 수 있는 공간이다.

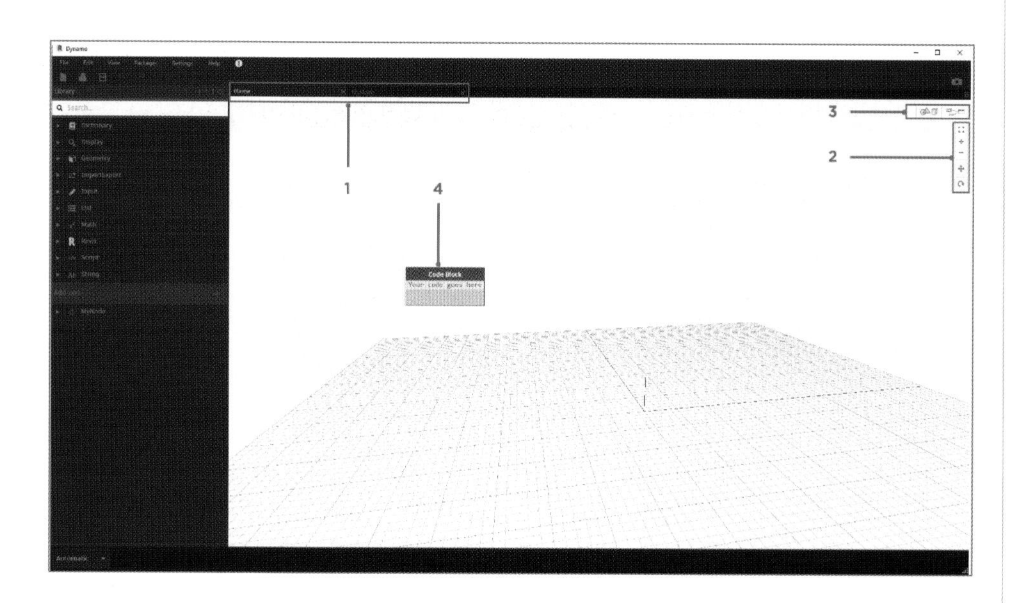

1. 파일 탭
2. 확대/이동 버튼
3. 미리보기 모드 전환
4. 더블 클릭 시 Code Block 생성

파일 탭은 현재 활성화 된 .dyn파일과 .dyf(사용자 정의 노드)를 편집할 수 있다. 주의사항은 Dynamo 실행 창에서는 하나의 .dyn 파일을 열 수 있다는 것이다. 그러나 .dyf (사용자 정의 노드)는 여러 개의 파일을 열 수 있다.
Workspace의 우측 상단, 미리보기 전환 모드는 '배경 3D 미리보기 탐색 사용' 모드와 '그래프 뷰 탐색 사용' 모드가 있다. '3D 미리보기' 모드는, Visual Programming을 통해 작성된 결과 Geometry를 확인하는 모드이고, '그래프 뷰' 모드는 노드들로 구성된 프로세스(로직)을 확인하는 모드이다. 두 모드는 단축키 [Ctrl+B]로 변환할 수 있다.

05 Execution Bar

Dynamo 실행 창 하단의 Execution Bar는 Workspace에 작성된 노드를 통해 실행되는 Visual Programming프로세스와 Geometry 형상의 렌더링을 수동 또는 자동으로 설정할 수 있다.

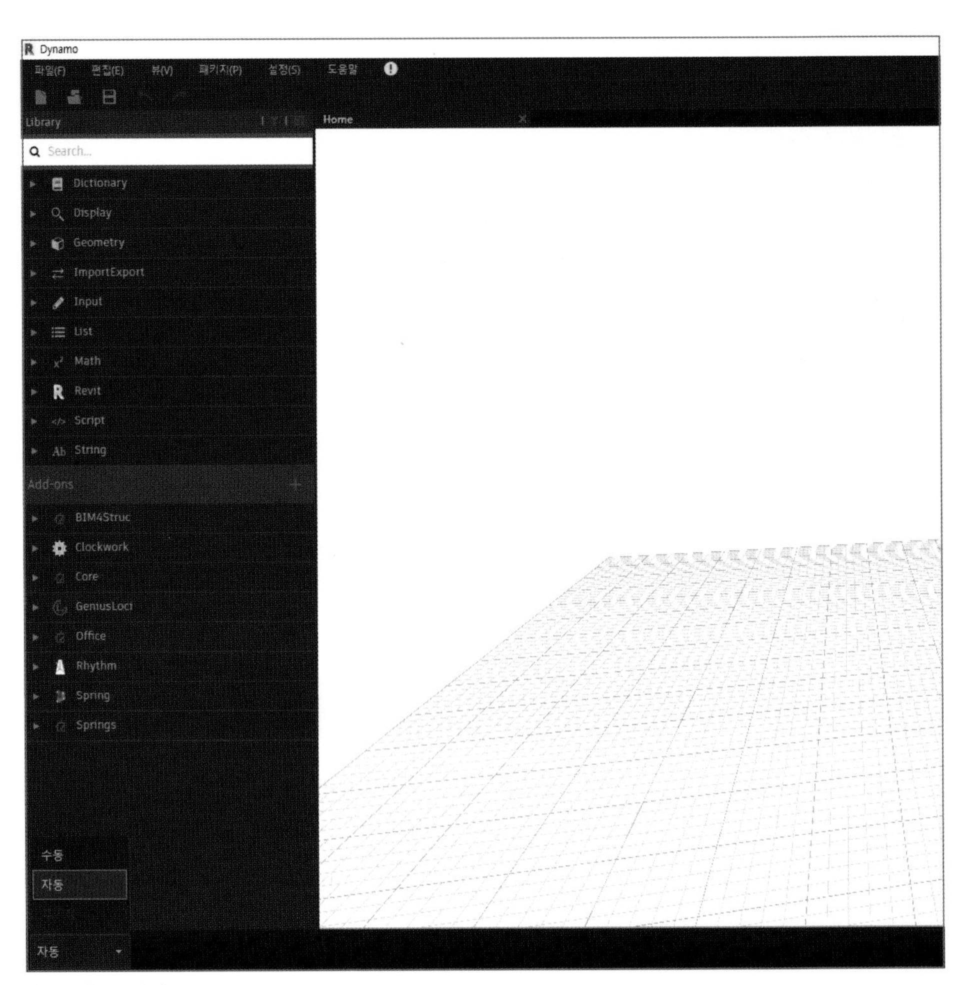

수동/자동 실행

프로세스가 간단할 경우, 노드 구성에 따른 형상이 실시간으로 렌더링되는 '자동' 실행 모드가 편리하지만, 프로세스가 복잡해 질 경우에는 '수동' 모드를 추천한다. 수동모드로 설정 후, 작업 중 원하는 경우에만 실행 버튼을 눌러서 프로세스를 형상으로 확인한다.

기본 개념

chapter 03

01 Node

Dynamo에서 노드(Node)는 Visual Programming을 구성하기 위한 수단이다. 각 노드는 숫자를 입력하는 간단한 작업부터 복잡한 Geometry를 만드는 등 다양한 작업을 수행 할 수 있다.

➡ Node 구조

Dynamo 노드는 5가지 part로 구성되어 있다. Python 코드 등과 같은 Script 형식의 Input 노드를 활용하는 경우가 아니라면 대부분의 노드 구성은 다음과 같다.

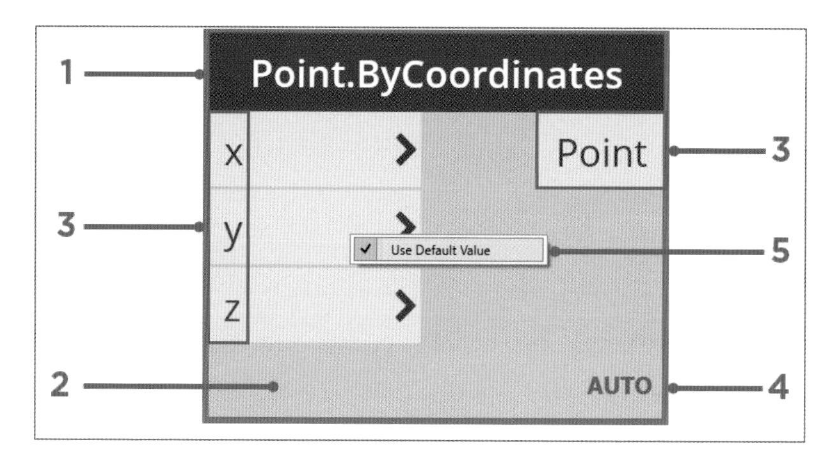

1. Node Name: Category + Name을 규칙으로 구성된 노드의 이름
2. Main: 노드의 본체
3. Ports (In & Out): Input 데이터 연결 및 노드의 결과 연결
4. Lacing: 매칭된 input에 대한 연산 방법 설명
5. Default Value: 기본 설정 값

Default Value의 경우, 사용 가능한 경우와 불가능한 경우가 있다. 가능한 경우, Input Port에 마우스 우측 클릭을 하면 기본값을 사용할 수 있다.

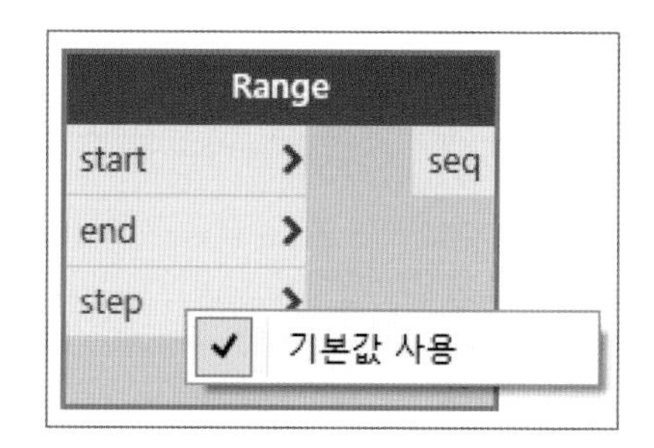

02 Port

노드의 입력(Input)과 출력(Output)을 Port라고 하며, 이 Port에서 Wire를 통해 노드끼리 연결한다. 데이터는 좌측 Port를 통해 노드로 연결되고, 해당 노드의 연산 결과는 우측 Port를 통해 또 다른 노드로 연결된다.

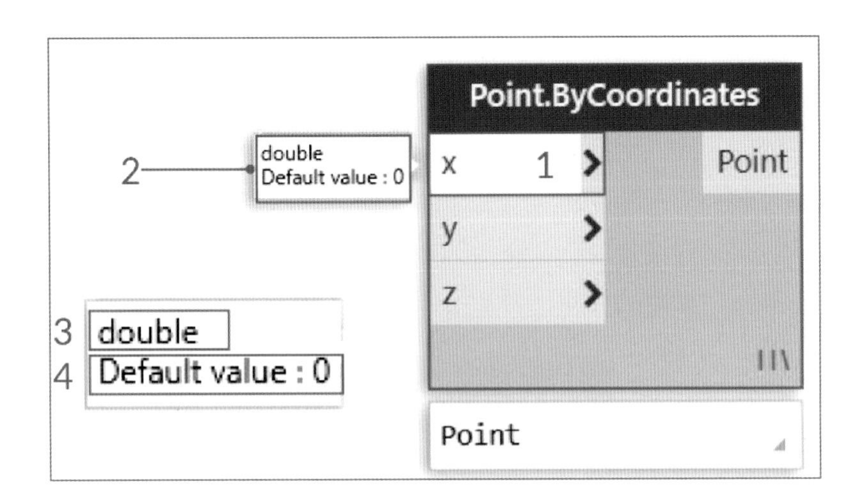

1. Port Label
2. Tool Tip
3. Data Type
4. Default Value

Port 위에 마우스 커서를 올려놓으면, Input 가능한 데이터 유형을 확인할 수 있다.

노드에 따라 특정 형식의 데이터를 Port에 연결 할 수 있기 때문에, Input Port에 연결 가능한 값을 연결해야 오류 없이 노드를 실행 할 수 있다.
예를 들어, [Point.ByCoordinates]에 숫자 형식의 값을 Input Port에 연결하면 노드가 제대로 실행되지만 Text 또는 Geometry 형식을 연결하면 오류가 발생한다.

➡ States

Dynamo는 노드를 실시간 렌더링하며 각 노드의 실행 상태에 따라 다양한 색상으로 Visual Programming 실행 상태를 표시한다.
노드의 색상으로 오류 및 실행 상태를 확인하여 오류가 발생한 노드일 경우 경고창에 제공되는 Notice를 읽고 문제를 파악하여 수정한다.

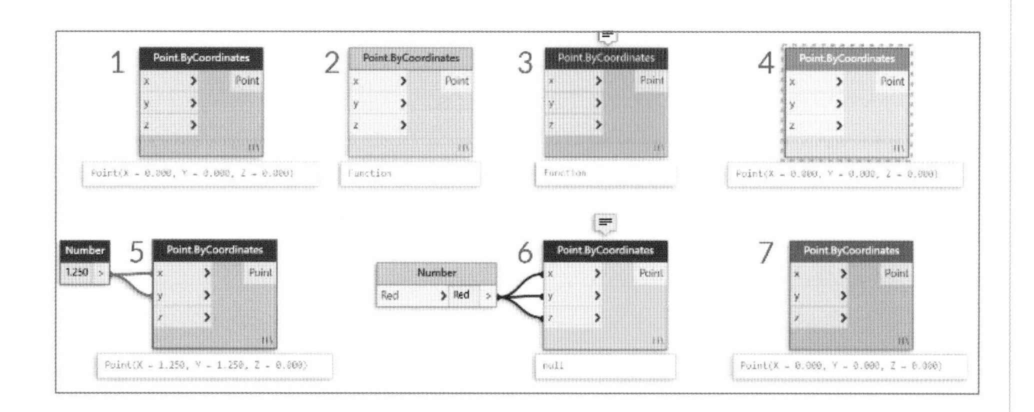

1. Active: 연결 및 연산 활성화 상태
2. Inactive: 비활성화 상태
3. Error State: 오류 상태
4. Freeze: 선택 노드와 연결된 노드 일시정지 상태
5. Selected: 선택된 노드
6. Warning: 잘못된 데이터 유형으로 인한 연산 오류 상태
7. Background Preview: 형상 미리보기가 꺼진 상태

만약 작성된 Visual Programming에 빨간색 '경고' 노드 또는 노란색의 '오류' 노드가 작성되면, Dynamo는 해당 문제에 대한 추가 정보를 제공한다.
이 정보는 노드의 이름 상단에 툴팁을 확장하여 확인한다.

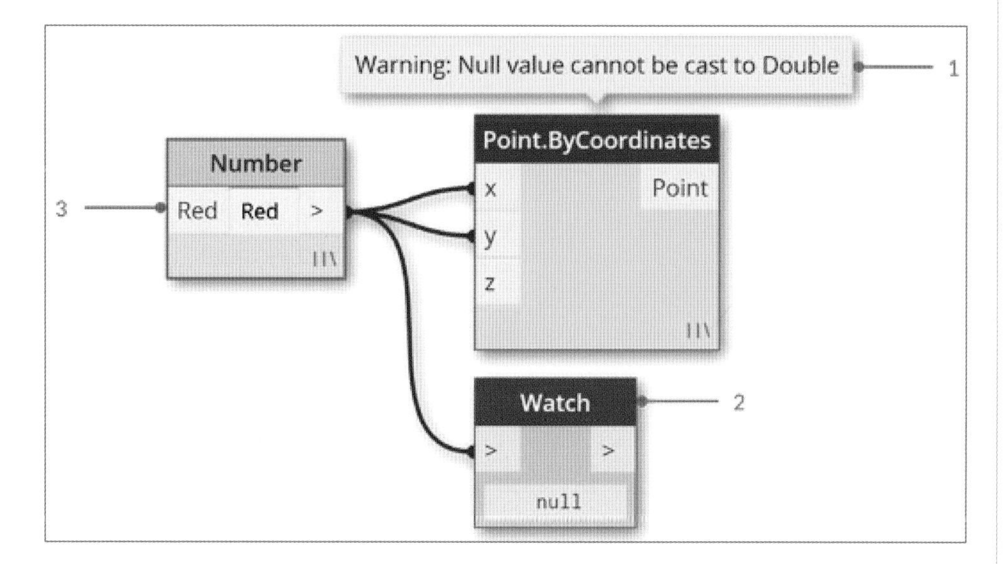

1. Warning Tooltip: 데이터 형식 오류 발생
2. Watch Node: [Watch] 노드로 입력 데이터 확인
3. Number Node: 숫자 Input 노드에 문자가 입력 됨

03 Wire

Wire는 Visual Programming에서 프로세스를 생성하고 실행하기 위하여 노드와 노드 사이를 연결하는 필수 요소이다.

1. Wire 생성

Wire는 노드의 Output Port에서 마우스 왼쪽 클릭한 다음 다른 노드의 Input Port를 클릭하여 생성한다. 연결 과정에서 Wire는 점선으로 나타나고 연결이 완료되면 실선으로 표현된다. Dynamo 노드의 데이터는 항상 Wire를 통해 출력되어 입력된다.

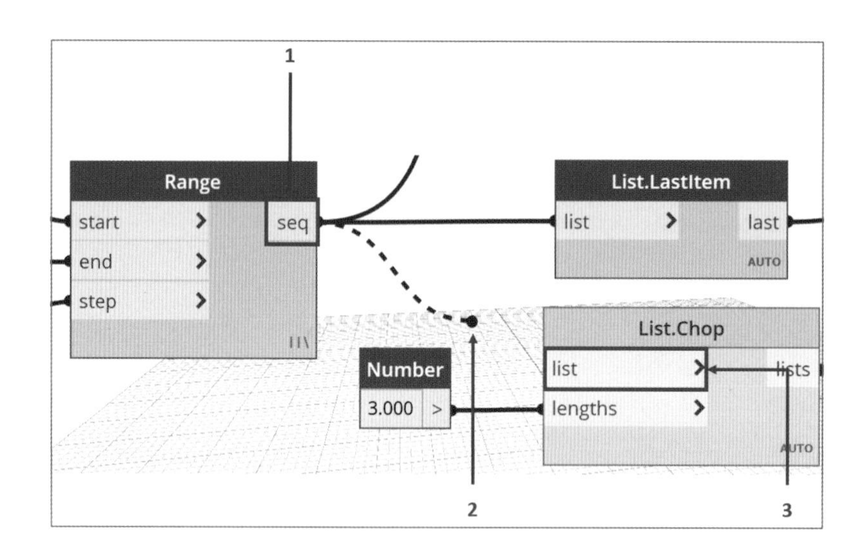

1. Output(출력) Port 클릭
2. 마우스를 따라 점선형태의 Wire 생성
3. Input(입력) Port 클릭하여 Wire 완성

2. Wire 편집

Port에 연결된 Wire를 편집하여 Visual Program의 프로세스 흐름을 조정할 수 있다.

Wire를 수정하려면 이미 연결되어 있는 Node의 Input Port를 클릭하고, 연결할 새로운 Input Port를 클릭한다. 기존의 Wire를 제거하려면 Input Port에 연결된 Wire를 클릭하여 빈 작업 공간을 클릭하면 Wire 연결을 해제할 수 있다.

04 Program flow

앞서, Node의 Port를 Wire로 연결하여 Visual Program을 작성하는 개념을 알아보았다.
Dynamo는 Workspace에 작업자가 원하는 대로 Node를 배열 할 수 있지만, Output Port는 우측, Input Port는 좌측에 있기 때문에, 이 방향성은 Visual Program의 데이터 흐름을 설정하며 Dynamo의 일반적인 Program Flow는 왼쪽에서 오른쪽으로 이동한다고 볼 수 있다.

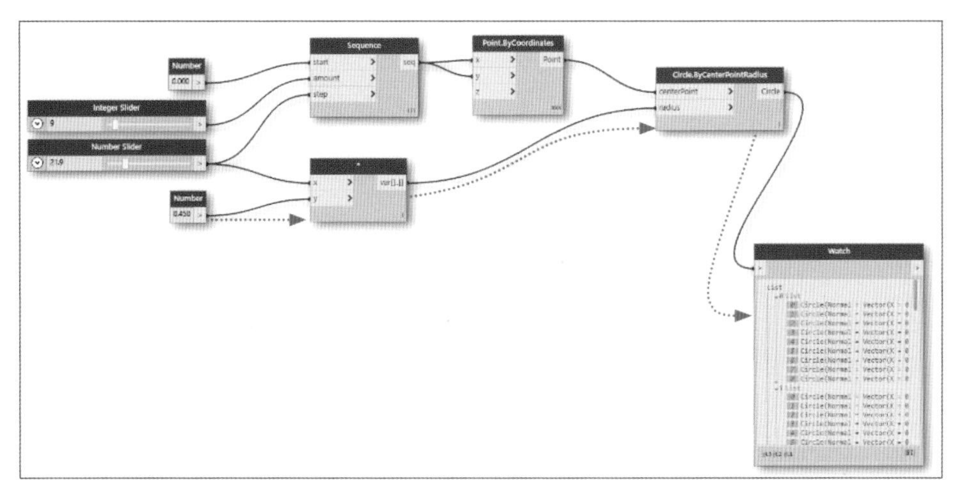

좌측에서 우측으로 연결하는 흐름

chapter 04 Package

01 Package란?

Package는 Dynamo의 핵심기능을 확장하기 위해 사용자들에 의해 개발된 Custom Node의 집합체이다.
Visual Program 프로세스를 작성하기 위해 실용적이고 효율적으로 만들어진 Custom Node를 Package로 구성하여, Dynamo 사용자들에게 편의를 제공한다.
Dynamo를 사용하는 누구나 'Dynamo Package Manager' 포탈 커뮤니티에서 원하는 Package를 검색하여 다운로드 할 수 있으며, 개인이 작성한 Package 또한 업로드 할 수 있다.

02 Package다운로드 및 활용

1. Package 다운로드

Package를 다운로드(설치)하는 가장 쉬운 방법은 Dynamo 인터페이스, Toolbar의 [Packages]를 사용하는 것이다.

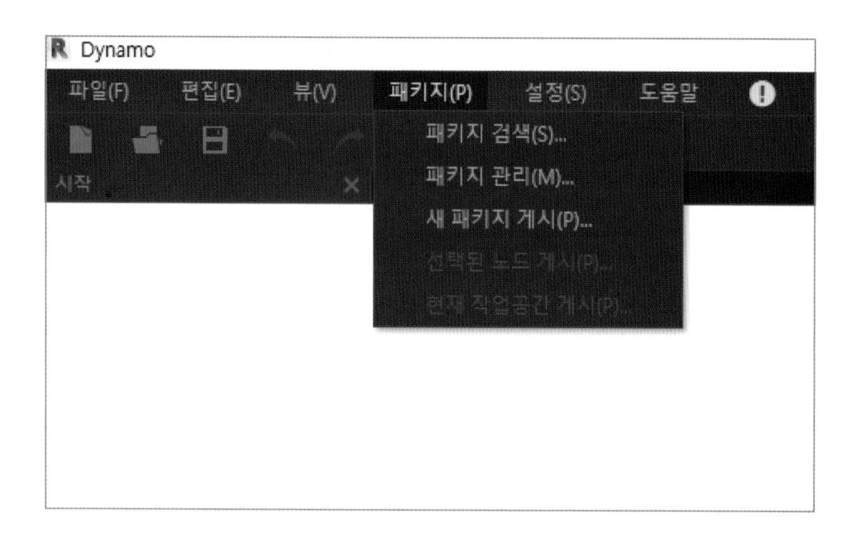

1. Toolbar의 패키지 클릭
2. 상단의 '패키지 검색' 클릭

'온라인 패키지 검색' 창이 팝업 되고, 다운로드 가능한 Package 동기화를 마치면 검색창에 원하는 Package 이름을 검색한다.
검색 내용과 관련된 모든 Package를 리스트업 하며, 그중 일치하는 Package를 선택하여 설치한다.

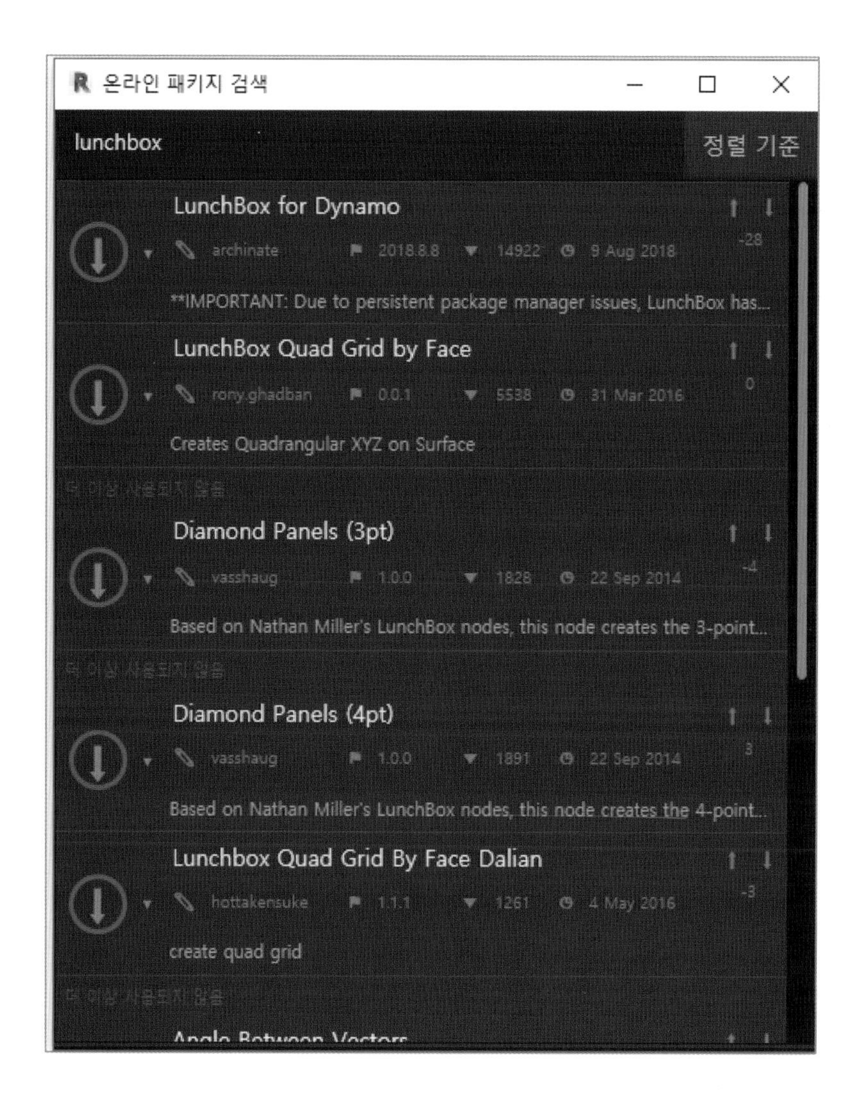

1. 검색창에 Package 이름 입력
2. 화살표를 클릭하여 설치 진행

Dynamo Package를 검색하는 또 다른 방법은 'Dynamo Package Manager'를 온라인으로 접속하는 것이다.
https://dynamopackages.com/웹 페이지로 접속하면, Package를 최신, 인기 및 최근 업데이트 항목 등으로 분류하기 때문에 사용자가 Package에 관련된 정보를 보다 쉽게 알아보고 수집 할 수 있다.

2. Package 활용

설치 된 Package는, Toolbar의 [Packages] 드롭다운 항목 중 **[패키지 관리]**를 클릭하여 확인 할 수 있다.
[설치된 패키지]창이 팝업 되면, Dynamo 프로그램에 설치된 모든 Package 리스트를 확인할 수 있고, 해당 패키지 우측을 마우스 오른쪽 버튼 클릭하여 패키지와 관련된 정보 확인 및 게시/사용중단 등의 옵션을 활용할 수 있다.

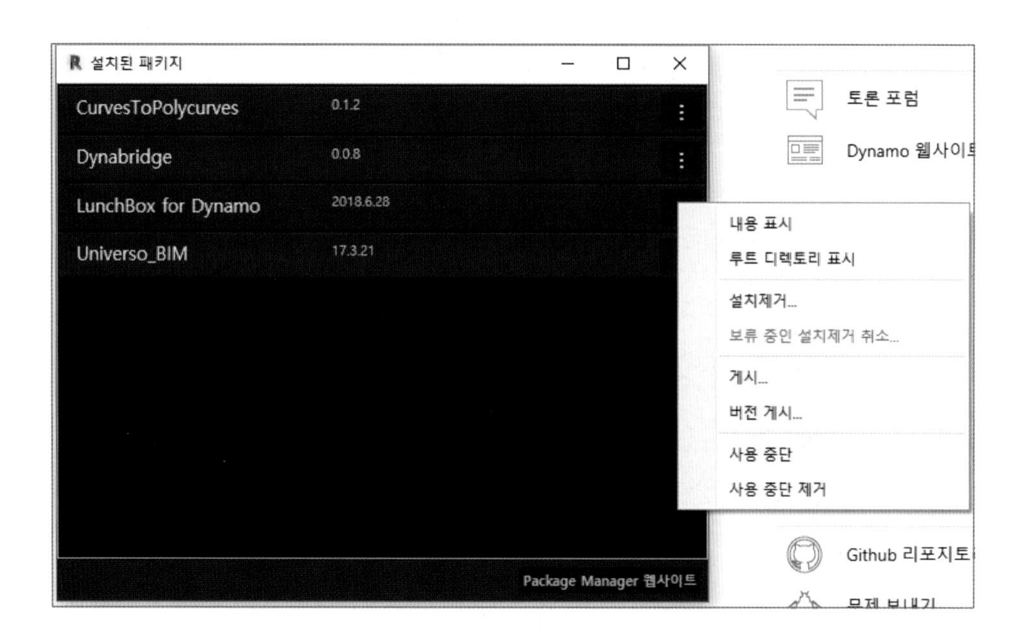

1. 패키지에 의해 로드된 유형 보기
2. 패키지의 루트 폴더로 이동
3. 패키지 삭제
4. 패키지 삭제 취소
5. 패키지가 아직 게시되지 않은 경우
6. 이미 개시된 패키지 버전 업데이트(패키지 유지 담당자 only)
7. 사용 중단된 패키지로 설정(패키지 유지 담당자 only)
8. 사용 중단된 패키지 제거(패키지 유지 담당자 only)

설치된 패키지는 Dynamo 실행 화면의 좌측, Library와 함께 리스트 되며, Library에서 Node를 검색 혹은 선택하여 사용하는 것과 같은 방법으로 사용할 수 있다.
Dynamo 프로그램 설치 시 기본으로 제공되는 Library 하위에 속하는 Single Node와는 달리, Package의 하위 카테고리를 선택하면 Custom Node로 구성된 것을 확인할 수 있다.

3. Package 게시

Custom Node를 활용하여 사용자가 만든 Visual Programming 프로세스를 c에 게시 하여 다른 사용자와 공유할 수 있다.
Toolbar의 [Packages] 드롭다운 항목 중 [새 패키지 게시]를 클릭하여 Package를 업로드 한다.

1. 게시 할 파일 추가
2. Package 이름
3. Package 설명
4. Version
5. Custom Node를 검색할 그룹 정의
6. 로컬 게시
7. 온라인 게시

하단의 [로컬 게시]는 사용자의 Dynamo 프로그램에 Package를 업로드 하는 것으로, 검색을 통한 Package 설치와 마찬가지로, 게시 이후에 Library 리스트에 추가 된다.
[온라인 게시]는 'Dynamo Package Manager'에 업로드 하여 다른 사용자와 공유 할 수 있도록 하는 것으로, 한번 업로드 된 파일은 삭제가 어려움으로 신중하게 게시해야 할 필요가 있다.

03 필수 Package List

온라인 'Dynamo Package Manager' 사이트에 접속하면 가장 많이 사용하는 Package 리스트를 확인할 수 있다.
https://dynamopackages.com/

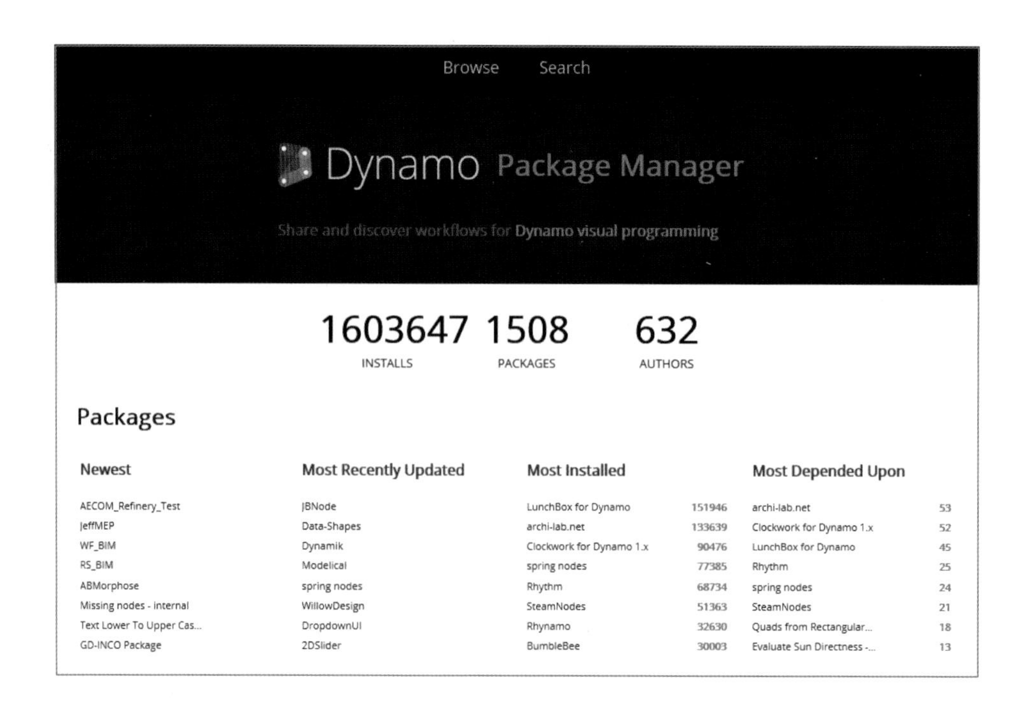

'Most Installed'와 'Most Depended Upon'에 랭크된 패키지를 위주로 설치하여 Dynamo 로직 구성에 활용하도록 한다.

본 교재에 사용된 패키지 역시 모두 다운로드 가능하다.

패키지 이름	패키지 용도
LunchBox	재사용 가능한 geometry와 데이터 관리 노드 포함
Dynabridge	Revit 가변 요소를 활용한 교량 모델링
SpringNode	Revit과 Dynamo의 상호작용 개선
Clockwork for Dynamo 1.x	Revit관련 노드 및 수학적/문자열/형상 연산, 패널링 등
bimorphNodes	Revit용 Dynamo로 확장, 간섭검토 등

memo

Dynamo를 활용한 교량 모델링

section

02

Dynamo를 활용한 교량 모델링

이 장에서는 Dynamo를 활용하여 도로의 선형을 반영한 교량을 작성해 보도록 하겠습니다.
아치교와 PSC 교량 등을 모델링하며 Dynamo의 기본적인 사용법에 대하여
학습해 보도록 하겠습니다.

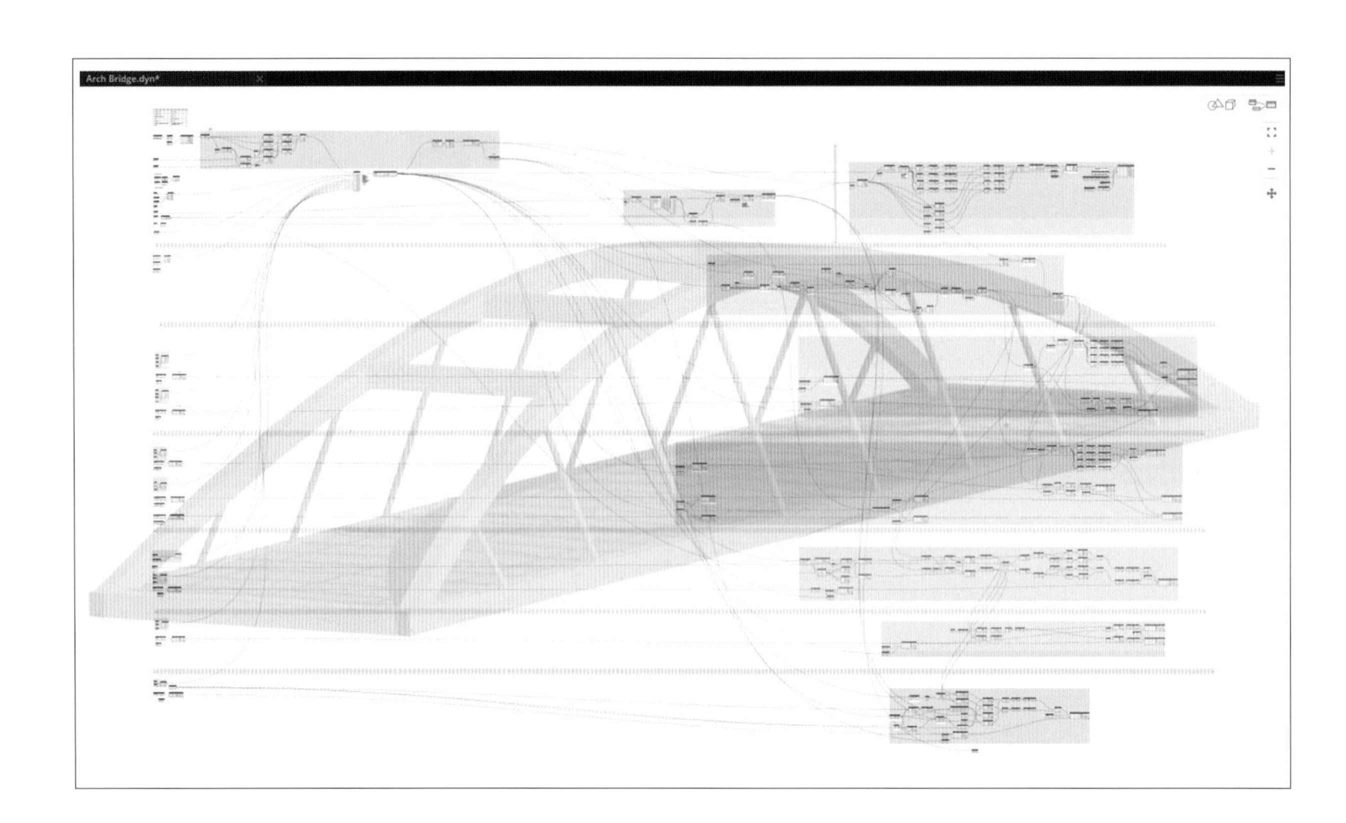

POINT!

- BIM Tools에서 작성된 엑셀 데이터의 입력하는 방법에 대해 학습
- 입력된 값을 좌표로 변환하여 연관된 패밀리를 해당 좌표에 배치하는 방법 학습
- 추가된 Package에 대한 활용 방법 학습

선형정보 가져오기

chapter 01

BIM기반 구조물 설계는 가장 중요한 부분이 도로/철도에서 작성된 지오메트리 정보(선형, 종단, 편경사 등)를 구조물 설계에 적용하는 것입니다. 선형과 종단이 모두 변하는 비선형성을 고려하고 추가로 편경사까지 적용을 한다는 것이 엔지니어 입장에서는 굉장히 어려운 일이고 이런 정보들을 반영하기 위해서는 Civil3D에서 추출된 높이 정보들을 직접 Level을 만들거나 매 포인트 마다 옵셋 기능을 이용하여 적용하는 것이 유일한 방법입니다. 그마저도 클로소이드 구간의 정확한 모델링은 불가능 하다고 볼 수 있습니다. 따라서, 구조모델링을 수행하기 전에 Civil3D의 선형 정보들을 가져오는 방법과 Dynamo에서 이 정보들로 어떻게 처리하는지를 이번 장에서 알아보도록 하겠습니다.

01 선형정보 추출

1. Civil3D에서 좌표정보 추출하기

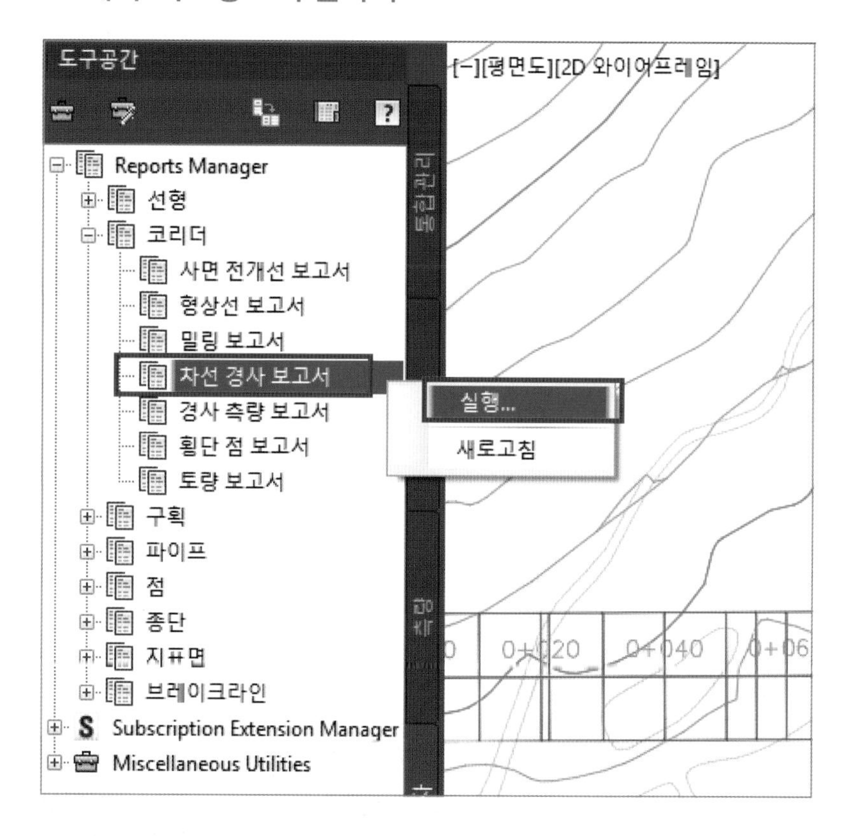

차선 경사 보고서

클라이언트:	작성자:
Client	Preparer
Client Company	Your Company Name
Address 1	123 Main Street
날짜: 2019-02-12 오후 1:56:29	

코리더 이름: Road_Corridor
설명:
기준 선형 이름: Road
단면 검토선 그룹 이름: SL Collection - 1
측점 범위: 시작: 0+000.00, 끝: 0+478.40

SL 이름	측점	지반선 표고	종단 배치 표고	X	Y	왼쪽 경사	오른쪽 경사
0+020.00	0+020.00	49.462	53.049	20.000	261.640	0.00	0.00
0+040.00	0+040.00	46.610	53.594	39.999	261.818	0.00	0.00
0+060.00	0+060.00	44.365	54.074	59.998	261.996	0.00	0.00
0+080.00	0+080.00	44.169	54.489	79.998	262.174	0.00	0.00
0+100.00	0+100.00	44.145	54.840	99.997	262.352	0.00	0.00
0+120.00	0+120.00	45.900	55.126	119.996	262.530	0.00	0.00
0+140.00	0+140.00	46.064	55.347	139.995	262.708	0.00	0.00
0+160.00	0+160.00	48.012	55.504	159.994	262.886	0.00	0.00
0+180.00	0+180.00	48.838	55.594	179.994	263.064	0.00	0.00
0+200.00	0+200.00	50.706	55.588	199.990	263.403	0.00	0.00
0+220.00	0+220.00	57.941	55.472	219.963	264.430	0.00	0.00
0+240.00	0+240.00	62.013	55.260	239.884	266.185	0.00	0.00
0+260.00	0+260.00	70.254	55.032	259.729	268.667	0.00	0.00
0+280.00	0+280.00	77.871	54.804	279.469	271.872	0.00	0.00
0+300.00	0+300.00	82.798	54.576	299.079	275.796	0.00	0.00
0+320.00	0+320.00	79.358	54.348	318.533	280.433	0.00	0.00
0+340.00	0+340.00	72.664	54.072	337.804	285.778	0.00	0.00
0+360.00	0+360.00	67.877	53.713	356.868	291.822	0.00	0.00
0+380.00	0+380.00	58.450	53.271	375.698	298.559	0.00	0.00
0+400.00	0+400.00	52.641	52.745	394.334	305.819	2.0%	2.0%
0+420.00	0+420.00	52.106	52.135	412.957	313.111	2.0%	2.0%
0+440.00	0+440.00	50.654	51.443	431.580	320.404	2.0%	2.0%
0+460.00	0+460.00	49.814	50.666	450.203	327.696	2.0%	2.0%

2. 현재 가장 많이 사용하고 있는 방법은 단면 검토선의 좌표정보와 편경사 정보를 리포트(엑셀, HTML, MS Word, Text)로 추출하여 Revit에서 모델링 하는 방법입니다. 하지만 이런 방법은 선형이 단순하거나 짧은 경간의 교량에는 가능하나 장경간 교량이거나 평면 및 종단상에서 곡선구간 이거나 편경사 구간에 구조물이 설치되면 정확한 모델링이 힘들기 때문에 Dynamo로 가져와서 Revit에 적용하여야 합니다. 데이터셋 폴더 ➡ 01_CorridorModel.dwg을 Civil3D를 사용하여 열기 합니다.

3. 평면, 종단, 편경사까지 적용이 된 모델이고, 시점부부터 교량, 터널, 도로구간으로 구성이 되어 있습니다.
   이번에는 코리더의 포인트 코드의 정보를 추출하여야 하기 때문에 가장 먼저 교량 구간의 횡단면도에서 아래와 같이 'Crown_Deck'이라는 포인트 코드 정보를 확인합니다.

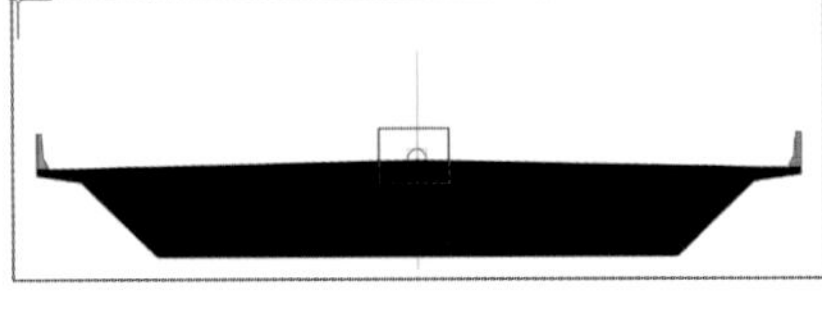

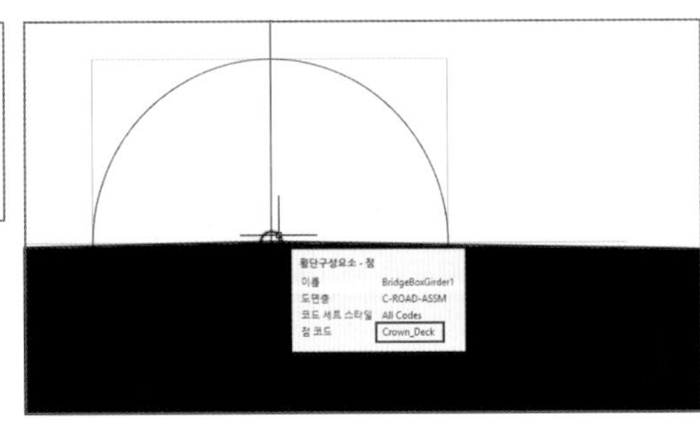

4. 화면 좌측의 도구공간 ➡ 도구상자 ➡ Miscellaneous Utilities ➡ 보고서 ➡ 코리더 ➡ 코리더 점 보고서 ➡ 실행을 클릭

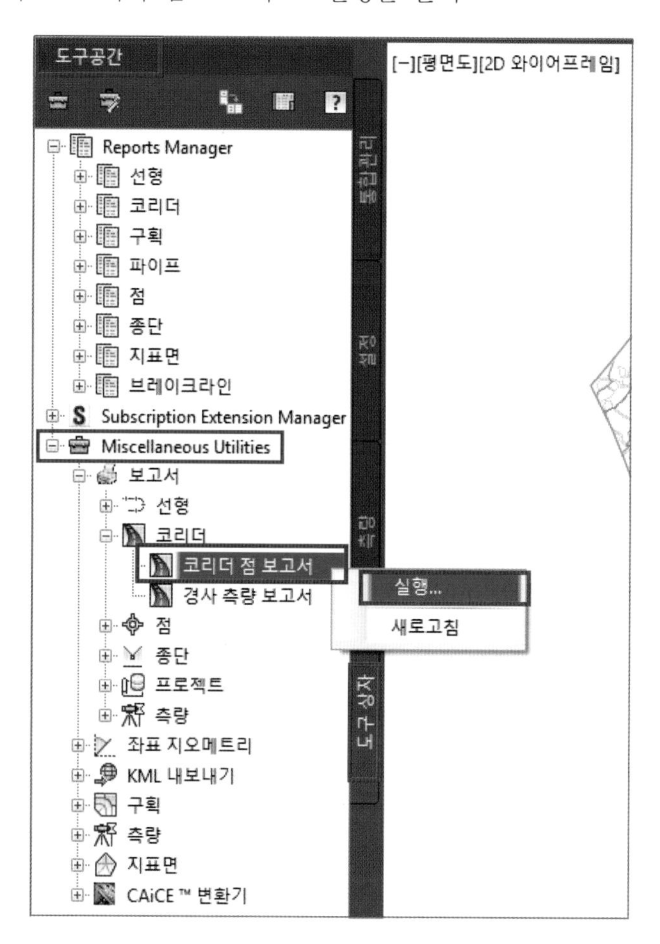

5. '보고서작성-코리더 점'이라는 창에서 Road Corridor를 클릭하시면 Road Corridor에서 정의한 점 코드 정보가 활성화됩니다. ➡ Crown_Deck을 클릭 ➡ 우측 아래에 을 클릭해서 원하는 저장 포맷을 정의합니다. 가능한 정장 포맷은 Excel, Word, Text, HTML, PDF이고 주로 Excel로 저장을 많이 하는데 이때 간혹 오류가 나는 경우가 있는데 그때는 HTML로 보고서 작성하셔서 엑셀로 Copy & Paste하시면 됩니다. 주의할 점은 아래와 같이 Default로 추출할 경우 Northing(y좌표)가 먼저 나오므로 나중에 헷갈릴 수 있으므로 가능하면 Easting을 앞으로 빼서 추출하는 것이 효율적입니다. 방법은 위에 우측 이미지에서 화살표를 위 혹은 아래로 움직이면서 먼저 볼 컬럼을 정의할 수 있습니다. 아래 이미지는 HTML와 엑셀로 추출한 보고서입니다.

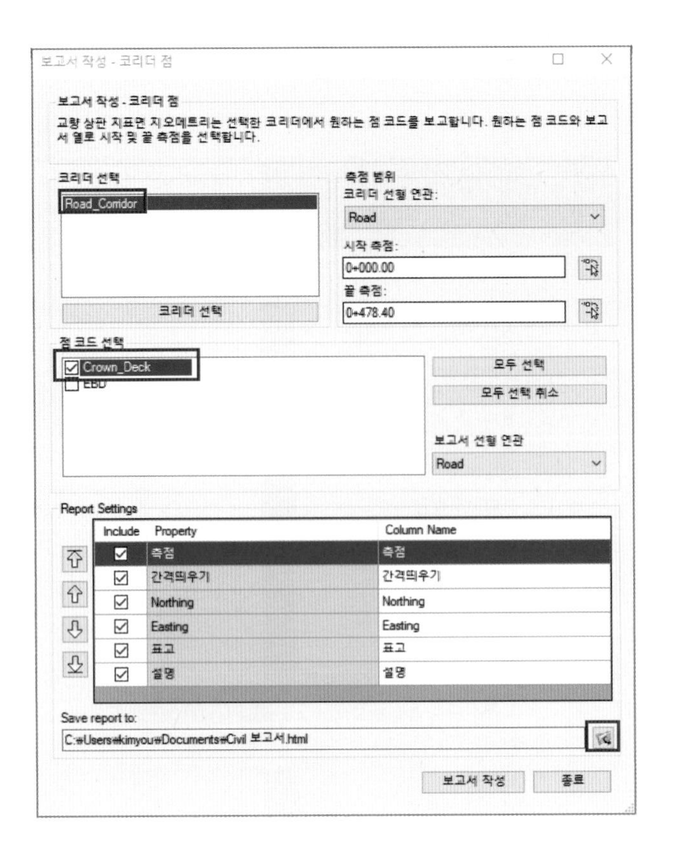

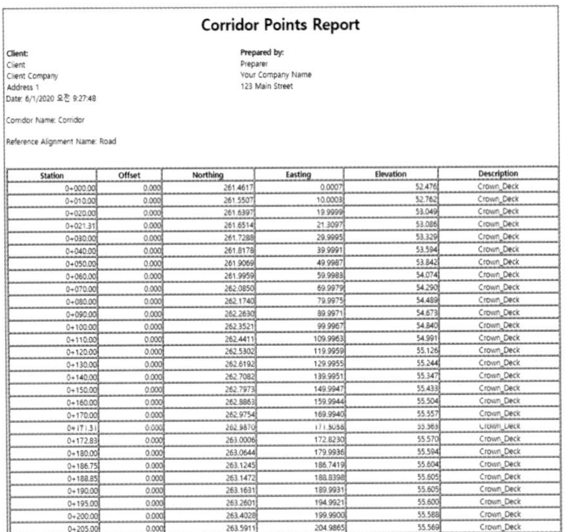

Corridor Points Report

Client:
Client
Client Company
Address 1
Date: 6/1/2020 오전 9:27:48

Prepared by:
Preparer
Your Company Name
123 Main Street

Corridor Name: Corridor

Reference Alignment Name: Road

Station	Offset	Northing	Easting	Elevation	Description
0+000.00	0.000	261.4617	0.0007	52.476	Crown_Deck
0+010.00	0.000	261.5507	10.0003	52.762	Crown_Deck
0+020.00	0.000	261.6397	19.9999	53.049	Crown_Deck
0+021.31	0.000	261.6514	21.3097	53.086	Crown_Deck
0+030.00	0.000	261.7288	29.9995	53.329	Crown_Deck
0+040.00	0.000	261.8178	39.9991	53.594	Crown_Deck
0+050.00	0.000	261.9069	49.9987	53.842	Crown_Deck
0+060.00	0.000	261.9959	59.9983	54.074	Crown_Deck
0+070.00	0.000	262.0850	69.9979	54.290	Crown_Deck
0+080.00	0.000	262.1740	79.9975	54.489	Crown_Deck
0+090.00	0.000	262.2630	89.9971	54.673	Crown_Deck
0+100.00	0.000	262.3521	99.9967	54.840	Crown_Deck
0+110.00	0.000	262.4411	109.9963	54.991	Crown_Deck
0+120.00	0.000	262.5302	119.9959	55.126	Crown_Deck
0+130.00	0.000	262.6192	129.9955	55.244	Crown_Deck
0+140.00	0.000	262.7082	139.9951	55.347	Crown_Deck
0+150.00	0.000	262.7973	149.9947	55.433	Crown_Deck
0+160.00	0.000	262.8863	159.9944	55.504	Crown_Deck
0+170.00	0.000	262.9754	169.9940	55.557	Crown_Deck
0+171.31	0.000	262.9870	171.3058	55.563	Crown_Deck
0+172.83	0.000	263.0006	172.8230	55.570	Crown_Deck
0+180.00	0.000	263.0644	179.9936	55.594	Crown_Deck
0+186.75	0.000	263.1245	186.7419	55.604	Crown_Deck
0+188.85	0.000	263.1472	188.8398	55.605	Crown_Deck
0+190.00	0.000	263.1631	189.9931	55.605	Crown_Deck
0+195.00	0.000	263.2601	194.9921	55.600	Crown_Deck
0+200.00	0.000	263.4028	199.9900	55.588	Crown_Deck
0+205.00	0.000	263.5911	204.9865	55.569	Crown_Deck

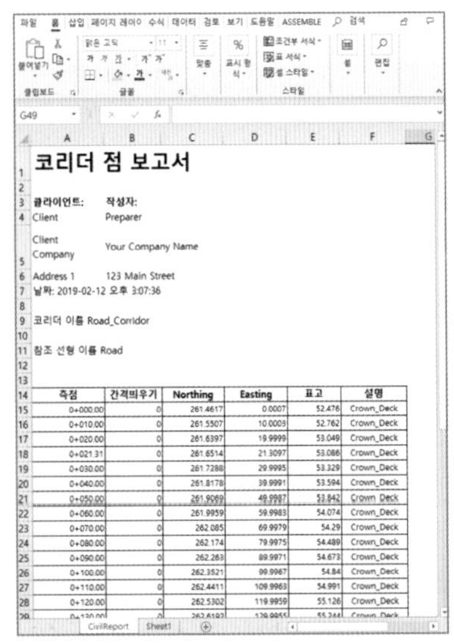

코리더 점 보고서

클라이언트: Client, Client Company, Address 1

작성자: Preparer, Your Company Name, 123 Main Street

날짜: 2019-02-12 오후 3:07:36

코리더 이름 Road_Corridor

참조 선형 이름 Road

측점	간격띄우기	Northing	Easting	표고	설명
0+000.00	0	261.4617	0.0007	52.476	Crown_Deck
0+010.00	0	261.5507	10.0003	52.762	Crown_Deck
0+020.00	0	261.6397	19.9999	53.049	Crown_Deck
0+021.31	0	261.6514	21.3097	53.086	Crown_Deck
0+030.00	0	261.7288	29.9995	53.329	Crown_Deck
0+040.00	0	261.8178	39.9991	53.594	Crown_Deck
0+050.00	0	261.9069	49.9987	53.842	Crown_Deck
0+060.00	0	261.9959	59.9983	54.074	Crown_Deck
0+070.00	0	262.085	69.9979	54.29	Crown_Deck
0+080.00	0	262.174	79.9975	54.489	Crown_Deck
0+090.00	0	262.263	89.9971	54.673	Crown_Deck
0+100.00	0	262.3521	99.9967	54.84	Crown_Deck
0+110.00	0	262.4411	109.9963	54.991	Crown_Deck
0+120.00	0	262.5302	119.9959	55.126	Crown_Deck

CivilReport Sheet1

02 엑셀파일 편집

Civil3D에서 추출한 좌표 정보는 원점에서 많이 떨어져 있어서 그대로 사용할 경우 Revit에서 핸들링이 쉽지 않습니다. 따라서, 여기서는 추출한 좌표를 원점으로 가져와서 모델링 하도록 하겠습니다. 추후에 Civil3D데이터와 좌표를 연동하기 위해서는 Revit 관리 ➡ Coordinates ➡ Specify Coordinate at Point를 클릭해서 정보를 수정할 수 있습니다.

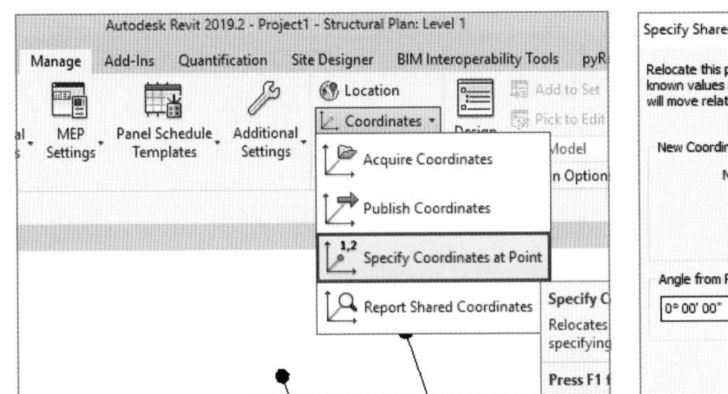

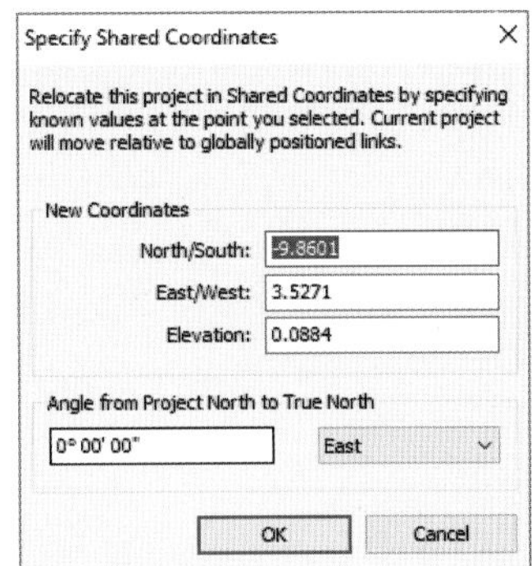

1. 엑셀파일에서 X, Y, Z좌표 정보를 원점으로 가져오기 위해 0+000의 측점을 0으로 해서 나머지 좌표들을 빼주는 형태로 원점으로 가져오도록 하겠습니다. 아래와 같이 X, Y, Z 항목에 수식을 입력합니다.

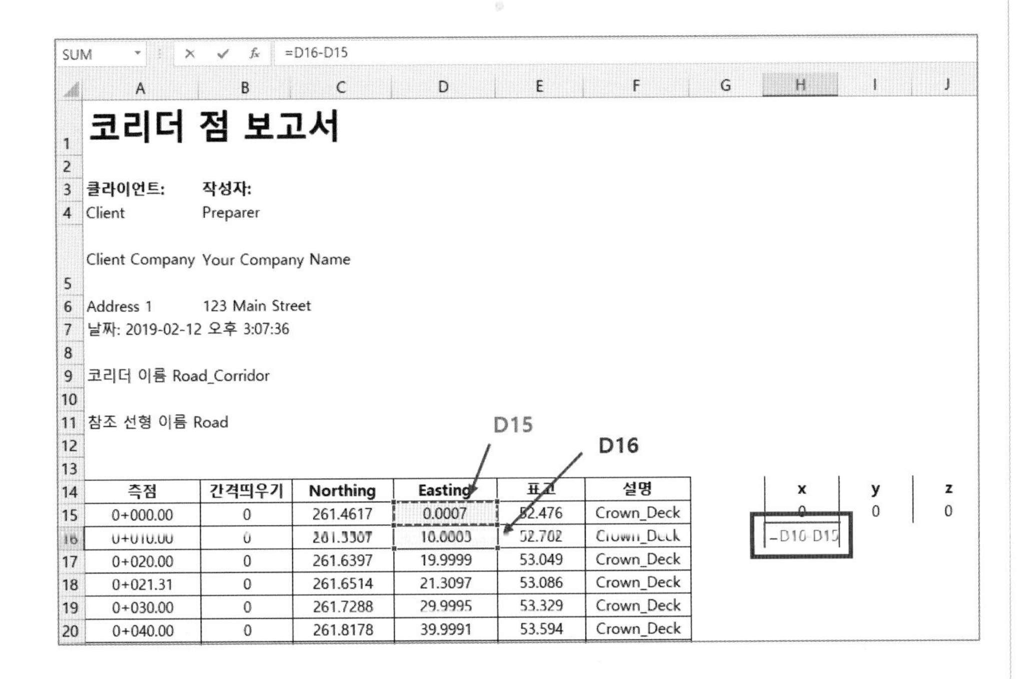

SUM =D16-D15

코리더 점 보고서

클라이언트: 작성자:
Client Preparer

Client Company Your Company Name

Address 1 123 Main Street
날짜: 2019-02-12 오후 3:07:36

코리더 이름 Road_Corridor

참조 선형 이름 Road

측점	간격띄우기	Northing	Easting	표고	설명
0+000.00	0	261.4617	0.0007	52.476	Crown_Deck
0+010.00	0	261.5307	10.0003	52.702	Crown_Deck
0+020.00	0	261.6397	19.9999	53.049	Crown_Deck
0+021.31	0	261.6514	21.3097	53.086	Crown_Deck
0+030.00	0	261.7288	29.9995	53.329	Crown_Deck
0+040.00	0	261.8178	39.9991	53.594	Crown_Deck

x	y	z
0	0	0
=D16-D15		

2. 각 항목의 15행은 $표시를 하여 고정하도록 합니다.

`=D16-$D$15` `=C16-$C$15` `=E16-$E$15`

3. 세 셀을 모두 선택 후 아래의 포인트를 잡고 아래로 끌어줍니다.

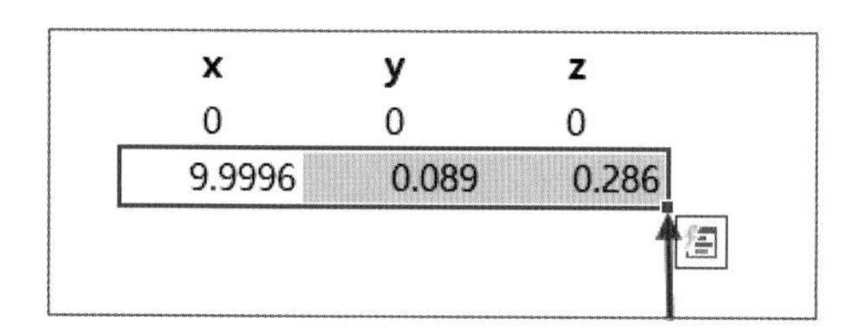

x	y	z
0	0	0
9.9996	0.089	0.286

4. 현재 Civil Report 시트 옆의 +를 클릭하여 시트를 하나 추가하여 줍니다.

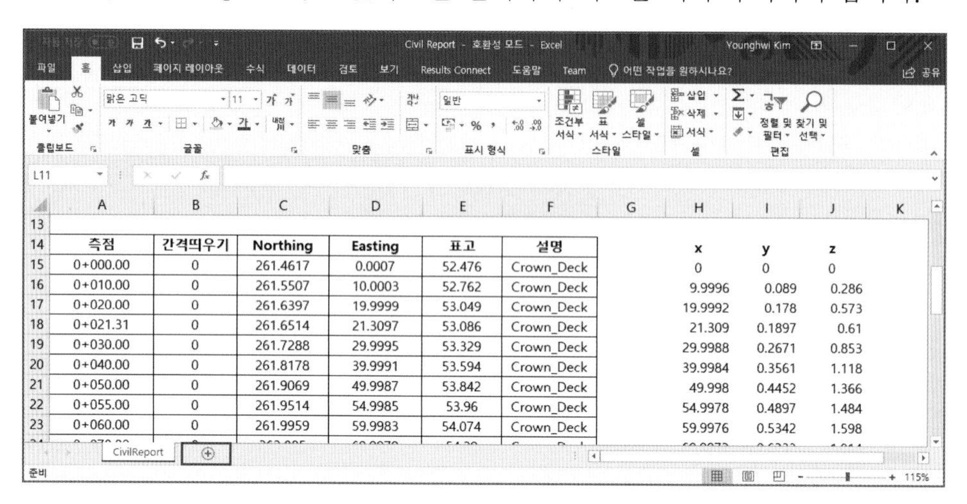

	A	B	C	D	E	F	G	H	I	J
14	측점	간격띄우기	Northing	Easting	표고	설명		x	y	z
15	0+000.00	0	261.4617	0.0007	52.476	Crown_Deck		0	0	0
16	0+010.00	0	261.5507	10.0003	52.762	Crown_Deck		9.9996	0.089	0.286
17	0+020.00	0	261.6397	19.9999	53.049	Crown_Deck		19.9992	0.178	0.573
18	0+021.31	0	261.6514	21.3097	53.086	Crown_Deck		21.309	0.1897	0.61
19	0+030.00	0	261.7288	29.9995	53.329	Crown_Deck		29.9988	0.2671	0.853
20	0+040.00	0	261.8178	39.9991	53.594	Crown_Deck		39.9984	0.3561	1.118
21	0+050.00	0	261.9069	49.9987	53.842	Crown_Deck		49.998	0.4452	1.366
22	0+055.00	0	261.9514	54.9985	53.96	Crown_Deck		54.9978	0.4897	1.484
23	0+060.00	0	261.9959	59.9983	54.074	Crown_Deck		59.9976	0.5342	1.598

5. A는 X의 좌료를 B는 Y의 좌표를 C는 Z의 좌표를 가져오기 위해 아래와 같이 링크시켜 줍니다.

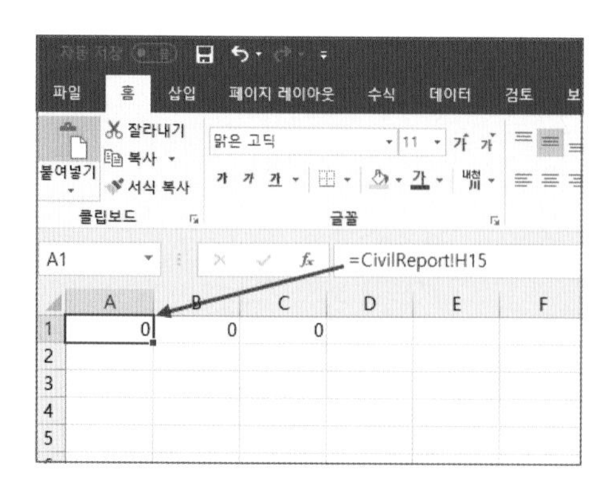

	A	B	C
1	0	0	0

6. 앞에서 했던 방법과 동일하게 세 개 셀을 선택한 후 아래로 끌어주면 모든 정보를 Sheet1에서 정리시켜 줄 수 있습니다. 여기서 주의할 점은 주로 마지막 스테이션 중복될 경우가 있으니 중복된 정보들은 지워 주셔야 됩니다.

41	0+180.00	0	263.0644	179.9936	55.594	Crown_Deck	179.9929	1.6027	3.118
42	0+181.25	0	263.0755	181.241	55.597	Crown_Deck	181.2403	1.6138	3.121
43	0+186.75	0	263.1245	186.7419	55.604	Crown_Deck	186.7412	1.6628	3.128
44	0+188.85	0	263.1472	188.8398	55.605	Crown_Deck	188.8391	1.6855	3.129
45	0+190.00	0	263.1631	189.9931	55.605	Crown_Deck	189.9924	1.7014	3.129
46	0+197.75	0	263.3329	197.7386	55.594	Crown_Deck	197.7379	1.8712	3.118
47	0+200.00	0	263.4028	199.99	55.588	Crown_Deck	199.9893	1.9411	3.112
48	0+210.00	0	263.8251	209.981	55.544	Crown_Deck	209.9803	2.3634	3.068
49	0+220.00	0	264.4297	219.9626	55.472	Crown_Deck	219.9619	2.968	2.996
50	0+220.00	0	264.4297	219.9626	55.472	Crown_Deck	219.9619	2.968	2.996
51									

03 Dynamo 로직 작성

1. '02_Import Excel from C3D.rvt' 파일을 열기 합니다. 모델링은 아무 것도 되어 있지 않고 패밀리만 몇 개 로드해 놓은 파일입니다. ➡ 관리 ➡ Dynamo를 클릭합니다.

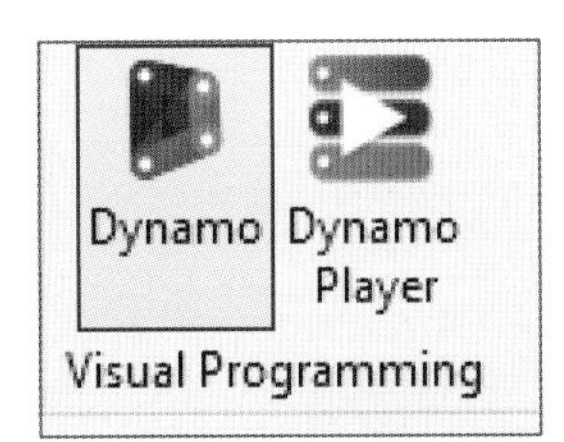

2. 본 예제에서 사용할 Dynamo 버전은 2.0.2이고 혹 다른 버전을 사용하는 경우는 메뉴 이름이나 위치가 조금은 다를 수 있습니다. ➡ New 버튼을 클릭하여 새 Dynamo 파일을 작성합니다.

3. 엑셀 파일을 가져오기 위해 ImportExport ➡ Data ➡ ImportExcel을 클릭 포트를 생성합니다.

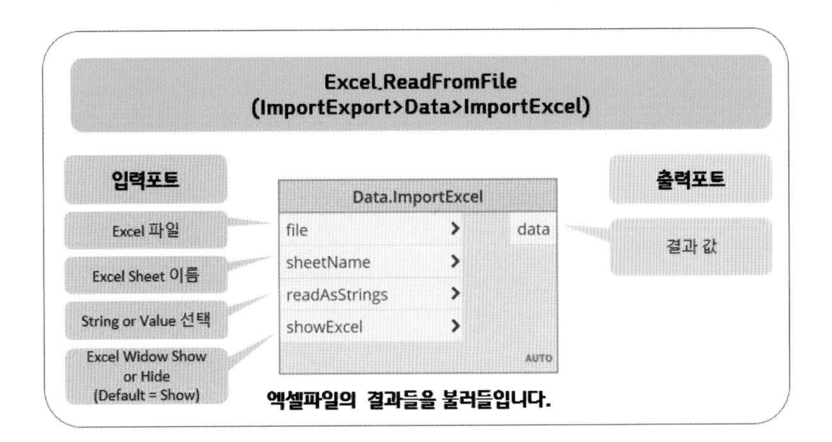

여기서 필요한 Input은 File과 SheetName입니다. SheetName은 문자(String)이나 File은 경로를 지정하여 주어야 합니다.

4. File과 Sheet Name을 정의하기 위해 아래와 같이 포트를 생성하여 연결시켜 줍니다.

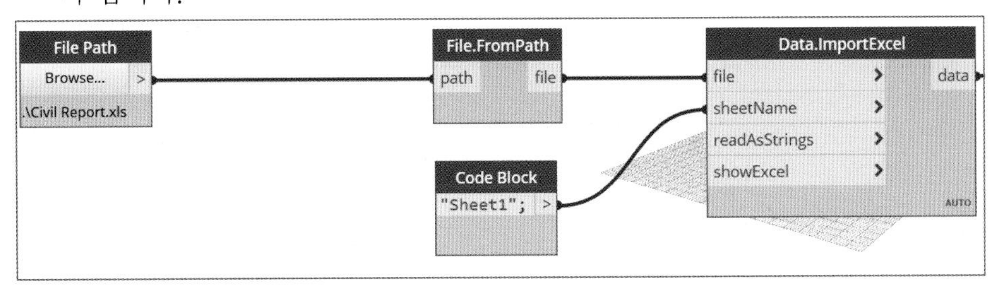

여기서, ImportExport ➡ FileSystem ➡ File Path는 엑셀파일의 경로를 지정해 주는 포트로써 Browse를 클릭하여 경로에 있는 엑셀 파일을 클릭하면 되고 ImportExport ➡ FileSystem ➡ File From Path는 현재 지정한 경로에 파일이 있다고 알려 주는 역할을 하는 포트입니다.

5. 엑셀파일과 Dynamo에서 불러들인 결과 값이 아래와 같이 확인 할 수 있습니다. 다만, dynamo에서는 가로(행)을 우선으로 불러들이기 때문에 이 값들을 엑셀과 동일하게 세로(열)을 기준으로 보기 위해 Tranpose라는 포트를

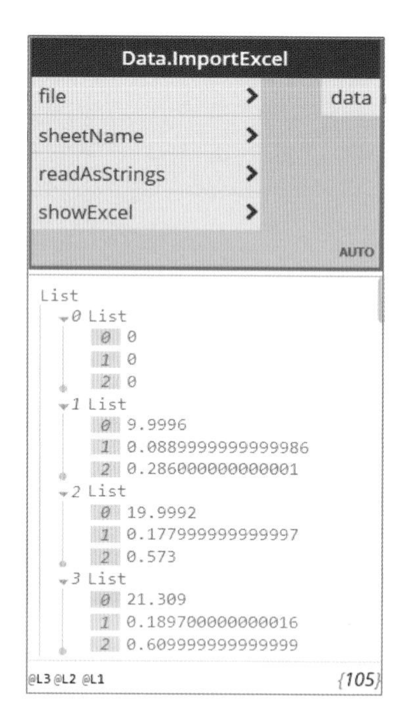

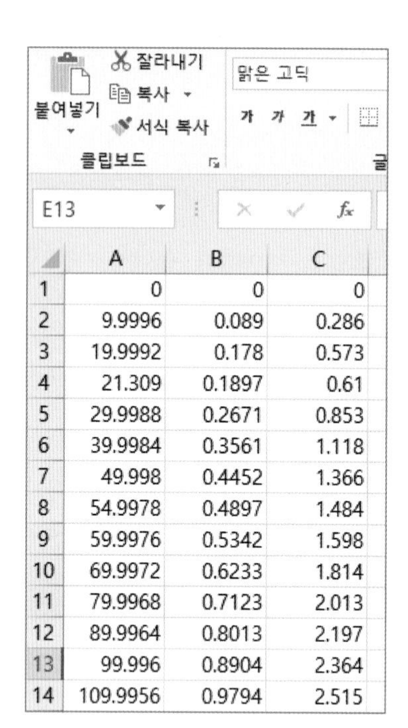

	A	B	C
1	0	0	0
2	9.9996	0.089	0.286
3	19.9992	0.178	0.573
4	21.309	0.1897	0.61
5	29.9988	0.2671	0.853
6	39.9984	0.3561	1.118
7	49.998	0.4452	1.366
8	54.9978	0.4897	1.484
9	59.9976	0.5342	1.598
10	69.9972	0.6233	1.814
11	79.9968	0.7123	2.013
12	89.9964	0.8013	2.197
13	99.996	0.8904	2.364
14	109.9956	0.9794	2.515

활용해서 우리가 원하는 x, y, z 좌표 값 기반으로 결과를 재 배열해보겠습니다. List ➡ Organize ➡ Transpose포트를 생성하여 아래와 같이 연결시켜 줍니다. Transpose 포트는 행렬의 전치 행렬과 유사하다고 이해하면 될 것 같습니다.

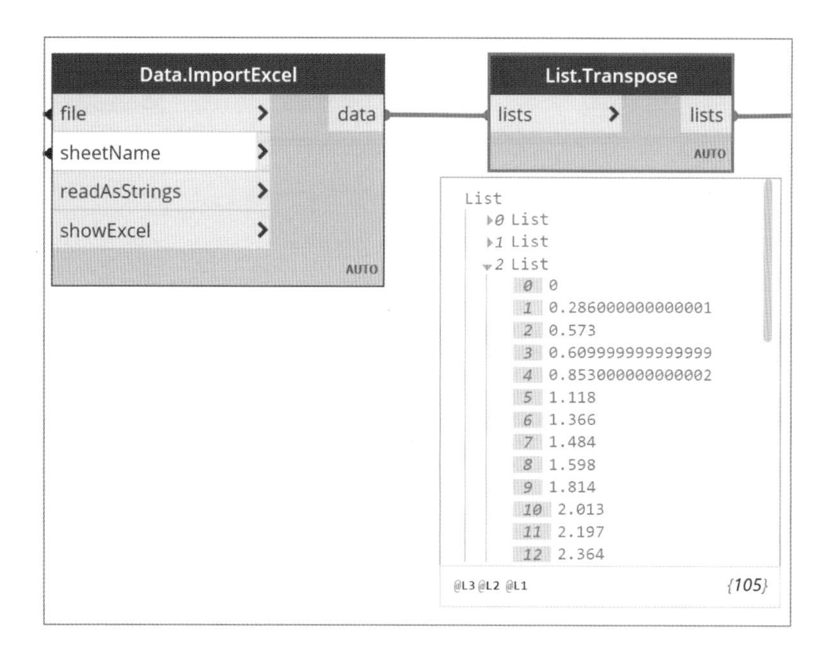

6. 좌표 값들을 점으로 표현하기 위해서는 Geometry ➡ Points ➡ Point ➡ ByCoordinates (x, y, z)를 활용합니다. 그 전에 각 인덱스의 값들을 추출하기 위해서는 아래와 같이 List ➡ Inspect ➡ GetItemAtIndex 라는 포트를 활용할 수 있지만 이 포트를 사용할 경우 각 인덱스별로 포트가 만들어 지기 때문에 복잡하게 보일 수 있습니다. 따라서, 좀 더 간단하게 CodeBlock을 추가하여 작성하여 연결합니다. 아래의 두 이미지 모두 같은 결과 값을 도출하므로 사용자가 편리한 것으로 작성하시면 됩니다.

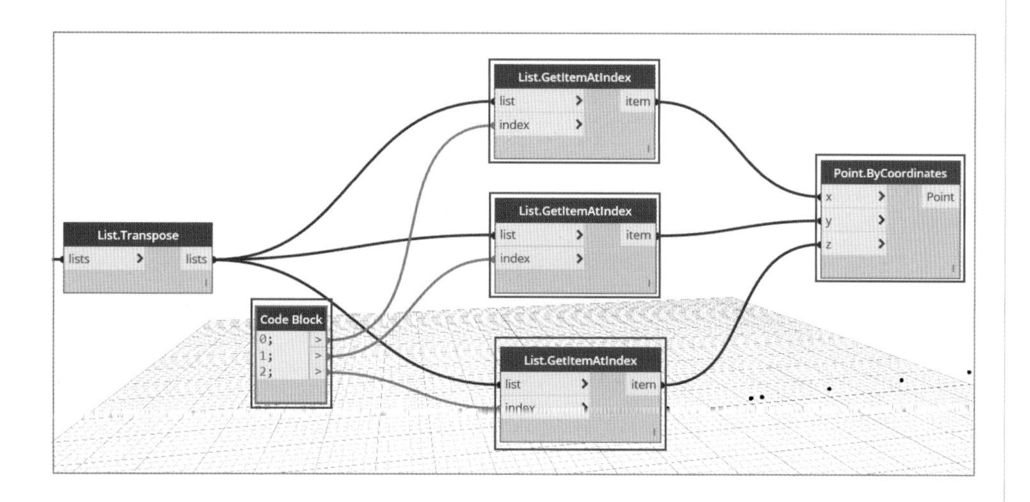

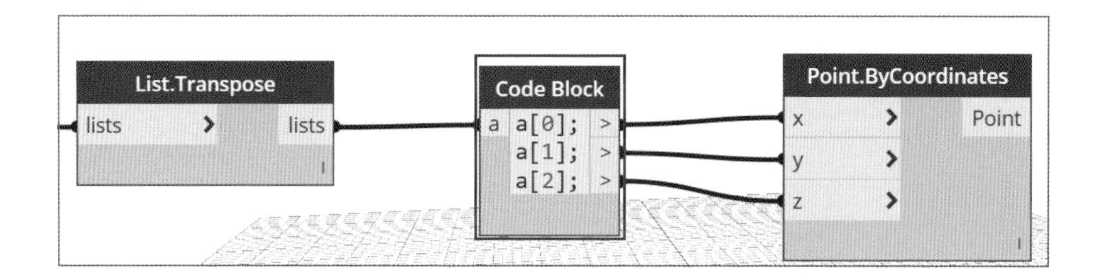

7. 각각의 점들을 이어주기 위해 Geometry ➡ Points ➡ Point ➡ ByCoordinates 추가하여 아래와 같이 연결시키면 PolyCurve(하나로 연결된 곡선)가 만들어 지는데 Revit모델링을 위해서 각각의 커브로 나누어 줘야 되므로 Geometry ➡ Curves ➡ PolyCurvey ➡ ByPoints 포트를 생성한 후 아래와 같이 연결 시켜 줍니다.

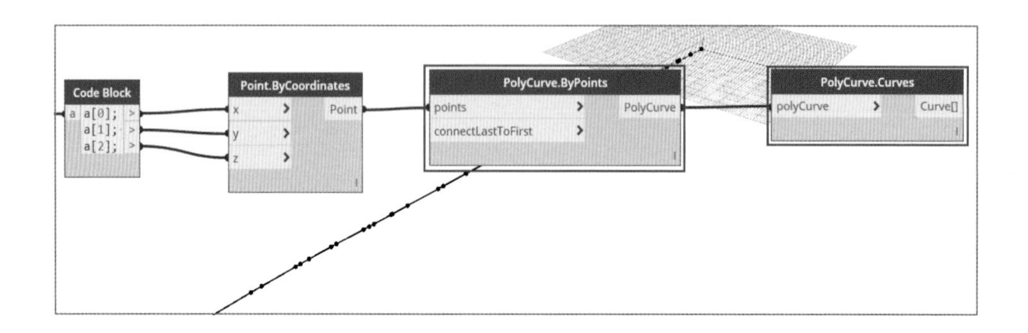

8. Revit의 부재로 모델링하기 위해서 Revit ➡ Elements ➡ StructuralFraming ➡ BeamByCurve를 생성합니다.
입력해야 될 정보는 앞서 모델링 한 지오메트리 정보와 Revit에서 모델링 할 때 기준이 될 Level과 패밀리를 정의해 주어야 합니다. Revit ➡ Selection ➡ Level과 Family Type을 추가하여 아래와 같이 연결시켜주면 모델링이 완성됩니다.

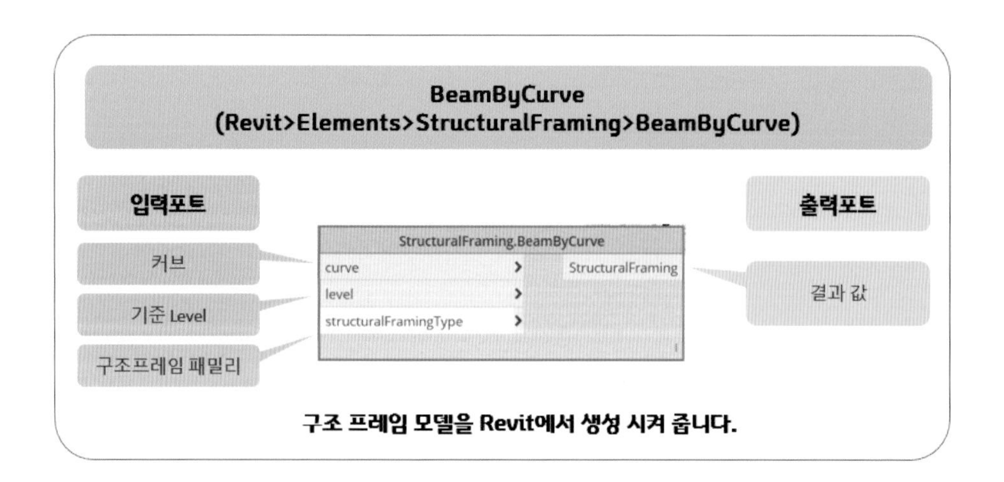

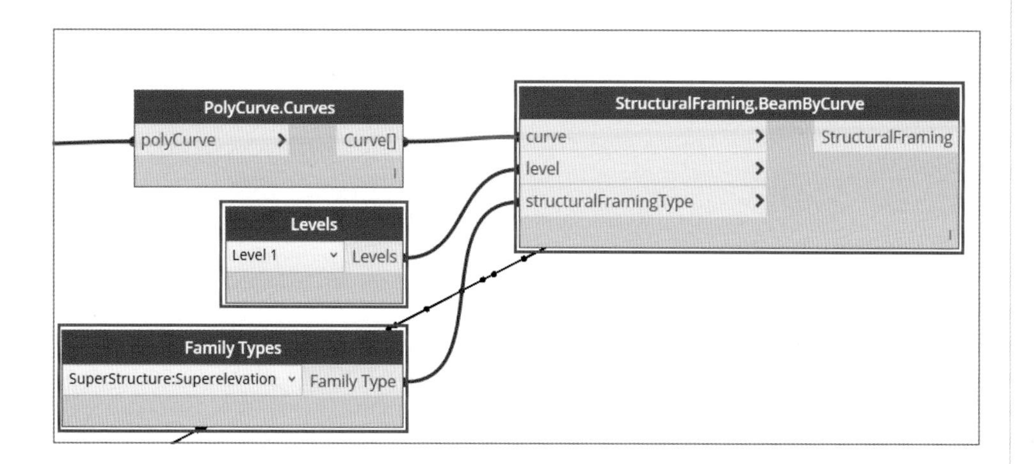

PolyCurve.Curves
polyCurve
Curve[]
StructuralFraming.BeamByCurve
curve
level
structuralFramingType
StructuralFraming
Levels
Level 1
Levels
Family Types
SuperStructure:Superelevation
Family Type

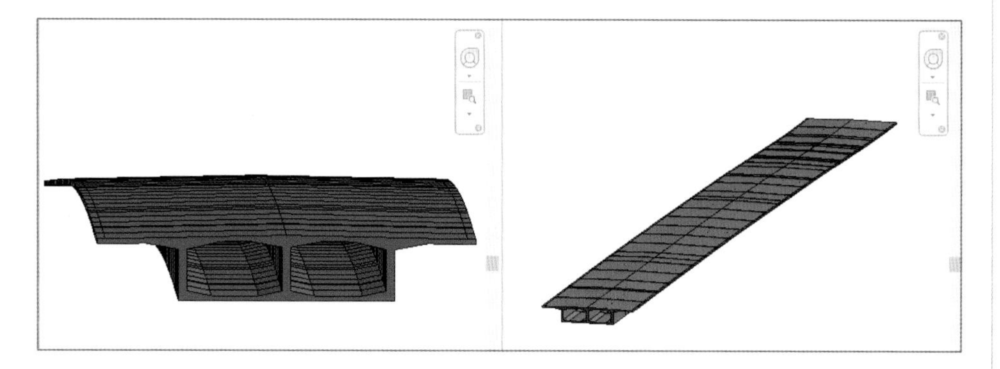

chapter 02 아치교 모델링

본 장은 대부분이 직선이며 장경간 또는 접속교 등으로 설계되는 아치교입니다. 본 장에서 작성하고자 하는 아치교의 형식은 시종점 부의 사각(Skew)을 포함하고 있는 하로아치교입니다.
앞 장에서 설명해 드린 엑셀 형식의 선형 정보 중 직선구간의 좌표를 추출하고 해당 부재를 배치하는 아치교의 작성방법을 설명하려 합니다.

01 아치교의 구성

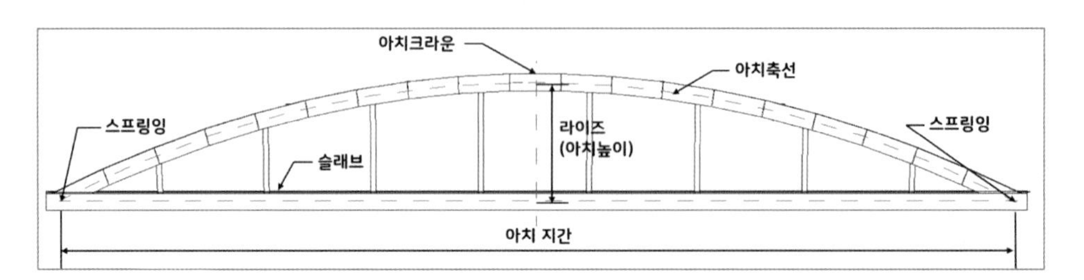

- 아치크라운 : 아치축선의 정점
- 스프링잉(Springing) : 아치의 양끝 지점부
- 아치축선 : 아치리브의 중심선
- 라이즈(Rise) : 스프링잉을 연결하는 직선과 아치크라운부와의 연직거리

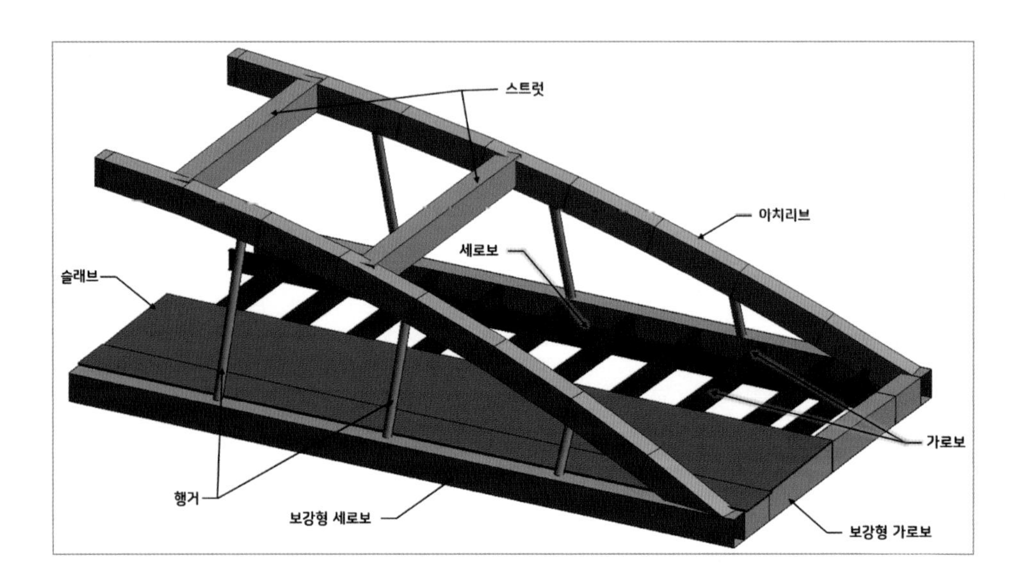

02 패밀리 작성

본 아치교에서는 H형과 BOX형, 원형 보가 사용됩니다. H형보는 가로보 및 세로보에 사용되며 Revit에서 기본으로 제공하는 구조용 패밀리를 사용하여 작성합니다. 보강형 보와 스트럿, 행거 등은 내부가 비어 있는 BOX형과 원형보를 사용하여 이는 패밀리 편집기를 사용하여 해당 패밀리를 작성합니다.

1. 패밀리 작성 준비

① 보 패밀리를 작성하기 위하여 "미터법 구조 프레임 - 보 및 가새"를 선택하여 패밀리 편집기를 실행합니다.

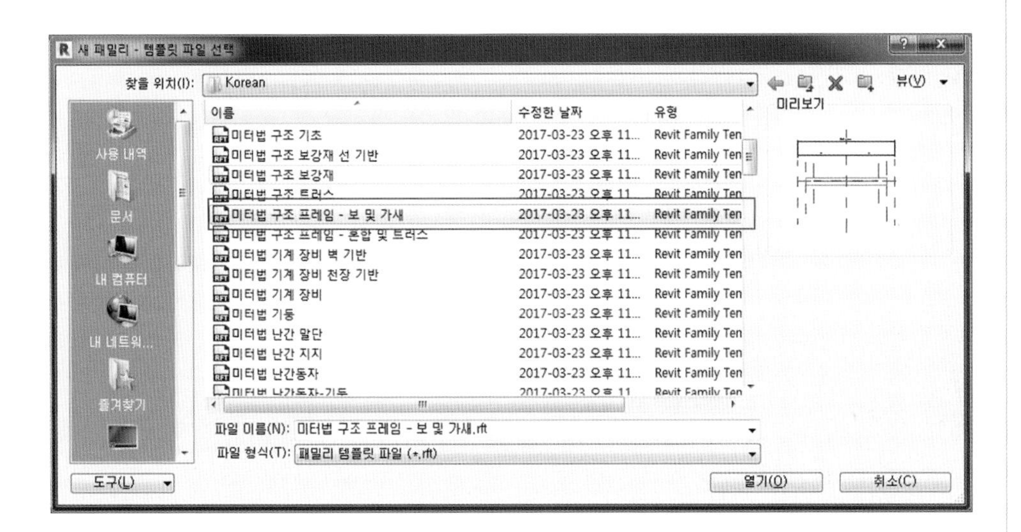

② 아래 그림에 표시되어 있는 부분의 참조평면 및 모델선 객체들을 삭제합니다.

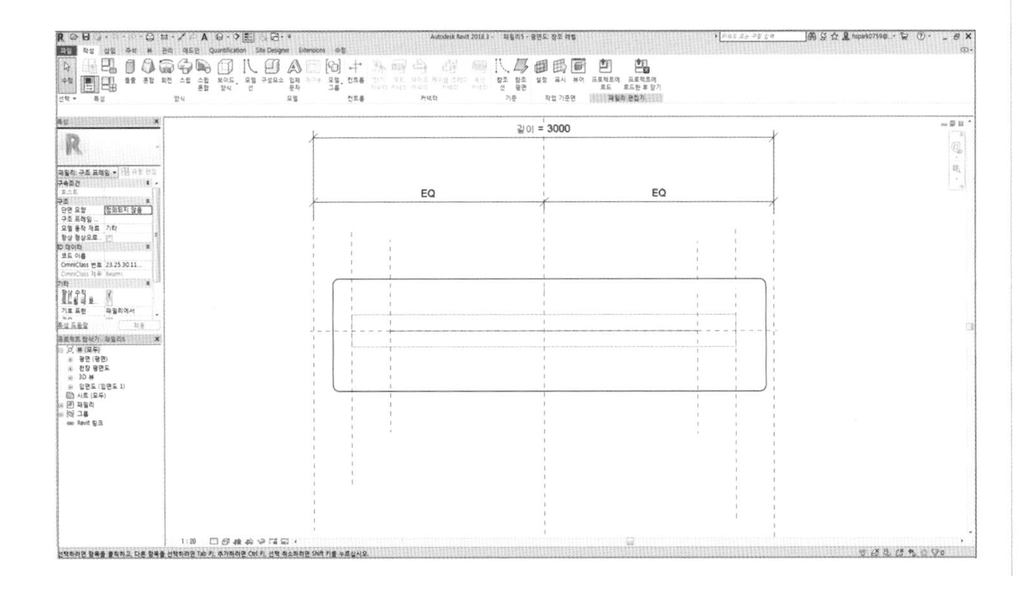

2. Steel Box 패밀리

① 보강형 세로보 및 리브, 스트럿에 사용되는 Box모양의 패밀리를 작성하기 위하여 [작성 탭 〉 양식 패널 〉 돌출] 명령을 클릭합니다.

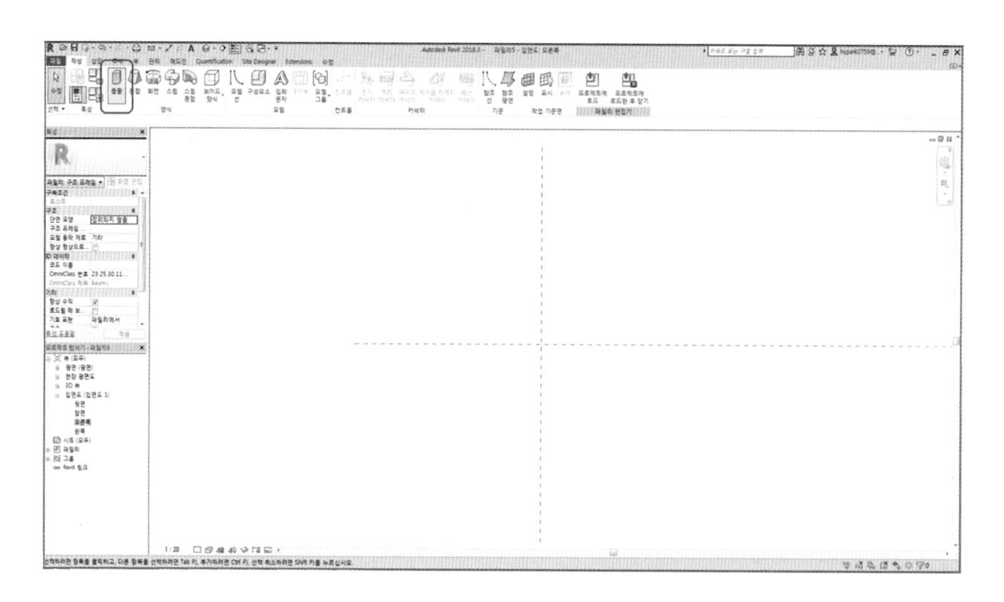

② 작업 기준면 설정패널의 대화상자 중 "이름" 항에 [참조 평면 : 오른쪽]으로 선택하고 확인을 클릭합니다.

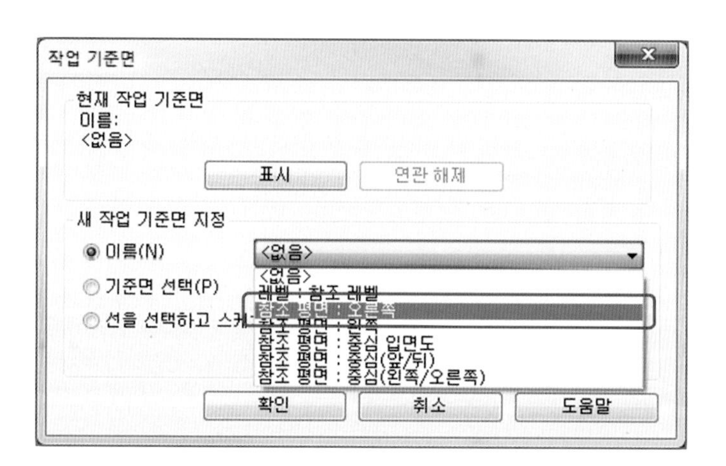

③ 그리기 패널의 **[직사각형]**을 클릭하여 Steel Box의 외부 형상을 b=400, h=500으로 작성 후 해당되는 위치에 **[정렬 치수]** 명령을 이용하여 아래와 같이 작성합니다.

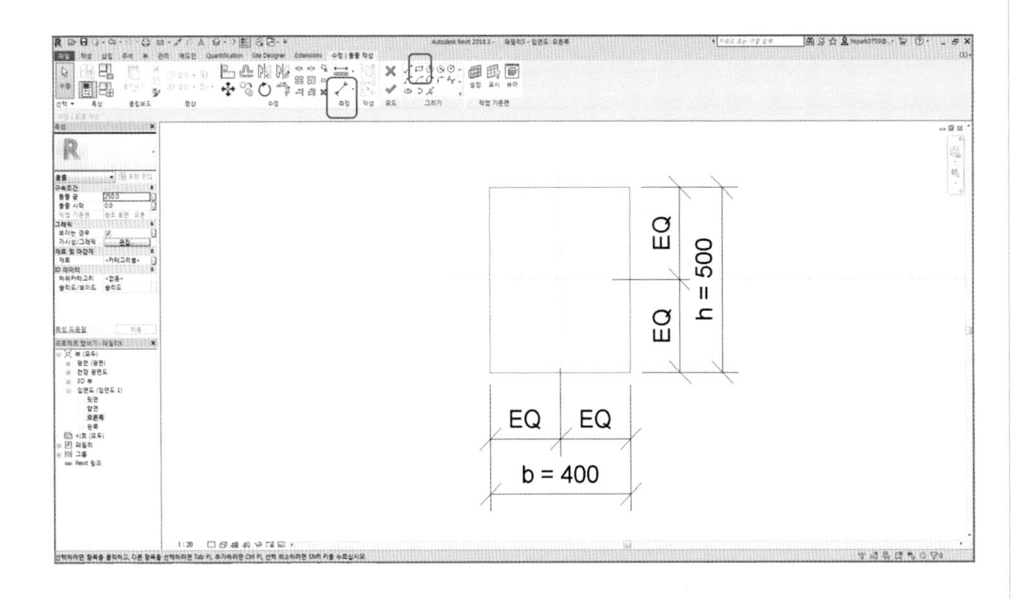

④ 같은 방법으로 Steel Box의 내부 형상 작성합니다. 그리고 상 · 하부, 좌 · 우측에 강재의 두께 20mm씩를 제외한 치수를 작성합니다.

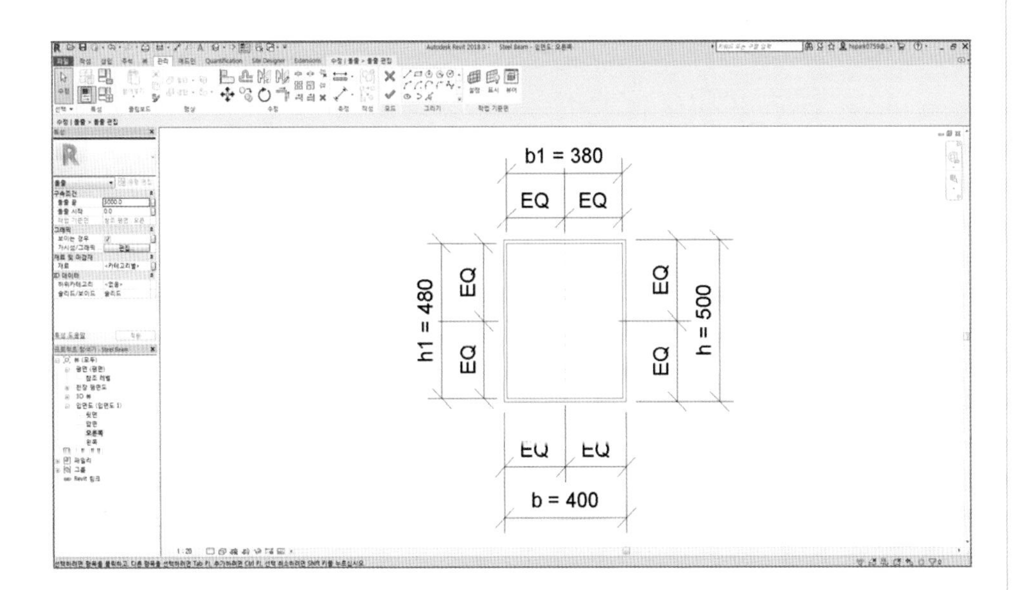

⑤ Steel Box의 두께를 변수로 작성하기 위하여 **[특성 패널 〉 패밀리 유형]**을 클릭하고 새 매개변수를 추가합니다. 매개변수 이름을 "th"를 입력하고 초기값을 20으로 지정합니다. BOX내부의 높이 및 너비를 계산하기 위해 h1과 b1에 대한 수식을 아래와 같이 입력합니다.

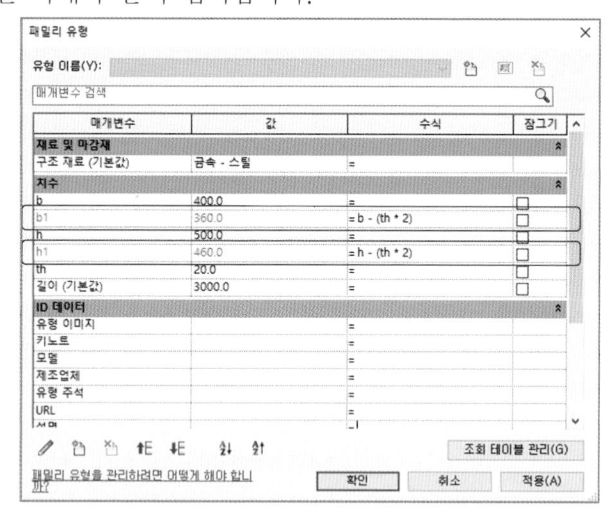

〈매개변수 설명〉

h : 기본 높이

b : 외측 너비

th : 강재의 두께

bi : 내부 보이드의 너비

식 : bi = b - (th * 2)

hi : 내부 보이드의 높이

식 : hi = h - (th * 2)

⑥ 작성하고 있는 보의 패밀리에 길이 변수를 적용하기 위하여 프로젝트 **[탐색기 〉 평면 〉 참조 레벨]**을 클릭합니다. 작성된 보를 왼쪽에 비어있는 참조 평면에 구속하기 위하여 **[수정탭 〉 수정패널 〉 정렬]** 명령을 클릭하고 ⓐ 참조 평면을 클릭하고 ⓑ모형의 끝부분을 클릭합니다.

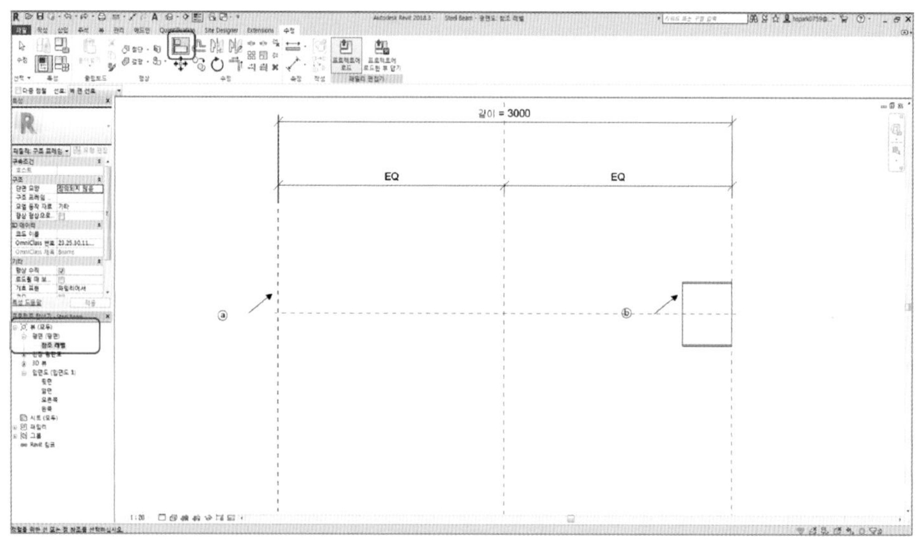

⑦ 자물쇠 모양을 클릭하여 참조평면에 구속을 지정하고 [파일 〉 저장] 명령을 클릭하여 작성된 패밀리를 “Steel Box”로 저장하여 패밀리 작성을 종료 합니다.

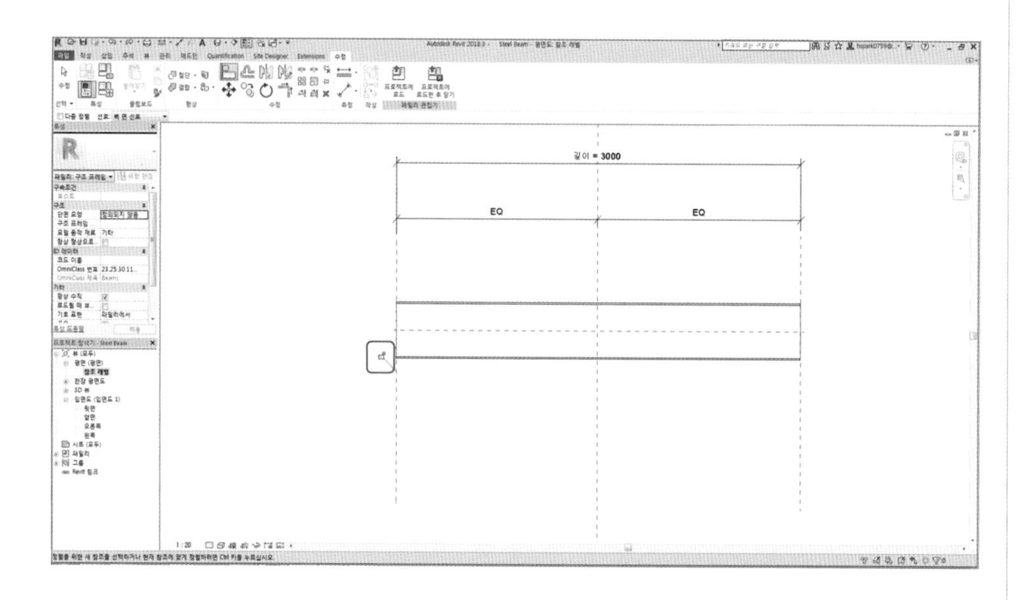

3. 변단면 Steel Box 패밀리

① 보강형 가로보(단부)에 사용되는 변단면 모양의 Steel Box 패밀리를 작성하기 위하여 “미터법 구조 프레임 - 보 및 가새”를 열어서 앞서 설정대로 모델선을 삭제하고 [작성탭 〉 양식패널 〉 혼합] 명령을 클릭합니다.

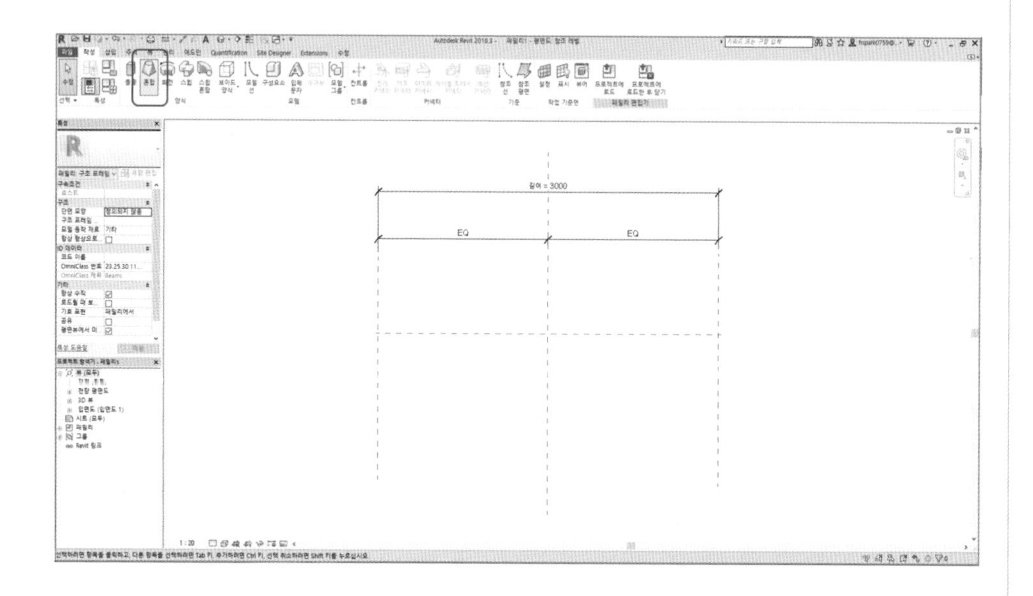

② 작업 기준면 대화상자 중 "이름" 항에 [참조 평면 : 오른쪽]으로 선택하고 확인을 클릭합니다.

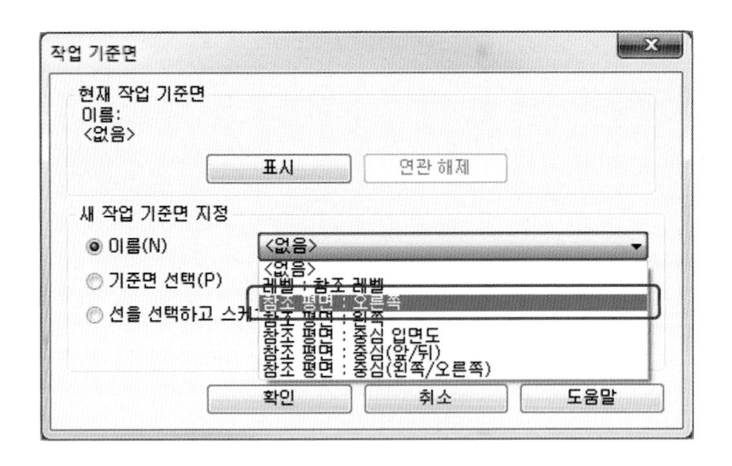

③ 그리기 패널의 직사각형을 클릭하여 아래와 같이 Steel Box의 오른쪽 외부형상을 작성 후 해당되는 위치에 매개변수 및 치수를 입력합니다. 입력 완료 후 [모드 패널 〉상단 편집]을 클릭합니다.

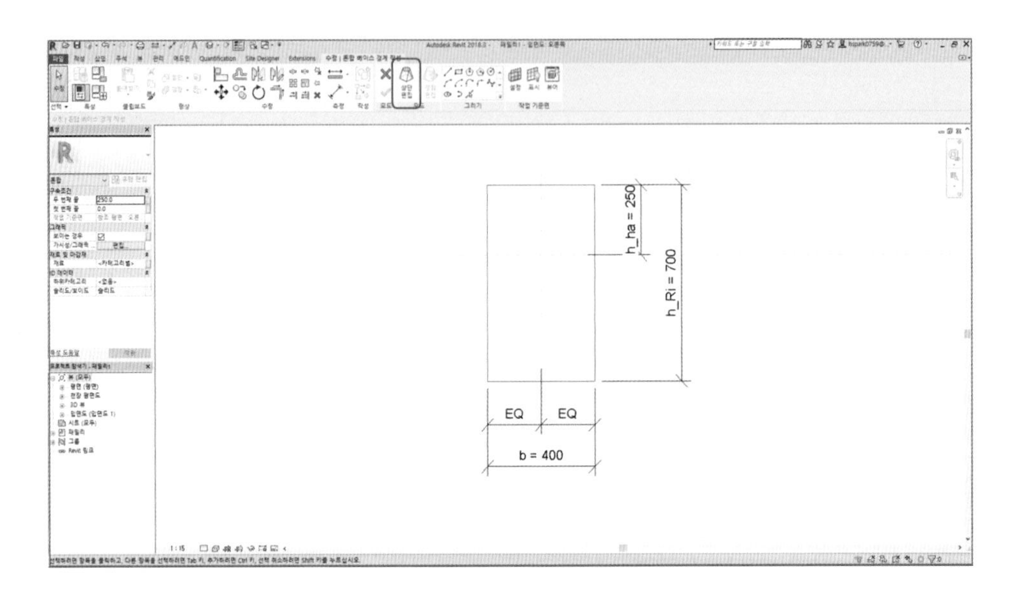

④ 상기의 방법과 같이 Steel Box의 왼쪽 외부형상을 작성 후 매개변수 및 치수를 입력합니다.

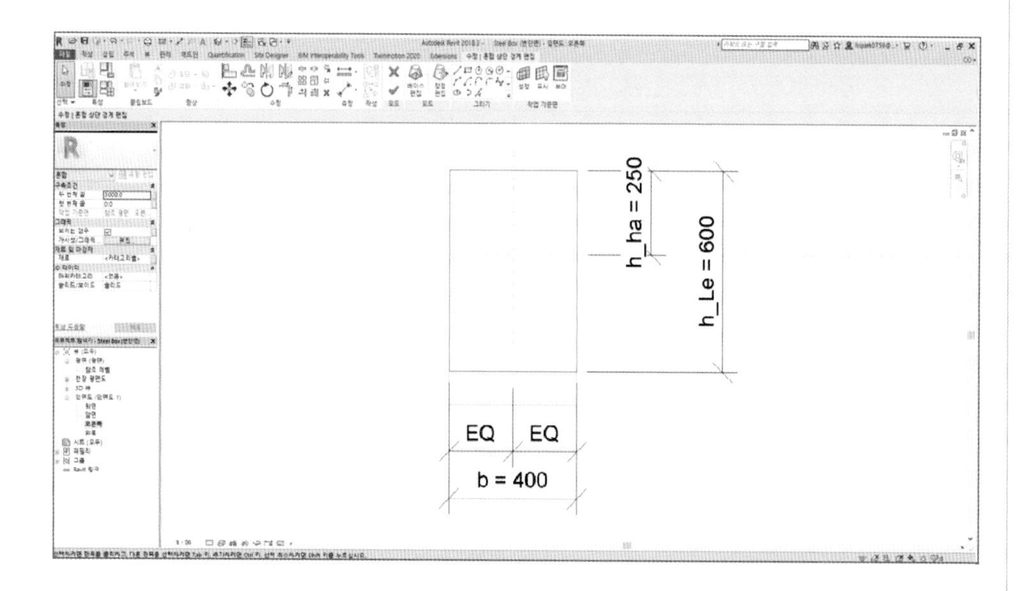

⑤ 변단면 Steel Box내부의 빈 공간을 작성하기 위하여 **[작성탭 〉 양식패널 〉 보이드양식 〉 보이드 혼합]**을 클릭합니다.

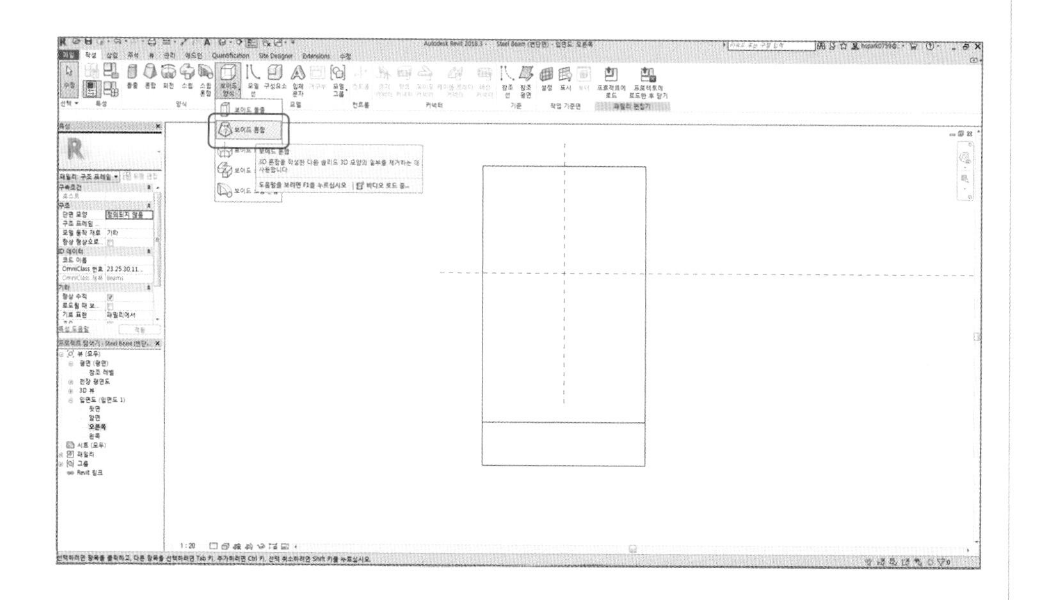

⑥ 그리기 패널의 [**직사각형**]을 클릭하여 Steel Box의 오른쪽 보이드 형상을 작성 후 해당되는 위치에 아래와 같이 매개변수 및 치수를 입력합니다. 입력 완료 후 [**모드 패널 〉 상단 편집**]을 클릭합니다.

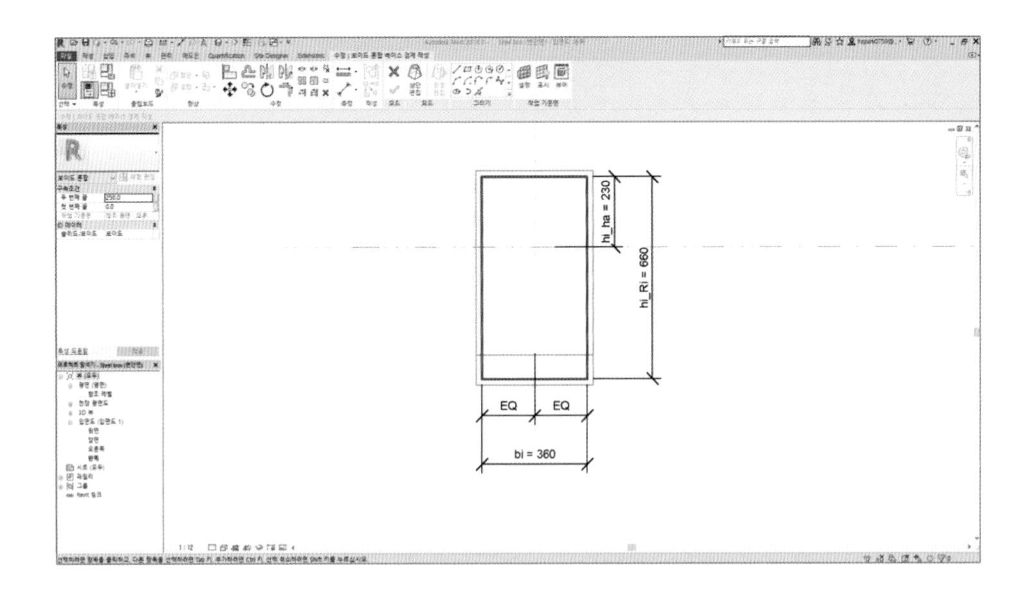

⑦ 같은 방법으로 Steel Box의 왼쪽 보이드 형상을 작성 후 매개변수 및 치수를 입력합니다.

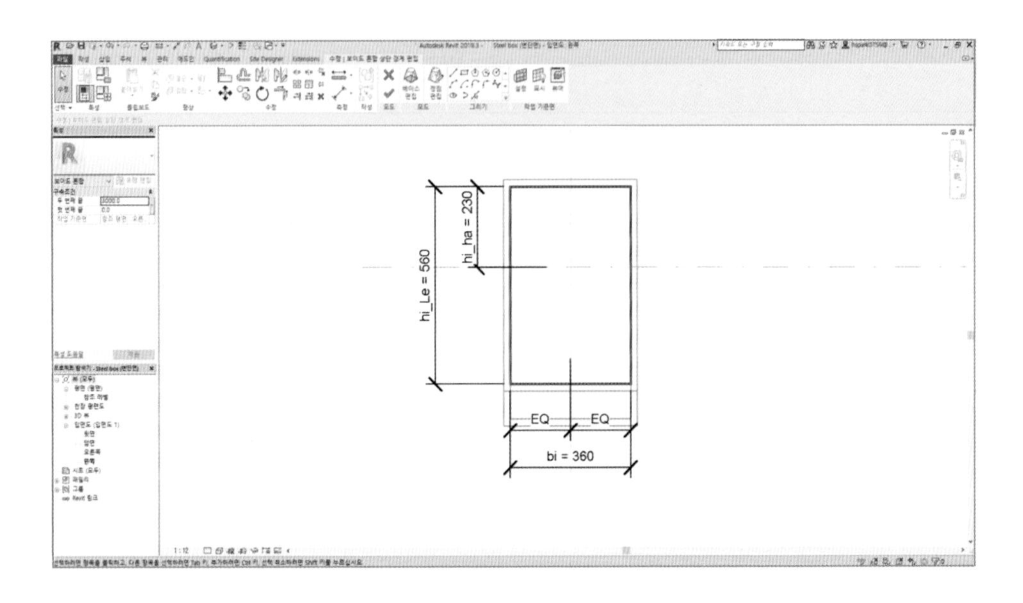

⑧ 변단면 Steel Box의 두께를 변수로 작성하기 위하여 [특성 패널 〉패밀리 유형]을 클릭하고 새 매개변수를 추가합니다. 매개변수 이름을 "th"를 입력하고 이를 이용한 h_ha, bi, hi_ha, hi_Le, hi_Ri에 대한 수식을 아래와 같이 입력합니다.

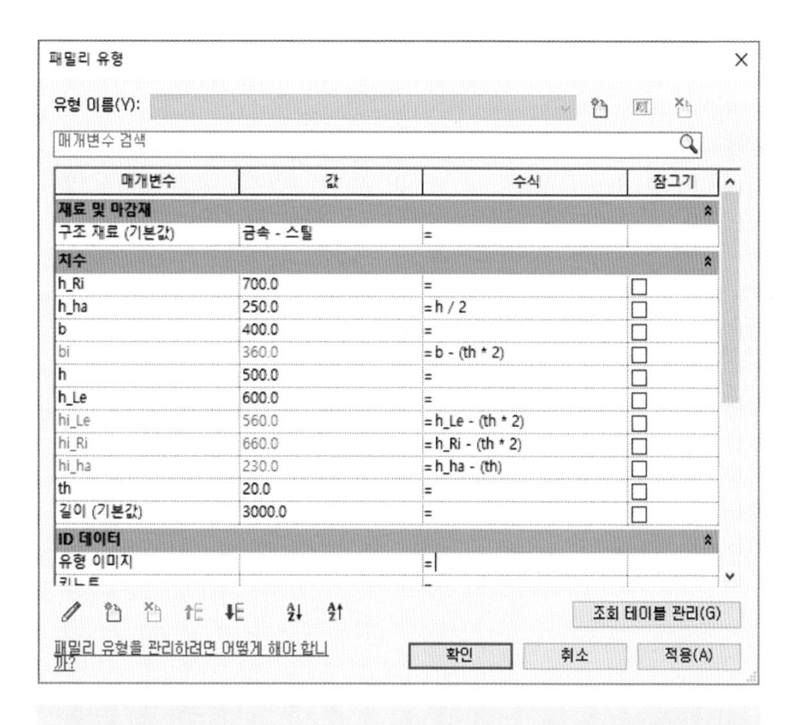

〈매개변수 설명〉

h : 기본 높이
b : 외측 너비
th : 강재의 두께
h_ha : 변하지 않는 상측의 절반 높이
식 : h_ha = h /2
h_Ri : 보 오른쪽 측면의 전체 높이
h_Le : 보 왼쪽 측면의 전체 높이
bi : 내부 보이드의 너비
식 : bi = b – (th * 2)
hi_ha : 변하지 않는 내부 보이드의 상측 높이
식 : hi_ha = h_ha – th
hi_Ri : 보 오른쪽 내부 보이드의 전체 높이
식 : hi_Ri = h_Ri – (th * 2)
hi_Le : 보 왼쪽 내부 보이드의 전체 높이
식 : hi_Le = h_Le – (th * 2)

⑨ 작성하고 있는 변단면 보의 패밀리에 길이 변수를 적용하기 위하여 프로젝트 [**탐색기 〉 평면 〉 참조 레벨**]을 클릭합니다. 작성된 보를 왼쪽에 비어있는 참조평면에 구속하기 위하여 [**수정탭 〉 수정패널 〉 정렬**] 명령을 클릭하고 ⓐ 참조평면을 클릭하고 ⓑ 모형의 끝부분을 클릭합니다.

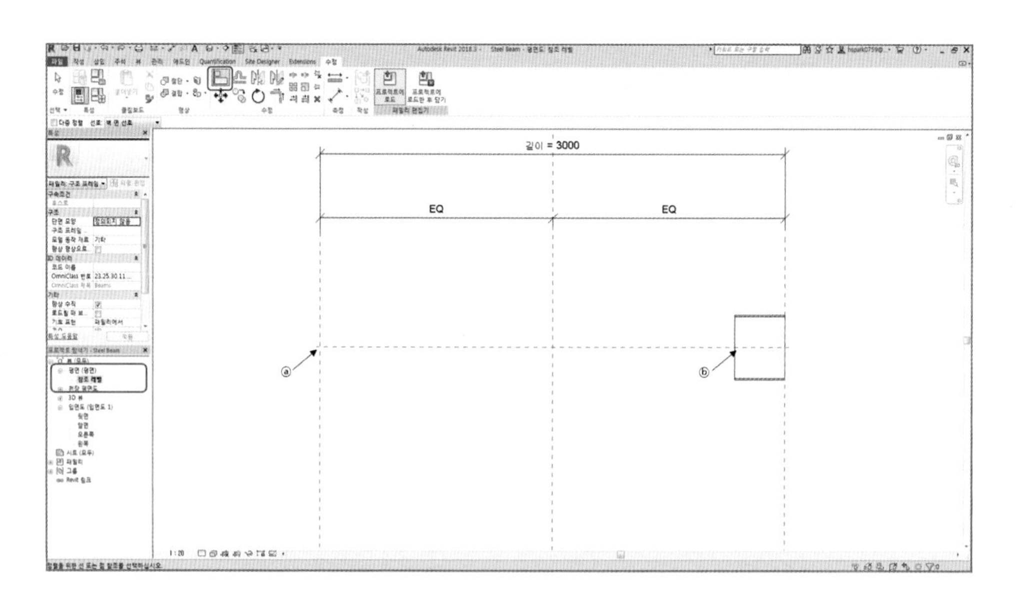

⑩ 자물쇠 모양을 클릭하여 참조평면에 구속을 지정하고 [**파일 〉 저장**] 명령을 클릭하여 작성된 패밀리를 "Steel Box(변단면)"으로 저장하여 패밀리 작성을 종료합니다.

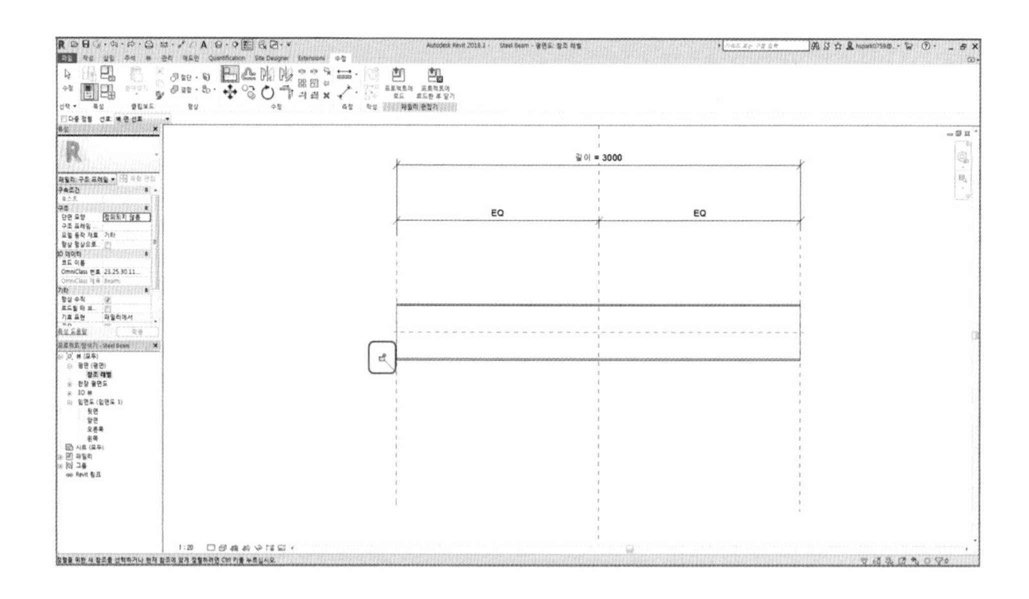

4. 행거(원형) 패밀리

① 행거에 사용되는 원형 모양의 패밀리를 작성하기 위하여 [작성 탭 〉양식 패널 〉돌출] 명령을 클릭합니다.

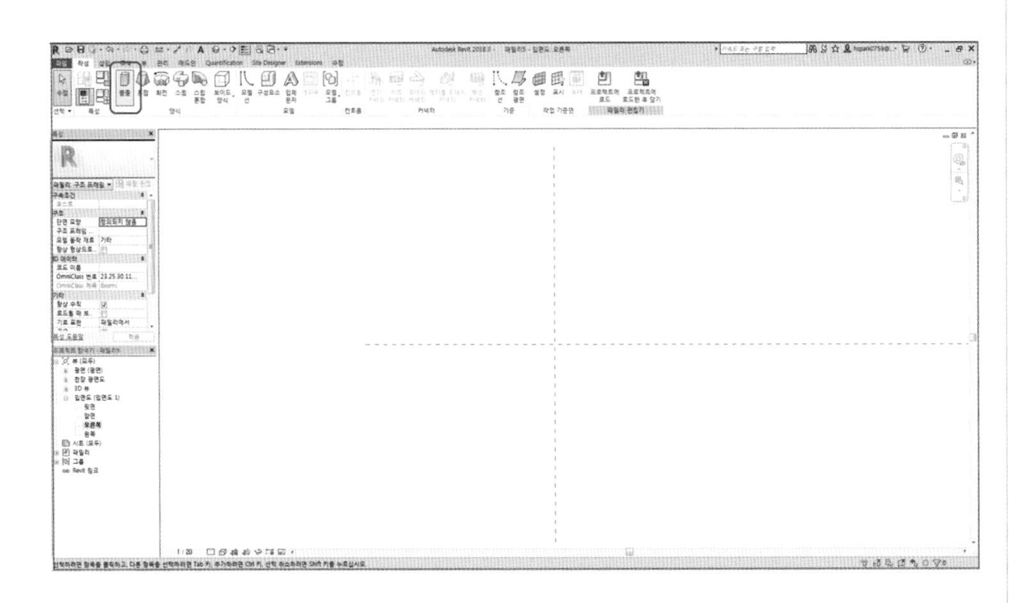

② 작업 기준면 대화상자 중 "이름" 항에 [참조 평면 : 오른쪽]으로 선택하고 확인을 클릭합니다.

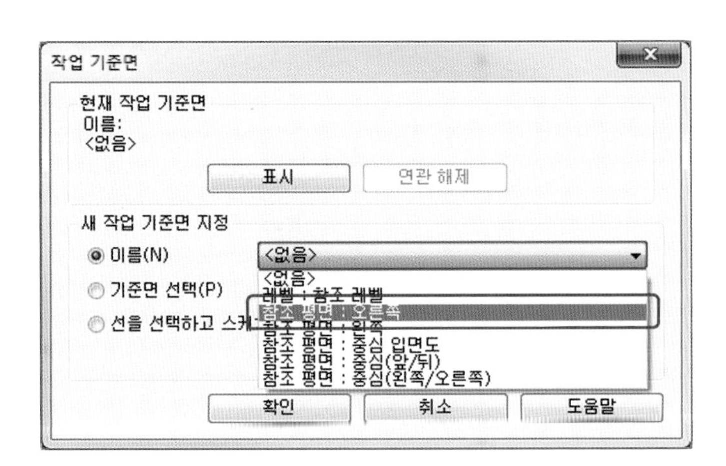

③ 그리기 패널의 [원]을 클릭하여 행거의 외부 형상을 작성 후 해당되는 위치에 [지름 치수] 명령을 이용하여 아래와 같이 치수를 작성합니다.

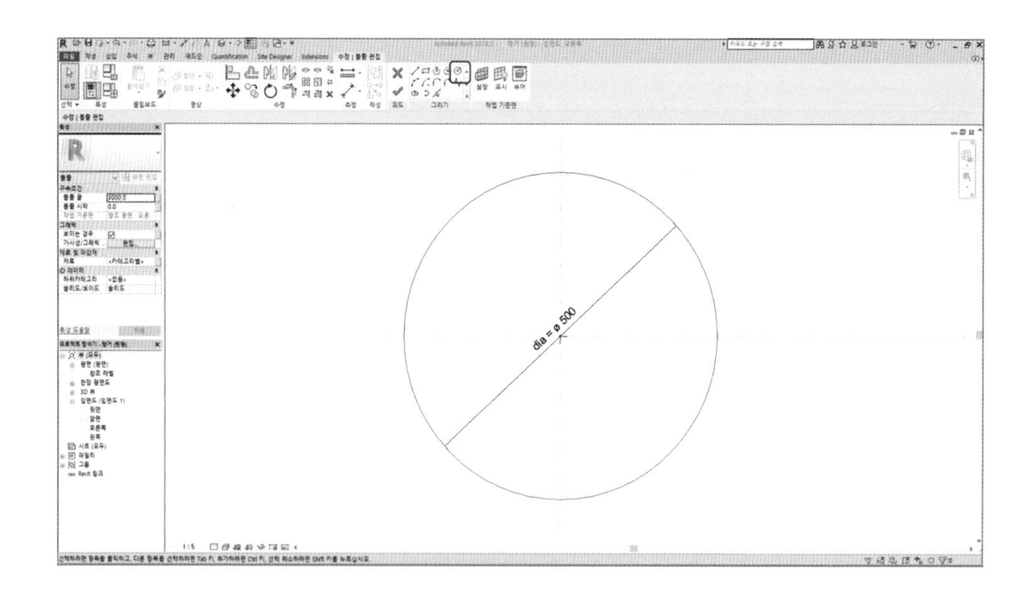

④ 같은 방법으로 행거의 내부 형상 및 치수를 작성합니다.

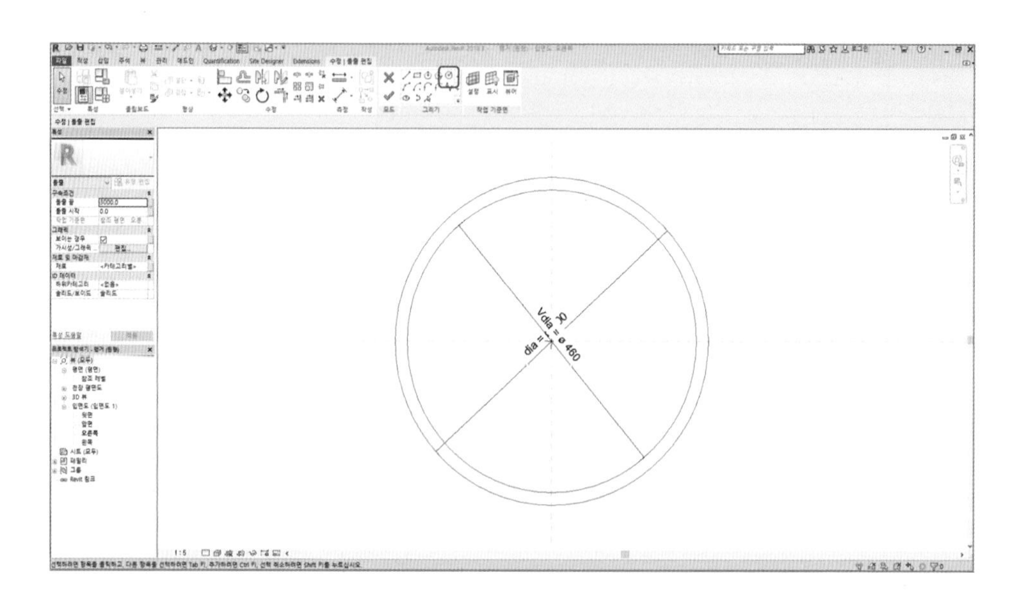

⑤ 행거의 두께를 변수로 작성하기 위하여 [특성 패널 > 패밀리 유형]을 클릭하고 새 매개변수를 추가합니다. 매개 변수 이름을 "th"를 입력하고 이를 이용한 Vdia에 대한 수식을 아래와 같이 입력합니다.

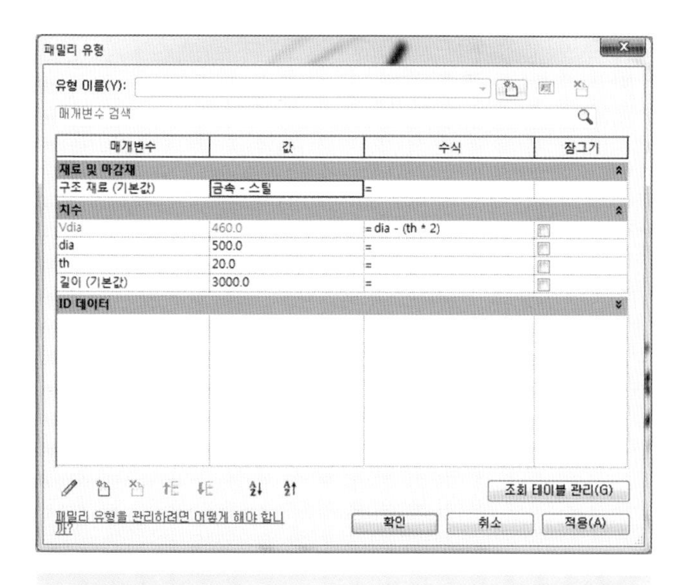

〈매개변수 설명〉

dia : 외측 지름

th : 강재의 두께

Vdia : 내측 지름

식 : Vdia = dia - (th * 2)

⑥ 작성하고 있는 원형 보의 패밀리에 길이 변수를 적용하기 위하여 프로젝트 [탐색기 > 평면 > 참조 레벨]을 클릭합니다. 작성된 보를 왼쪽에 비어있는 참조 평면에 구속하기 위하여 [수정탭 > 수정패널 > 정렬] 명령을 클릭하고 ⓐ 참조 평면을 클릭하고 ⓑ 모형의 끝부분을 클릭합니다.

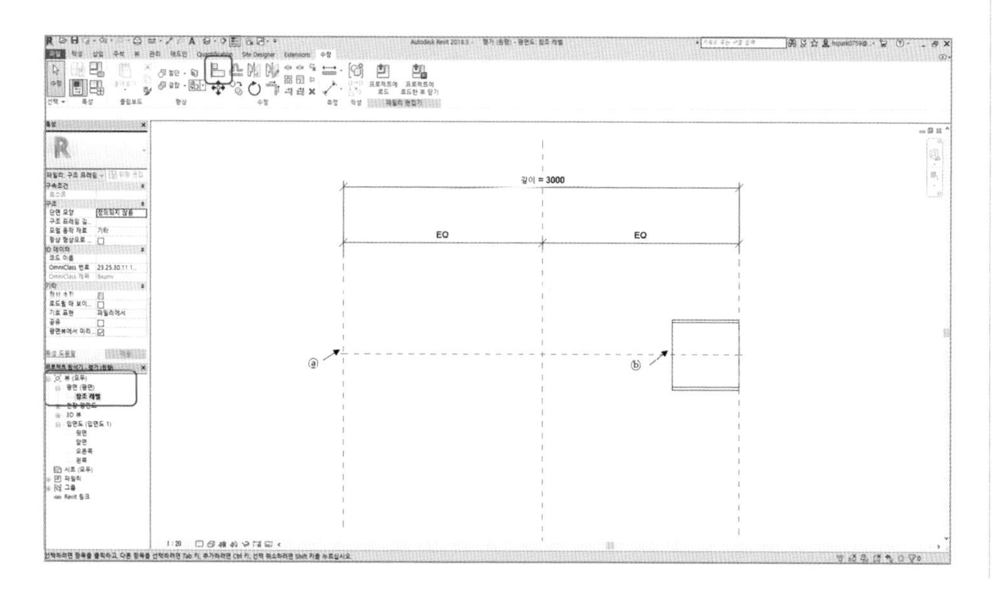

⑦ 자물쇠 모양을 클릭하여 참조평면에 구속을 지정하고 [파일 > 저장]을 클릭하여 작성된 패밀리를 "행거(원형)"으로 저장하여 패밀리 작성을 종료 합니다.

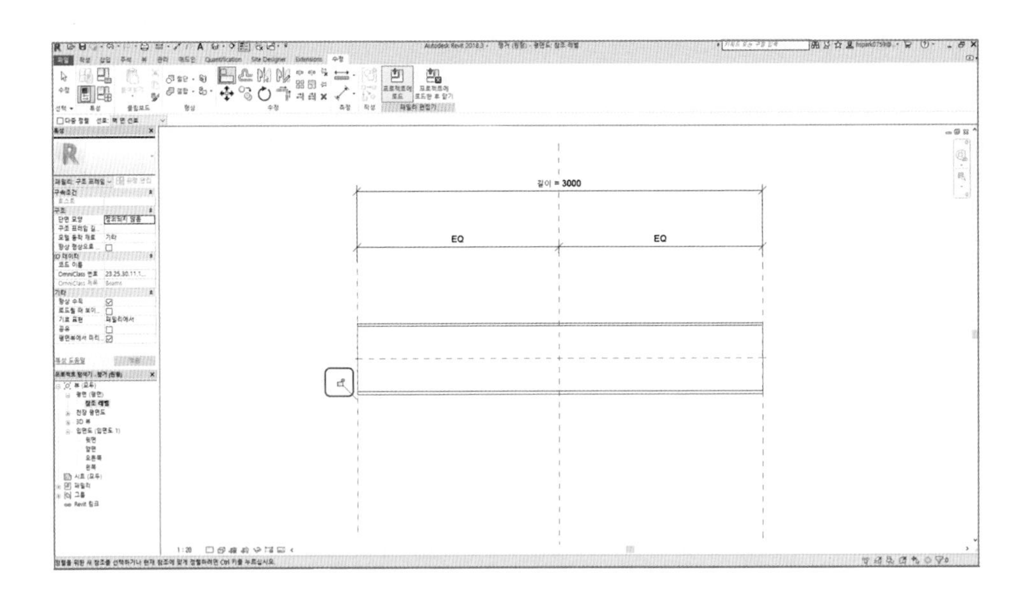

03 프로젝트 준비

1. 프로젝트 템플릿 선택

아치교 작성에 대한 기본적인 보의 패밀리 작성이 완료가 되었으면 Revit 홈 화면에 [프로젝트 > 구조 템플릿]을 선택하거나 메뉴에 [파일 > 새로만들기 > 프로젝트]를 클릭해서 나오는 새 프로젝트 대화상자에 구조 템플릿을 선택합니다.

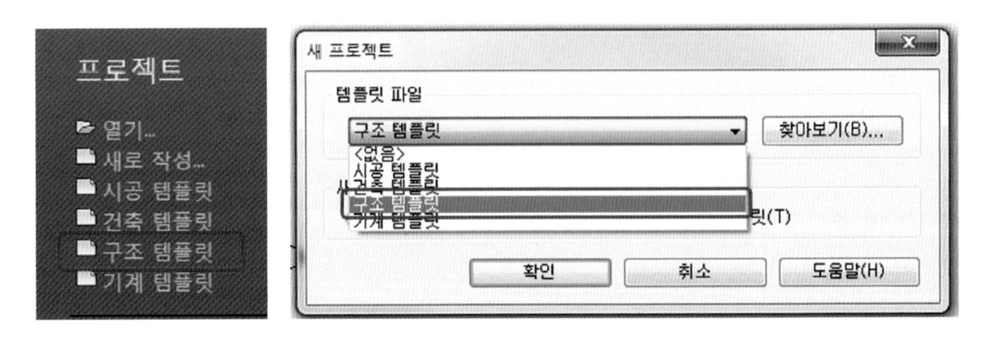

2. 패밀리 로드

① 앞에서 작성한 3가지의 패밀리를 프로젝트에 로드하기 위하여 [삽입 탭 〉 라이브러리에서 로드 패널 〉 패밀리 로드] 명령을 클릭합니다.

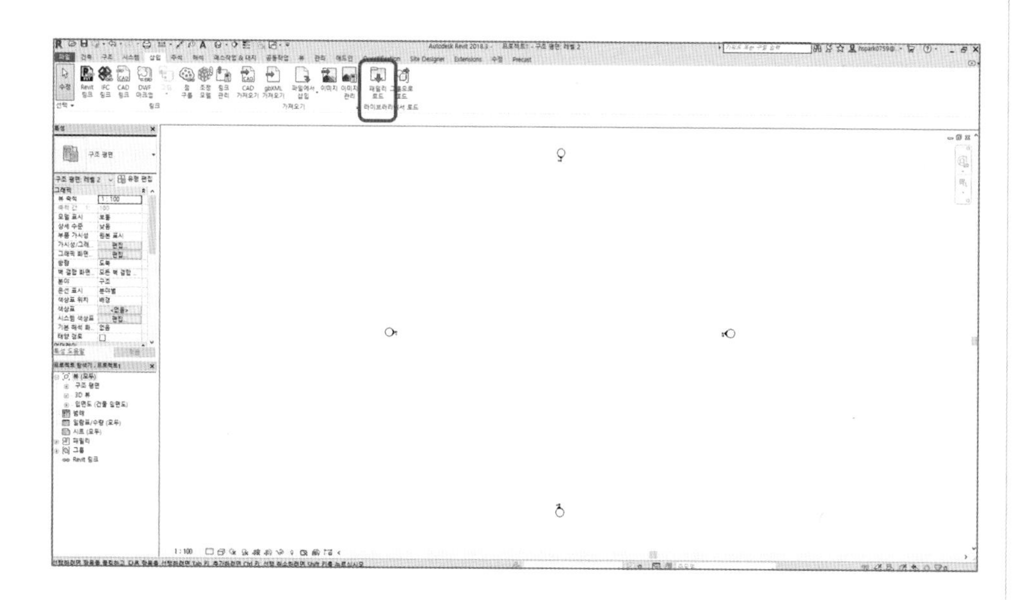

② 작성된 패밀리를 선택하고 [열기]를 클릭합니다.

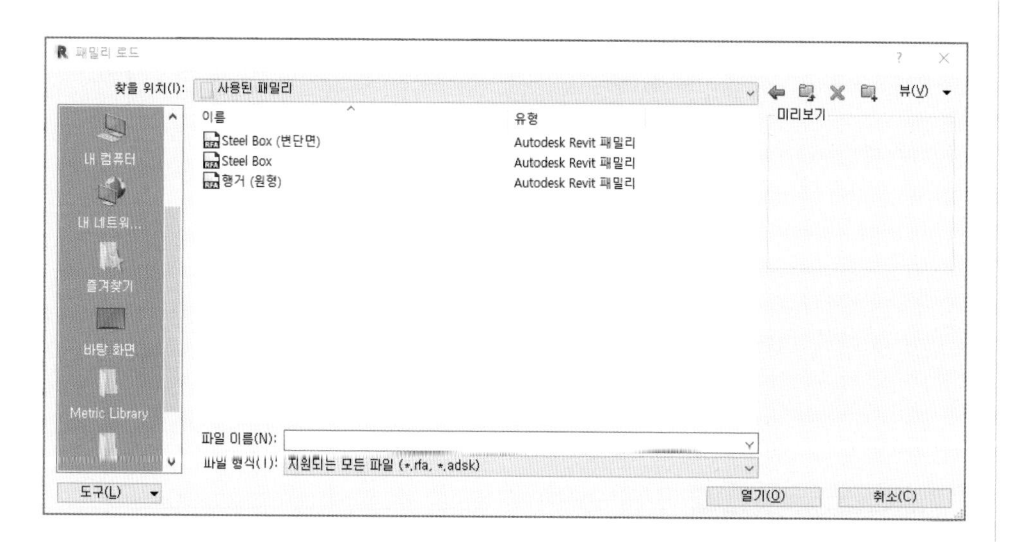

③ [프로젝트 탐색기 〉 패밀리 〉 구조 프레임]을 확인하여 해당 패밀리가 로드되었는지 확인합니다.

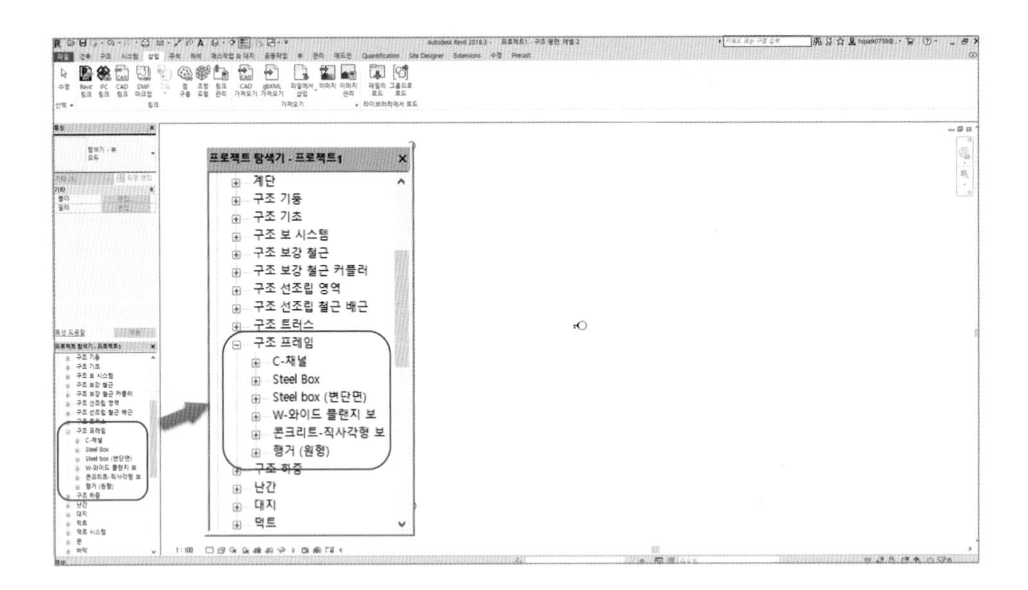

④ Dynamo를 실행하기 위하여 [관리 탭 〉 시각적 프로그래밍 〉 Dynamo]를 클릭합니다.

04 Dynamo 작성

1. Dynamo 구성

아치교를 작성하기 위한 Dynamo의 구성은 다음과 같이 11개의 부분으로 되어 있습니다. 이는 중심선형 및 횡단구성, 아치리브 위치, 행거의 위치 등을 지정하고 해당 위치에 보 패밀리를 배치하여 아치교를 완성하도록 되어 있습니다.

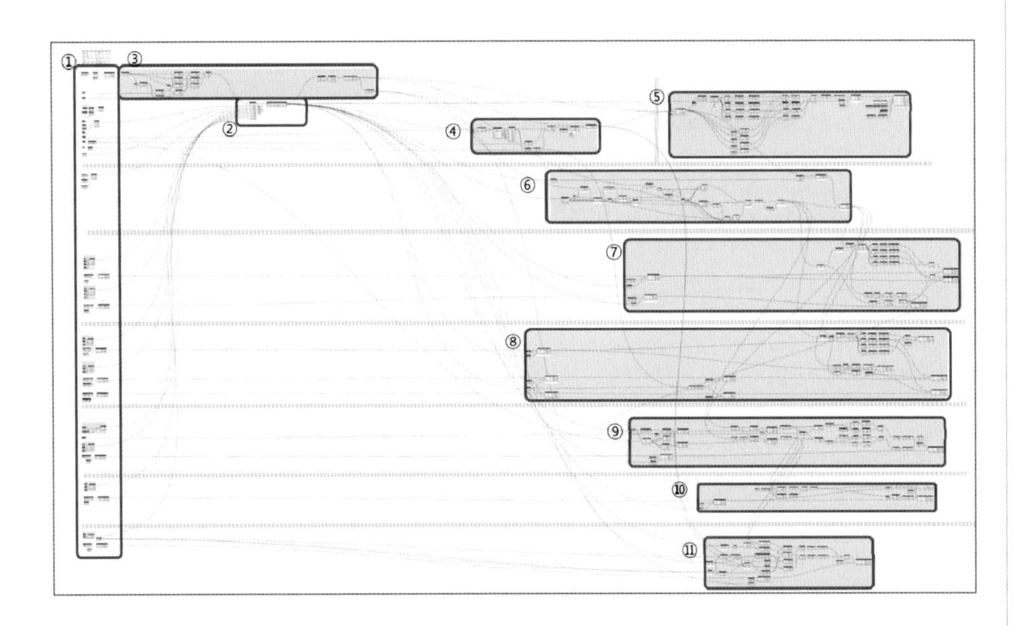

Dynamo 구성 순서

① 아치 작성에 대한 수치 입력
② 입력 값에 대한 단위 변환
③ 중심선형 작성
④ 횡단 구성
⑤ 슬래브 작성
⑥ 가로보 위치 지정
⑦ 가로보 및 세로보 작성
⑧ 보강형 보 작성
⑨ 아치리브 작성
⑩ 스트럿 설치
⑪ 행거 설치

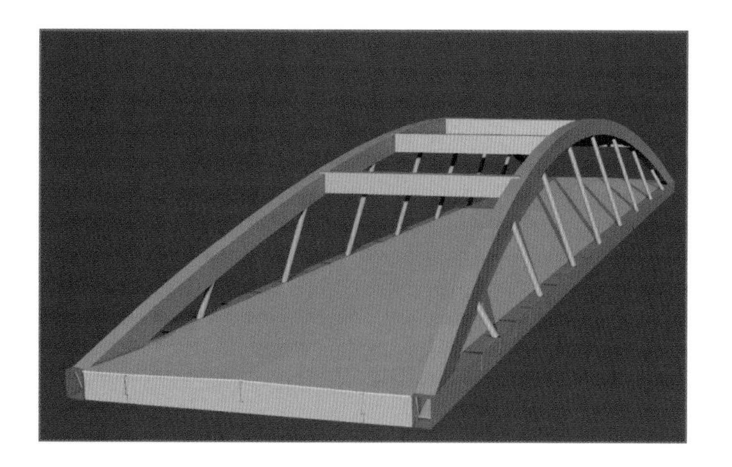

2. 중심선형작성

본 장에서의 아치교는 앞 장에서 작성된 선형 중 직선구간의 위치인 0+055.00 ~ 0+167.75 구간을 추출하여 중심선형을 작성합니다.

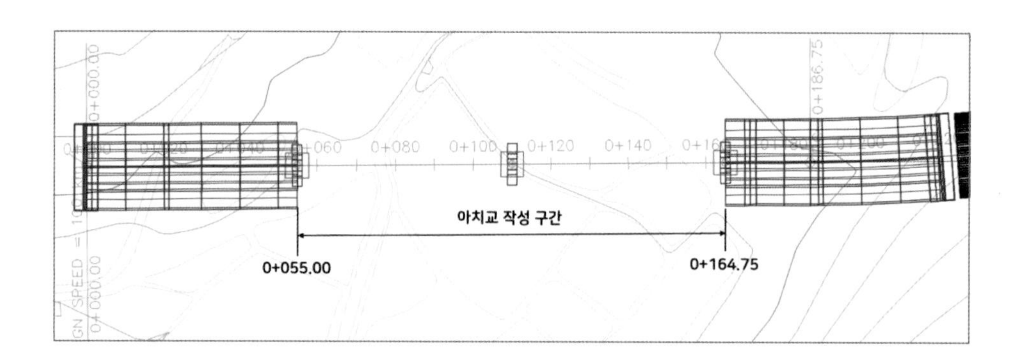

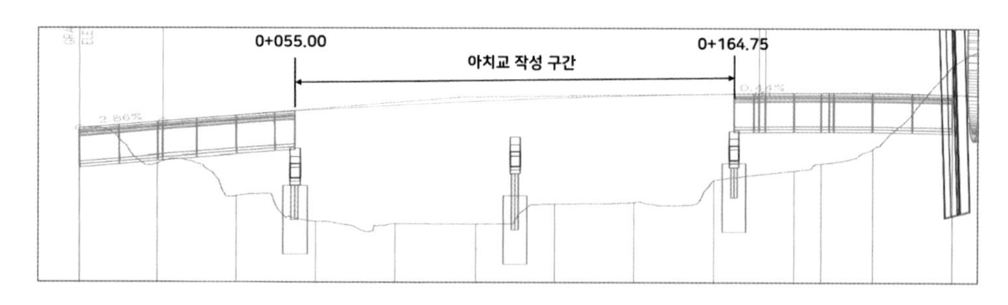

① 선형 데이터를 작성하기 위하여 앞 장에서 작성한 엑셀 파일의 A열에 Station 값을 추가 후 Civil Report V2로 다른 이름으로 저장합니다.

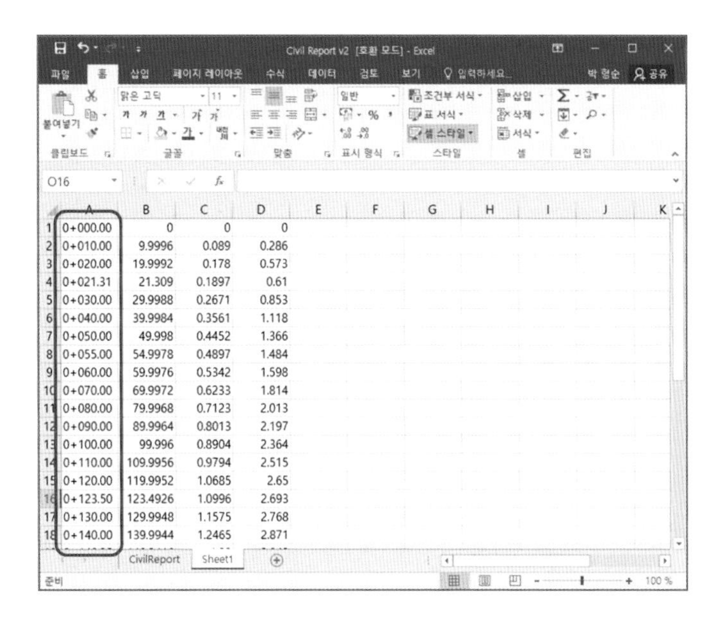

	A	B	C	D
1	0+000.00	0	0	0
2	0+010.00	9.9996	0.089	0.286
3	0+020.00	19.9992	0.178	0.573
4	0+021.31	21.309	0.1897	0.61
5	0+030.00	29.9988	0.2671	0.853
6	0+040.00	39.9984	0.3561	1.118
7	0+050.00	49.998	0.4452	1.366
8	0+055.00	54.9978	0.4897	1.484
9	0+060.00	59.9976	0.5342	1.598
10	0+070.00	69.9972	0.6233	1.814
11	0+080.00	79.9968	0.7123	2.013
12	0+090.00	89.9964	0.8013	2.197
13	0+100.00	99.996	0.8904	2.364
14	0+110.00	109.9956	0.9794	2.515
15	0+120.00	119.9952	1.0685	2.65
16	0+123.50	123.4926	1.0996	2.693
17	0+130.00	129.9948	1.1575	2.768
18	0+140.00	139.9944	1.2465	2.871

② 수정된 엑셀 파일을 불러오기 위하여 앞에서 작성된 노드들과 같이 작성합니다.

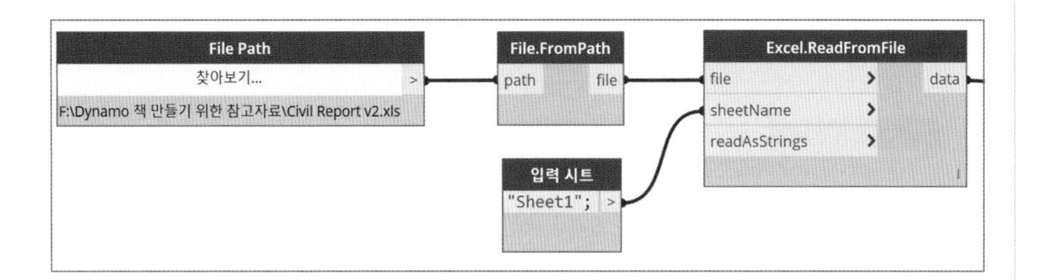

③ 해당 리스트는 Dynamo의 특성에 따라 가로(행)으로 작성 됩니다. 엑셀 작업을 세로 단위로 작업을 수행하였기 때문에 행열 변환노드인 List 〉 Organize 〉 Transpose 노드를 추가 합니다.

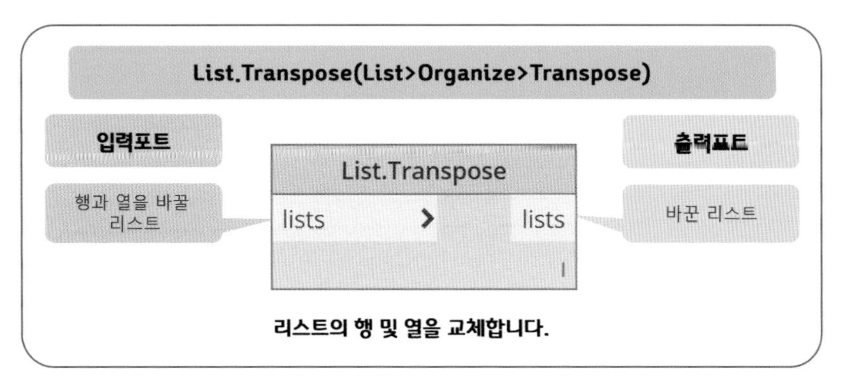

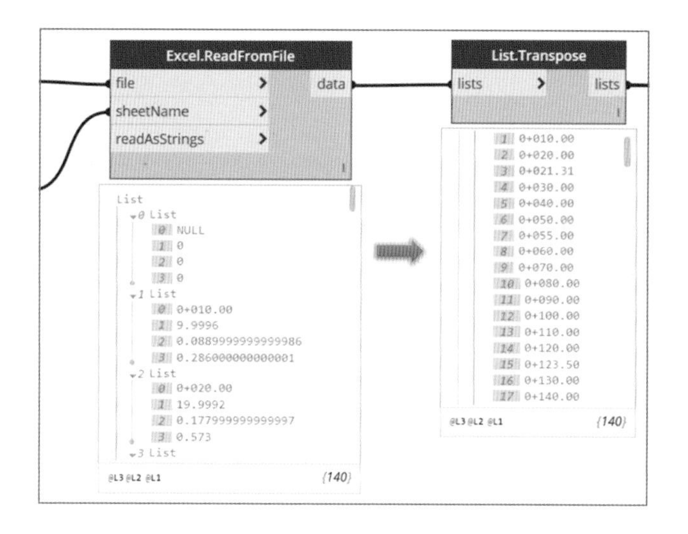

④ ③에서 작성된 List에서 Station 위치를 추출하기 위하여 List 〉 Inspact 〉 GetItemAtIndex 노드를 추가하고 Index 입력 포트에 Code Block을 이용하여 0을 입력하고 연결합니다. 교량의 시종점이 되는 index의 위치를 찾아내기 위하여 List 〉 Inspact 〉 IndexOf 노드를 추가합니다. Element 입력포트에 Input〉Basic〉String 노드를 추가하여 "0+055.00"를 입력하고 "시점 station"으로 노드 이름을 변경하고 연결합니다.
IndexOf 노드를 하나 더 추가하고 Element 입력포트에 String 노드를 추가하여 "0+164.75"를 입력하고 "종점 station"으로 노드 이름을 변경하고 연결합니다.

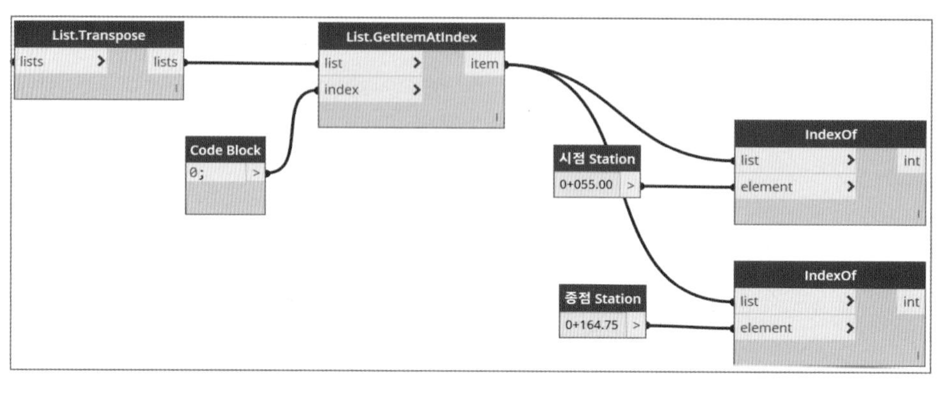

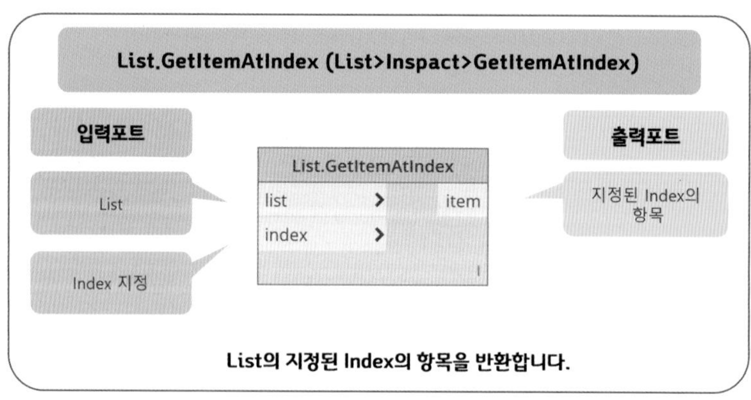

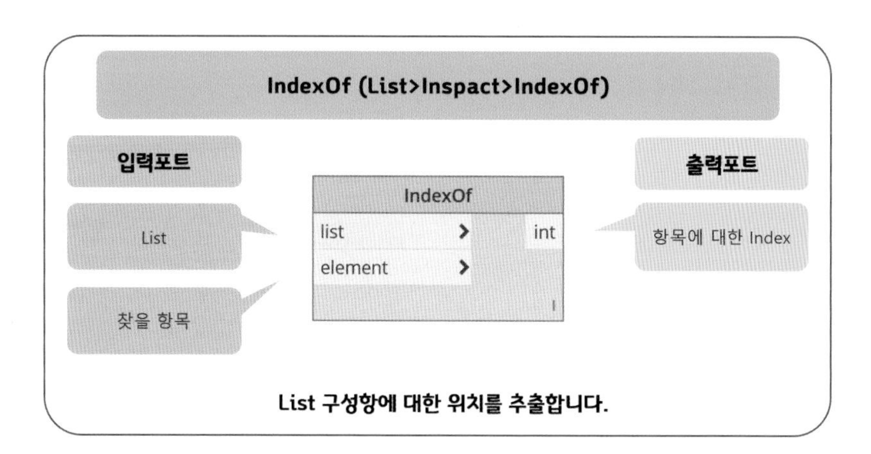

⑤ X좌표 (List[1]), Y좌표 (List[2]), Z좌표(List[3])을 호출하기 위하여 List 〉 Inspact 〉 GetItemAtIndex 노드를 3개 추가하고 List 입력포트에 ③에서 작성된 List.Transpose 노드의 결과 값을 연결합니다. Index 입력포트는 Codeblock을 추가하여 아래 그림과 같이 1, 2, 3을 입력 후 연결합니다.

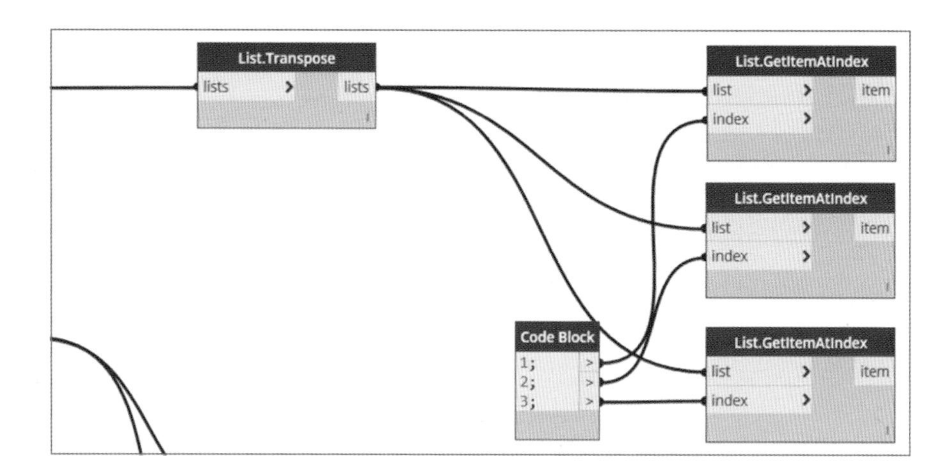

⑥ 교량의 작성에 필요한 Index의 List를 작성하기 위하여 Range 노드를 추가합니다. Start 입력 포트에는 시점 Station의 Index를 연결하고 end 입력 포트에는 종점 Station의 Index를 연결합니다. step 입력 포트에 Number노드를 추가하고 1을 입력하여 연결합니다.

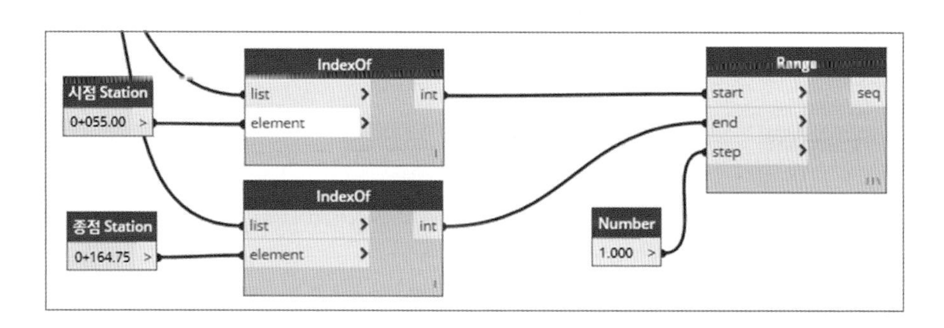

⑦ ⑤에서 작성된 X좌표, Y좌표, Z좌표를 ⑥에서 작성한 Index List에 적용하기 위하여 List.GetItemAtIndex 노드를 추가하여 연결합니다. 작성된 값들을 그룹화 하기 위하여 List.Create 노드 추가하여 연결합니다.

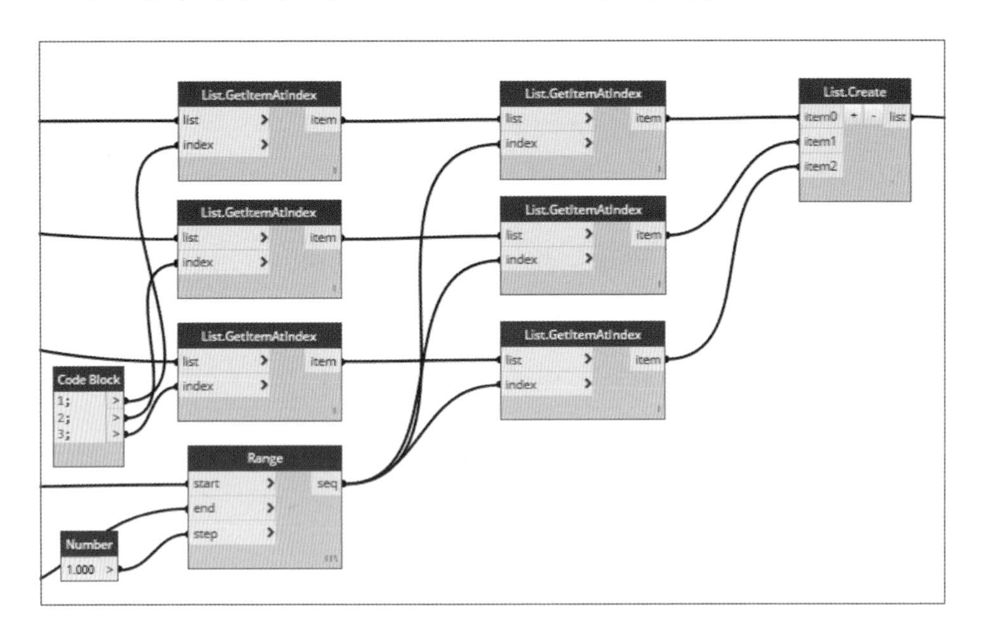

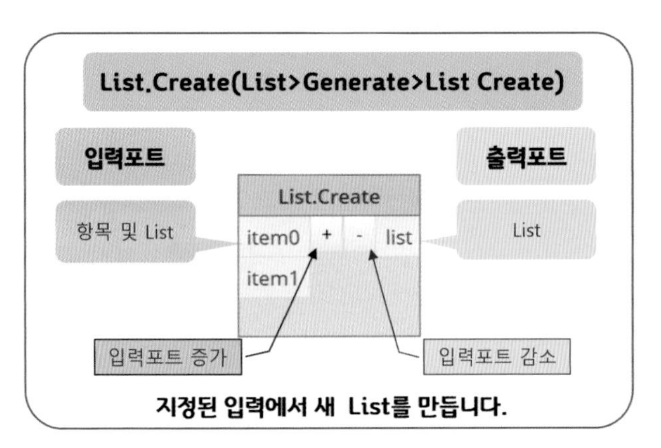

⑧ Revit은 밀리미터단위로 작성되기 때문에 단위 변환 노드인 Math 〉 Units 〉 Convert Between Units를 추가하여 단위를 변환하여야 합니다. 먼저 작성된 길이를 입력한 LIST를 한번 더 List.Create노드로 연결하고 이를 단위 변환 노드의 입력 포트에 연결합니다. 노드 내 옵션을 미터에서 밀리미터로 변경하도록 지정합니다.

Revit의 환경설정을 통해 기본 단위를 m단위로 변경할 경우 해당 노드는 생략 가능합니다.

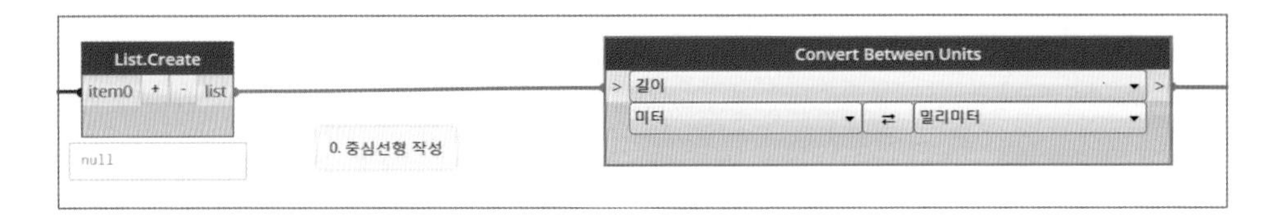

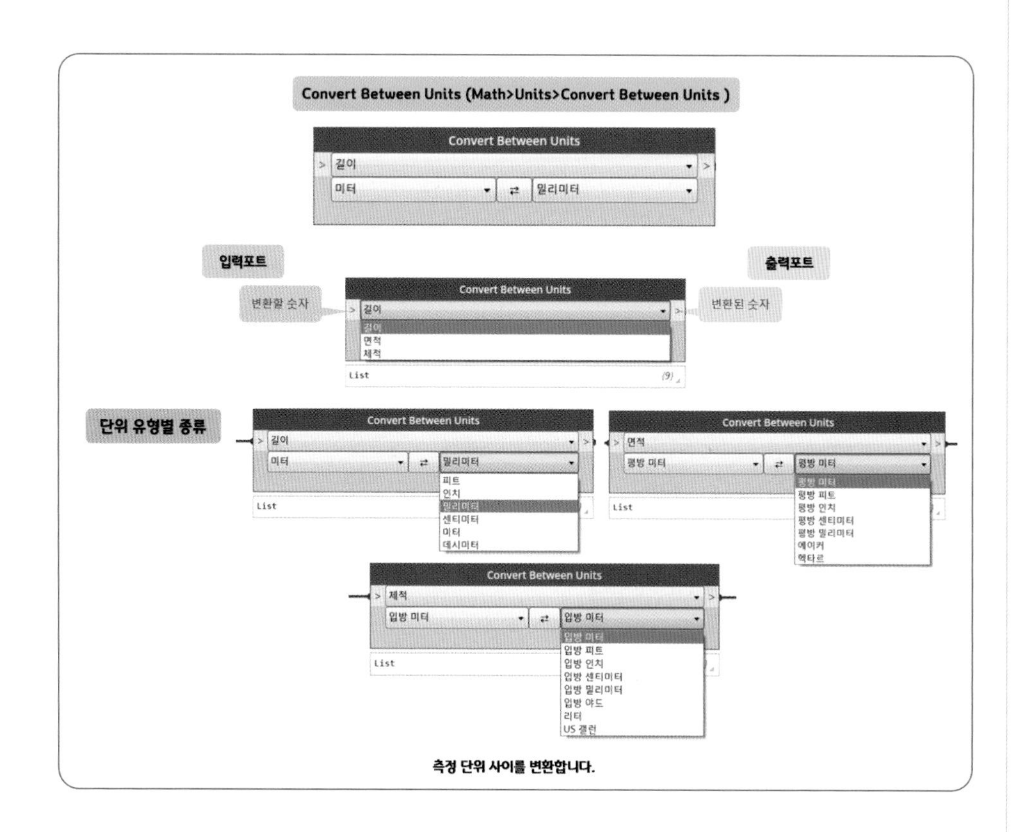

측정 단위 사이를 변환합니다.

⑨ 작성된 좌표를 이용하여 Point를 생성하고 이 점들을 이용한 PolyCurve를 작성합니다. 우선 CodeBlock 노드를 클릭하고 아래 그림과 같은 코드를 작성하여 좌표 List를 호출합니다. Geometry > Points > Point > ByCoordinates 노드를 추가하고 호출된 List를 List0[0]은 X 입력포트, List0[1]은 Y 입력포트, List0[3]은 Z 입력포트에 연결하여 중심선에 대한 Point를 작성합니다.

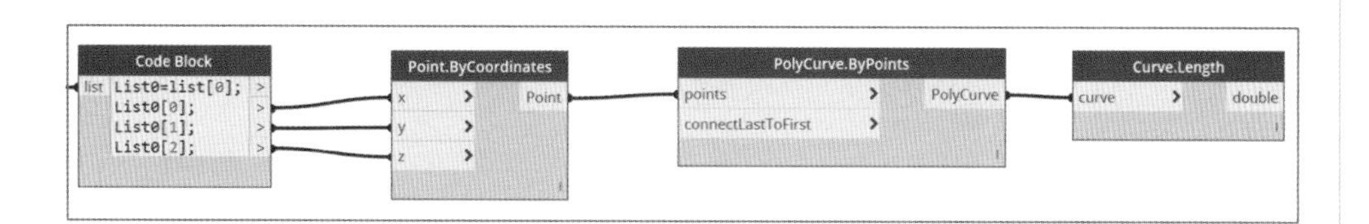

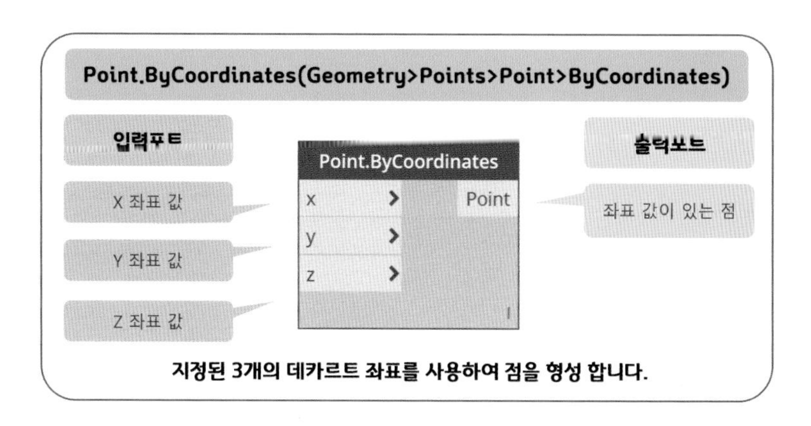

지정된 3개의 데카르트 좌표를 사용하여 점을 형성 합니다.

※ 다이나모는 기본적으로 작업 범위를 중간으로 설정되어 있습니다. 때문에 토목 구조물 같은 대규모의 모델을 작성할 경우 아래와 같이 형상 작업 범위에 대한 오류가 발생됩니다.
해결 방법은 메뉴 중 설정 탭을 클릭하고 형상 작업 범위를 클릭합니다. 형상 작업 범위 관련 대화상자가 나타나면 "아주 큼"을 선택 후 "변경 사항 적용"을 클릭합니다.

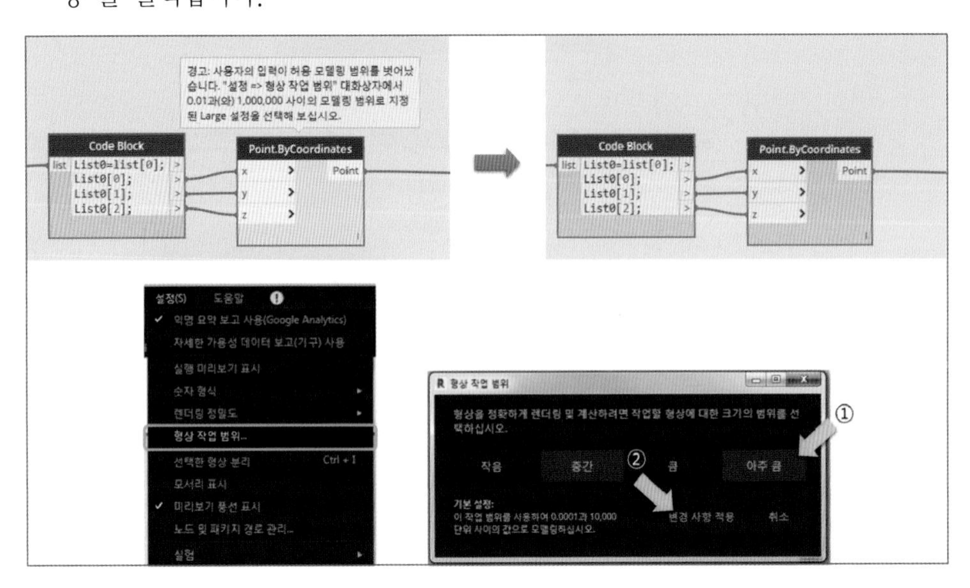

⑩ 작성된 Point들을 중심 선형으로 작성하기 위하여 Geometry 〉 Curves 〉 PloyCurve 〉 ByPoints 노드를 추가하고 ⑨에서 작성한 Point를 연결하여 PolyCurve를 작성합니다.
추후 중심 선형에 대한 총 길이를 재사용하기 위하여 Curve.Length 노드를 추가하고 PolyCurve를 연결합니다.

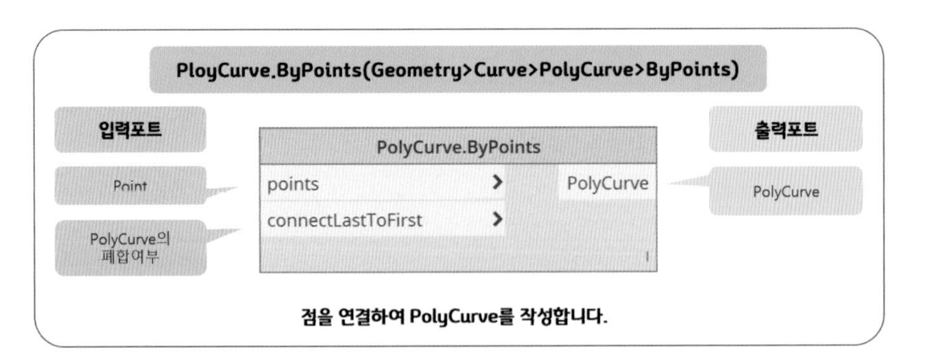

⑪ ④~⑩까지 작성한 노드를 모두 선택한 후 [Ctrl] + [G]를 눌러 그룹화 합니다.

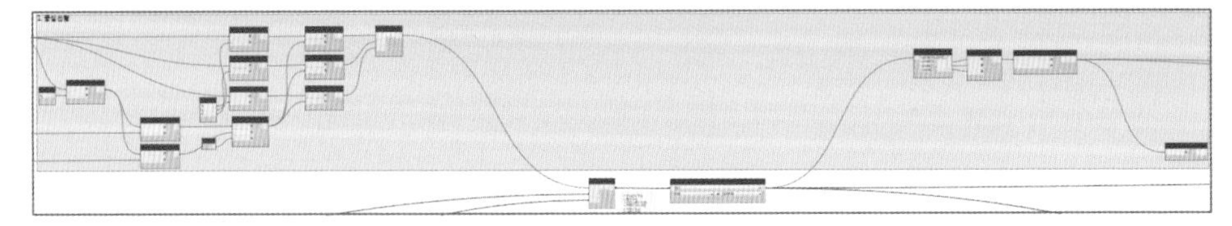

3. 횡단 구성

차로 폭과 차로의 편경사, 차로 외부 폭, 보강형 보 폭, 인도폭 그리고 교량의 시 · 종점 사각의 각도 등을 지정합니다. (사각의 반영을 확인하기 위하여 Skew는 10° 로 임시 지정합니다.)

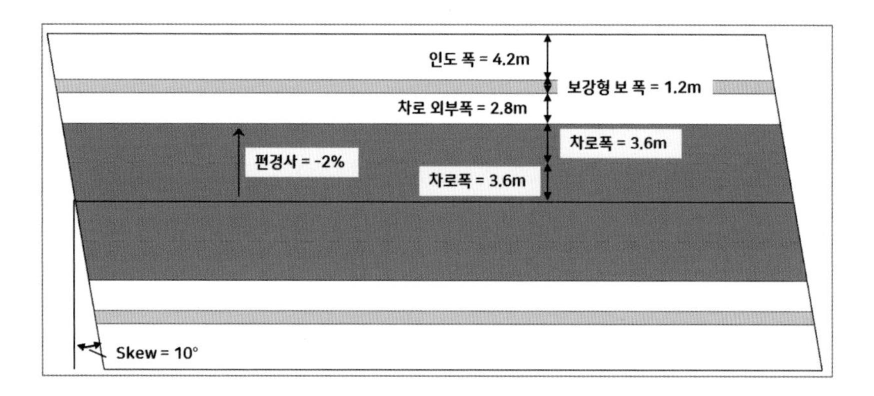

① Input 〉 Basic 〉Number노드를 추가하고 횡단 구성에 대한 치수와 노드의 이름을 아래 그림과 같이 작성합니다.

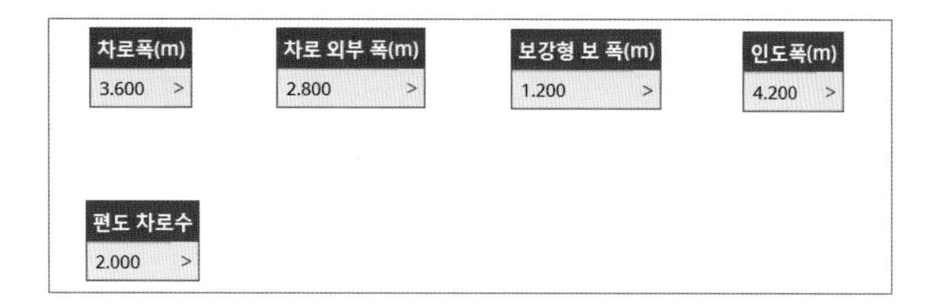

② List 〉Generate〉List Create 노드를 추가하고 ①에서 작성한 노드를 List로 작성하고 2.의 ⑧에서 List.Create 노드의 item1(List[1]) 입력포트에 연결합니다.
(편도 차로수 제외)

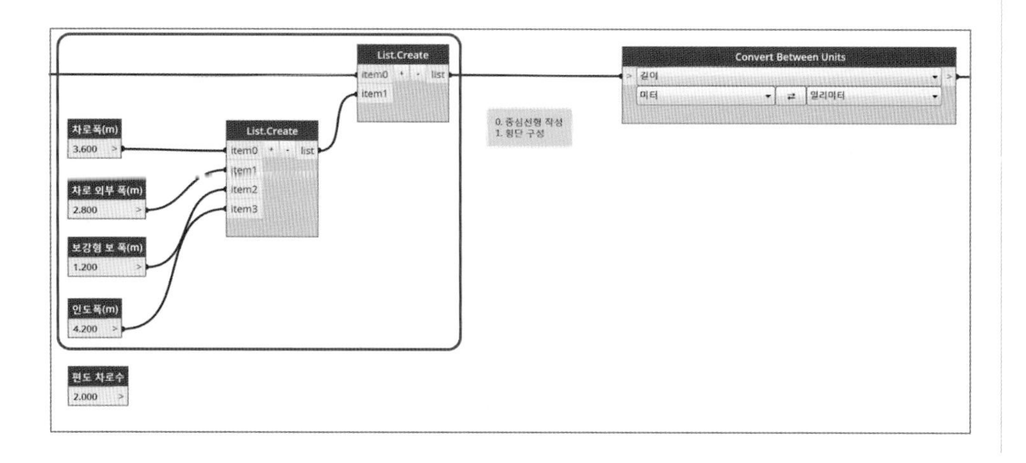

③ Number 노드를 추가 후 -2.0을 입력하고 노드를 이름을 편경사를 입력합니다. 그리고 Code Block을 추가한 후 다음 그림과 같이 입력하고 노드 이름을 "%"로 변경합니다.

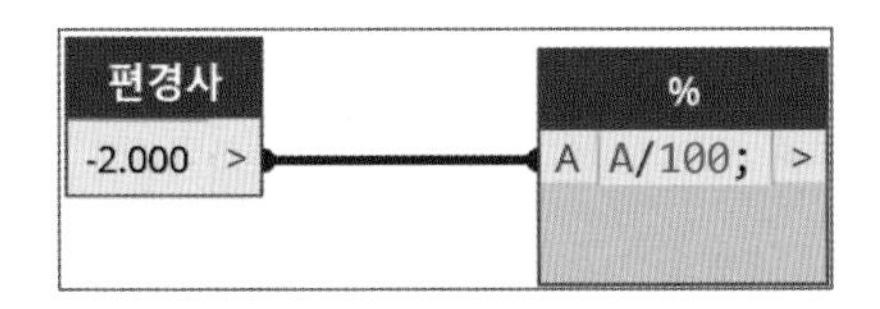

④ 교량의 사각을 구하기 위하여 Number 노드를 추가 후 -10.0을 입력하고 노드를 이름을 "Skew"를 입력합니다. 그리고 Math > Functions > Tan를 추가하고 "Skew"노드를 연결합니다.

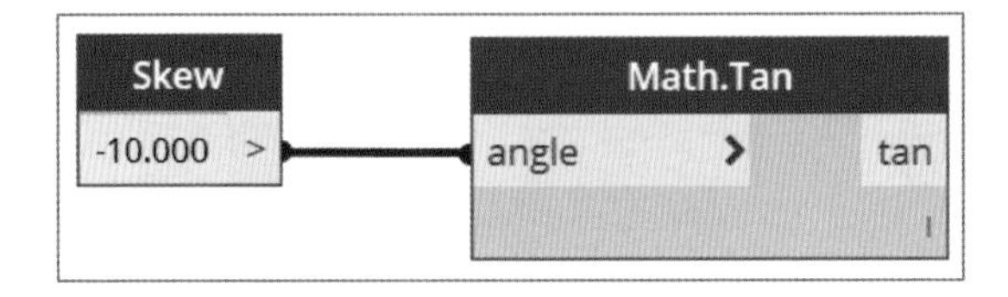

⑤ ②에서 작성된 횡단구성 List를 호출하기 위하여 Convert Between Units 노드에 List > Inspact > GetItemAtIndex 노드를 추가하고 Index 입력 포트에 Code Block을 이용하여 1을 입력하고 연결합니다.

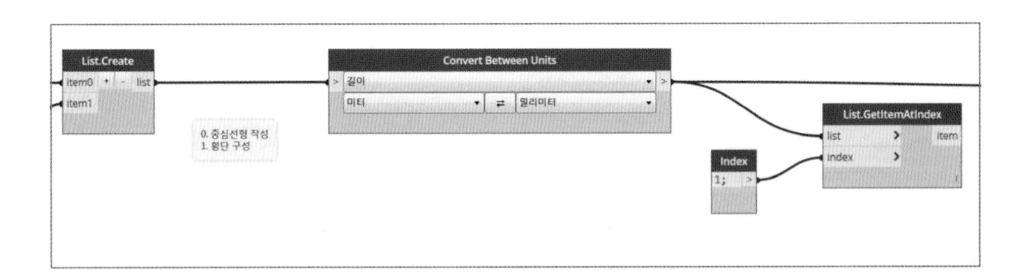

⑥ 횡단구성의 위치를 지정하기 위하여 ⑤번에서 호출된 데이터를 Code Block 노드를 이용하여 아래와 같이 수식을 작성하고 이를 다시 List.Create 노드를 이용하여 그룹화 합니다.

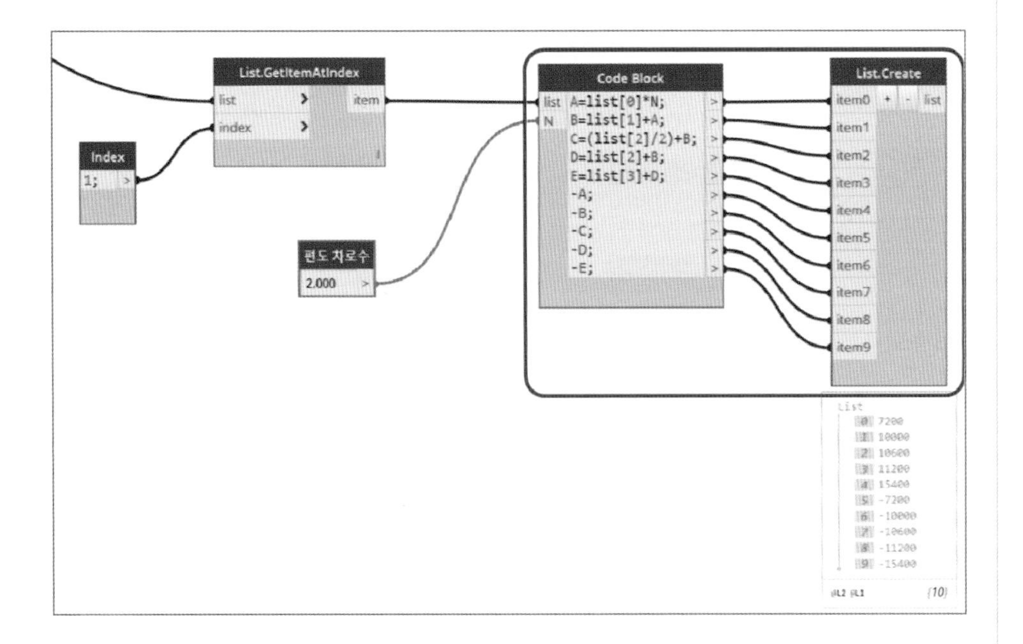

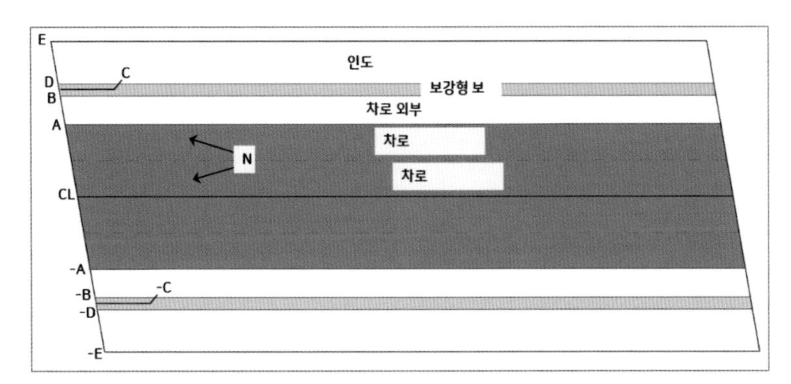

⑦ 상기에서 작성된 횡단에 대한 정보를 이용하여 해당 위치의 선형을 작성합니다. 해당 선형에 대한 방향값을 구하기 위하여 Geometry 〉 Vector 〉 ByCoordinates 노드를 추가하고 ⑥에서 작성된 횡단구성 위치 데이터를 y 입력포트에 연결합니다.

⑧ ⑥에서 작성된 횡단구성 위치에 ④에서 작성된 Skew 값을 적용하기 위하여 *노드를 추가하고 각 입력포트에 연결합니다. 이 노드의 출력포트를 ⑦에서 작성한 Vector.ByCoordinates 노드의 x 입력포트에 연결합니다.

⑨ 편경사는 차로 부분만 적용하려고 합니다. 우선 CodeBlock을 이용하여 ⑥에서 작성된 List중 List[0]을 호출합니다. *노드를 추가하고 ③에서 작성한 편경사 노드와 호출된 List[0]을 입력포트에 연결하고 ⑦에서 작성된 Vector.ByCoordinates 노드의 z 입력포트에 연결합니다.

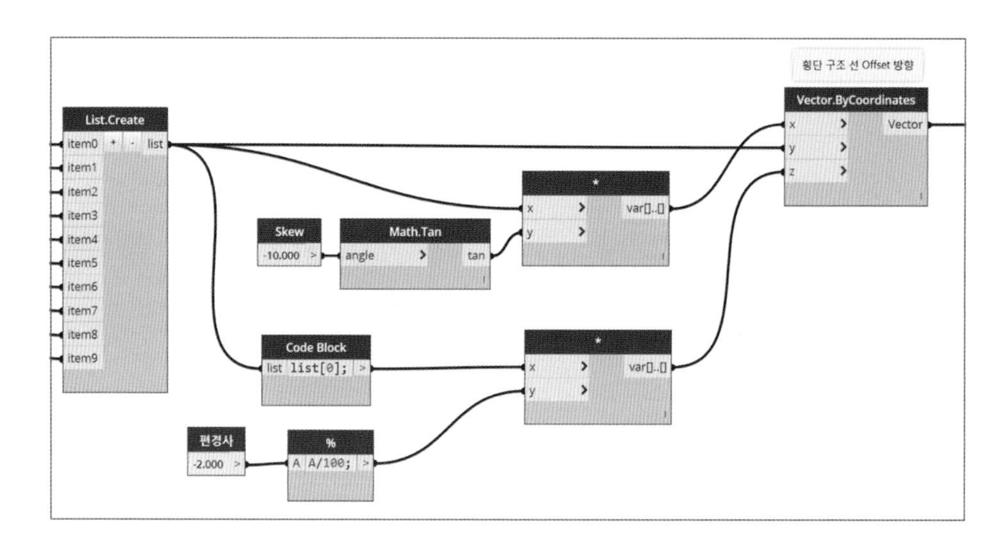

⑩ ⑦에서 작성한 Vector 값에 필요한 선형을 만들 수 있게 List 〉 Inspact 〉 GetItemAtIndex 노드를 추가하고 Code Block을 이용하여 그림과 같이 순서를 지정 후 Index 입력포트에 연결합니다.
〈본 장에서는 보강형 보까지(1, 0, 5, 6, 2, 7) 작성합니다. 인도 부분(3, 8)은 독자님들이 직접 해보시길 권장 드립니다.〉

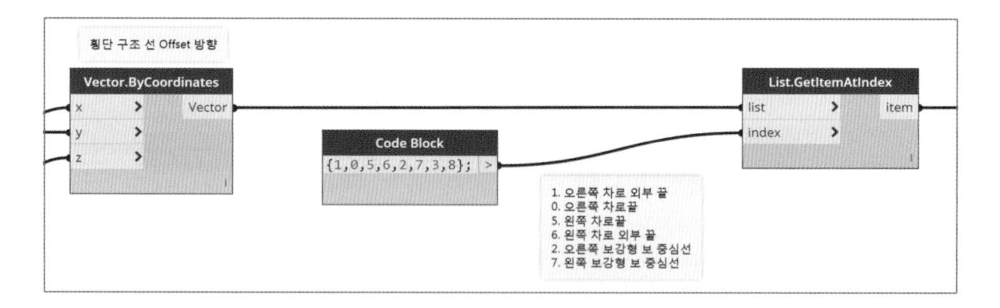

⑪ 각 횡단에 대한 위치 값이 지정이 되어 있으면 해당 위치에 중심선형을 복사하기 위하여 Geometry 〉 Modifiers 〉 Geometry 〉 Translate 노드를 추가합니다.
geometry 입력포트에 2.에서 작성된 중심선형을 연결합니다.

⑫ Geometry.Translate 노드의 Direction 입력노드에 ⑩에서 작성한 List.GetItemAtIndex의 출력포트를 연결하여 횡단구성 위치에 중심선형을 복사합니다.

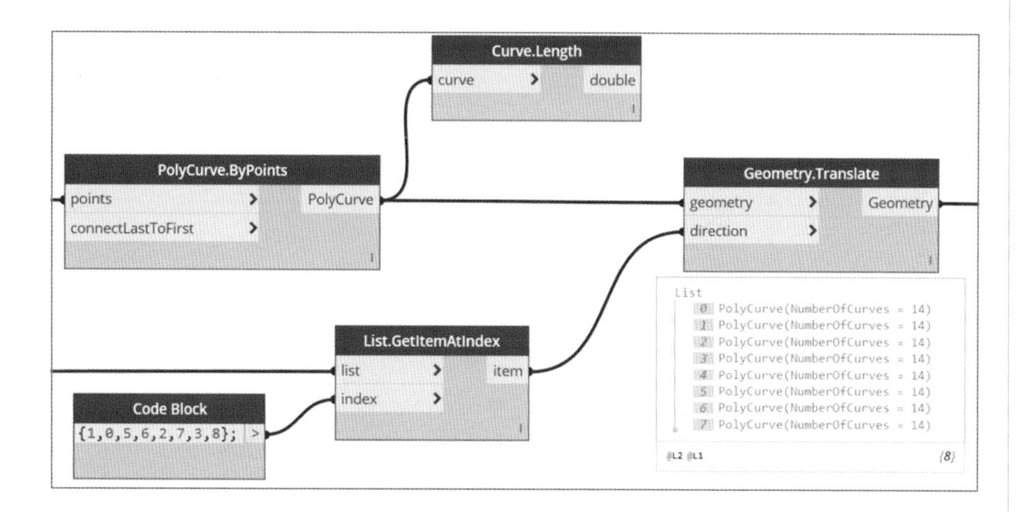

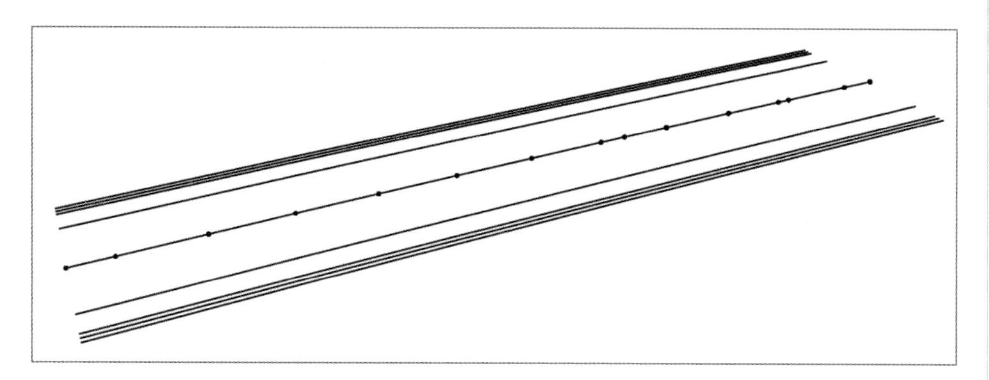

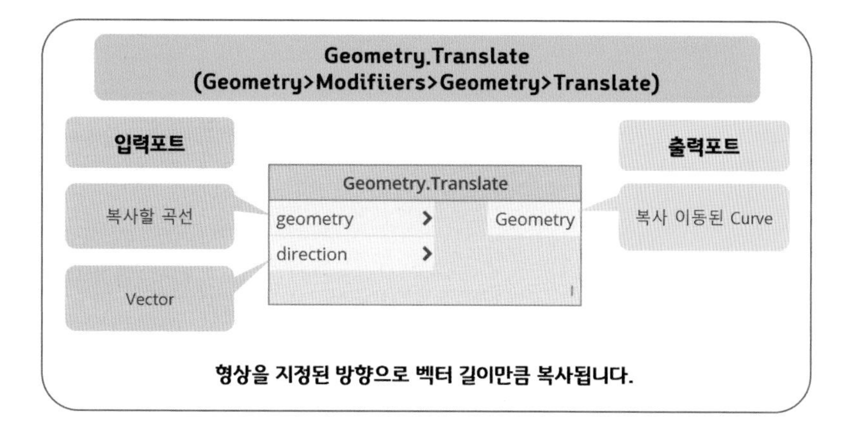

⑬ ⑤~⑫까지 작성한 노드를 모두 선택한 후 [Ctrl] + [G]를 눌러 그룹화 합니다.

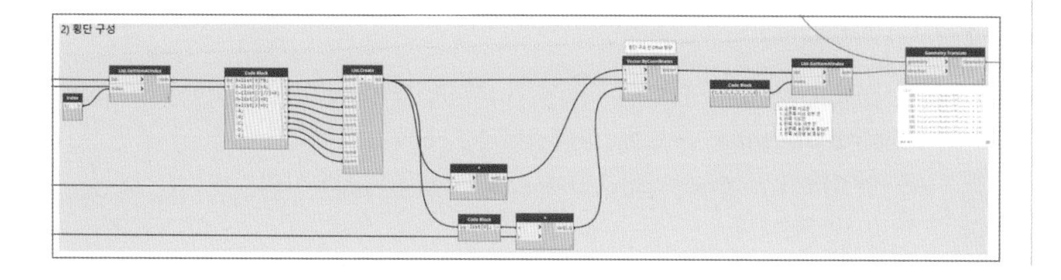

4. 슬래브 작성

교량의 상판 즉 슬라브 작성은 다음과 같은 순서로 작성됩니다.

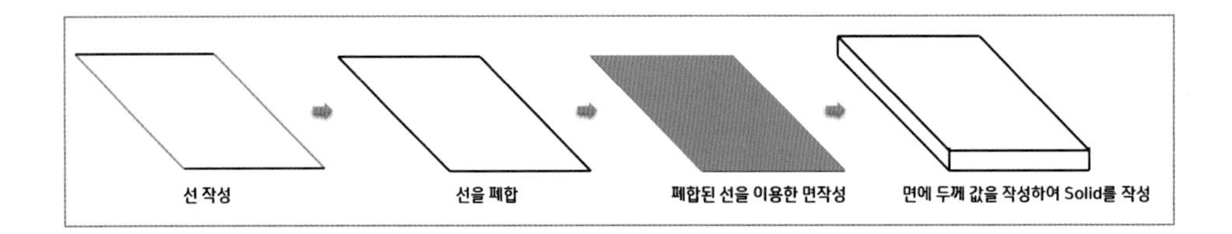

① 슬래브를 작성하기 위하여 3.에서 작성한 선형들 중심에 2.에서 만든 중심선형을 추가하여야 합니다. List 〉 Modify 〉 Insert 노드를 추가하고 List 입력포트에 3.에서 작성한 List를 연결하고 Element 입력포트에 2.에서 만든 List 연결합니다. 삽입 위치인 Index 입력포트에 Codeblock을 이용하여 2를 입력 후 연결합니다.

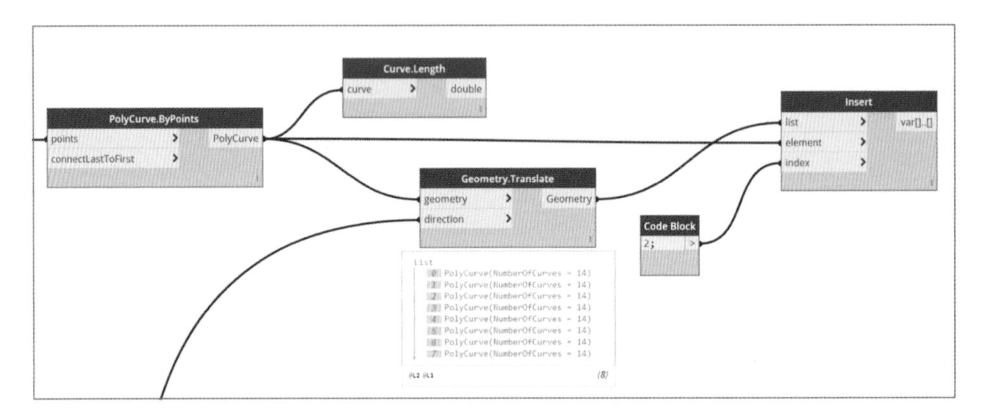

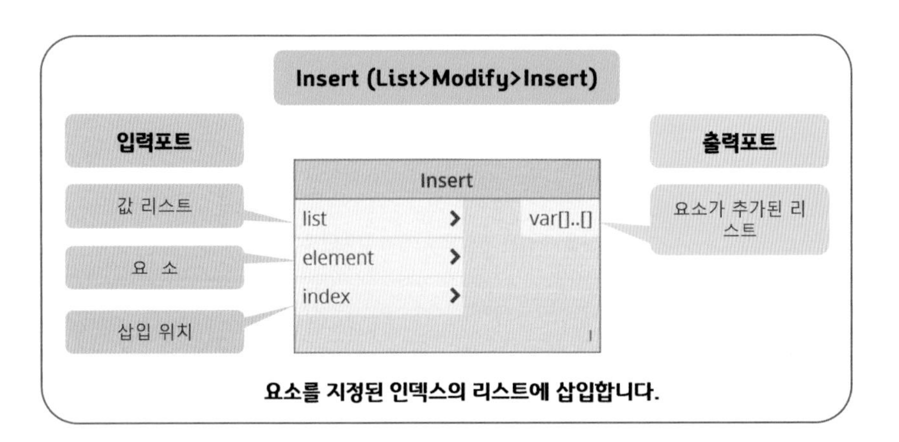

② 각 선형의 시종점의 위치점을 작성하기 위하여 Geometry 〉 Curves 〉 Curve 〉 PointAtPatameter 노드를 추가합니다. curve 입력포드에 ①에서 만든 선형을 연결하고 param 입력포드에 CodeBlock을 이용하여 "0"과 "1"을 입력하고 연결합니다.

〈 param 입력포드에 들어가는 숫자는 선형의 총길이를 0~1까지의 숫자로 선형의 위치 값을 표현하는 숫자를 입력합니다. (예 시점 : 0, 1/4지점 : 0.25, 3/8지점 : 0.375, 종점 : 1)〉

각 선형별 시점과 종점의 위치를 계산하기 위하여 PointAtParameter 노드의 레이싱을 "외적"으로 변경합니다.

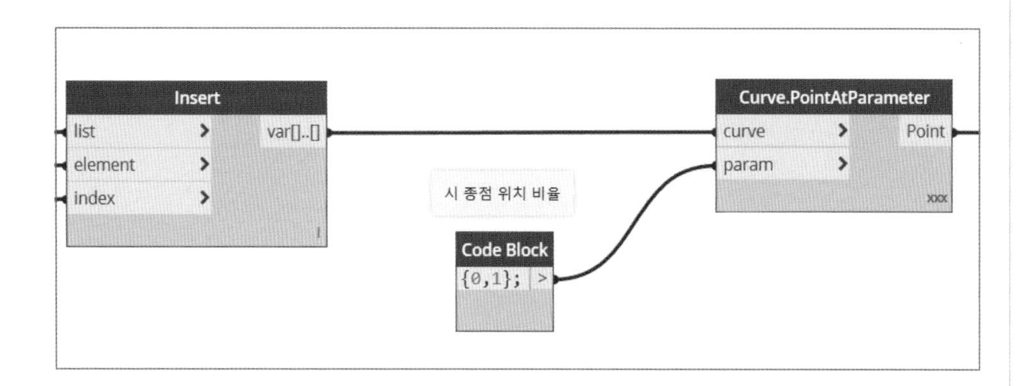

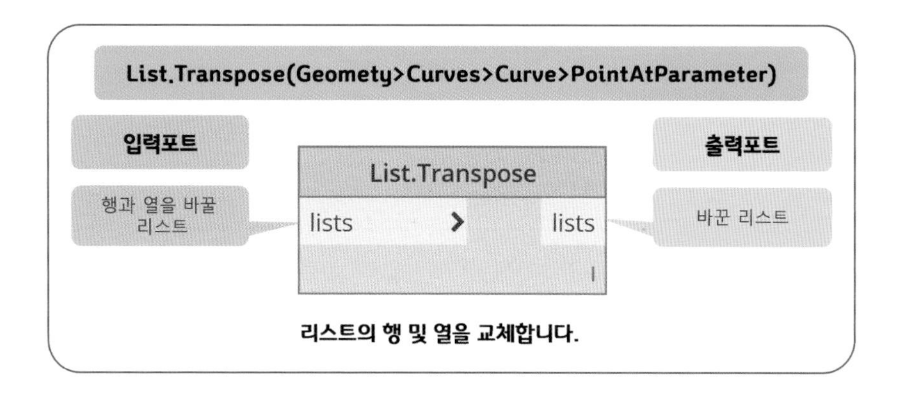

※ 참고 : 레이싱

노드에 입력된 다른 크기의 List를 조합하는 방법으로 원하는 값을 계산하고자 할 경우 해당 옵션을 선택합니다.

➡ 레이싱의 변경

변경하고자 하는 노드의 레이싱 위치에 마우스 우클릭하여 팝업 메뉴를 호출하고 레이싱의 확장 메뉴에서 사용하고자 하는 데이터 일치 방법을 선택합니다.

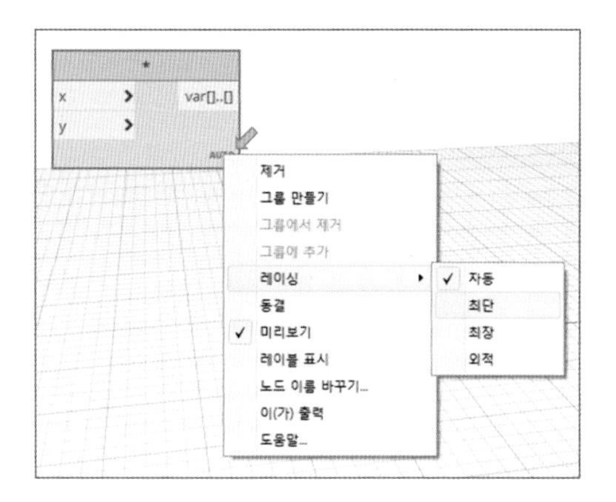

➡ **최단**

가장 간단한 방법으로 짧은 List를 기준으로 1대 1로 연결해 나가는 방법입니다.

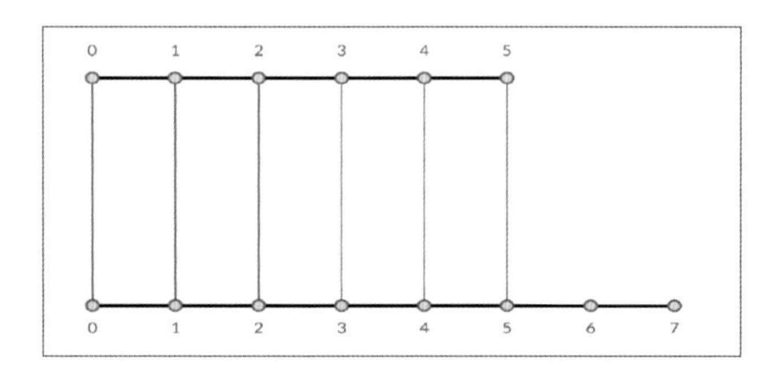

➡ **최장**

진행은 최단 방법으로 진행하며 짧은 List의 마지막 값을 긴 List의 값을 차례로 연결하는 방법입니다.

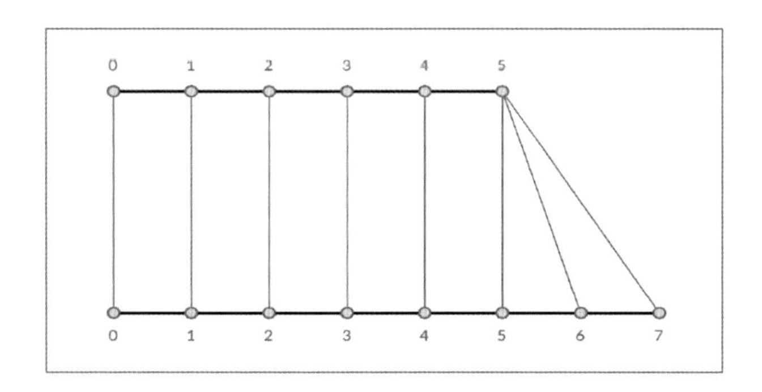

➡ 외적

List내 요소 간의 가능한 모든 조합으로 연결하는 방법입니다.

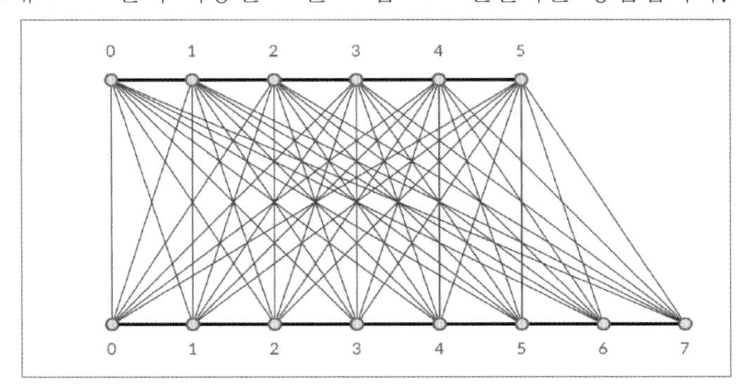

③ Code Block 노드를 추가하여 선형별 시종점 포인트 List를 하나씩 호출합니다.

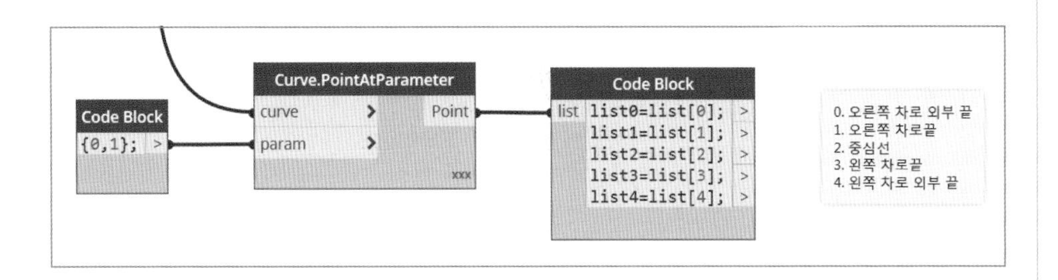

④ 상기에 작성된 점의 위치는 각 선형별 시종점을 하나의 그룹으로 List화 되어 있습니다. 이를 시점끼리 선을 연결하고 종점끼리 선으로 연결하여야 하기 때문에 List를 변경하여야 합니다. 우선 0번 선형과 1번 선형의 시종점을 List.Create 노드를 이용하여 아래와 같이 List로 연결합니다. 이 list를 시종점위치별로 그룹화 하기 위하여 List.Transpose 노드를 추가하여 List를 연결합니다. 각 선형의 시점간 그리고 종점끼리 연결된 선형을 작성하기 위하여 NurbsCurve.ByPoint 노드를 추가하고 Point 입력포트에 작성된 List를 연결합니다. (1번과 2번, 2번과 3번, 3번과 4번도 추가로 작성합니다.)

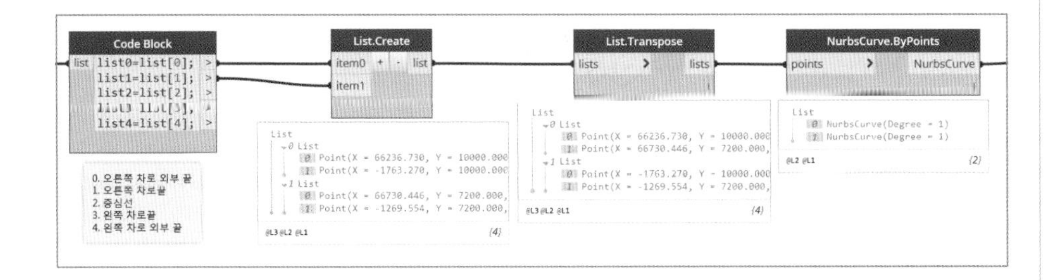

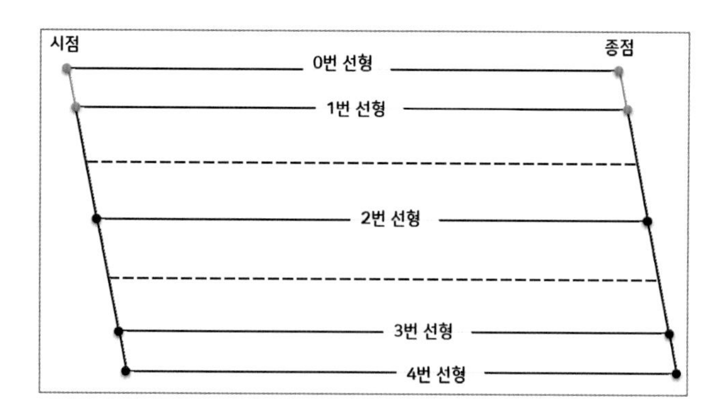

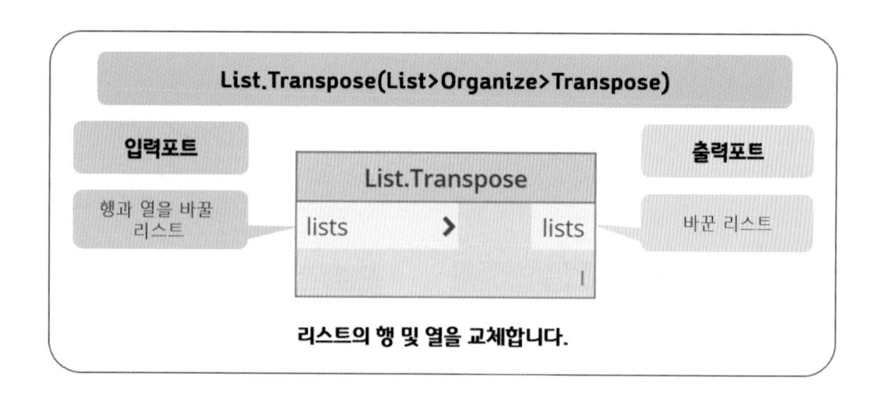

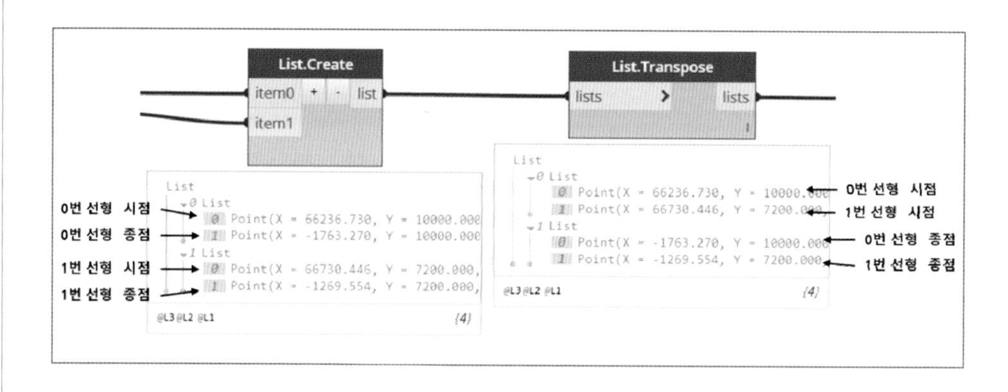

⑤ 3의 ⑫에서 작성된 선형 List에서 List.GetItemAtIndex 노드로 0번과 1번선형을 List로 호출하고 ④에서 작성된 List를 List.Create 노드를 이용하여 하나의 List로 만듭니다. 만들어진 list는 ⓐ와 같이 입력포트에 연결된 순서대로 분리되어 저장되어 있습니다. List 내부가 분리되어 있으면 별도의 List로 인식되어 하나의 객체로 작성하기 어렵기 때문에 ⓑ와 같이 List 〉 Modify 〉 Flatten 노드를 이용하여 하나의 List로 변경하는 단순화 작업이 필요합니다. (1번과 2번, 2번과 3번, 3번과 4번 선형도 추가로 작성합니다.)

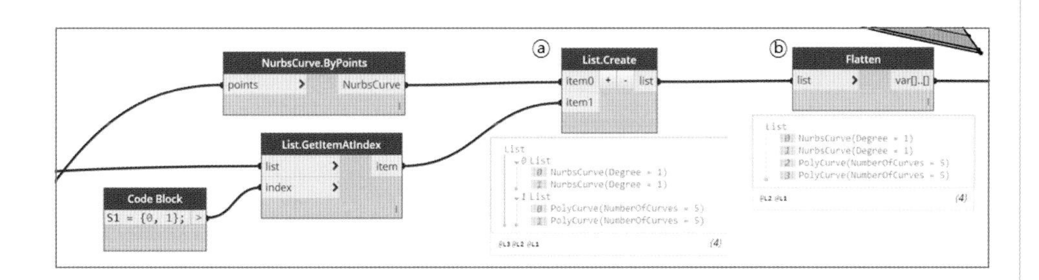

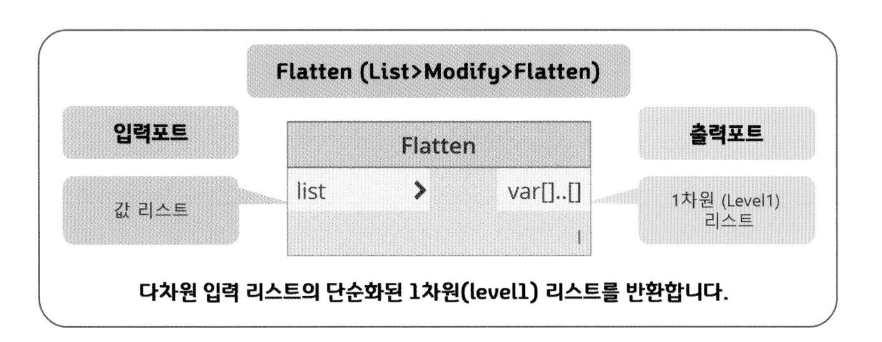

⑥ 위에서 작성된 List들을 List.Create 노드를 추가하여 하나의 List로 작성합니다. 각 List별 하나의 폐합선으로 만들기 위하여 Geometry 〉 Curves 〉 PolyCurve 〉 ByjointedCurves 노드를 추가한 후 List를 입력포트에 연결합니다. 이 폐합선을 면으로 작성하기 위하여 Geometry 〉 Surfaces 〉 Surface 〉 ByPatch 노드를 추가하고 입력포트에 폐합선을 연결합니다.

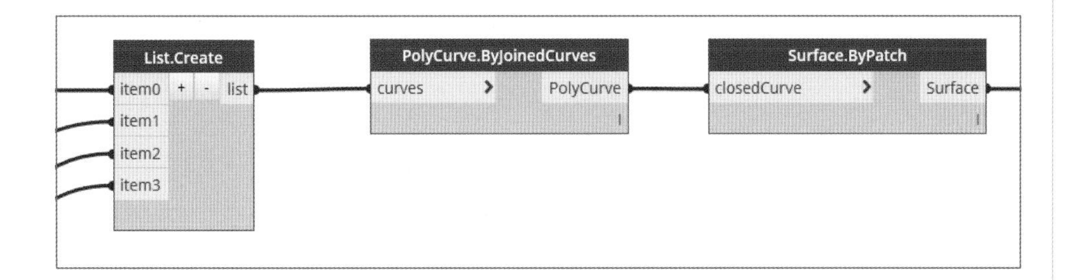

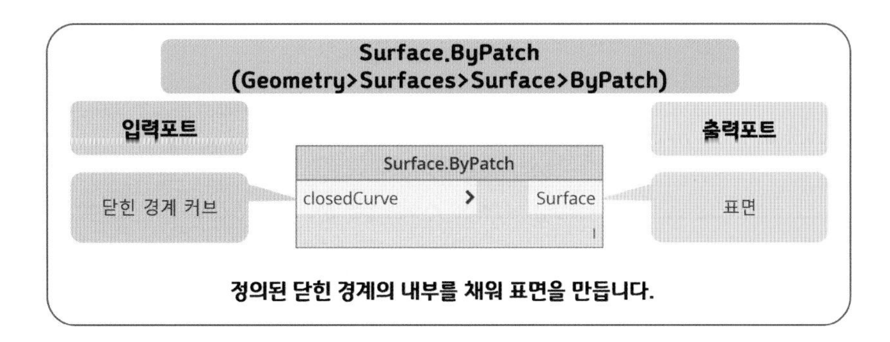

⑦ Input 〉 Basic 〉 Number 노드를 추가 후 슬라브 두께를 입력하고 노드이름을 "상판 슬래브 두께"로 변경합니다. 이를 2.의 ⑧에서 작성한 List.Cteate 노드의 item2(List[2]) 입력포트에 연결합니다.

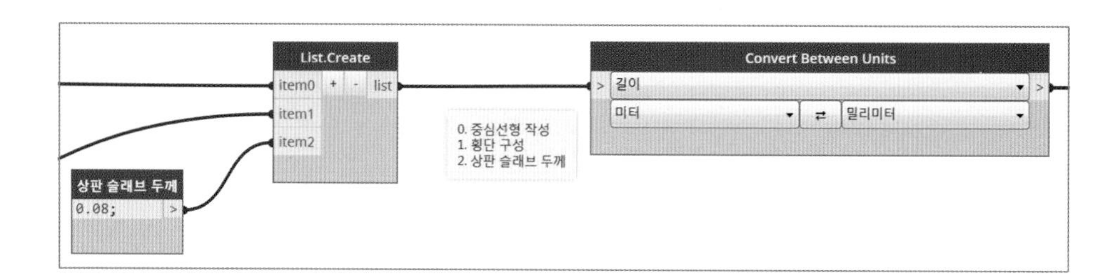

⑧ 작성된 면에 두께를 지정하여 Solid로 변경하기 위하여 Geometry 〉 Surfaces 〉 Surface 〉 thicken 노드를 추가합니다. Surface 입력포트에 ⑥에서 작성한 평면을 연결하고 thickness 입력포트에는 CodeBlock으로 ⑦에서 작성한 슬래브 두께(list[2])를 Convert Between Units 노드에서 호출하여 연결합니다. both sides 입력포트는 Boolean 노드를 추가하고 "False"를 체크하여 연결합니다.

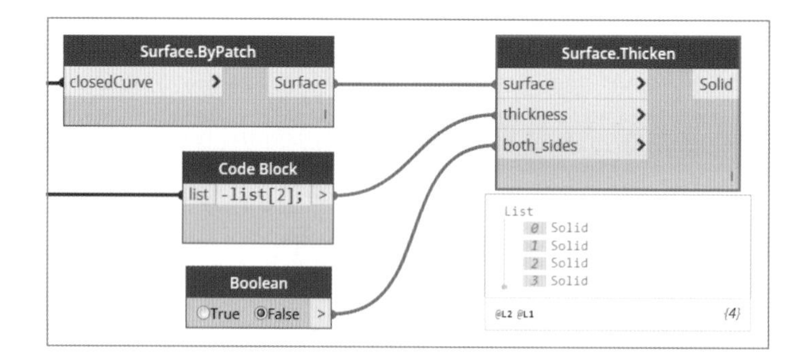

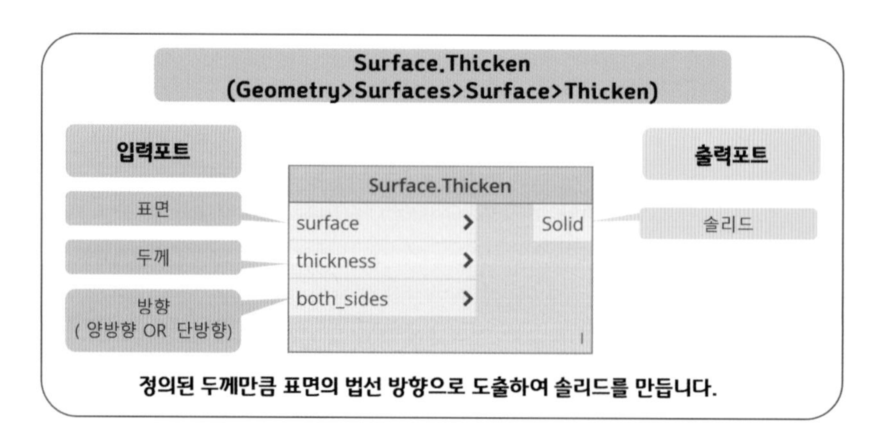

⑨ 작성된 Soild를 Revit의 Family로 저장하기 위하여 Spring nodes 패키지를 사용합니다. 라이브러리 창에서 Springs 〉 Revit 〉 FamilyInstance 〉 Springs.FamilyInstance.ByGeometry 사용자 정의 노드를 추가하고 해당되는 입력포트를 작성하여 연결합니다.

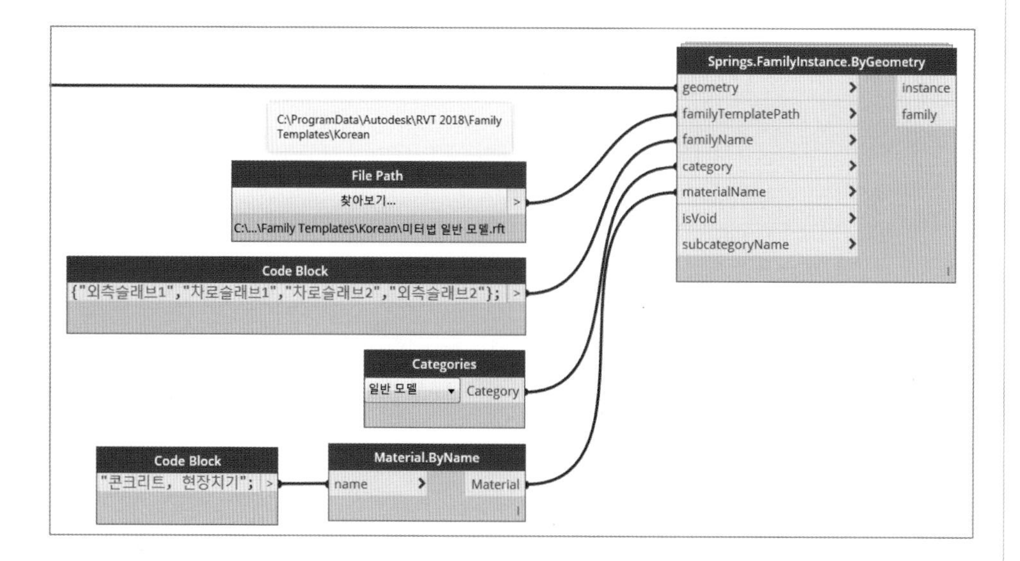

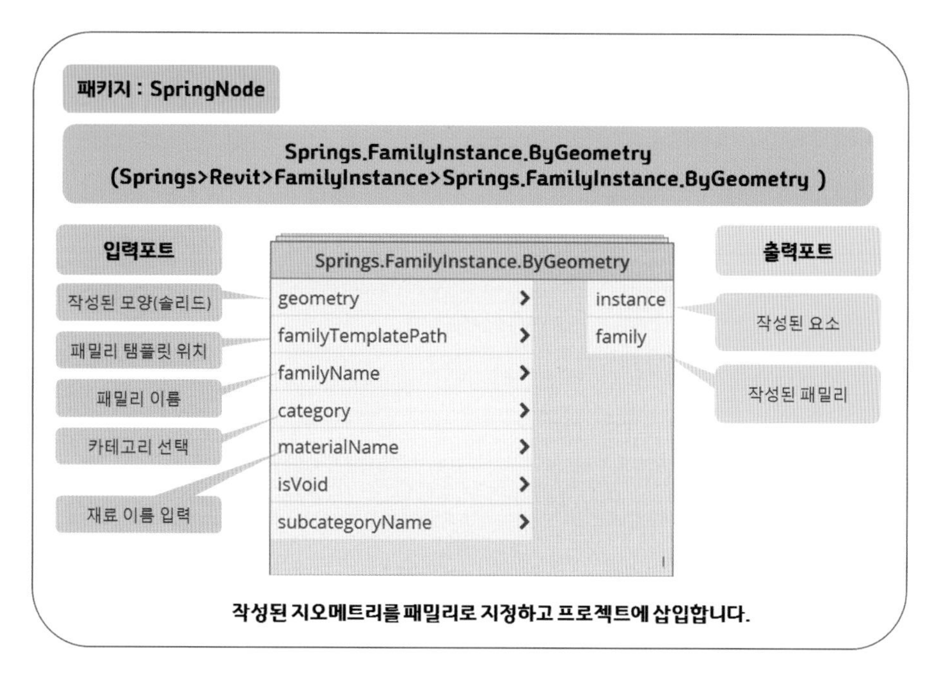

⑩ ①~⑨까지 작성한 노드를 모두 선택한 후 [Ctrl] + [G]를 눌러 그룹화합니다.

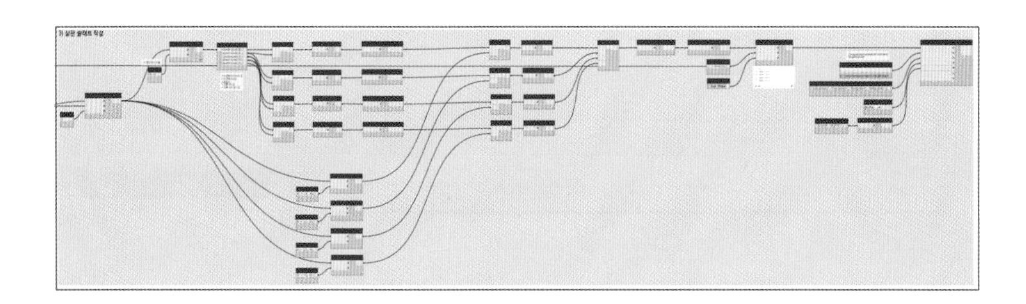

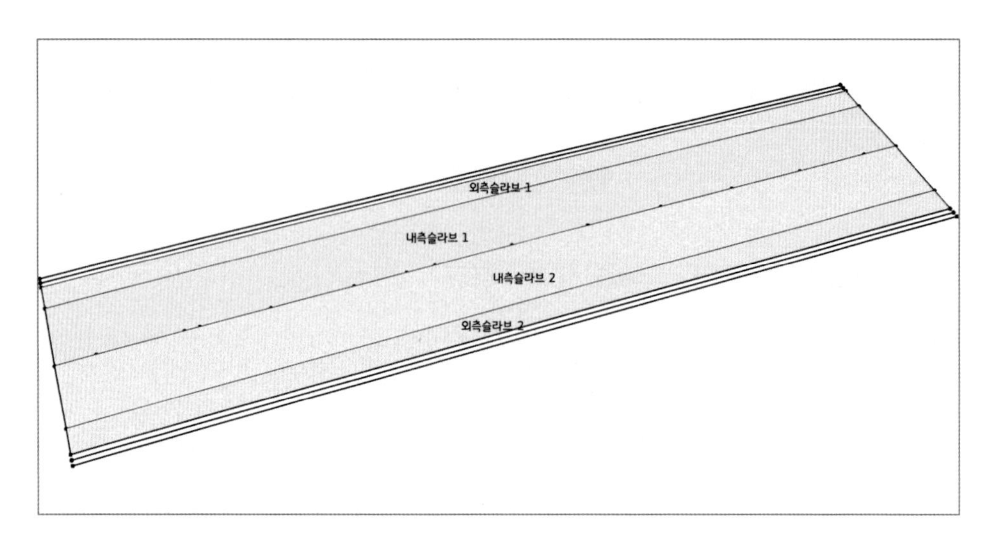

5. 가로보 위치 지정

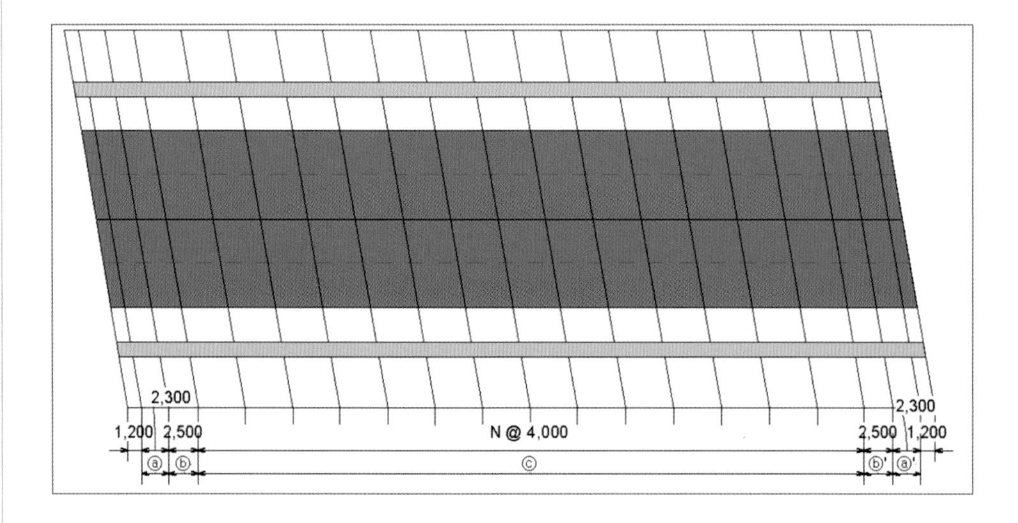

① Input 〉 Basic 〉 Number 노드를 추가하고 단부 가로보의 거리(ⓑ, ⓑ') 및 중간 가로보 거리(ⓒ), 단부 보강형 보 폭에 대한 치수를 입력합니다. 아래와 같이 노드의 이름을 변경합니다. List 〉 Generate 〉 List Create 노드에 추가하여 해당 노드들을 그룹화 한 후 2.의 ⑧에서 작성한 List.Create 노드의 item3(List[3])입력포트에 연결합니다.

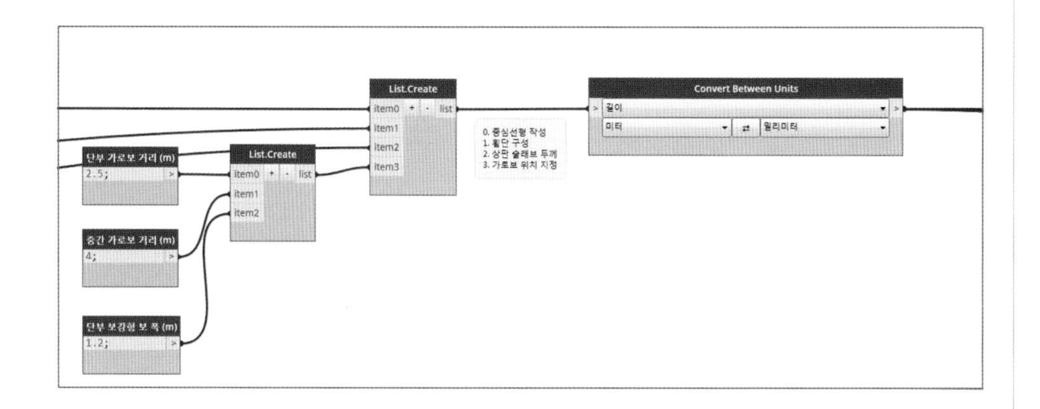

② 2의 ⑩에서 작성한 교량길이와 ①에서 입력한 List를 호출하고 중간 가로보의 개수를 구하기 합니다.
우선 중간보 구간의 길이를 구하기 위하여 -노드를 추가합니다. X 입력포트에는 2.의 ⑩에서 작성한 노드를 연결합니다. Y 입력포트는 시점부터 단부보까지의 거리(ⓑ)와 종점부 쪽에의 거리(ⓑ')를 계산하여 연결합니다. (㉠)
계산된 중간 가로보 구간의 길이에 중간 가로보 거리인 4,000mm를 나누어 중간 가로보 개수를 계산하고 소수점 자리를 버려 정수로 만들기 위하여 Math 〉 Functions 〉 Floor 노드를 추가하여 결과값을 연결합니다. (㉡)
마지막으로 여유 있는 ⓐ와 ⓐ'의 길이를 계산하기 위하여 계산된 중간 가로보 개수에 -노드를 이용하여 1을 제외해 줍니다. (㉢)

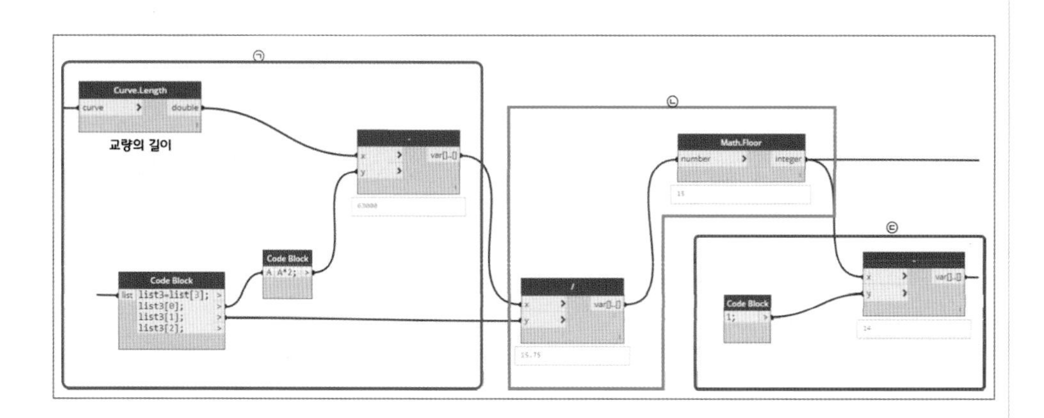

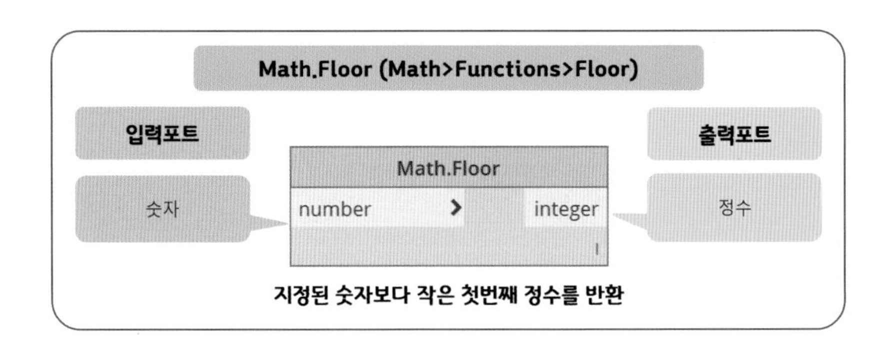

③ ②에서 계산한 ⓐ, ⓐ'의 길이와 중간보의 개수를 이용하여 중간보의 시작 위치를 계산합니다.
우선 ⓐ, ⓐ' 의 길이를 구하기 위하여 ⓑ + ⓒ + ⓑ'의 길이를 먼저 구합니다.
우선 Code Block 노드를 추가하여 중간보 개수(N)와 중간보 거리(ML)를 곱하여 ⓒ의 길이를 구하고 여기에 ②에서 작성된 단부보 거리(EL) Code Block 노드를 더하여 주는 코드를 작성합니다. 노드를 추가하여 전체 길이에서 작성된 Code Block를 빼줍니다. 여기서 작성된 길이는 시점의 ⓐ 및 종점의 ⓐ'에 대한 길이이며 이를 2로 나누어 시점 부분의 ⓐ와 ⓐ'의 길이를 구합니다.(㉠)
중간보 위치를 지정하기 위하여 List 〉 Generate 〉 Sequence 노드를 추가합니다. ⓐ와 ⓑ의 길이를 더하여 중간보의 시작점을 지정하고 이를 start 입력포트에 연결합니다. amount 입력포트에서는 ②에서의 Math.Floor 노드를 연결하고 step 입력포트는 중간 가로보 거리를 연결합니다. (㉡)

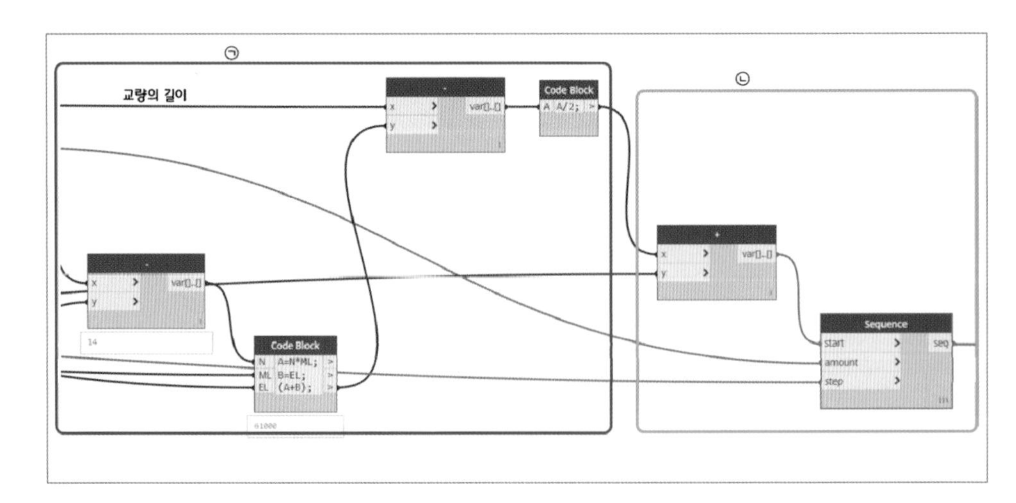

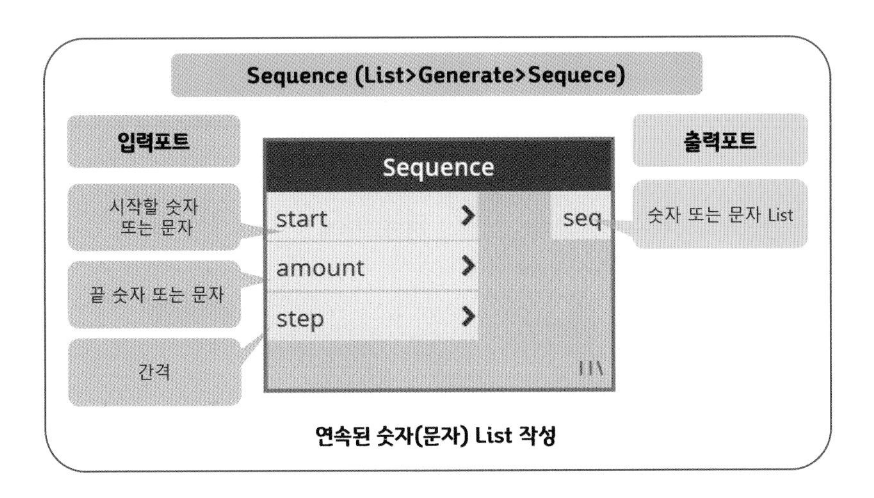

④ CodeBlock을 추가하여 단부 보강형보 폭을 입력하여 시점, 중심, 폭을 계산값과 ⓐ의 길이를 포함하여 List.Create 노드를 이용하여 그룹화 합니다. 반대 방향에 대한 길이 작성하기 위하여 CodeBlock을 추가하여 아래 그림과 같은 수식 들을 입력하고 List.Create 노드를 이용하여 그룹화 합니다.

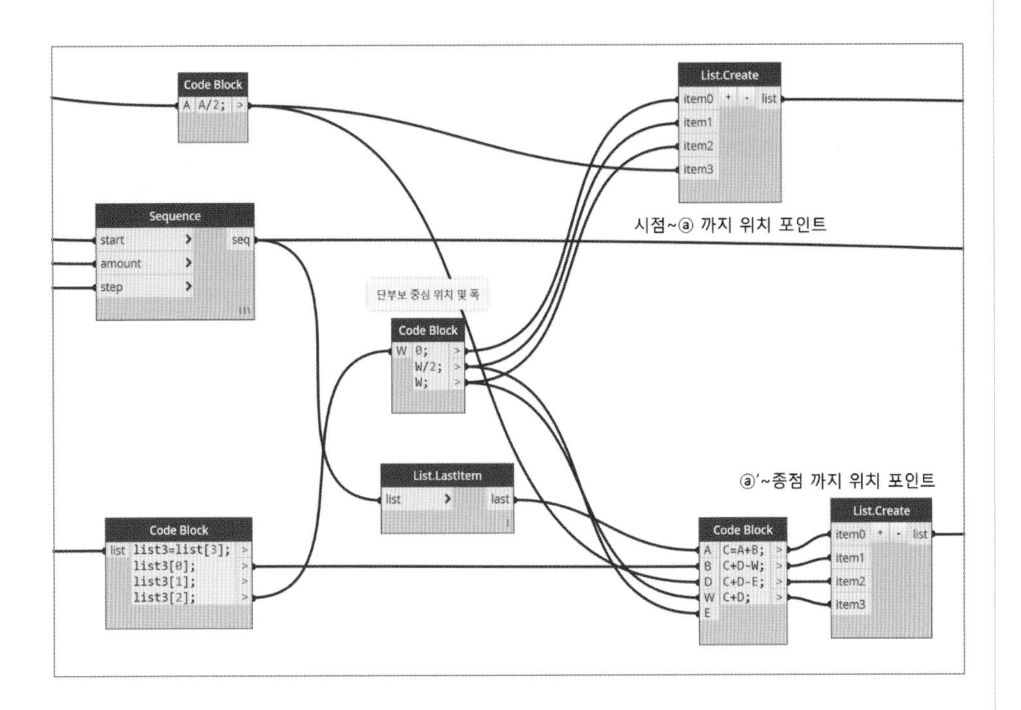

⑤ ③과 ④에서 계산된 List를 하나의 List로 만들고 Flatten 노드를 추가하여 List를 단순화 합니다. 또한 해당 List를 Curve.PointAtParameter 노드의 입력포트에 연결할 비율로 만들기 위해 List의 최댓값을 나누어 줍니다.

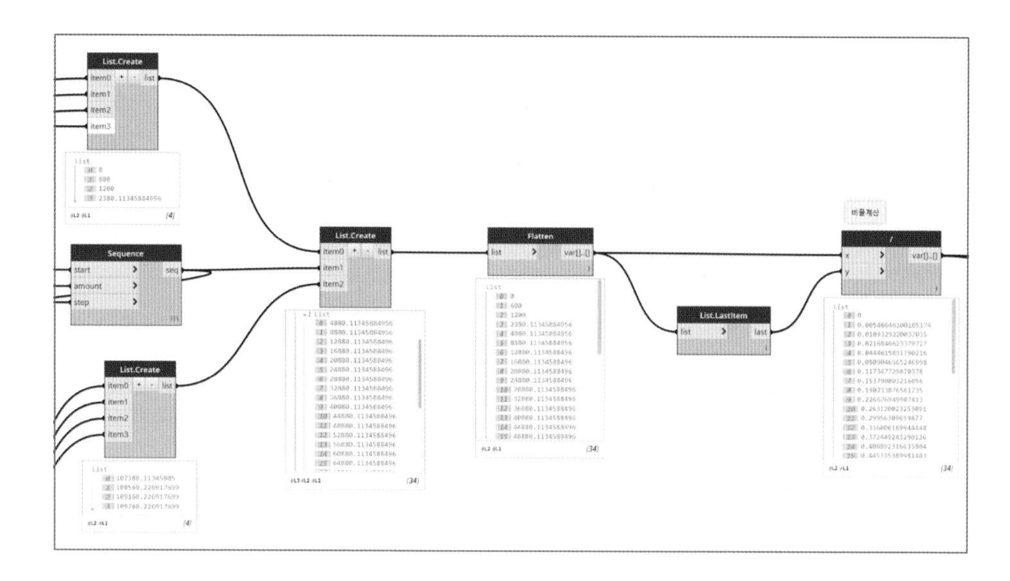

⑥ 4의 ①에서 작성된 선형(㉠)을 슬라브 두께 아래로 배치하기 위하여 Geometry.Translate 노드를 추가하고 direction 입력포트에 슬라브 두께가 입력된 Vector 값을 연결합니다. Curve.PointAtParameter 노드를 추가하고 슬라브 두께 아래에 배치된 선형과 ⑤에서 계산된 세로보 위치의 비율을 입력하여 선형들 위에 Point를 작성합니다.

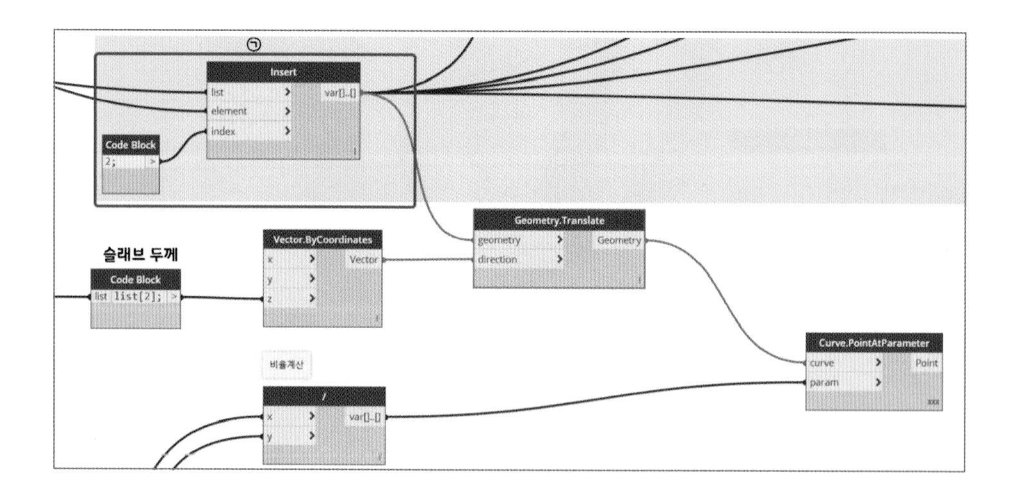

⑦ ②~⑥까지 작성한 노드를 모두 선택한 후 [Ctrl] + [G]를 눌러 그룹화합니다.

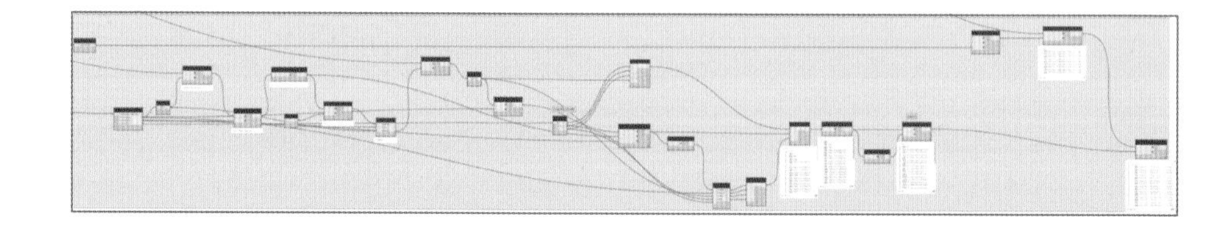

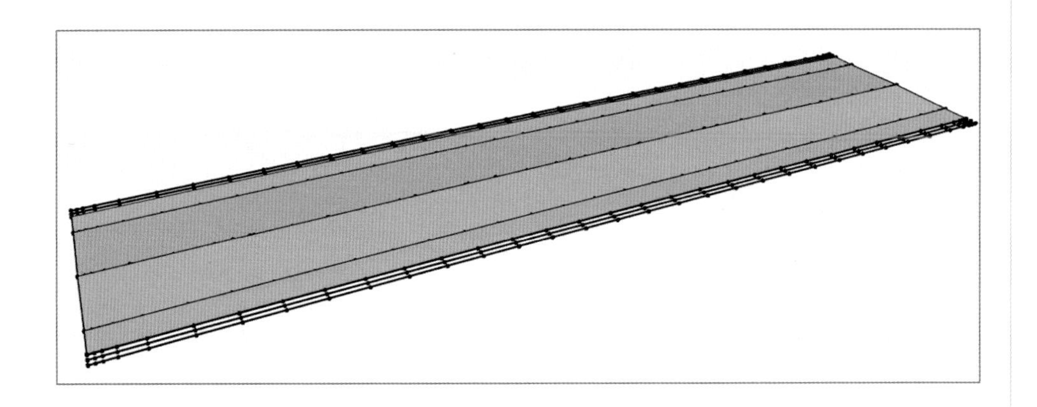

6. 가로보 및 세로보 설치

① 5.에서 작성된 선형의 포인트 중 3~N-4번까지를 호출하고 이를 List0과 List1에 적용시킵니다. 이를 위하여 List GetItemAtIndex 노드에 레이싱을 외적으로 변경하고 해당 노드들을 입력포트에 연결합니다. 선형에 적용된 포인트를 List로 만들고 해당 포인트를 연결하는 Curve를 작성합니다. (List1~List2, List2~List3, List3~List4도 동일하게 연결합니다.)

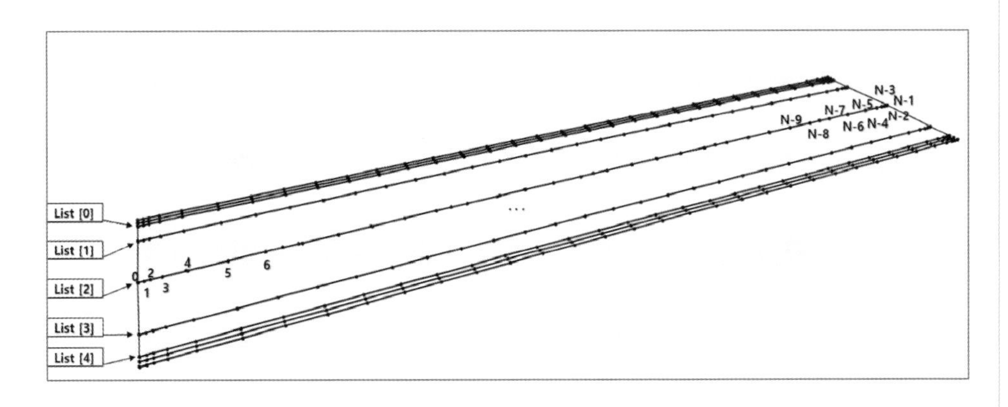

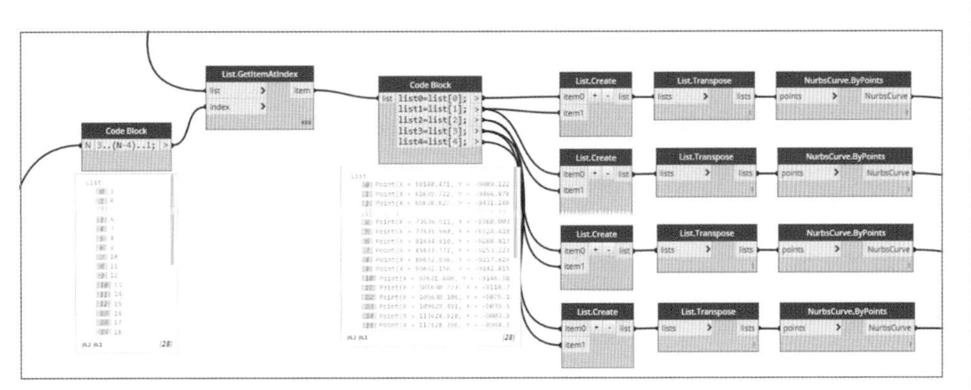

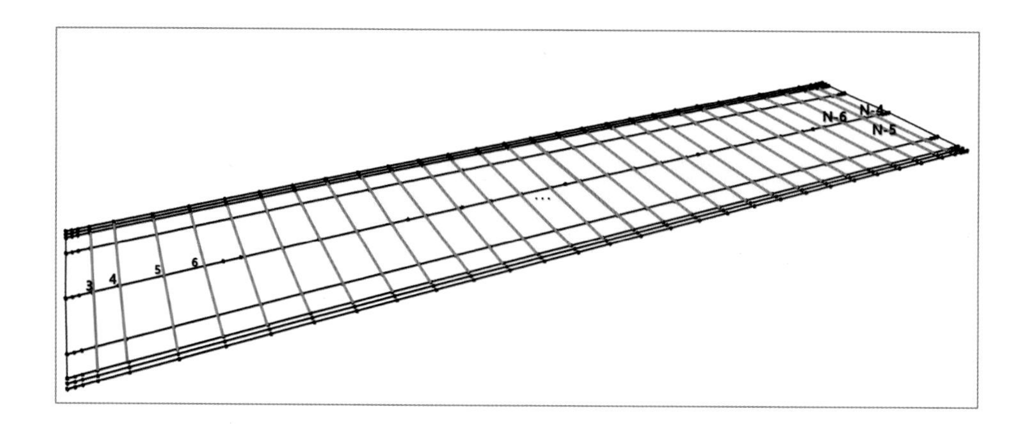

② 앞에서 작성한 Curve에 보를 설치하기 위하여 Revit 〉 Selection 〉 StructuralFramingType 노드를 추가하고 기본 패밀리로 Revit의 보 패밀리인 W 350×156을 선택합니다. 선택한 패밀리를 다른 유형으로 복사 저장하기 위하여 Clockwork 패키지를 설치하고 Clockwork 〉 Revit 〉 Elements 〉 FamilyType 〉 FamilyType.Duplicate 노드를 추가하고 name 입력포트에 CodeBlock을 이용하여 "가로보1"을 입력하고 연결합니다.

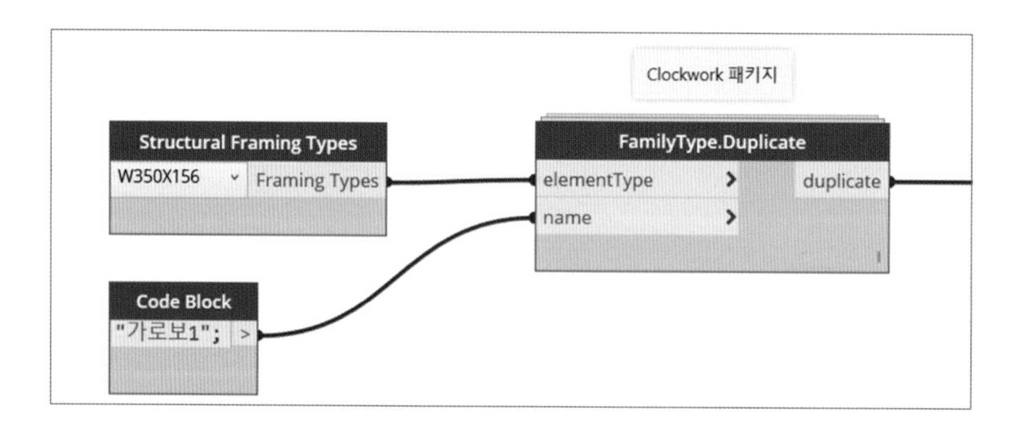

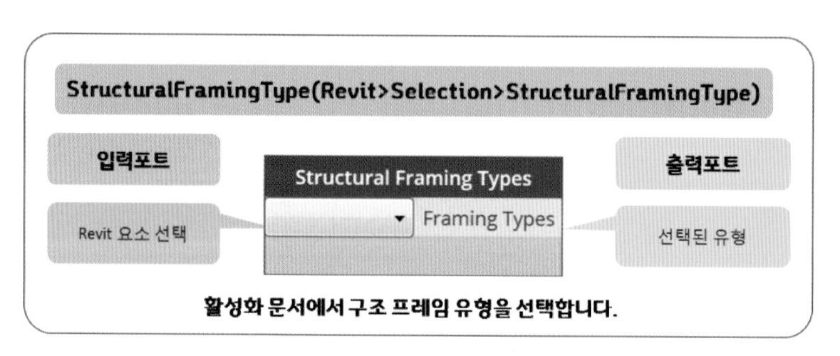

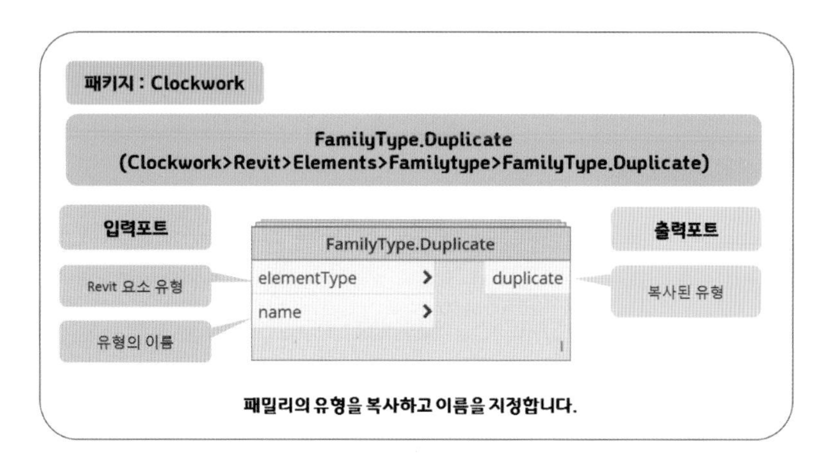

③ W350X156 패밀리의 매개변수를 확인하여 해당 보의 형상에 대한 치수를 List로 만들고 **2.의** ⑧에서 작성한 List.Create에 item4(List[4])의 입력포트에 연결합니다.

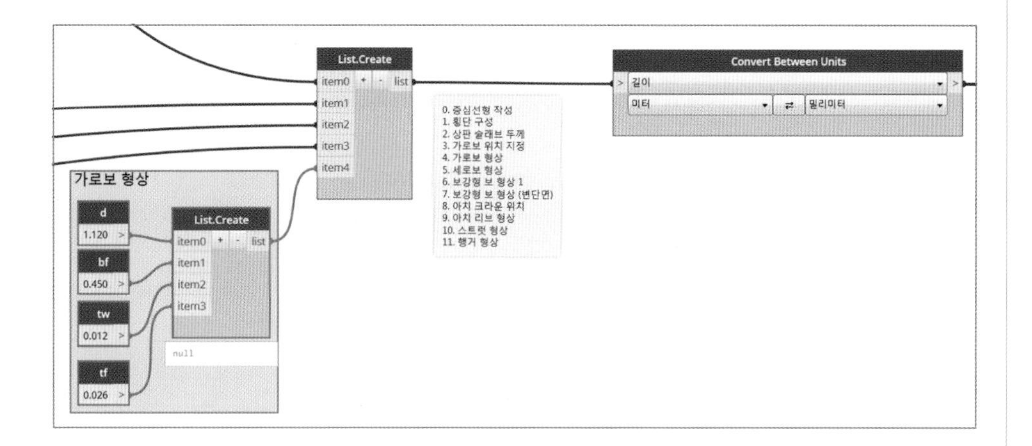

④ ②에서 만든 패밀리의 매개변수를 ③에서 설정한 값으로 적용하기 위하여 Element.SetParameterByName 노드를 추가합니다. element 입력포트는 ②에서 만든 패밀리를 연결하고, parameterName 입력포트는 Code Block노드에 매개변수 이름을 지정하여 연결합니다. value 입력포트는 ③에서 만든 List를 연결합니다.

⑤ 상기에서 작성된 Curve에 패밀리를 적용하기 위하여 StructuralFraming.BeamByCurve 노드를 추가하고 Curve 입력포트에 ①에서 작성한 Curve를 연결합니다. structuralFramingType 입력포트에 ④에서 작성된 패밀리를 연결합니다.

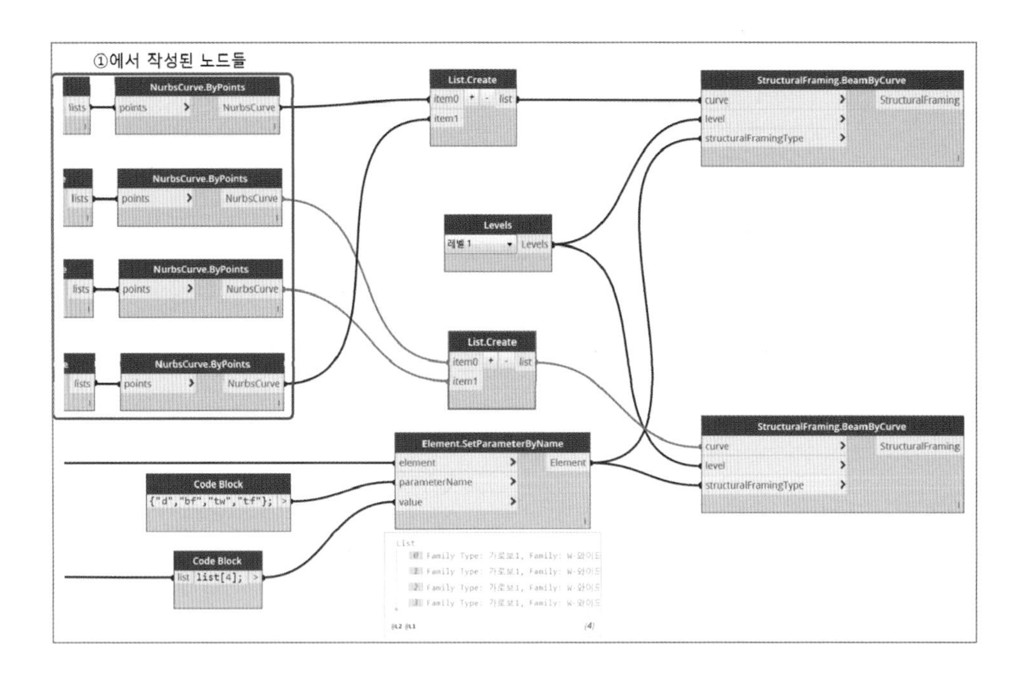
①에서 작성된 노드들
NurbsCurve.ByPoints
lists
points
NurbsCurve
List.Create
item0
item1
list
StructuralFraming.BeamByCurve
curve
level
structuralFramingType
StructuralFraming
Levels
Element.SetParameterByName
element
parameterName
value
Element
Code Block
{"d","bf","tw","tf"};
list[4];

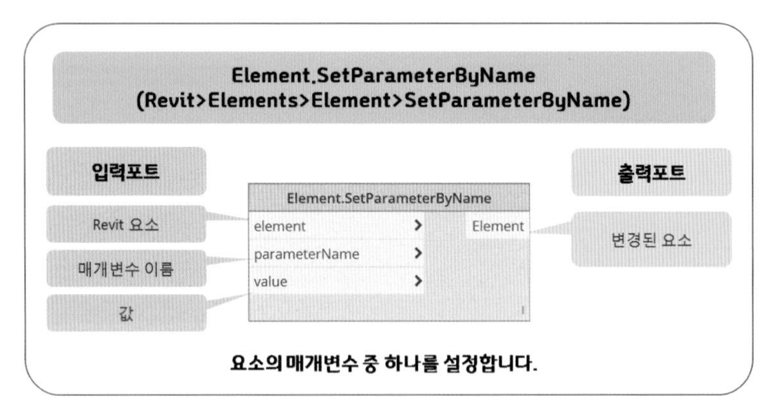
Element.SetParameterByName
(Revit>Elements>Element>SetParameterByName)
입력포트
출력포트
Revit 요소
매개변수 이름
값
element
parameterName
value
Element
변경된 요소
요소의 매개변수 중 하나를 설정합니다.

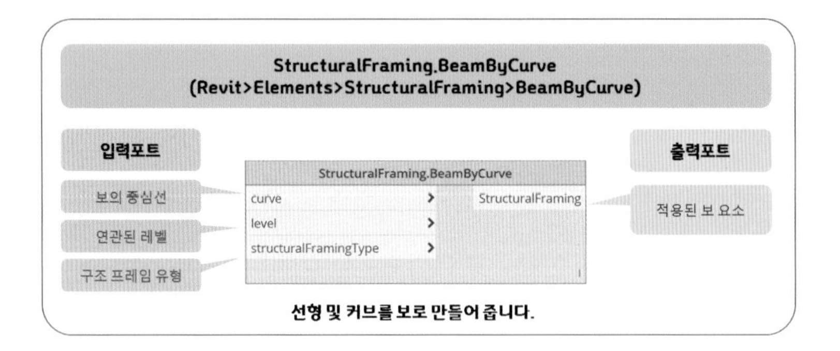
StructuralFraming.BeamByCurve
(Revit>Elements>StructuralFraming>BeamByCurve)
입력포트
출력포트
보의 중심선
연관된 레벨
구조 프레임 유형
curve
level
structuralFramingType
StructuralFraming
적용된 보 요소
선형 및 커브를 보로 만들어 줍니다.

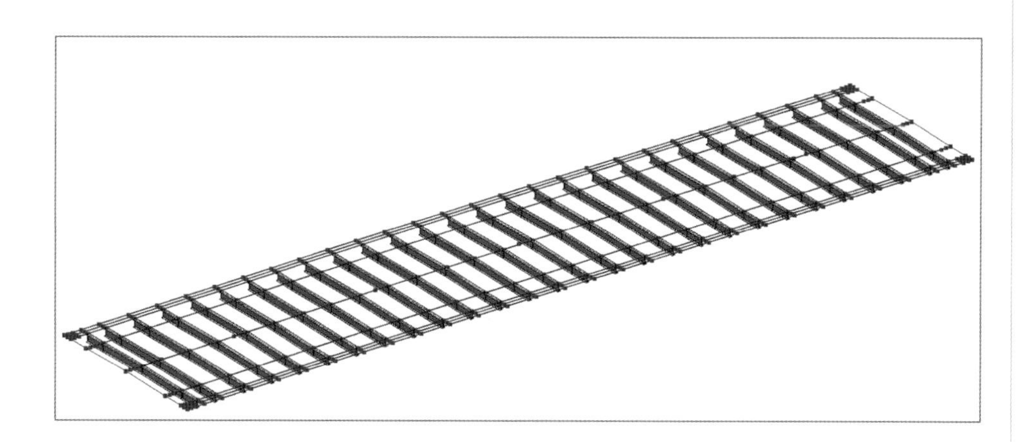

⑥ 세로보의 형상 및 패밀리도 ③, ④와 같은 방법으로 작성합니다.

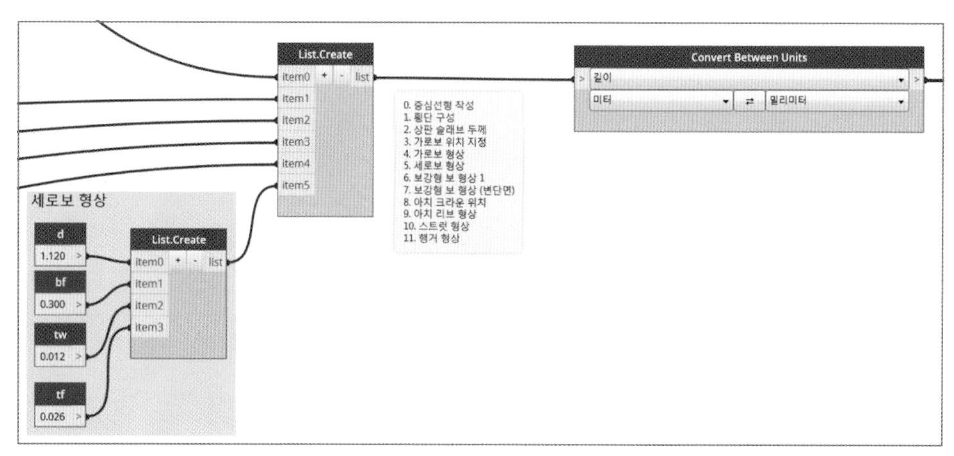

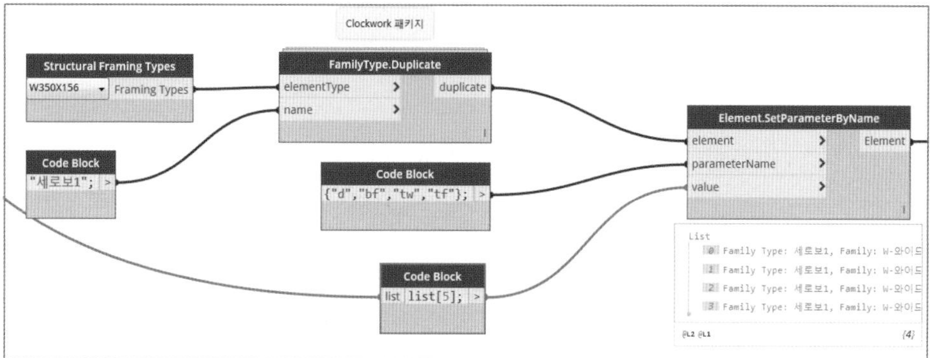

⑦ 세로보는 각각의 Point를 선으로 작성하고 해당되는 위치에 패밀리를 적용합니다. List1, List2, List3를 호출합니다. 선의 위치를 지정하기 위하여 List.GetItemAtIndex 노드를 두 개 추가합니다. 시점을 지정하기 위하여 index 입력포트에 CodeBlock 노드를 추가하고 "2..(N-4)..1"를 입력하고 연결합니다. 종점을 지정하기 위하여 CodeBlock 노드에 "3..(N-3)..1"를 입력하고 연결합니다. List.GetItemAtIndex 노드는 레이싱을 외적으로 변경합니다. (㉠)

Geometry 〉 Curves 〉 Line 〉 ByStartPointEndPoint 노드를 추가하고 시점용 노드를 startPoint 입력포트에 연결하고 종점용 노드는 endPoint 입력포트에 연결합니다. (ⓛ)
StructuralFraming.BeamByCurve을 추가하고 작성된 해당 라인을 연결하여 ⑥에서 작성한 패밀리를 적용합니다. (ⓒ)

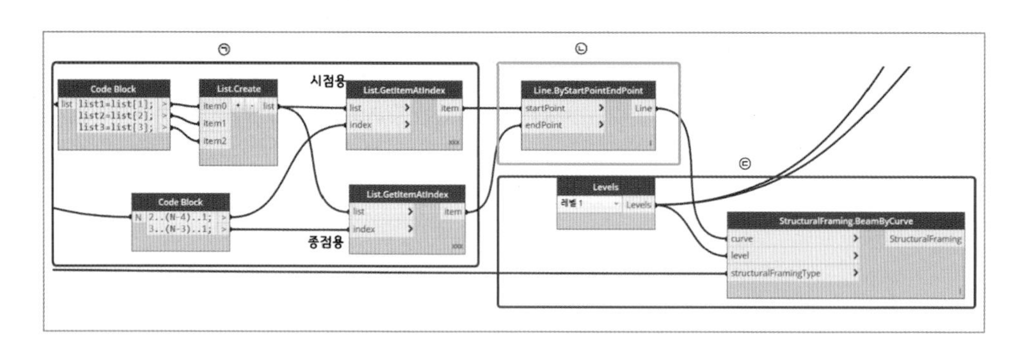

⑧ ①~⑦까지 작성한 노드를 모두 선택한 후 [Ctrl] + [G]를 눌러 그룹화합니다.

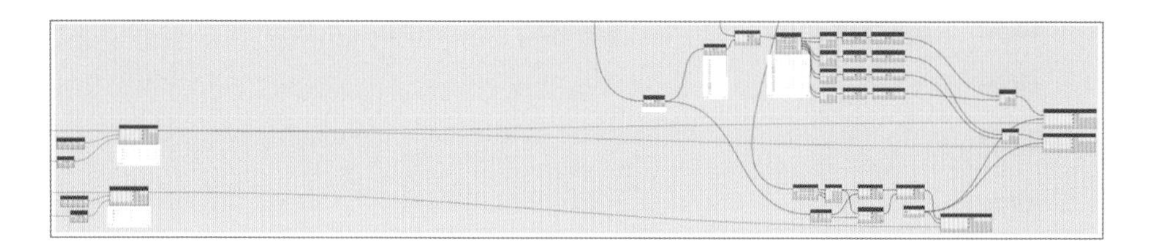

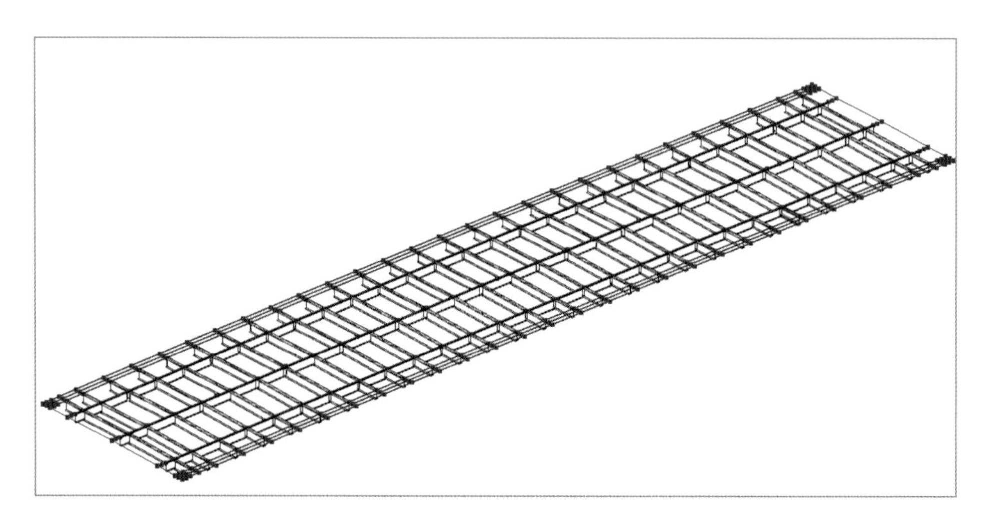

7. 보강형 보 설치

① 보강형 보를 설치하기 위하여 6의 ②~④와 같이 Steel Box 패밀리를 선택하고 형상에 대한 치수를 입력하여 패밀리를 작성합니다.

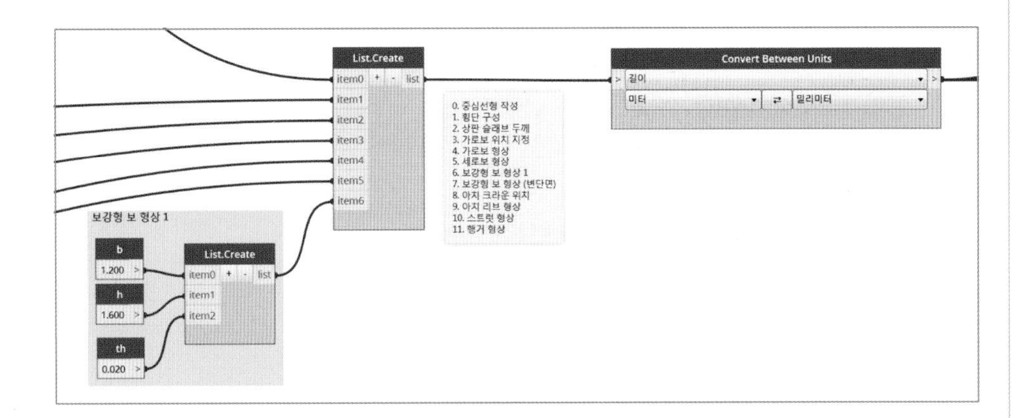

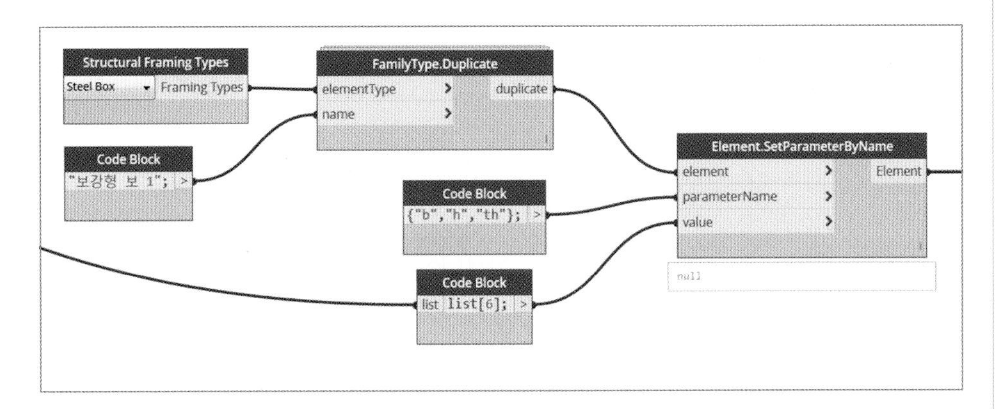

② 6의 ①과 같이 각 선형의 시·종점 부분의 보강형 가로보 위치를 지정하고 Curve를 작성합니다.

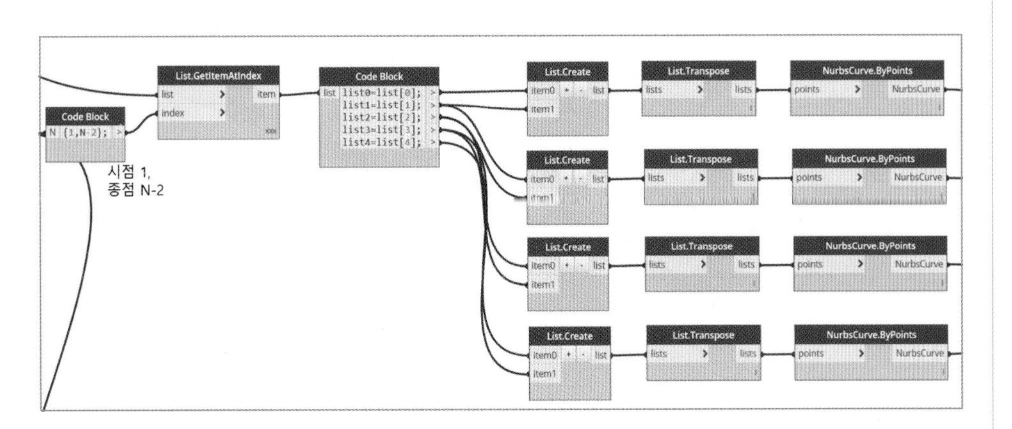

③ ②에서 작성된 위치의 시·종점 좌·우끝 가로보 부분에 보강형 보 패밀리를 적용합니다.

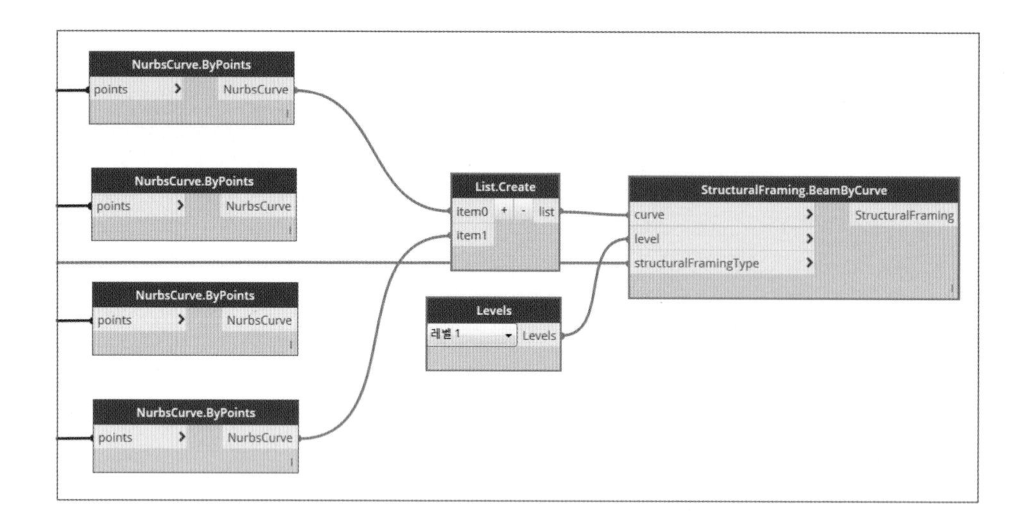

④ 6의 ⑦과 같이 List 5, List6에 세로보 위치를 지정하고 Curve를 작성합니다. 다음 이 Curve에 보강형 보 패밀리를 적용합니다.

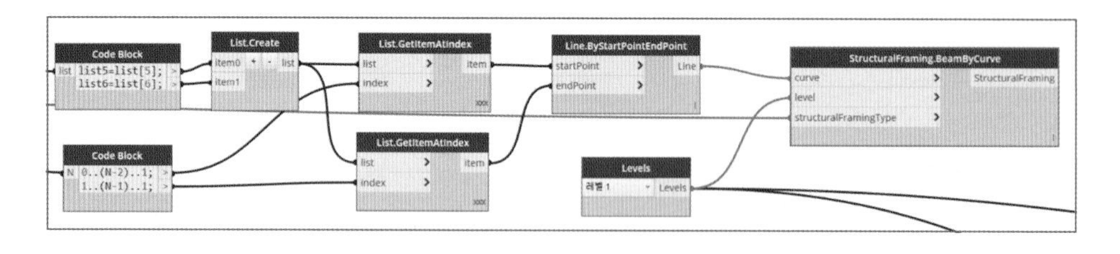

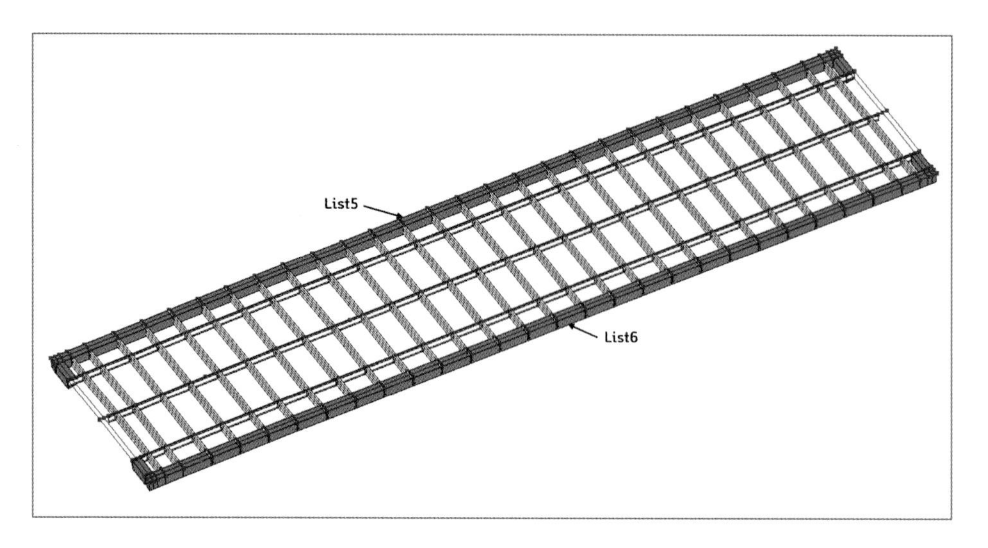

⑤ 시 · 종점의 중앙부에 변단면 보강형 가로보를 적용하기 위하여 Steel Box(변단면)을 적용하고 이름을 각각 "보강형 보(변단면)1"과 "보강형 보(변단면)2"를 지정합니다.

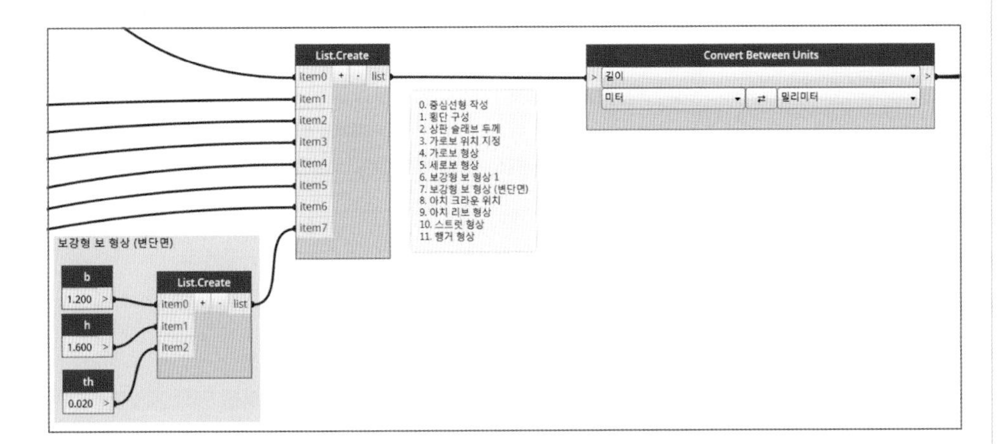

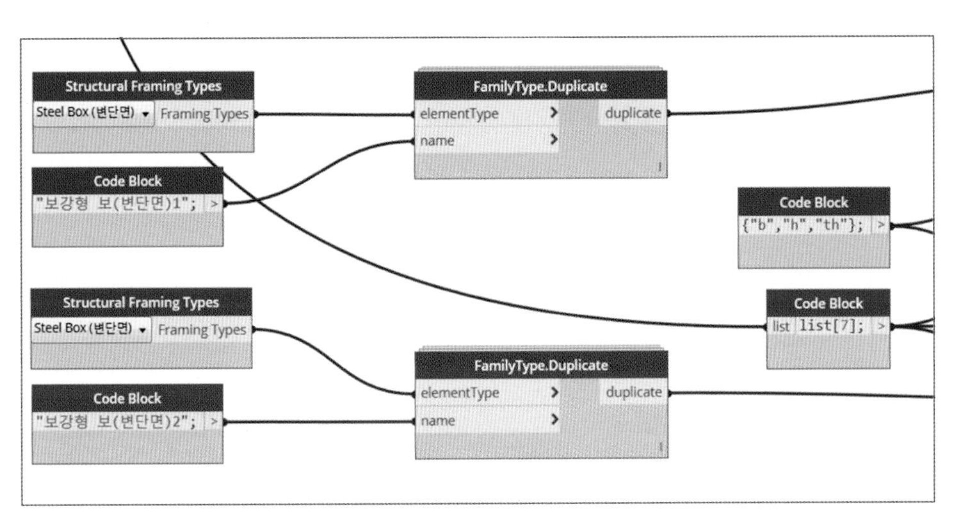

⑥ 벽단면에 기본 형상에 대한 치수를 적용하기 위하여 Element.SetParameterByName 노드를 추가하고 ⑤에서 작성한 값들을 연결합니다(㉠). **3.의** ⑨에서 작성된 편경사노드에 대한 높이차(SuperEle)와 기본두께를 변단면의 매개변수에 적용한 변단면 보강형 보를 작성합니다(㉡).

※ 앞에서 작성한 편경사노드는 -로 입력되어 있기 때문에 변단면의 변수로 작성하기 위하여 -를 추가하여 작성합니다.

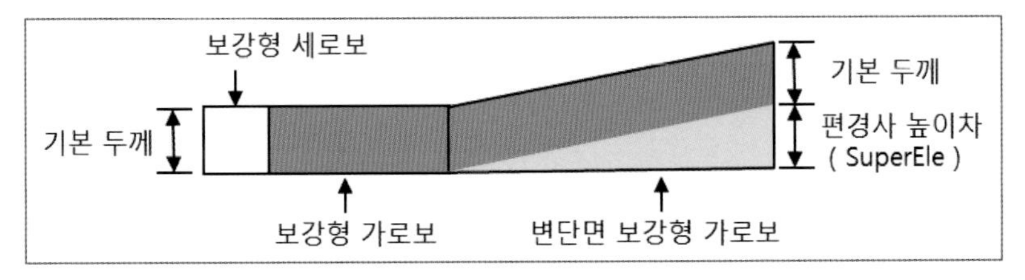

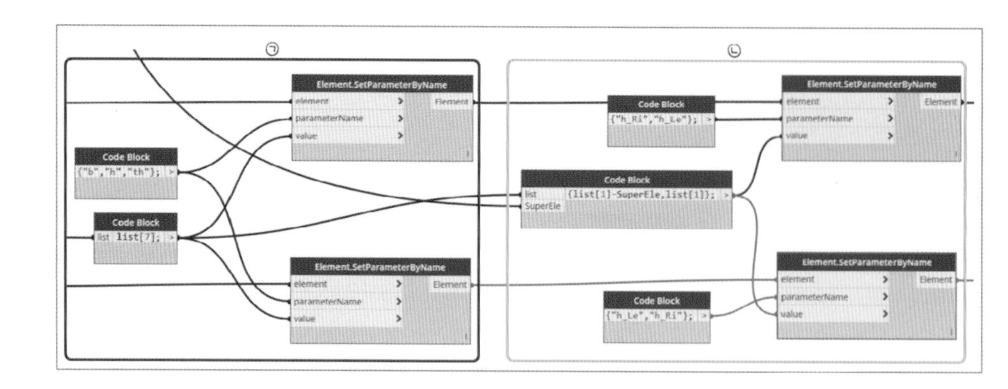

⑦ 시 · 종점의 중앙부에 보강형 변단면 보를 적용합니다.

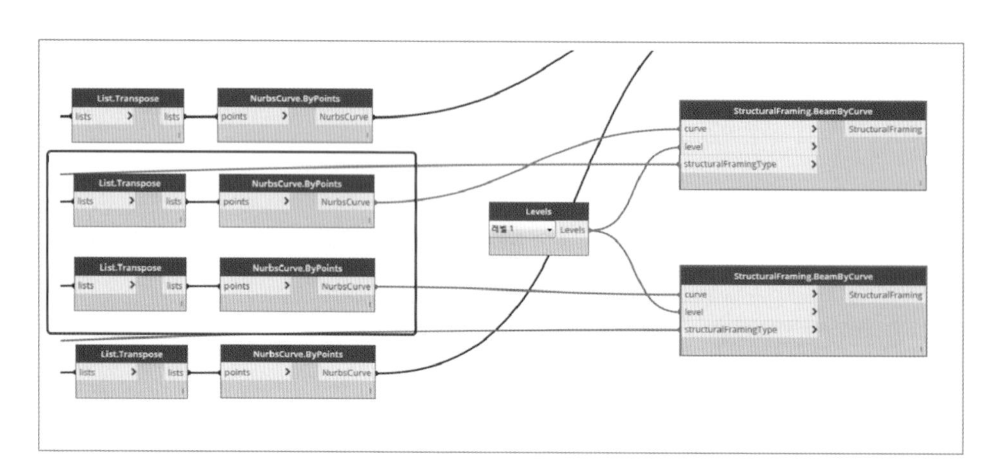

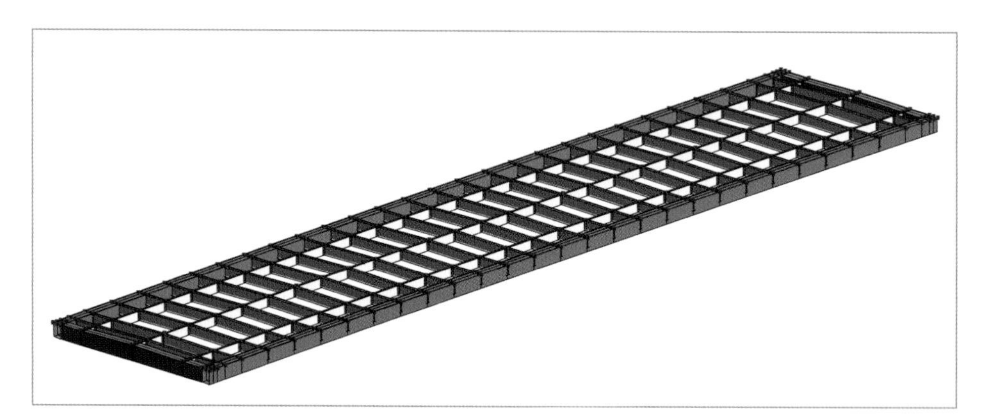

⑧ ①~⑦까지 작성한 노드를 모두 선택한 후 [Ctrl] + [G]를 눌러 그룹화합니다.

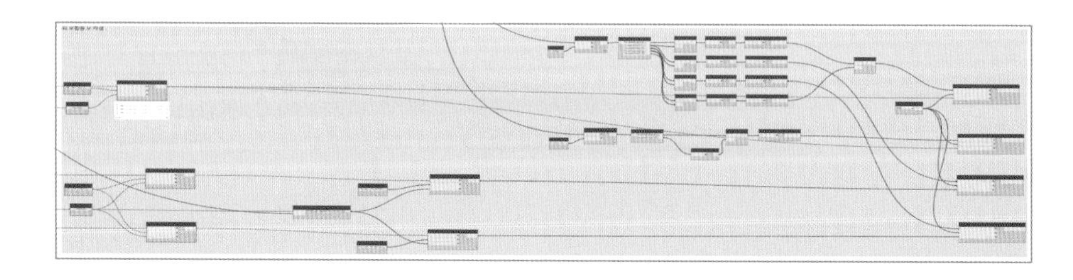

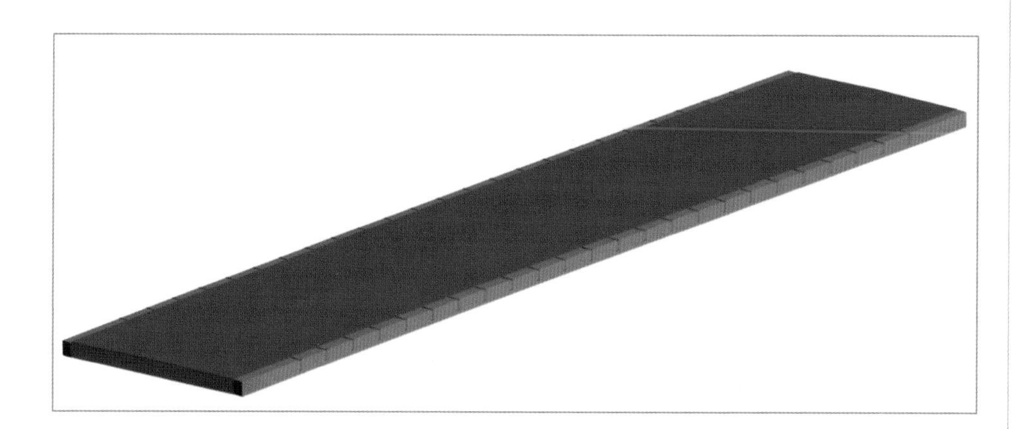

8. 아치리브 설치

① 아치의 리브를 만들기 위하여 크라운의 위치를 지정 후 **2.의** ⑧에서 작성한 List.Create 노드의 item8(List8)의 입력포트에 연결합니다.

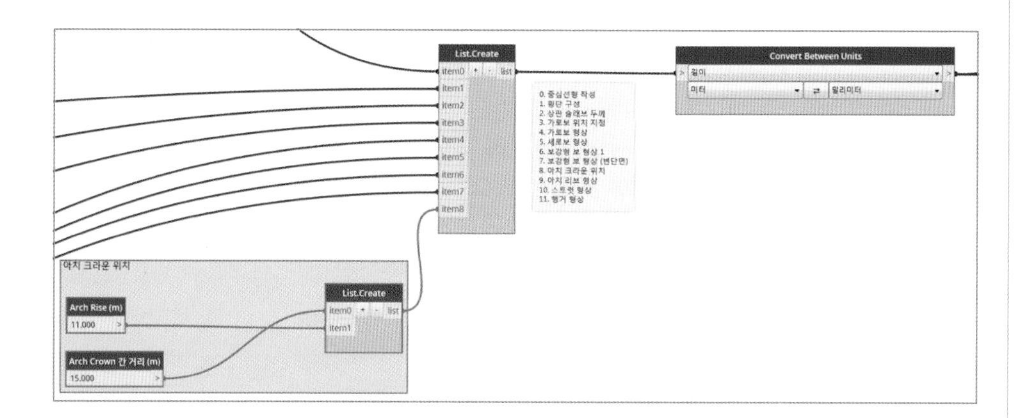

② 아치 리브 형상에 대한 치수 지정 후 **2.의** ⑧에서 작성한 List.Create 노드의 item9(List9)의 입력포트에 연결합니다.

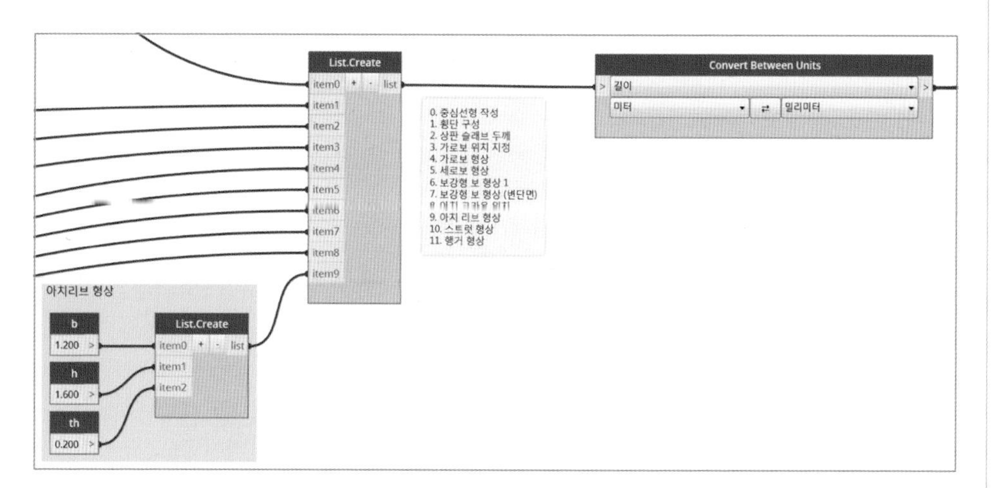

③ Steel Box 패밀리에 "아치보1"의 유형을 추가 후 아치리브 형상에 대한 치수를 입력하여 아치리브 패밀리를 지정합니다.

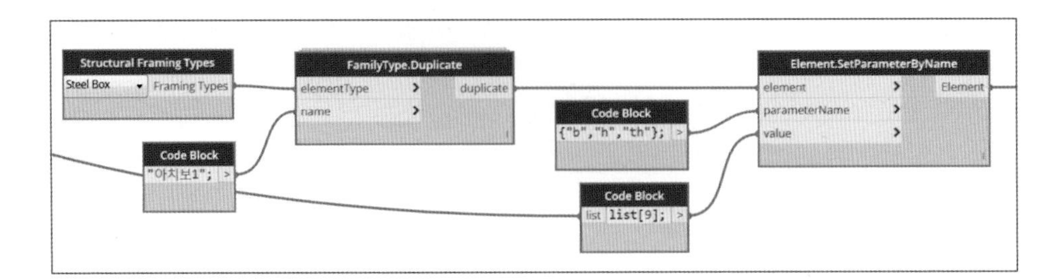

④ 아치크라운의 위치점을 지정하기 위하여 Code Block을 추가하고 **6의** ⑦(ⓛ)에서 작성한 line.ByStartPointEndPoint 노드의 값을 List0의 입력포트에 연결하고 중심 선형인 List[1]을 호출합니다. 호출된 List를 polyCurve.ByJoinedCurves 노드를 연결하여 하나의 선으로 작성합니다. 선의 중심 위치를 구하기 위하여 Curve.PointAtParameter를 추가하고 param 입력포트에 0.5를 입력하고 연결합니다. 노드의 레이싱을 외적으로 변경합니다. (ⓖ)
①에서 작성한 값을 List 입력포트에 연결하고 아치크라운의 위치 중 아치리브 간 거리(List8[0])와 아치크라운의 높이(List8[1])를 호출하여 Code Block을 이용하여 해당되는 Y와 Z 좌표를 작성합니다. 여기서 X 좌표에 교량의 사각(Skew)를 적용하기 위하여 **3.의** ④에서 작성된 Skew 관련 노드의 결과값을 Skew 입력포트에 연결하고 Y 좌표 값을 곱하여 줍니다.
이 좌표들을 Vector.ByCoordinates의 각각의 입력포트에 연결합니다. (ⓛ)
Geometry.Translate 노드를 추가하고 선 중심점과 좌표의 위치를 연결하여 아치 크라운의 위치를 지정합니다. (ⓒ)

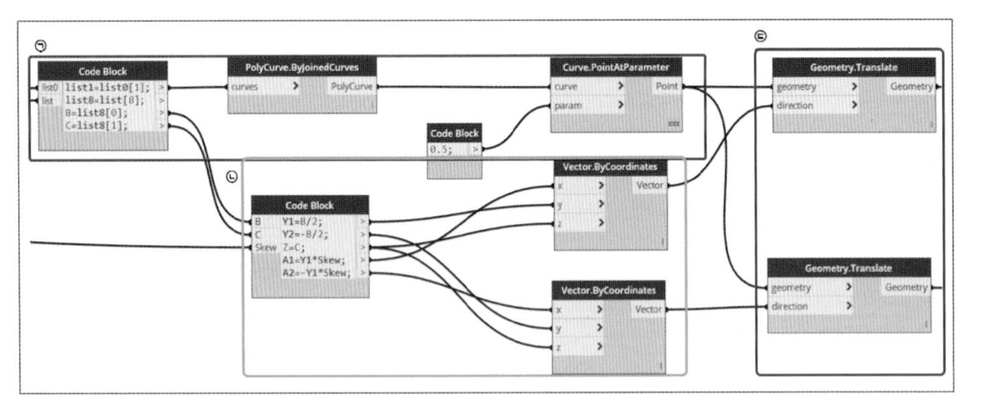

⑤ 아치리브의 선형을 작성하기 위하여 **5.의** ⑥에서 작성한 Curve.PointAtParameter 노드의 값을 입력포트로 하는 Code Blocks 노드에 List5와 list6를 호출합니다. 단부가로보의 중심점을 지정하기 위하여 **5.의** ⑤에서 작성한 비율계산의 노드의 값을 입력포트로 연결화는 Count 노드를 추가합니다. 여기에 Code Block 노드를 이용하여 1, N-1번 점(단부 가로보의 중심점)을 호출 합니다. 앞에서 작성한 아치 크라운 점과 시종점을 연결하여 Curve 작성을 완료합니다.

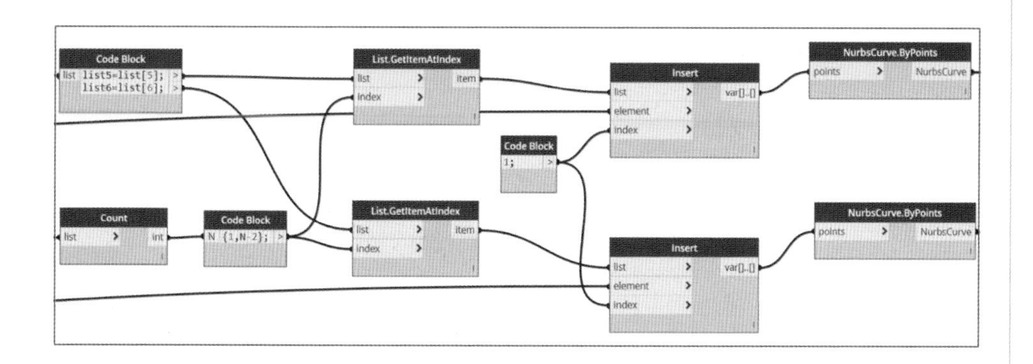

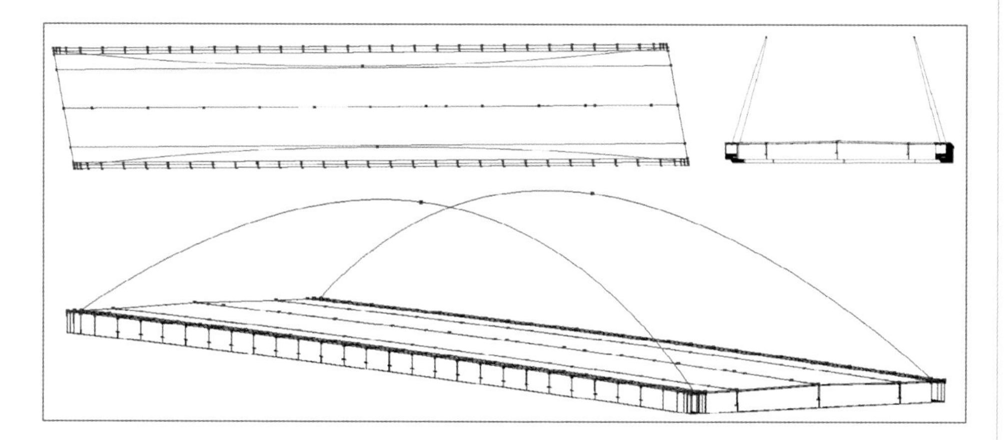

⑥ 아치리브의 부재 개수를 지정하고 ⑤에서 작성한 선형 위에 해당 Point를 작성합니다.

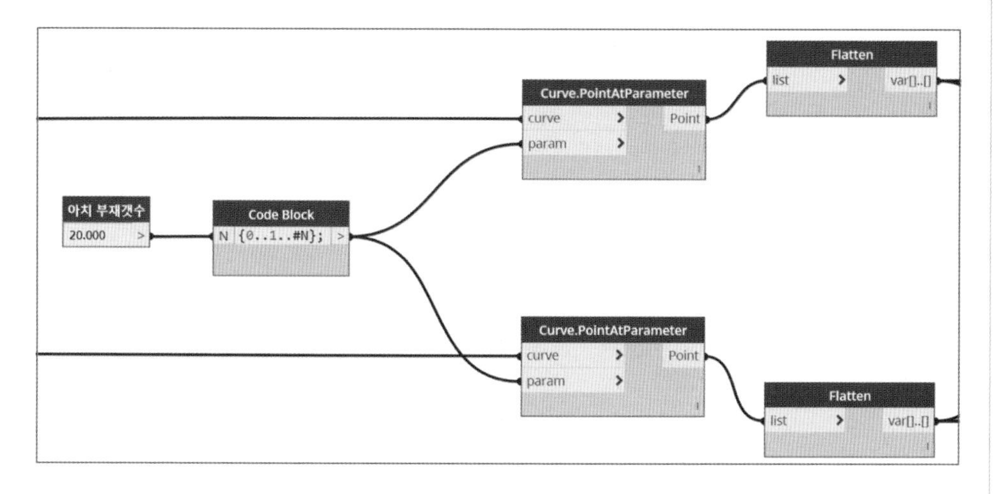

⑦ 아치리브를 작성하기 위한 Curve를 만들기 위하여 Point 계산에 대한 노드를 작성합니다. Curve의 시작점을 나타내기 위 Index를 ㉠와 같이 CodeBlock 노드를 이용하여 작성하고 종점을 나타내는 Index는 ㉡와 같이 작성합니다. 작성된 Index를 List.GetItemAtIndex 노드에 연결하여 Curve의 시·종점 포인트를 추출합니다.

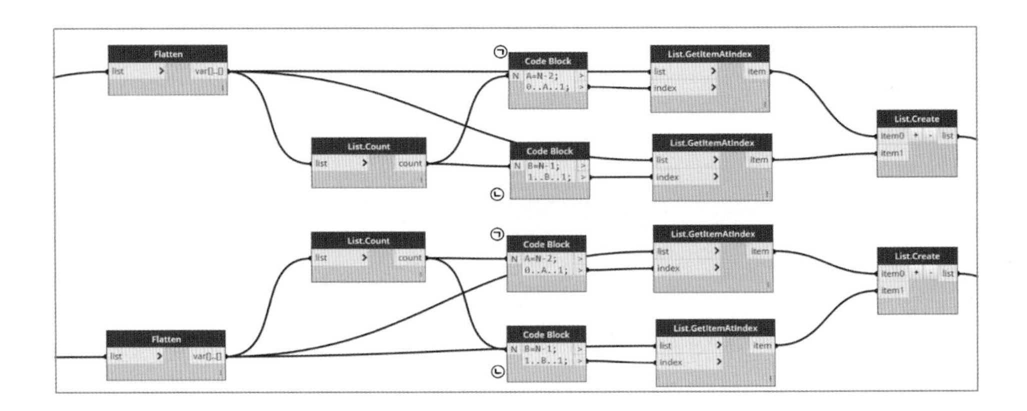

⑧ 추출된 시 · 종점 Point를 Curve로 작성하고 ③에서 작성된 패밀리를 연결합니다.

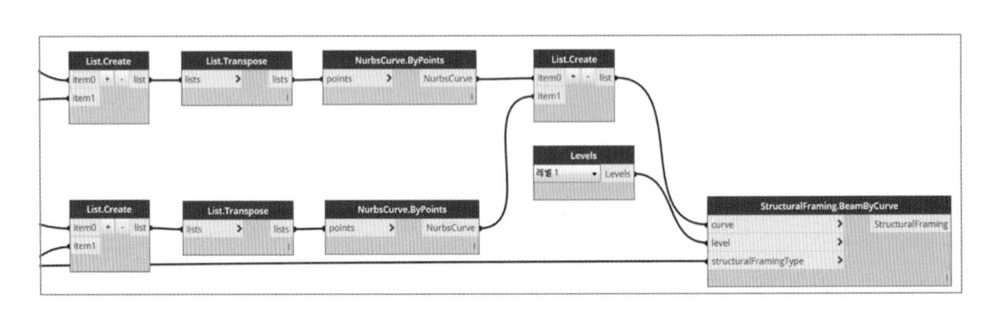

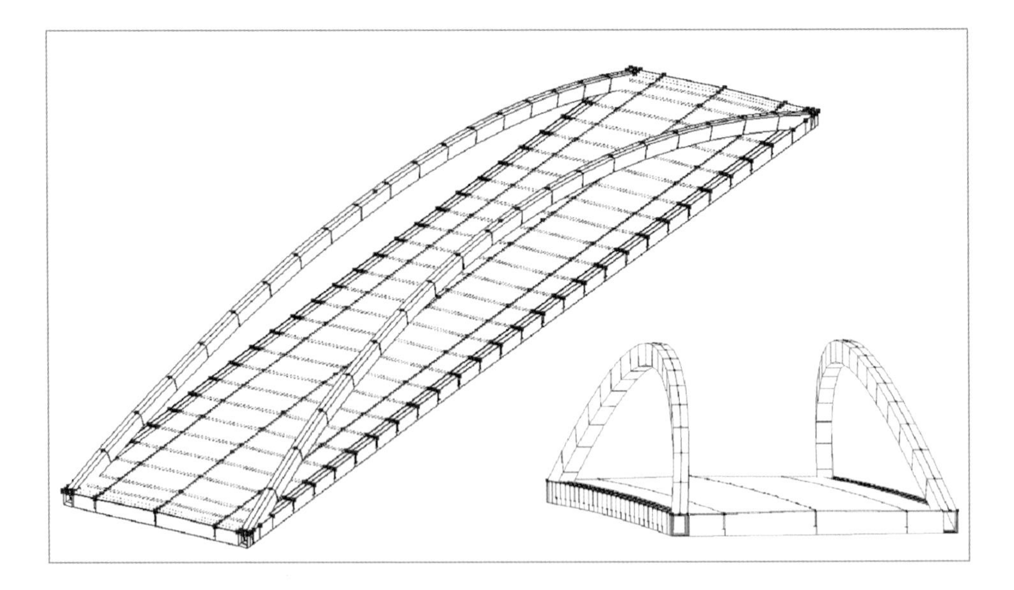

⑨ ④~⑧까지 작성한 노드를 모두 선택한 후 [Ctrl] + [G]를 눌러 그룹화합니다.

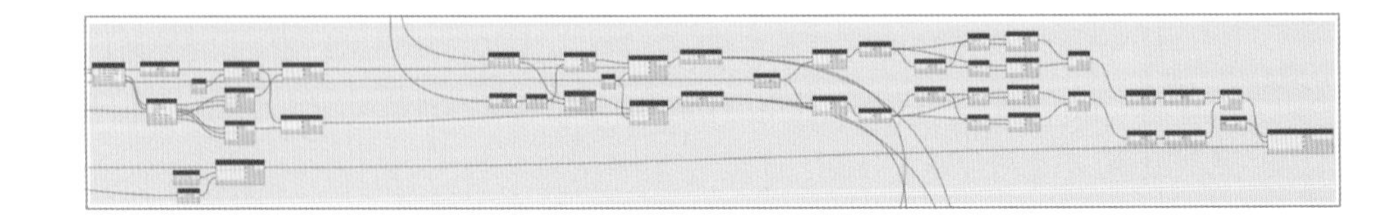

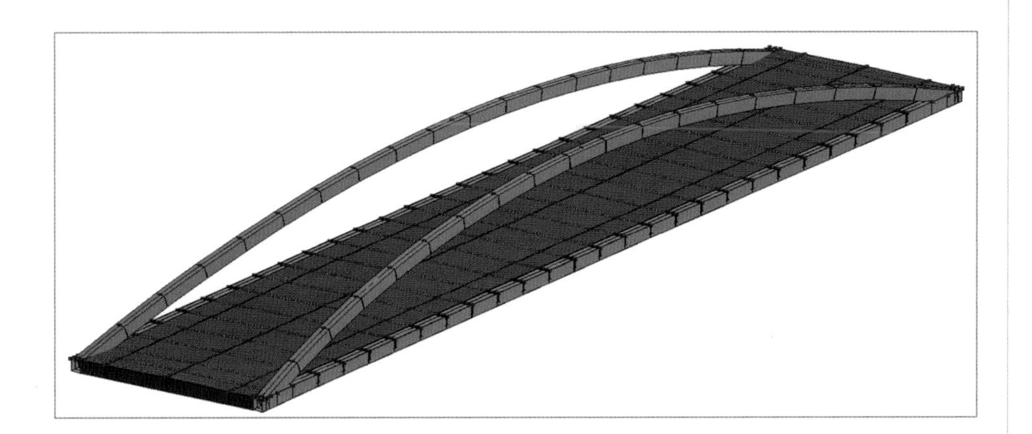

9. 스트럿 설치

① 스트럿 형상에 대한 치수를 List로 만들고 2.의 ⑧에서 작성한 List.Create 노드의 item10(List10)의 입력포트에 연결합니다.

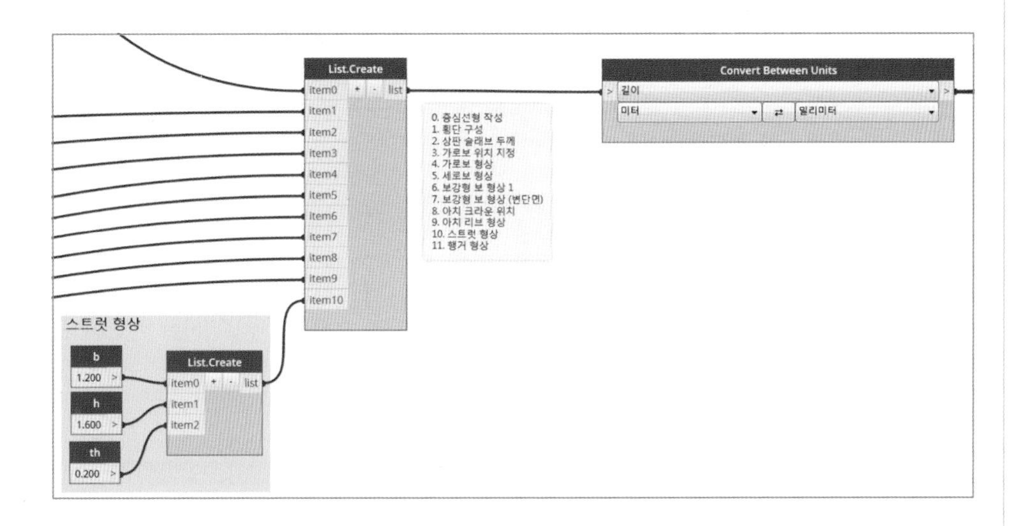

② 스트럿 작성을 위해 Steel Box 패밀리에 "스트럿 1"의 유형을 추가 후 스트럿 형상에 대한 치수를 입력하여 스트럿 패밀리를 지정합니다.

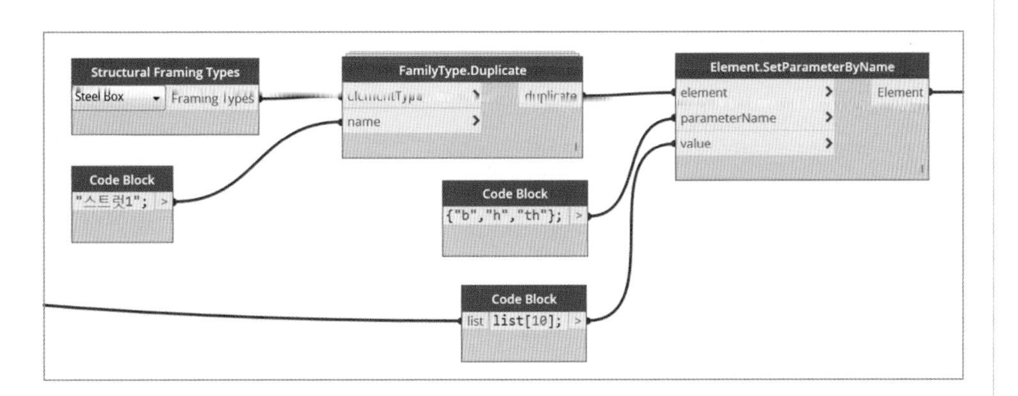

③ 스트럿 설치 개수를 지정하고 설치 위치를 Point로 작성합니다. Curve.PointAtParameter 노드의 Curve 입력포트는 8.의 ⑤에서 작성한 아치리브 선형(NurbsCurve.ByPoints 노드 출력포트)을 연결합니다.
〈설치 위치의 시작부분과 끝부분은 0.25정도 여유를 두고 작성함〉

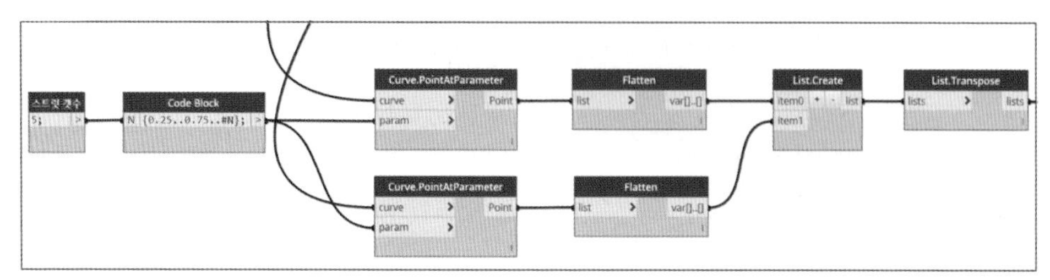

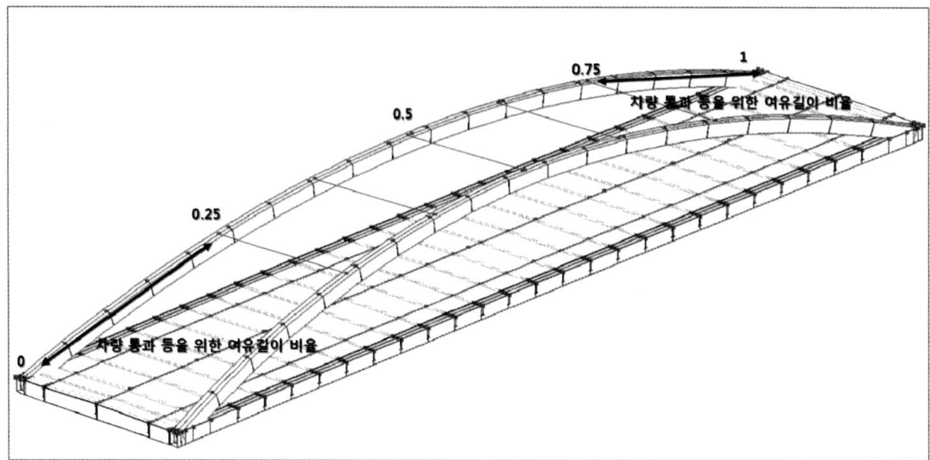

④ 각 Point를 Curve로 연결하고 ②에서 작성한 스트럿 패밀리를 연결하여 스트럿을 작성합니다.

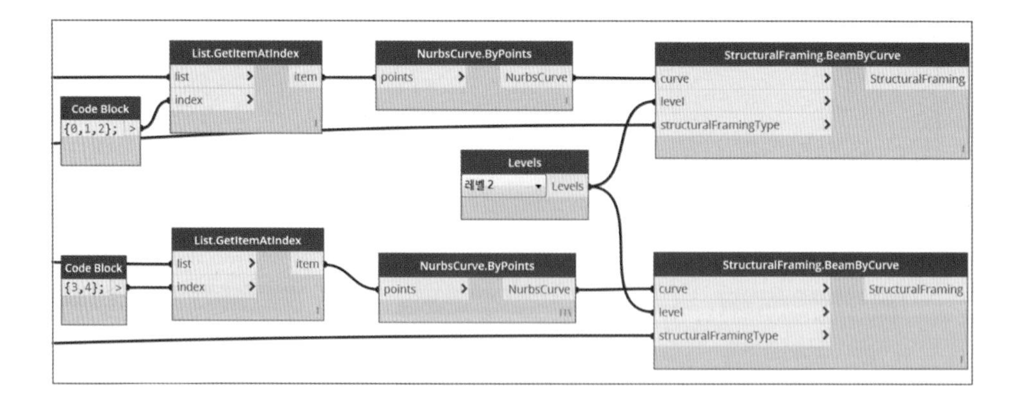

⑤ ②~④까지 작성한 노드를 모두 선택한 후 [Ctrl] + [G]를 눌러 그룹화합니다.

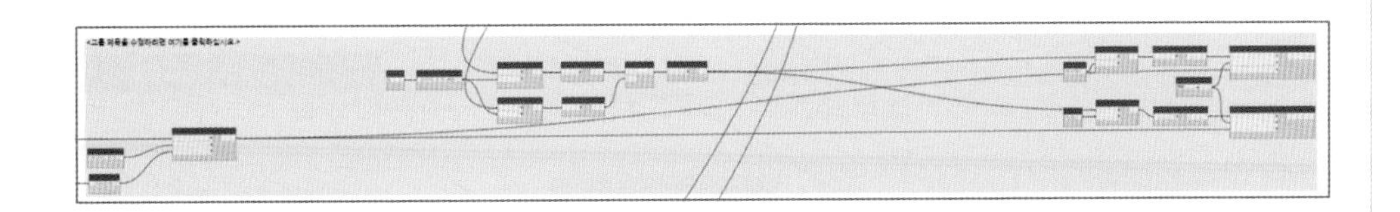

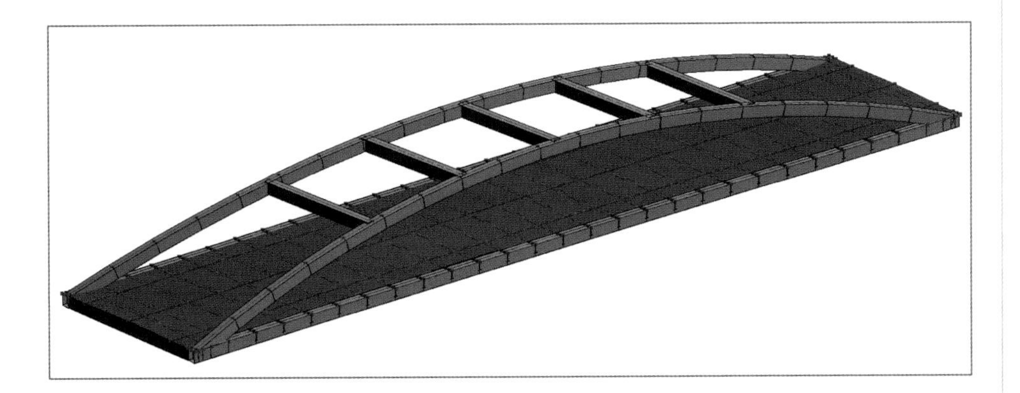

10. 행거 설치

① 행거 형상에 대한 치수를 List로 만들고 **2.의 ⑧**에서 작성한 List.Create 노드의 item11(List11)의 입력포트에 연결합니다.

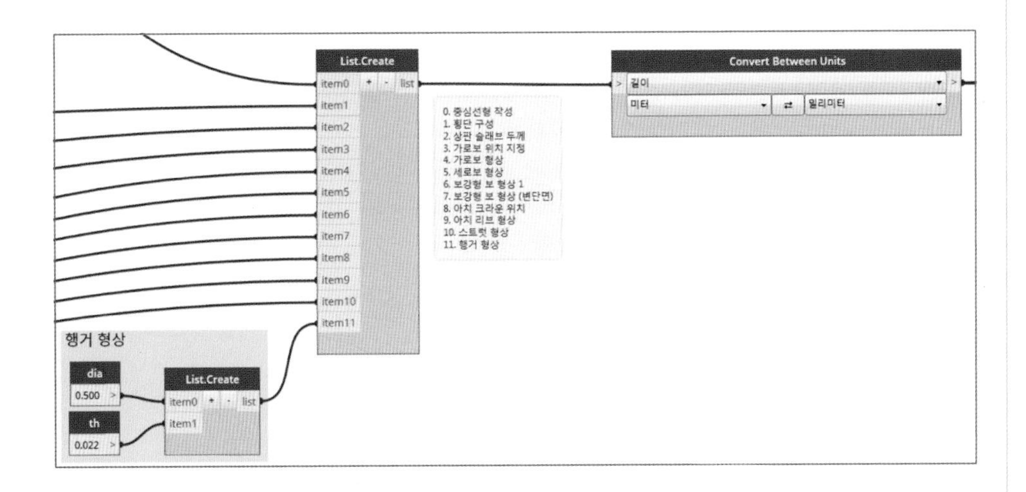

② 아치리브의 행거위치를 작성하기 위하여 아치리브 선형을 아치리브 두께만큼 Z값을 변경합니다. 아치리브형상(List[9]) 중 h를 호출하고 Vector.ByCoordinates 노드에 연결합니다. Geometry.Translate 노드를 추가하고 **8.의 ⑤에서** 작성한 아치리브 선형을 연결합니다.

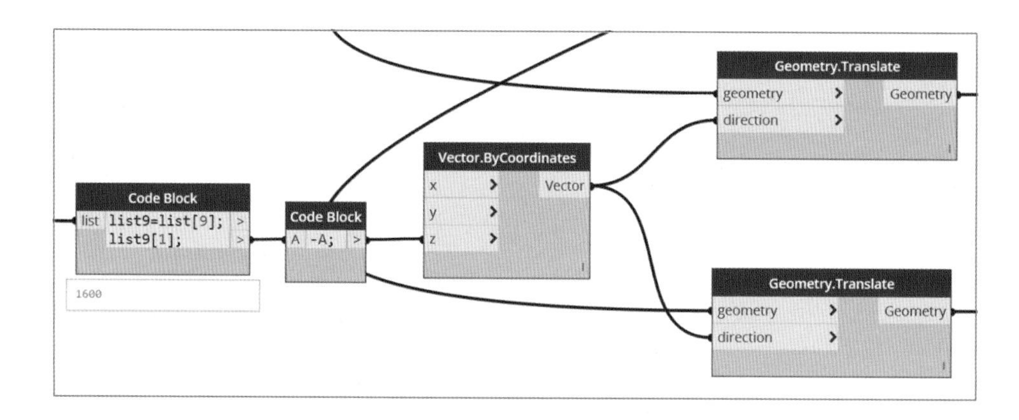

③ 행거의 개수를 지정하고 이에 따른 행거의 위치를 작성합니다.
행거 간의 거리를 계산하기 위하여 교량길이에 행거의 개수를 나누어 줍니다. 행거의 길이를 나누어 주고 남는 나머지 길이를 행거의 앞뒤 부분에 배치하기 위하여 아래 그림의 CodeBlock 노드와 같이 작성하여 초기 위치를 작성합니다. 또한 보강형 보의 행거 위치는 리브의 시작점 위치인 보강형 세로 단부보의 중심까지의 길이(여기서는 600)를 제외한 길이 비율을 작성합니다.

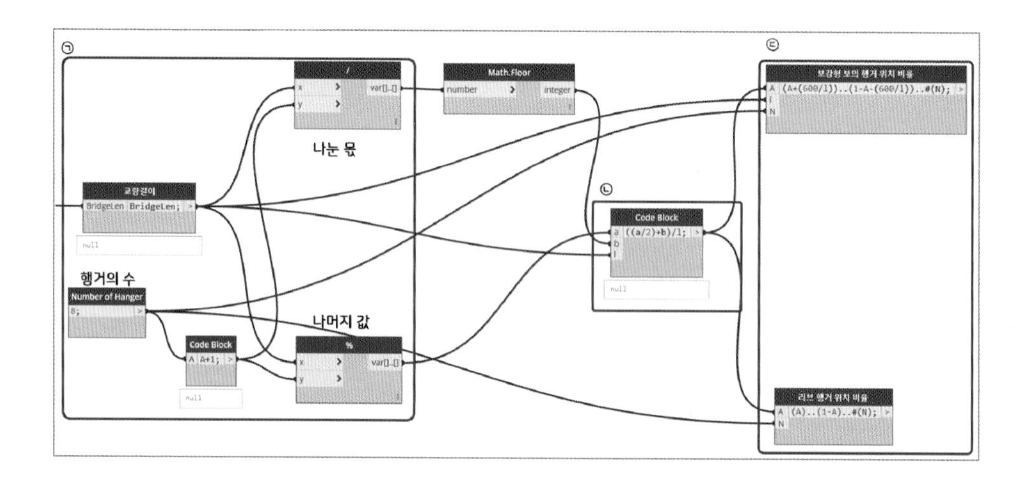

④ ②에서 작성된 Curve에 리브 행거 위치 비율을 적용하여 상부 행거 위치 Point를 작성하고 **3.의** ⑫에서 작성된 Gometry.Translate 노드에서 보강형 보의 선형인 List[7]와 List[6]을 호출하고 보강형 보의 행거 위치비율을 적용하여 하부 행거 위치 Point를 작성합니다. NurbsCurve.ByPoints 노드를 이용하여 작성된 상부 Point와 하부 Point를 Curve로 작성합니다.

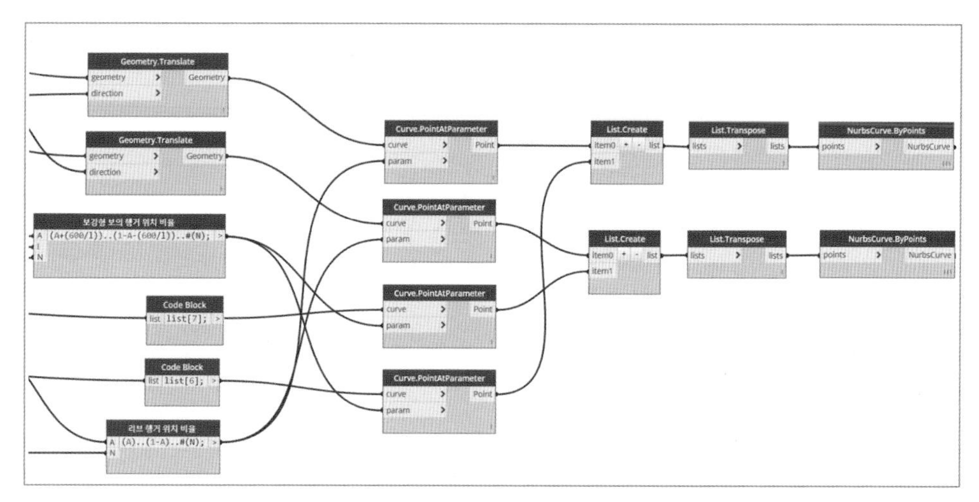

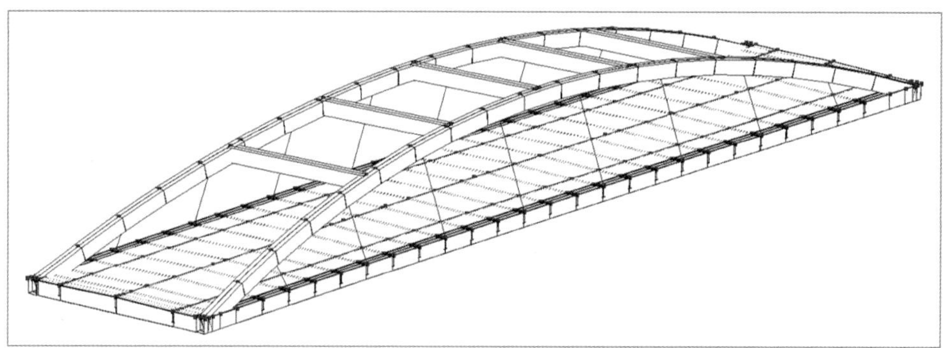

⑤ 행거(원형) 패밀리의 행거의 형상 치수를 적용하고 ④에서 작성된 Curve에 행거(원형) 패밀리를 적용합니다.

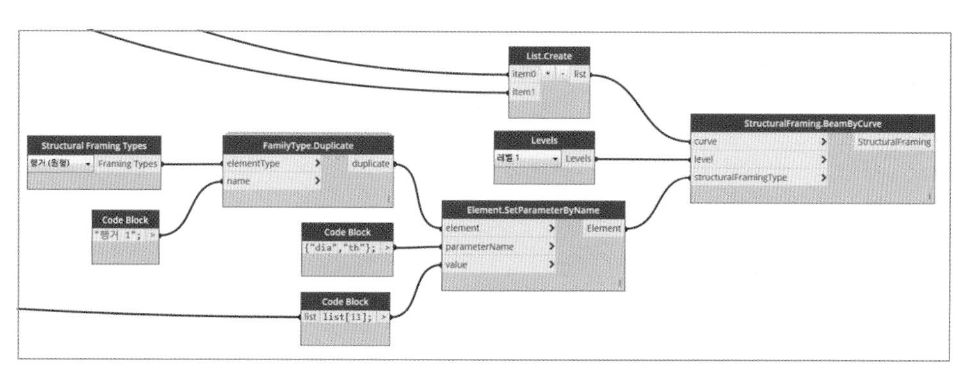

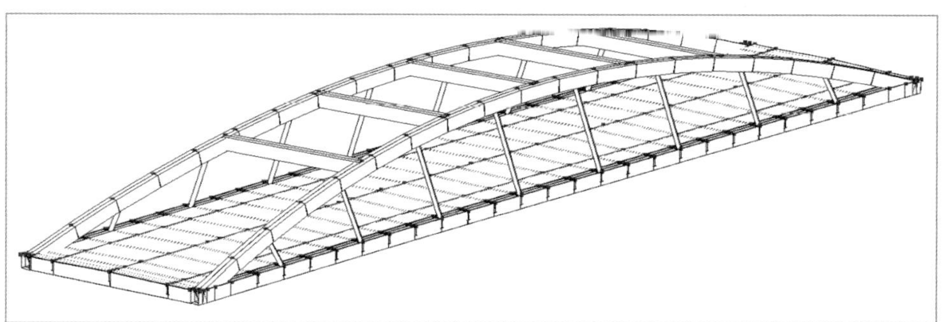

⑥ ②~⑤까지 작성한 노드를 모두 선택한 후 [Ctrl] + [G]를 눌러 그룹화합니다.

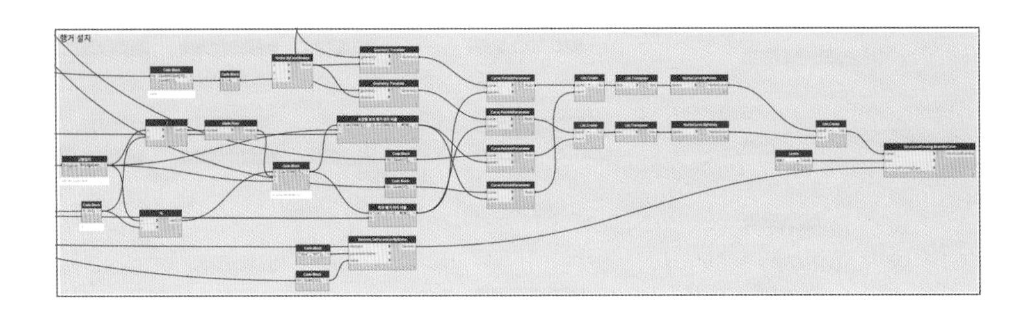

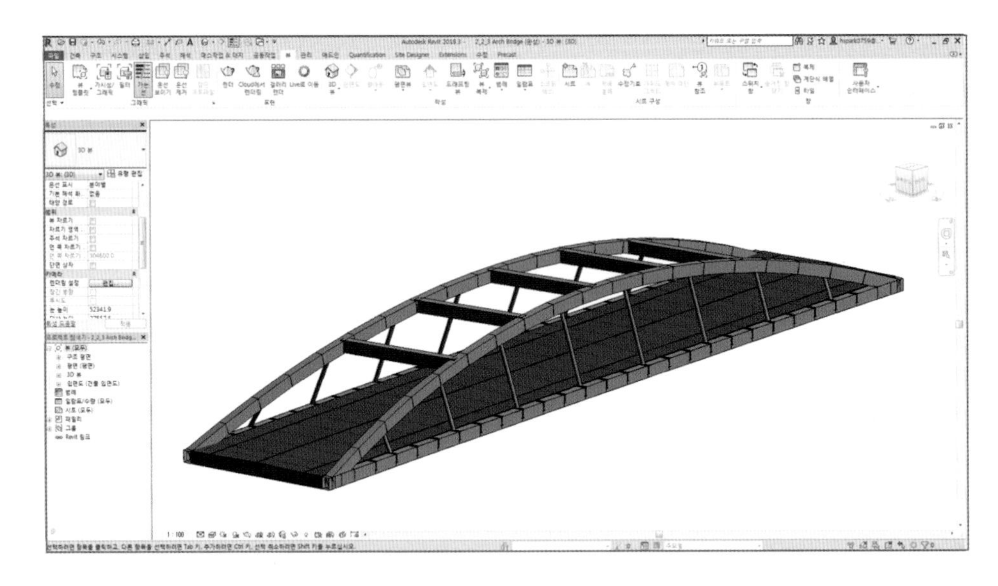

PSC박스 거더교

chapter 03

일반적인 Revit 모델링 방법으로 PSC 박스 거더교의 변단면을 구현하기 위해서는 단면 변화마다 프로파일을 작성하여 모델링을 진행해야 합니다. 이는 프로파일 패밀리의 개수도 많아질 뿐만 아니라 구간을 분할하여 각각 모델링을 해야 하기 때문에 작업 시간 또한 길어지게 됩니다.

이러한 문제들은 Dynamo를 사용하면 해결이 가능합니다.
작업방법은 단면 변화를 포괄할 수 있는 매스 패밀리를 작성하고, 측경간, 주두부, 개구부 등의 단면 변화 정보를 Excel을 활용하여 순차적으로 정리합니다. 이 데이터를 Dynamo로 로딩하여 매스 모델 패밀리를 배치하고 각 단면에 대한 정보를 매개변수로 입력하는 과정을 통해 PSC 박스 거더교 모델링을 완성하게 됩니다.

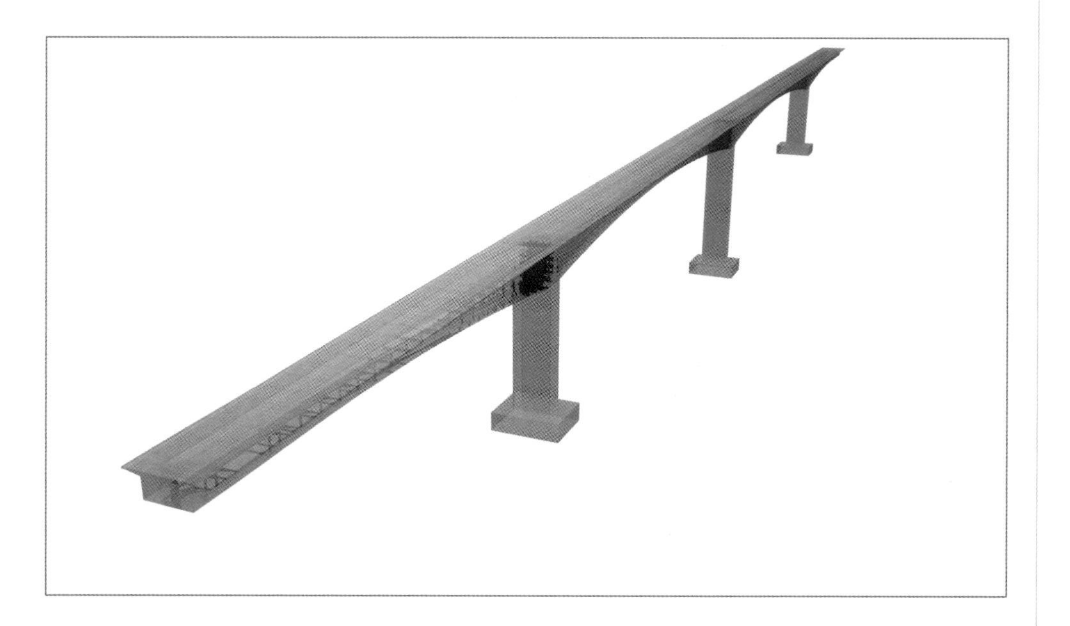

01 가변 구성요소 패밀리 작성

Tip 보고가자!

PSC박스단면.rfa
PSC박스3p.rfa
교각_기둥.rfa
교각_기초.rfa

하나의 패밀리로 PSC 박스의 하부 아치 형태와 측경간 및 주두부를 정밀하게 구현하기 위해 PSC 박스 매스모델을 작성합니다.

우선 패밀리 작성 > 개념 매스 > 미터법 질량 템플릿을 선택하여 PSC 박스단면을 작성하였습니다.
PSC 박스의 하부 아치 형태를 구현하기 위해 아래 그림과 같이 PSC 박스 단면에 H 매개변수를 설정하였고, 측경간, 주두부, 개구부 등의 정밀 구현을 위해 아래 그림과 같이 다양한 매개변수를 설정하였습니다.

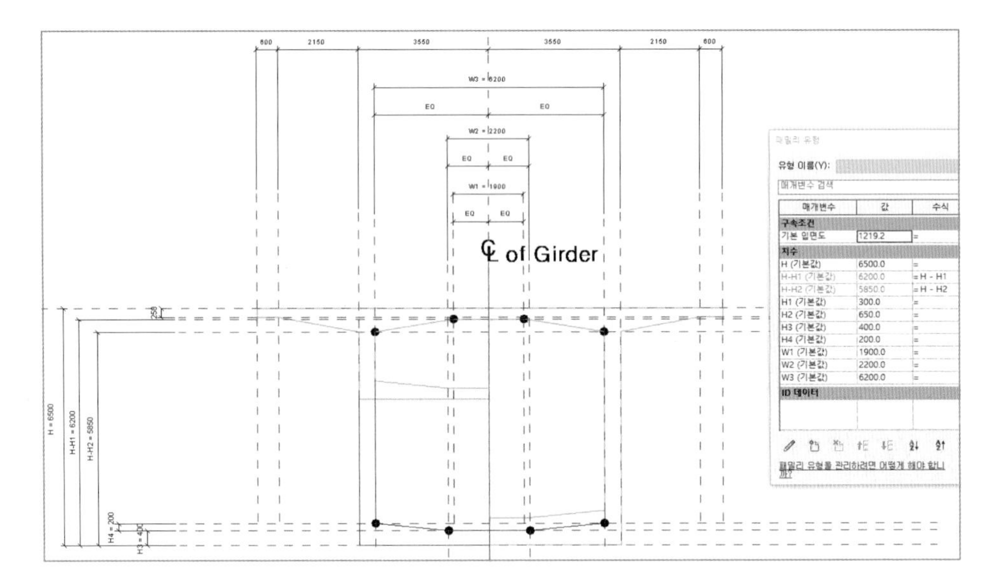

PSC 박스 단면 작성이 완료되면 패밀리 작성 > 미터법 일반 모델 가변 템플릿을 열어 PSC 박스 단면을 로딩하고, 3개의 가변점 및 참조점을 작성하여 각각 단면을 배치하고 매스를 작성합니다. 그리고 각 단면의 매개변수들을 아래 그림과 같이 A, B, C로 구분하여 가변 패밀리와 연동시켜 3지점 매스 모델 패밀리를 완성합니다.

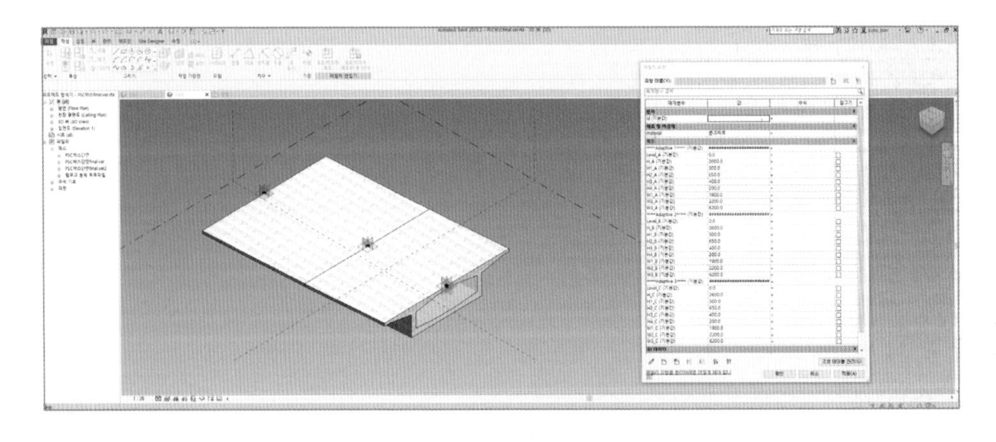

그럼 가변 구성요소 패밀리를 작성하는 방법에 대해 알아보겠습니다.

① PSC 박스 단면 패밀리 작성
먼저 PSC박스 단면 패밀리를 작성하기 위해 Revit 시작화면 〉 패밀리 〉 새로만들기 〉 개념 매스 폴더 〉 미터법 질량 템플릿을 선택합니다.
그리고 평면뷰를 활성화합니다.

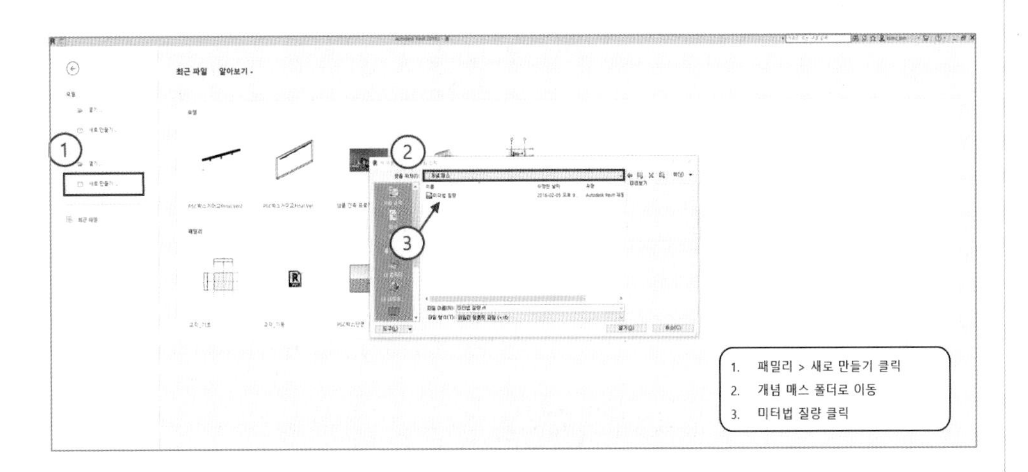

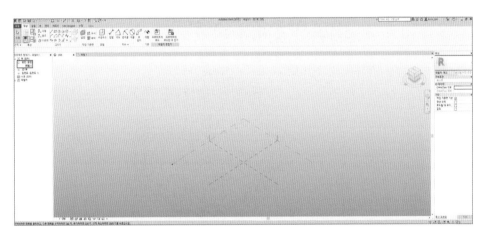

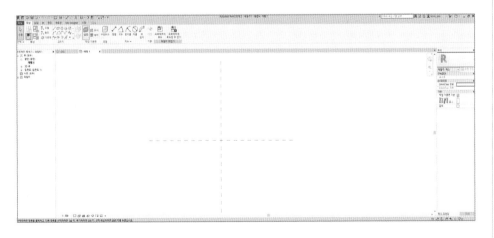

먼저 기준면을 배치하도록 하겠습니다.
다음 그림들을 참고하여 기준면을 배치하고 정렬 치수 작성 및 매개변수 설정을 진행합니다.

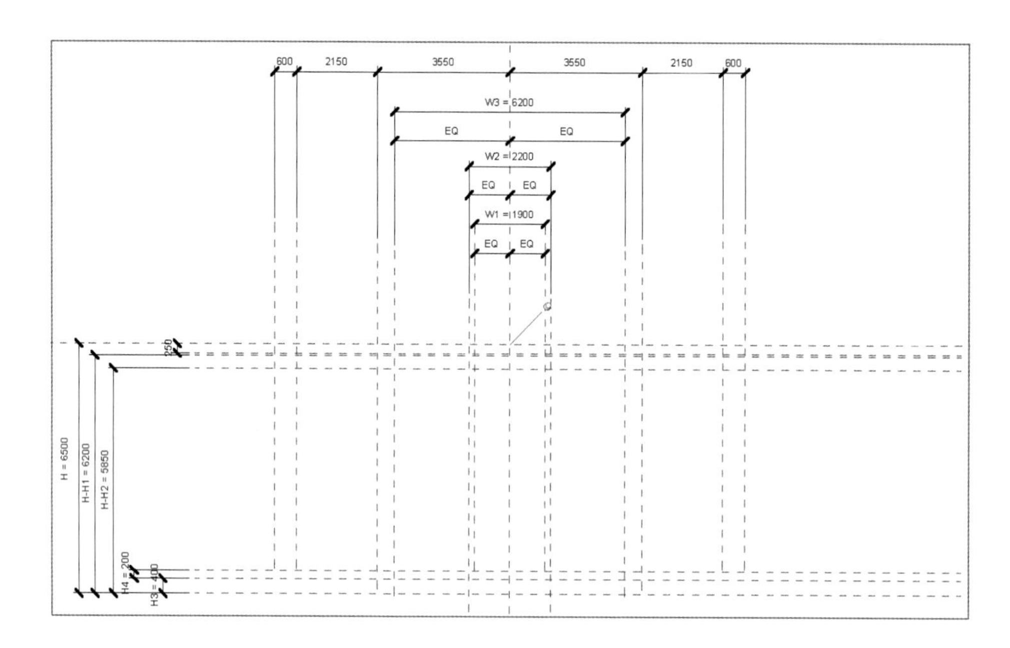

기준면 배치, 정렬 치수 작성 및 매개변수 설정이 완료되었으면 다음 그림을 참고하여 참조점을 배치합니다.

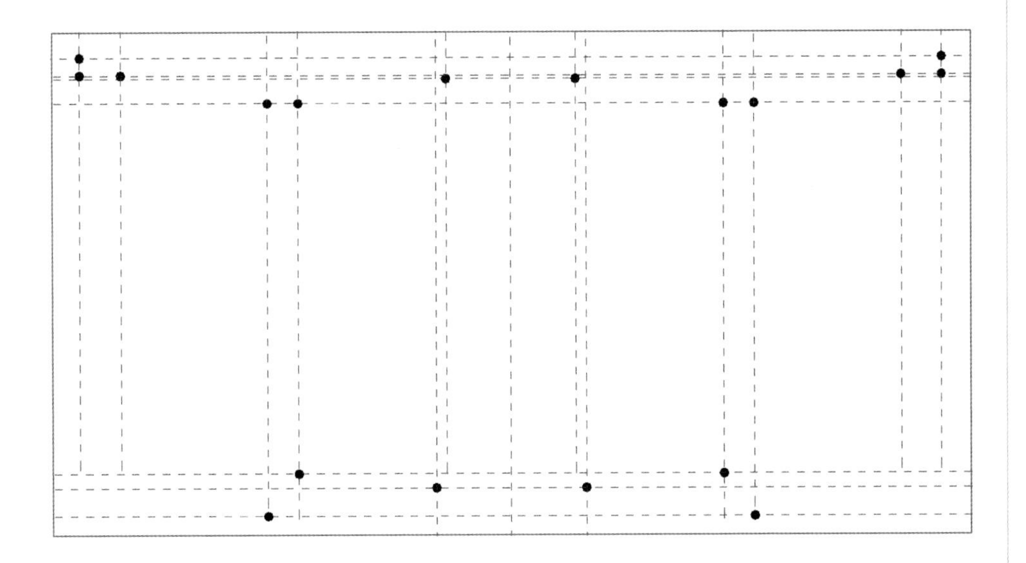

참조점까지 배치가 완료되었으면 참조점을 이용하여 선을 작성합니다.
① 연결시키고자 하는 점 2개를 선택하고 ② 상단의 수정 | 배치선 〉 그리기 〉 참조 〉 점을 이용한 스플라인을 클릭하여 선을 작성합니다.
아래 그림을 참고하여 선을 작성하며, 외곽의 참조선(파란 화살표)은 구조물의 외곽 형상을 나타내고 내부의 참조선(빨간 화살표)은 구조물 내부에 구멍을 내기 위한 내부 형상입니다.

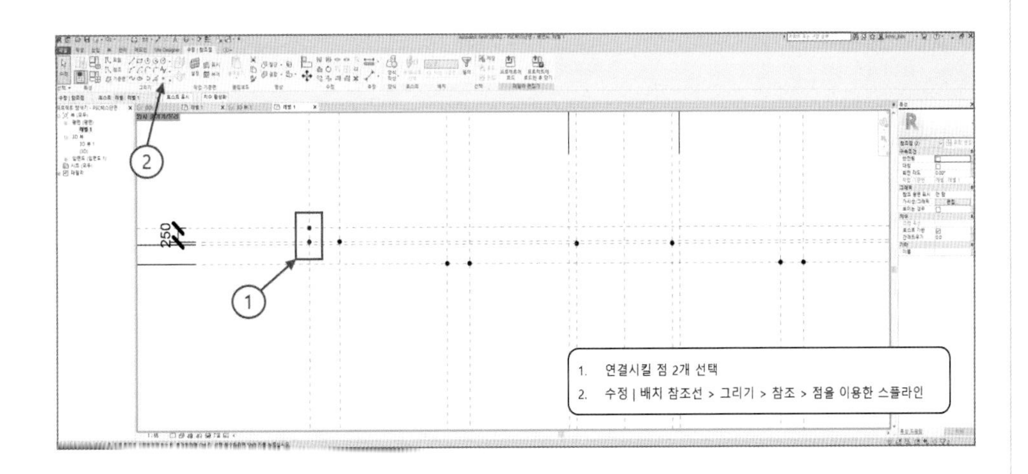

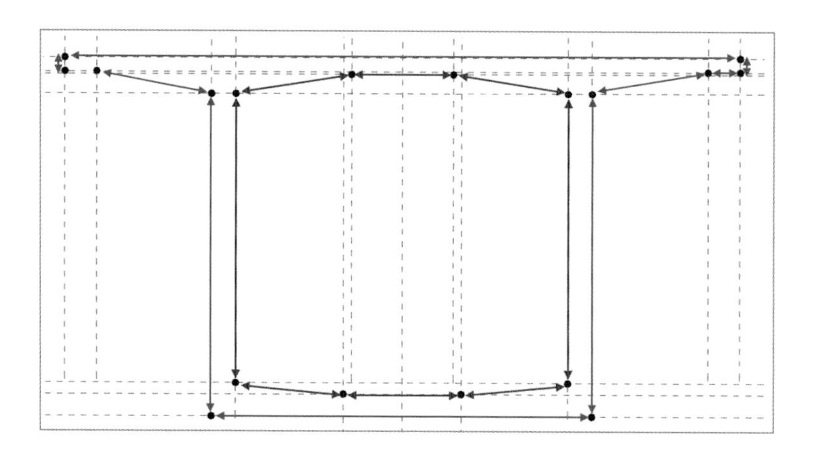

작성한 선을 클릭하고 특성 〉 ID 데이터 〉 참조선임에 체크가 되어 있는지 확인하고, 만약 체크가 되어 있지 않으면 박스 내부를 클릭해 체크해줍니다.

외부의 참조선을 클릭하고 상단의 수정 | 참조선 〉 양식 〉 양식 작성을 클릭한 후 아래 그림과 같이 선택하는 그림 2개가 뜨는데 이 중 우측 그림을 클릭합니다.
좌측은 선이 돌출하여 면을 구성하는 메뉴이고 우측은 폐합면에 면을 작성하는 메뉴입니다.
해당 메뉴는 선이 폐합되어 있지 않으면 나타나지 않습니다.

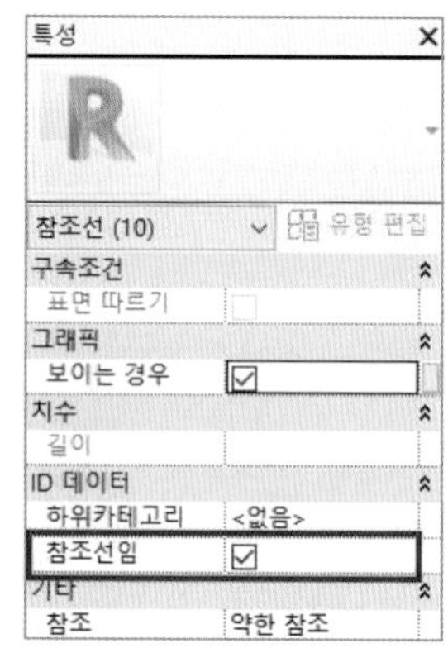

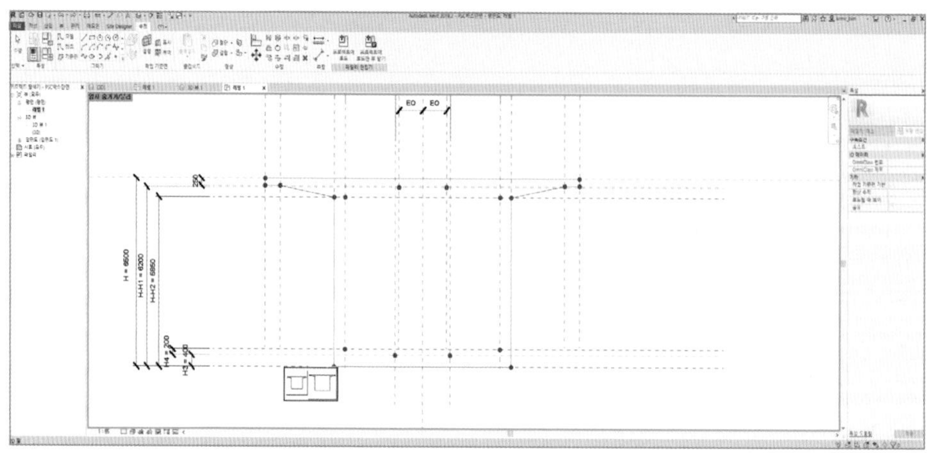

동일한 방법으로 내부의 참조선을 클릭하여 면을 작성합니다.

참고 노트

내부의 참조선의 경우 보이드로 사용할 참조선입니다. 그렇다고 단면을 작성하는 현 단계에서 수정 | 참조선 〉 양식 〉 보이드 양식 작성을 하지는 않습니다. 단면을 작성하는 단계에서는 모든 단면을 솔리드로 작성하고, 차후 가변 구성요소 패밀리를 작성하는 단계에서 보이드 양식 작성을 사용합니다.

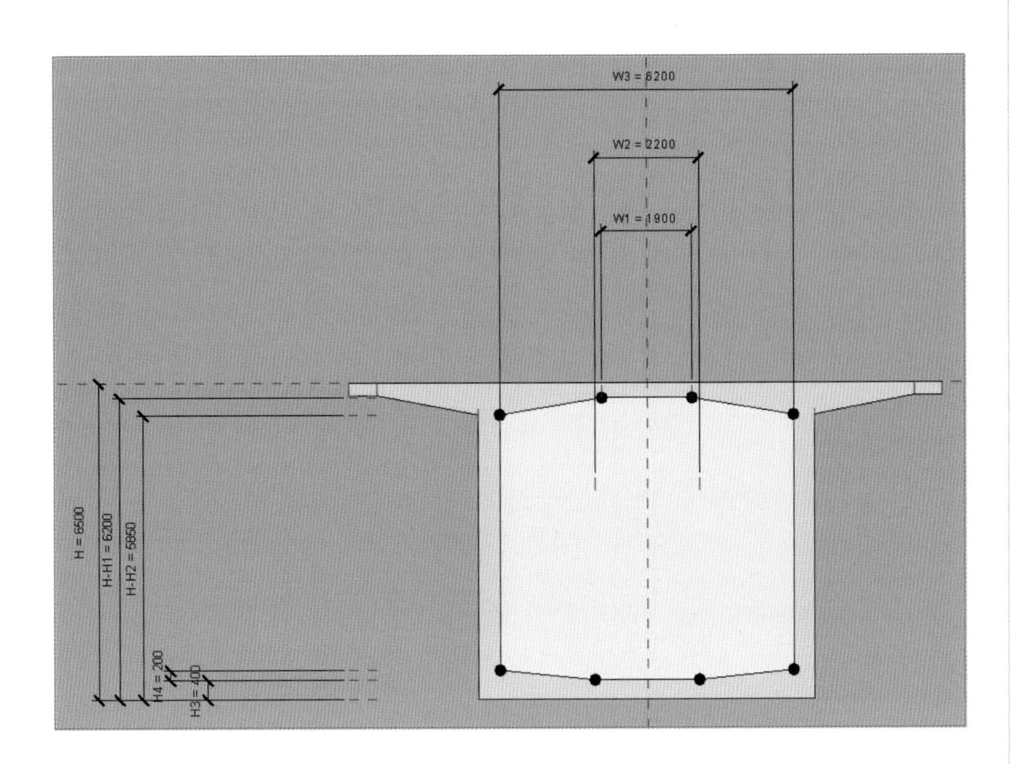

② PSC 박스3p 패밀리 작성

메뉴 〉 파일 〉 새로만들기 〉 패밀리 클릭 후 '미터법 일반 모델 가변' 템플릿을 선택합니다.

평면 뷰를 활성화하고 점 3개를 배치합니다. 그리고 점들을 선택하고 상단 메뉴의 가변화를 클릭합니다.

그럼 참조점이 가변점으로 변환됩니다.

그리고 우측 특성창에서 가변 구성요소 〉 방향 지정 〉 전역(Z) 다음 호스트(XY)를 선택합니다.

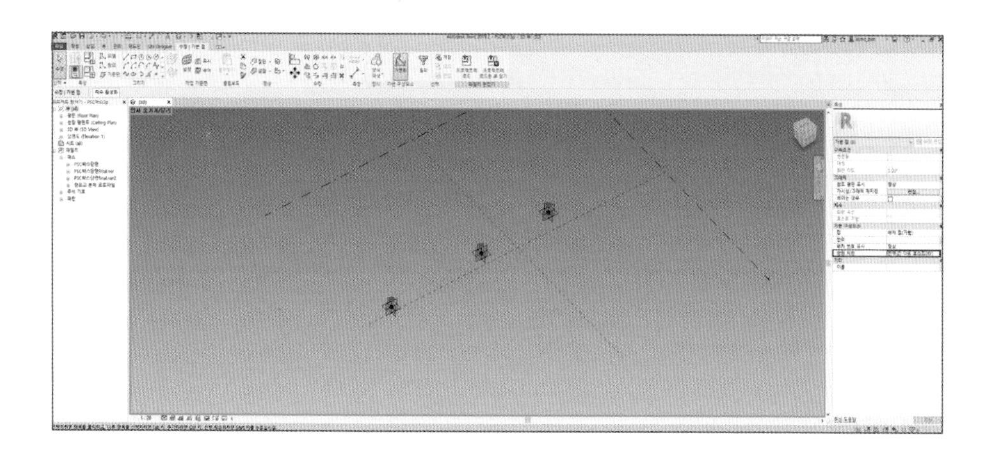

해당 가변점에 기준면(평면과 평행한 면)을 설정하고 참조점을 배치합니다. ① 수정 〉 그리기 〉 점 요소를 클릭하고 ② 수정 〉 작업 기준면 〉 설정을 클릭합니다. 그리고 가변점의 XY 참조평면을 선택하고 ③ 가변점과 동일한 위치를 클릭하여 참조점을 배치합니다. ④ 다른 가변점에도 동일하게 참조점을 배치합니다.

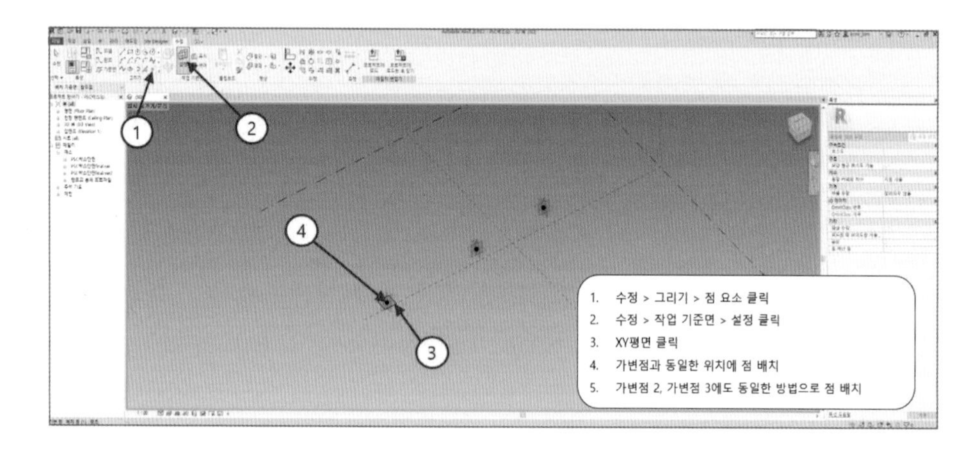

1
2
3
4
1. 수정 > 그리기 > 점 요소 클릭
2. 수정 > 작업 기준면 > 설정 클릭
3. XY평면 클릭
4. 가변점과 동일한 위치에 점 배치
5. 가변점 2, 가변점 3에도 동일한 방법으로 점 배치

앞서 작성한 PSC 박스 단면 패밀리를 삽입 〉 라이브러리에서 로드 〉 패밀리 로드를 클릭하여 불러온 후 참조점에 다음 그림과 같이 배치합니다.

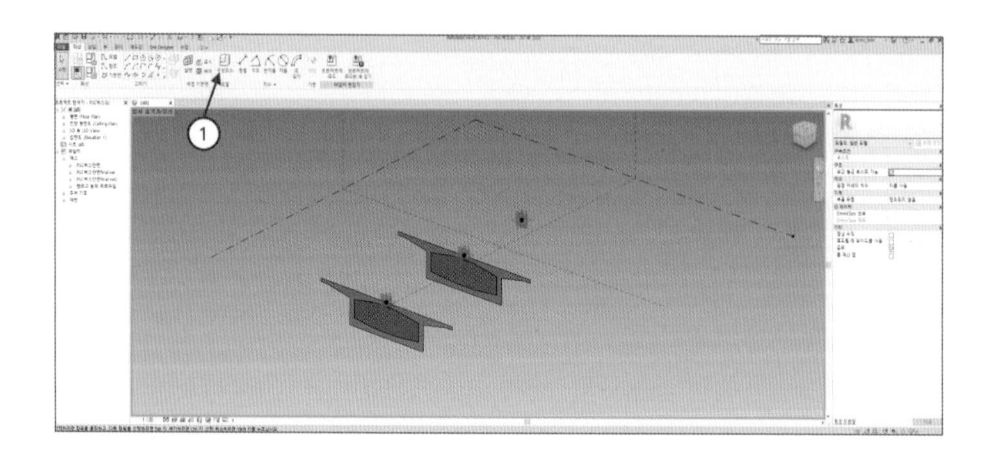

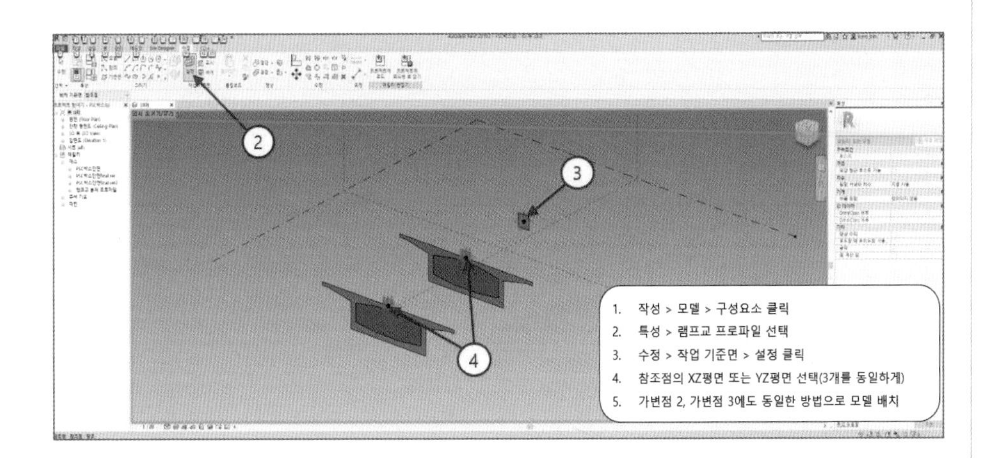

2
3
4
1. 작성 > 모델 > 구성요소 클릭
2. 특성 > 램프교 프로파일 선택
3. 수정 > 작업 기준면 > 설정 클릭
4. 참조점의 XZ평면 또는 YZ평면 선택(3개를 동일하게)
5. 가변점 2, 가변점 3에도 동일한 방법으로 모델 배치

먼저 ① 작성 〉 모델 〉 구성요소를 클릭하고 ② 특성창에서 앞서 작성한 램프교 프로파일을 선택합니다. ③ 그리고 수정 〉 작업 기준면 〉 설정을 클릭하고 ④ 참조점의 XZ 평면 또는 YZ 평면을 선택합니다. ⑤ 동일한 방법으로 다른 참조점에도 모델을 배치합니다.

배치를 마쳤으면 PSC 단면의 외곽 부분의 양식을 Tab 키와 Ctrl 키를 사용하여 선택합니다. 그리고 상단 메뉴의 양식 작성을 클릭합니다.

동일한 방법으로 PSC 단면의 내부 양식을 선택하고, 상단 메뉴 〉 양식 〉 보이드 양식 작성을 클릭합니다.

여기까지 진행을 완료하면 PSC 박스 3p 패밀리가 완성됩니다.

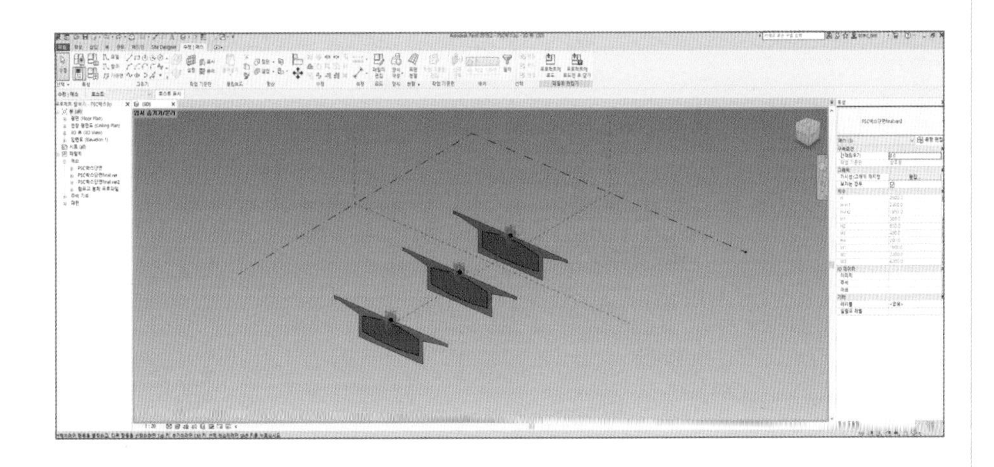

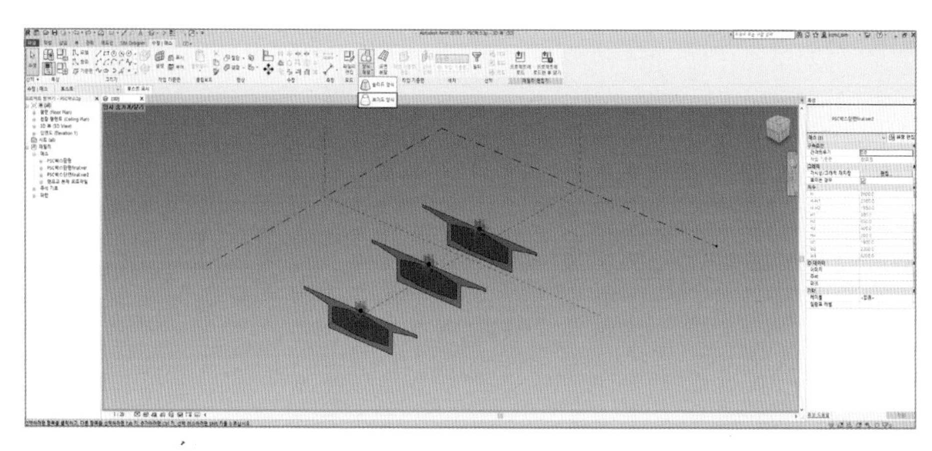

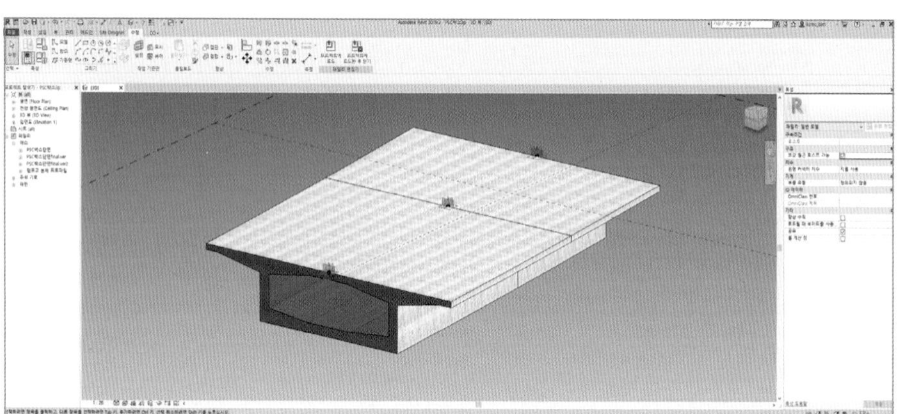

교각은 구조 기둥과 구조 기초로 분할하여 작성합니다. 구조 기둥의 경우 새로 만들기 〉 패밀리 〉 미터법 구조 기둥 템플릿을 선택하여 작성하며, 구조 기초의 경우 새로 만들기 〉 패밀리 〉 미터법 구조 기초 템플릿을 선택하여 작성합니다.

구조 기둥의 경우 종단경사 매개변수를 설정하였습니다. 이를 통해 구조 기둥의 상부가 PSC 박스의 하부에 정확히 부착되는 모델을 구현하였습니다.

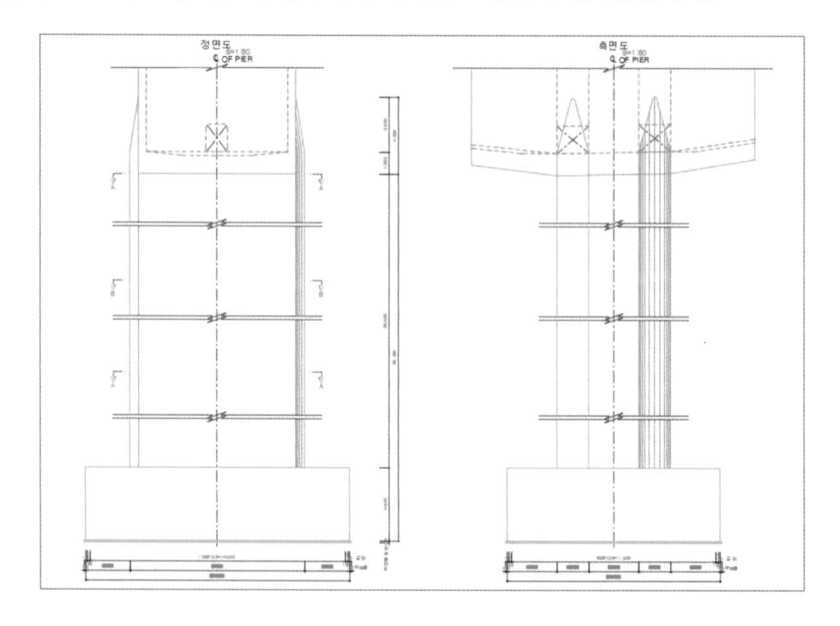

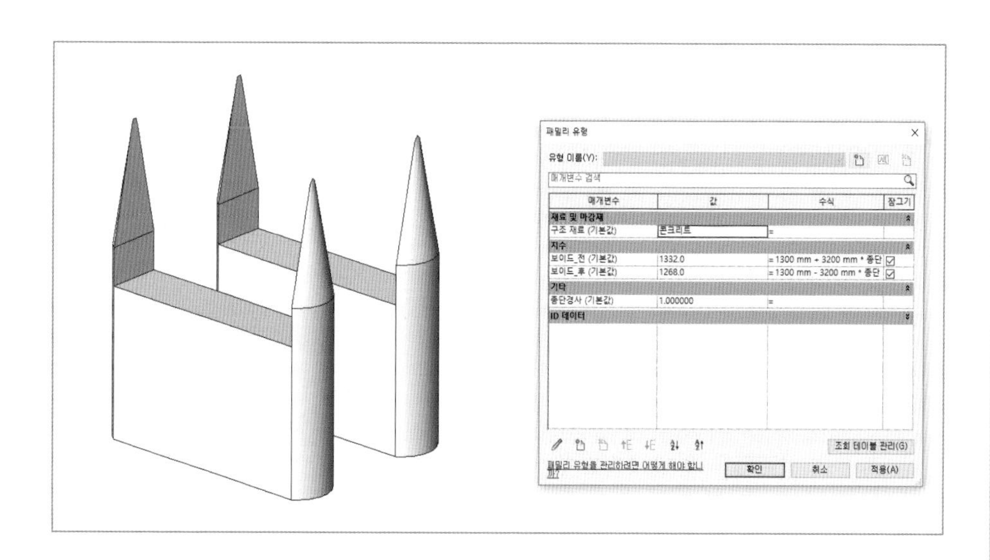
패밀리 유형
유형 이름(Y):
매개변수 검색
매개변수
값
수식
잠그기
재료 및 마감재
구조 재료 (기본값)
콘크리트
=
치수
보이드_전 (기본값)
1332.0
= 1300 mm + 3200 mm * 종단
보이드_후 (기본값)
1268.0
= 1300 mm - 3200 mm * 종단
기타
종단경사 (기본값)
1.000000
=
ID 데이터
조회 테이블 관리(G)
패밀리 유형을 관리하려면 어떻게 해야 합니까?
확인
취소
적용(A)

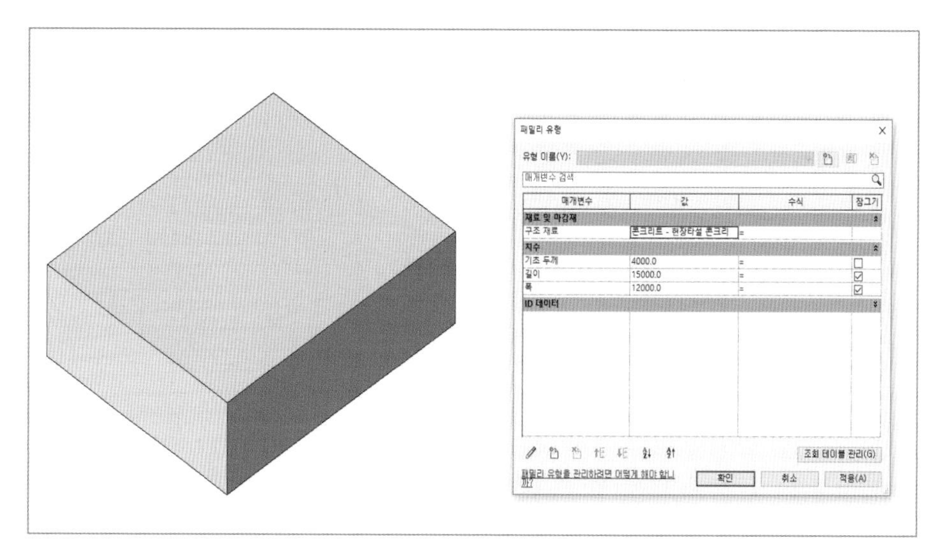
패밀리 유형
유형 이름(Y):
매개변수 검색
매개변수
값
수식
잠그기
재료 및 마감재
구조 재료
콘크리트 - 현장타설 콘크리
=
치수
기초 두께
4000.0
=
길이
15000.0
=
폭
12000.0
=
ID 데이터
조회 테이블 관리(G)
패밀리 유형을 관리하려면 어떻게 해야 합니까?
확인
취소
적용(A)

02 Excel 데이터 정리

다음 도면을 참고하여 좌표 정보, 매개변수 정보, 교각 정보를 Excel 데이터로 정리하였습니다.

단 면 제 원 표

단면 번호	H1 (mm)	H2 (mm)	H3 (mm)	H4 (mm)	H5 (mm)	편경사(%)
S00	9,000	1,200	7,500	8,508	8,992	-3,000
S01	8,334	915	7,119	7,842	8,326	-3,000
S02	7,875	857	6,719	7,384	7,867	-3,000
S03	7,410	798	6,312	6,918	7,401	-3,000
S04	6,970	742	5,928	6,478	6,962	-3,000
S05	6,530	686	5,544	6,038	6,521	-3,000
S06	6,119	633	5,186	5,628	6,111	-3,000
S07	5,739	585	4,854	5,247	5,731	-3,000
S08	5,388	540	4,548	4,897	5,380	-3,000
S09	5,030	495	4,235	4,538	5,021	-3,000
S10	4,709	454	3,955	4,217	4,700	-3,000
S11	4,425	418	3,708	3,934	4,417	-3,000
S12	4,180	387	3,493	3,688	4,172	-3,000
S13	3,972	360	3,312	3,481	3,964	-3,000
S14	3,802	338	3,164	3,311	3,794	-3,000
S15	3,670	322	3,048	3,178	3,662	-3,000
S16	3,613	314	2,999	3,121	3,605	-3,000
S17	3,576	310	2,966	3,084	3,567	-3,000
S18	3,519	302	2,917	3,027	3,511	-3,000
S19	3,500	300	2,900	3,008	3,492	-3,000

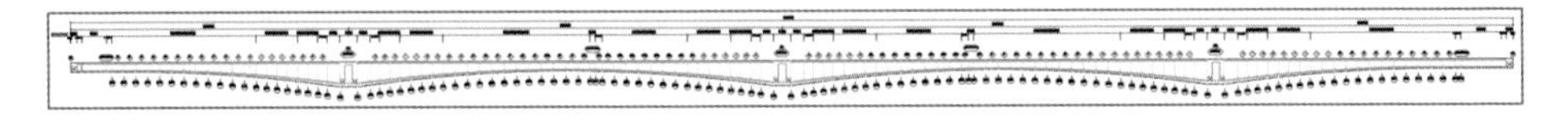

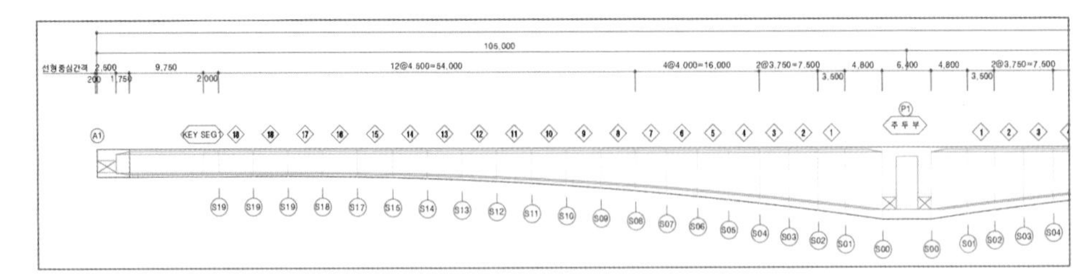

PSC Data.xls

먼저 Excel에서 "Parameter" 시트를 작성하고, 구간 길이, 연장(시점 기준), 시점부 매개변수, 지점부 매개변수, 종점부 매개변수의 항목으로 데이터를 정리하였습니다.

구간 길이는 각 세그먼트의 길이를 나타내며, 연장은 각 세그먼트의 시점이 시작되는 측점을 의미합니다.

그리고 시점, 지점, 종점 매개변수가 의미하는 것은 PSC 박스 3p 매스모델 패밀리에서 가변점 1, 가변점 2, 가변점 3에 배치된 PSC 박스 단면에 입력될 매개변수 데이터를 의미합니다.
정리한 데이터는 다음 그림과 같습니다.

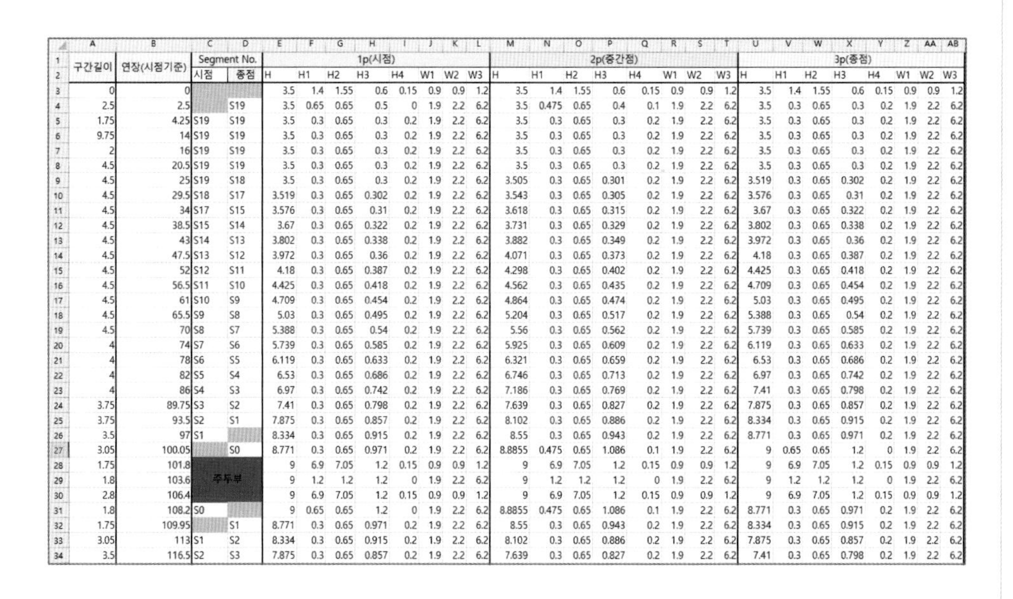

	구간길이	연장(시점기준)	Segment No.		1p(시점)								2p(중간점)								3p(종점)							
			시점	종점	H	H1	H2	H3	H4	W1	W2	W3	H	H1	H2	H3	H4	W1	W2	W3	H	H1	H2	H3	H4	W1	W2	W3
3	0	0			3.5	1.4	1.55	0.6	0.15	0.9	0.9	1.2	3.5	1.4	1.55	0.6	0.15	0.9	0.9	1.2	3.5	1.4	1.55	0.6	0.15	0.9	0.9	1.2
4	2.5	2.5		S19	3.5	0.65	0.65	0.5	0	1.9	2.2	6.2	3.5	0.475	0.65	0.4	0.1	1.9	2.2	6.2	3.5	0.3	0.65	0.3	0.2	1.9	2.2	6.2
5	1.75	4.25	S19	S19	3.5	0.3	0.65	0.3	0.2	1.9	2.2	6.2	3.5	0.3	0.65	0.3	0.2	1.9	2.2	6.2	3.5	0.3	0.65	0.3	0.2	1.9	2.2	6.2
6	9.75	14	S19	S19	3.5	0.3	0.65	0.3	0.2	1.9	2.2	6.2	3.5	0.3	0.65	0.3	0.2	1.9	2.2	6.2	3.5	0.3	0.65	0.3	0.2	1.9	2.2	6.2
7	2	16	S19	S19	3.5	0.3	0.65	0.3	0.2	1.9	2.2	6.2	3.5	0.3	0.65	0.3	0.2	1.9	2.2	6.2	3.5	0.3	0.65	0.3	0.2	1.9	2.2	6.2
8	4.5	20.5	S19	S19	3.5	0.3	0.65	0.3	0.2	1.9	2.2	6.2	3.5	0.3	0.65	0.3	0.2	1.9	2.2	6.2	3.5	0.3	0.65	0.3	0.2	1.9	2.2	6.2
9	4.5	25	S19	S18	3.5	0.3	0.65	0.3	0.2	1.9	2.2	6.2	3.505	0.3	0.65	0.301	0.2	1.9	2.2	6.2	3.519	0.3	0.65	0.302	0.2	1.9	2.2	6.2
10	4.5	29.5	S18	S17	3.519	0.3	0.65	0.302	0.2	1.9	2.2	6.2	3.543	0.3	0.65	0.305	0.2	1.9	2.2	6.2	3.576	0.3	0.65	0.31	0.2	1.9	2.2	6.2
11	4.5	34	S17	S15	3.576	0.3	0.65	0.31	0.2	1.9	2.2	6.2	3.618	0.3	0.65	0.315	0.2	1.9	2.2	6.2	3.67	0.3	0.65	0.322	0.2	1.9	2.2	6.2
12	4.5	38.5	S15	S14	3.67	0.3	0.65	0.322	0.2	1.9	2.2	6.2	3.731	0.3	0.65	0.329	0.2	1.9	2.2	6.2	3.802	0.3	0.65	0.338	0.2	1.9	2.2	6.2
13	4.5	43	S14	S13	3.802	0.3	0.65	0.338	0.2	1.9	2.2	6.2	3.882	0.3	0.65	0.349	0.2	1.9	2.2	6.2	3.972	0.3	0.65	0.36	0.2	1.9	2.2	6.2
14	4.5	47.5	S13	S12	3.972	0.3	0.65	0.36	0.2	1.9	2.2	6.2	4.071	0.3	0.65	0.373	0.2	1.9	2.2	6.2	4.18	0.3	0.65	0.387	0.2	1.9	2.2	6.2
15	4.5	52	S12	S11	4.18	0.3	0.65	0.387	0.2	1.9	2.2	6.2	4.298	0.3	0.65	0.402	0.2	1.9	2.2	6.2	4.425	0.3	0.65	0.418	0.2	1.9	2.2	6.2
16	4.5	56.5	S11	S10	4.425	0.3	0.65	0.418	0.2	1.9	2.2	6.2	4.562	0.3	0.65	0.435	0.2	1.9	2.2	6.2	4.709	0.3	0.65	0.454	0.2	1.9	2.2	6.2
17	4.5	61	S10	S9	4.709	0.3	0.65	0.454	0.2	1.9	2.2	6.2	4.864	0.3	0.65	0.474	0.2	1.9	2.2	6.2	5.03	0.3	0.65	0.495	0.2	1.9	2.2	6.2
18	4.5	65.5	S9	S8	5.03	0.3	0.65	0.495	0.2	1.9	2.2	6.2	5.204	0.3	0.65	0.517	0.2	1.9	2.2	6.2	5.388	0.3	0.65	0.54	0.2	1.9	2.2	6.2
19	4.5	70	S8	S7	5.388	0.3	0.65	0.54	0.2	1.9	2.2	6.2	5.56	0.3	0.65	0.562	0.2	1.9	2.2	6.2	5.739	0.3	0.65	0.585	0.2	1.9	2.2	6.2
20	4	74	S7	S6	5.739	0.3	0.65	0.585	0.2	1.9	2.2	6.2	5.925	0.3	0.65	0.609	0.2	1.9	2.2	6.2	6.119	0.3	0.65	0.633	0.2	1.9	2.2	6.2
21	4	78	S6	S5	6.119	0.3	0.65	0.633	0.2	1.9	2.2	6.2	6.321	0.3	0.65	0.659	0.2	1.9	2.2	6.2	6.53	0.3	0.65	0.686	0.2	1.9	2.2	6.2
22	4	82	S5	S4	6.53	0.3	0.65	0.686	0.2	1.9	2.2	6.2	6.746	0.3	0.65	0.713	0.2	1.9	2.2	6.2	6.97	0.3	0.65	0.742	0.2	1.9	2.2	6.2
23	4	86	S4	S3	6.97	0.3	0.65	0.742	0.2	1.9	2.2	6.2	7.186	0.3	0.65	0.769	0.2	1.9	2.2	6.2	7.41	0.3	0.65	0.798	0.2	1.9	2.2	6.2
24	3.75	89.75	S3	S2	7.41	0.3	0.65	0.798	0.2	1.9	2.2	6.2	7.639	0.3	0.65	0.827	0.2	1.9	2.2	6.2	7.875	0.3	0.65	0.857	0.2	1.9	2.2	6.2
25	3.75	93.5	S2	S1	7.875	0.3	0.65	0.857	0.2	1.9	2.2	6.2	8.102	0.3	0.65	0.886	0.2	1.9	2.2	6.2	8.334	0.3	0.65	0.915	0.2	1.9	2.2	6.2
26	3.5	97	S1		8.334	0.3	0.65	0.915	0.2	1.9	2.2	6.2	8.55	0.3	0.65	0.943	0.2	1.9	2.2	6.2	8.771	0.3	0.65	0.971	0.2	1.9	2.2	6.2
27	3.05	100.05		S0	8.771	0.3	0.65	0.971	0.2	1.9	2.2	6.2	8.8855	0.475	0.65	1.086	0.1	1.9	2.2	6.2	9	0.65	0.65	1.2	0	1.9	2.2	6.2
28	1.75	101.8			9	6.9	7.05	1.2	0.15	0.9	0.9	1.2	9	6.9	7.05	1.2	0.15	0.9	0.9	1.2	9	6.9	7.05	1.2	0.15	0.9	0.9	1.2
29	1.8	103.6	주두부		9	1.2	1.2	1.2	0	1.9	2.2	6.2	9	1.2	1.2	1.2	0	1.9	2.2	6.2	9	1.2	1.2	1.2	0	1.9	2.2	6.2
30	2.8	106.4			9	6.9	7.05	1.2	0.15	0.9	0.9	1.2	9	6.9	7.05	1.2	0.15	0.9	0.9	1.2	9	6.9	7.05	1.2	0.15	0.9	0.9	1.2
31	1.8	108.2	S0		9	0.65	0.65	1.2	0	1.9	2.2	6.2	8.8855	0.475	0.65	1.086	0.1	1.9	2.2	6.2	8.771	0.3	0.65	0.971	0.2	1.9	2.2	6.2
32	1.75	109.95		S1	8.771	0.3	0.65	0.971	0.2	1.9	2.2	6.2	8.55	0.3	0.65	0.943	0.2	1.9	2.2	6.2	8.334	0.3	0.65	0.915	0.2	1.9	2.2	6.2
33	3.05	113	S1	S2	8.334	0.3	0.65	0.915	0.2	1.9	2.2	6.2	8.102	0.3	0.65	0.886	0.2	1.9	2.2	6.2	7.875	0.3	0.65	0.857	0.2	1.9	2.2	6.2
34	3.5	116.5	S2	S3	7.875	0.3	0.65	0.857	0.2	1.9	2.2	6.2	7.639	0.3	0.65	0.827	0.2	1.9	2.2	6.2	7.41	0.3	0.65	0.798	0.2	1.9	2.2	6.2

위 데이터를 통해 PSC 박스교의 총 연장을 확인할 수 있으며, 이를 이용해 선형의 시점 및 종점에 대한 XY 평면 상의 좌표 정보를 작성하였습니다. Z 좌표값의 경우 종단면도를 참고하여 데이터를 입력하였습니다.
"Coordinate" 시트를 새로 작성하고 다음 그림과 같이 데이터를 입력하였습니다.

	A	B	C
1	x	y	z
2	0	0	157.712
3	535	0	167.81

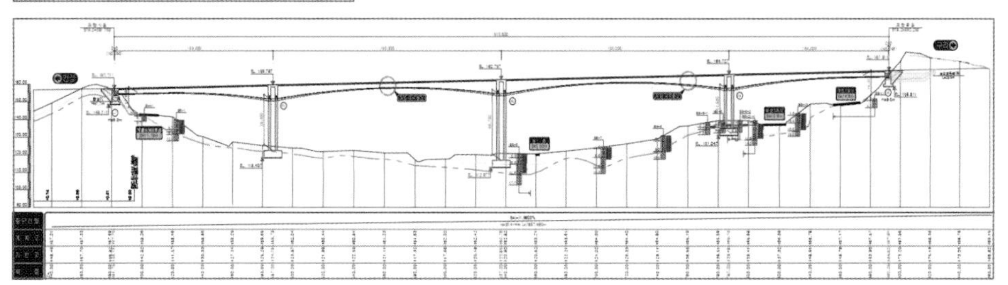

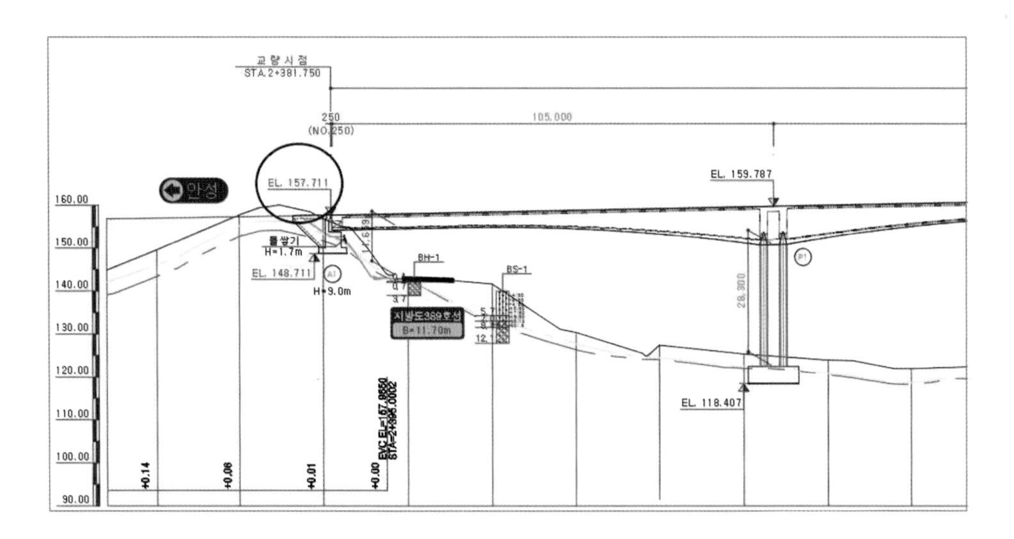

교각 배치에 대한 데이터는 "Pier" 시트를 새로 작성하여 정리하였습니다. 데이터 항목은 교각 배치 세그먼트 No, PSC 박스 상부 높이(H), 기둥 하부 레벨, 기초 하부 레벨, 기초 높이로 구성하였습니다.

교각 배치 세그먼트 NO는 교각이 배치되는 세그먼트가 시점을 기준으로 몇 번째 세그먼트인지를 입력하였으며, PSC 박스 상부 높이(H)의 경우는 주두부의 H 값을 입력하였습니다.

기초하부 레벨은 종단면도에서 확인이 가능하며 기초 높이 또한 종단면도 혹은 교각 일반도를 통해 확인이 가능합니다. 기둥하부 레벨의 경우는 기초 하부 레벨에 기초 높이를 더하도록 수식을 작성하여 데이터를 작성하였습니다.

	A	B	C	D	E
1	교각 배치 세그먼트 No.	PSC박스 상부 높이(H)	기둥하부 레벨	기초하부 레벨	기초 높이
2	27	9	124.156	120.156	4
3	69	9	115.024	111.024	4
4	111	9	130.992	126.992	4

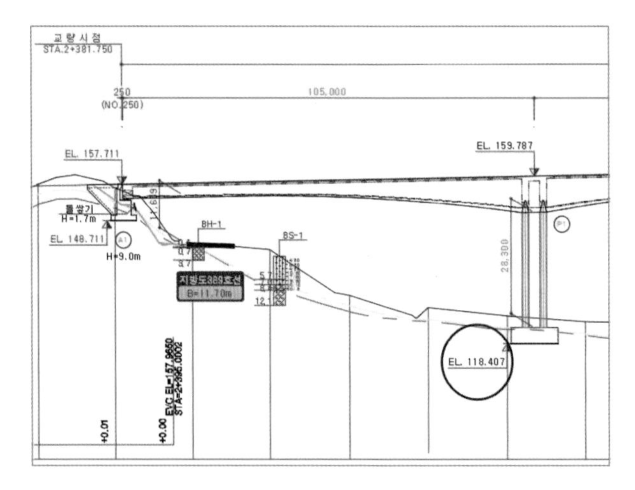

03 Dynamo 모델링

PSC 박스 거더교 모델링을 위한 Dynamo 로직은 다음 그림과 같이 구성됩니다.

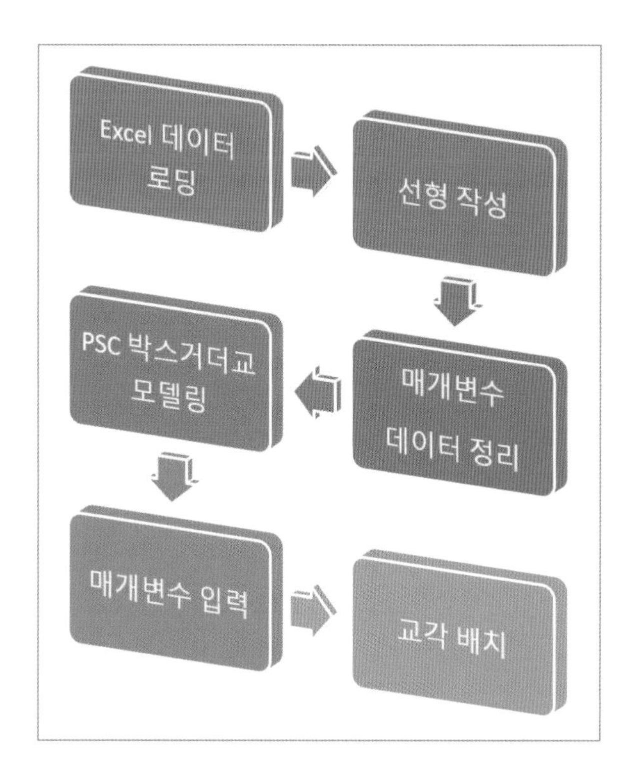

먼저 작성한 Excel 데이터를 Dynamo로 로딩합니다. 그리고 Excel 데이터 중 "Coordinate" 시트의 데이터를 이용해 선형을 작성합니다.
"Parameter" 시트의 데이터를 사용하여 매개변수 데이터를 정리한 후, 작성한 선형과 연장 매개변수를 사용하여 PSC 박스 거더교 모델링을 진행하고 정리해 둔 매개변수들을 입력하여 PSC 박스 거더교에 적용시킵니다.
마지막으로 Revit 상에서 교각을 배치하고, 배치한 교각 모델을 Dynamo로 불러들인 후 매개변수를 입력하여 PSC 박스 거더교 전체 모델링을 완성합니다.

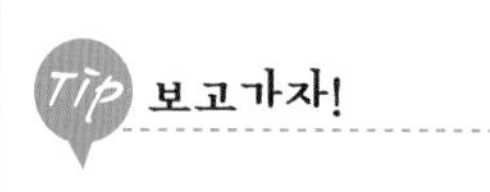

PSC박스거더교.dyn

1. Dynamo 실행

Dynamo 모델링을 진행하기에 앞서 Revit에서 새 프로젝트를 열고 관리 ➡ 프로젝트 단위에서 기본 단위를 m로 바꾸고 소수점 이하 자릿수를 3자리로 바꿔 줍니다.

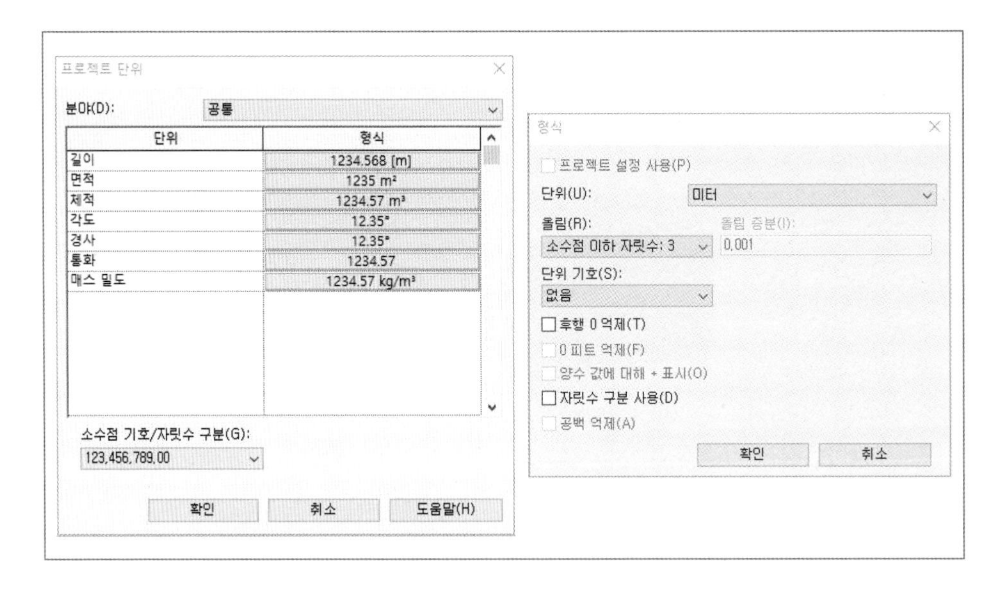

그리고 PSC 박스 3p, 교각_기둥, 교각_기초 패밀리들을 프로젝트에 로딩하고, 상단 메뉴 중 관리 ➡ Dynamo를 클릭하면 Dynamo가 실행됩니다.

Dynamo 시작 화면이 나타나면, 파일 > 새로 만들기를 클릭합니다.

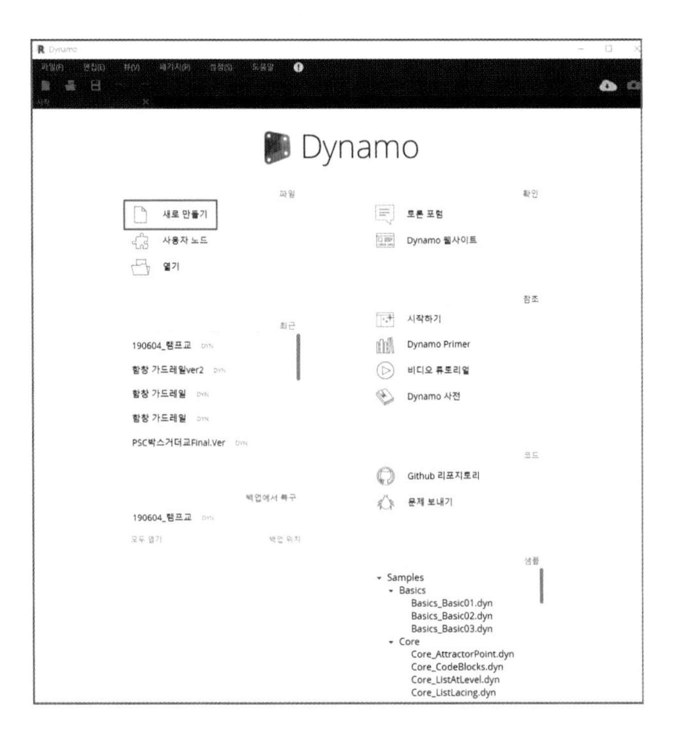

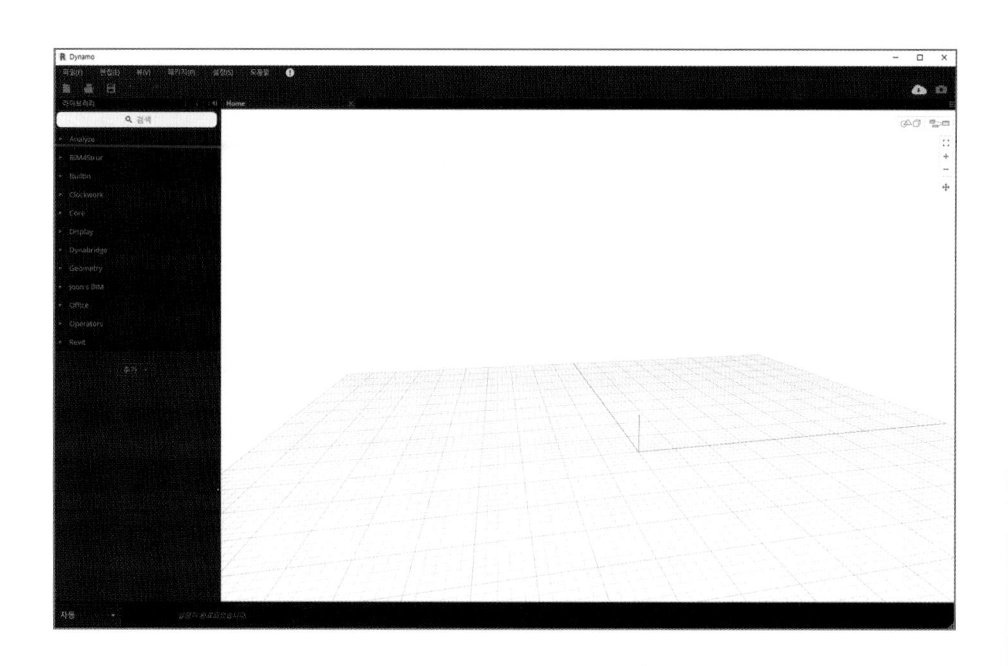

2. Excel 데이터 로딩

Excel 파일로부터 데이터를 불러오는 로직을 구성합니다.

먼저 파일을 선택하는 노드인 File Path 노드를 작성하고, 찾아보기 버튼을 클릭하여 불러오고자 하는 Excel 파일을 선택해줍니다.
그리고 해당 파일을 객체화 하는 File.FromPath 노드를 연결하고, 파일 객체로부터 데이터를 출력하는 Excel.ReadFromFile 노드의 입력포트 file에 추가로 연결합니다.
그리고 화면의 빈 공간을 더블 클릭하여 Code Block을 작성하고, 다음과 같이 내용을 입력합니다.

```
t2 = Excel.ReadFromFile(t1,“Parameter”, false);
t3 = Excel.ReadFromFile(t1,“Coordinate”, false);
t4 = Excel.ReadFromFile(t1,“Pier”, false);
```

Excel.ReadFromFile 노드를 사용할 경우 각 시트별로 노드를 작성해 주어야 하나, 위와 같이 Code Block을 활용하여 보다 심플하게 로직을 구성할 수 있습니다.
다음 그림을 통해 노드를 사용하는 경우와 Code Block을 사용한 경우를 비교해봅시다.

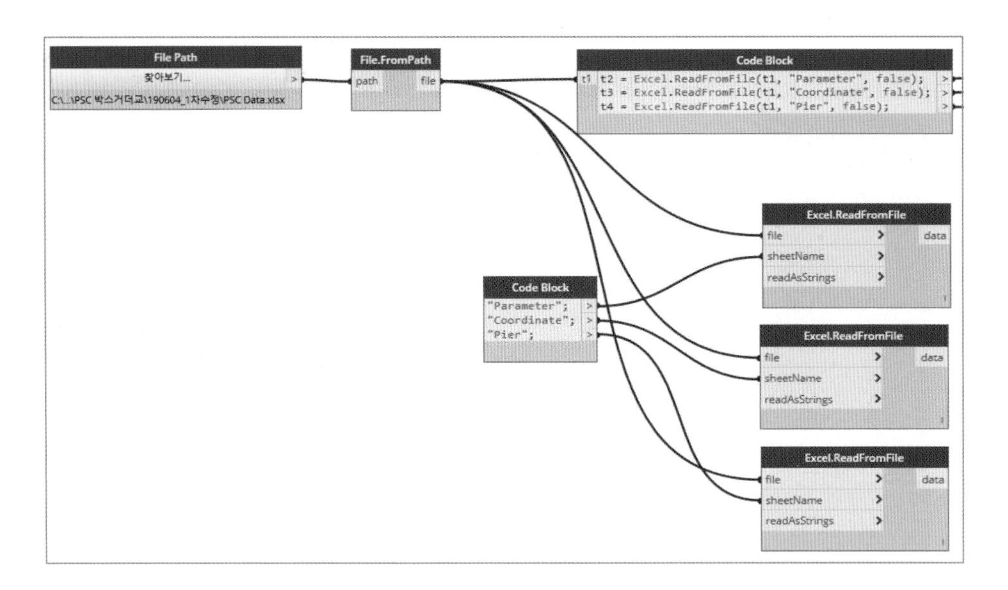

여기까지 입력하면 Excel 데이터 로딩 로직이 완성됩니다.

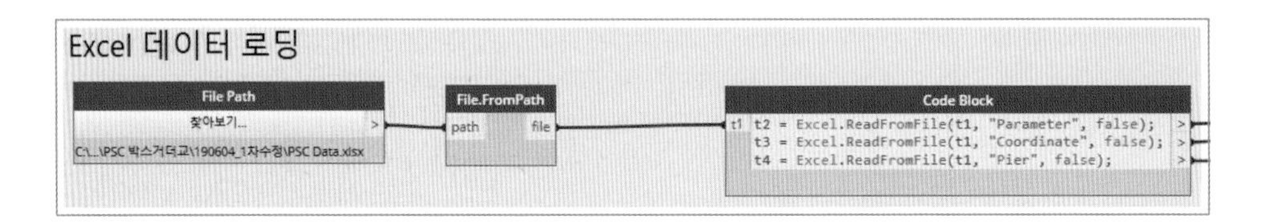

- File Path ⇒ Core 〉 Input 〉 File Path
- File.FromPath ⇒ Core 〉 File 〉 File.FromPath

3. 선형 작성

PSC 박스 거더교의 선형을 작성하는 로직을 구성합니다.

지정된 리스트의 첫 번째 항목을 삭제하는 노드인 List.RestOfItems 노드를 작성합니다. 그리고 리스트의 행열을 교체하는 노드인 List.Transpose 노드를 작성하고 입력포트 lists에 List.RestOfItems 노드를 연결합니다.
리스트의 첫 번째 항목을 삭제하는 이유는 "Coordinate" 시트의 첫 번째 행이 x, y, z로 Dynamo에서 입력데이터로 사용하지 않는 항목이기 때문입니다.

그리고 Code Block : coordinate[0];, coordinate[1]; coordinate[2];를 작성하고 입력포트 coordinate에 List.Transpose 노드를 연결합니다.
그러면 coordinate[0] = x좌표, coordinate[1] = y좌표, coordinate[2] = z좌표로 데이터가 분리됩니다.
입력된 데이터를 기반으로 점 데이터를 생성하는 노드인 Point.ByCoordinates(x, y, z) 노드를 작성하고 입력포트 x, y, z에 각각 coordinate[0], coordinate[1], coordinate[2]를 연결합니다.

마지막으로 입력하는 점들을 지나가는 스플라인을 작성하는 노드인 NurbsCurve.ByPoints 노드를 작성하고 입력포트 points에 Point.ByCoordinates(x, y, z) 노드를 연결합니다.

- List.RestOfItems ⇒ List 〉 Modify 〉 RestOfItems
- List.Transpose ⇒ List 〉 Organize 〉 Transpose
- Point.ByCoordinates ⇒ Geometry 〉 Point 〉 ByCoordinates (x, y, z)
- NurbsCurve.ByPoints ⇒ Geometry 〉 NurbsCurve 〉 ByPoints (points)

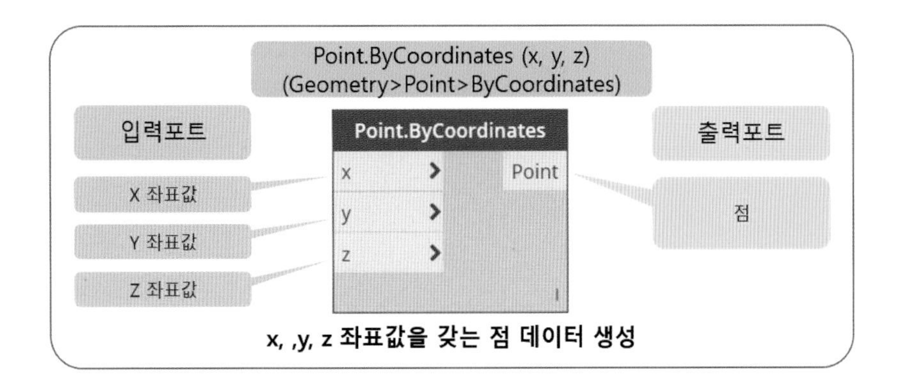

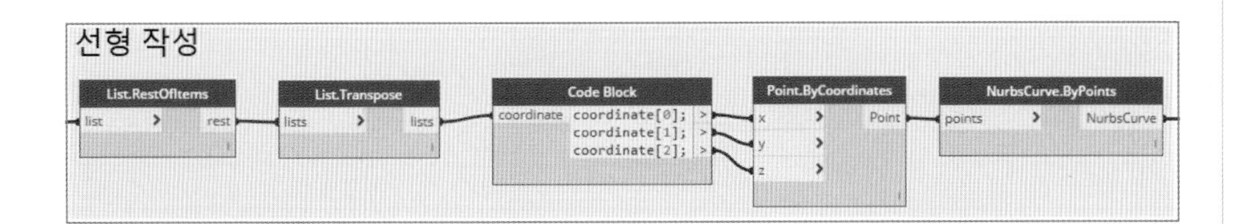

4. 매개변수 데이터 정리

Excel 데이터 중 “Parameter” 시트의 데이터들을 Dynamo에서 PSC 박스 거더교 모델에 적용할 수 있도록 정리하는 로직을 구성합니다.

먼저 리스트의 시작 부분부터 입력하는 양만큼 데이터를 삭제하는 노드인 List.DropItems 노드를 작성합니다.
그리고 입력포트 list에 2.t2 = Excel.ReadFromFile(t1,“Parameter”, false);을 연결하고, 입력포트 amount에는 Number 노드를 작성하여 숫자 2를 입력하고 연결합니다.
그러면 3. List.RestOfItems 노드 때와 마찬가지로 엑셀 데이터 상 Dynamo에서 입력 데이터로 사용하지 않는 항목들이 삭제됩니다.

List.Transpose 노드를 작성하고 입력포트 lists에 List.DropItems 노드를 연결합니다.

그리고 GetItemAtIndex 노드를 3개 작성하고 입력포트 list에 List.Transpose 노드를 연결합니다. 다음으로 Code Block : 4..11;, 12..19;, 20..27;을 작성하고 List.GetItemAtIndex 노드의 입력포트 index에 하나씩 연결합니다.
그러면 4..11이 입력포트 index에 연결된 List.GetItemAtIndex 노드는 세그먼트 시점 데이터를 추출하고, 12..19는 세그먼트 지점 데이터, 20..27은 세그먼트 종점 데이터를 추출합니다.

Code Block : list[1];을 작성하고 입력포트 list에 List. Transpose 노드를 연결합니다. 그러면 Code Block : list[1]에는 세그먼트 연장 데이터가 추출됩니다.
마지막으로 List.Transpose 노드를 3개 작성하고, 입력포트에 각각 List. GetItemAtIndex 노드를 연결합니다.
그리고 Code Block : 4..11;, 12..19;, 20..27;과 연결된 List. GetItemAtIndex 〉 List.Transpose 노드의 이름을 순서대로 List.Transpose : 시점, List.Transpose : 지점, List.Transpose : 종점으로 수정합니다.

- List.DropItems ⇒ List 〉 Modify 〉 DropItems
- List.Transpose ⇒ List 〉 Modify 〉 Transpose
- List.GetItemAtIndex ⇒ List 〉 Inspect 〉 GetItemAtIndex

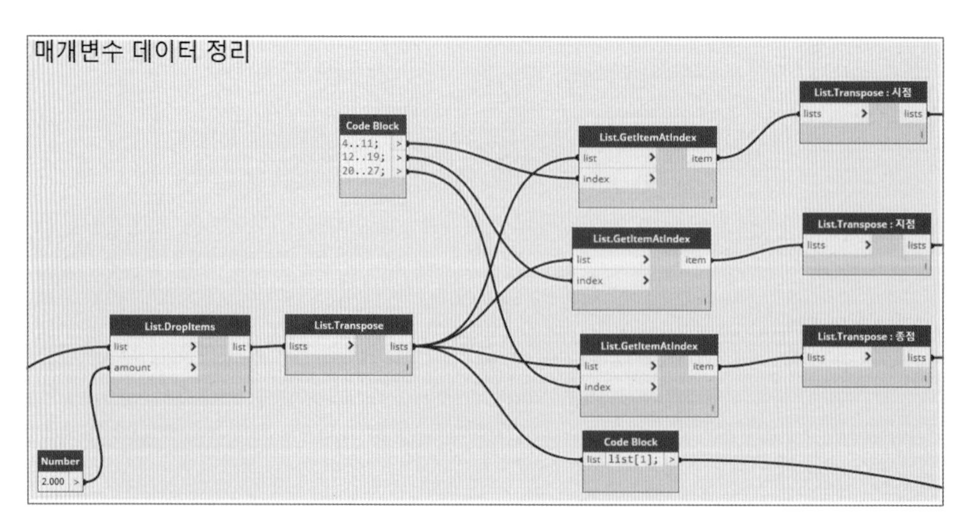

5. PSC 박스거더교 모델링

본 챕터에서는 앞서 작성한 선형과 세그먼트 연장 데이터를 기반으로 PSC 박스 3p 패밀리를 배치하는 로직을 작성합니다.

먼저 Math.RemapRange 노드를 작성하고 입력포트 numbers에 4. 매개변수 데이터 정리 챕터에서 작성한 Code Block : list[1];을 연결합니다.
Math.RemapRange 노드는 분포 비율을 유지하면서 숫자 리스트의 범위를 조절하는 노드이며 입력포트 newMin(=최솟값), newMax(=최대값)에 사용자가 원하는 숫자를 입력하여 범위를 조절합니다. newMin의 기본값은 0이며 newMax의 기본값은 1입니다.
그리고 지정된 매개변수에서 선형 상의 점을 추출하는 노드인
① Curve.PointAtParameter 노드를 작성합니다.
입력포트 curve에는 3. 선형 작성 챕터에서 작성한 NurbsCurve.ByPoint 노드를 연결하고 입력포트 param에는 Math.ReMapRange 노드를 연결합니다.

- Math.RemapRange ⇒ Math 〉 Functions 〉 RemapRange
- Curve.PointAtParameter ⇒ Geometry 〉 Curve 〉 PointAtParameter

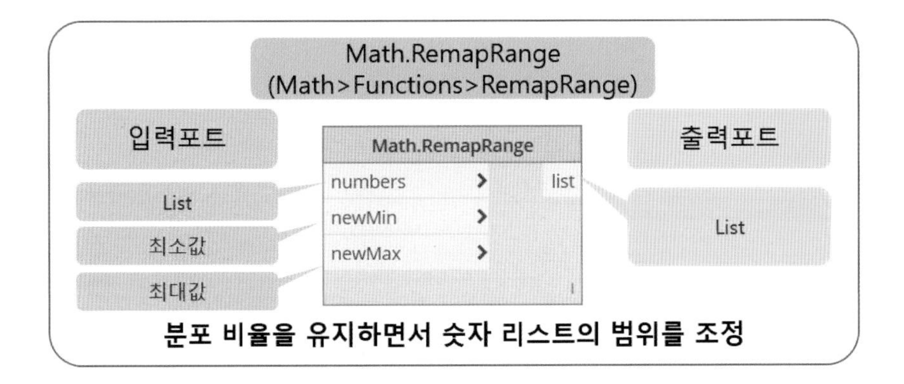

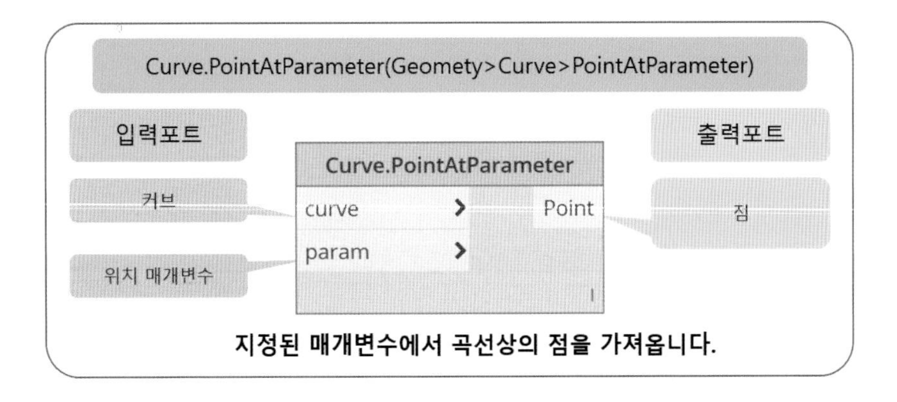

선형을 지정된 점에서 분할하는 노드인 Curve.SplitByPoints 노드를 작성하고 입력포트 curve에 3. 선형 작성 챕터에서 작성한 NurbsCurve.ByPoint 노드를 연결합니다.

입력포트 points에는 ① Curve.PointAtParameter 노드를 연결합니다. 그러면 선형이 Curve.PointAtParameter 노드로 추출한 포인트에서 분할됩니다.

② Curve.PointAtParameter 노드를 추가로 작성하고 입력포트 curve에 Curve.SplitByPoints 노드를 연결합니다. 이때 입력포트 curve의 우측에 있는 "〉"를 클릭하고 레벨 사용의 박스에 체크를 해줍니다.
그리고 입력포트 param에는 Code Block : 0..1..#3;을 작성하여 연결합니다.
여기까지 진행하면 분할된 선형에 각각 시작점(시점), 중간점(지점), 끝점(종점)에 포인트가 배치됩니다.

• Curve.SplitByPoints ⇒ Geometry 〉 Curve 〉 SplitByPoints

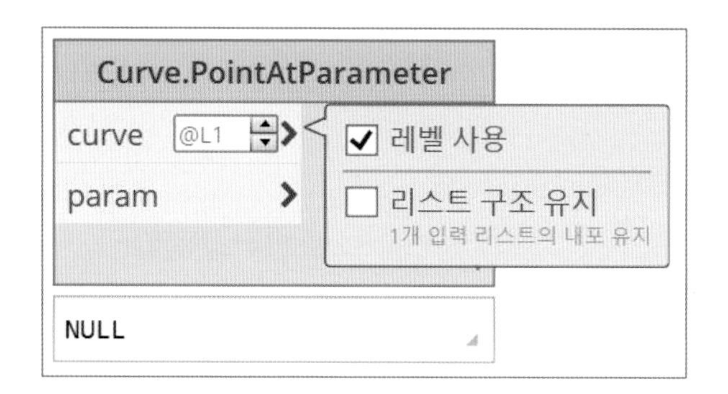

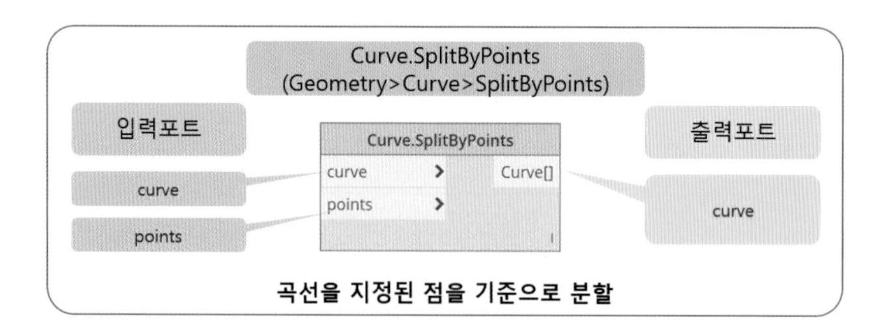

참고 노트

Count 노드에서 레벨 사용 기능을 사용한 예를 보고 해당 기능을 이해할 수 있도록 합니다. Count 노드와 레벨 사용 기능을 활용하여 다음 그림과 같이 추출하는 개수의 타겟을 선택할 수 있습니다.

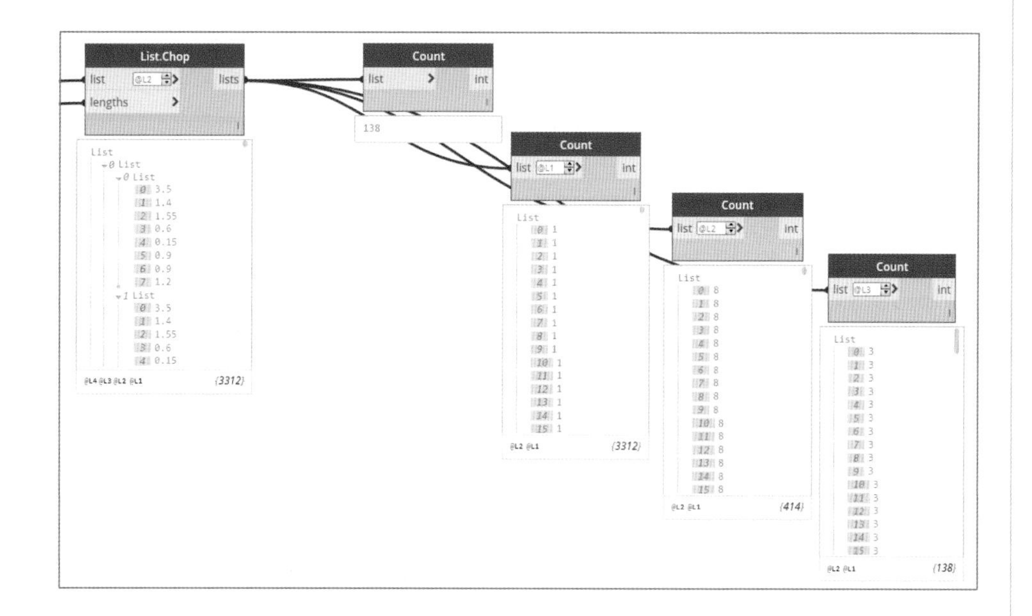

List.Chop 노드의 결과물을 살펴보면 상위 레벨, 중위 레벨, 하위 레벨(예를 들면 List 0의 List 0의 리스트 0 = 3.5)로 구성되어 있습니다.
레벨 사용 기능을 사용하지 않은 Count 노드는 상위 레벨의 총 개수를 추출하고 있으며, @L1인 Count 노드는 하위 항목의 총 개수를 추출하고 있습니다.
@L2인 Count 노드는 중위 레벨 기준으로 하위 레벨의 리스트 개수를 추출하고 있으며, @L3은 상위 레벨 기준으로 중위 레벨의 리스트 개수를 추출하고 있습니다.
이처럼 레벨 사용 기능을 활용하여 다양한 데이터를 출력할 수 있습니다.

마지막으로 가변 구성요소를 배치하는 노드인 AdaptiveComponent.ByPoints 노드를 작성하고 입력포트 points에 ② Curve.PointAtParameter 노드를 연결합니다. 입력포트 familyType에는 Family Types 노드를 작성하여 연결시킵니다. 그리고 Family Type 노드에서 "PSC박스3p"를 검색하여 선택합니다.

- AdaptiveComponent.ByPoints ⇒ Revit 〉 AdaptiveComponent 〉 ByPoints
- Family Types ⇒ Revit 〉 Selection 〉 Family Types

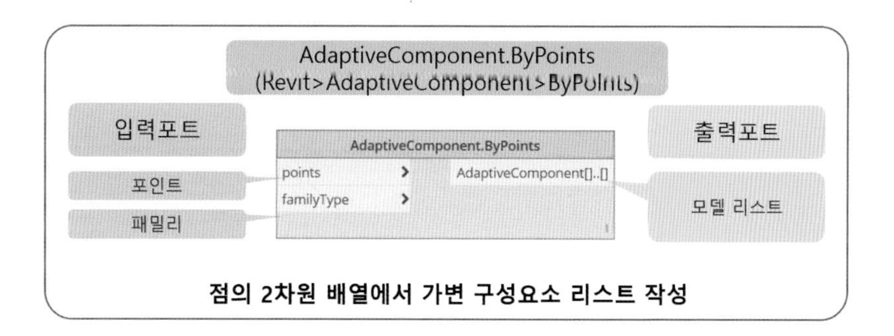

점의 2차원 배열에서 가변 구성요소 리스트 작성

여기까지 진행하면 ② Curve.PointAtParameter 노드로 추출한 시점, 지점, 종점에 PSC박스3p 패밀리의 가변점 1, 가변점 2, 가변점 3이 순서대로 배치됩니다.

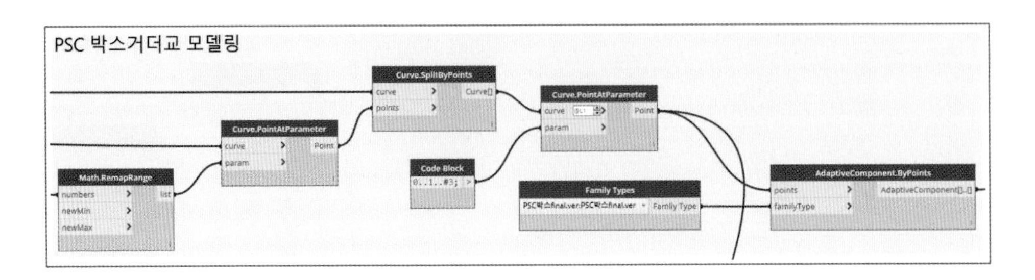

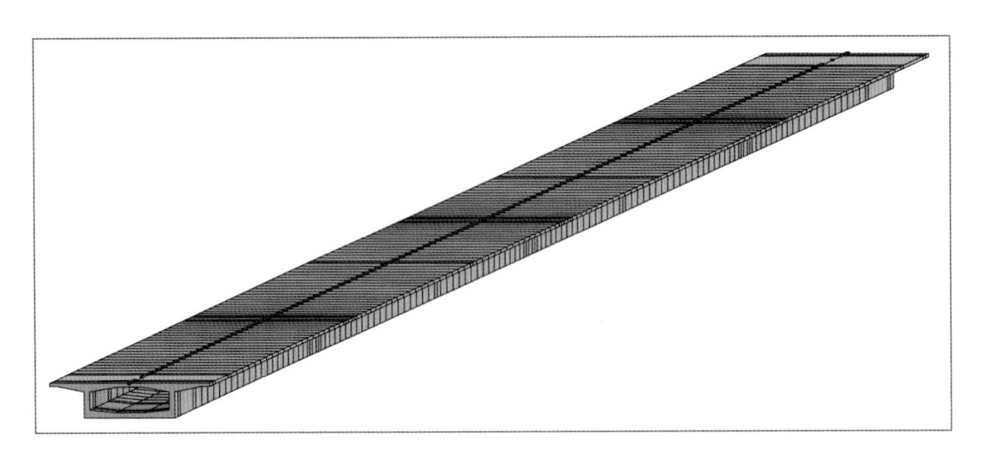

6. 매개변수 입력

앞서 정리한 Excel 데이터 중 "Parameter" 시트의 데이터를 배치한 PSC박스3p 모델에 입력하는 로직을 작성합니다.
먼저 두 시퀀스에 연결자를 적용하여 새로운 리스트를 작성하는 노드인 List.Combine 노드를 작성합니다. 그리고 지정된 모든 리스트들을 단일 리스트로 결합시켜주는 노드인 List.Join 노드를 작성하고 입력포트를 3개로 확장합니다. 이를 List.Combine 노드의 입력포트 comb에 연결합니다.
List.Combine 노드의 입력포트를 총 4개(comb, list1, list2, list3)로 확장하고 입력포트 list1, list2, list3에 순서대로 **4.** 매개변수 데이터 정리 챕터에서 작성한 List.Transpose : 시점, 지점, 종점을 연결합니다.

참고 노트

List.Combine 노드와 List.Join 노드는 아래 그림과 같이 다수의 리스트 내 항목들을 교차로 배열한 새로운 리스트를 작성하는 방법으로 활용되기도 합니다.

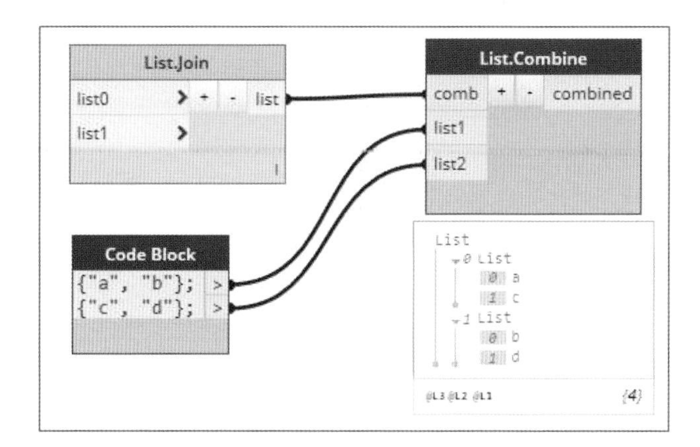

리스트를 지정된 길이의 연속적인 하위 리스트 세트로 자르는 노드인 List.Chop 노드를 작성합니다. 입력포트 list에는 List.Combine 노드를 연결하고, 레벨 사용을 체크한 후 레벨은 @L2로 설정합니다. 그리고 입력포트 lengths에는 Number 노드를 작성하여 8을 입력하고 연결합니다.

- List.Combine ⇒ List 〉 Match 〉 List.Combine
- List.Join ⇒ List 〉 Generate 〉 Join
- List.Chop ⇒ List 〉 Modify 〉 Chop

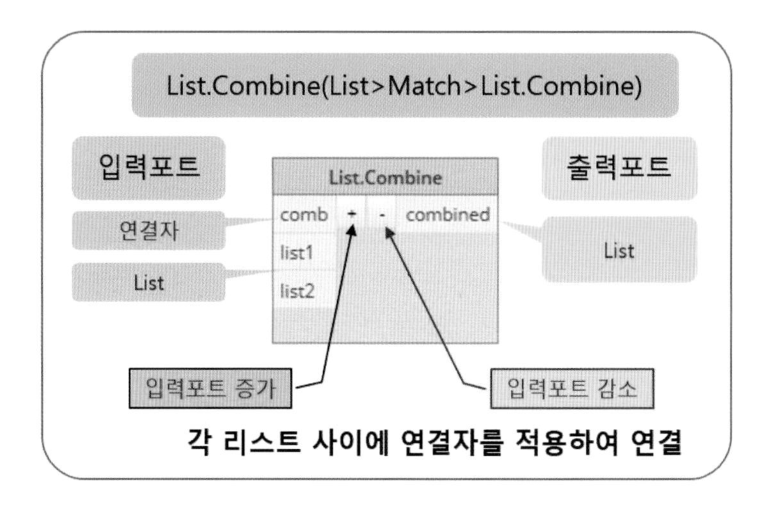

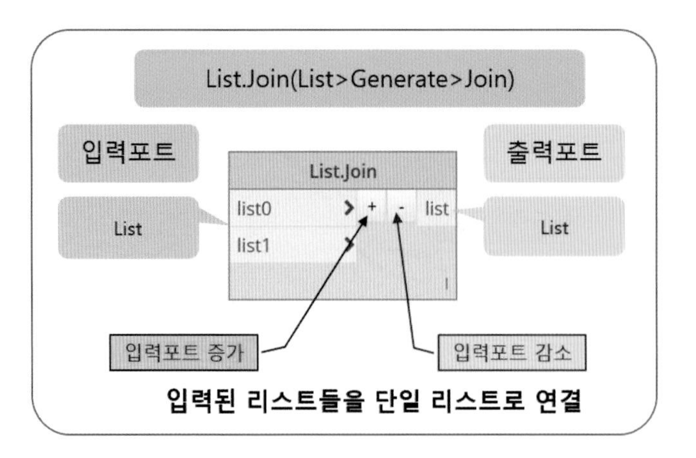

Count 노드를 작성하고 입력포트 list에 List.Chop을 연결하여 리스트의 개수를 추출합니다.

Code Block을 3개 작성하고 다음과 같이 입력합니다.
{"H_A", "H1_A", "H2_A", "H3_A", "H4_A", "W1_A", "W2_A", "W3_A"};
{"H_B", "H1_B", "H2_B", "H3_B", "H4_B", "W1_B", "W2_B", "W3_B"};
{"H_C", "H1_C", "H2_C", "H3_C", "H4_C", "W1_C", "W2_C", "W3_C"};

지정된 입력을 통해 새로운 리스트를 작성하는 노드인 List.Create 노드를 작성하고 입력포트를 3개로 확장합니다. 그리고 앞서 작성한 Code Block들을 다음과 같이 연결합니다.
item0 = {"H_A", "H1_A", "H2_A", "H3_A", "H4_A", "W1_A", "W2_A", "W3_A"};
item1 = {"H_B", "H1_B", "H2_B", "H3_B", "H4_B", "W1_B", "W2_B", "W3_B"};
item2 = {"H_C", "H1_C", "H2_C", "H3_C", "H4_C", "W1_C", "W2_C", "W3_C"};

• List.Create ⇒ List 〉 Generate 〉 List.Create

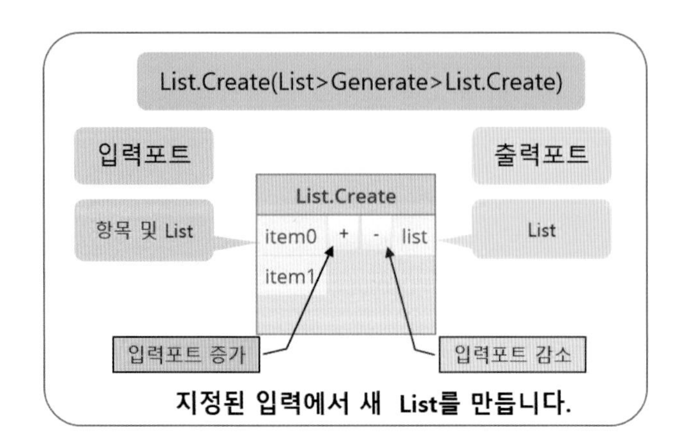

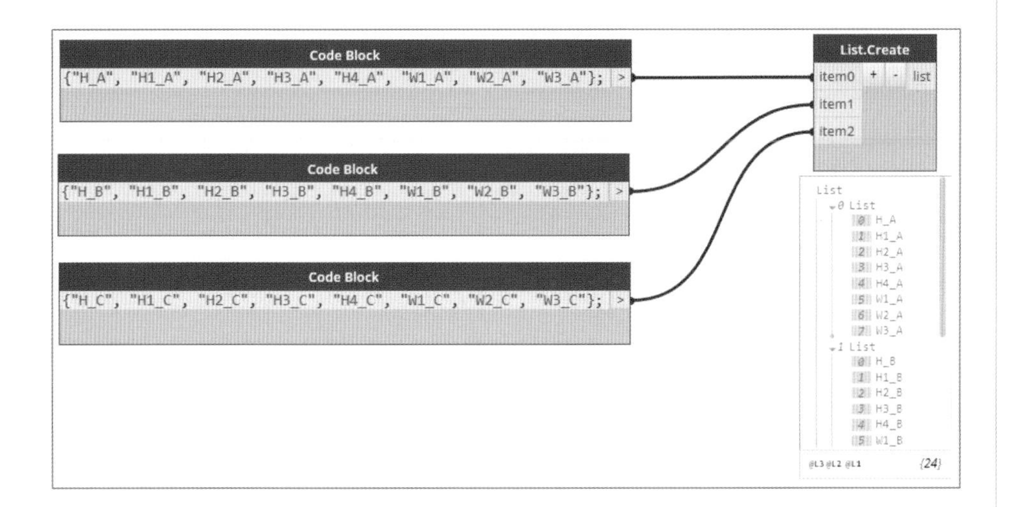

List.OfRepeatedItem 노드를 작성하고 입력포트 item에 List.Create 노드를, 입력포트 amount 노드에 Count 노드를 연결합니다. 그러면 List.Create에서 작성된 리스트가 Count 노드에서 출력한 수만큼 반복된 새로운 리스트가 작성됩니다.

- List.OfRepeatedItem ⇒ List 〉 Generate 〉 OfRepeatedItem

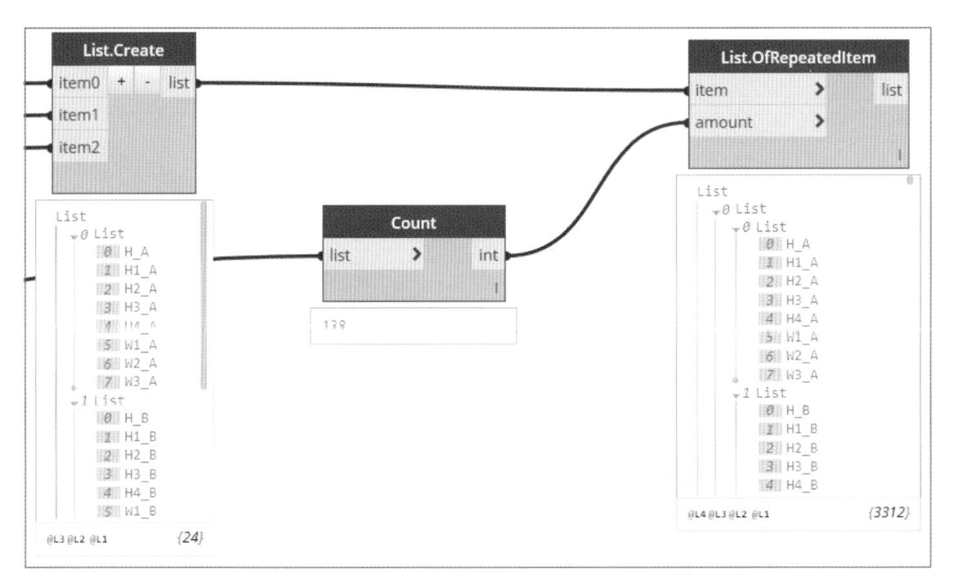

마지막으로 작성된 모델에 매개변수를 입력하는 노드인 Element.SetParameterByName 노드를 작성합니다.
입력포트 elememt에는 **5.** PSC 박스거더교 모델링 챕터에서 작성한 AdaptiveComponent.ByPoints 노드를 연결하고 입력포트 parameterName에는 List.OfRepeatedItem 노드를, value에는 List.Chop 노드를 연결합니다.

• Element.SetParameterByName ⇒ Revit 〉 Element 〉 SetParameterByName

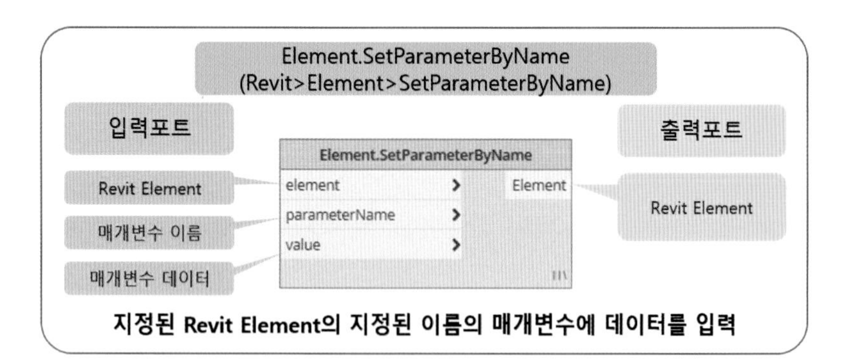

여기까지 진행을 완료하면 앞서 작성한 PSC 박스 모델에 매개변수가 입력됩니다.

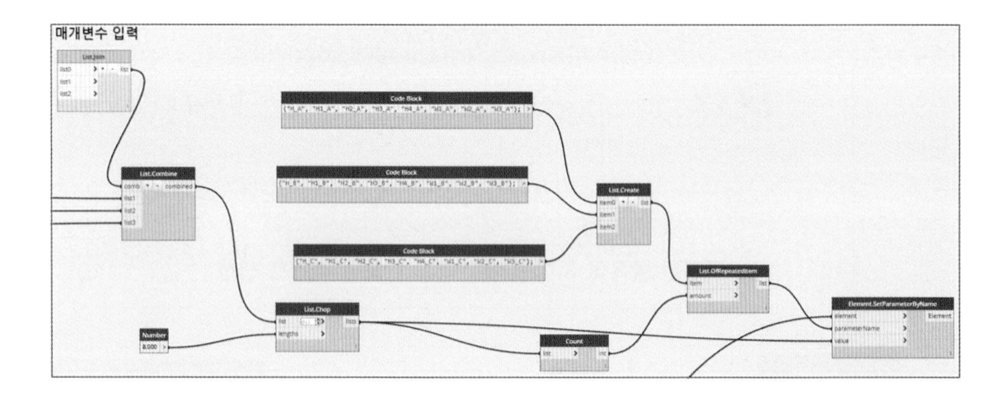

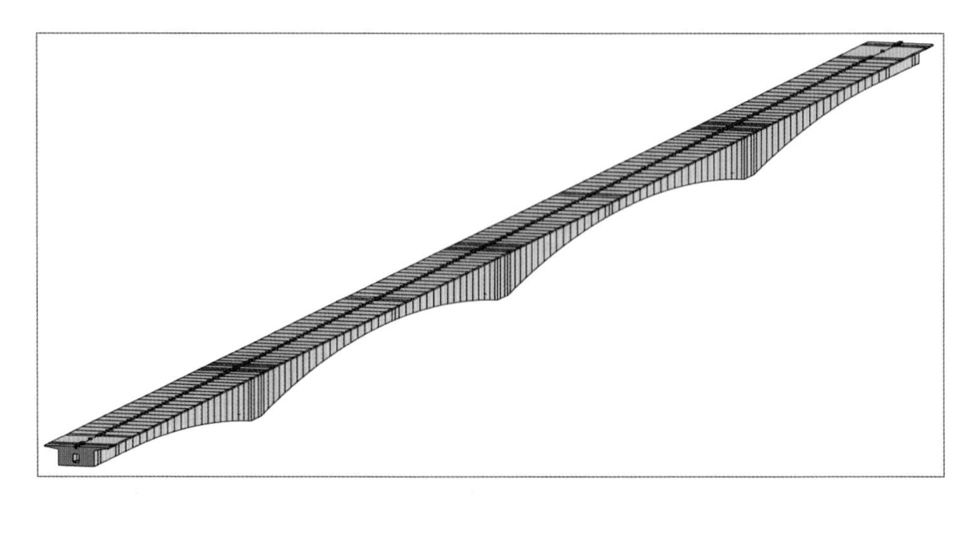

7. 교각 배치

Revit 상에서 교각을 배치하고, Dynamo에서 매개변수를 입력하는 로직을 구성합니다.

먼저 Revit 상에서 교각_기둥 및 교각_기초 패밀리를 배치하기 위해 선형과 교각이 배치되는 부분에 그리드를 작성합니다.

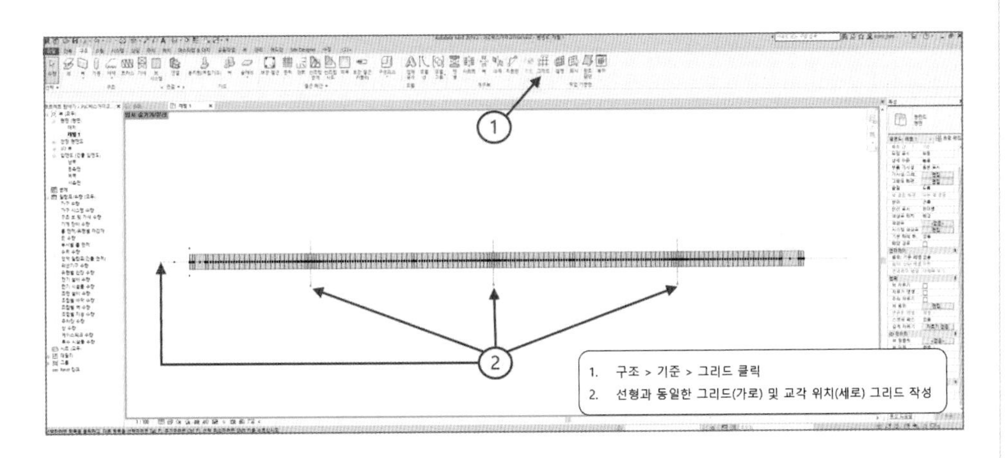

PSC박스3p 패밀리들을 요소 숨기기(단축키 HH)로 숨겨두고, 다음 그림과 같이 교각_기둥 및 교각_기초를 순서대로 배치합니다.

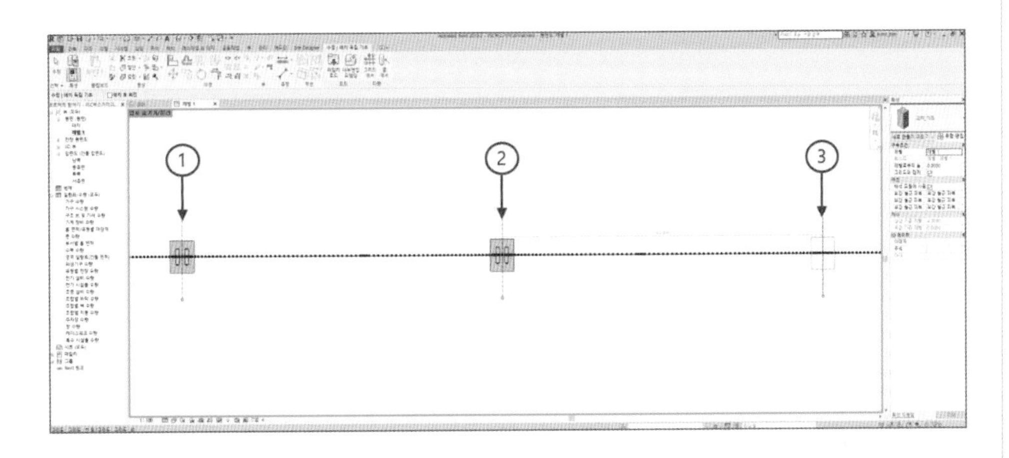

배치까지만 진행하고 매개변수 입력은 Dynamo에서 진행합니다.

Dynamo로 돌아가서, Excel 데이터 중 "Pier" 시트의 첫 번째 행을 삭제하기 위해 List.RestOfItems 노드를 작성하고 입력포트 list에 2. Excel 데이터 로딩 챕터에서 작성한 Code Block : t4 = Excel.ReadFromFile(t1,"Pier",false);를 연결합니다.

행과 열을 바꾸기 위해 ① List.Transpose 노드를 작성하고 입력포트 lists에 List.RestOfItems 노드를 연결합니다.

그리고 Code Block : Pier[0];, Pier[1];, Pier[2];, Pier[3];을 작성하고 입력포트 Pier에 ① List.Transpose 노드를 연결합니다.

여기까지 진행하면 Code Block의 Pier[0];에는 교각이 배치되는 세그먼트 No.가 추출되고, Pier[1];에는 PSC 박스 상부 높이[H]가 추출됩니다. 그리고 Pier[2];에는 기둥하부레벨이 추출되며, Pier[3];에는 기초하부레벨이 추출됩니다.

• List.RestOfItems ⇒ List 〉 Modify 〉 RestOfItems
• List.Transpose ⇒ List 〉 Organize 〉 Transpose

교각이 배치되는 지점을 추출하고 해당 점에서의 종단 경사를 추출하기 위한 로직을 구성합니다.

입력포트 x에서 입력포트 y를 마이너스 해주는 노드인 " - " 노드를 작성하고 입력포트 x에는 Code Block : Pier[0];을 연결합니다. 입력포트 y에는 Number 노드를 작성하여 숫자 1을 입력하고 연결합니다.
여기서 -1을 하는 이유는 Dynamo에서의 인덱스는 0를 시작으로 하기 때문입니다.

② List.Transpose 노드를 작성하고 입력포트 lists에 ② Curve.PointAtParameter 노드를 연결합니다. 그리고 Code Block : list[1];을 작성하고 입력포트 list에 ② List.Transpose 노드를 연결합니다. 그러면 앞서 작성한 시점, 지점, 종점 형태로 배열된 ② Curve.PointAtParameter 노드의 지점 데이터만 추출이 가능합니다.

List.GetItemAtIndex 노드를 작성하고 입력포트 list에 Code Block : list[1];을, index에는 " - " 노드를 연결하여 교각이 배치될 포인트 좌표를 추출합니다.

• List.GetItemAtIndex ⇒ List 〉 Inspect 〉 GetItemAtIndex
• Point.Z ⇒ Geometry 〉 Point 〉 Z
• " - " ⇒ Math 〉 Operators 〉 " - "

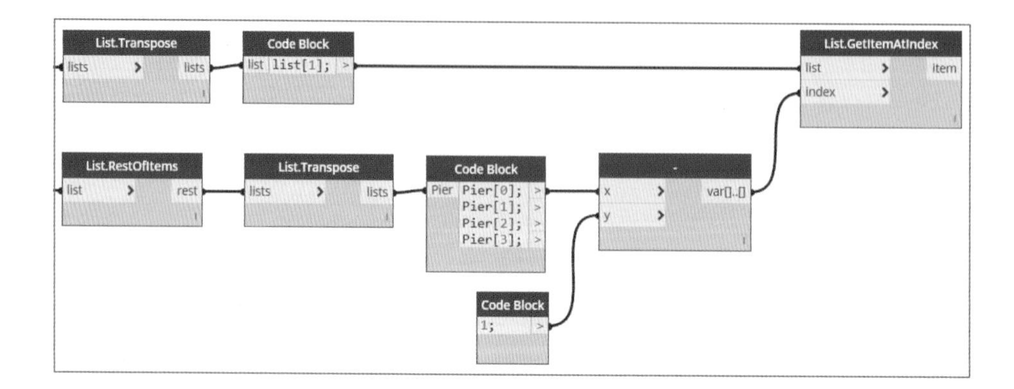

선형을 따라 특정 점에서 매개변수 값을 추출하는 노드인 Curve.ParameterAtPoint 노드를 작성하고 입력포트 Curve에 3. 선형 작성 챕터에서 작성한 NurbsCurve.ByPoints 노드를, 입력포트 point에는 List.GetItemAtIndex 노드를 연결합니다.

그리고 선형의 지정된 매개변수에서 선형에 접하는 벡터를 추출하는 노드인 Curve.TangentAtParameter 노드를 작성하고 입력포트 curve에 3. 선형 작성 챕터에서 작성한 NurbsCurve. ByPoint 노드를, 입력포트 param에는 Curve.ParameterAtPoint 노드를 연결합니다.
두 벡터 사이의 각도를 추출하는 노드인 Vector.AngleWithVector 노드를 작성하고 입력포트 vector에 Curve.TangentAtParameter 노드를, 입력포트 otherVector에는 Z축 단위벡터를 의미하는 Vector.ZAxis 노드를 작성하여 연결합니다.

- Curve.ParameterAtPoint ⇒ Geometry 〉 Curve 〉 ParameterAtPoint
- Curve.TangentAtParameter ⇒ Geometry 〉 Curve 〉 TangentAtParameter
- Vector.AngleWithVector ⇒ Geometry 〉 Vector 〉 AngleWithVector
- Vector.ZAxis ⇒ Geometry 〉 Vector 〉 ZAxis

Code Block : 90-a;를 작성하고 입력포트 a에 Vector.AngleWithVector 노드를 연결합니다.

참고 노트

Code Block : 90-a;를 작성하는 이유는 앞서 Vector.AngleWithVector 노드에서 선형에 접하는 벡터와 Z축 단위벡터 간 각도를 추출하였으나, 실제로 종단경사 데이터는 Z축 단위벡터 간 각도가 아닌 XY평면 간 각도이기 때문입니다. 하지만 선형이 X축 단위벡터 또는 Y축 단위벡터와 방향이 일치하지 않을 수 있기 때문에 위와 같이 Z축 단위벡터와의 각도를 계산하고 Code Block : 90-a를 작성하여 데이터를 보정한 것입니다.

여기까지 진행하면 교각이 배치될 포인트에서의 종단 경사 데이터가 추출됩니다.

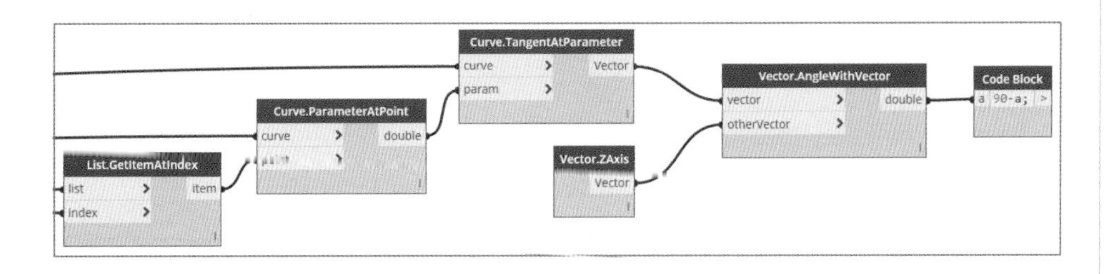

이번에는 교각 기둥 패밀리에 입력할 매개변수들을 정리합니다.
입력하는 점 데이터에서 Z축 데이터를 추출하는 노드인 Point.Z 노드를 작성하고 입력포트 point에 List.GetItemAtIndex 노드를 연결합니다.

그리고 " - " 노드를 작성하고 입력포트 x에 Point.Z 노드를, 입력포트 y에는 Code Block : Pier[1];을 연결합니다. 이는 선형의 종단 값에서 PSC박스의 H값을 빼서 교각 기둥의 상부 레벨을 추출하기 위함입니다.

지정된 입력 데이터들을 새로운 리스트로 묶어주는 노드인 List.Create 노드를 작성하고 입력포트를 3개로 확장합니다. 그리고 입력포트 item0, item1, item2에 Code Block : 90-a;, Code Block : Pier[2];, " - " 노드를 순서대로 연결합니다.

List.Transpose 노드를 작성하고 입력포트 lists에 List.Create 노드를 연결하면 교각 기둥에 입력할 매개변수 데이터가 다음 그림과 같이 정리됩니다.

- Point.Z ⇒ Geometry 〉 Point 〉 Z
- " - " ⇒ Math 〉 Operators 〉 " - "
- List.Create ⇒ List 〉 Generate 〉 List.Create
- List.Transpose ⇒ List 〉 Organize 〉 Transpose

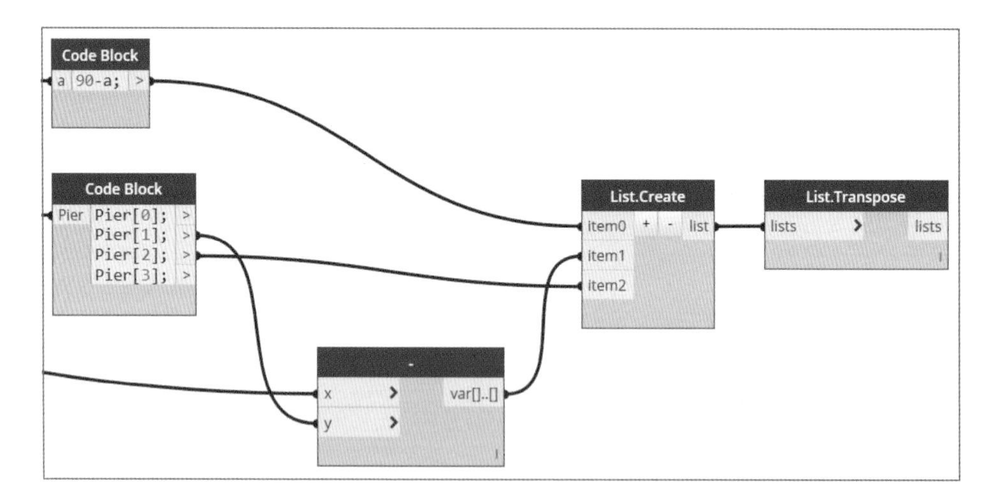

마지막으로 배치한 교각 기둥 및 교각 기초 패밀리에 매개변수를 입력하는 로직을 구성합니다.

먼저 지정된 항목을 지정된 수만큼 반복하여 새로운 리스트를 작성하는 노드인 List.OfRepeatedItem 노드를 2개 작성합니다.
그리고 Code Block을 2개 작성하고 다음과 같이 입력합니다.

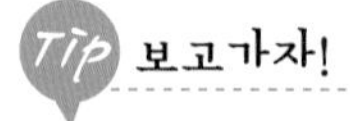

영문버전 Revit의 경우
"Top Offset"
"Base Offset"
"Height Offset From Level"

- {"종단경사", "상단 간격띄우기", "베이스 간격띄우기"};
- "레벨로부터 높이 간격띄우기";

작성한 Code Block들을 List.OfRepeatedItem 노드에 각각 하나씩 연결합니다. List.OfRepeatedItem 노드의 입력포트 amount에는 Count 노드를 연결합니다.

Revit상에서 여러 요소를 선택하는 노드인 Select Model Elements 노드를 2개 작성합니다.
그리고 Select Model Elements 노드의 선택 버튼을 클릭하고 각각 교각 기둥 전체와 교각 기초 전체를 마우스 왼쪽 버튼을 드래그하여 선택해줍니다.

마지막으로 Element.SetParameterByName 노드를 2개 작성합니다. 그리고 입력포트에 다음과 같은 조합으로 연결해줍니다.

① 입력포트(element, parameterName, value) ⇒ 교각 기둥을 선택한 Select Model Elements 노드, Code Block : {"종단경사", "상단간격띄우기", "베이스간격띄우기"};와 연결된 List.OfRepeatedItem 노드, List.Transpose
② 입력포트(element, parameterName, value) ⇒ 교각 기초를 선택한 Select Model Elements 노드, "레벨로부터 높이 간격띄우기";, Code Block : Pier[3];

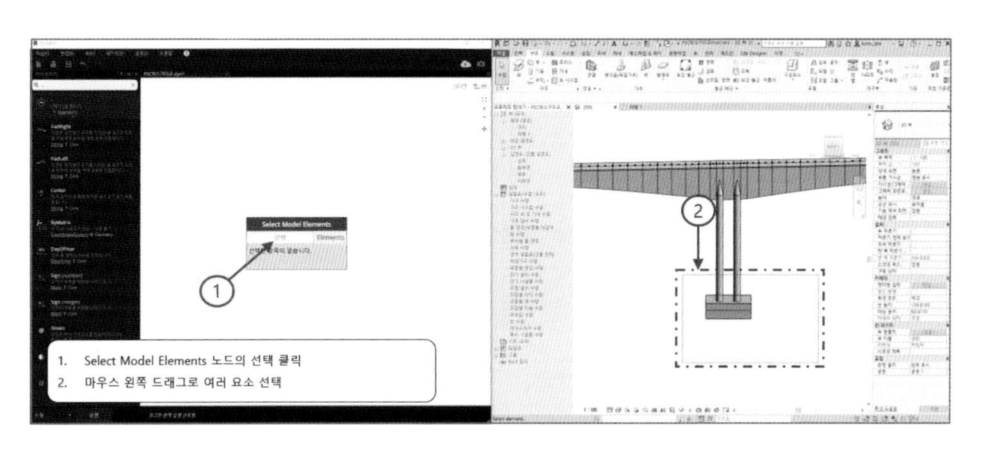

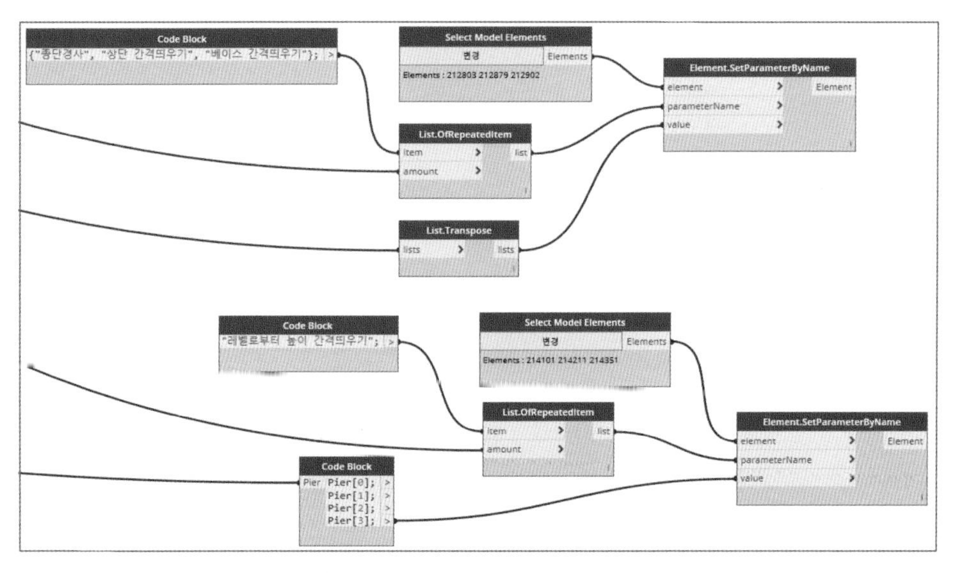

여기까지 진행하면 교각 배치 로직이 완성됩니다.

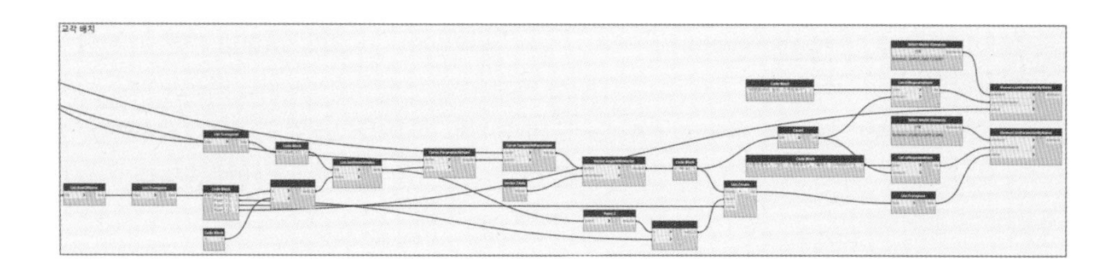

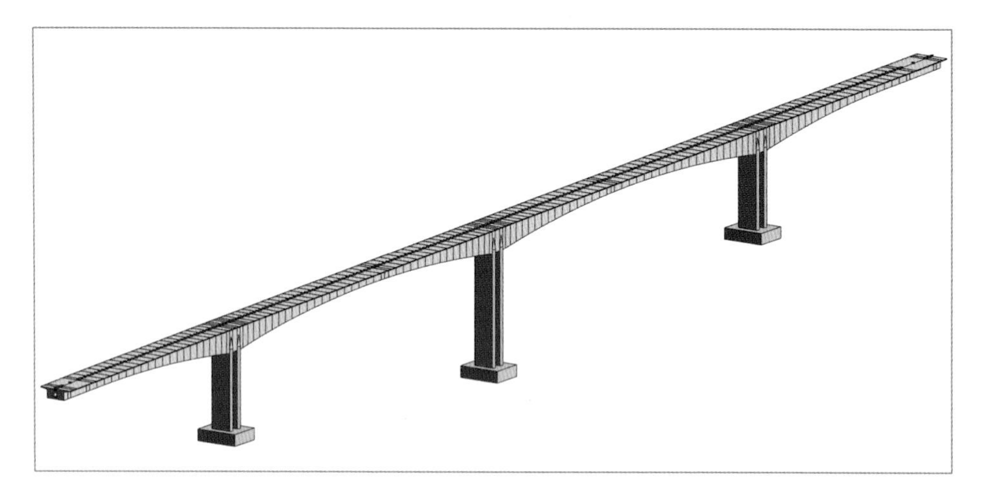

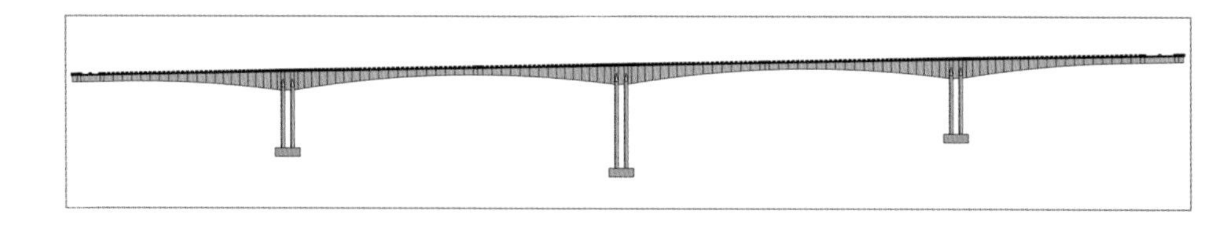

곡선교(램프교)

chapter 04

교량 구조물이 곡선 구간에 위치한다거나 구조물에 변단면 구간이 있는 기존 Revit 에서의 일반적인 모델링 방식은 작업 시간이 상당히 길어져서 효율성이 떨어지게 됩니다.

따라서, 본 챕터에서는 곡선부에서 주로 활용되는 스틸박스거더교를 Dynamo를 통해 모델링하는 과정을 진행함으로써, 곡선부 및 변단면 구조물을 좀 더 효율적으로 모델링 하는 방법에 대해 알아보고자 합니다.

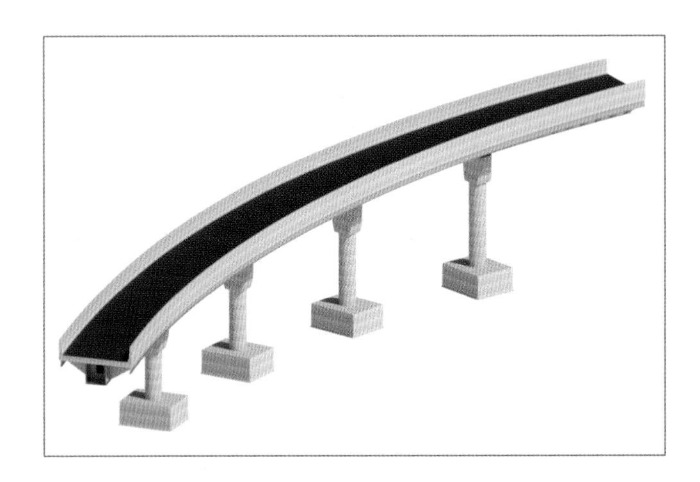

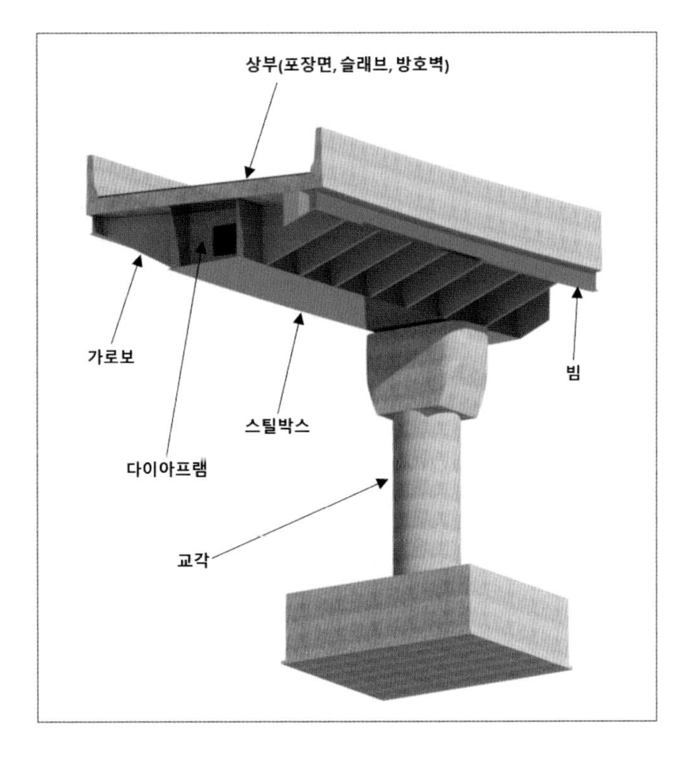

보고가자!

가로보.rfa
다이아프램.rfa
램프교프로파일.rfa
램프교3p.rfa

01 가변구성요소패밀리(매스모델) 작성

Dynamo의 기능을 활용하여 보다 정밀하게 변단면 구조물을 모델링하기 위해서는 모든 변단면 구조 형태를 포괄하는 가변 구성요소 패밀리를 작성하여야 합니다. 특히 선형이 곡선부인 점을 감안하여 매스 모델로 패밀리를 작성하는 과정을 진행해보고자 합니다.

본 챕터에서 사용하는 패밀리는 다음과 같습니다.
램프교 패밀리(매스 모델) : 포장면, 상부 슬래브, 방호벽, 빔
가로보(일반 모델)
다이아프램(일반 모델)
교각(일반 모델)

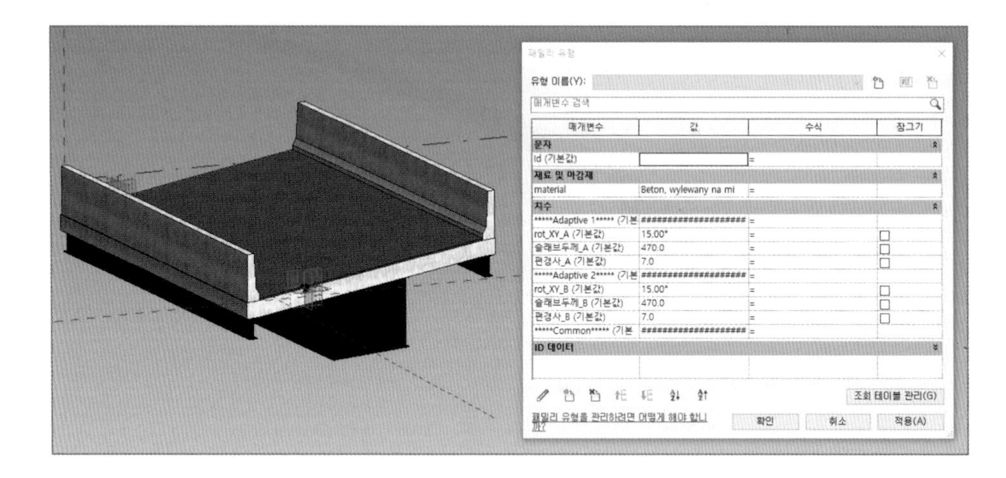

매스 모델 패밀리를 활용하는 방법은 일반적인 패밀리와는 다르게 프로파일 형태의 매스 모델을 작성하고 이를 매스 모델에 다시 불러와서 3점에 배치하여 각 파트를 연결하여 모델링하는 방법입니다.

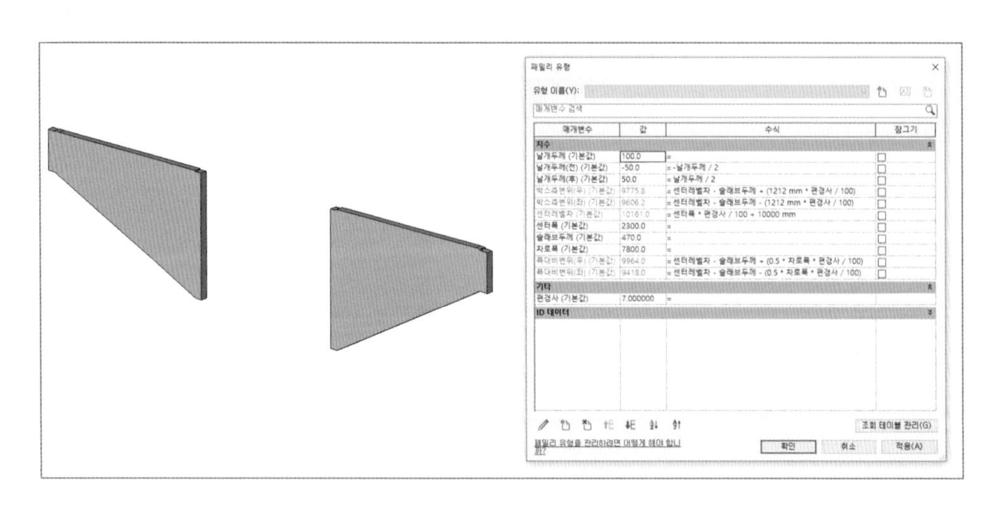

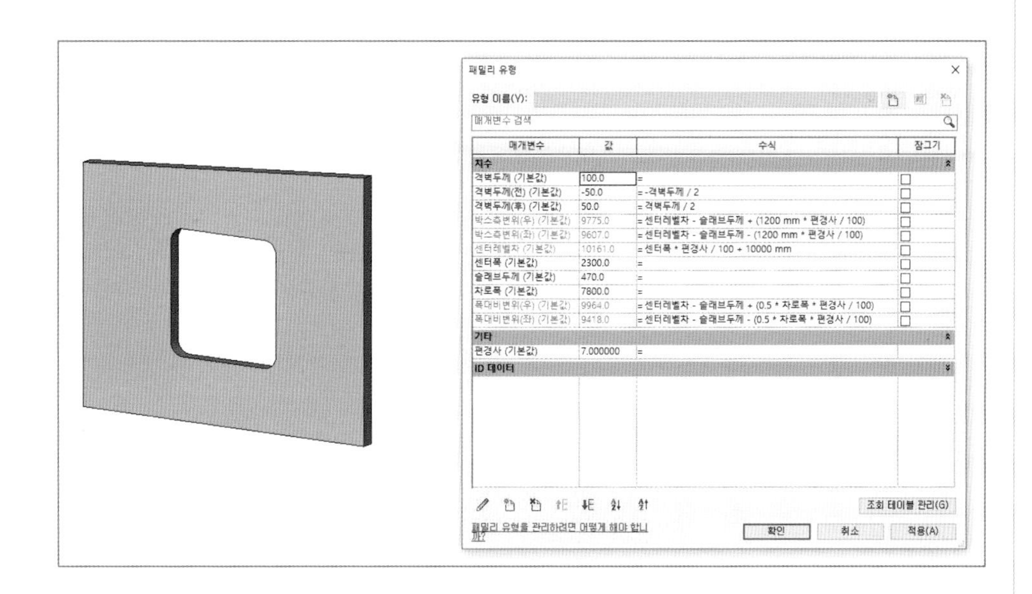

다음 그림은 프로파일 형태의 매스 모델 패밀리입니다.

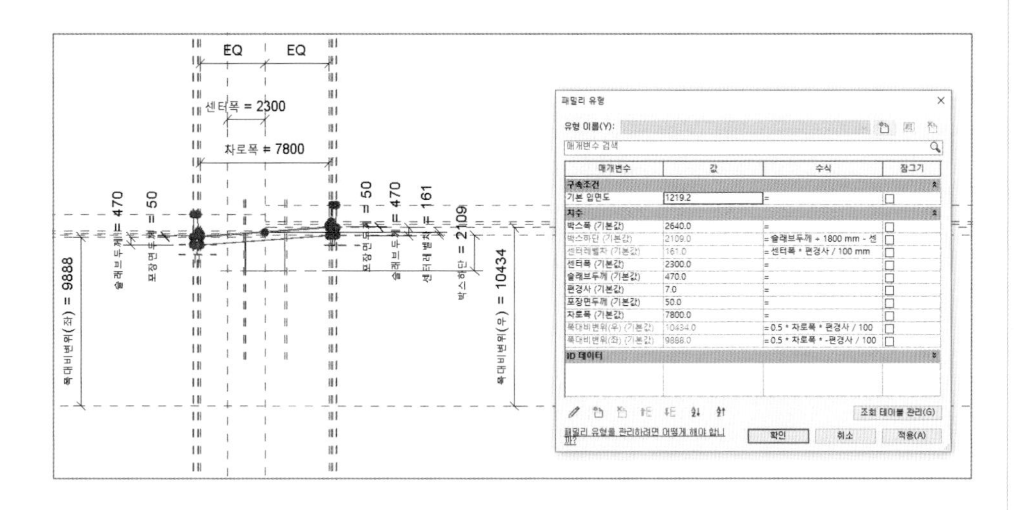

위 프로파일 매스모델은 상부슬래브, 포장면, 스틸박스, H형 빔 등을 전부 작성한 것입니다.
매개변수 중 편경사, 슬래브 두께를 입력 데이터로 사용합니다.
작성자의 편의에 따라 이를 분할하여 작성해도 무관합니다.

이 중 포장면을 예시로 모델링하는 과정을 설명하겠습니다.
Revit 메뉴 중 파일 ➡ 새로만들기 ➡ 개념 매스를 클릭하고 미터법 질량을 선택합니다.
그리고 평면뷰를 활성화합니다.

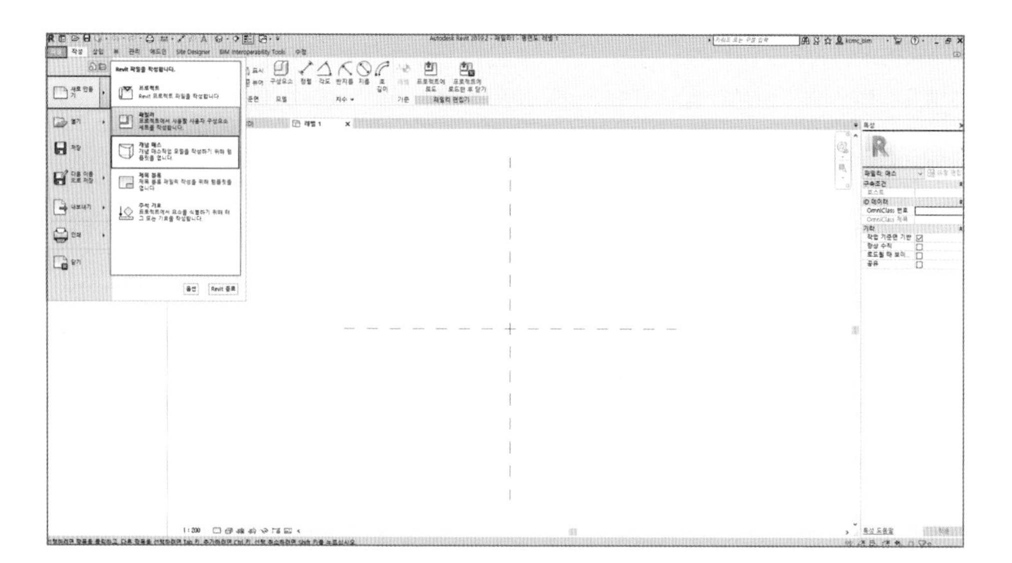

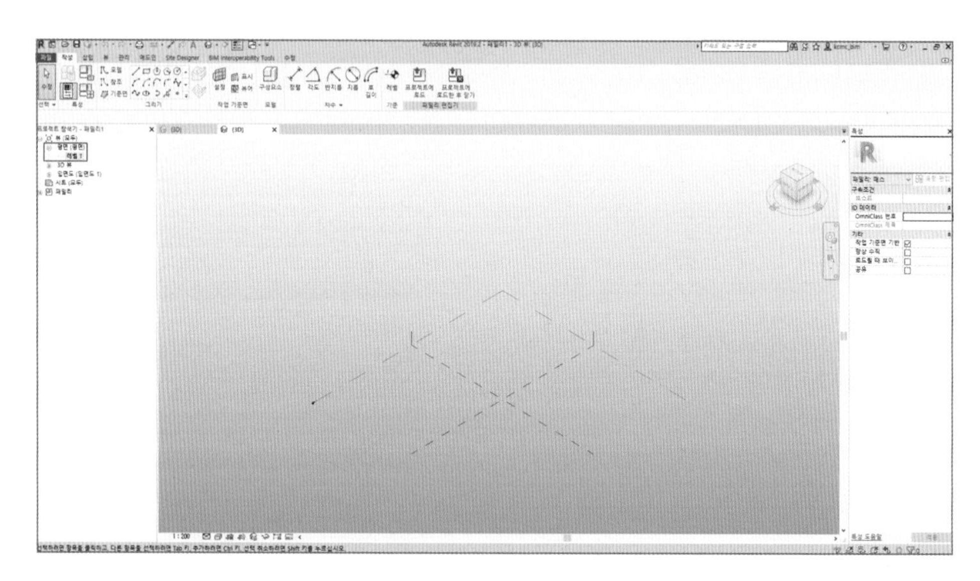

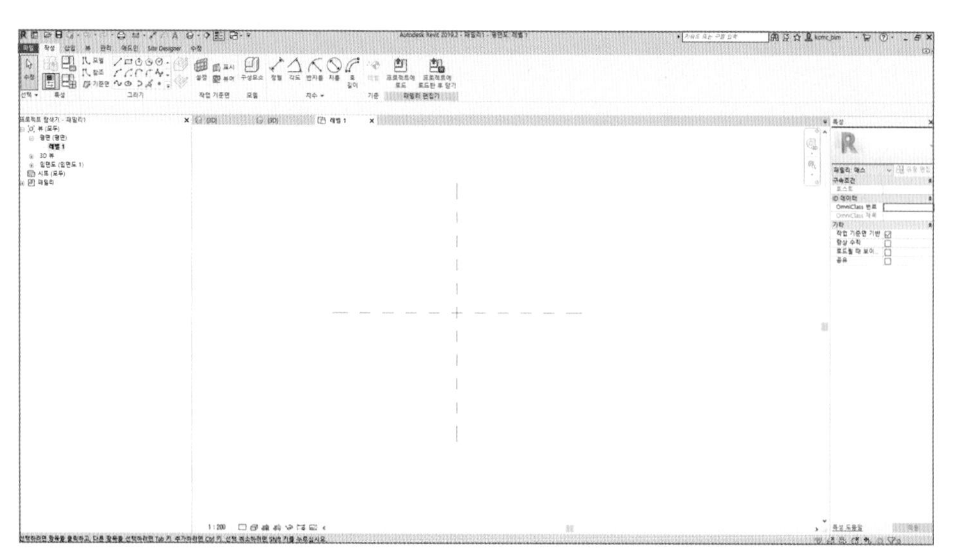

랩프교의 경우 중심 선형이 교량의 중심과는 상이하기 때문에 이를 조정할 수 있도록 중심 점 및 매개변수를 작성합니다.
① 수정 〉 그리기 〉 기준면 〉 선 또는 선 선택을 활용하여 가로방향과 세로 방향으로 기준면을 아래 그림과 같이 작성하고 ② 기준면 간 교차점에 수정 〉그리기 〉참조 〉점요소를 클릭하여 참조점을 작성합니다. ③ 그리고 작성한 기준면들과 중심 기준면들에 정렬 치수를 작성하고 ④ 이를 인스턴스 매개변수로 변환합니다.
매개변수의 이름은 다음과 같이 작성합니다.
• 센터를 기준으로 폭 변위에대한 치수 ⇒ 센터기준폭 변위
• 센터를 기준으로 레벨 변위에 대한 치수 ⇒ 센터기준레벨 변위

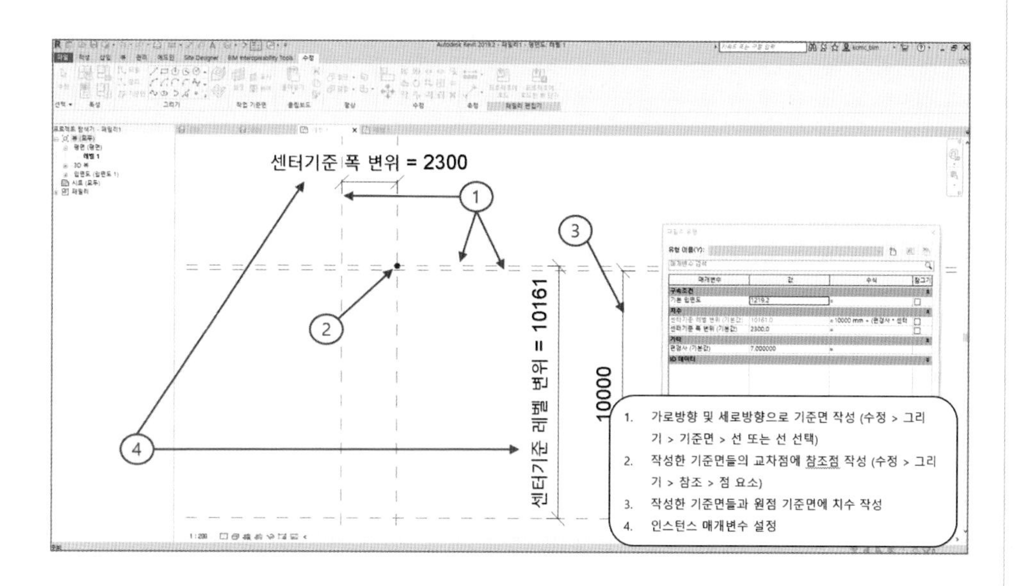

여기서 중심 기준면(앞/뒤)의 하단으로 10000mm 간격으로 기준면을 배치하는 이유는, ②에서 작성한 참조점의 레벨이 편경사 및 센터기준 폭 변위 매개변수들에 의해 조정되기 때문에, 이를 수식으로 작성하기 위해 일종의 가이드 역할의 기준면이 필요하기 때문입니다.
가이드가 필요한 이유는 편경사가 음수가 들어가는 경우 정렬 치수는 음수를 인식하지 못하기 때문에, 고정값을 수식에 플러스하여 정렬 치수가 음수가 되지 않도록 하는 것입니다.

참고 노트

치수에 매개변수 설정하기

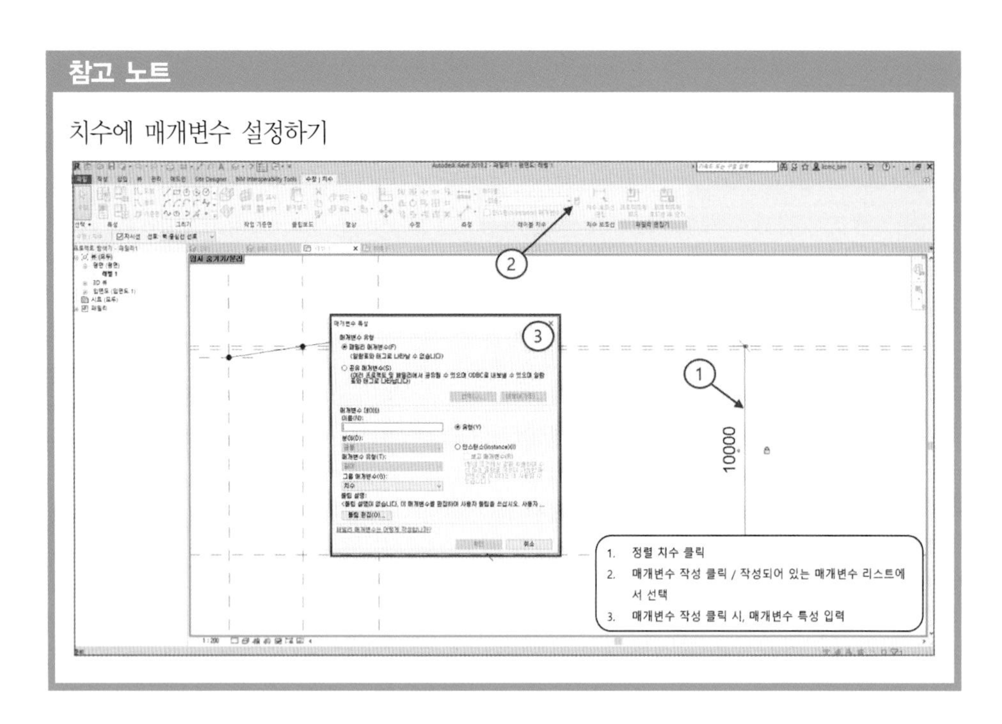

1. 정렬 치수 클릭
2. 매개변수 작성 클릭 / 작성되어 있는 매개변수 리스트에서 선택
3. 매개변수 작성 클릭 시, 매개변수 특성 입력
10000

그리고 패밀리유형 〉 새 매개변수를 클릭하여 편경사 매개변수를 다음과 같이 작성합니다.

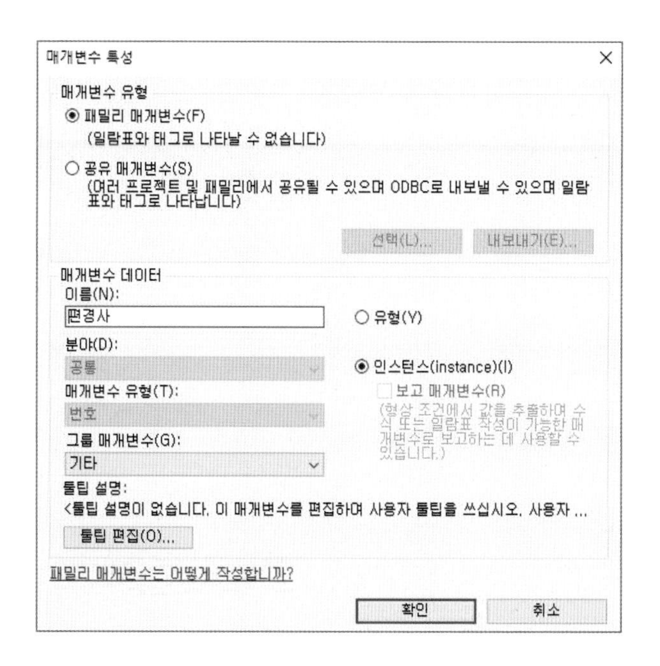

센터기준 레벨 변위 매개변수에 사용하는 수식은 다음과 같습니다.

• 센터기준 레벨 변위 = 10000mm + (편경사 × 센터기준 폭 변위 × 0.01)

참고 노트

매개변수 작성 시, 반드시 인스턴스 매개변수로 작성합니다.

다음으로 배치한 참조점을 중심으로 포장면을 작성합니다.
기준점으로부터 차로의 양 끝단 간격이 동일하고, 폭 간격 조절, 두께 조절 및 편경사 조절이 가능하도록 매개변수를 작성합니다.

아래 그림에서는 설명과 관련 있는 치수 및 기준면 만을 나타내었습니다.

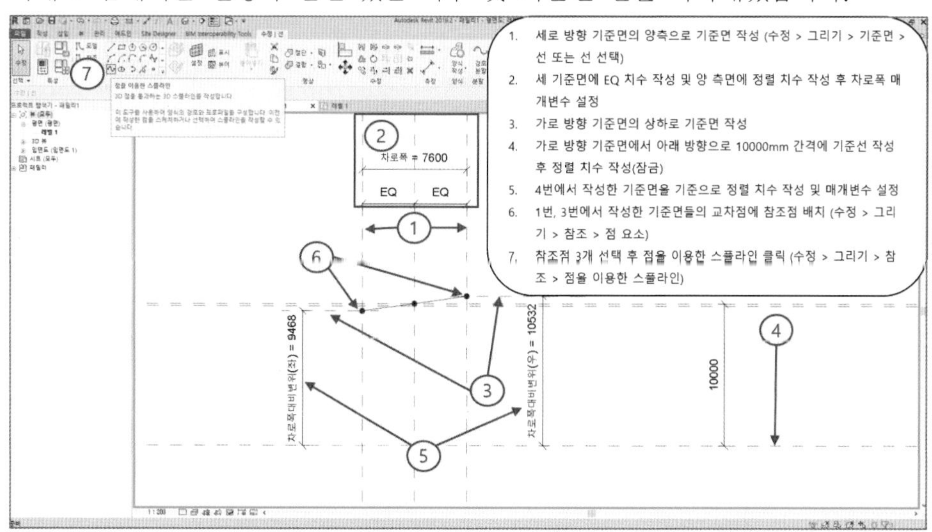

1. 세로 방향 기준면의 양측으로 기준면 작성 (수정 > 그리기 > 기준면 > 선 또는 선 선택)
2. 세 기준면에 EQ 치수 작성 및 양 측면에 정렬 치수 작성 후 차로폭 매개변수 설정
3. 가로 방향 기준면의 상하로 기준면 작성
4. 가로 방향 기준면에서 아래 방향으로 10000mm 간격에 기준선 작성 후 정렬 치수 작성(잠금)
5. 4번에서 작성한 기준면을 기준으로 정렬 치수 작성 및 매개변수 설정
6. 1번, 3번에서 작성한 기준면들의 교차점에 참조점 배치 (수정 > 그리기 > 참조 > 점 요소)
7. 참조점 3개 선택 후 점을 이용한 스플라인 클릭 (수정 > 그리기 > 참조 > 점을 이용한 스플라인)
차로폭 = 7600
EQ
EQ
차로폭대비변위(좌) = 9468
차로폭대비변위(우) = 10532
10000

① 세로 방향 기준면의 양측으로 기준면을 한 개씩 작성하고 ② 2개의 기준면과 기존 기준면 간 EQ 치수를 작성합니다. 그리고 작성한 기준면에 정렬 치수를 작성하고 매개변수를 설정합니다. ③ 그리고 가로 방향 기준면의 상하로 기준면을 한 개씩 작성하고 ④ 가로 방향 기준면에서 아래 방향으로 10000mm 떨어진 위치에 기준면을 작성하고 정렬 치수를 작성하여 잠금을 해줍니다. ⑤ 그리고 4번에서 작성한 기준면과 3번에서 작성한 기준면들에 정렬 치수를 작성하고 이를 인스턴스 매개변수로 변환합니다. ⑥ 마지막으로 1번 기준면과 3번 기준면의 교차점에 참조점을 배치하고, ⑦ 참조점 3개를 드래그하여 선택한 후 수정 〉 그리기 〉 점을 이용한 스플라인을 클릭합니다.

5번에서 작성하는 매개변수들은 다음과 같이 명명 후 수식을 입력합니다.

- 차로 폭 대비 변위(좌) = 10000mm − (편경사 × 차로폭 × 0.01)
- 차로 폭 대비 변위(우) = 10000mm + (편경사 × 차로폭 × 0.01)

다음으로 포장 하단면에 참조점을 배치하고 이를 연결하는 선을 작성하여 포장면의 외곽 선형을 완성합니다.

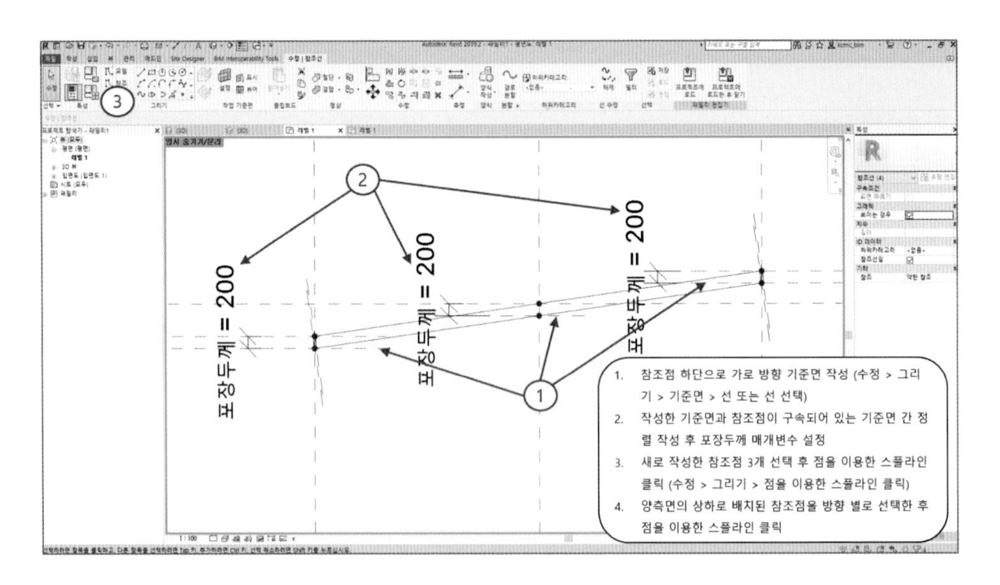

3
2
포장두께 = 200
포장두께 = 200
포장두께 = 200
1
1. 참조점 하단으로 가로 방향 기준면 작성 (수정 > 그리기 > 기준면 > 선 또는 선 선택)
2. 작성한 기준면과 참조점이 구속되어 있는 기준면 간 정렬 작성 후 포장두께 매개변수 설정
3. 새로 작성한 참조점 3개 선택 후 점을 이용한 스플라인 클릭 (수정 > 그리기 > 점을 이용한 스플라인 클릭)
4. 양측면의 상하로 배치된 참조점을 방향 별로 선택한 후 점을 이용한 스플라인 클릭

① 기존에 작성한 3개의 참조점이 구속되어 있는 가로 방향의 기준면 아래 새로운 기준면 3개를 배치합니다. ② 작성한 기준면과 기존 기준면에 정렬 치수를 작성하고 포장두께 매개변수로 설정합니다. ③ 그리고 새로 작성한 기준면과 세로 방향 기준면의 교차점에 참조점을 배치하고, 3개의 참조점을 선택한 뒤 수정 〉 그리기 〉 점을 이용한 스플라인을 클릭합니다. ④ 마지막으로 동일한 방향에 상하로 배치된 참조점들을 드래그하여 선택하고 수정 〉 그리기 〉 점을 이용한 스플라인을 클릭합니다.

이때 센터의 참조점 세트는 선을 작성하지 않으며, 작성한 선을 클릭 〉 특성 〉 ID 데이터 〉 참조선임에 체크가 되어 있는지 확인하고 체크가 되어 있지 않으면 체크박스를 클릭합니다.

참조선을 선택하고 양식 작성을 클릭하면 아래 그림과 같이 선택하는 그림 2개가 뜨는데 이 중 우측 그림을 클릭합니다.
좌측은 선이 돌출하여 면을 구성하는 메뉴이고, 우측은 폐합면에 면을 작성하는 메뉴입니다.
해당 메뉴는 선이 폐합되어 있지 않으면 나타나지 않습니다.

여기까지 진행하면 포장면 프로파일 작성이 완료됩니다.
이와 같은 방법으로 포장면, 슬래브, 방호벽, H형 빔, 스틸박스를 포함하는 램프교 전체 프로파일을 작성해봅니다.

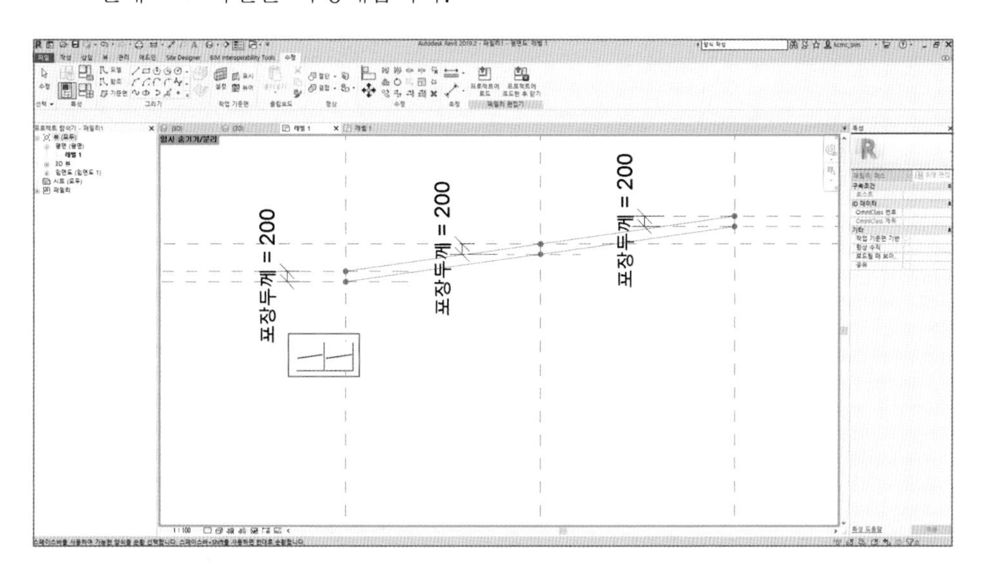

1. 좌측 선택 시

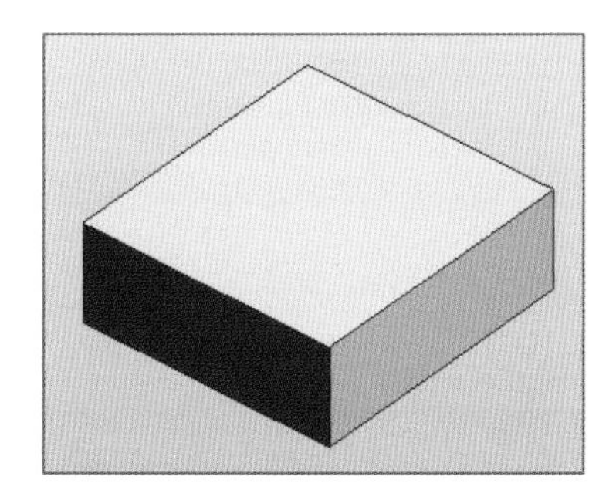

2. 우측 선택 시

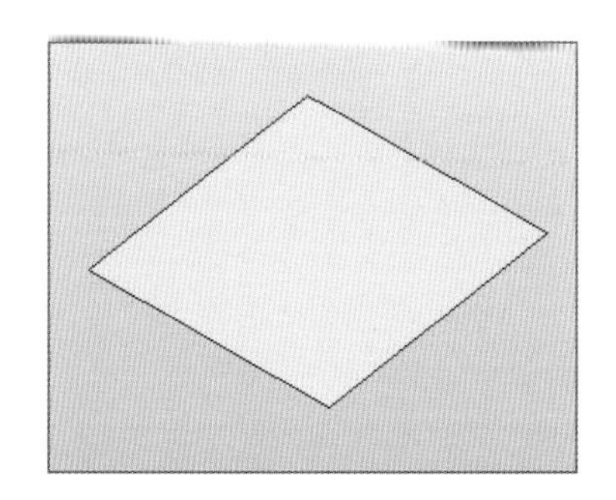

참고 노트

모델 선에서 작성된 양식 또는 참조선에서 작성된 양식의 수정 동작이 다릅니다. 다음 표에서 이러한 두 가지 양식의 차이를 설명합니다.

구속되지 않은 양식	참조 기반 양식
모델 선을 사용하여 그리기 패널에 있는 도구로 작성된 프로파일	참조선, 참조점 또는 다른 양식의 부분을 사용하여 그리기 패널에 있는 도구로 작성된 프로파일
하이라이트하면 솔리드 선이 표시됩니다.	선 주위에 파선 참조 평면을 표시합니다.
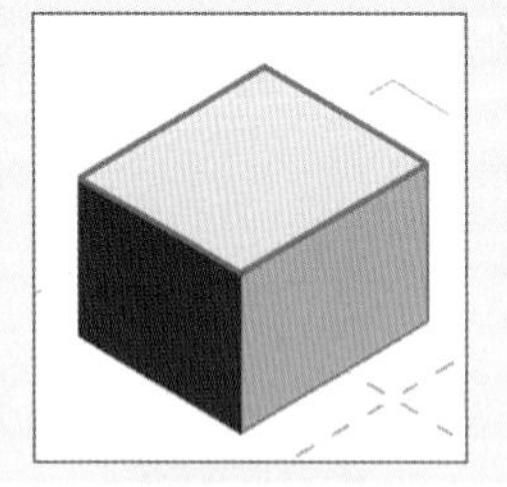	
다른 양식이나 참조 유형에 의존할 필요가 없는 경우에 작성합니다.	양식과 기타 형상 또는 참조 간 파라메트릭 관계에 대한요구가 있는 경우에 작성합니다.
다른 객체와 무관합니다.	해당 참조에 따라 달라집니다. 의존하는 참조가 변경되면 참조 기반 양식도 변경됩니다.
프로파일은 기본적으로 잠금 해제되어 있습니다.	돌출 및 스윕의 경우 프로파일은 기본적으로 잠겨 있습니다.
모서리, 표면 및 정점을 직접 편집할 수 있습니다.	참조 요소를 직접 편집하여 편집됩니다. 예를 들어 참조선을 선택하고 3D 컨트롤을 사용하여 끕니다.
선을 참조 기준으로 변환하려면 특성 팔레트의 ID 데이터에서 참조선임 특성을 선택합니다.	선을 구속되지 않음으로 변환하려면 특성 팔레트의 ID 데이터에서 참조선임 특성을 선택 취소합니다.

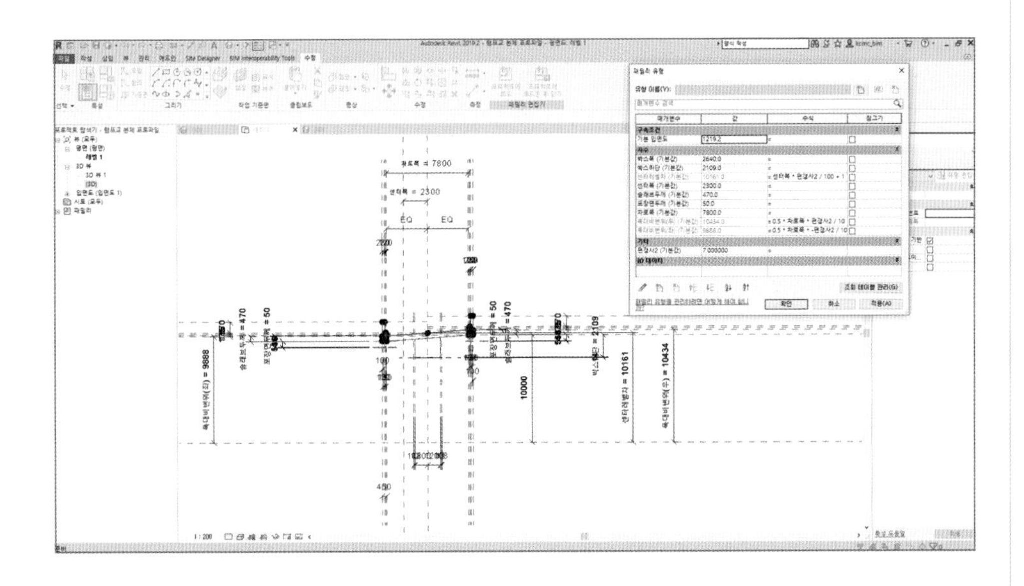

메뉴 〉 파일 〉 새로만들기 〉 패밀리 클릭 후 '미터법 일반 모델 가변' 템플릿을 선택합니다.
평면 뷰를 활성화하고 점 3개를 배치합니다. 그리고 점들을 선택하고 상단 메뉴의 가변화를 클릭합니다.
그러면 참조점이 가변점으로 변환됩니다.

참고 노트

가변 점은 개념 설계 환경에서 가변 구성요소를 설계할 때 사용되는 수정된 참조점입니다.
구성요소 배치를 위해 또는 모양 핸들로 가변 점을 사용할 수 있습니다. 가변 점이 배치에 사용되는 경우 구성요소가 로드될 때 배치되는 순서로 번호가 지정됩니다.
일반 가변 패밀리에서 참조점을 수정하여 가변 점을 작성할 수 있습니다(Generic Model Adaptive.rft). 참조점을 가변화하면 이 점은 기본적으로 배치점입니다. 이러한 가변점을 사용하여 그린 형상은 가변 구성요소가 됩니다.

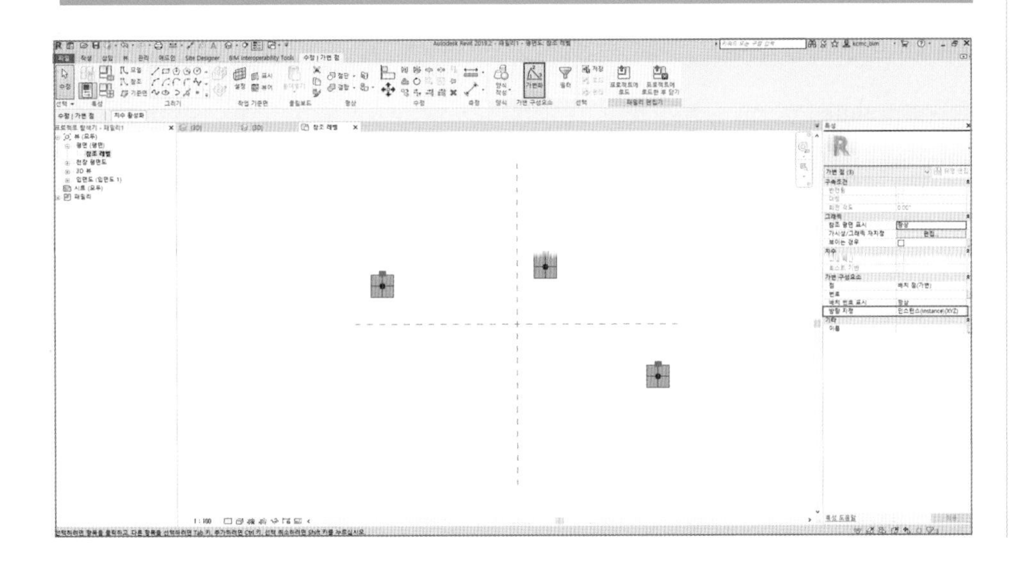

우측 특성창에서 가변 구성요소 〉 방향 지정 〉 전역(Z) 다음 호스트(XY)를 선택합니다.

참고 노트

특성 〉 가변 구성요소 〉 방향 지정에서가변 점의 수직 및 평면형 방향을 지정합니다. 다른 구성요소 또는 프로젝트 환경에 가변 구성요소 패밀리를 배치할 때 방향이 영향을 미칩니다.

가변 구성요소 섹션 아래 특성 팔레트에서 방향 매개변수를 지정할 수 있습니다. 다음 테이블은 Z축 좌표계 및 XY축 좌표계에 기반하여 사용할 수 있는 설정을 지정합니다.

- 전역 : 가변 패밀리 인스턴스(instance)가 배치되는 환경의 좌표계(패밀리 또는 프로젝트).
- 호스트 : 인스턴스(instance)의가변 점이 배치되는 요소의 좌표계입니다.(가변 점을 호스트해야 할 필요가 없습니다.)
- 인스턴스(instance) : 가변 패밀리 인스턴스(instance)의 좌표계입니다.

	Z축 방향을 전역으로 조정	방향 z축 방향을 호스트로	방향 Z축 방향을 인스턴스(instance)
XY축 방향을 전역으로	전역(XYZ)		
XY축 방향을 호스트로	전역(Z) 후 호스트(XY)[1]	호스트(XYZ) 호스트 및 루프 시스템(XYZ)[2]	인스턴스(instance)(Z) 다음 호스트(XY)
XY축 방향을 인스턴스(instance)로			인스턴스(instance)(XYZ)

1. 평면형 투영(X 및 Y)은 호스트 구성요소 형상의 접선으로 생성됩니다.
2. 이것은 가변 패밀리가 루프를 형성하는 최소 3개 점을 가지는 인스턴스(instance)에 적용됩니다. 그러나 구성요소의 배치된 가변점이 호스트 순서와 관련하여 다른 순서로 배치될 경우(예를 들어, 시계 반대 방향 대신 시계 방향) Z축은 반전되고 평면형 투용이 교환됩니다.

해당 가변점에 기준면(평면과 평행한 면)을 설정하고 참조점을 배치합니다.
① 수정 〉 그리기 〉 점 요소를 클릭하고 ② 수정 〉 작업 기준면 〉 설정을 클릭합니다. 그리고 가변점의 XY 참조평면을 선택하고 ④ 가변점과 동일한 위치를 클릭하여 참조점을 배치합니다. ⑤ 다른 가변점에도 동일하게 참조점을 배치합니다.

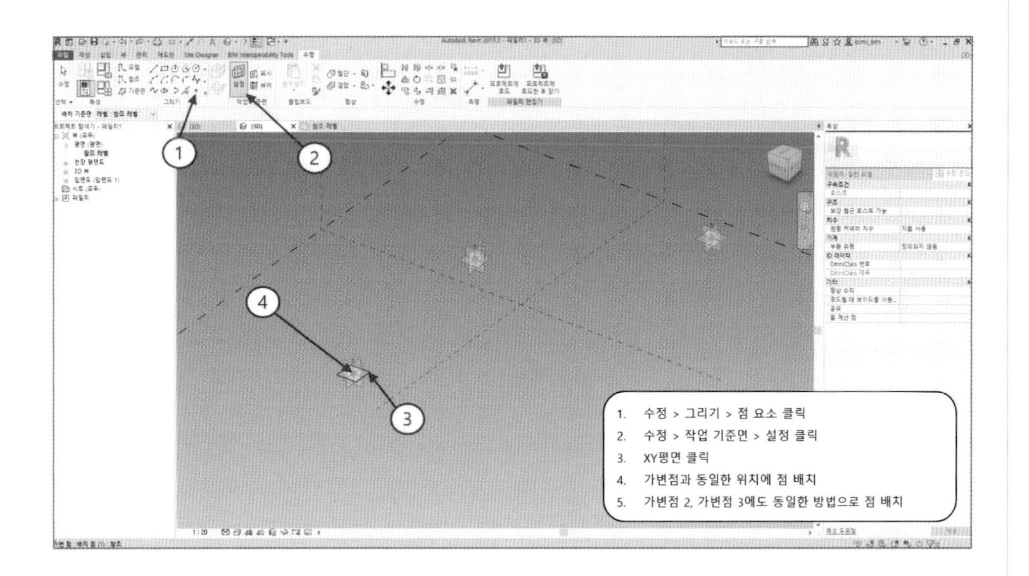

1
2
4
3
1. 수정 > 그리기 > 점 요소 클릭
2. 수정 > 작업 기준면 > 설정 클릭
3. XY평면 클릭
4. 가변점과 동일한 위치에 점 배치
5. 가변점 2, 가변점 3에도 동일한 방법으로 점 배치

참고 노트

참조점을 선택하고 특성 〉 그래픽 〉 참조 평면 표시 〉 안함/선택된 경우/항상으로 참조평면의 가시성을 설정할 수 있습니다.

참조점을 선택하고 특성 〉 구속조건 〉 회전각도 우측의 회색 박스 버튼을 클릭하여 매개변수를 설정합니다.
매개변수의 이름은 아래 그림과 같이 작성합니다.

- rot_XY_A (Instance) = 15
- rot_XY_B (Instance) = 0
- rot_XY_C (Instance) = -15

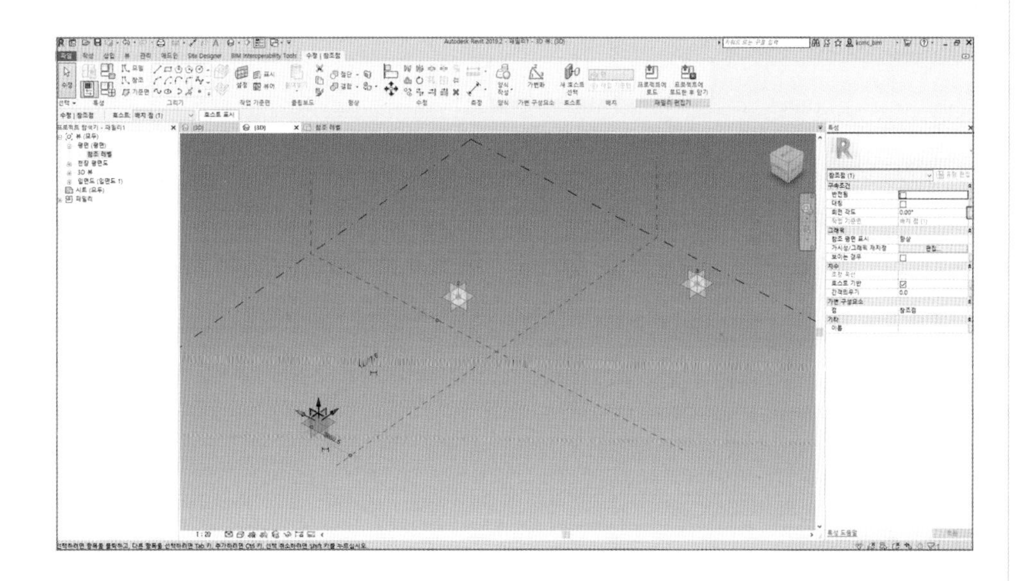

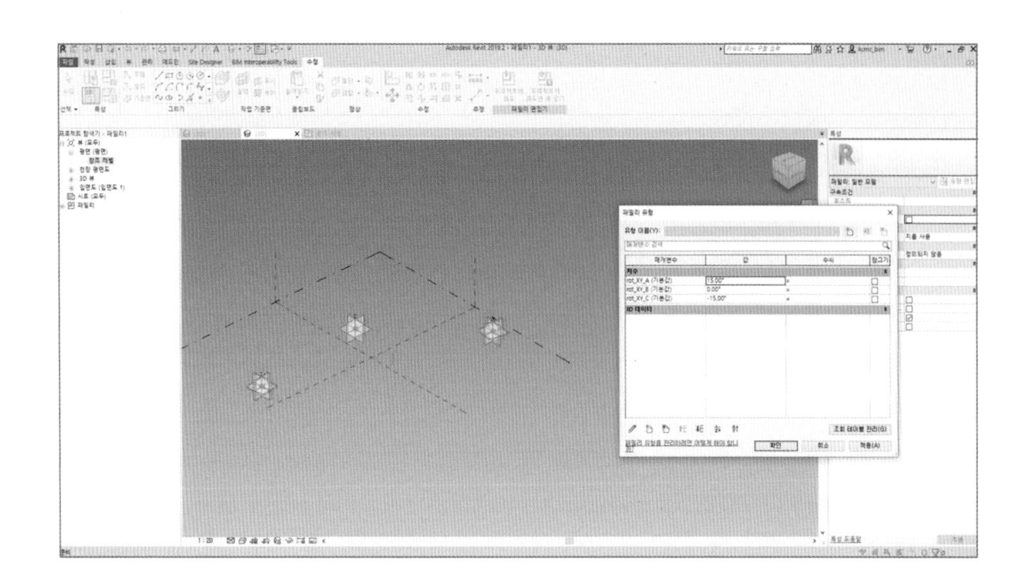

참고 노트

참조점의 특성 〉 구속조건 〉 회전 각도에 매개변수를 설정하는 이유는 곡선부 선형에서 회전반경이 일정한 원곡선인 경우에는 매개변수를 설정할 필요가 없으나, 회전반경이 변화하는 완화 곡선 구간에서는 세그먼트의 경계가 매끄럽게 모델링이 되지 않고 세그먼트끼리 겹치거나 떨어지는 현상이 발생하게 됩니다. 때문에 참조점의 회전반경 매개변수와 가변점의 특성 〉 가변 구성요소 〉 방향 지정 〉 전역(Z) 다음 호스트(XY)를 설정하고, Dynamo에서 선형에 접하는 각도를 구해 이 데이터를 회전 각도 매개변수에 적용함으로써 정확한 모델링이 가능합니다.
Dynamo에서 각도를 계산하는 방법은 후반부에서 다룰 예정입니다.

앞서 작성한 램프교 프로파일을 삽입 〉 라이브러리에서 로드 〉 패밀리 로드를 클릭하여 불러온 후 참조점에 다음 그림과 같이 배치합니다.

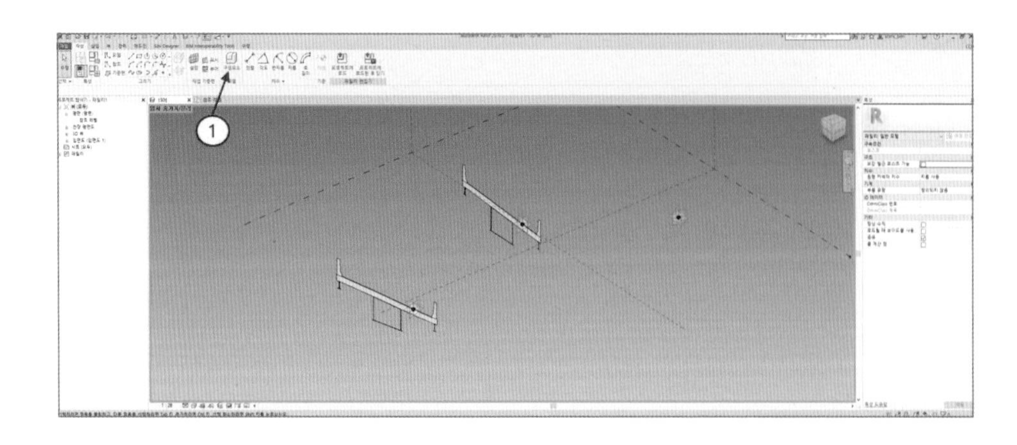

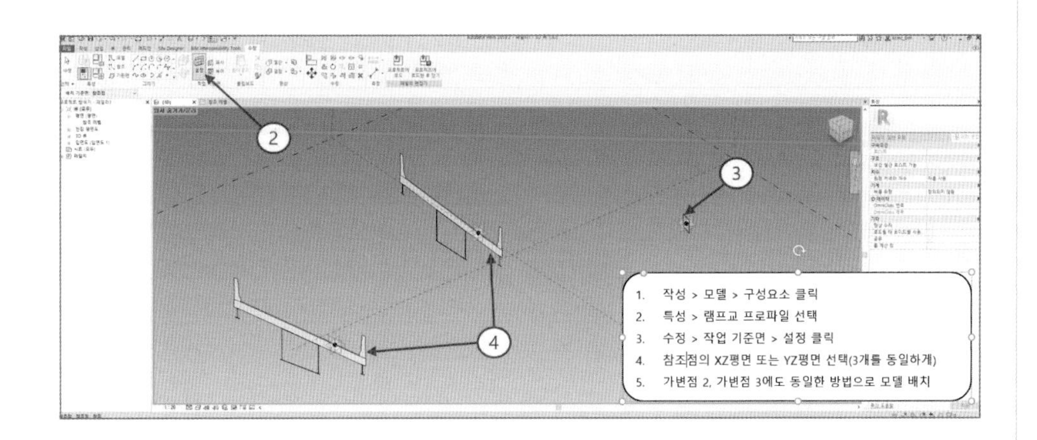

2
3
4
1. 작성 > 모델 > 구성요소 클릭
2. 특성 > 램프교 프로파일 선택
3. 수정 > 작업 기준면 > 설정 클릭
4. 참조점의 XZ평면 또는 YZ평면 선택(3개를 동일하게)
5. 가변점 2, 가변점 3에도 동일한 방법으로 모델 배치

먼저 ① 작성 〉 모델 〉 구성요소를 클릭하고 ② 특성창에서 앞서 작성한 램프교 프로파일을 선택합니다. ③ 그리고 수정 〉 작업 기준면 〉 설정을 클릭하고 ④ 참조점의 XZ 평면 또는 YZ 평면을 선택합니다. ⑤ 동일한 방법으로 다른 참조점에도 모델을 배치합니다.

배치를 마쳤으면 동일한 부위의 매스를 Ctrl 키로 함께 선택한 후 상단 메뉴의 양식 작성을 클릭하면 아래 그림과 같이 모델링이 됩니다. 만약 선택이 잘 안 될 경우는 Tab 버튼을 활용하여 원하는 부분을 선택할 수 있습니다.

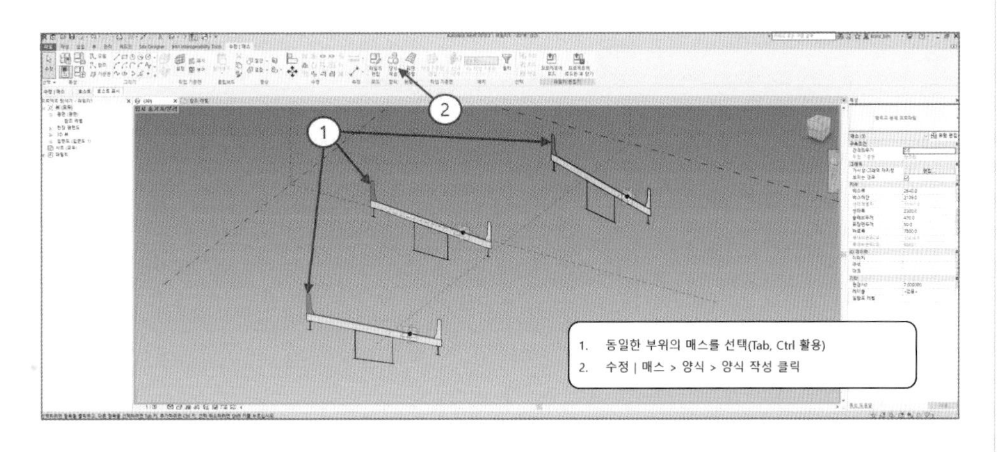

1
2
1. 동일한 부위의 매스를 선택(Tab, Ctrl 활용)
2. 수정 | 매스 > 양식 > 양식 작성 클릭

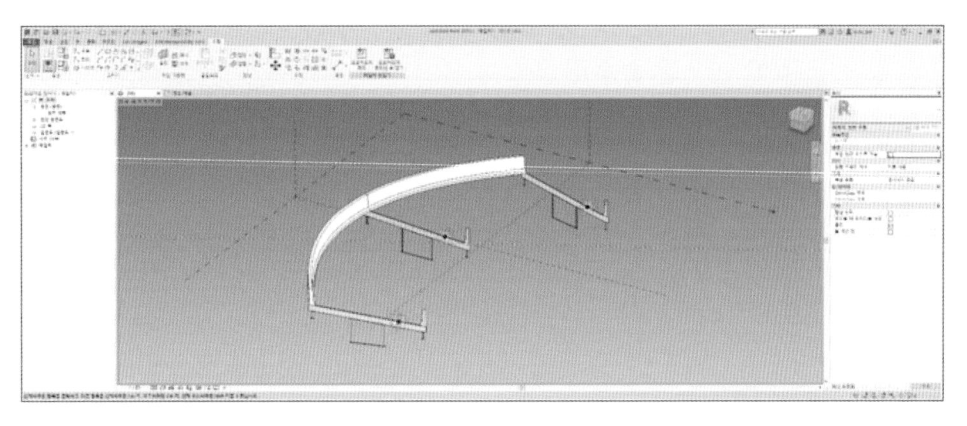

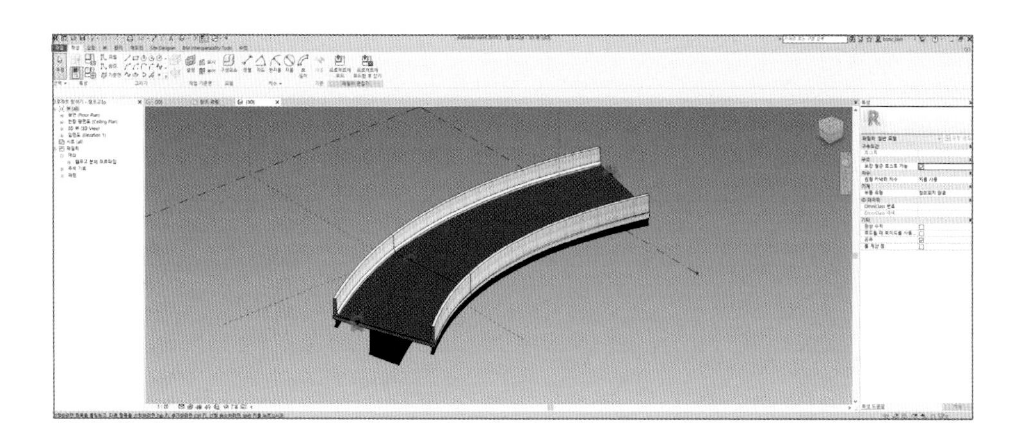

모델링이 완성되었으면 각 단면(램프교 프로파일)의 매개변수들을 일반 모델 가변 패밀리의 매개변수로 연동시킵니다.

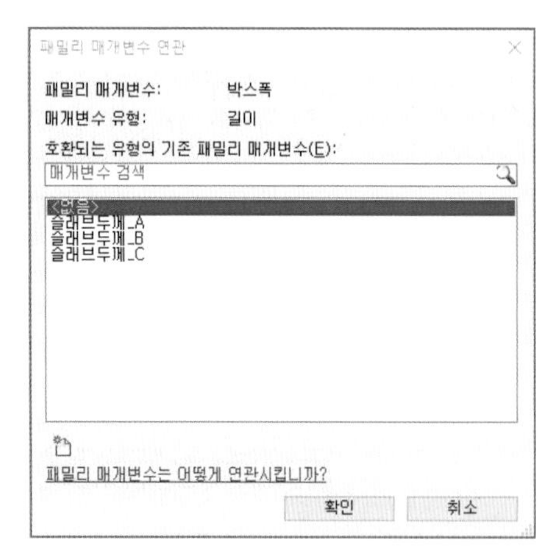

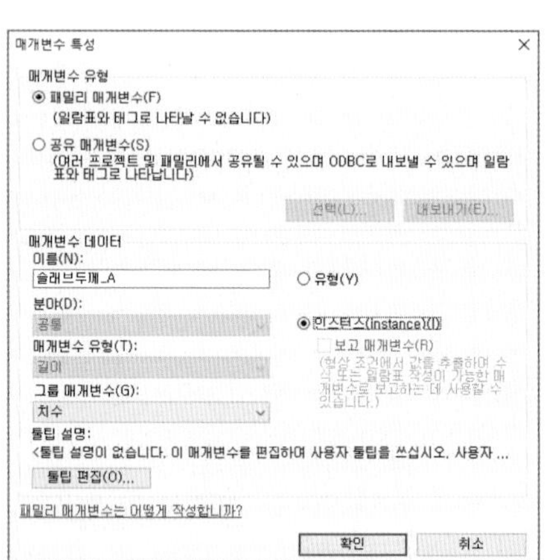

① 먼저 가변점 1에 배치된 램프교 프로파일을 Tab 키를 활용해 선택하면 특성창에 램프교 프로파일을 작성할 때 설정한 인스턴스 매개변수들이 리스트에 나옵니다. ② 이중 치수 〉 슬래브두께 매개변수의 우측에 위치한 회색 박스 버튼을 클릭합니다. ③ 그러면 패밀리 매개변수 연관 창이 뜨고, 여기서 하단의 새 매개변수 버튼을 클릭합니다. ④ 매개변수 특성창이 활성화 되며 매개변수 데이터 〉이름 : 슬래브두께_A로 입력하고, 우측의 유형 / 인스턴스에서 인스턴스를 체크하고 확인 버튼을 클릭합니다.

같은 방법으로 가변점 2, 가변점 3에 배치된 모델의 매개변수들을 연동시킵니다.
가변점 2에 배치된 모델의 매개변수들은 "_B"를, 가변점 3에 배치된 모델의 매개변수들은 "_C"를 이름 뒤에 붙여 명명합니다.
이렇게 슬래브두께, 편경사 매개변수들을 아래 그림과 같이 연동시킵니다.

패밀리 유형

유형 이름(Y):

매개변수 검색

매개변수	값	수식	잠그기
문자			
Id (기본값)		=	
재료 및 마감재			
강재 (기본값)	강철	=	
아스팔트 (기본값)	아스팔트	=	
콘크리트 (기본값)	콘크리트	=	
치수			
*****Adaptive 1***** (기본값)	########################	=	
rot_XY_A (기본값)	-15.00°	=	☐
슬래브두께_A (기본값)	470.0	=	☐
*****Adaptive 2***** (기본값)	########################	=	
rot_XY_B (기본값)	0.00°	=	☐
슬래브두께_B (기본값)	270.0	=	☐
*****Adaptive 3***** (기본값)	########################	=	
rot_XY_C (기본값)	15.00°	=	☐
슬래브두께_C (기본값)	270.0	=	☐
기타			
편경사_A (기본값)	7.000000	=	
편경사_B (기본값)	7.000000	=	
편경사_C (기본값)	7.000000	=	
ID 데이터			

조회 테이블 관리(G)

패밀리 유형을 관리하려면 어떻게 해야 합니까?

확인 취소 적용(A)

참고 노트

위와 같이 매개변수들을 연동시키는 이유는 Dynamo에서 매개변수 데이터를 입력하기 위함입니다.

Dynamo에서 매개변수에 데이터를 입력하기 위해서는 해당 패밀리에서 매개변수가 인스턴스로 작성되어 있어야 합니다. 본문에서 작성한 램프교 패밀리를 예로 들어 설명하자면 램프교 패밀리 내에 배치한 램프교 프로파일의 매개변수들은 램프교 패밀리를 프로젝트에 배치했을 경우 특성창에 노출되지 않습니다. 이는 해당 매개변수들이 램프교 패밀리의 인스턴스 매개변수가 아닌 램프교 프로파일의 인스턴스 매개변수이기 때문입니다. 하여 위 과정을 통해 램프교 프로파일의 인스턴스 매개변수들을 램프교 패밀리의 인스턴스 매개변수로 연동시켜주는 것입니다.

02 Excel데이터 정리

Civil 3D에서 도구공간 〉 도구상자 〉 Report Manger 〉 코리더 〉 차선 경사 보고서를 통해 다음 그림과 같이 Excel 데이터를 작성하였습니다.

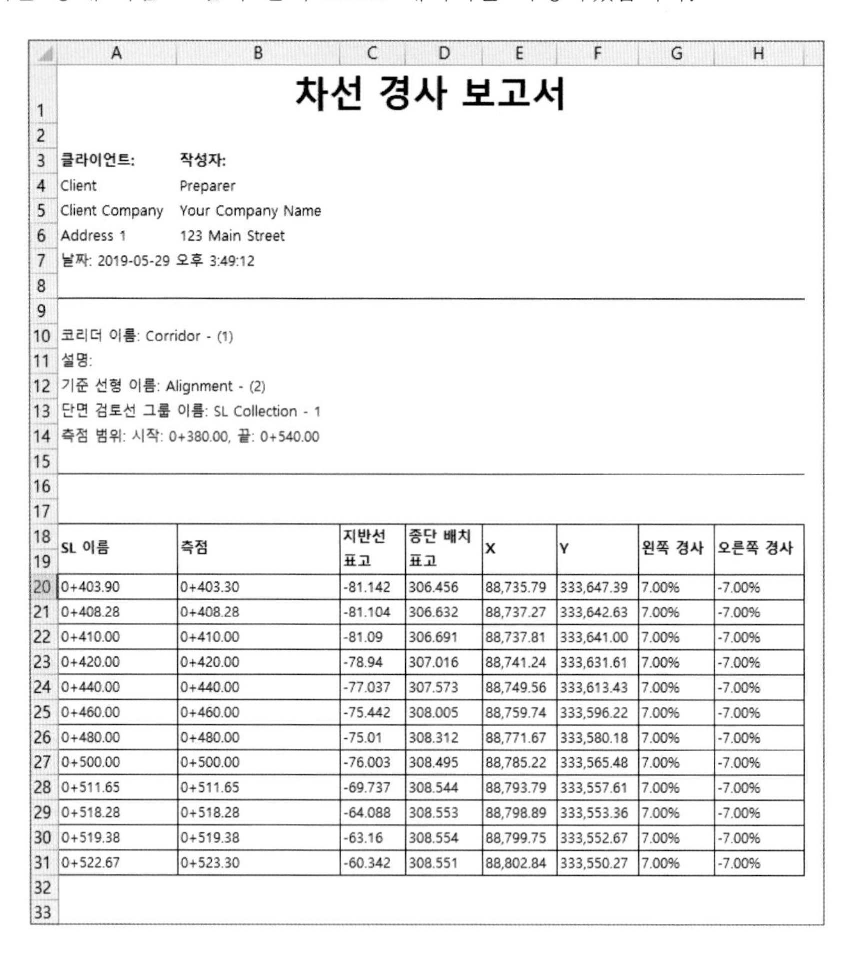

차선 경사 보고서

클라이언트:	작성자:
Client	Preparer
Client Company	Your Company Name
Address 1	123 Main Street

날짜: 2019-05-29 오후 3:49:12

코리더 이름: Corridor - (1)
설명:
기준 선형 이름: Alignment - (2)
단면 검토선 그룹 이름: SL Collection - 1
측점 범위: 시작: 0+380.00, 끝: 0+540.00

SL 이름	측점	지반선 표고	종단 배치 표고	X	Y	왼쪽 경사	오른쪽 경사
0+403.90	0+403.30	-81.142	306.456	88,735.79	333,647.39	7.00%	-7.00%
0+408.28	0+408.28	-81.104	306.632	88,737.27	333,642.63	7.00%	-7.00%
0+410.00	0+410.00	-81.09	306.691	88,737.81	333,641.00	7.00%	-7.00%
0+420.00	0+420.00	-78.94	307.016	88,741.24	333,631.61	7.00%	-7.00%
0+440.00	0+440.00	-77.037	307.573	88,749.56	333,613.43	7.00%	-7.00%
0+460.00	0+460.00	-75.442	308.005	88,759.74	333,596.22	7.00%	-7.00%
0+480.00	0+480.00	-75.01	308.312	88,771.67	333,580.18	7.00%	-7.00%
0+500.00	0+500.00	-76.003	308.495	88,785.22	333,565.48	7.00%	-7.00%
0+511.65	0+511.65	-69.737	308.544	88,793.79	333,557.61	7.00%	-7.00%
0+518.28	0+518.28	-64.088	308.553	88,798.89	333,553.36	7.00%	-7.00%
0+519.38	0+519.38	-63.16	308.554	88,799.75	333,552.67	7.00%	-7.00%
0+522.67	0+523.30	-60.342	308.551	88,802.84	333,550.27	7.00%	-7.00%

Tip 보고가자!

CivilReport.xls

여기에 시트를 추가하여 이름을 Coordinate로 바꾸고, 좌표 정보 및 측점 정보를 아래 그림과 같이 정리하였습니다.

x	y	z	측점
0.00	0.00	306.456	403.3
1.48	-4.76	306.632	408.28
2.02	-6.39	306.691	410
5.45	-15.78	307.016	420
13.76	-33.96	307.573	440
23.94	-51.17	308.005	460
35.87	-67.21	308.312	480
49.42	-81.90	308.495	500
58.00	-89.78	308.544	511.65
63.10	-94.03	308.553	518.28
63.96	-94.71	308.554	519.38
67.05	-97.12	308.551	523.3

코리더에서 추출한 데이터에서 시작점의 x, y 좌표 데이터를 0, 0으로 설정하였으며, 측점을 수치화 하였습니다.

그리고 시트를 하나 더 추가하여 이름을 Parameter로 바꾸고 편경사, 슬래브 두께, 다이아프램 배치 간격(누적), 가로보 배치 간격(누적) 데이터를 정리하였습니다.
편경사와 슬래브두께 매개변수는 해당 좌표에서의 데이터로 정리하였으며, 다이아프램과 가로보는 시점을 0으로 하여 배치간격을 누적 데이터로 정리하였습니다.

	A	B	C	D	E
1	No.	편경사	슬래브두께	다이아프램 배치	가로보 배치
2	1	7	0.47	0.5	0.5
3	2	7	0.47	1.61	4.94
4	3	7	0.27	2.72	10
5	4	7	0.27	3.83	15.06
6	5	7	0.27	4.94	20.12
7	6	7	0.27	6.205	25.18
8	7	7	0.27	7.47	30.24
9	8	7	0.27	8.735	35.3
10	9	-7	0.27	10	40.36
11	10	7	0.27	11.265	45.42
12	11	7	0.47	12.53	50.48
13	12	7	0.47	13.795	55.54
14	13			15.06	60.6
15	14			16.325	65.66
16	15			17.59	70.72
17	16			18.855	75.78
18	17			20.12	80.84
19	18			21.385	85.9
20	19			22.65	90.96
21	20			23.915	96.02
22	21			25.18	101.08
23	22			26.445	106.14
24	23			27.71	111.2
25	24			28.975	116.26
26	25			30.24	119.352
27	26			31.505	
28	27			32.77	
29	28			34.035	
30	29			35.3	
31	30			36.565	
32	31			37.83	
33	32			39.095	
34	33			40.36	
35	34			41.625	

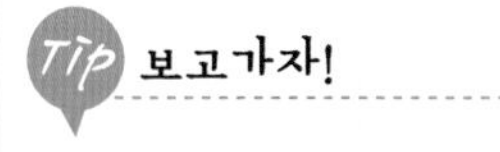

램프교.dyn

03 Dynamo 모델링

램프교 모델링을 위한 Dynamo 로직은 다음 그림과 같이 구성됩니다.

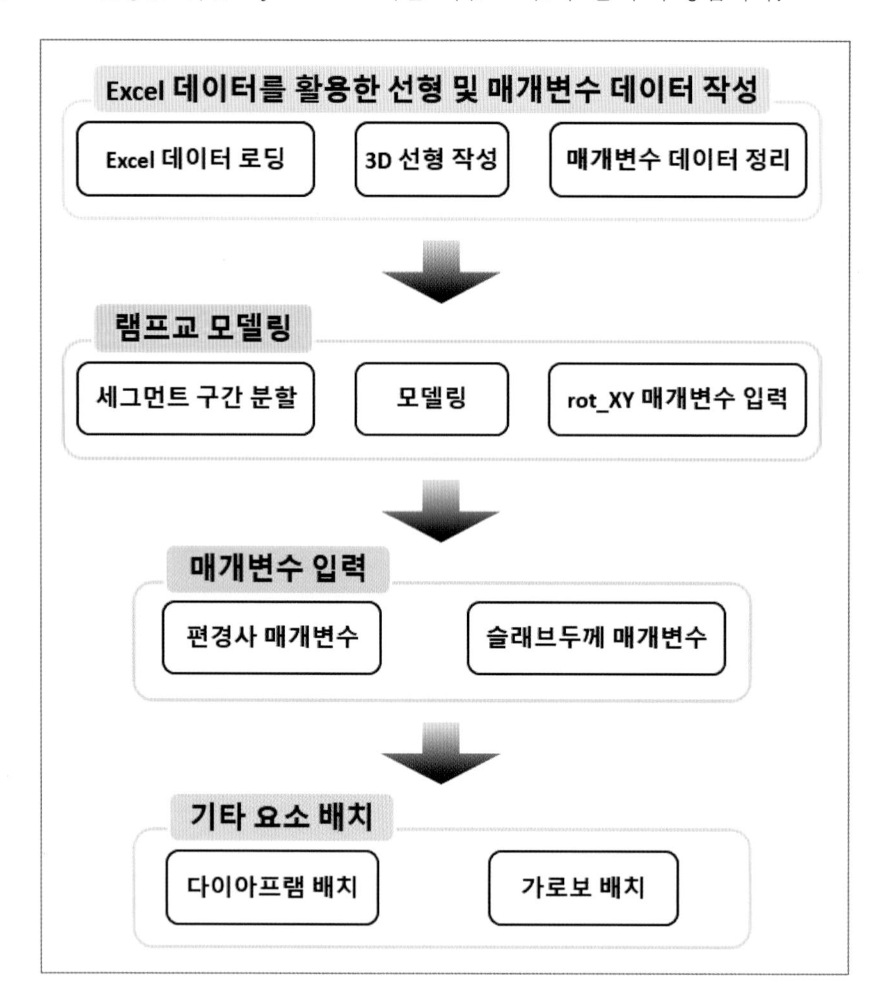

먼저 Excel 데이터를 작성하고 이를 Dynamo에서 불러옵니다. Excel 데이터를 기반으로 3D 선형 작성을 진행하고 편경사, 슬래브 두께 등의 매개변수 데이터와 다이아프램, 가로보 배치 간격 데이터 등을 정리합니다.

그리고 작성된 3D 선형을 기반으로 램프교 모델링을 진행하며, rot_XY 매개변수 데이터를 추출하고 입력하는 과정을 거칩니다.

다음으로 편경사 및 슬래브두께 매개변수 데이터를 램프교 패밀리에 맞춰 정리합니다. 그리고 램프교 모델에 연결하여 매개변수를 적용시킵니다.

마지막으로 다이아프램 및 가로보를 배치하고, 램프교 모델과 동일한 매개변수, 즉 편경사 및 슬래브두께매개변수를 입력합니다. 그리고 다이아프램과 가로보의 진행방향이 선형을 따라가도록 회전 각도를 계산하여 입력합니다.

1. Dynamo 실행

Dynamo 모델링을 진행하기에 앞서 Revit에서 새 프로젝트를 열고 관리 ➡ 프로젝트 단위에서 기본 단위를 m로 바꾸고 소수점 이하 자릿수를 3자리로 바꿔줍니다.

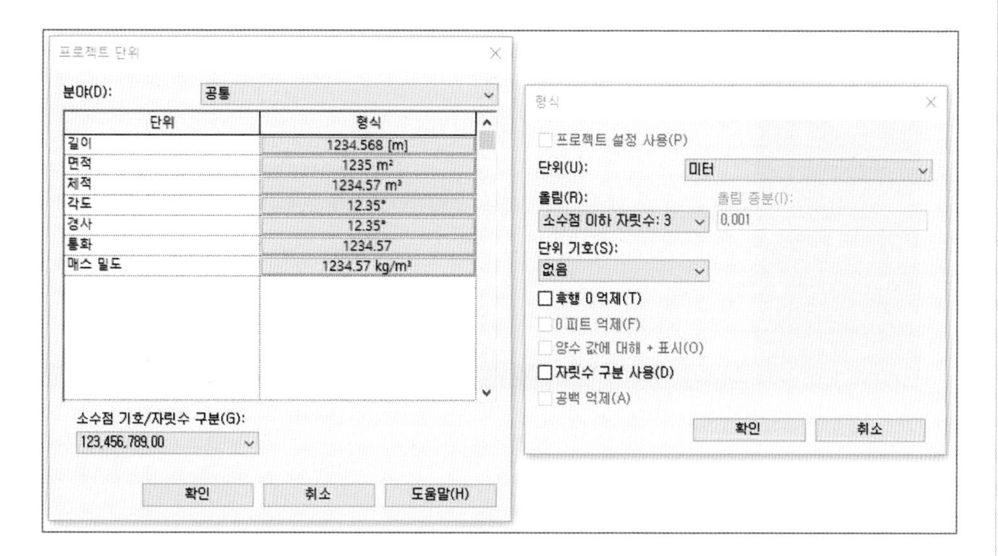

그리고 모델링에 필요한 패밀리들을 프로젝트에 로딩하고, 상단 메뉴 중 관리 ➡ Dynamo를 클릭하면 Dynamo가 실행됩니다.

Dynamo시작 화면이 나타나면, 파일 > 새로 만들기를 클릭합니다.

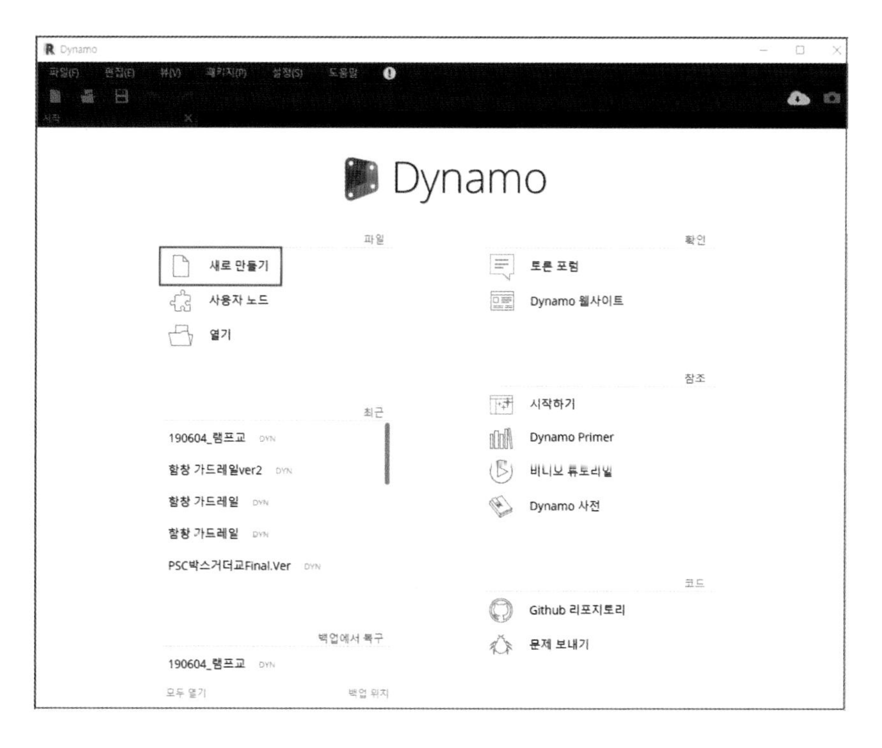

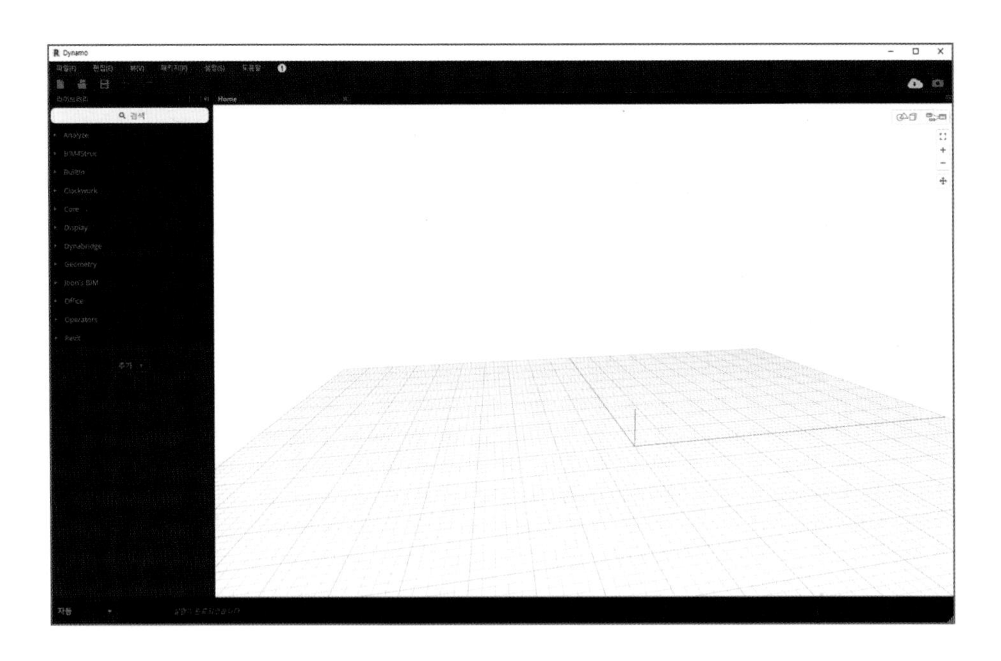

Dynamo 상세 로직은 아래와 같이 구성되어 있습니다.
1. Excel 데이터를 활용한 선형 및 매개변수 데이터 작성
2. 램프교 모델링
3. 매개변수 입력(I, II)
4. 기타 요소 배치(다이아프램, 가로보)

2. Excel 데이터를 활용한 선형 및 매개변수 데이터 작성

Excel 데이터를 불러오고 이를 정리하는 노드를 구성합니다.

먼저 파일을 선택하는 노드인 File Path 노드를 작성하고, 찾아보기 버튼을 클릭하여 불러오고자 하는 Excel 파일을 선택해줍니다.
그리고 해당 파일을 객체화하는 File.FromPath 노드를 연결하고, 파일 객체로부터 데이터를 출력하는 Excel.ReadFromFile 노드의 입력포트 file에 추가로 연결합니다.
그리고 화면의 빈공간을 더블클릭하여 Code Block을 생성하고 "Coordinate";를 입력한 뒤, Excel.ReadFromFile 노드의 입력포트 sheetName에 연결합니다.
여기까지 진행하면 해당 Excel 파일의 "Coordinate" 시트의 데이터가 Dynamo로 들어오게 됩니다.

- File Path ⇒ ImportExport 〉 File System 〉 File Path
- File.FromPath ⇒ ImportExport 〉 File System 〉 File.FromPath
- Excel.ReadFromFile ⇒ ImportExport 〉 Data 〉 ReadFromFile

Excel 파일의 시트가 2개이므로 Excel.ReadFromFile 노드를 하나 추가하고, Excel.ReadFromFile 노드의 입력포트 file에 File.FromPath 노드를 연결합니다. 그리고 Code Block : "Parameter"; 를 작성하여 Excel.ReadFromFile 노드의 입력포트 sheetName에 연결합니다.

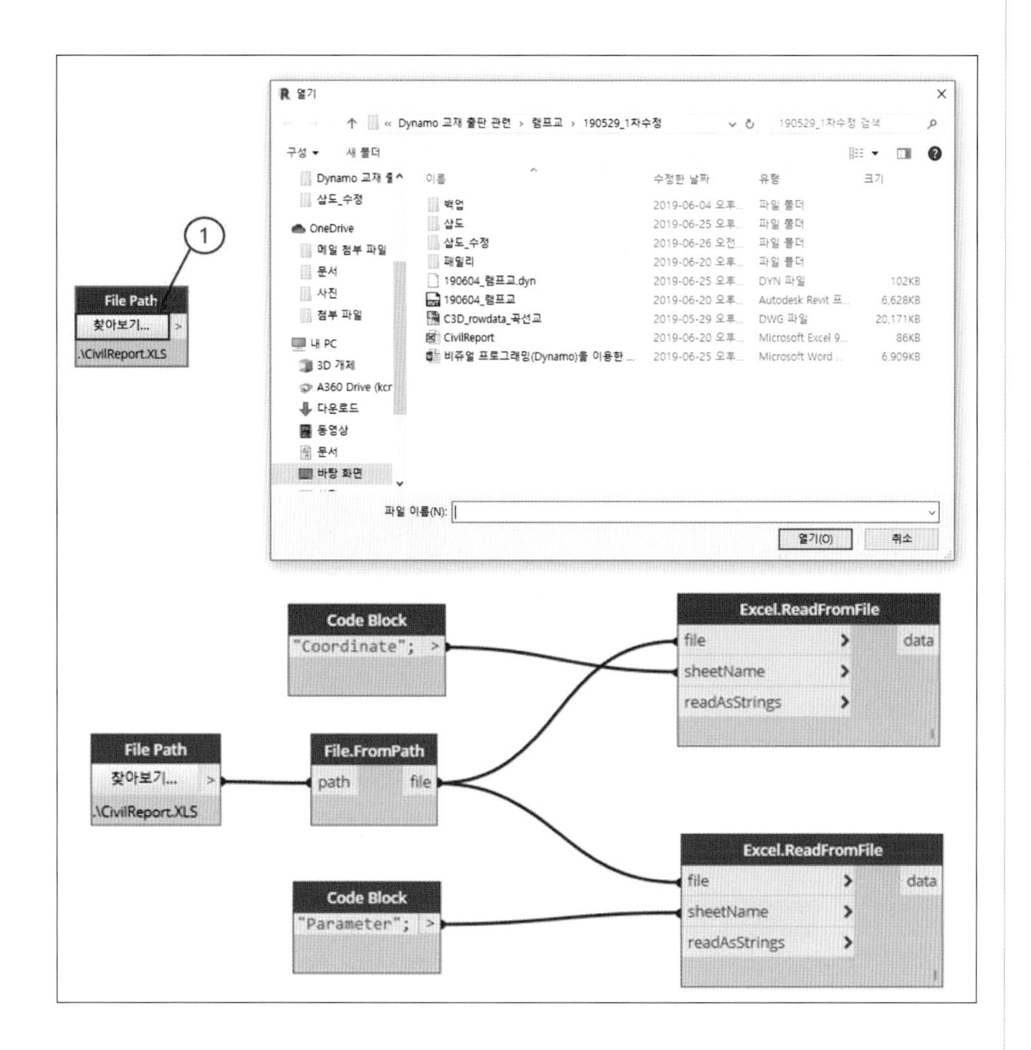

다음으로 Coordinate 시트의 데이터를 이용하여 3D선형, 평면선형, 종단선형을 작성하는 로직을 구성하겠습니다.

먼저 입력하는 개수만큼 데이터를 지워주는 노드인 List. DropItems 노드를 작성하고 입력포트 list에 Code Block : "Coordinate";가 연결된 Excel. ReadFromFile 노드를 연결합니다. 그리고 Number 노드를 작성하여 1을 입력하고 List. DropItems 노드의 입력포트 amount에는 연결합니다.
Excel 데이터 > Coordinate 시트의 첫번째 행은 사용하려는 데이터가 아닌 각 항목의 이름이기 때문에 이를 지워주기 위해 이와 같은 로직을 작성합니다.

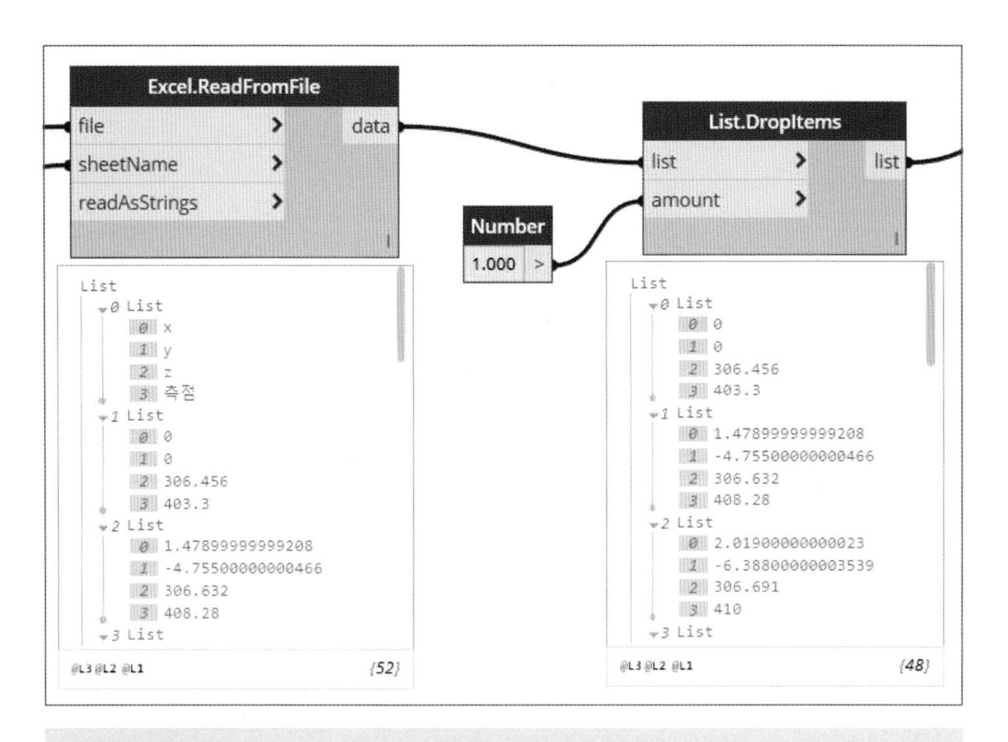

- List.DropItems ⇒ List 〉 Modify 〉 DropItems
- Number ⇒ Input 〉 Number 〉 Number

그리고 리스트의 행과 열의 위치를 바꿔주는 노드인 List.Transpose 노드를 작성하여 List.DropItems 노드를 연결합니다.
불러온 Excel 데이터는 행기준으로 리스트화 되어 있기 때문에 이를 열기준으로 변환시킵니다.

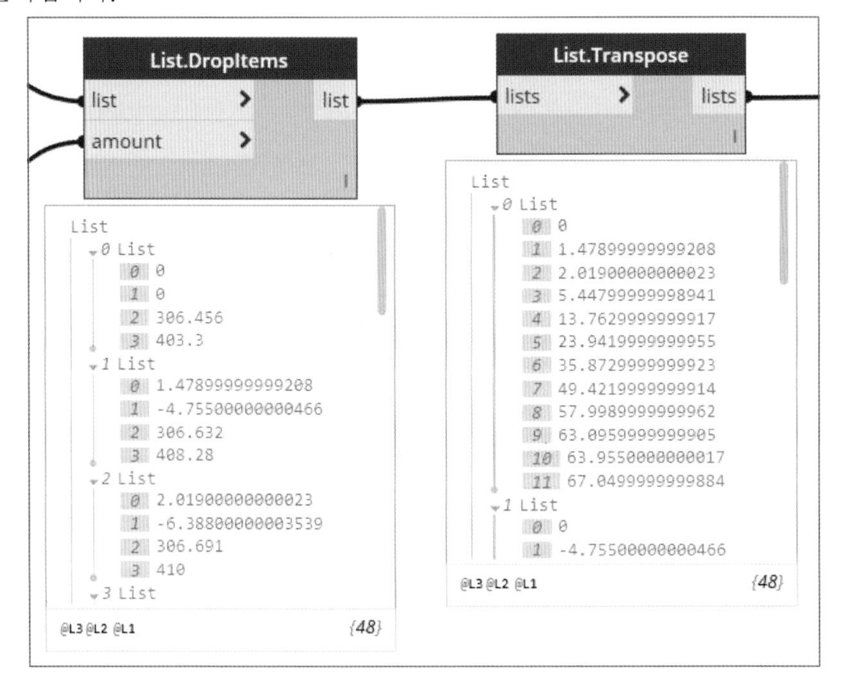

• List.Transpose ⇒ List 〉 Organize 〉 Transpose

여기에 Code Block : list[0];, list[1];, list[2];, list[3]; 을 작성하여 연결합니다. 해당 Code Block는 해당 리스트 중 0 list, 1 list, 2 list, 3 list를 추출한다는 의미이며, List.GetItemAtIndex 노드의 기능과 동일합니다.
아래 그림을 통해 List.GetItemAtIndex 노드를 사용하여 각 리스트를 추출하는 로직과 Code Block을 사용하여 각 리스트를 추출하는 로직을 비교할 수 있습니다.

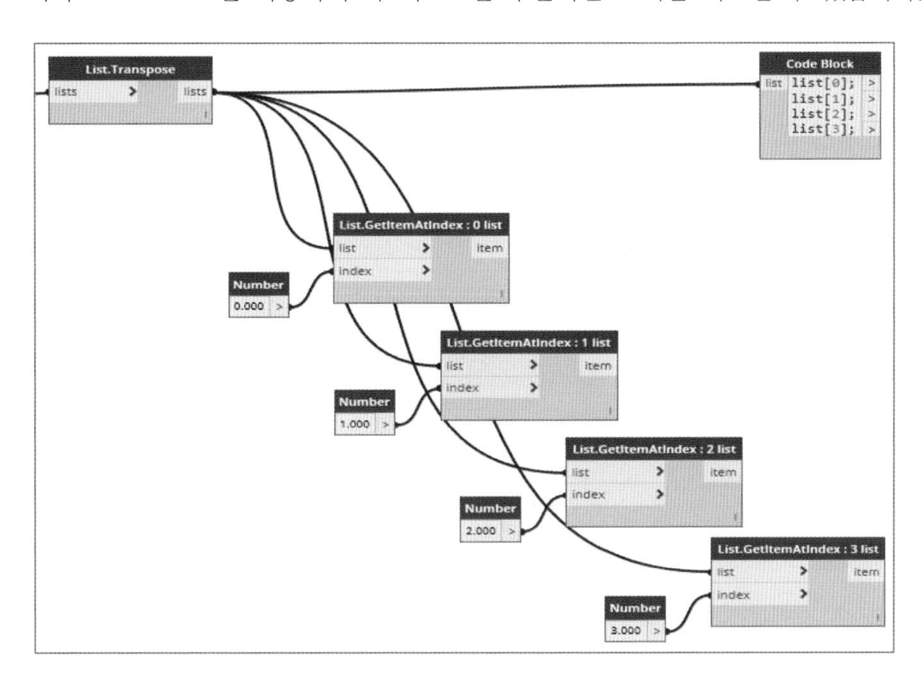

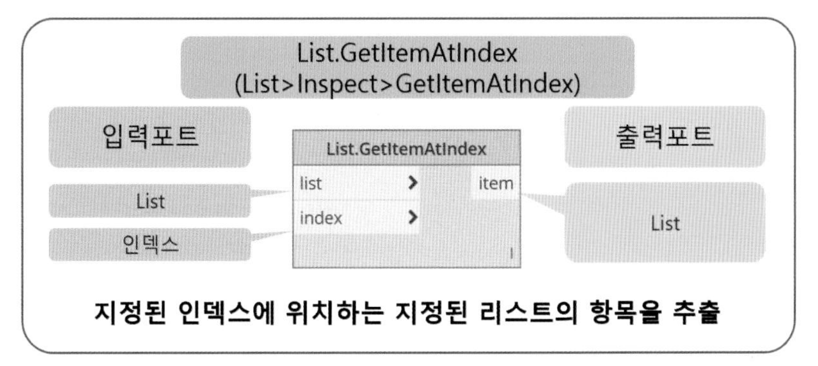

여기까지 작성하면 다음 그림과 같이 로직이 구성됩니다.

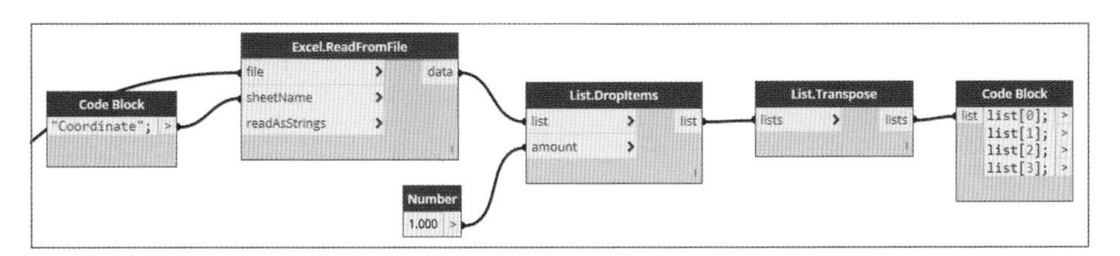

현재 Code Block의 list[0]이 선형의 x 좌표, list[1]이 y 좌표, list[2]가 z 좌표, list[3]이 측점을 의미합니다.
이를 가지고 3D 선형, 평면선형, 종단 선형을 작성하겠습니다.

먼저 입력된 좌표에 포인트를 생성하는 노드인 Point.ByCoordinates (x, y, z) 노드를 작성하고 입력포트 x에 Code Block : list[0], y에 Code Block : list[1], z에 Code Block : list[2]를 연결하여 3차원 포인트를 작성합니다. 그리고 입력된 포인트를 기반으로 점을 지나가는 스플라인을 생성하는 노드인 NurbsCurve.ByPoints 노드를 작성하고 Point.ByCoordinates (x, y, z)노드를 연결해 주면 3차원 선형이 작성됩니다.

• Point.ByCoordinates ⇒ Geometry 〉 Point 〉 ByCoordinates (x, y, z)
• NurbsCurve.ByPoints ⇒ Geometry 〉 NurbsCurve 〉 ByPoints (points)

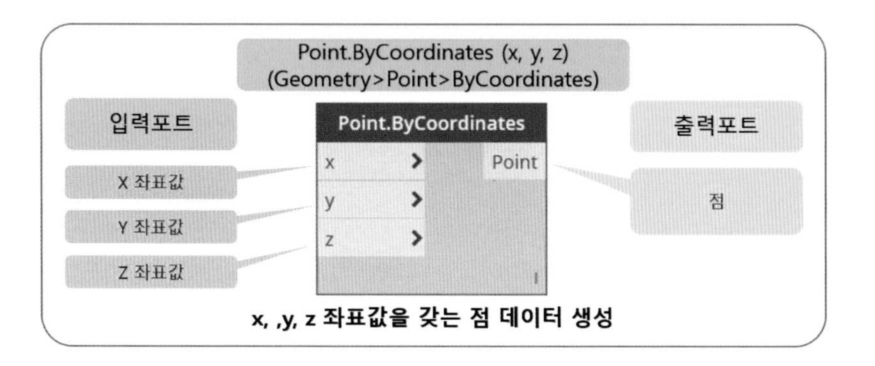

x, ,y, z 좌표값을 갖는 점 데이터 생성

Point.ByCoordinates (x, y) 노드를 작성하고 입력포트 x에 Code Block : list[0], y에 Code Block : list[1]을 연결하여 XY 평면 상 포인트를 작성합니다. 그리고 NurbsCurve.ByPoints 노드를 작성하고 Point.ByCoordinates (x, y)노드를 연결해주면 평면 선형이 작성됩니다.

• Point.ByCoordinates ⇒ Geometry 〉 Point 〉 ByCoordinates (x, y)

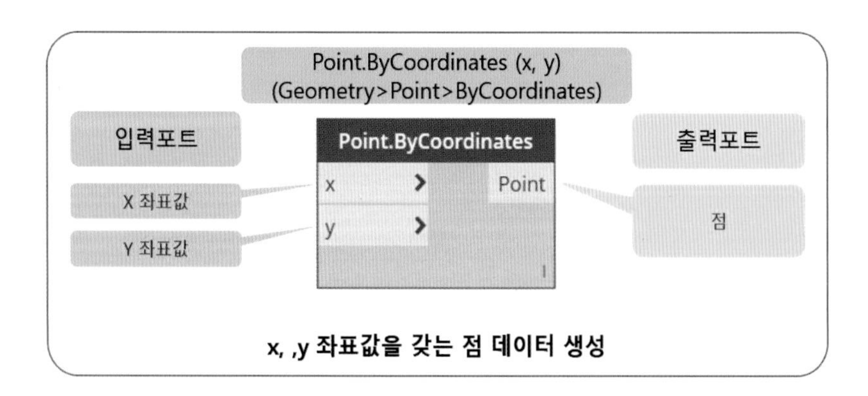

x, ,y 좌표값을 갖는 점 데이터 생성

종단 곡선을 작성하기 위해 먼저 측점 데이터를 활용하여 시작점을 측점 0으로 하는 새로운 측점 데이터를 추출합니다. 추출한 데이터와 Excel의 z 좌표 데이터로 종단선형을 작성합니다.

먼저 입력된 리스트 중 최대값을 추출하는 노드인 List.MaximumItem 노드를 작성하고 최소값을 추출하는 노드인 List.MinimumItem 노드를 작성합니다. 그리고 "-" 노드를 작성하고 입력포트 x에 List.MaximumItem 노드를, 입력포트 y에 List.MinimumItem을 연결합니다.
그리고 입력된 숫자 데이터 리스트를 새로운 범위로 재배열하는 노드인 Math.RemapRange 노드를 작성하고 입력포트 numbers에 Code Block : list[3]을, newMax에는 "-" 노드를 연결합니다. newMin에는 Number 노드를 작성하여 0을 입력하고 연결합니다.
여기까지 진행하면 Excel의 측점 데이터가 0부터 시작하는 새로운 측점 데이터로 작성됩니다.

- List.MaximumItem ⇒ List 〉 Inspect 〉 MaximumItem
- List.MinimumItem ⇒ List 〉 Inspect 〉 MinimumItem
- "-" ⇒ Math 〉 Operators 〉 "-"
- Math.RemapRange ⇒ Math 〉 Functions 〉 RemapRange

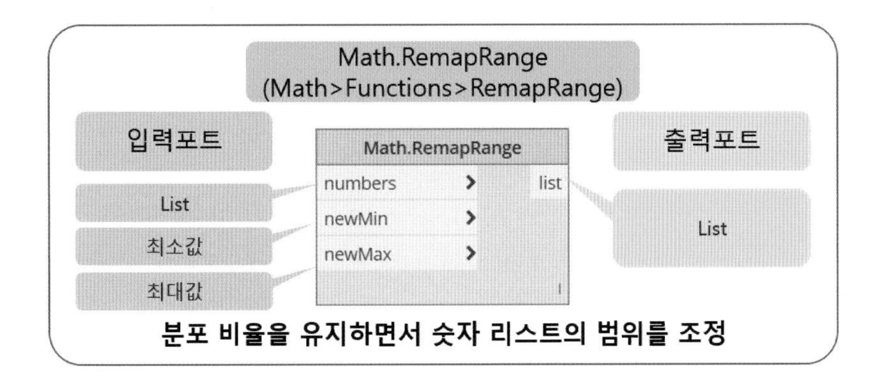

Point.ByCoordinates (x, y, z) 노드를 작성하고 입력포트 x에 Math.RemapRange 노드를, 입력포트 z에 Code Block : list[2]; 를 연결합니다.
그리고 NurbsCurve.ByPoints 노드를 작성하여 Point.ByCoordinates (x, y, z) 노드를 연결해주면 종단 선형이 작성됩니다.

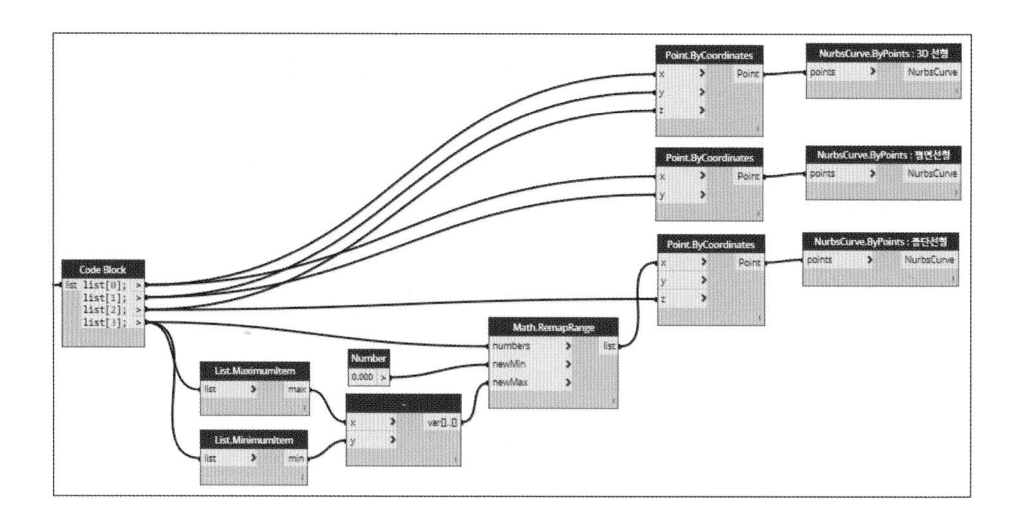

참고 노트

Dynamo의 노드는 이름을 더블클릭하거나, 해당 노드 마우스 우클릭 〉 노드 이름 바꾸기로 위 그림과 같이 이름을 바꿀 수 있습니다.

이번에는 편경사 및 슬래브두께 매개변수들과 다이아프램 및 가로보 배치간격(누적) 데이터를 정리하겠습니다.

List.DropItems 노드를 작성하고 입력포트 list에 Code Block : "Parameter"; 와 연결된 Excel.ReadFromFile 노드를 연결합니다. 입력포트 amount에는 Number 노드를 작성하여 1을 입력하고 연결합니다.
이를 List.Transpose에 연결하고, 입력 데이터 중 첫 번째 리스트를 삭제하는 노드인 List.RestOfItems 노드를 작성하여 연결합니다.
List.RestOfItems 노드를 연결하는 이유는 Excel 데이터의 Parameter 시트에서 첫 번째 열은 모델링에 필요한 데이터가 아니므로 삭제하기 위함입니다.
그리고 입력 데이터 중 null 데이터를 삭제해주는 노드인 List.Clean 노드를 작성하여 연결하고, Code Block : list[0];, list[1];, list[2];, list[3]; 을 작성하여 연결합니다.

List.Clean 노드를 사용하는 이유는 Excel 데이터의 Parameter 시트 데이터들의 열 개수가 각각 다르기 때문이며, 이런 경우 빈 칸은 null이라는 이름으로 데이터 작성이 되기 때문에 이를 삭제하기 위함입니다.

• List.RestOfItems ⇒ List 〉 Modify 〉 RestOfItems
• List.Clean ⇒ List 〉 Modify 〉 Clean

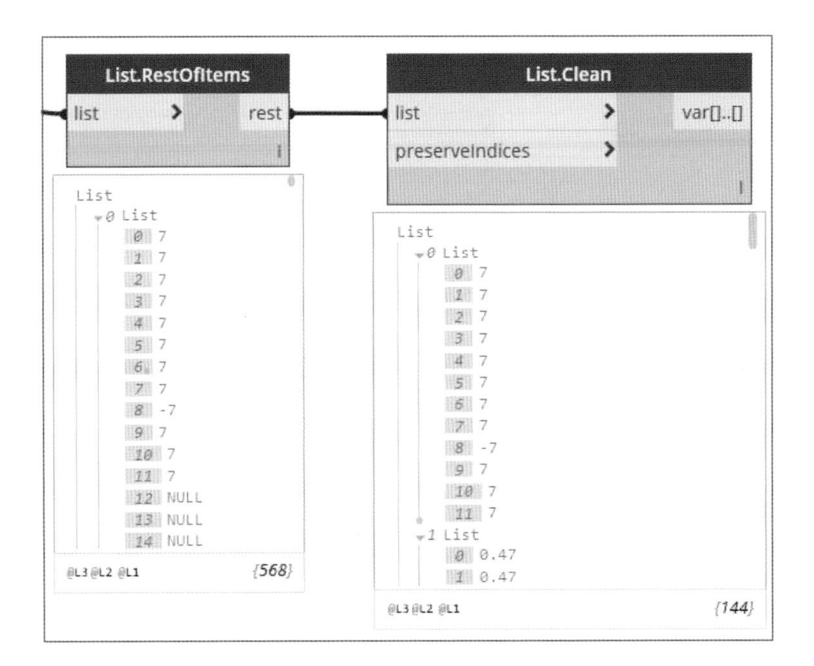

여기까지 진행하면 다음과 그림과 같은 로직이 완성되고, Code Block : list[0];에 편경사 매개변수, list[1];에 슬래브 두께 매개변수, list[2];에 다이아프램 배치 간격(누적), list[4];에 가로보 배치 간격(누적) 데이터가 추출됩니다.

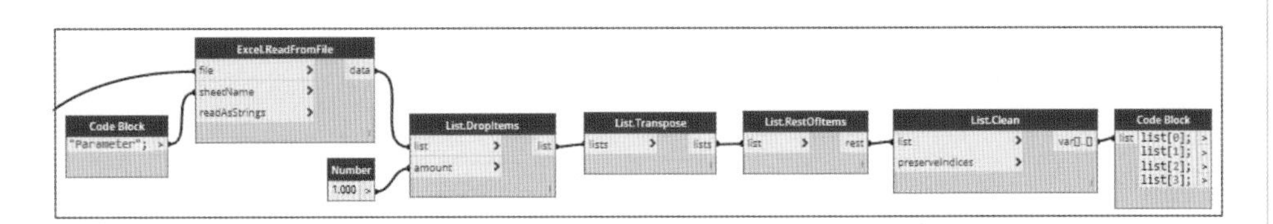

이를 이용하여 다이아프램 및 가로보에 매개변수로 적용할 데이터를 추출하기 위한 편경사도 및 슬래브 두께도를 완성합니다.

Point.ByCoordinates (x, y, z) 노드를 2개 작성하고 입력포트 x에는 앞서 작성한 Math.RemapRange 노드를 연결합니다. 입력포트 z에는 각각 Code Block : list[0]; 과 list[1];을 연결합니다.

포인트 데이터를 기반으로 PolyCurve를 작성하는 노드인 PolyCurve.ByPoints 노드를 2개 작성하고 각각 Point.ByCoordinates (x, y, z) 노드와 연결합니다.

여기까지 진행하면 Code Block : list[0]; 〉 Point.ByCoordinates (x, y, z) 〉 PolyCurve.ByPoints로 이어지는 로직에서는 편경사도가 작성되며, Code Block : list[1]; 〉 Point.ByCoordinates (x, y, z) 〉 PolyCurve.ByPoints로 이어지는 로직에서는 슬래브두께도가 작성됩니다.

• List.Clean ⇒ List 〉 Modify 〉 Clean

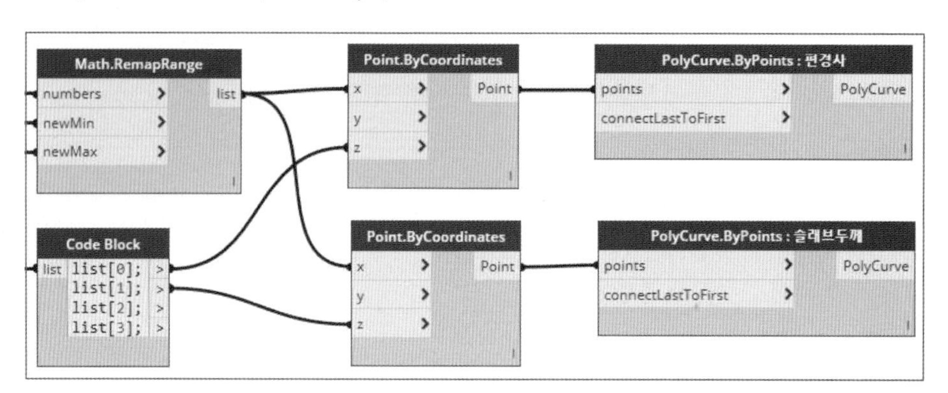

참고 노트

Dynamo의 Curve는 PolyCurve와 NurbsCurve가 있습니다. 점 데이터 그룹을 연결한다고 가정하면 PolyCurve는 각 점을 직선으로 잇는 폴리선이 작성되며, NurbsCurve는 각 점을 통과하는 스플라인이 작성됩니다. 아래 그림을 참고하여 PolyCurve와 NurbsCurve를 구분하여 사용할 수 있도록 합니다.

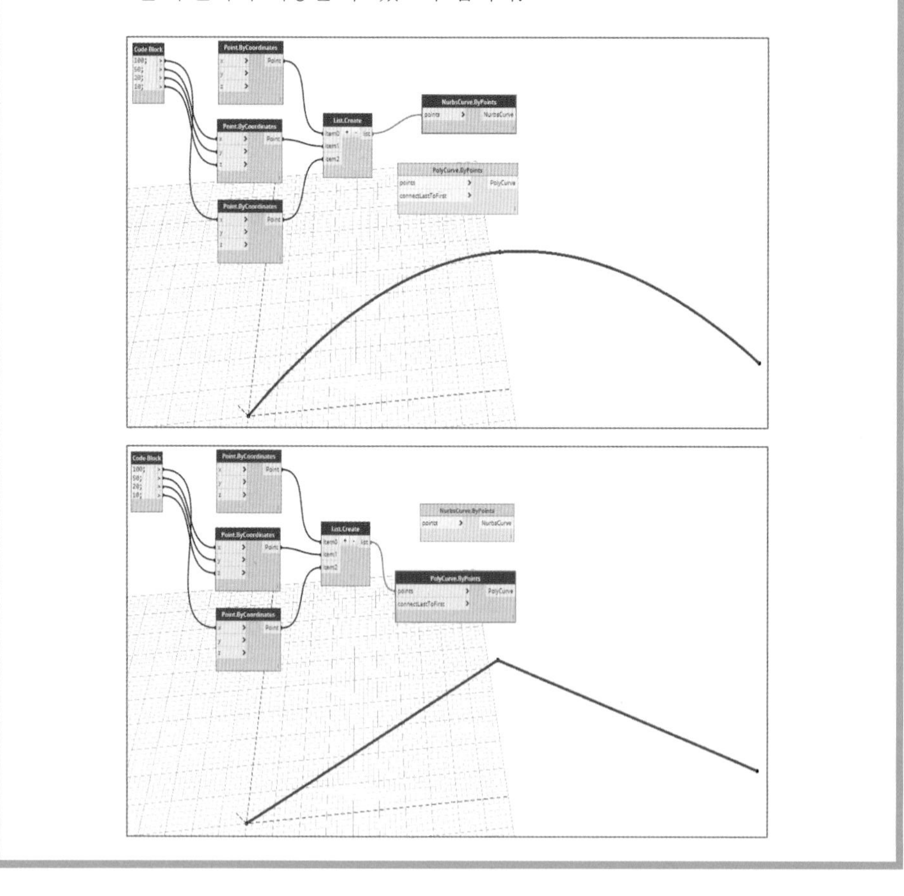

지금까지 작성한 노드들을 전부 선택하고 마우스 우클릭하여 그룹 만들기를 클릭합니다. 여기까지 진행하면 다음 그림과 같이 로직이 완성됩니다.

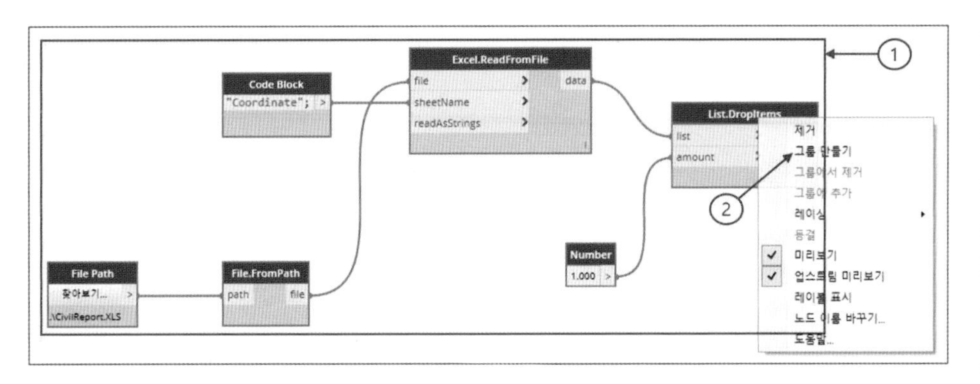

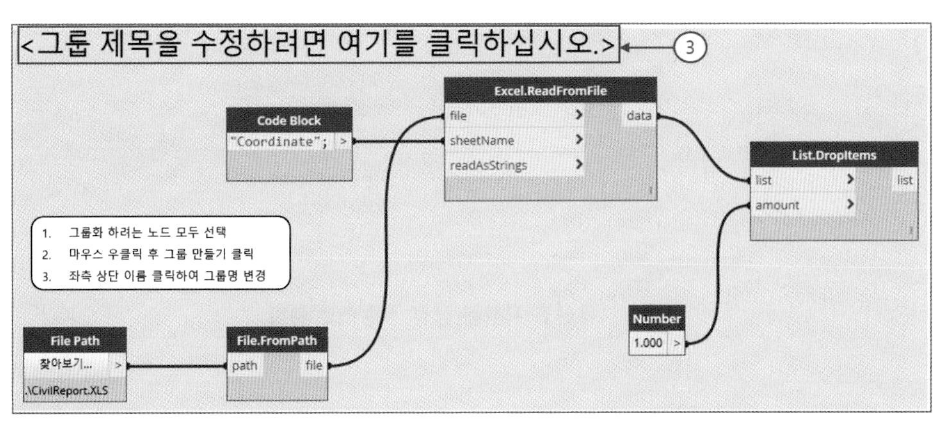

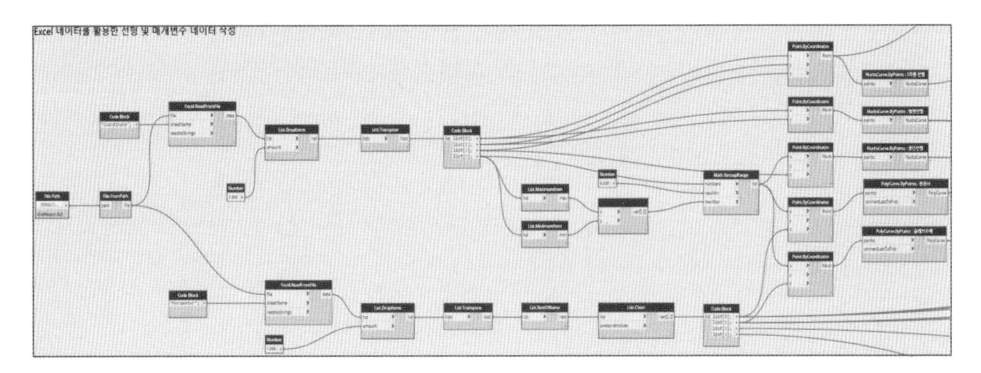

3. 램프교 모델링

앞서 작성한 데이터 중 3차원 포인트 그룹과 3차원 선형 데이터를 활용하여 램프교 모델링을 진행합니다.

선형을 지정된 점을 기준으로 분할하는 노드인 Curve.SplitByPoints 노드를 작성하고 입력포트 curve에는 2)NurbsCurve.ByPoints : 3차원 선형을 연결합니다. 입력포트 points에는 2)NurbsCurve.ByPoints : 3차원 선형과 연결되어 있는 2)Point.ByCoordinates (x, y, z)를 연결합니다.

참고 노트

위설명 중 "2)NurbsCurve.ByPoints : 3차원선형"이 의미하는 것은 2단원의 NurbsCurve.ByPoints 중 3차원 선형을 작성한 노드를 의미합니다. 특정 노드들은 자주 사용되기 때문에 이와 같이 표현하여 설명하였습니다.

• Curve.SplitByPoints ⇒ Geometry 〉 Curve 〉 SplitByPoints

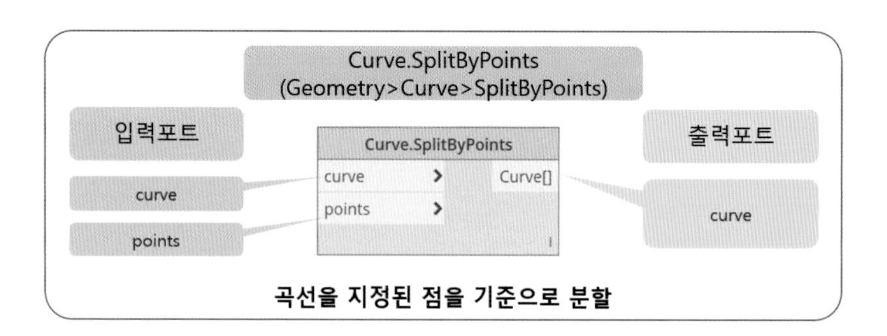

선형에서 Parameter 값에 해당하는 위치에서 점을 추출하는 노드인 Curve.PointAtParameter 노드를 작성하고 입력포트 curve에 Curve.SplitByPoints 노드를 연결합니다. 그리고 Code Block : 0..1..#3;을 작성하고 이를 Curve.SplitByPoints 노드의 입력포트 param에 연결합니다.
여기서 선형의 시작점의 Parameter 값은 0이고 끝점의 Parameter 값은 1입니다.

• Curve.PointAtParameter ⇒ Geometry 〉 Curve 〉 PointAtParameter

참고 노트

다음은 Code Block으로 수열을 작성하는 방법에 대한 예시입니다.
1) 0..a..b : 최솟값 0부터 최댓값 a까지 0부터 시작하여 b씩 증가하는 수열 작성
2) 0..#a..b : 최솟값 0부터 b씩 증가하는 a개의 수열 작성
3) 0..a..#b : 최솟값 0부터 최댓값 a까지 동일한 간격의 b개의 수열 작성

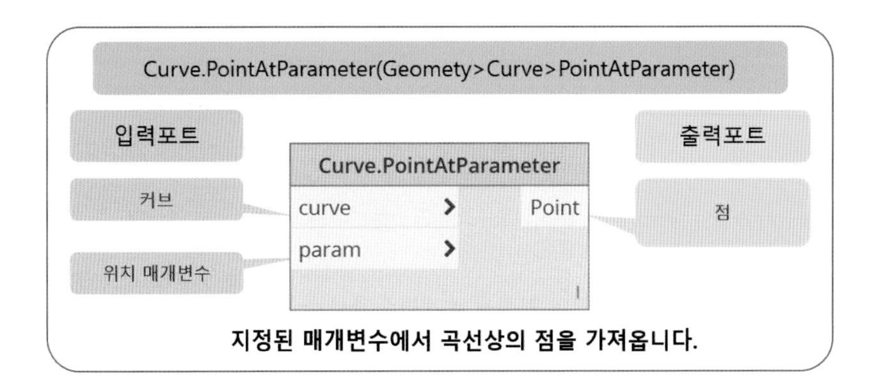

선형에서 해당 매개변수의 위치에 있는 점을 추출하는 노드인 Curve.ParameterAtPoint 노드를 작성하고 입력포트 curve에는 Curve.SplitByPoints 노드를, 입력포트 point에는 Curve.PointAtParameter 노드를 연결합니다.

• Curve.ParameterAtPoint ⇒ Geometry 〉 Curve 〉 ParameterAtPoint

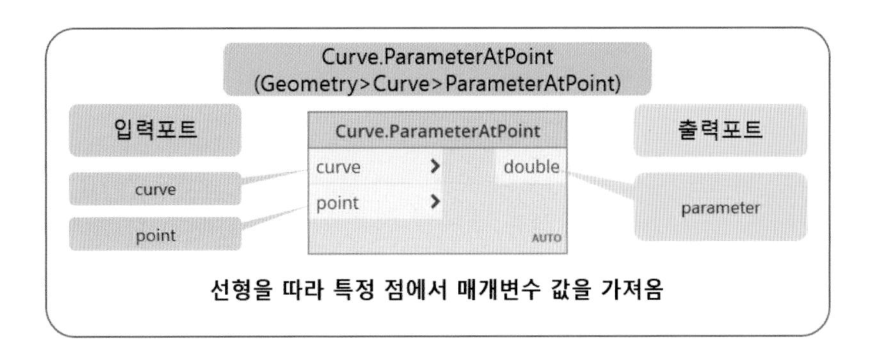

Curve.ParameterAtPoint 노드로 추출한 Parameter 데이터를 기반으로 Curve.TangentAtParameter 노드를 사용하여 해당 Parameter에서 선형에 접하는 벡터를 추출합니다.

Curve.TangentAtParameter 노드를 작성하고 입력포트 curve에 Curve.SplitByPoints 노드를 연결합니다. 입력포트 param에는 Curve.ParameterAtPoint 노드를 연결합니다.

• Curve.TangentAtParameter ⇒ Geometry 〉 Curve 〉 TangentAtParameter

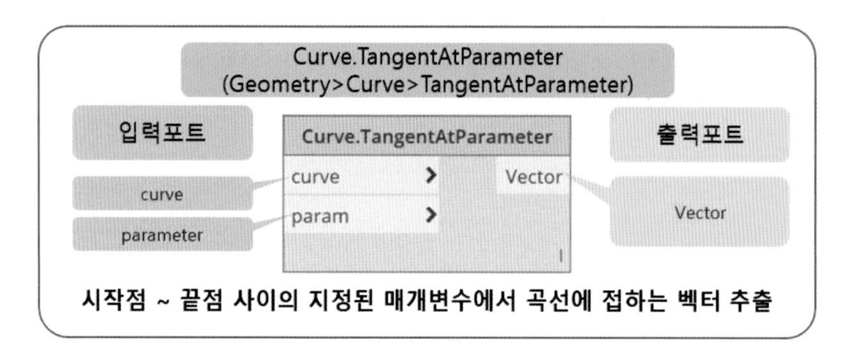

여기까지 작성을 완료하면 다음 그림과 같이 로직이 완성됩니다.

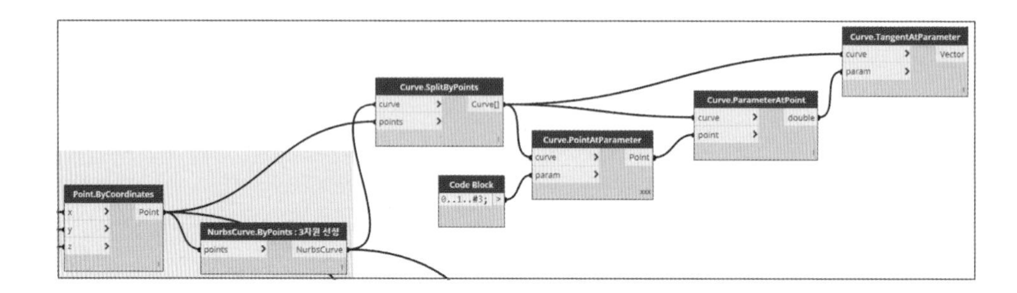

Plane.ByOriginNormalXAxis 노드를 작성합니다. 이 노드는 특정 점, 노멀벡터, X축 벡터를 입력하면 Y축 벡터를 계산하여 (노멀벡터, X축벡터, Y축벡터) 형태의 리스트를 출력합니다.

Plane.ByOriginNomalXAxis 노드의 입력포트 origin에 Curve.PointAtParameter 노드를 연결합니다. 입력포트 normal에는 Curve.TangentAtParameter 노드를 연결하고, 입력포트 xAxis에 Z축 단위벡터인 Vector.ZAxis 노드를 작성하여 연결합니다.

- Plane.ByOriginNormalXAxis ⇒ Geometry 〉 Plane 〉 ByOriginNormalXAxis
- Vector.ZAxis ⇒ Geometry 〉 Vector 〉 ZAxis

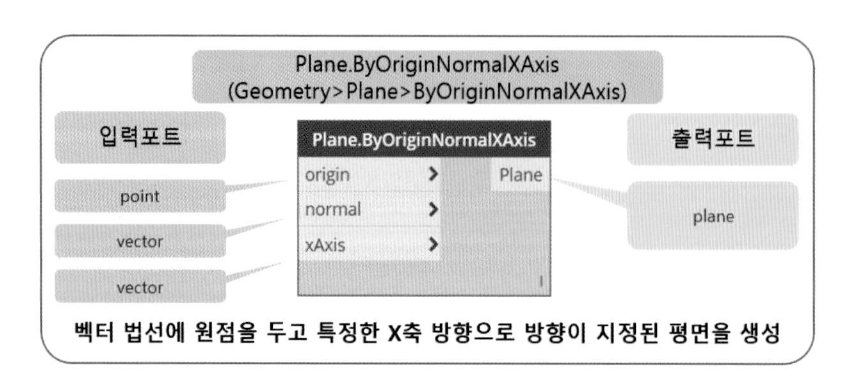

Plane.ToCoordinateSystem 노드를 작성하고 입력포트 plane에 Plane.ByOriginNormalXAxis 노드를 연결합니다.
Plane.ByOriginNormalXAxis 노드의 Normal 벡터, X축 벡터, Y축 벡터는 Plane.ToCoordinateSystem 노드에서 순서대로 Z축 벡터, X축 벡터, Y축 벡터로 설정되고 이를 기반으로 좌표계를 생성합니다.

Plane.ByOriginNormalXAxis 입력포트	Plane.ByOriginNormalXAxis 출력 데이터	Plane.ToCoordinateSystem 출력데이터
normal vector	Normal Vector	ZAxis Vector
xAxis	XAxis Vector	XAxis Vector
–	YAxis Vector	YAxis Vector

• Plane.ToCoordinateSystem ⇒ Geometry 〉 Plane 〉 ToCoordinateSystem

좌표계에서 Y축 벡터를 출력하는 노드인 CoordinateSystem.YAxis 노드를 작성하여 입력포트 coordinateSystem에 CoordinateSystem.YAxis 노드를 연결합니다.
그리고 두 벡터 사이의 각도를 계산하는 노드인 Vector.AngleAboutAxis 노드를 작성하고 입력포트 vector에 Y축 단위벡터를 의미하는 Vector.YAxis 노드를 작성하여 연결합니다.
입력포트 otherVector에는 CoordinateSystem.YAxis 노드를 연결하고, 입력포트 rotationAxis에는 Z축 단위벡터를 나타내는 Vector.ZAxis 노드를 작성하여 연결합니다.
Plane.ToCoordinateSystem 노드에서 작성된 좌표계에서 X축 벡터는 선형에 접하는 벡터를 나타내며, Y축 벡터는 X축 벡터에 수직인 벡터를 나타냅니다. 램프교의 세그먼트 단면의 방향은 Plane.ToCoordinateSystem 노드의 Y축 벡터와 방향이 일치하기 때문에 CoordinateSystem.YAxis 노드로 Y축 벡터를 추출하게 됩니다. 그리고 Vector.AngleAboutAxis 노드에서 Z축 단위벡터를 회전축으로 Y축 단위벡터와 CoordinateSyste.YAxis와의 각도를 계산하여 차후 rot_XY 매개 변수에 입력하게 됩니다.
• CoordinateSystem.YAxis ⇒ Geometry 〉 CoordinateSystem 〉 YAxis
• Vector.AngleAboutAxis ⇒ Geometry 〉 Vector 〉 AngleAboutAxis
• Vector.YAxis ⇒ Geometry 〉 Vector 〉 YAxis

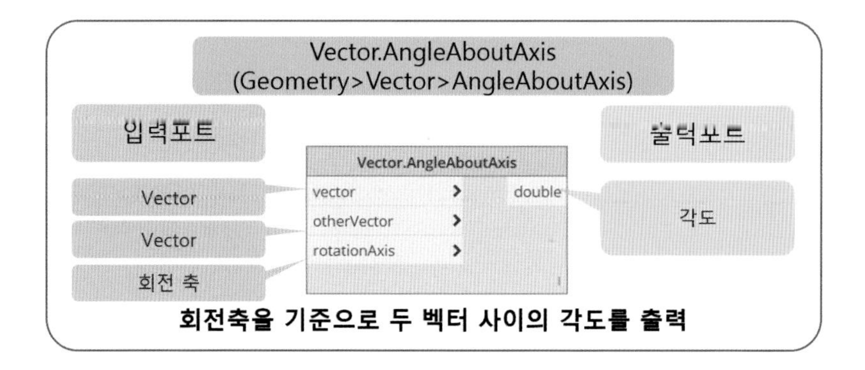

회전축을 기준으로 두 벡터 사이의 각도를 출력

여기까지 진행하면 다음과 같이 로직이 완성 됩니다.

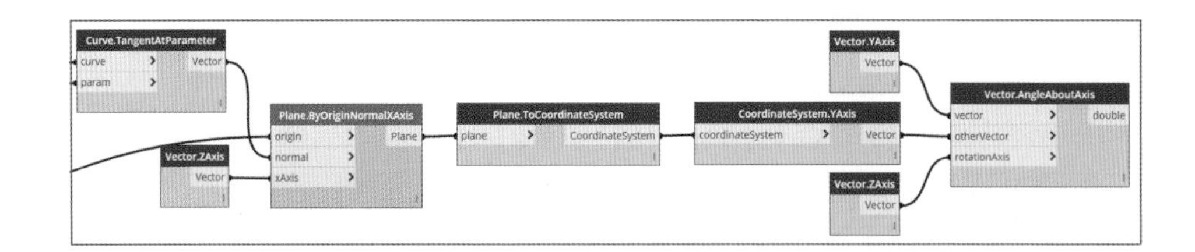

마지막으로 램프교 패밀리를 불러와 모델링을 완성하고 rot_XY 매개변수를 적용하는 로직을 작성합니다.

먼저 AdaptiveComponent.ByPoints 노드를 작성합니다. 이 노드는 가변 모델을 배치할 때 사용하는 노드입니다.
입력포트 points에는 앞서 작성한 Curve.PointAtParameter 노드를 연결하고 입력포트 FamilyType에는 Family Types 노드를 작성하여 연결시킵니다. 그리고 Family Type 노드에서 "램프교3p"를 검색하여 선택합니다.
여기까지 진행하면 램프교 패밀리가 프로젝트에 배치됩니다.

• AdaptiveComponent.ByPoints ⇒ Revit 〉 AdaptiveComponent 〉 ByPoints
• Family Types ⇒ Revit 〉 Selection 〉 Family Types

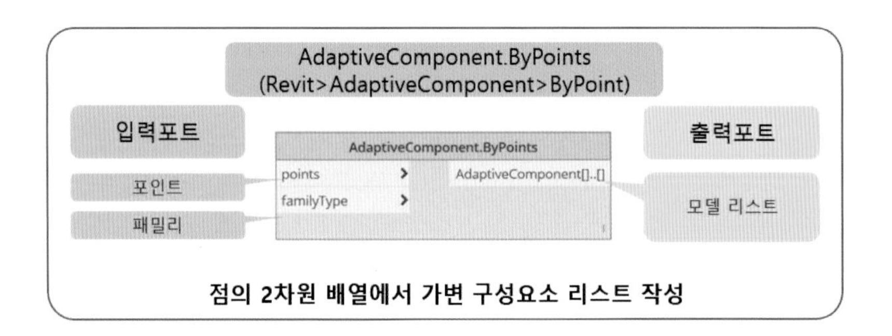

점의 2차원 배열에서 가변 구성요소 리스트 작성

다음으로 조건문인 If 노드를 작성합니다. 입력포트 test에는 True/False를 입력하기 위한 Boolean 노드를 작성하여 연결하고, 입력포트 true, false에 각각 Code Block : 1;, 2;을 작성하여 순서대로 연결합니다.
그리고 Code Block : x-180*a;를 작성하고 입력포트 x에는 앞서 작성한 Vector.AngleAboutAxis 노드를, a에는 If 노드를 연결합니다.
이와 같이 로직을 구성하는 이유는 램프교의 경우 선형이 교량 중심에 있지 않기 때문에 도로의 방향에 따라서 단면의 좌우 방향 반전이 필요한 경우가 생기기 때문입니다.

• If ⇒ Script 〉 Control Flow 〉 If
• Boolean ⇒ Input 〉 Basic 〉 Boolean

Count 노드를 작성하고 입력포트에 Vector.AngleAboutAxis 노드를 연결합니다. 그리고 지정된 리스트를 지정된 횟수만큼 반복시키는 노드인 List.OfRepeatedItem 노드를 작성하고 입력포트 amount에 Count 노드를 연결합니다. 입력포트 item에는 Code Block : {"rot_XY_A", "rot_XY_B", "rot_XY_C"};를 작성하여 연결합니다.
위 로직 구성을 통해 매개변수 이름 rot_XY_A, rot_XY_B, rot_XY_C 그룹의 개수가 프로젝트에 배치된 램프교 패밀리 개수와 일치하게 작성됩니다. 이렇게 개수를 동일하게 맞추는 이유는 그렇게 하지 않을 경우 배치된 모델에 매개변수가 정상적으로 입력되지 않는 경우가 발생하기 때문입니다.

참고 노트

위 로직에서 Code Block : a-1;이 들어간 이유는 Dynamo의 리스트는 인덱스 번호가 0번부터 시작하기 때문입니다.
항목 개수가 50개인 리스트가 있다고 가정하면, Count 노드로 작성되는 데이터는 50이지만 실제 리스트에서 마지막 항목의 리스트 넘버는 49이기 때문에 List.RemoveItemAtIndex 노드처럼 인덱스 번호를 입력해야 하는 노드들의 경우 Code Block : a-1;과 같이 수치를 보정해줄 필요가 있습니다.

• List.OfRepeatedItem ⇒ List 〉 Generate 〉 OfRepeatedItem

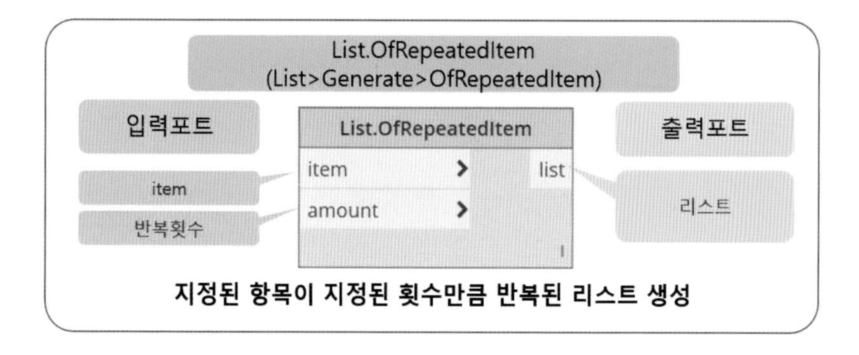

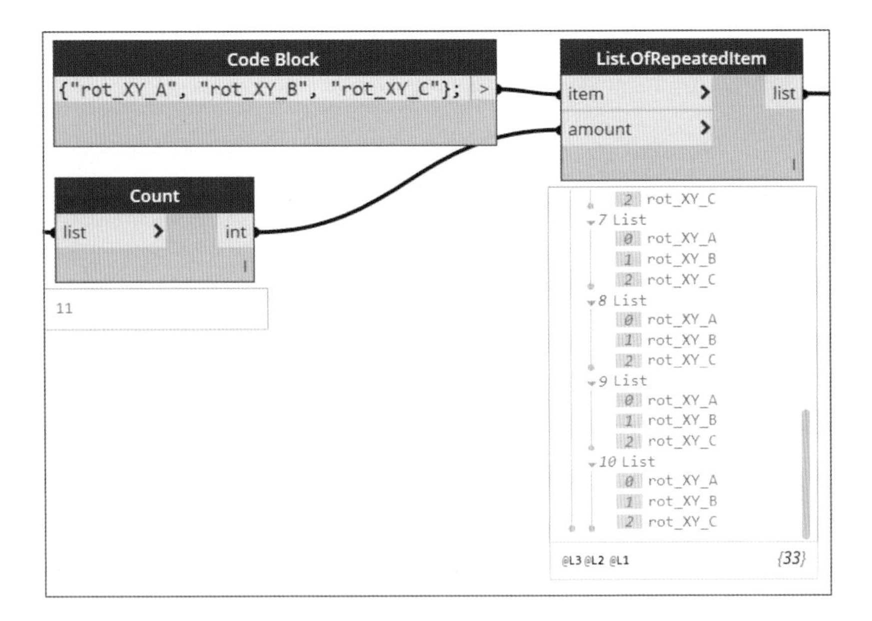

배치된 모델에 매개변수를 입력하는 노드인 Element.SetParameterByName 노드를 작성하고 입력포트 element에 AdaptiveComponent.ByPoints 노드를, 입력포트 parameterName에 List.OfRepeatedItem 노드를, 그리고 입력포트 value에 Code Block : x-180*a;를 연결합니다.
여기까지 진행하면 rot_XY 매개변수가 정상적으로 입력된 램프교 모델링이 완성됩니다.

• Element.SetParameterByName ⇒ Revit 〉 Element 〉 SetParameterByName

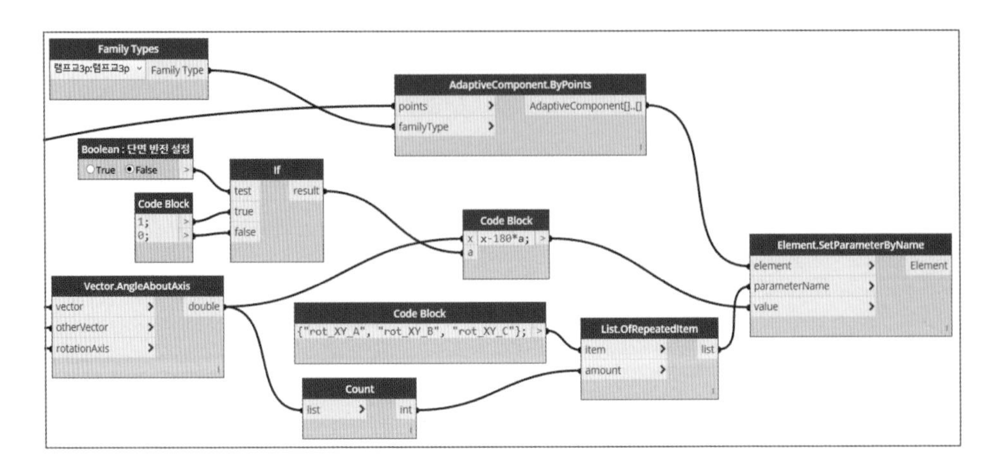

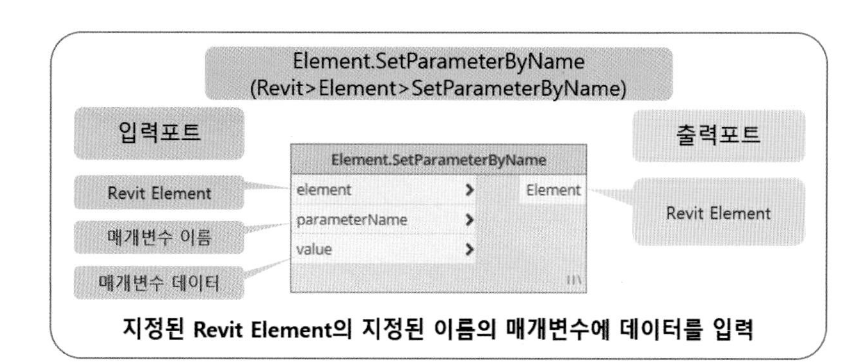

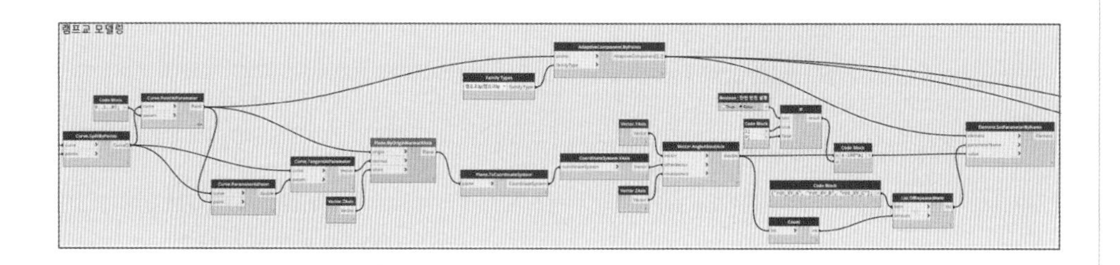

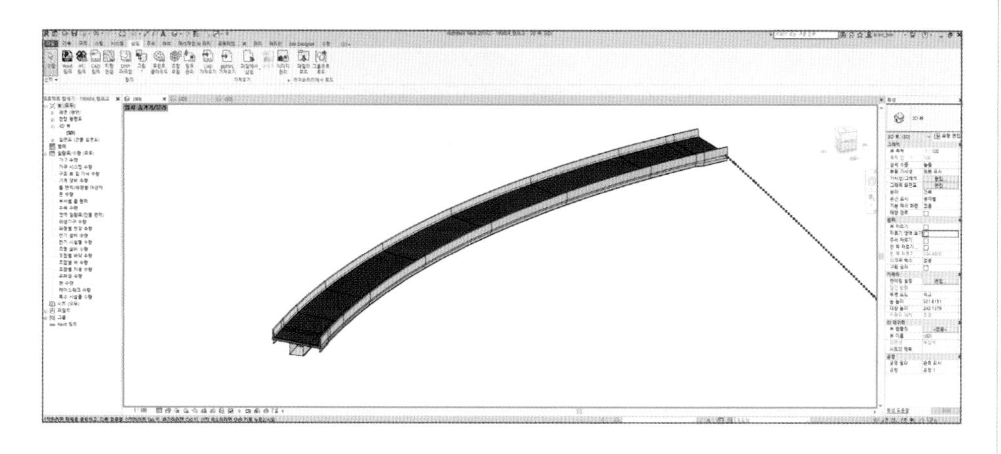

참고 노트

매스 모델에 회전에 대한 변수를 두는 것은 Dynamo로 불러들인 선형의 정보의 로컬 벡터는 Dynamo의 글로벌 좌표 시스템에 자동으로 맞추어 지기 때문입니다. 따라서 원래 가지고 있는 로컬 정보로 치환하는 과정이 필요한데 이를 위해서 일반 모델 가변 패밀리에서 가변 점의 특성 〉 가변 구성요소 〉 방향 지정 〉 전역(Z) 다음 호스트(XY)로 설정하고 참조점이 특성 〉 구속조건 〉 회전 각도 〉 rot_XY 매개변수 설정을 하는 것입니다.

첫 번째 그림은 매스 모델의 가변 구성요소를 인스턴스(Instance) (XYZ)로 설정한 모델이며, 두 번째 그림은 매스 모델의 가변 구성요소를 전역(Z) 다음 호스트(XY)로 설정한 모델입니다. 두 그림을 비교하여 차이를 이해 할 수 있도록 합니다.
(두 그림은 동일한 뷰로 캡쳐 하였습니다)

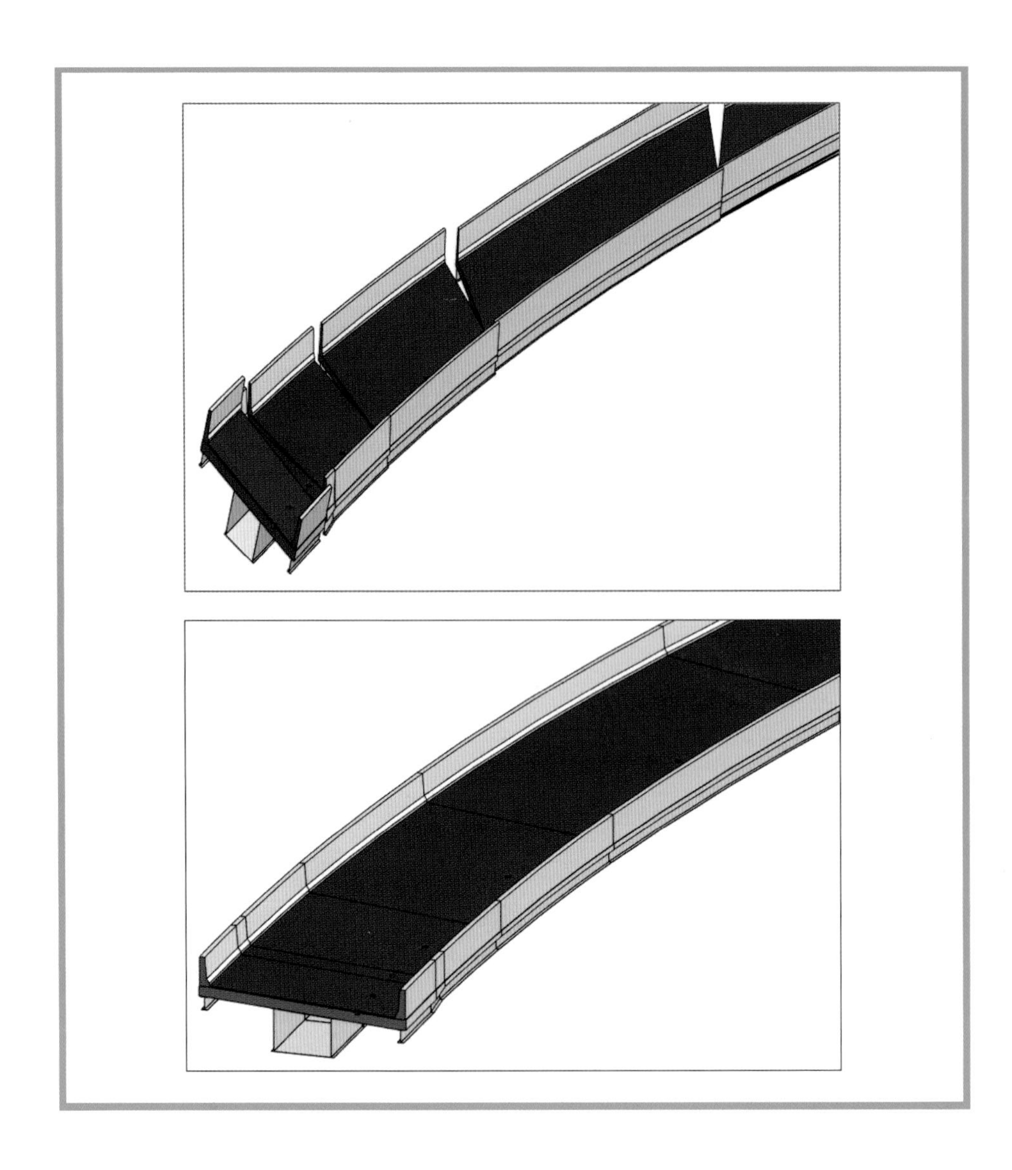

4. 매개변수입력

본 챕터에서는 프로젝트에 배치된 램프교 패밀리(매스 모델)에 편경사 및 슬래브두께 매개변수를 입력하는 로직을 구성합니다.

먼저 편경사 데이터를 적용하기 위한 로직을 구성해 보겠습니다. 리스트의 개수를 출력하는 List.Count 노드, 지정된 인덱스의 리스트 항목을 제거하는 List.RemoveItemAtIndex 노드, 첫 번째 항목을 제거하는 List.RestOfItems 노드를 각각 하나씩 작성합니다. 그리고 입력포트에 2)Code Block : list[0];을 연결합니다. 여기서 2)Code Block : list[0]은 Excel 데이터 중 Parameter 시트에서 작성한 Code Block을 의미합니다.
Code Block : a-1;을 작성하고 입력포트 a에 Count 노드를 연결합니다. 그리고 이를 List.RemoveItemAtIndex 노드의 입력포트 indices에 연결합니다.

여기까지 진행하면 램프교 패밀리의 시점 및 종점에 적용할 편경사 데이터가 각각 List.RemoveItemAtIndex 노드 및 List.RestOfItems 노드에 정리됩니다.

- List.Count ⇒ List 〉 Inspect 〉 Count
- List.RemoveItemAtIndex ⇒ List 〉 Modify 〉 RemoveItemAtIndex
- List.RestOfItems ⇒ List 〉 Modify 〉 RestOfItems

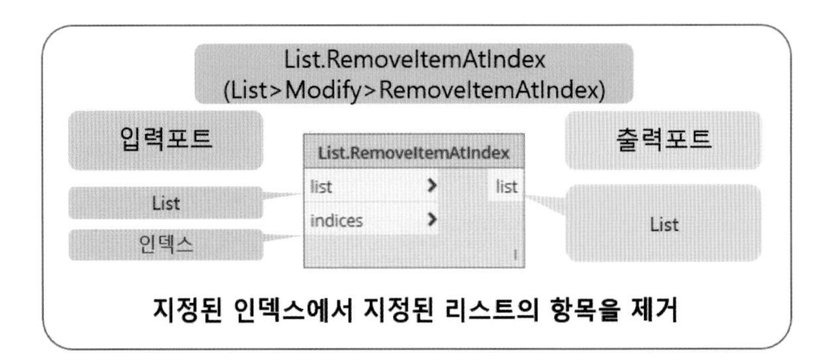

여기에 추가로 램프교 패밀리의 중간 지점에 적용할 편경사 데이터를 작성합니다. 편경사도는 전부 직선 형태의 그래프로 작성되기 때문에 시점 및 종점의 편경사 데이터의 평균치로 작성합니다.
Code Block : (a+b)/2;를 작성하고 입력포트 a에 List.RemoveItemAtIndex 노드를, 입력포트 b에 List.RestOfItems 노드를 연결합니다.

새로운 리스트를 작성하는 노드인 List.Create를 작성하고 입력포트를 총 3개로 확장합니다. 그리고 입력포트 item0부터 순서대로 List.RemoveItemAtIndex 노드, Code Block : (a+b)/2;, List.RestOfItems 노드를 연결합니다.
마지막으로 List.Transpose 노드를 작성하여 입력포트에 List.Create 노드를 연결하면 다음 그림과 같이 편경사 데이터가 정리됩니다.
- List.Create ⇒ Core 〉 List 〉 List.Create

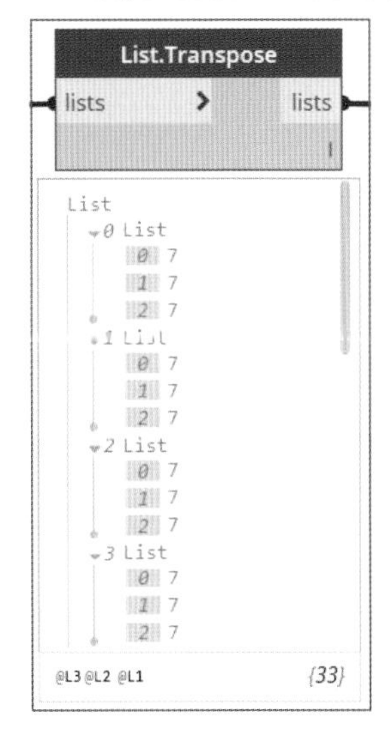

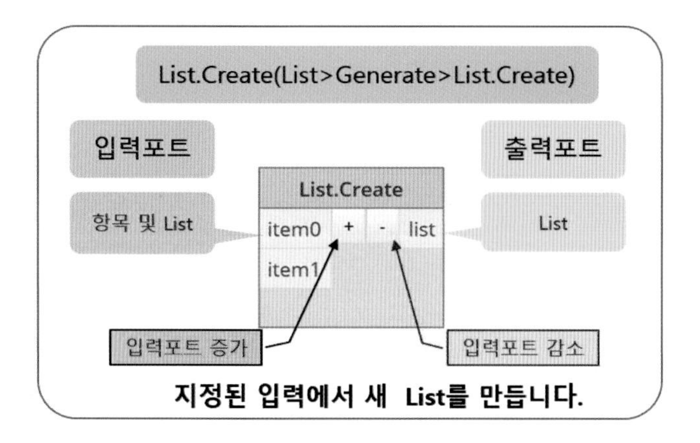

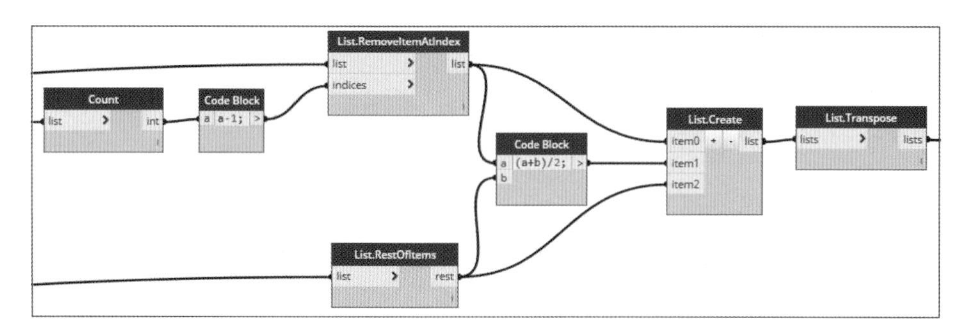

Count 노드를 작성하고 입력포트에 List.Transpose 노드를 연결합니다. 그리고 List.OfRepeatedItem 노드를 작성하고 입력포트 amount에 Count 노드를 연결합니다. 입력포트 item에는 Code Block : {"편경사_A", "편경사_B", "편경사_C"};를 작성하여 연결합니다.

마지막으로 Element.SetParameterByName 노드를 작성합니다. 그리고 입력포트 element에 3)AdaptiveComponent.ByPoints 노드를 연결하고, 입력포트 parameterName에는 Code Block : {"편경사_A", "편경사_B", "편경사_C"};을, 입력포트 value에는 List.Transpose 노드를 연결합니다.

여기까지 진행하면 프로젝트에 배치된 램프교 모델에 편경사 매개변수가 입력됩니다.

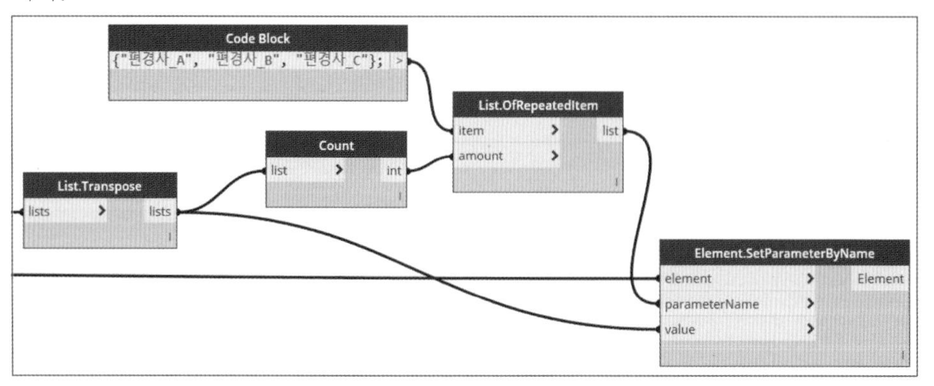

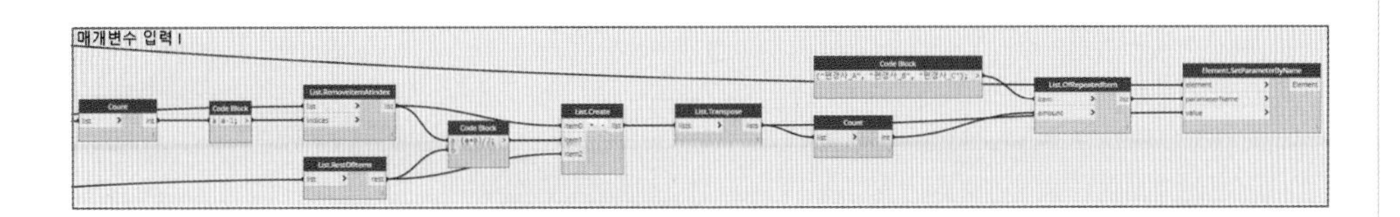

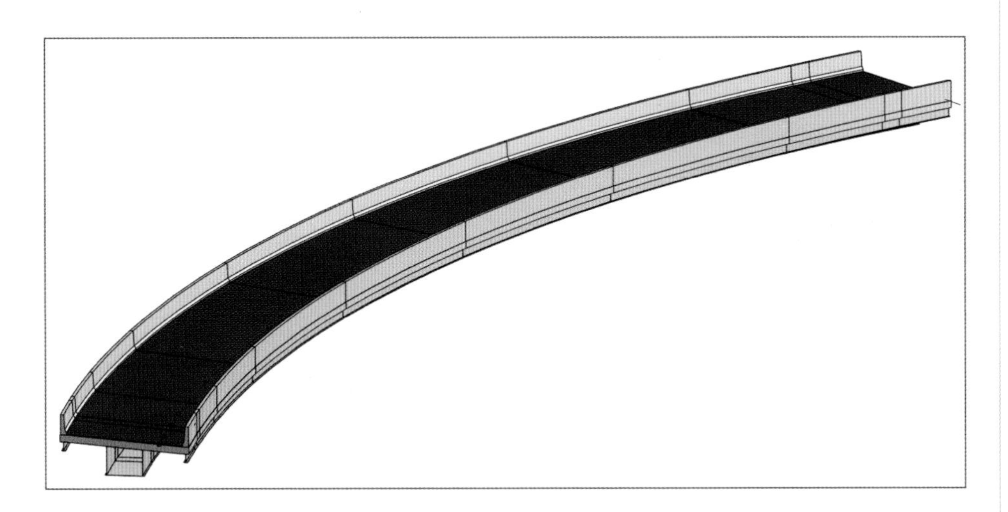

슬래브 두께 매개변수를 입력하는 로직은 편경사 매개변수를 입력하는 로직과 동일하게 구성되기 때문에 다른 부분에 대해서만 설명하겠습니다.

앞서 작성한 "매개변수 입력 I" 그룹을 선택하고, [Ctrl] + [C] 〉 [Ctrl] + [V]로 복사하고 그룹명을 "매개변수 입력 II"로 수정합니다.
그리고 시작 부분에서 Count 노드, List.RemoveItemAtIndex 노드, List.RestOfItems 노드의 입력포트에 2)Code Block : list[1];을 연결합니다. 여기서 2)Code Block : list[1]은 Excel 데이터 중 Parameter 시트에서 작성한 Code Block을 의미합니다.

그리고 매개변수 이름을 정의한 Code Block : {"편경사_A", "편경사_B", "편경사_C"};를 Code Block : {"슬래브두께_A", "슬래브두께 _B", "슬래브두께 _C"};로 수정합니다.

여기까지 진행하면 프로젝트에 배치된 램프교 모델에 슬래브두께 매개변수가 적용됩니다.

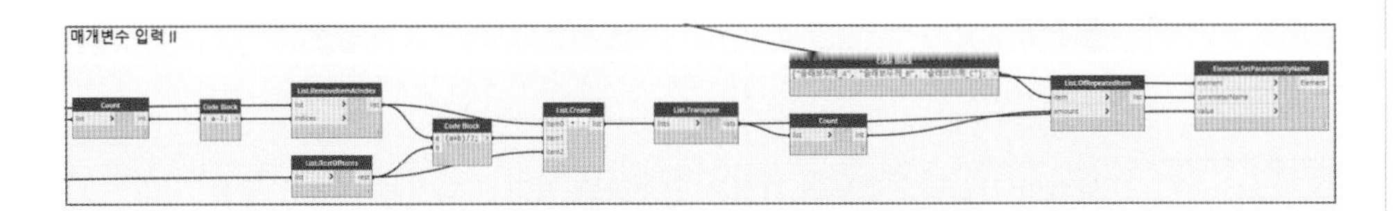

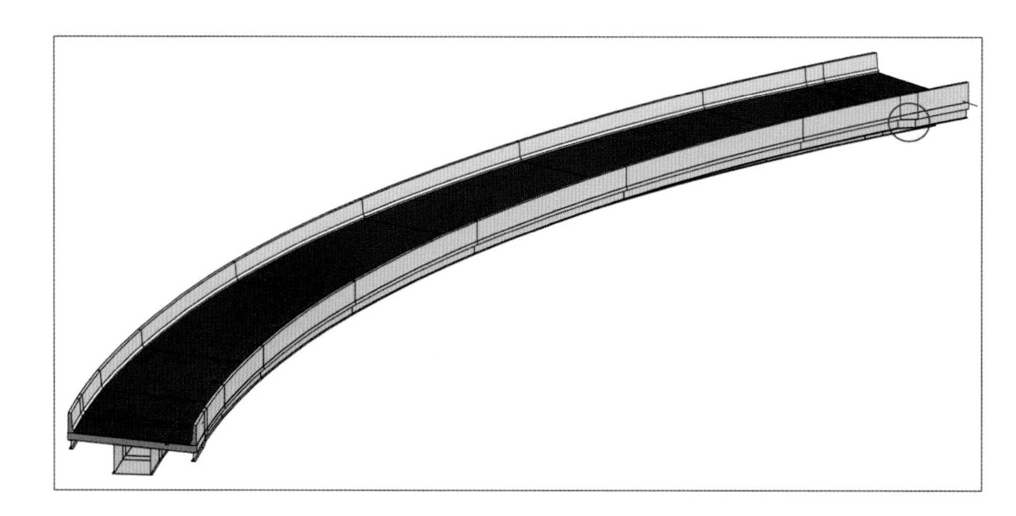

5. 기타 요소 배치

본 챕터에서는 가로보 및 다이아프램을 배치하고 선형 방향에 맞추어 배치 각도를 계산하여 객체를 회전시킵니다. 또한 램프교 패밀리에 적용된 편경사 및 슬래브두께 매개변수를 동일하게 적용하는 로직을 구성합니다.

먼저 다이아프램을 배치하기 위한 로직을 구성하겠습니다.

선형의 시작점으로부터 지정된 입력만큼 떨어진 위치에 포인트를 생성해주는 노드인 Curve.PointAtSegmentLength 노드를 작성하고 입력포트 curve에 2)Nurbscurve.ByPoints : 평면선형을 연결합니다. 입력포트 segmentLength에는 2)Code Block : list[2];를 연결합니다. 여기서 2)Code Block : list[2]는 Excel 데이터 중 Parameter 시트에서 작성한 Code Block을 의미합니다.

• Curve.PointAtSegmentLength ⇒ Geometry 〉 Curve 〉 PointAtSegmentLength

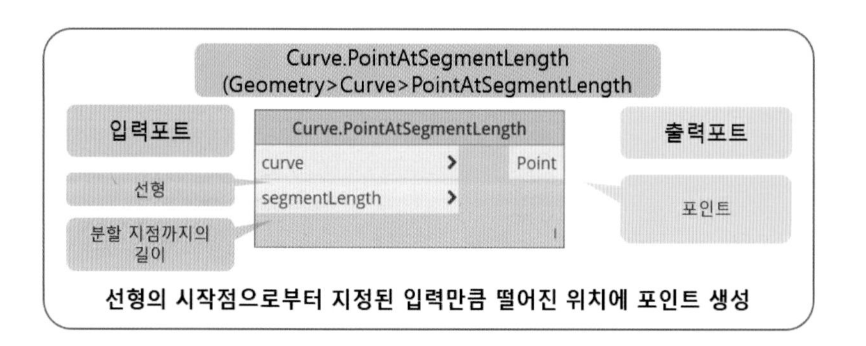

선형의 시작점으로부터 지정된 입력만큼 떨어진 위치에 포인트 생성

선형을 따라 특정 점에서 매개변수 데이터를 가져오는 노드인 Curve.ParameterAtPoint 노드를 작성하고 입력포트 curve에 2)Nurbscurve.ByPoints : 평면선형을 연결합니다.

입력포트 point에는 Curve.PointAtSegmentLength 노드를 연결합니다.

Curve.TangentAtParameter 노드를 작성하고 입력포트 curve에 2)Nurbscurve.ByPoints : 평면선형을 연결합니다.
입력포트 param에는 Curve.ParameterAtPoint 노드를 연결합니다.

여기까지의 과정에 대해 설명하면 평면선형에서 Excel 데이터의 Parameter 시트 중 다이아프램 배치 간격(누적)에 따라 점을 배치하고, 해당 점에서 매개변수를 추출한 뒤, 곡선에 접하는 벡터를 추출하게 됩니다.

- Curve.ParameterAtPoint ⇒ Geometry 〉 Curve 〉 ParameterAtPoint
- Curve.TangentAtParameter ⇒ Geometry 〉 Curve 〉 TangentAtParameter

Plane.ByOriginNormalXAxis 노드를 작성합니다. 이 노드는 특정 점, 노멀 벡터, X축 벡터를 입력하면 Y축 벡터를 계산하여 (노멀 벡터, X축 벡터, Y축 벡터) 형태의 리스트를 출력합니다.
Plane.ByOriginNomalXAxis 노드의 입력포트 origin에 Curve.PointAtParameter 노드를 연결합니다. 입력포트 normal에는 Curve.TangentAtParameter 노드를 연결하고, 입력포트 xAxis에 Z축 단위벡터인 Vector.ZAxis 노드를 작성하여 연결합니다.

- Plane.ByOriginNormalXAxis ⇒ Geometry 〉 Plane 〉 ByOriginNormalXAxis
- Vector.ZAxis ⇒ Geometry 〉 Vector 〉 ZAxis

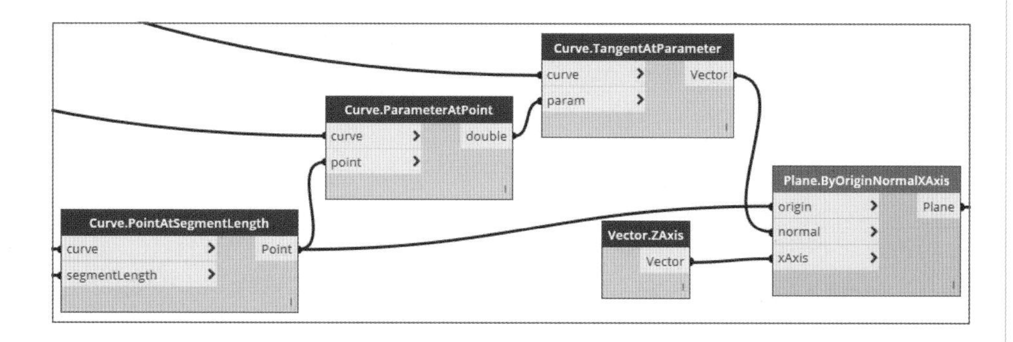

Plane.ToCoordinateSystem 노드를 작성하고 입력포트 plane에 Plane.ByOriginNormalXAxis 노드를 연결합니다. Plane.ByOriginNormalXAxis 노드의 Normal 벡터, X축 벡터, Y축 벡터는 Plane.ToCoordinateSystem 노드에서 순서대로 Z축 벡터, X축 벡터, Y축 벡터로 설정되고 이를 기반으로 좌표계를 생성합니다.

- Plane.ToCoordinateSystem ⇒ Geometry 〉 Plane 〉 ToCoordinateSystem

좌표계에서 Y축 벡터를 출력하는 노드인 CoordinateSystem.YAxis 노드를 작성하여 입력포트 coordinateSystem에 CoordinateSystem.YAxis 노드를 연결합니다.
그리고 두 벡터 사이의 각도를 계산하는 노드인 Vector.AngleAboutAxis 노드를 작성하고 입력포트 vector에 X축 단위벡터를 의미하는 Vector.XAxis 노드를 작성하여 연결합니다. 입력포트 otherVector에는 CoordinateSystem.YAxis 노드를 연결하고, 입력포트 rotationAxis에는 Y축 단위벡터를 나타내는 Vector.YAxis 노드를 작성하여 연결합니다.

- CoordinateSystem.YAxis ⇒ Geometry 〉 CoordinateSystem 〉 YAxis
- Vector.AngleAboutAxis ⇒ Geometry 〉 Vector 〉 AngleAboutAxis
- Vector.XAxis ⇒ Geometry 〉 Vector 〉 XAxis
- Vector.YAxis ⇒ Geometry 〉 Vector 〉 YAxis

여기까지 작성하면 다이아프램의 회전 각도가 계산되며, 다음 그림을 참고하여 로직을 완성합니다.

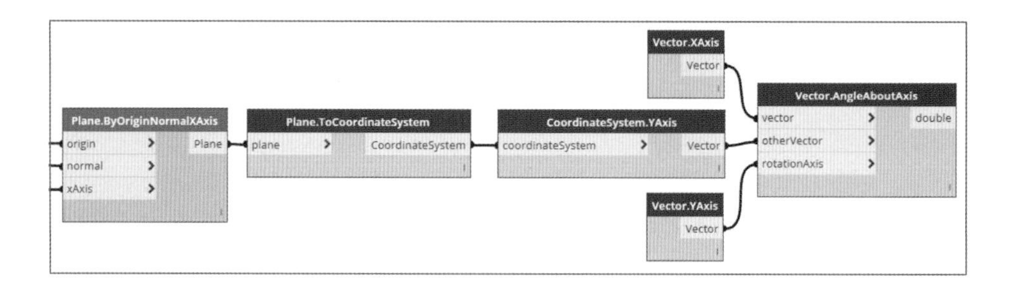

입력된 매개변수를 통해 해당 선형 상의 점을 추출하는 노드인 Curve.PointAtParameter 노드를 3개 작성합니다. 입력포트 curve에는 각각 NurbsCurve.ByPoints : 종단선형, PolyCurve.ByPoints : 편경사, PolyCurve.ByPoints : 슬래브 두께를 연결하고, param에는 Curve.ParameterAtPoint 노드를 연결합니다.
그러면 다이아프램의 배치간격(누적)에 맞춰 NurbsCurve.ByPoints : 종단선형, PolyCurve.ByPoints : 편경사, PolyCurve.ByPoints :슬래브 두께에 각각 점데이터를 생성합니다.

List.Create 노드를 작성하여 입력포트를 3개로 확장합니다. 그리고 입력포트 item0부터 순서대로 NurbsCurve.ByPoints : 종단선형, PolyCurve.ByPoints : 편경사, PolyCurve.ByPoints : 슬래브두께와 연결된 Curve.PointAtParameter 노드들을 연결합니다.

그리고 입력 데이터의 Z 구성요소를 추출하는 노드인 Point.Z 노드를 작성하여 List.Create 노드와 연결합니다. 그러면 다이아프램의 배치되는 위치에 입력 될 종단 데이터, 편경사데이터, 슬래브 두께 데이터가 추출됩니다.

List.Transpose 노드를 작성하여 입력포트 lists에 Point.Z 노드를 연결하면, "List = Z좌표값, 편경사, 슬래브 두께"의 형태로 리스트가 정리됩니다.

- Curve.PointAtParameter ⇒ Geometry 〉 Curve 〉 PointAtParameter
- List.Create ⇒ List 〉 Generate 〉 List.Create
- Point.Z ⇒ Geometry 〉 Point 〉 Z
- List.Transpose ⇒ List 〉 Organize 〉 Transpose

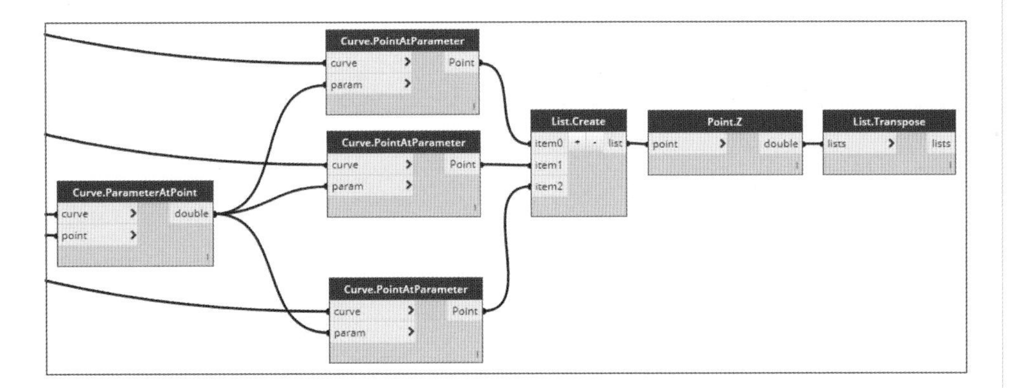

입력하는 점 데이터에 패밀리를 배치하는 노드인 FamilyInstance.ByPoint 노드를 작성하고 입력포트 point에 Curve.PointAtSegmentLength 노드를 연결합니다. 그리고 Family Types 노드를 작성하여 다이아프램 패밀리를 선택하고 FamilyInstance.ByPoint 노드의 입력포트 familyType에 연결합니다.
패밀리를 입력하는 각도만큼 회전시키는 노드인 FamilyInstance.SetRotation 노드를 작성하고 입력포트 familyInstance에 FamilyInstance.ByPoint 노드를 연결합니다. 입력포트 degree에는 Vector.AngleAboutAxis 노드를 연결합니다.

여기까지 진행하면 Curve.PointAtSegmentLength에서 작성된 점 위치에 다이아프램 패밀리를 배치하고 선형에 맞춰 패밀리를 회전시킵니다.

- FamilyInstance.ByPoint ⇒ Revit 〉 FamilyInstance 〉 ByPoint
- Family Types ⇒ Revit 〉 Selection 〉 Family Types
- FamilyInstance.SetRotation ⇒ Revit 〉 FamilyInstance 〉 SetRotation

리스트의 항목수를 출력하는 노드인 List.Count 노드를 작성하고 입력포트 list에 List.Transpose 노드를 연결합니다. 그리고 List.OfRepeatedItem 노드를 작성하여 입력포트 amount에 Count 노드를 연결합니다. 입력포트 item에는 Code Block : {"간격띄우기", "편경사", "슬래브두께"};를 작성하여 연결합니다. 그러면 간격띄우기, 편경사, 슬래브두께 리스트가 다이아프램의 개수만큼 반복 생성된 새로운 리스트가 작성됩니다.

보고가자!

영문버전 Revit의 경우
"Offset"
Revit 2020 한글판의 경우
"호스트에서의 간격띄우기"
Revit 2020 영문판의 경우
"Offset from Host"

마지막으로 배치된 모델에 매개변수를 입력하는 노드인 Element.SetParameterByName 노드를 작성하고 입력포트 element에 FamilyInstance.SetRotation 노드를, 입력포트 parameterName에 List.OfRepeatedItem 노드를, value에 List.Transpose 노드를 연결합니다.

여기까지 진행하면 배치된 다이아프램에 Z 좌표값, 편경사, 슬래브두께 매개변수가 입력됩니다.

- List.Count 〉 List 〉 Inspect 〉 Count
- List.OfRepeatedItem ⇒ List 〉 Generate 〉 OfRepeatedItem
- Element.SetParameterByName ⇒ Revit 〉 Element 〉 SetParameterByName

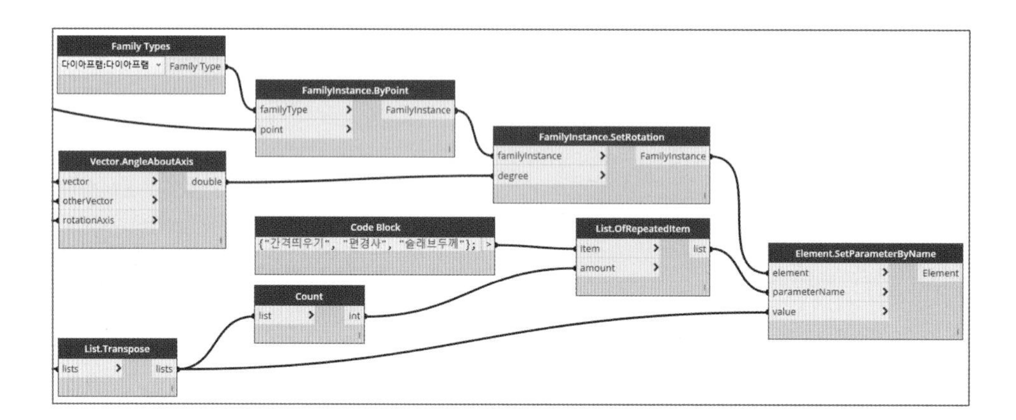

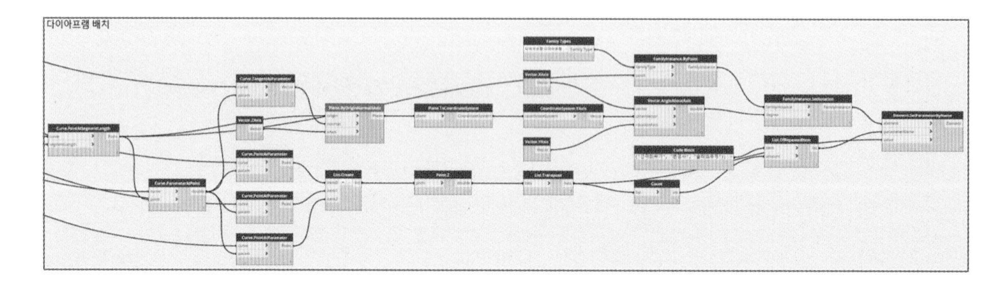

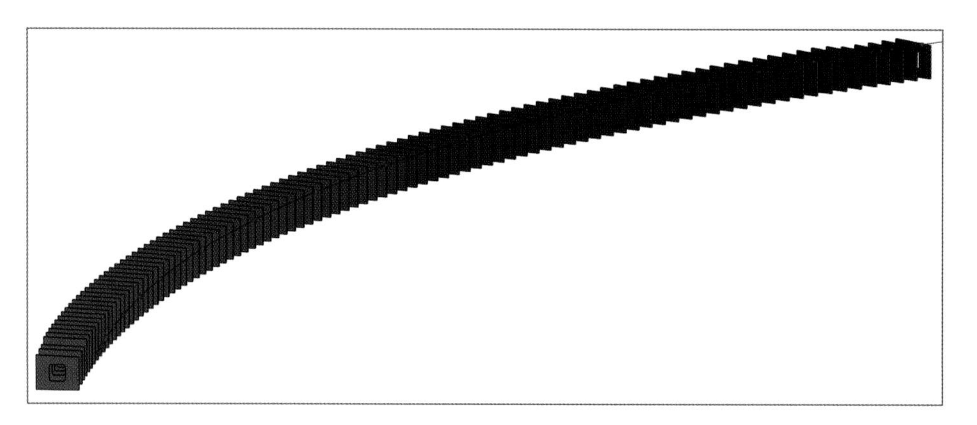

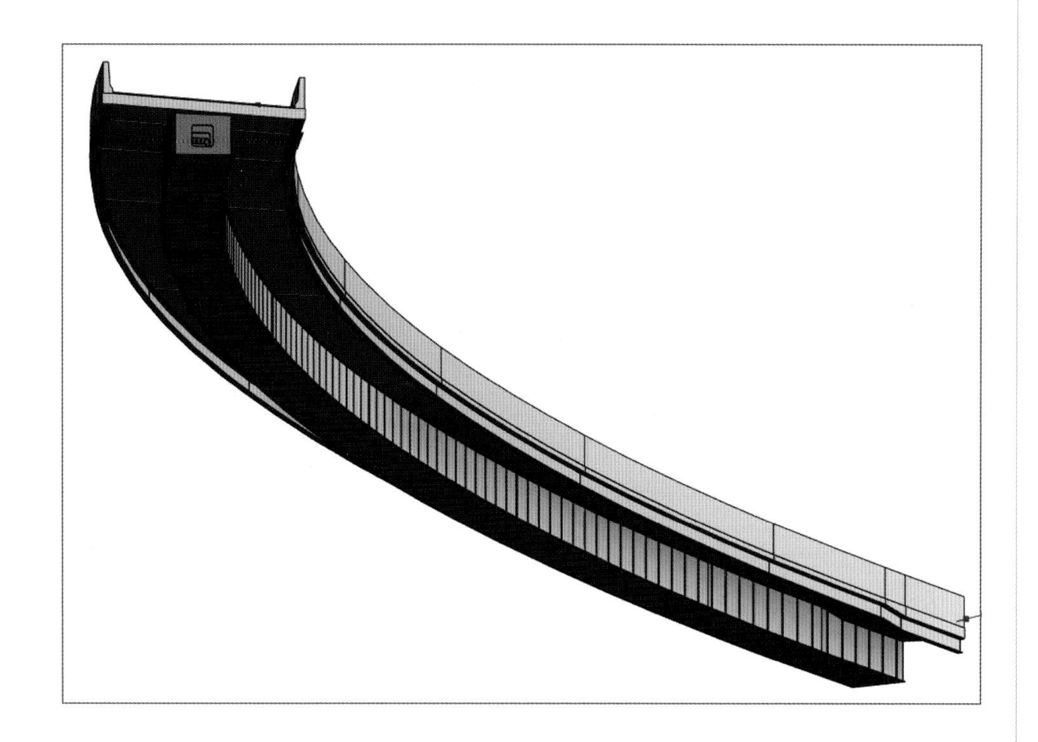

가로보를 배치하는 로직은 다이아프램을 배치한 로직과 동일한 구조로 작성되기 때문에 다른 부분에 대해서만 설명하겠습니다.

앞서 작성한 “다이아프램 배치” 그룹을 선택하고, [Ctrl] + [C] 〉 [Ctrl] + [V]로 복사하고 그룹명을 “가로보 배치”로 수정합니다.
그리고 시작 부분에서 Curve.PointAtSegmentLength 노드의 입력포트 segmentLength에 Code Block : list[3];을 연결합니다. 여기서 Code Block : list[3]은 Excel 데이터 중 Parameter 시트에서 작성한 Code Block을의미합니다.
그리고 Family Types 노드에서 가로보를 선택합니다.

여기까지 진행하고 실행을 클릭하면 가로보 배치 및 매개변수 입력이 실행됩니다.

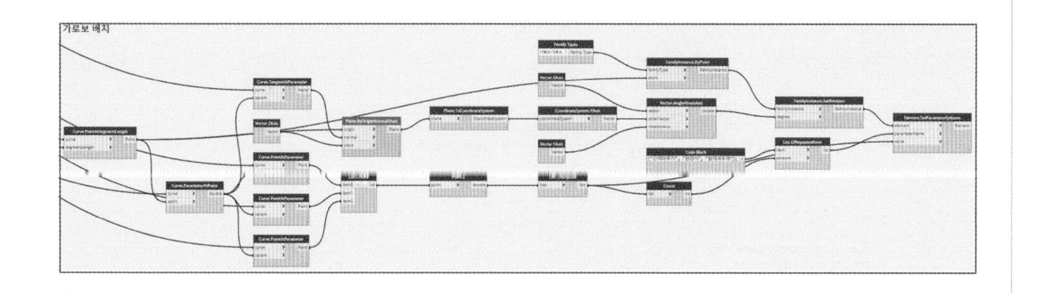

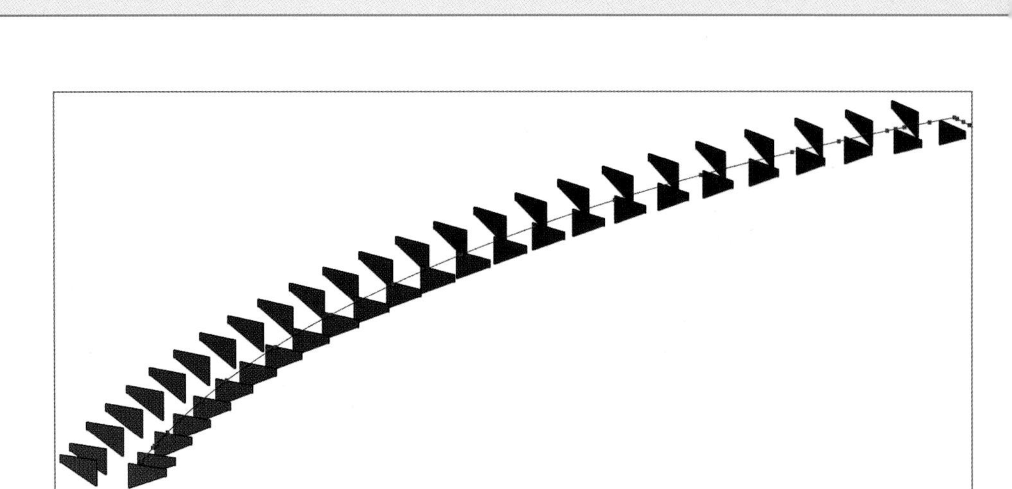

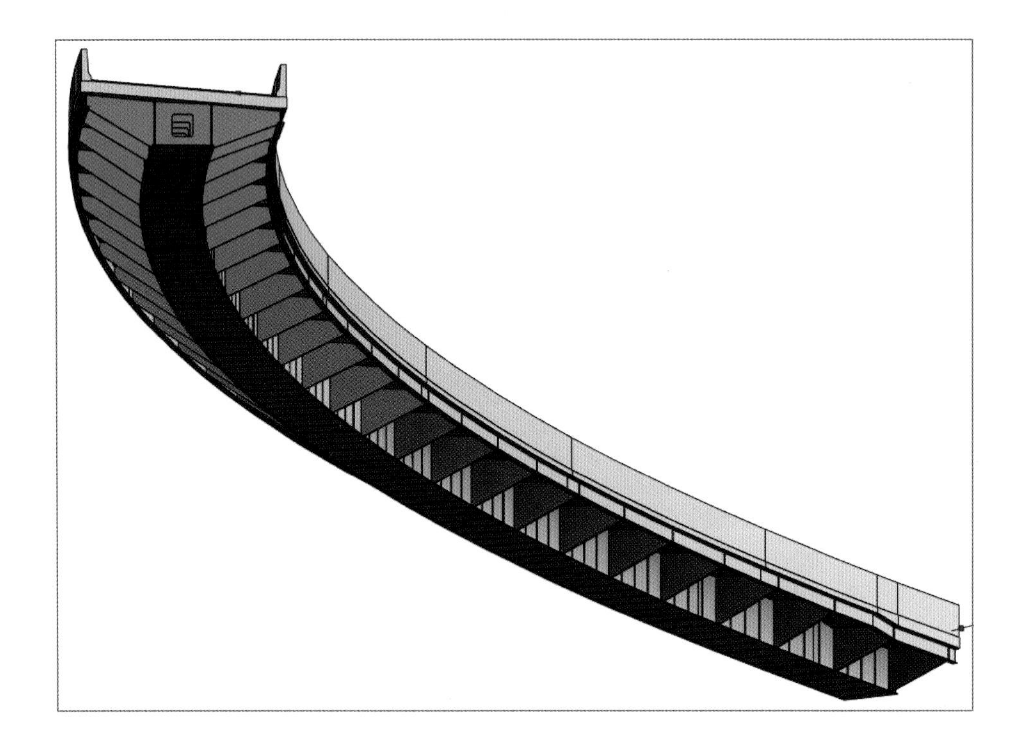

여기까지 완성되면 교량 상부 구조물 모델링이 완성되었으며, 교각까지 배치해 주면 전체 모델링이 종료됩니다.

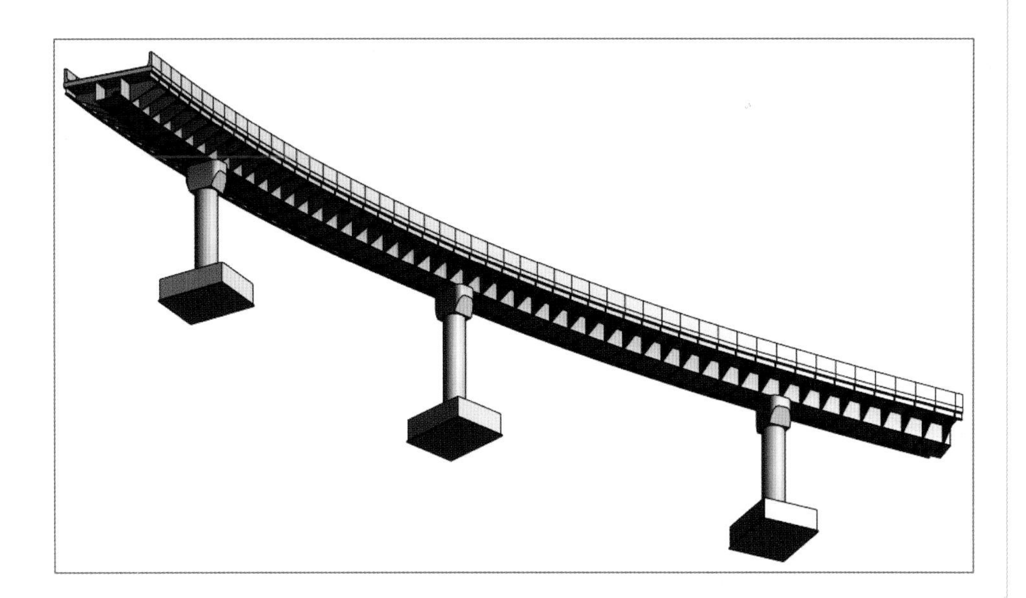

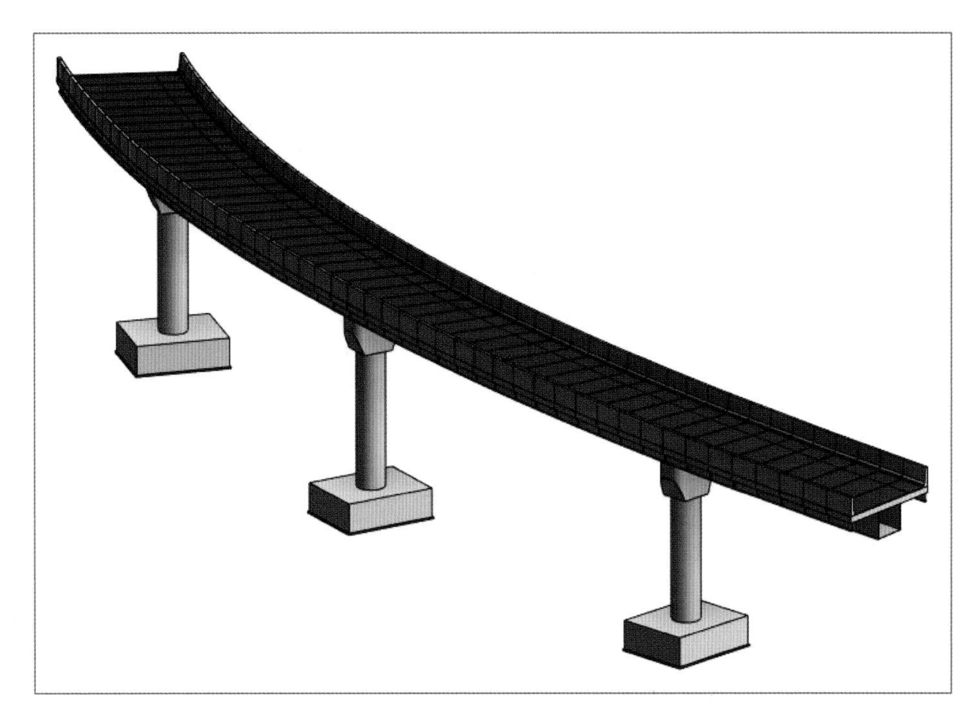

Dynamo를 활용한 터널 모델링

section

03

Dynamo를 활용한 터널 모델링

이 장에서는 Dynamo를 활용하여 선형 좌표 값이 반영된 터널을 작성해 보도록 하겠습니다.
본 과정은 선형과 그리드로 형성된 터널 패턴에 터널 패밀리를 배치시키는 과정이며,
해당 프로세스를 이해함으로써 Dynamo 활용에 더욱 익숙해지는 시간이 되시길 바랍니다.

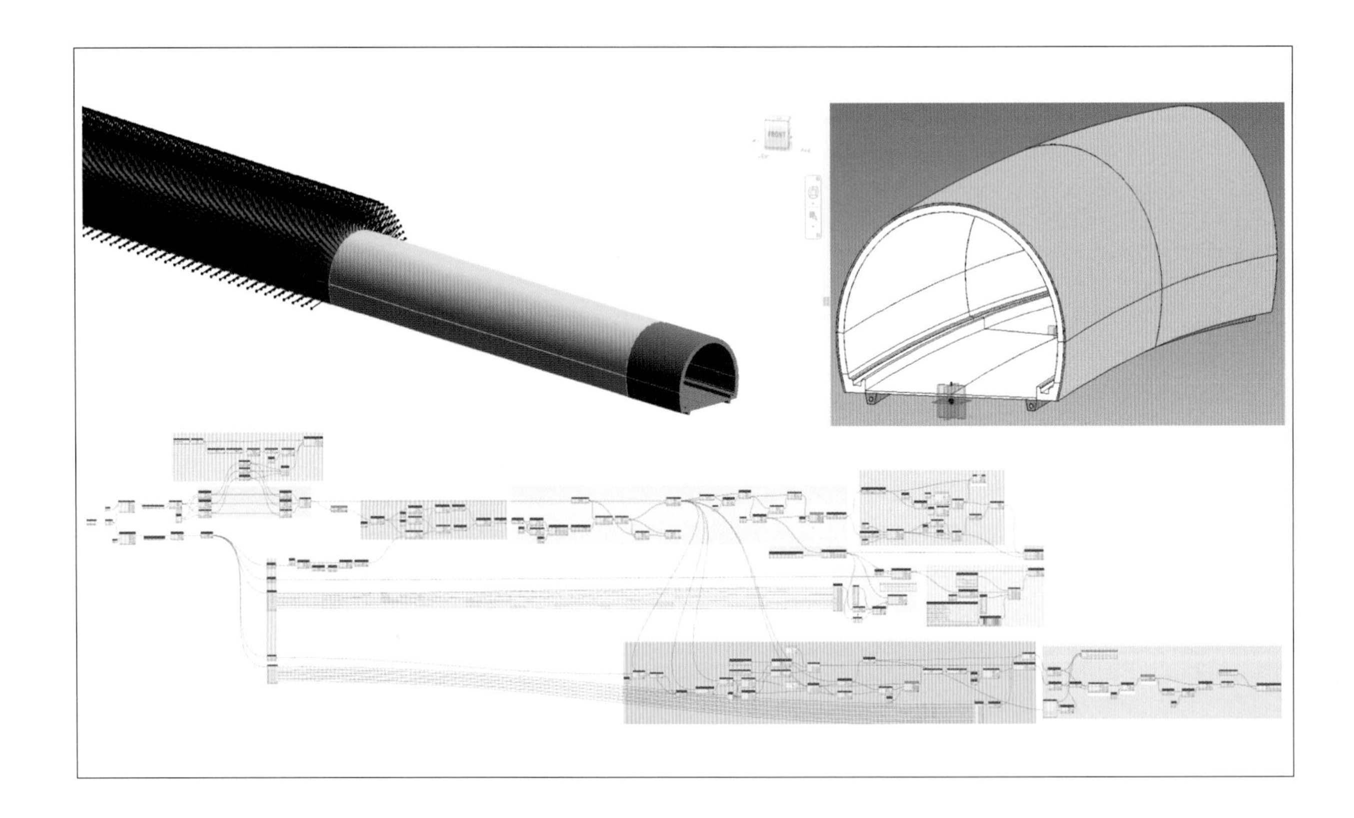

POINT!

- 좌표 값이 있는 선형커브에 그리드와 함께 패턴으로 분할하기
- 터널 모델링에 활용되는 패밀리 형성의 주요 기능 익히기
- Dynamo 로직에 터널의 패턴과 패밀리를 상호 배치시키는 과정 학습

터널의 구성

chapter 01

Revit 프로그램 상에서는 선형기반의 모델링 및 선형을 따라 패턴 별 터널을 작성하는데 어려움이 있습니다. 이 문제의 해결방안으로 다이나모 로직을 이용하여 선형기반 모델링 및 패밀리의 매개변수를 자동 연계하여, 터널 패턴을 구분하고 자동 배치되는 방법을 본 장에서는 소개하고자 합니다.

Revit 터널모델은 각각 숏크리트, 라이닝, 배수콘크리트, 콘크리트(보조) 도상, 맹암거의 패밀리로 구성되어 있습니다. 이 중에서 숏크리트와 라이닝은 상부(Top)와 하부(Bottom)로 분절되어 있습니다.

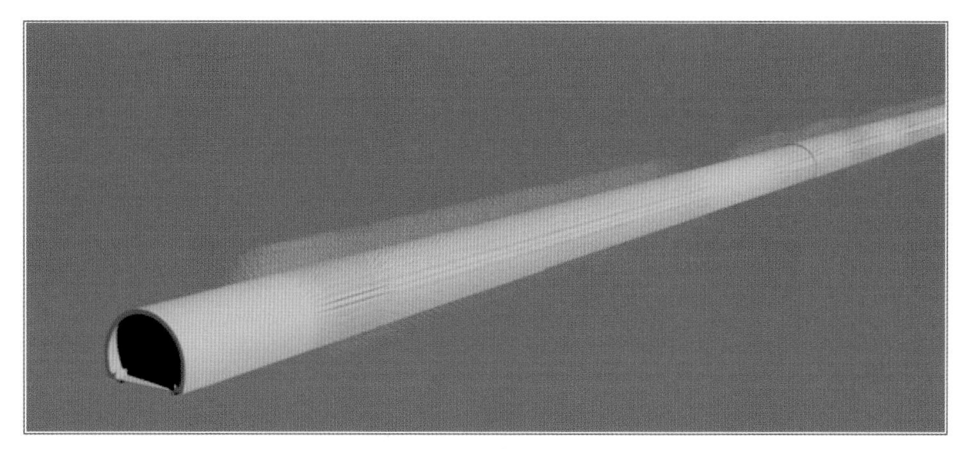

터널

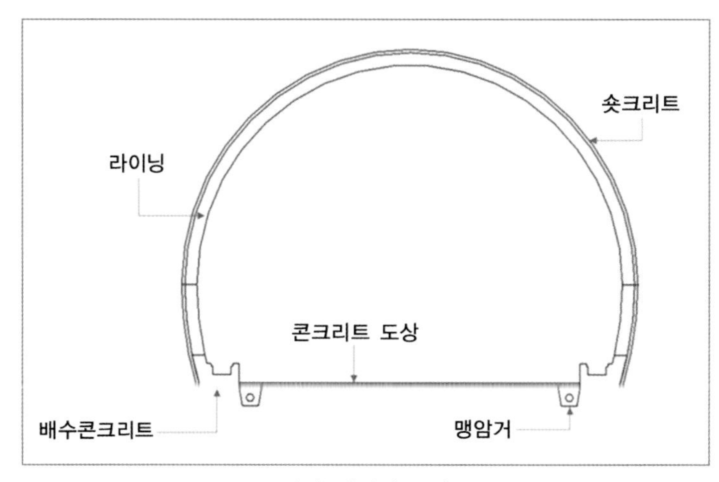

터널 패밀리 구성

chapter 02 Workflow

다이나모 로직을 활용한 터널 모델링의 전체적인 워크 플로우는 다음과 같습니다. 먼저 선형의 X, Y, Z 좌표 값과 패밀리의 매개변수를 정리한 엑셀 파일을 준비합니다. 터널구간을 작성할 선형의 좌표값으로 선형 커브를 생성하고, 터널의 패턴이 변경되는 구간에 그리드를 작성하여 터널 패밀리를 연계했을 때, 그리드 마다 패턴이 적용될 수 있도록 설정합니다.
패밀리는 총 세 가지 타입으로 구성되어 있습니다. 각각 패턴 별 매개변수가 적용될 터널 패밀리, 두 가지 타입으로 배치될 매스 형태의 록볼트 배치 패밀리와 배치된 록볼트 매스에 위치할 록볼트 형상 패밀리입니다.
최종적으로 작성된 선형 커브에 터널 패밀리와 록볼트 패밀리들을 배치하여 다이나모를 통한 터널 모델링을 완성합니다.

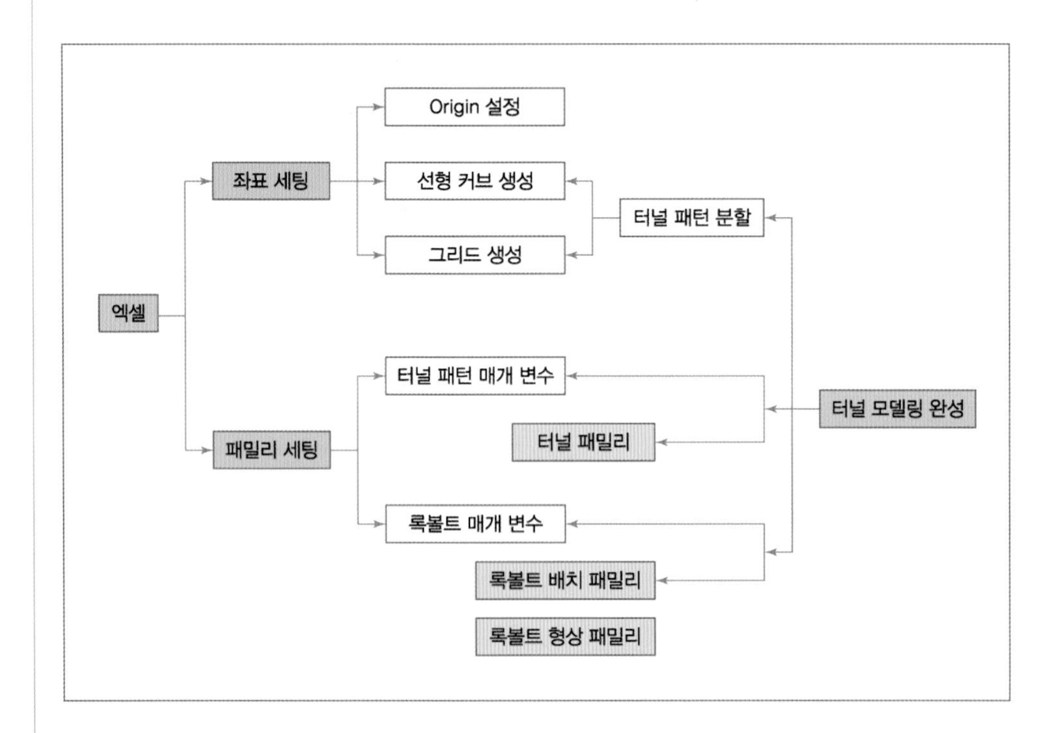

엑셀 파일 구성

chapter 03

01 선형 좌표 값

AutoCAD Civil 3D에서 작성된 터널이 배치되어야 하는 선형정보를 활용하여 X, Y, Z 좌표 값을 작성합니다. 이때 작성될 좌표 값은 절대좌표 또는 상대좌표로 작성할 수 있습니다. 본 구성은 절대 좌표 값으로 구성되어 있으며, 다이나모에서 상대 좌표로 변환하여 사용합니다.
다음과 같은 선형의 X, Y, Z 좌표 값을 엑셀 파일 "Sheet1"에 작성합니다.
(선형좌표 작성과정은 본 교재의 Dynamo를 활용한 교량 모델링 "01 선형정보 가져오기" 내용을 참고하시기 바랍니다.)

X(좌표값)	Y(좌표값)	Z(선형EL)
185562.0904	383117.4884	246.10
185563.1065	383115.9664	246.08
185574.2109	383099.3323	245.86
185585.3152	383082.6982	245.64
185596.4196	383066.0641	245.42
185607.5240	383049.4300	245.20
185618.6283	383032.7959	244.98
185629.7327	383016.1618	244.76
185640.8370	382999.5277	244.54
185651.9414	382982.8936	244.32
185663.0458	382966.2595	244.10
185674.1501	382949.6254	243.88
185685.2545	382932.9913	243.66
185689.2670	382926.9807	243.58
185696.3591	382916.3574	243.44
185707.4673	382899.7259	243.22
⋮	⋮	⋮

선형의 XYZ 좌표 값 구성

02 패밀리 매개변수값

패밀리에 연계될 매개변수 값을 정리합니다. 먼저 터널 패밀리가 패턴 별로 작성될 수 있도록 패턴 타입과 각 패턴의 연장을 리스트업하고, 터널의 표준 단면도를 참고하여 터널 패밀리 작성 시 입력할 매개변수 값들을 정리합니다.

록볼트 배치를 위한 매스 패밀리 역시 터널과 같은 매개변수가 사용되며 여기에 각 패턴 별 록볼트가 배치될 간격 값만 추가하여, 앞서 작성한 좌표 값과 같은 엑셀 파일의 "Sheet2"에 작성합니다.

패턴	연장	락볼트 간격	T	T1	T2	R1	R2	R3	H1	H2	H3	W	C	G
PD-6	12	2.0	0.4	0.2	1.196	5.3	7.5	8.42	0.772	1.92	0.84	4.25	2.2	0.52
PD-4	43	3.0	0.3	0.12	1.006	5.3	7.5	8.32	0.772	1.92	0.84	4.25	2.2	0.52
PD-4	23	3.0	0.3	0.12	1.094	5.3	7.5	8.32	0.772	1.92	0.572	4.25	2.2	0.52
PD-3	38	4.0	0.3	0.08	1.052	5.3	7.5	8.32	0.772	1.92	0.572	4.25	2.2	0.52
PD-1	38	7.0	0.3	0.05	1.021	5.3	7.5	8.32	0.772	1.92	0.572	4.25	2.2	0.52
PD-2	9	5.0	0.3	0.05	1.021	5.3	7.5	8.32	0.772	1.92	0.572	4.25	2.2	0.52
PD-3	25	4.0	0.3	0.08	1.052	5.3	7.5	8.32	0.772	1.92	0.572	4.25	2.2	0.52
PD-3	6	4.0	0.3	0.08	1.018	5.47	9.12	9.42	0.772	2.12	0.647	4.42	3.65	0
PD-2	11	5.0	0.3	0.05	0.987	5.47	9.12	9.42	0.772	2.12	0.647	4.42	3.65	0
PD-3	6	4.0	0.3	0.08	1.018	5.47	9.12	9.42	0.772	2.12	0.647	4.42	3.65	0
PD-4	8	3.0	0.3	0.12	1.06	5.47	9.12	9.42	0.772	2.12	0.647	4.42	3.65	0
PD-5	7	2.4	0.35	0.16	1.154	5.47	9.12	9.47	0.772	2.12	0.647	4.42	3.65	0
PD-4	8	3.0	0.3	0.12	1.06	5.47	9.12	9.42	0.772	2.12	0.647	4.42	3.65	0
PD-3	7	4.0	0.3	0.08	1.018	5.47	9.12	9.42	0.772	2.12	0.647	4.42	3.65	0
PD-2	28	5.0	0.3	0.05	0.987	5.47	9.12	9.42	0.772	2.12	0.647	4.42	3.65	0
PD-4	16	3.0	0.3	0.12	1.06	5.47	9.12	9.42	0.772	2.12	0.647	4.42	3.65	0
⋮	⋮	⋮	⋮	⋮	⋮	⋮	⋮	⋮	⋮	⋮	⋮	⋮	⋮	⋮

터널 패턴 및 록볼트 패밀리 매개변수 값 구성

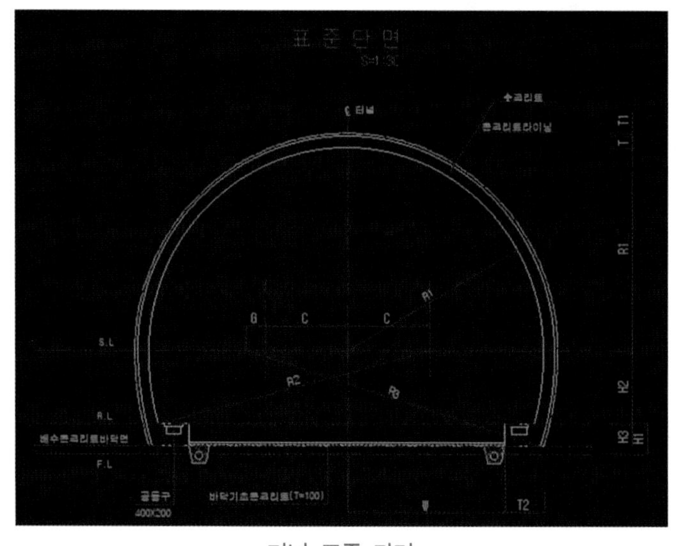

터널 표준 단면

패밀리 작성하기

chapter 04

터널 모델링을 위한 다이나모 로직에 로드 될 패밀리는 **[터널 패밀리]**, **[록볼트 배치 패밀리]**, **[록볼트 형상 패밀리]**로 구성되어 있습니다.
이 3개의 패밀리들을 작성하기 위해서는, 매스 패밀리와 Adaptive Point를 활용하여 형상에 매개변수를 연계하는 다소 복잡한 선행 패밀리 작업을 거쳐야 합니다.
다이나모 활용에 앞서, 패밀리 작성은 필수적이므로 터널 모델링을 위한 패밀리 작성법을 상세히 다루도록 하겠습니다.

01 터널 패밀리

아래 그림과 같이 터널의 표준 단면을 참고하여 터널 패밀리에 필요한 형상과 매개변수 항목들을 파악합니다.

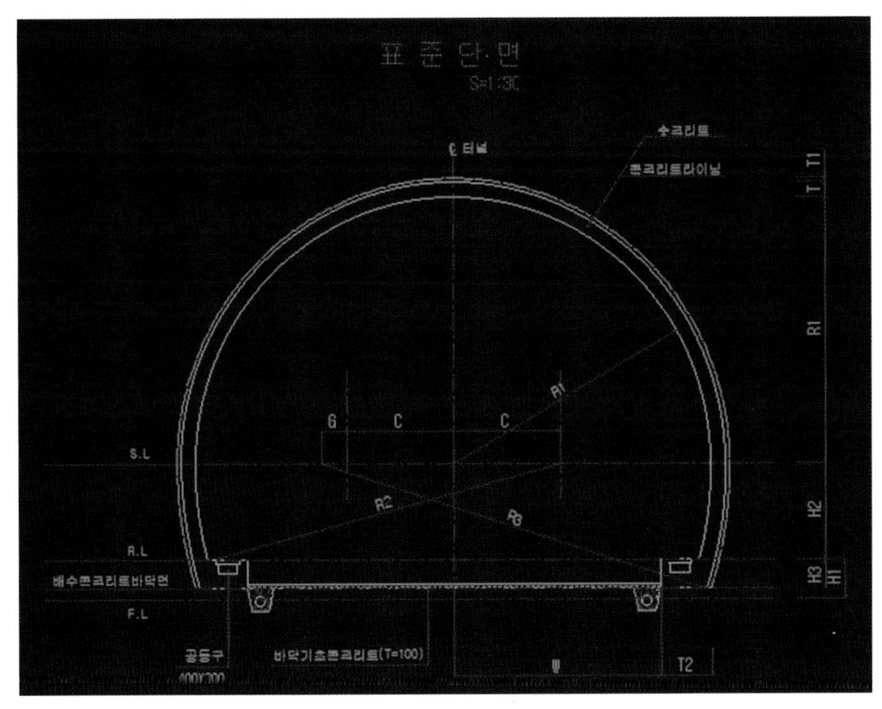

터널 표준 단면

T = 라이닝 두께	R1 = 라이닝 T 내측 반경	H1 = F.L~R.L 높이	C = 터널 센터~R2 원점
T1 = 숏크리트 두께	R2 = 라이닝B 내측 반경	H2 = R.L~S.L높이	G = (터널 센터~R3) - C
T2 = 배수콘크리트 두께	R3 = 라이닝B 외측 반경	H3 = 배수콘크리트 바닥면~R.L	W = 콘크리트 도상길이

터널 매개변수 항목

02 터널 패밀리 구성

터널 패밀리 작성은 다음과 같이 3단계로 구성합니다.

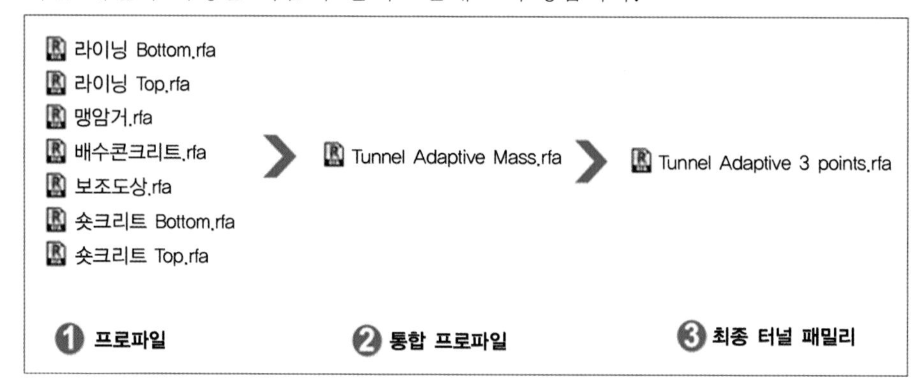

1. 프로파일

터널을 구성하는 각 부분을 개념 질량(매스)의 미터법 질량 템플릿을 사용하여, 매개변수를 적용한 다수의 프로파일 패밀리로 작성합니다.

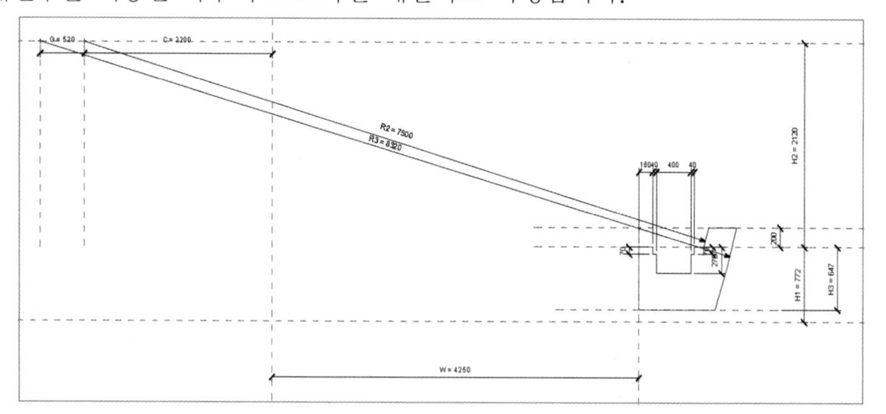

2. 통합 프로파일

프로파일과 동일한 미터법 질량 템플릿을 사용하여 각각 작성된 프로파일 패밀리를 모두 배치하며, 하나의 통합 프로파일 패밀리를 작성합니다.

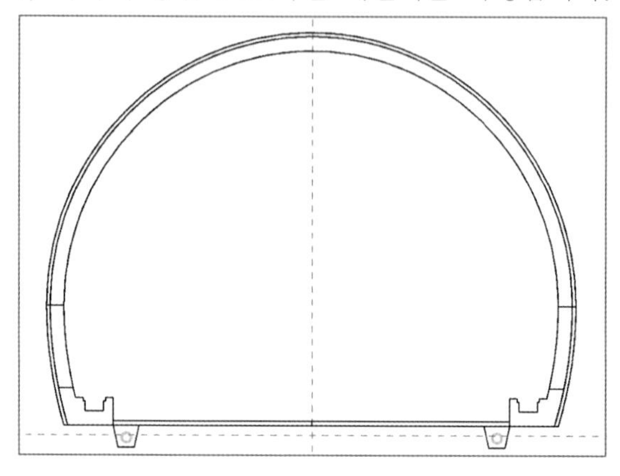

3. 최종 터널 패밀리

일반 모델 가변 템플릿을 사용하여 Adaptive Point(가변점)으로 작성하는데, 이 때 Adaptive Point에 통합 프로파일에서 작성한 패밀리를 로드/배치하여 터널 Adaptive 3 Point 패밀리를 완성합니다.

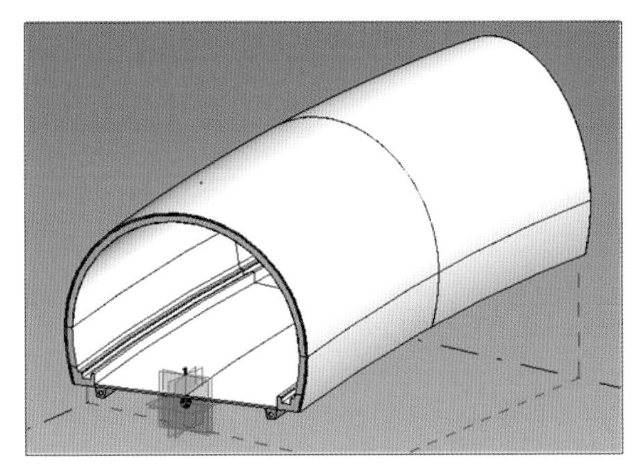

03 프로파일 패밀리 작성

터널을 구성하는 각각의 프로파일을 작성해 보도록 하겠습니다.
프로파일 구성은 각기 다른 매개변수 또는 매개변수 중복에 의한 오류를 최소화하기 위하여 '라이닝 Top', '라이닝 Bottom', '숏크리트 Top', '숏크리트 Bottom', '배수 콘크리트', '보조도상', '맹암거'로 구분하여 작성합니다.
프로파일 패밀리는 동일한 템플릿과 참조평면을 가지고 작업하며, 좌우측 대칭 패밀리는 우측부만 작성한 뒤 추후 통합 배치할 때 대칭하여 완성합니다.

다양한 프로파일을 최초 구성할 때 해당 프로파일들의 프로파일명을 명확하게 작성하기시 바랍니다.

1. 패밀리 템플릿 로드

[Revit 〉 파일 탭 〉 새로 만들기 〉 패밀리 〉 개념 질량(매스) 〉 미터법 질량] 템플릿을 로드 합니다.

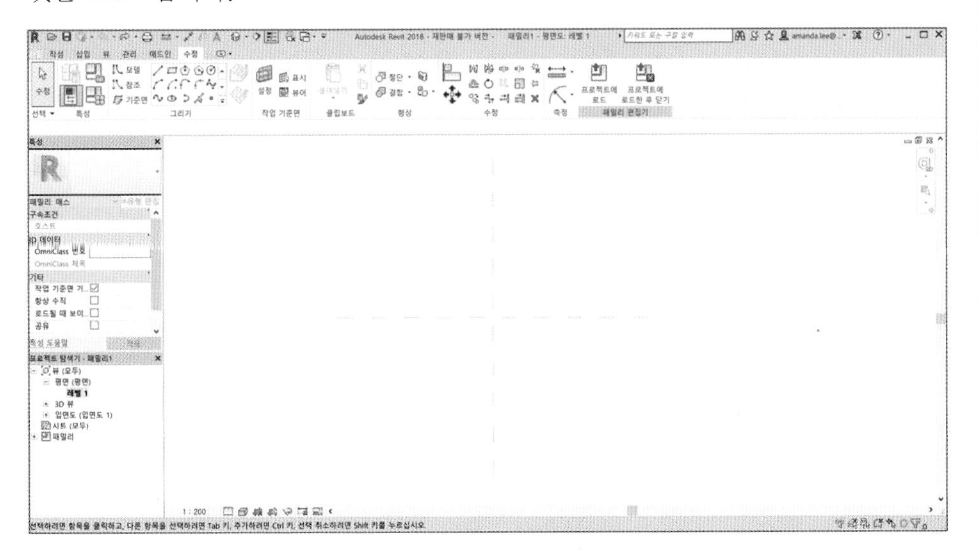

2. 참조 평면 작성

평면 뷰를 활성화 [수정 탭 〉그리기 패널 〉 기준면]을 이용하여 아래와 같이 터널 표준 횡단의 '터널 Center', 'S.L', 'R.L' 및 'F.L'에 해당하는 참조 평면을 작성합니다. 여기서 '터널 Center' 참조 평면과 'F.L' 참조 평면은 각각 x, y축으로 중심점을 교차하는 참조 평면입니다.

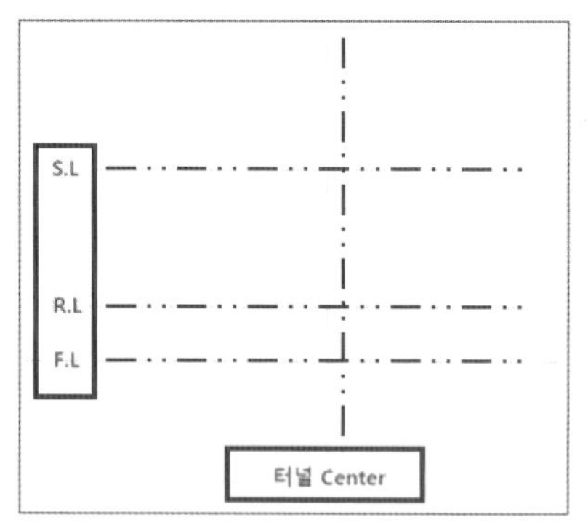

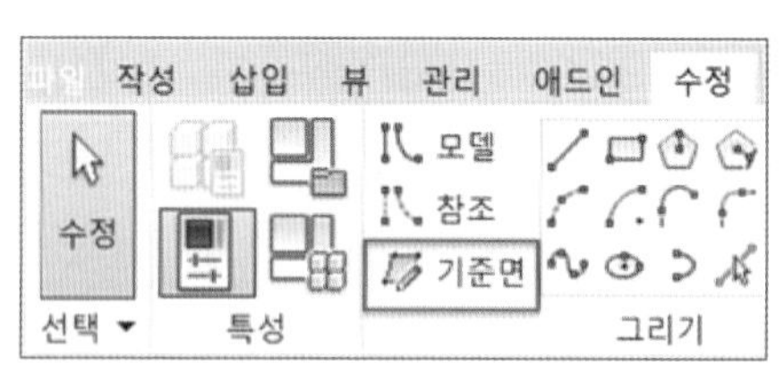

① 라이닝 Top

㉠ 평면 뷰의 참조 평면 H1과 H2에 대한 매개 변수를 엑셀 파일 "Sheet2"의 매개변수 값 구성 테이블을 참고하여 밀리미터 단위로 [수정 탭 〉 측정 패널]에서 정렬 치수로 작성합니다. 치수를 클릭한 후 [수정 | 치수 탭 〉 레이블 치수 패널 〉 매개변수 특성]에서 매개변수 유형은 패밀리 매개변수로 설정하고, 매개변수 데이터를 인스턴스로 체크한 뒤 매개변수 이름만 입력하고, 나머지 설정은 Default로 하여 방식으로 매개변수 데이터를 H1=772과 H2=1920로 각각 설정합니다.

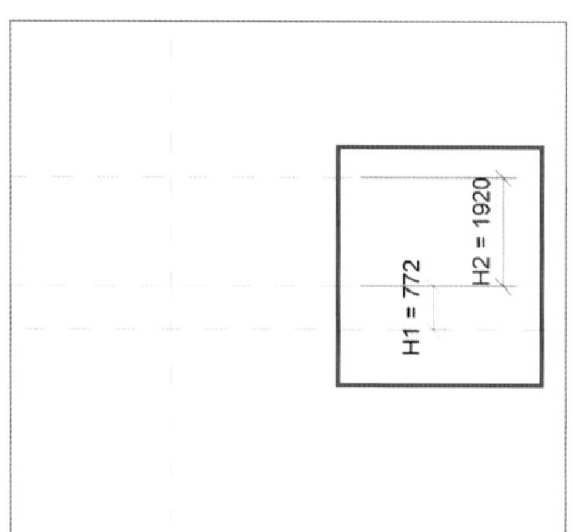

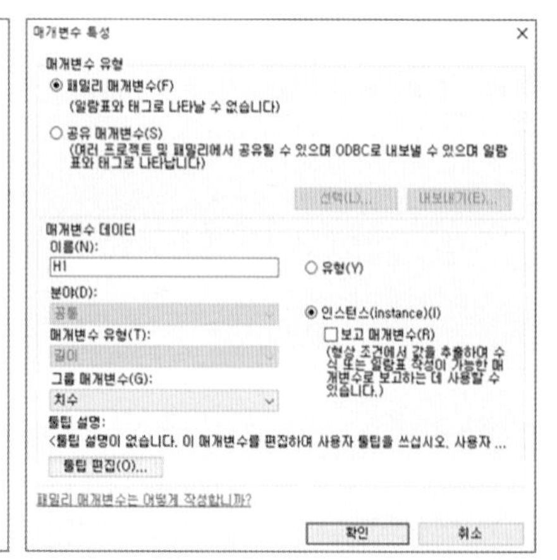

㉡ 라이닝의 상단 부분을 [수정 탭 〉 그리기 패널]을 활용하여 R1=5500 반지름의 호와 R1+T=5800 반지름의 호를 작성하고, 선으로 S.L 참조 평면 기준으로 좌우측에 T=300을 작성하여 폐합시킵니다. 다음은 앞서 H1, H2와 같은 방식으로 매개변수 특성에서 인스턴스로 매개변수 데이터를 작성합니다.

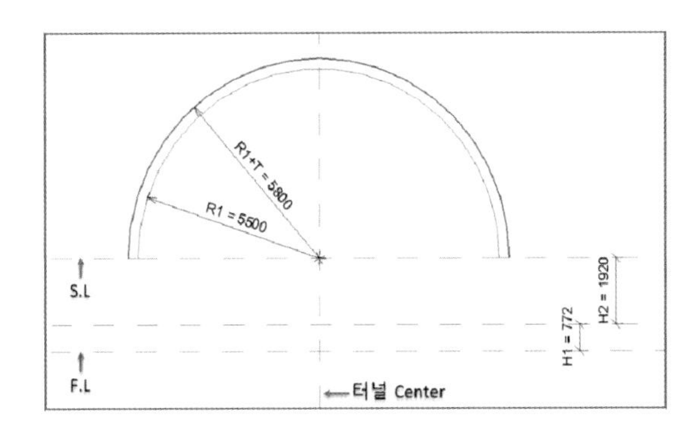

㉢ [수정 탭 〉 특성 패널 〉 패밀리 유형]을 선택하여 라이닝 내측과 외측에 매개변수 설정을 확인합니다. 아래의 그림과 같이 패밀리 유형을 설정하여 프로파일 작성을 완료합니다.

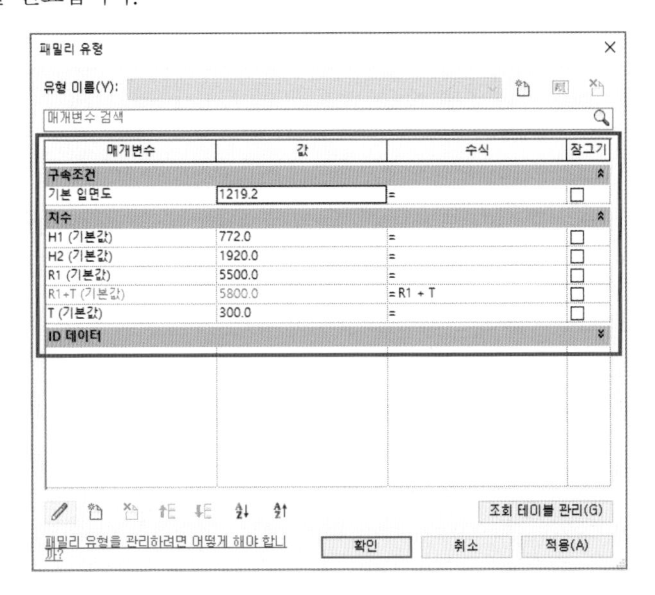

매개변수	값	수식	잠그기
구속조건			
기본 입면도	1219.2	=	☐
치수			
H1 (기본값)	772.0	=	☐
H2 (기본값)	1920.0	=	☐
R1 (기본값)	5500.0	=	☐
R1+T (기본값)	5800.0	= R1 + T	☐
T (기본값)	300.0	=	☐
ID 데이터			

① 라이닝 Bottom

㉠ 참조평면을 기준으로 우측 라이닝 하부를 작성합니다. 앞서 라이닝 Top에서 작성한 것과 마찬가지로 각 매개변수 수치를 작성한 후 매개변수 특성에서 인스턴스로 매개변수 데이터를 작성하는 방식입니다. 터널 Center 참조 평면으로부터 C=2200과 C를 기준으로 G=520 정렬 치수를 작성합니다. C 기준으로 R2=7500 및 G를 기준으로 R3=8320 반지름의 호를 작성하고, 두 호사이에 선을 작성하여 폐합시킨 후 라이닝 Bottom 프로파일을 작성합니다.

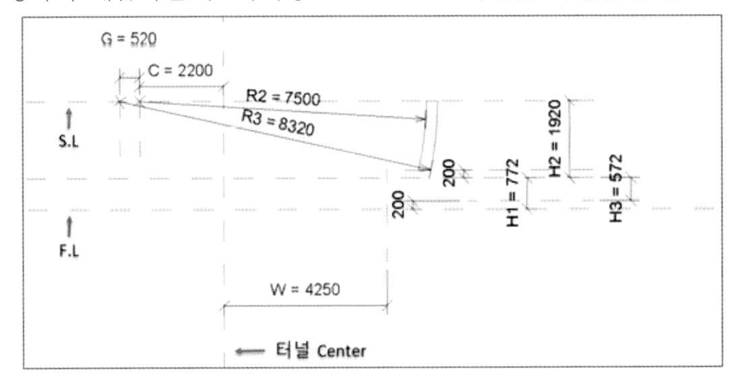

본문의 그림과 같이 터널 물량 산출 특성을 고려하여 라이닝 하부에서 200mm 띄어서 작성합니다.

㉡ 라이닝 하부를 작성하기 위한 패밀리 유형 상의 매개변수 설정을 아래와 같이 구성합니다.

매개변수	값	수식	잠그기
구속조건			
기본 입면도	1219.2	=	☐
치수			
C (기본값)	2200.0	=	☐
G (기본값)	520.0	=	☐
H1 (기본값)	772.0	=	☐
H2 (기본값)	1920.0	=	☐
H3 (기본값)	572.0	=	☐
R2 (기본값)	7500.0	=	☐
R3 (기본값)	8320.0	=	☐
W (기본값)	4250.0	=	☐

③ 숏크리트 Top

㉠ 참조 평면을 기준으로 숏크리트 상부를 작성합니다. 터널 Center 참조 평면과 S.L 참조 평면의 교차점을 기준으로 R1+T=5600와 R1+T+T1=5680 반지름을 가진 호와 숏크리트 두께 T1=80의 모델선을 아래와 같이 폐합되도록 작성합니다.

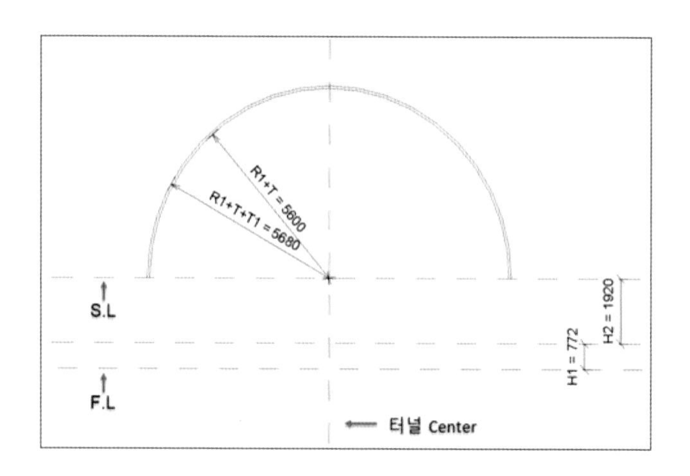

ⓛ 라이닝 Top의 외측 (R1+T)부터 숏크리트 두께(T1)를 적용하여 패밀리 유형의 매개변수를 설정하고 확인합니다. 매개변수 간의 수식이 들어가는 경우 수식에 관여하는 매개변수들은 잠그기 체크박스가 표시됩니다.

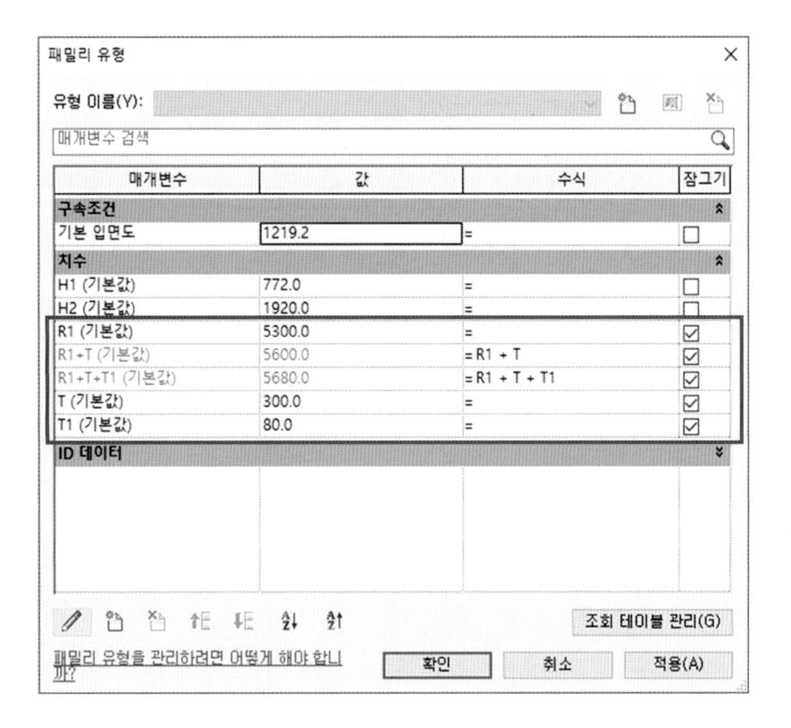

④ 숏크리트 Bottom

㉠ 참조 평면을 기준으로 우측 숏크리트 하부를 작성합니다. 호의 형태로 터널 Center로부터 G=2720를 기준으로 R3+T1=8400과 터널 Center로부터 G=2720를 기준으로 R3=8320 및 선의 형태로 T1=80의 숏크리트 Bottom 모델을 작성합니다.

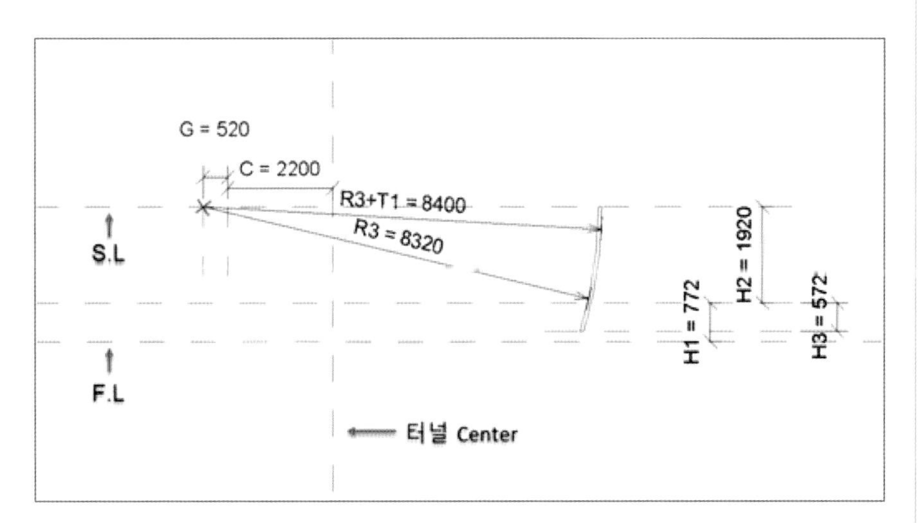

ⓛ 라이닝 Bottom의 외측 (R3)부터 숏크리트 두께 (T1)를 적용하여 패밀리 유형의 매개변수를 설정하고 아래와 같이 값이 입력되는 것을 확인한 뒤 완료합니다.

⑤ 배수콘크리트

㉠ 참조 평면을 기준으로 우측 배수콘크리트 프로파일은 라이닝 Bottom에서 제외한 H2=2120 매개변수 수치 변화에 반영될 200mm 부분을 추가하여 작성합니다.

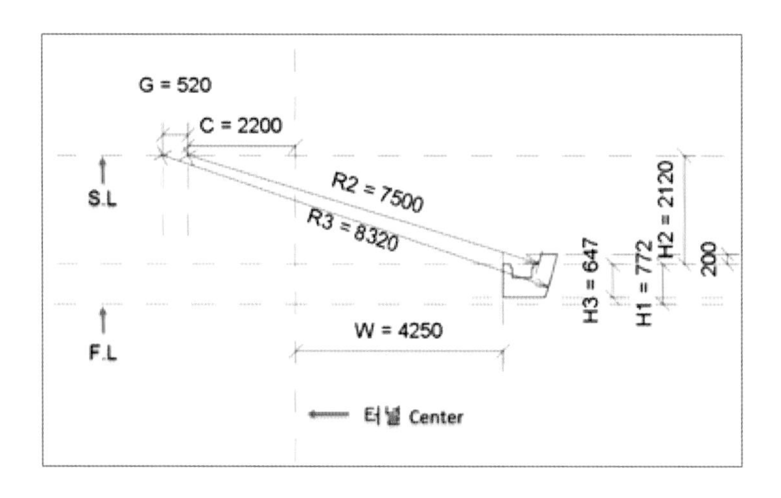

㉡ 배수콘크리트의 공동구 치수는 아래와 같이 고정 치수로써 참조선들을 기준으로 하여 작성합니다.

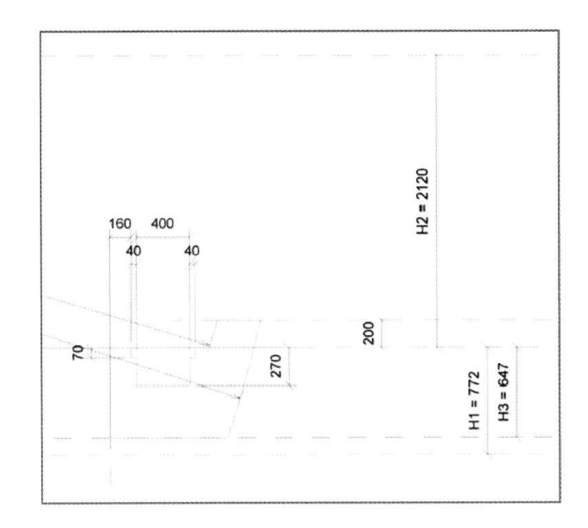

㉢ 라이닝 하부 반경 R2와 R3를 패밀리 유형의 값으로 적용하여 배수콘크리트의 매개변수를 아래와 같이 설정하고 확인한 뒤 완료합니다.

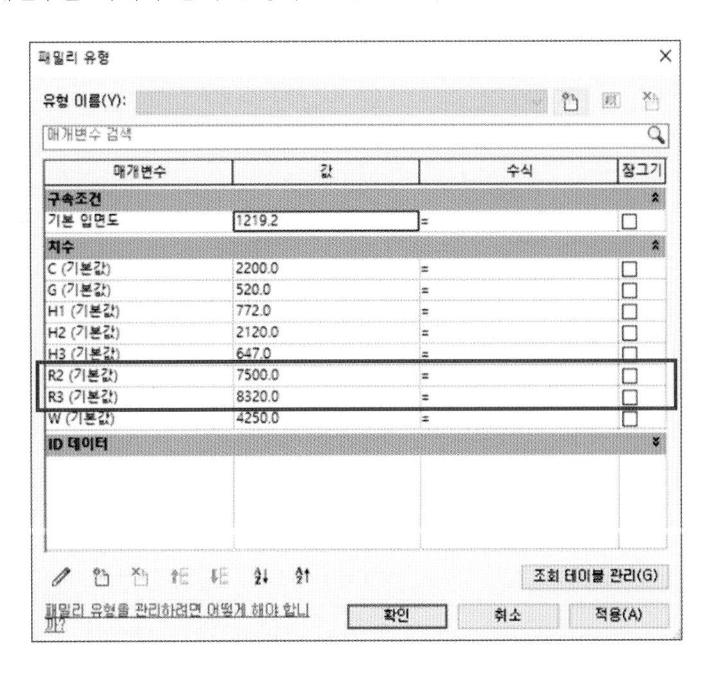

⑥ 보조 도상

㉠ 참조 평면을 기준으로 배수콘크리트 하부(바닥) 레벨에 맞춰 길이는 W=4250이며, 100mm 고정 두께의 보조 도상 하부를 아래와 같이 직사각형으로 폐합시켜 작성합니다.

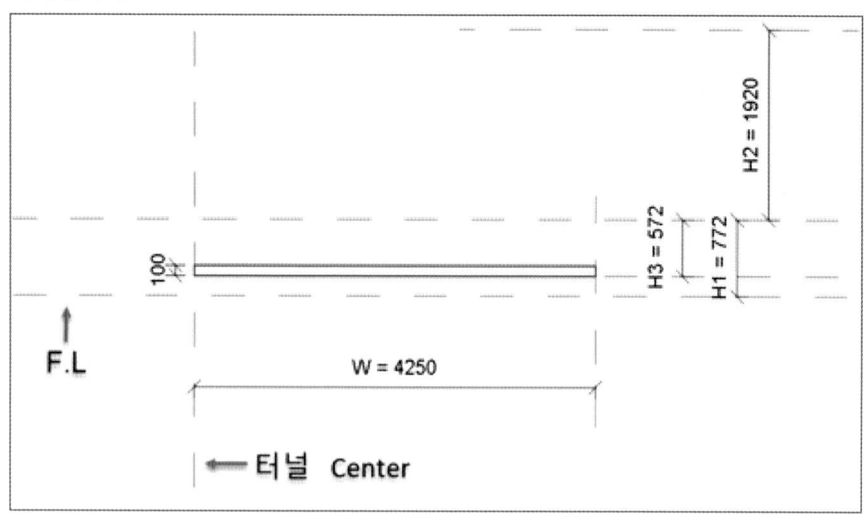

㉡ 보조 도상을 작성하기 위한 매개변수를 패밀리 유형에서 아래와 같이 설정한 뒤 확인 후 완료합니다.

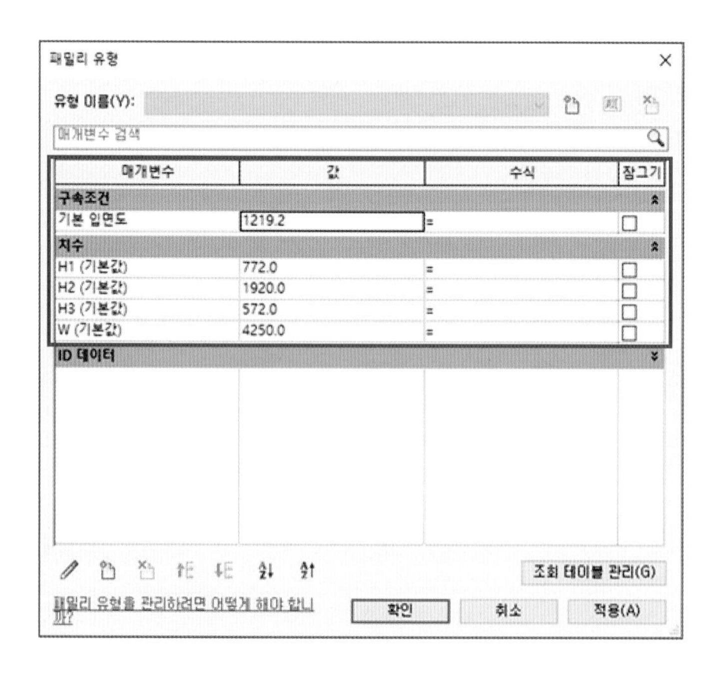

⑦ 맹암거

㉠ 참조 평면을 기준으로 맹암거를 참조선을 참고하여 아래와 같이 작성합니다.

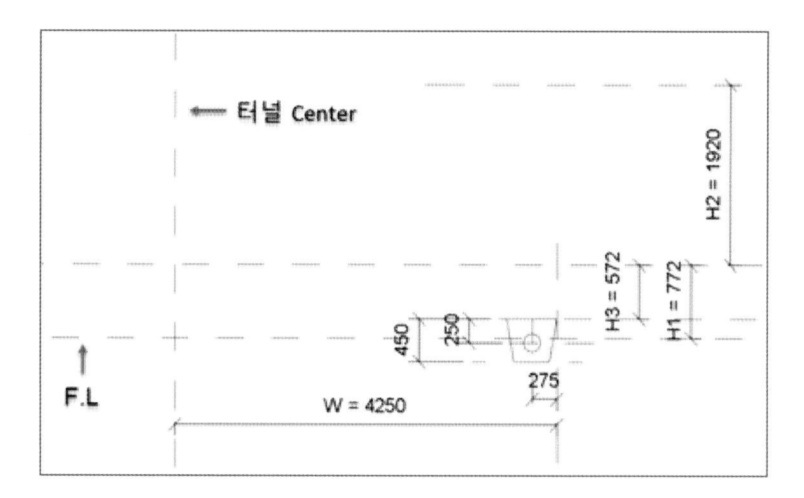

㉡ 맹암거의 치수는 아래와 같이 고정 치수로써 F.L 참조 평면과 W=4250을 참고하여 작성하며, 주배수관 부분의 원의 반지름은 100mm입니다.

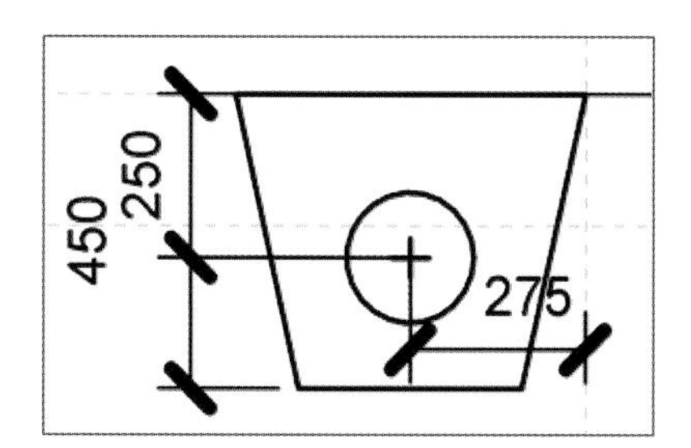

㉢ 맹암거를 보조 도상의 하부 및 폭에 맞춰서 배치하기 위한 패밀리 유형의 매개변수를 아래와 같이 설정한 뒤 확인하고 완료합니다.

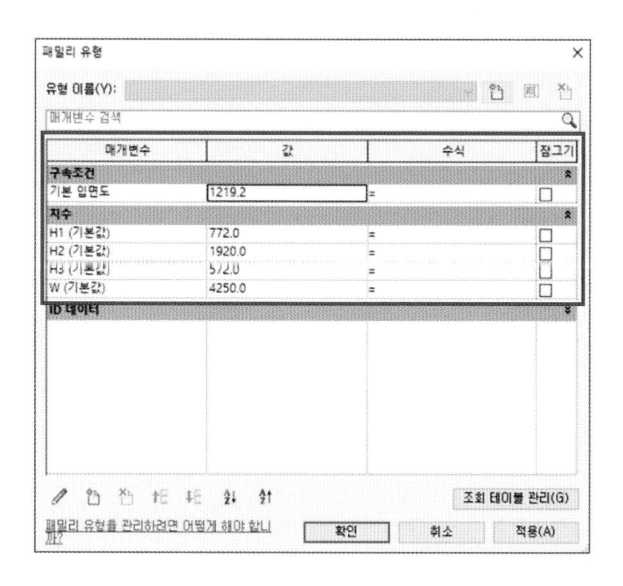

04 통합 프로파일 패밀리 작성

[Revit 〉 파일 탭 〉 새로 만들기 〉 패밀리 〉 개념 질량(매스) 〉 미터법 질량] 템플릿을 열기하여 앞서 작성된 터널 구성 프로파일 패밀리를 모두 로드하여 통합 프로파일 패밀리를 작성합니다.

① [삽입 탭 〉 라이브러리에서 로드 패널 〉 패밀리 로드] 도구를 클릭합니다. 터널 프로파일 패밀리들이 저장되어 있는 파일경로를 찾아서 패밀리 파일들을 차례로 로드시킵니다.

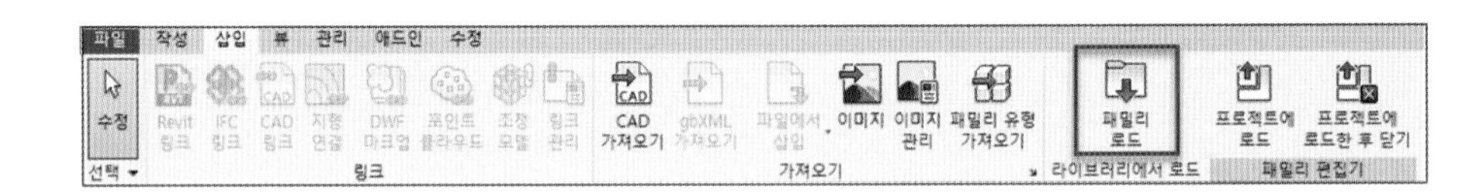

② 통합 프로파일 패밀리 파일에 로드 할 프로파일 패밀리는 아래와 같습니다. [프로젝트 탐색기 〉 패밀리 〉 매스]에서 앞서 작성한 7개의 프로파일 패밀리들이 로드된 것을 확인할 수 있습니다.

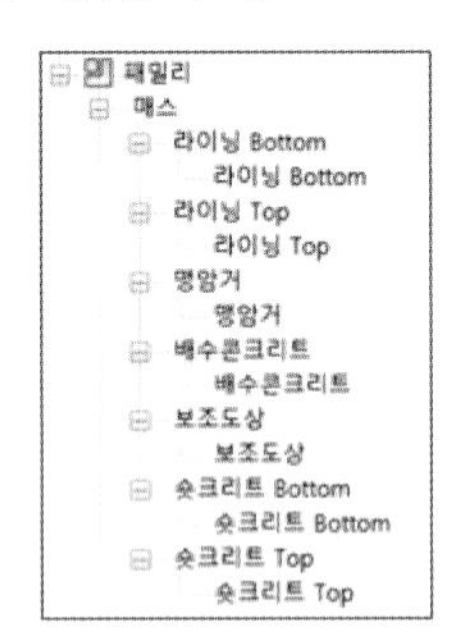

③ 활성화된 평면 뷰에서 참조선의 센터인 F.L 참조 평면과 터널 Center 참조 평면의 교차점에 맞춰 프로파일 패밀리를 배치합니다. 배치 시, 패밀리들의 형상이 일부 중복되거나 어긋나 보일 수 있습니다. (형상이 맞지 않는 부분은 매개변수의 치수가 서로 달리 작성된 것으로 통합 프로파일 패밀리안에서 매개변수 값을 조정하여 재배치하도록 합니다.)

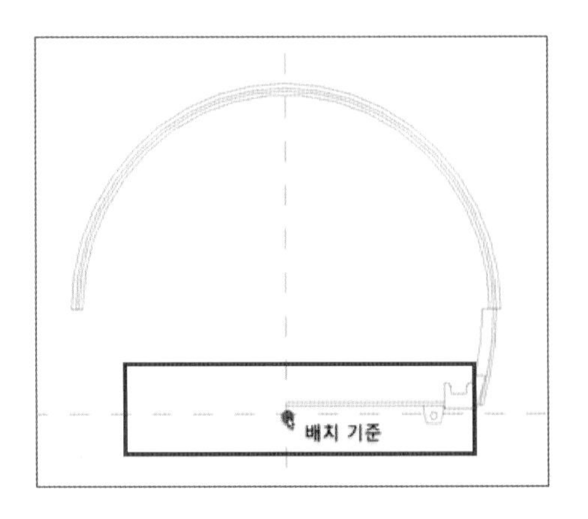

④ 우측에만 배치 되어있던 라이닝/숏크리트Bottom, 배수콘크리트, 보조도상, 맹암거 객체들을 수정탭 대칭 기능을 이용하여 좌측으로 복사합니다.

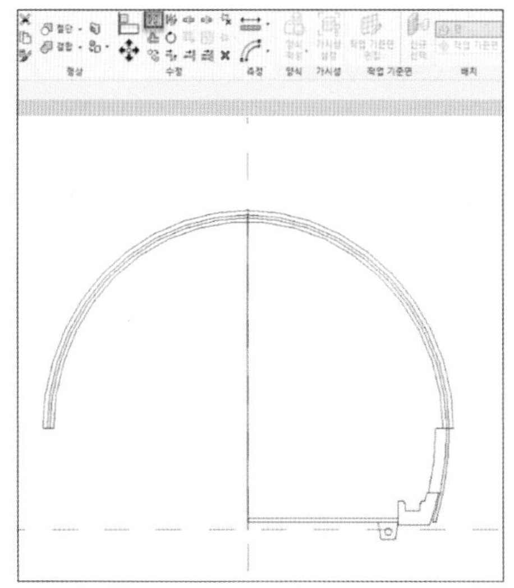

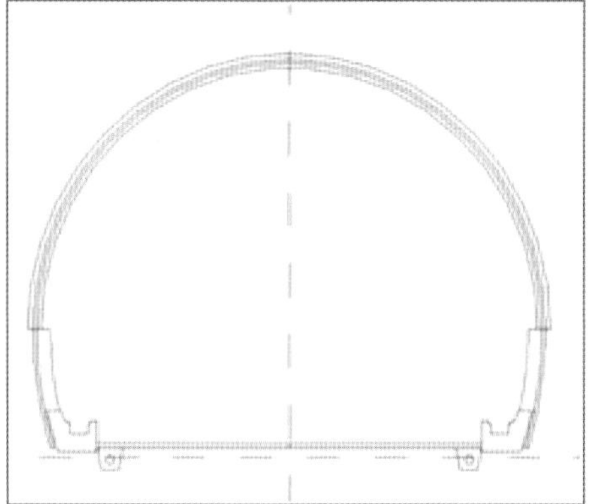

⑤ 프로파일 패밀리에 사용된 모든 매개변수를 수정 탭에 특성 패널의 패밀리 유형에서 인스턴스로 이름 항목만 변경한 뒤 설정 추가 후 매개변수 항목마다 각각의 값을 아래와 같이 입력합니다.

매개변수	값	수식	잠그기
구속조건			
기본 입면도	1219.2	=	☐
치수			
C (기본값)	2200.0	=	☐
G (기본값)	520.0	=	☐
H1 (기본값)	772.0	=	☐
H2 (기본값)	1920.0	=	☐
H3 (기본값)	572.0	=	☐
R1 (기본값)	5300.0	=	☐
R2 (기본값)	7500.0	=	☐
R3 (기본값)	8320.0	=	☐
T (기본값)	300.0	=	☐
T1 (기본값)	80.0	=	☐
W (기본값)	4250.0	=	☐
ID 데이터			

⑥ 통합 프로파일 패밀리 파일에 작성된 매개변수 항목과, 로드 한 프로파일 패밀리의 매개변수를 연계하는 작업을 진행합니다. 배치된 객체들을 선택하면 특성창에 객체의 치수 매개변수가 있는데, 각 항목들의 우측 사각형태의 버튼을 클릭하여 "패밀리 매개변수 연관" 입력상자를 오픈한 뒤 각각의 매개변수를 선택하여 서로 연결시켜 줍니다.
(다이나모에서 엑셀파일의 매개변수 값과 패밀리를 연계할 때, 터널 패밀리의 매개변수 값 자동 적용을 위한 필수 작업입니다.)

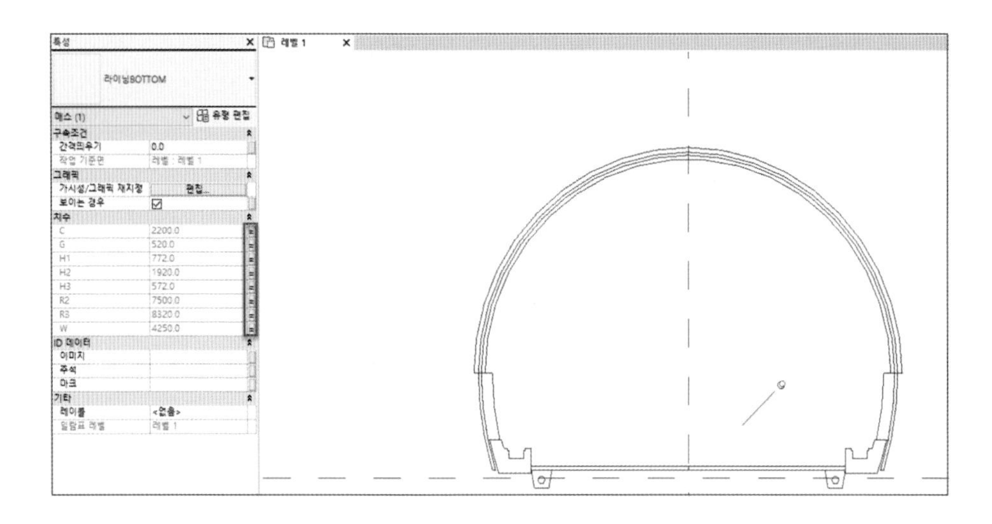

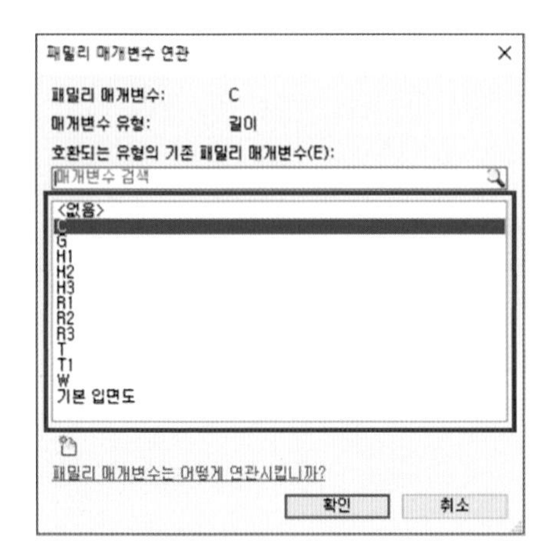

⑦ 모든 객체의 매개변수 항목이 연결되었다면, 터널의 형상이 아래와 같이 정상적으로 배치됨을 확인할 수 있습니다. (만약 터널의 형상이 정상적으로 배치되지 않는다면, 각 프로파일 패밀리를 열어서 매개변수 설정 등을 확인해 보시거나 통합 배치 시 중심점 선택 혹은 패밀리 매개변수 연관부분을 다시 확인해보시기 바랍니다.)

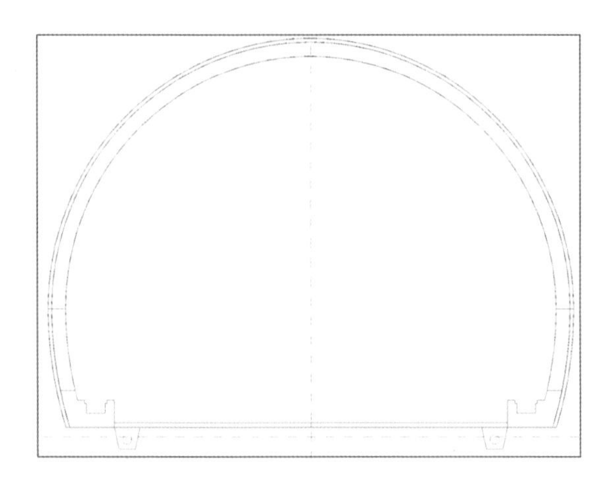

⑧ 모든 프로파일 객체를 선택한 후에 **[수정 | 매스 탭 〉 양식 패널 〉 양식 작성]** 도구를 클릭한 후 사용 타입은 아래 그림상의 붉은색 체크박스와 같이 면으로 솔리드 양식을 작성합니다. 특히 맹암거 객체의 솔리드 양식 작성 시, 주 배수관 부분은 보이드 양식으로 뚫어 주어야 하는데 이 작업은 맹암거 패밀리 편집으로 들어가서 따로 작성하여야 합니다.

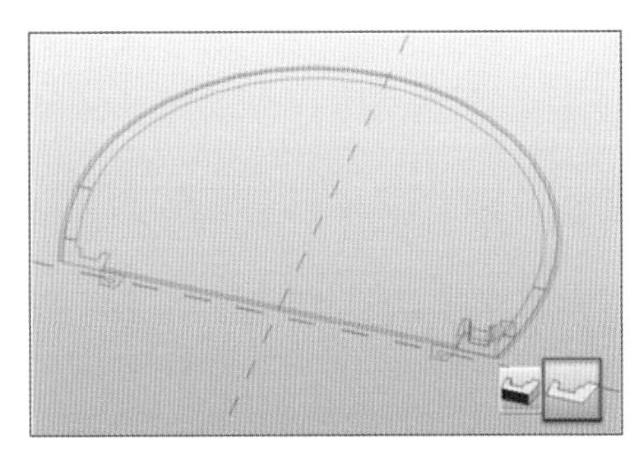

05 3 Adaptive Point 터널 패밀리 작성

[Revit 〉 파일 탭 〉 새로 만들기 〉 패밀리 〉 미터법 일반 모델 가변] 템플릿에서 Adaptive Point (가변점)을 사용하여 3 Adaptive Point 터널 패밀리를 작성합니다.

① 3 Adaptive Point 터널 패밀리 작성에 앞서, 매개변수 연관 작업이 필요하므로 특성 패널의 패밀리 유형에서 패밀리 매개변수 항목을 아래와 같이 작성합니다. 통합 프로파일 매개변수 항목과 동일하며, Adaptive Point의 각도 매개변수 rot_XY_A~C까지 총 3개가 추가되었는데 이 치수들만 매개변수 특성에서 매개변수 데이터 항목의 매개변수 유형을 각도로 설정합니다.

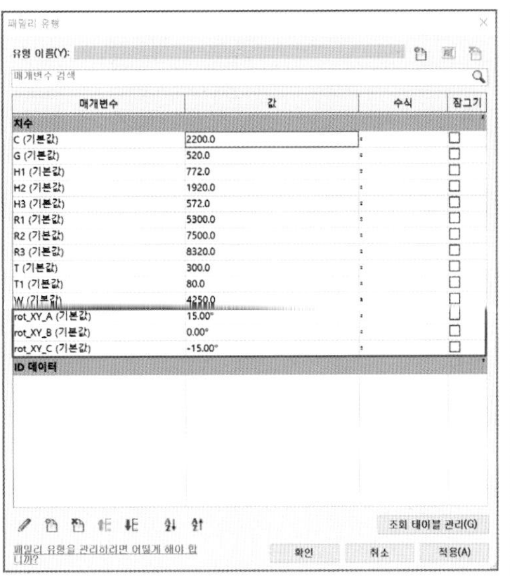

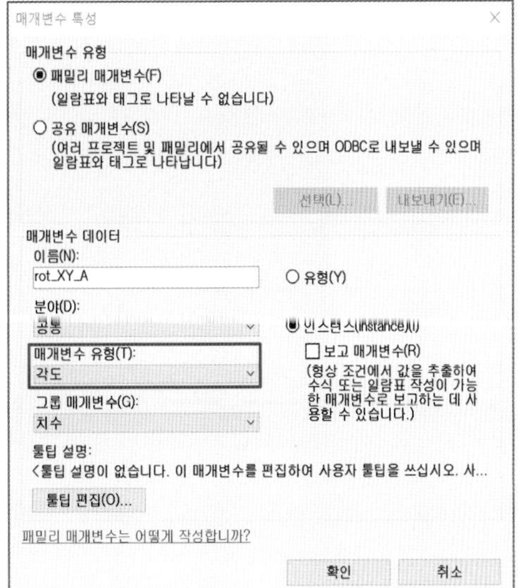

② 3D 뷰 상에서 [**작성 탭 〉 그리기 패널 〉 점 요소**]를 클릭하여 3개의 참조점을 생성하고,참조점 객체를 선택한 후 [**수정| 참조점 탭 〉 가변 구성요소 패널 〉 가변화**] 도구를 클릭하여 참조점을 선택 가변점으로 변환합니다.

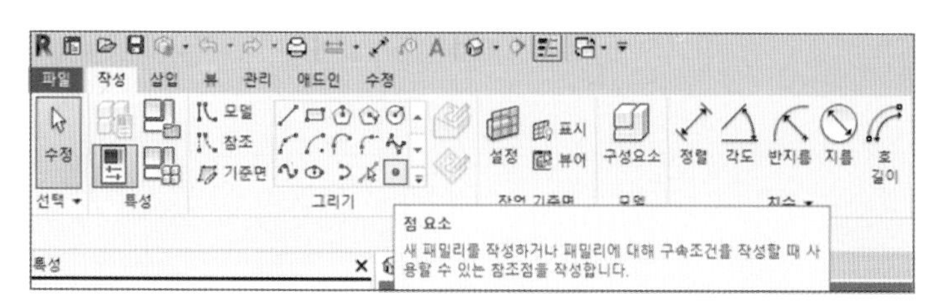

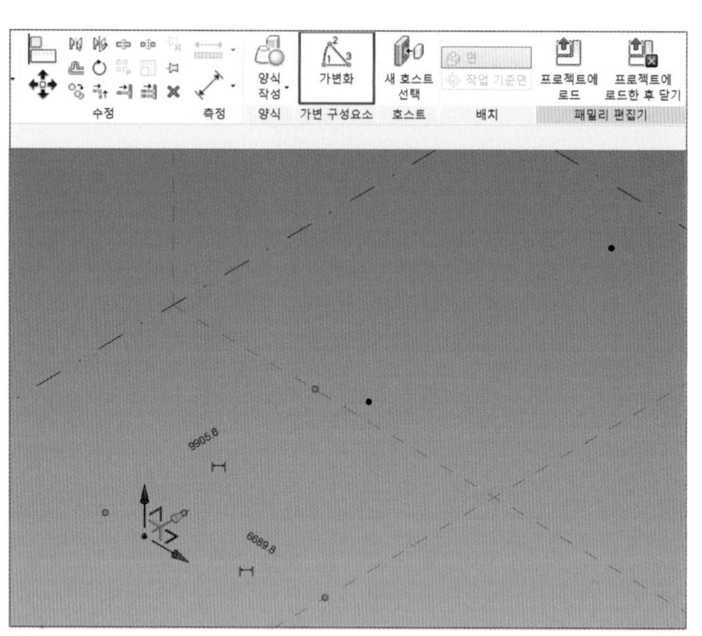

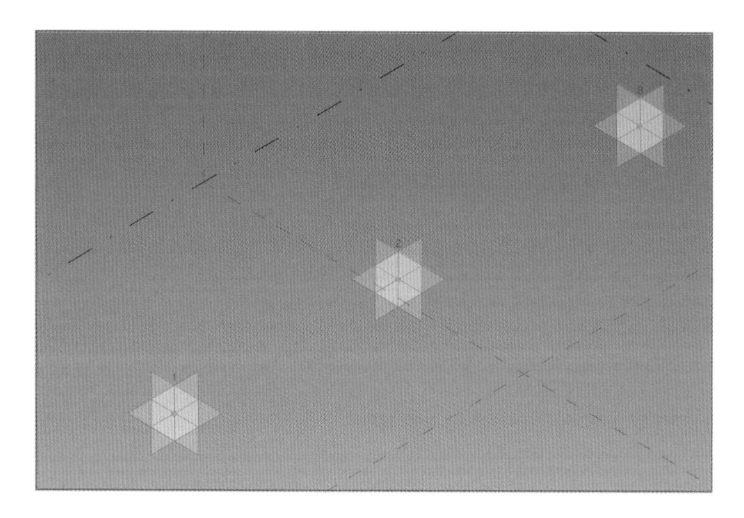

③ 가변점과 참조점의 특성은 아래와 같습니다. 가변점의 특성에서 방향지정을 전역(Z) 다음 호스트(XY)로 변경합니다.

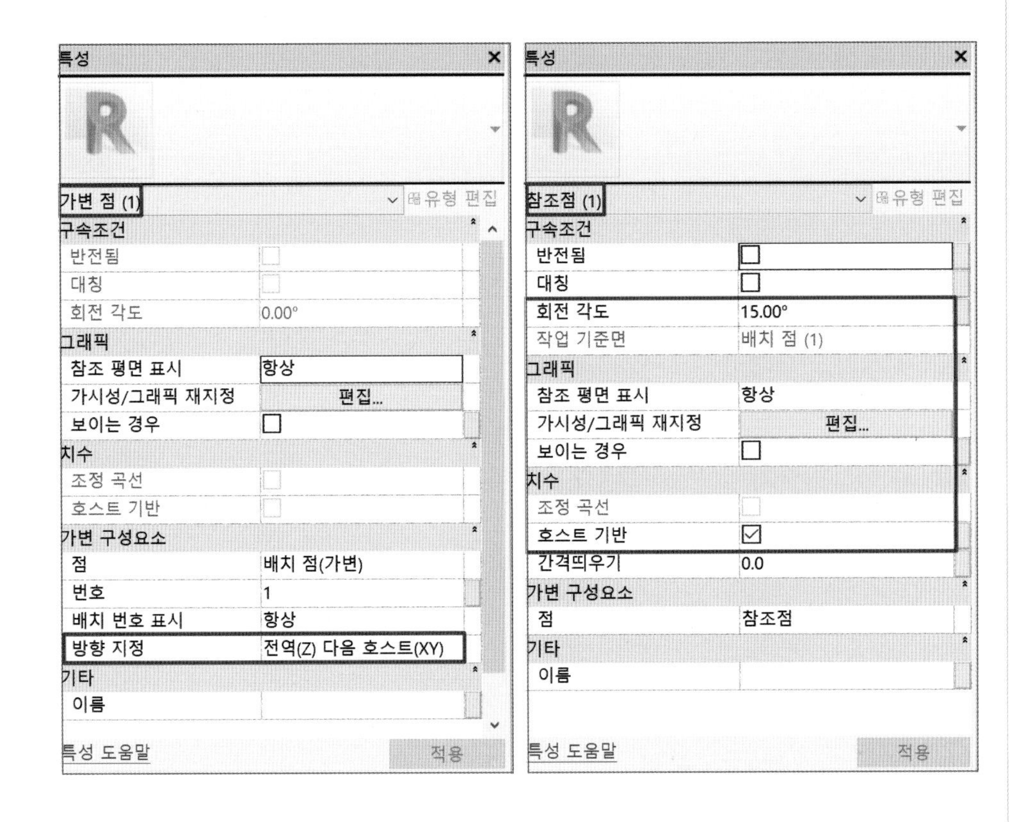

④ 가변의 수평 기준면을 작업 기준점으로 두고 참조점을 각각 동일한 위치의 가변점 포인트에 추가한 후 참조점에 회전 각도 매개변수를 입력합니다. 참조점의 회전 각도 매개변수는 첫 번째 참조점부터 순차적으로 rot_XY_A/B/C로 설정합니다. 또한, 작업기준면은 배치 점으로 설정 및 호스트 기반으로 설정되도록 합니다.

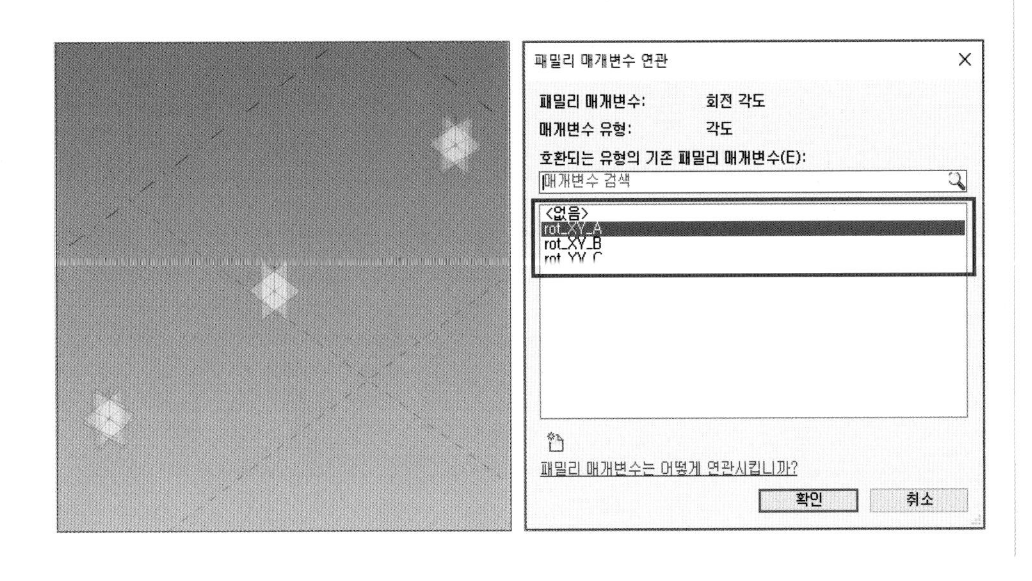

⑤ 3개의 참조점을 기준으로 통합 프로파일을 아래와 같이 배치합니다. 최초 Tunnel Adapive Mass 패밀리를 인스턴스로 작성을 선택하여 배치를 하면 평면상에 패밀리가 배치가 될 경우가 있습니다. 이 경우에는 패밀리를 선택한 후 **[수정 | 매스 탭 〉 배치 패널 〉 신규 선택 〉 작업 기준면]**에서 배치 기준면 항목을 선택으로 설정한 뒤 가변점의 수직 평면을 클릭하여 패밀리를 정면 배치한 후 작업 기준면을 참조점으로 설정합니다. 또한 상하가 반대로 되어있을 경우 작업기준면 반전을 사용하여 맞추도록 합니다.

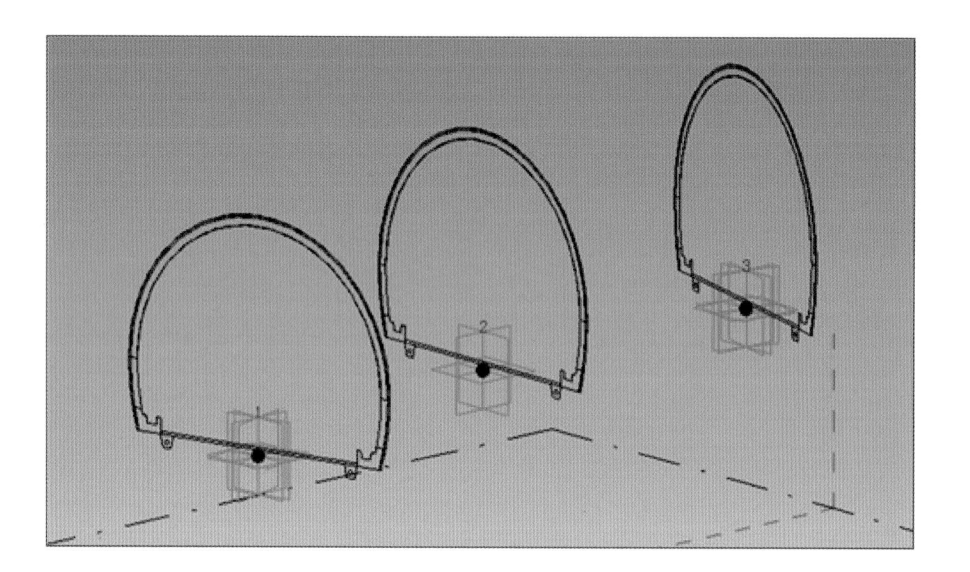

⑥ 배치된 통합 프로파일 패밀리를 선택하여 아래와 같이 치수 매개변수 항목들을 매개변수 연관으로 터널 3 Adaptive Point 패밀리와 각각 연계합니다.

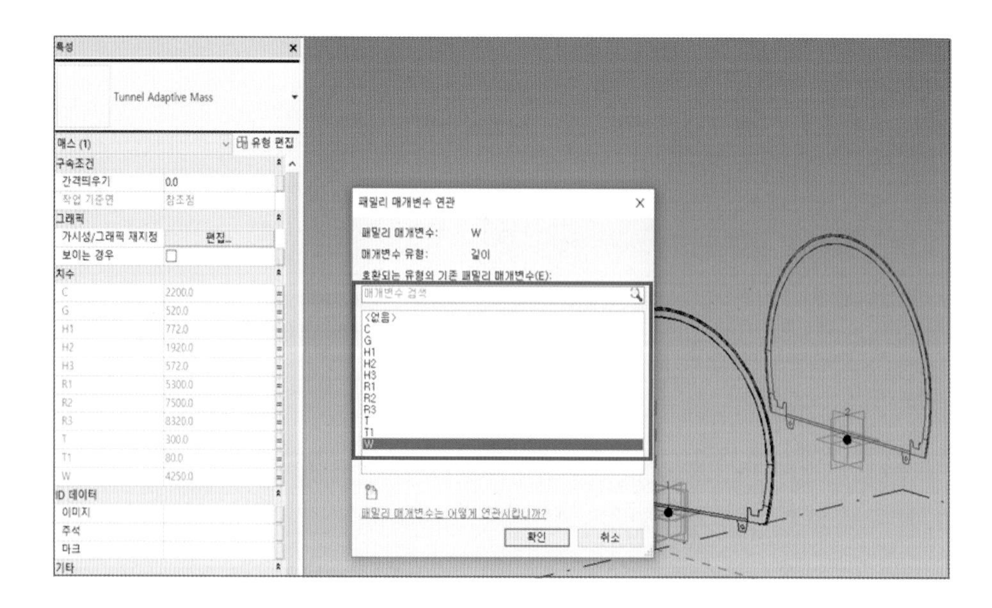

⑦ 터널을 구성하는 프로파일들을 각각 솔리드 양식으로 생성하고, 작성된 솔리드에 재료를 설정합니다. 통합 프로파일에서 솔리드 면으로 작성한 라이닝 Top/Bottom, 숏크리트 Top/Bottom, 배수콘크리트, 보조도상, 맹암거 각각의 면을 선택하여 특성창의 재료 및 마감재 패밀리 매개변수를 연관한 솔리드 양식을 생성합니다. 이때 서로 연결할 프로파일들을 각 폐합된 재료 부분별로 선택하여 솔리드로 생성하도록 합니다. 작성된 솔리드 양식에 재료 매개변수를 설정 시, 추후 프로젝트에서 터널을 구성하는 각 부분의 물량을 산출할 수 있습니다.

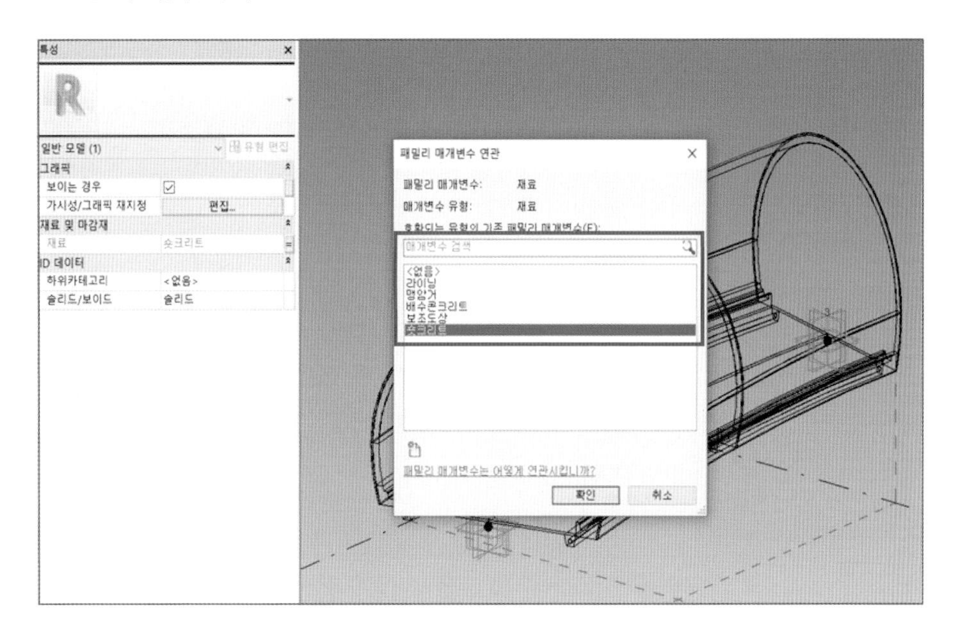

⑧ 한 터널 3 Adaptive Point 패밀리를 완료했습니다. Revit에서 다이나모 로직 적용 시에는 아래와 같이 터널 3 Adaptive Point 패밀리만 로드하여 사용합니다.

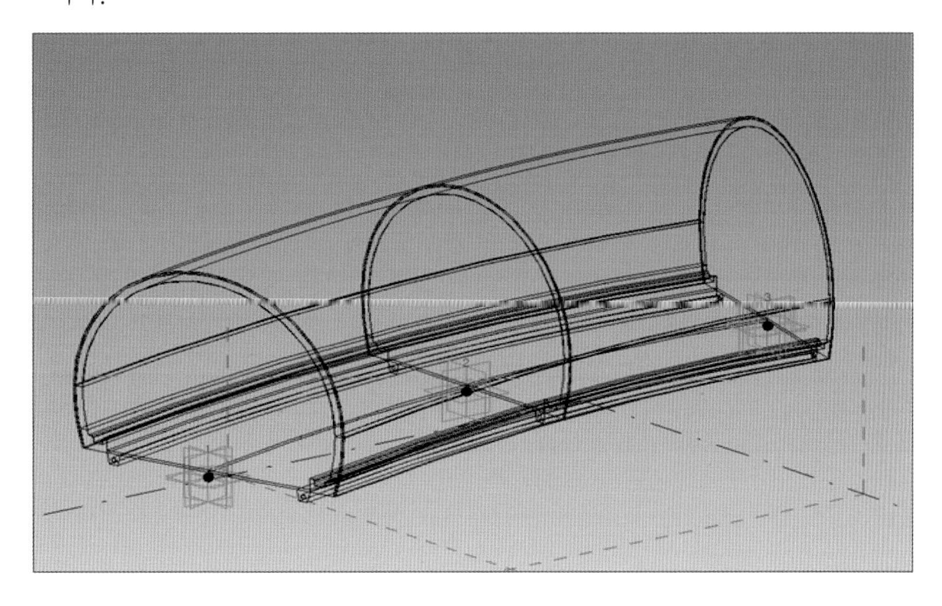

06 록볼트 배치 패밀리

터널에 배치하는 록볼트 매스 패밀리를 작성합니다. 작성할 록볼트는 표준지보 패턴표를 보고 록볼트의 배치 간격, 개수, 길이 등을 참고합니다.

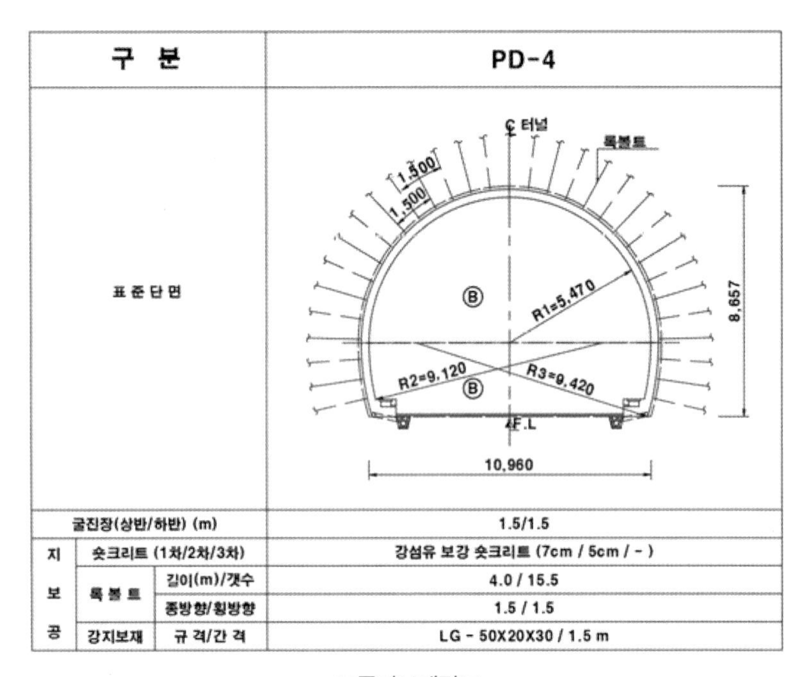

구 분			PD-4
표준단면			
굴진장(상반/하반) (m)			1.5/1.5
지보공	숏크리트 (1차/2차/3차)		강섬유 보강 숏크리트 (7cm / 5cm / -)
	록볼트	길이(m)/갯수	4.0 / 15.5
		종방향/횡방향	1.5 / 1.5
	강지보재	규 격/간 격	LG - 50X20X30 / 1.5 m

표준지보패턴표

록볼트 배치 패밀리는 위와 같이 패턴을 참고하여 Center와 Lattice 2개 타입의 패밀리를 작성합니다. (Center와 Lattice는 격자로 1세트입니다.)

록볼트의 길이, 개수, 종/횡 간격은 터널 패턴 및 단면 형상에 따라 변경되며, 현장여건에 따라 변동이 발생합니다. 또한, 구조계산, 단면검토 등 설계조건에 따라 변동되는 부분이 많이 있으므로 설계와 부합하기 위해서는 사용자가 패밀리를 수정하여 활용하도록 해야 합니다.

록볼트 배치 패밀리는, 패턴PD-1의 경우 종/횡방향의 간격이 랜덤으로 설정되어 록볼트 1개를 생성해야 하지만 이는 수량을 위한 모델이기 때문에 록볼트 생성을 제외하였고, 나머지 패턴들은 록볼트 길이, 종/횡 간격을 설정하여 록볼트가 자동으로 배치되는 패밀리로 작성하였습니다.
(패턴PD-1의 경우, 매개변수 값을 조정하여 록볼트가 최소 배치되도록 작성 후, Revit에서 불필요한 록볼트 형상을 삭제할 수도 있습니다.)

07 록볼트 패밀리 구성

1. 프로파일

록볼트 타입 별로 개념 매스의 미터법 질량 템플릿을 사용하여, 매개변수를 적용한 록볼트 프로파일 패밀리를 작성합니다.

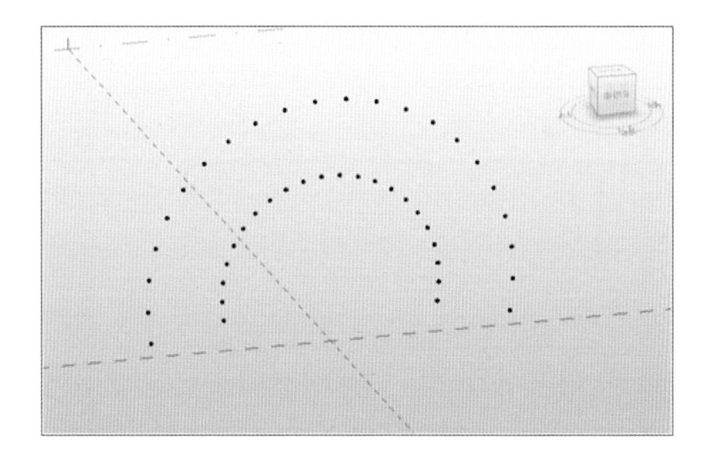

2. 최종 록볼트 배치 파일 및 형상 패밀리

미터법 질량 템플릿에 2개의 파일로 작성된 Center_Profile과 Lattice_Profile을 각각 배치하며, 다이나모 로드할 때 사용할 록볼트 배치 패밀리(Rock Bolt_EA)를 작성합니다.

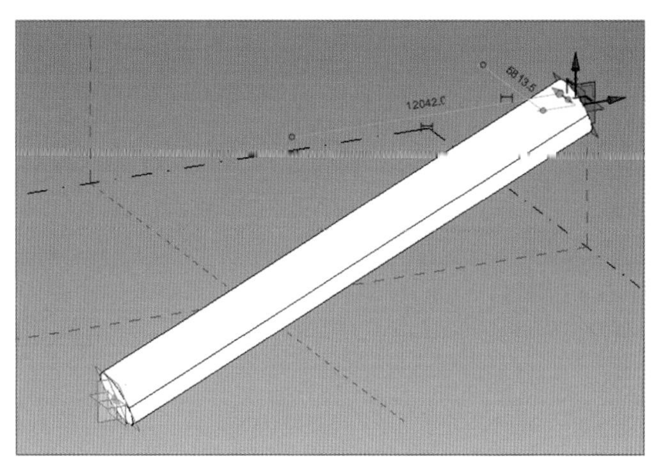

08 록볼트 프로파일 패밀리 작성하기

1. Center_Profile

① 터널 프로파일을 작성했던 것과 같이 미터법 질량 패밀리 템플릿을 사용합니다. 평면뷰를 활성화한 후 아래 그림과 같이 참조선 8개를 그립니다. (터널 상 / 하부, 좌 / 우측, 그리고 록볼트 길이를 내 / 외측으로 구분하여 따로 작성합니다.) 록볼트 내부 참조선은 터널의 라이닝 외측을 기준으로 배치되도록 합니다.

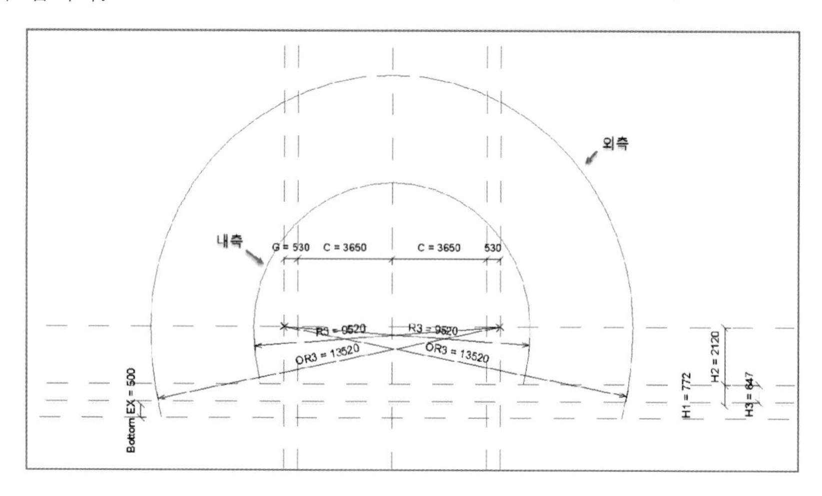

② 매개변수 값 들은 터널 패밀리와 동일하게 사용하며 록볼트 변수 값 관련 항목의 매개변수를 아래와 같이 추가 작성합니다. 두 매개변수를 적용하면 자동으로 노드(록볼트) 개수를 생성합니다.

※ Rocbolt Length : 록볼트 내/외측 간격 (록볼트 연장 매개변수)

※ Rocbolt Division : 패턴별 록볼트 횡방향 간격

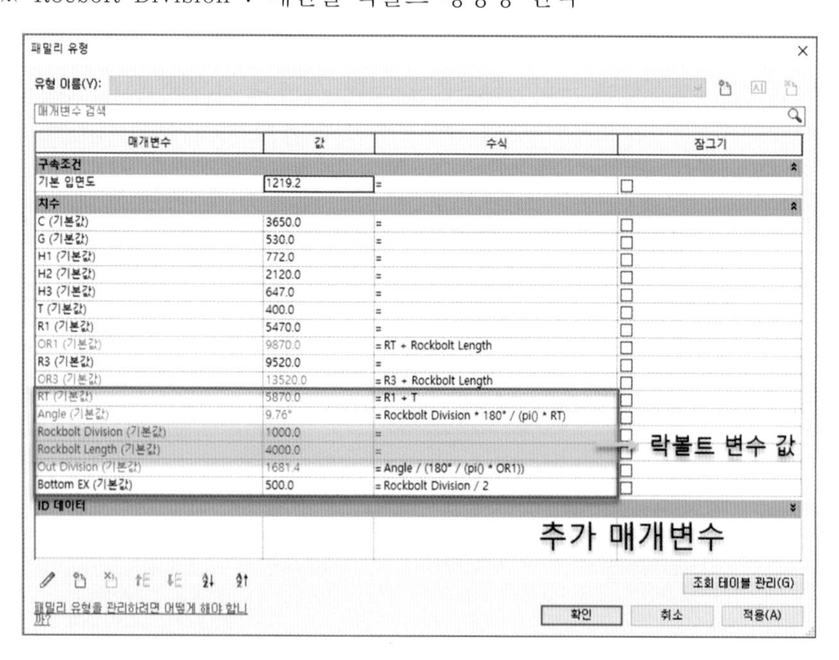
패밀리 유형

유형 이름(Y):

매개변수 검색

매개변수	값	수식	잠그기
구속조건			
기본 입면도	1219.2	=	☐
치수			
C (기본값)	3650.0	=	☐
G (기본값)	530.0	=	☐
H1 (기본값)	772.0	=	☐
H2 (기본값)	2120.0	=	☐
H3 (기본값)	647.0	=	☐
T (기본값)	400.0	=	☐
R1 (기본값)	5470.0	=	☐
OR1 (기본값)	9870.0	= RT + Rockbolt Length	☐
R3 (기본값)	9520.0	=	☐
OR3 (기본값)	13520.0	= R3 + Rockbolt Length	☐
RT (기본값)	5870.0	= R1 + T	☐
Angle (기본값)	9.76°	= Rockbolt Division * 180° / (pi() * RT)	☐
Rockbolt Division (기본값)	1000.0	=	☐
Rockbolt Length (기본값)	4000.0	=	☐
Out Division (기본값)	1681.4	= Angle / (180° / (pi() * OR1))	☐
Bottom EX (기본값)	500.0	= Rockbolt Division / 2	☐
ID 데이터			

③ 록볼트가 배치될 지점은 참조선을 분할한 노드점을 사용하는데, 참조선을 분할하여 노드를 생성하는 방법은 작성된 참조선을 선택 후**[수정 탭 〉 분할 패널 〉 경로분할]** 도구를 클릭하여 가변 구성요소를 호스트 할 수 있는 노드로 구분된 세그먼트로 분할합니다.

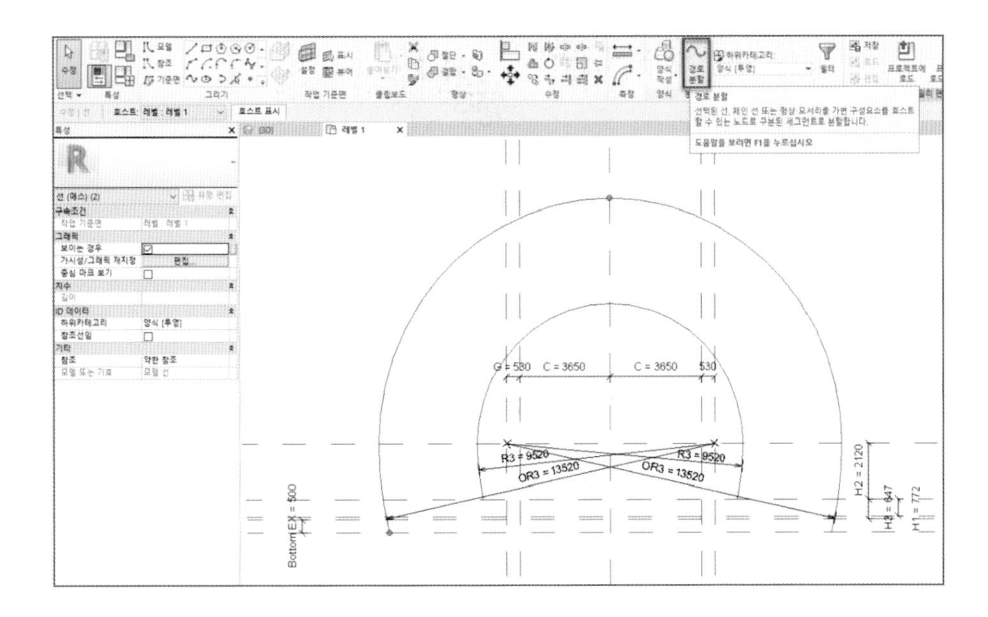

④ 분할선은 터널 Center 참조 평면을 기준으로 좌/우측과 내/외측으로 구분하며, 경로 분할 시 배치 항목을 '고정 거리' 설정 후 Default로 생성된 노드 개수는 내/외측 참조선을 구분하여 선택합니다. 노드 특성의 '거리' 항목에 패밀리 매개 변수를 연관시킵니다. 내측은 'Rockbolt Division'을, 외측은 'Out Division'을 연계하여 원하는 노드(록볼트)개수가 생성되도록 합니다. (노드가 터널 중심선을 기준으로 세그먼트에 배치되도록 특성창의 '맞춤' 항목을 잘 구분해야 합니다.)

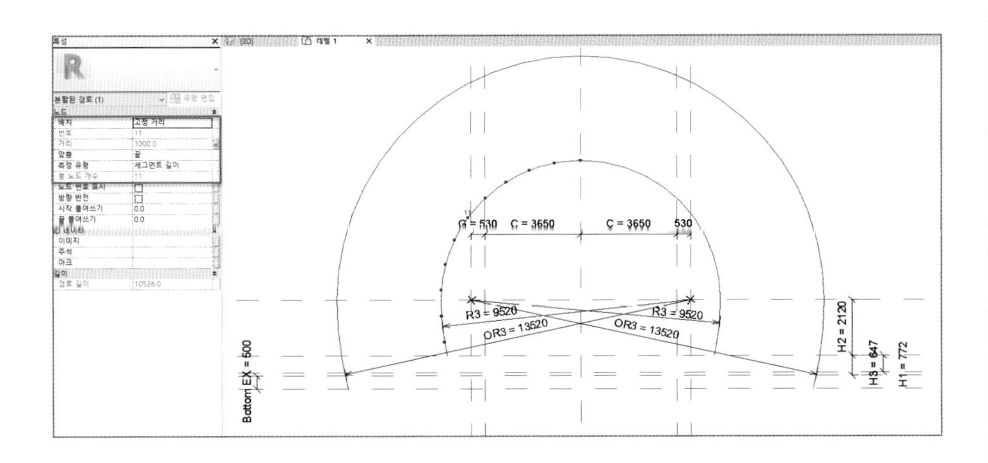

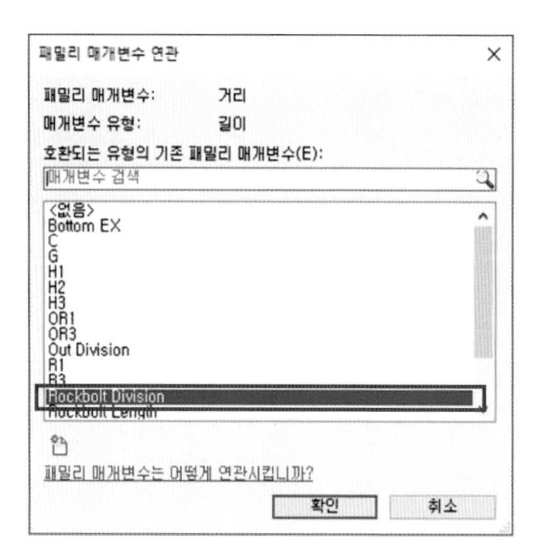

패밀리 매개변수 연관
패밀리 매개변수: 거리
매개변수 유형: 길이
호환되는 유형의 기존 패밀리 매개변수(E):
매개변수 검색
<없음>
Bottom EX
C
G
H1
H2
H3
OR1
OR3
Out Division
R1
R3
Rockbolt Division
패밀리 매개변수는 어떻게 연관시킵니까?
확인
취소

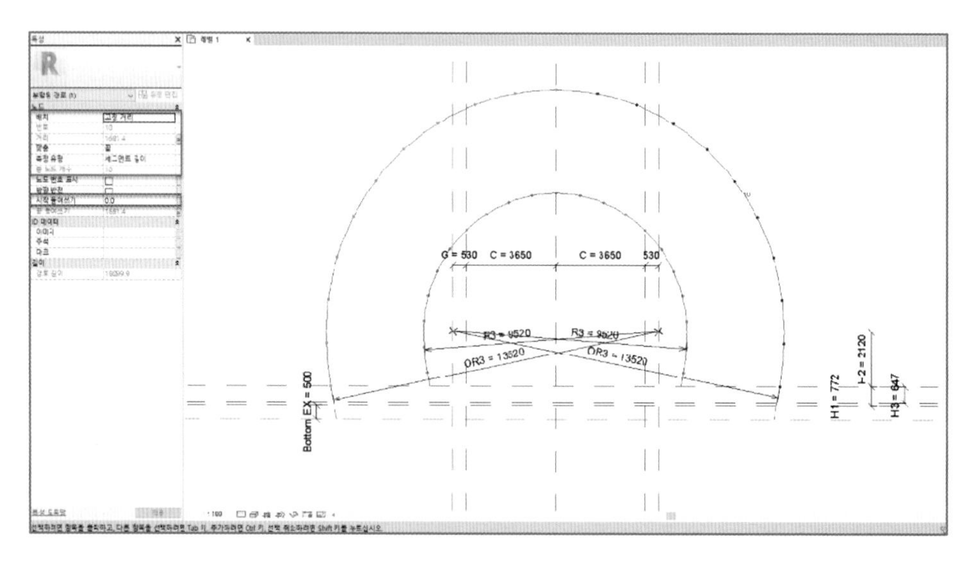

G = 530
C = 3650
C = 3650
530
OR3 = 13520
OR3 = 13520
Bottom EX = 500
H1 = 772
H2 = 2120

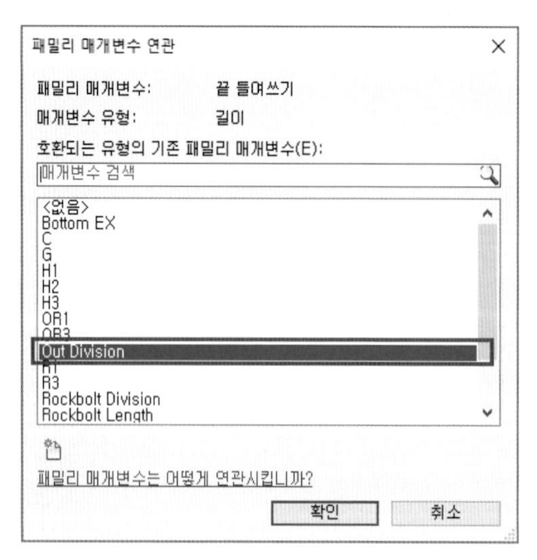

패밀리 매개변수 연관
패밀리 매개변수: 끝 들여쓰기
매개변수 유형: 길이
호환되는 유형의 기존 패밀리 매개변수(E):
매개변수 검색
<없음>
Bottom EX
C
G
H1
H2
H3
OR1
Out Division
R3
Rockbolt Division
Rockbolt Length
패밀리 매개변수는 어떻게 연관시킵니까?
확인
취소

⑤ 좌/우측 세그먼트가 접해있는 터널 Center 참조 평면에 중복되는 노드를 피하기 위해서 좌/우측 설정에 차이를 두도록 합니다. 예를 들어, 좌측에 8개의 노드가 생성되었다면, 우측에는 7개의 노드만 생성되도록 세그먼트 특성의 '맞춤'을 기준으로 '들여쓰기'에 '거리'와 동일한 매개변수를 설정합니다.

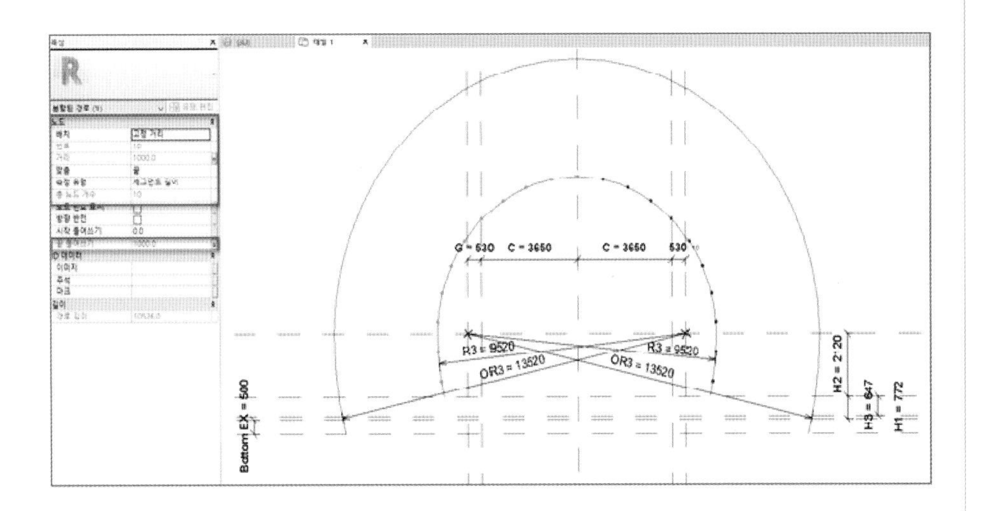

2. Rockbolt_Center

① 미터법 질량 템플릿을 새로 열어서, 앞서 작성한 Center_Profile을 로드 후 수직면에 배치하여 록볼트 배치 패밀리를 작성하도록 합니다. 수직면에 프로파일을 배치해야 하므로 남쪽 입면도를 활성화한 후 아래와 같이 Center_Profile을 배치합니다.

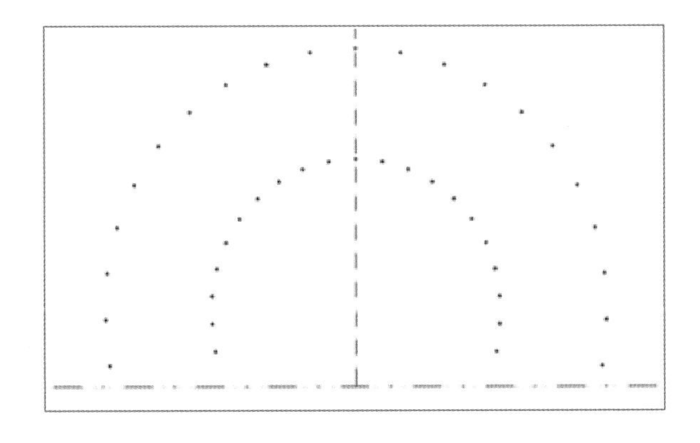

② 다이나모에서 엑셀로 불러올 매개변수의 값과 프로파일 패밀리에 작성한 매개변수를 연결할 수 있도록 Rockbolt_Center 패밀리에도 매개변수를 아래와 같이 생성합니다.

③ Center_Profile과 매개변수 항목이 모두 일치해야 하지만, 수식을 적용한 항목을 제외하고 나머지 항목만 Rockbolt_Center 패밀리에 추가하면 됩니다.(엑셀에서 불러올 매개변수 항목)

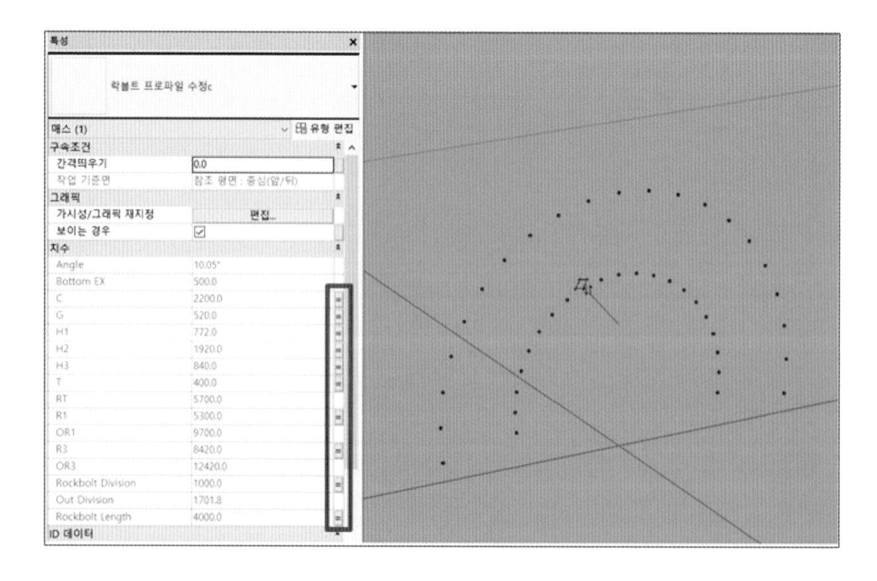

3. Lattice_Profile

① 앞서 작성했던 방법과 마찬가지로 미터법 질량 패밀리 템플릿을 사용하여 패밀리를 작성합니다. 작성방법은 Center_Profile과 동일하지만 '경로분할' 조건이 다릅니다.

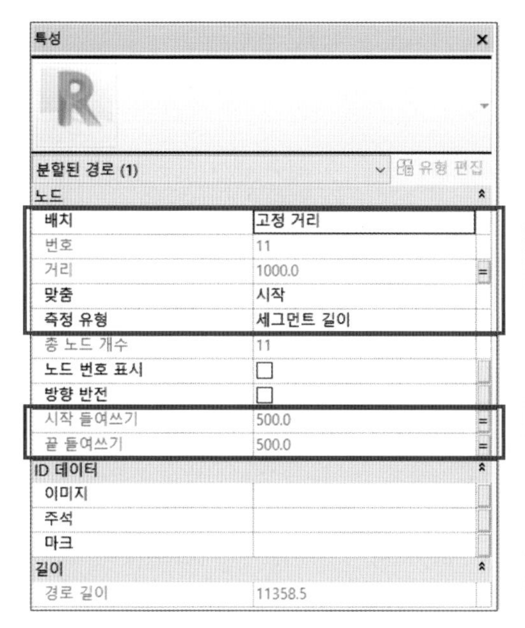

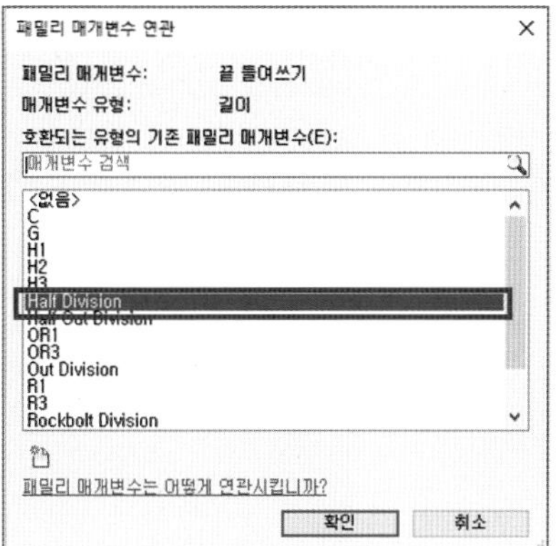

4. Rockbolt_Lattice

① Rockbolt_Lattice 패밀리 역시 Rockbolt_Center와 동일하게 프로파일 패밀리를 로드하여 작성합니다. 새로운 질량 미터법 템플릿에 Lattice_Profile 패밀리를 남쪽 입면 뷰에 배치합니다.

② 프로파일 패밀리 배치 후 배치된 프로파일 매개변수와 Rockbolt_Lattice 패밀리 매개변수를 연계하여 아래와 같이 Rockbolt_Lattice 패밀리를 완성합니다.

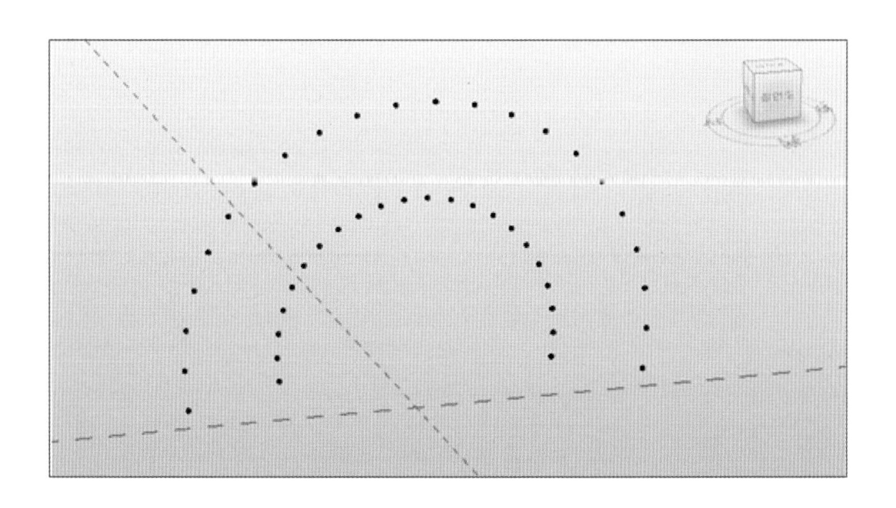

09 록볼트 형상 패밀리

① 지금까지 작성한 록볼트 배치를 위한 Rockbolt_Center와 Rockbolt_Lattice 패밀리에 록볼트 형상이 생성되도록 록볼트 형상패밀리(Rock Bolt EA)를 작성합니다.

② 미터법 일반 모델 가변 템플릿을 열기한 후 3D 뷰를 활성화하고 2개의 참조점을 작성합니다. Adaptivie Point 작성 시와 동일하게 참조점을 선택하여 리본메뉴에서 가변화를 클릭하여 가변화합니다.

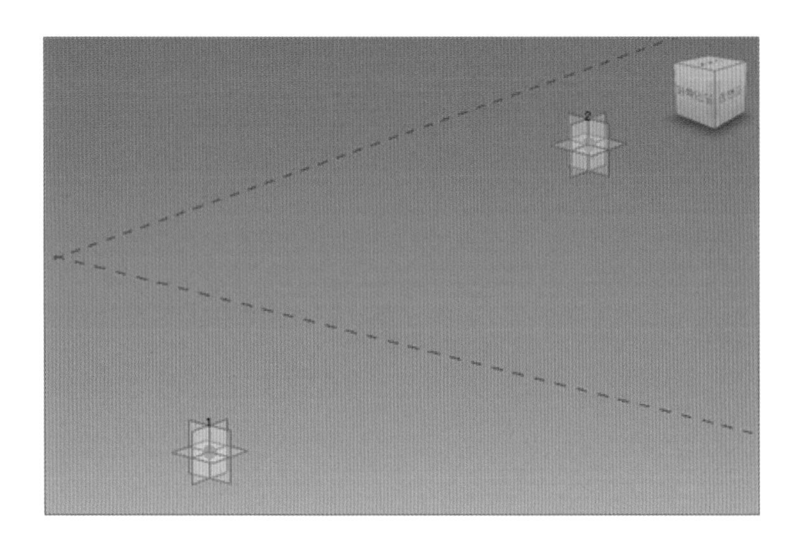

③ 앞서 5.에서 3절점 터널 패밀리작성과 마찬가지로 참조점의 사분면을 작업 기준면으로 선택하도록 합니다.

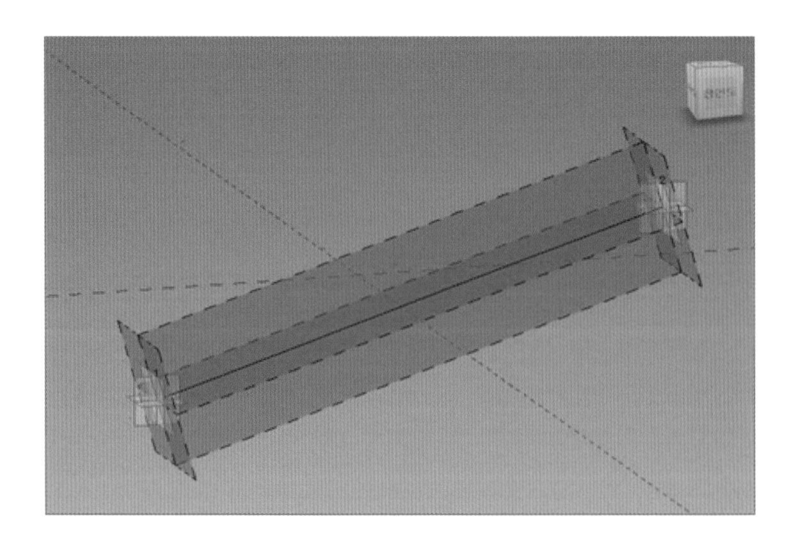

④ 각 점에 록볼트 형상을 위한 프로파일을 아래 그림과 같이 작성합니다.

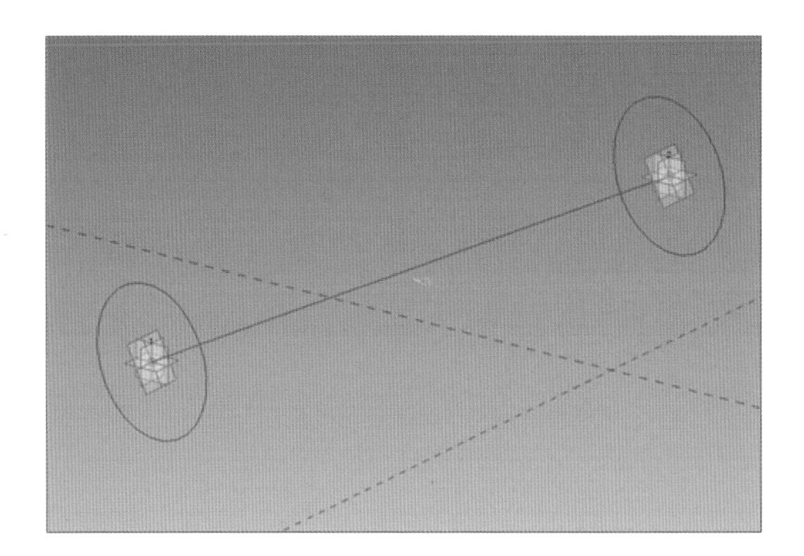

⑤ 작성된 두 프로파일로 솔리드 양식을 생성하고, 참조점을 이동했을 때 형상이 함께 움직이는지 확인합니다.
(여기서는 매개변수를 설정하지 않았으며, 필요 시 록볼트 두께를 위한 매개변수를 추가하여 사용할 수 있습니다.)

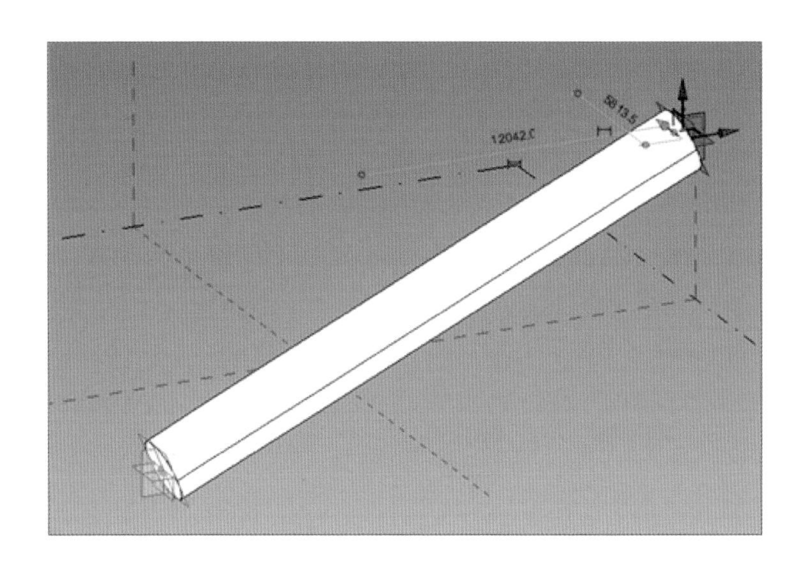

지금까지 다이나모를 활용한 터널 모델링을 하기 위한 패밀리 작성을 모두 완료하였습니다.

Dynamo 작성

chapter 05

보고가자!

Dynamo를 실행하기 전에 Revit에서 Import하여 활용될 패밀리들을 미리 로드해 놓으시기 바랍니다.

01 Dynamo 전체 로직 구성

터널모델링 Dynamo프로세스는 엑셀 파일을 불러오는 노드를 시작으로, 선형 좌표와 매개변수 값을 불러오고, 좌표 값을 통해 터널 원점과 터널을 패턴별로 분할합니다. 이후 패턴에 따라 패밀리와 록볼트를 배치하고 마지막으로 터널 패턴별 색상을 적용하는 과정으로 아래와 같이 구성됩니다.

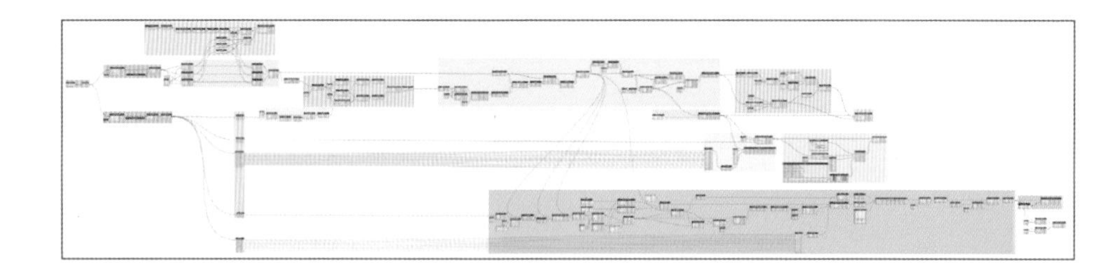

02 엑셀파일을 활용 선형 좌표 불러오기

① Civil 3D를 통하여 터널이 배치되어야 하는 선형의 X, Y, Z 값을 추출한 엑셀 파일을 불러옵니다. File Path노드를 생성하여 파일의 경로를 Civil Report 엑셀 파일로 설정하고, File.FormPath 노드의 입력포트에 파일 경로를 와이어로 연결하여 엑셀 파일의 데이터를 다른 노드에서 활용할 수 있도록 합니다.

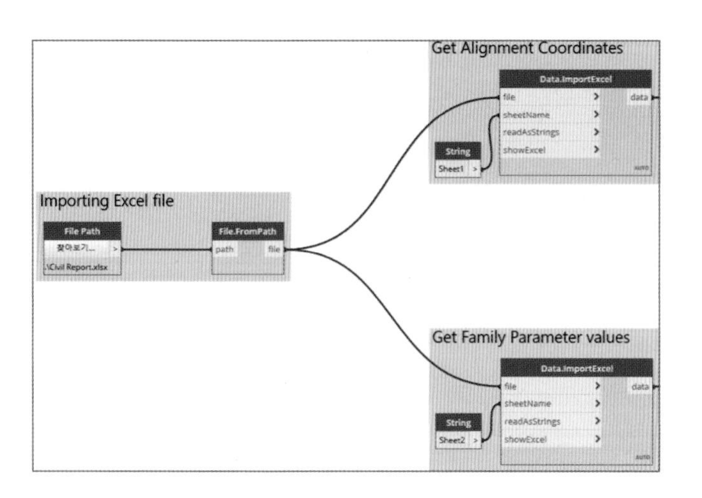

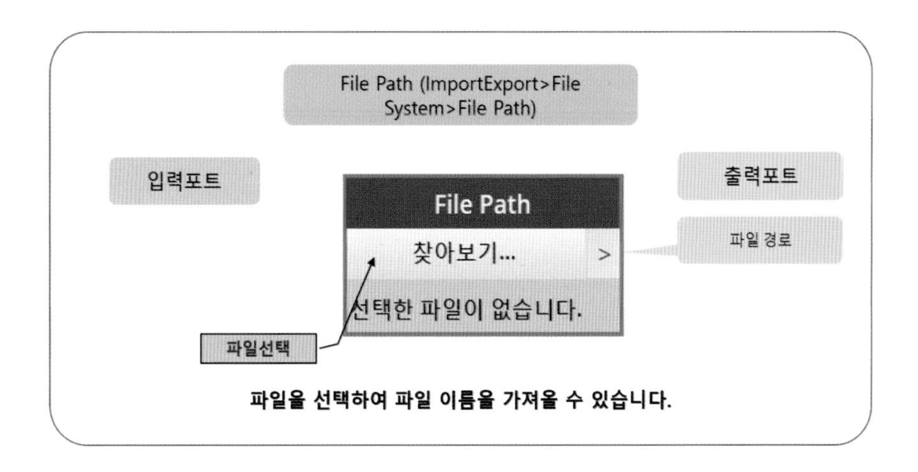

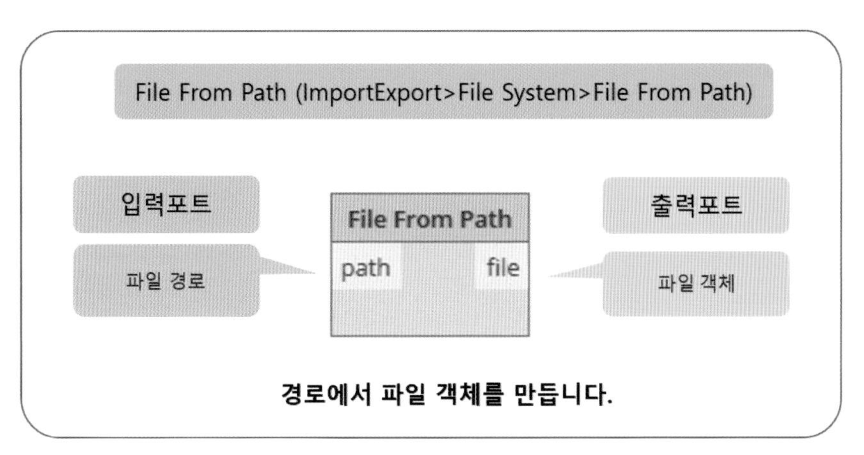

② Data.ImportExcel 노드를 통해 엑셀 Sheet상의 모든 데이터를 File 입력포트로 불러온 후 String 노드를 생성하여 'Sheet1'을 입력한 후 sheetName 입력포트로 연결하여 엑셀 파일 'Sheet1'에 있는 선형 좌표를 불러옵니다. 이때 불필요한 행을 빼고 불러올 수 있는데 List.DropItems 노드를 사용하여 제거하고 싶은 항목을 설정합니다. 선형좌표는 일단 제거할 항목을 Integer Slider 노드에서 '0'으로 설정한 후 amount 입력포트에 연결하여, 제거없이 모든 데이터를 불러왔습니다. 이 방식을 통하여 데이터를 확인하여 선형좌표를 위한 X, Y, Z값 외에 불필요한 항목들을 불러오는 것을 제거할 수 있습니다.

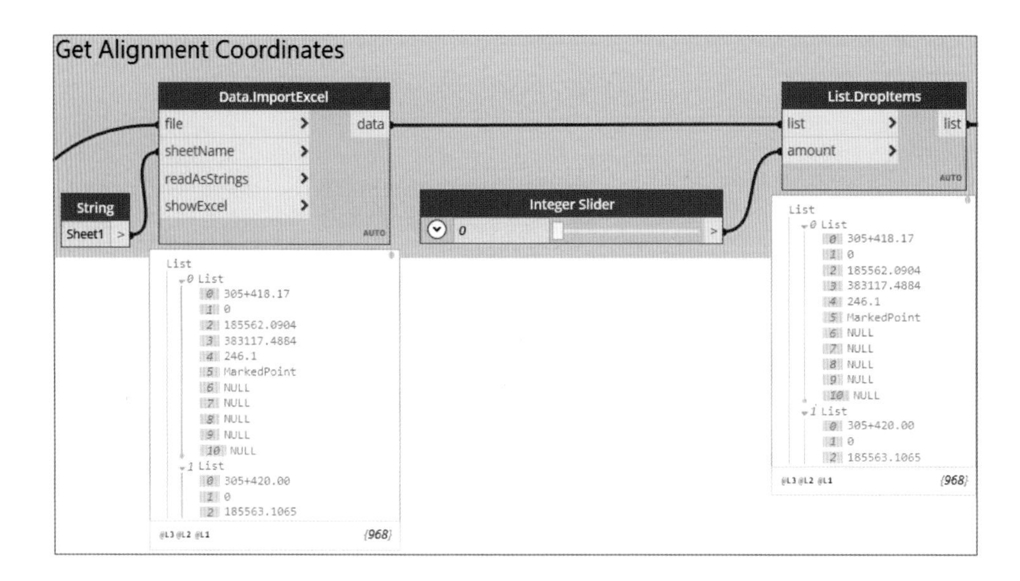

Get Alignment Coordinates
Data.ImportExcel
file
sheetName
readAsStrings
showExcel
data
String
Sheet1
Integer Slider
0
List.DropItems
list
amount
list
List
0 List
305+418.17
0
185562.0904
383117.4884
246.1
MarkedPoint
NULL
1 List
305+420.00
185563.1065
{968}

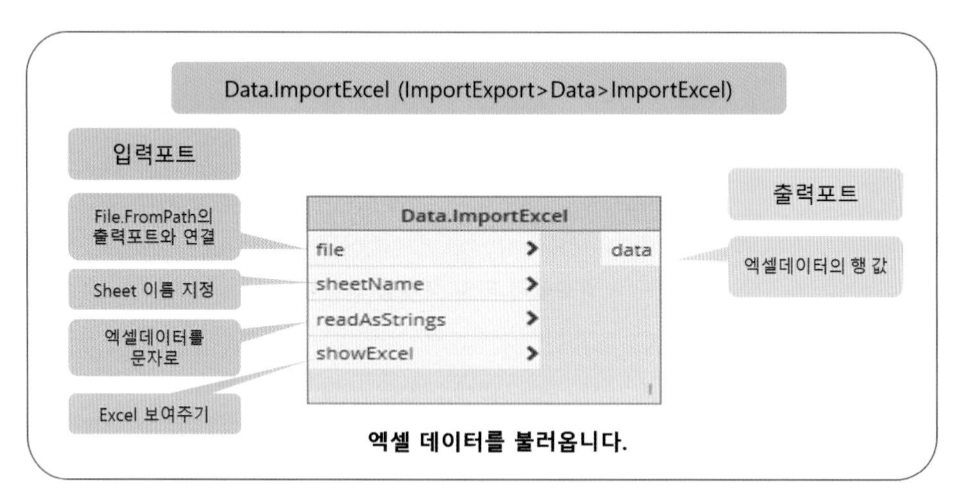

Data.ImportExcel (ImportExport>Data>ImportExcel)
입력포트
File.FromPath의 출력포트와 연결
Sheet 이름 지정
엑셀데이터를 문자로
Excel 보여주기
Data.ImportExcel
file
sheetName
readAsStrings
showExcel
data
출력포트
엑셀데이터의 행 값
엑셀 데이터를 불러옵니다.

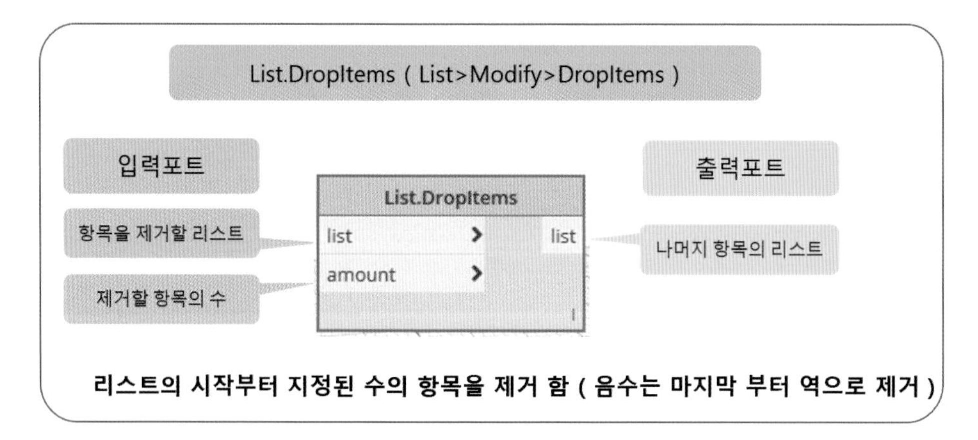

List.DropItems (List>Modify>DropItems)
입력포트
항목을 제거할 리스트
제거할 항목의 수
List.DropItems
list
amount
list
출력포트
나머지 항목의 리스트
리스트의 시작부터 지정된 수의 항목을 제거 함 (음수는 마지막 부터 역으로 제거)

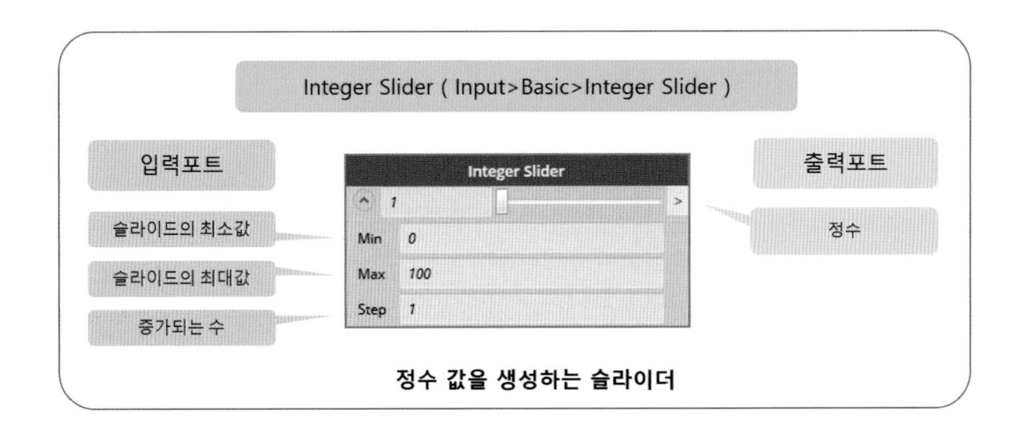

정수 값을 생성하는 슬라이더

③ 앞서 'Sheet1'의 모든 데이터를 포함한 List.DropItems 리스트에서 List.GetItemAtIndex 노드를 사용하여 불러올 항목을 설정하는데, 리스트에서 필요한 X, Y, Z값의 인덱스를 확인한 후 list 입력포트에는 하위 카테고리 개념인 레벨사용 설정으로 각각 3개의 @L2 노드로 변경한 후 리스트를 연결합니다. 다음으로 Code Block을 생성하여 X, Y, Z에 해당하는 항목(2;, 3;, 4;)을 생성하여, List.GetItemAtIndex의 index 입력 포트에 연결합니다. List.GetItemAtIndex 노드를 확인하면 각각 X, Y, Z 값만을 추출한 것을 확인할 수 있습니다.
(Tip. 엑셀 파일 구성 시, 불필요한 항목을 제외한 X, Y, Z 값만 작성하면 위와 같은 노드는 불필요 합니다.)

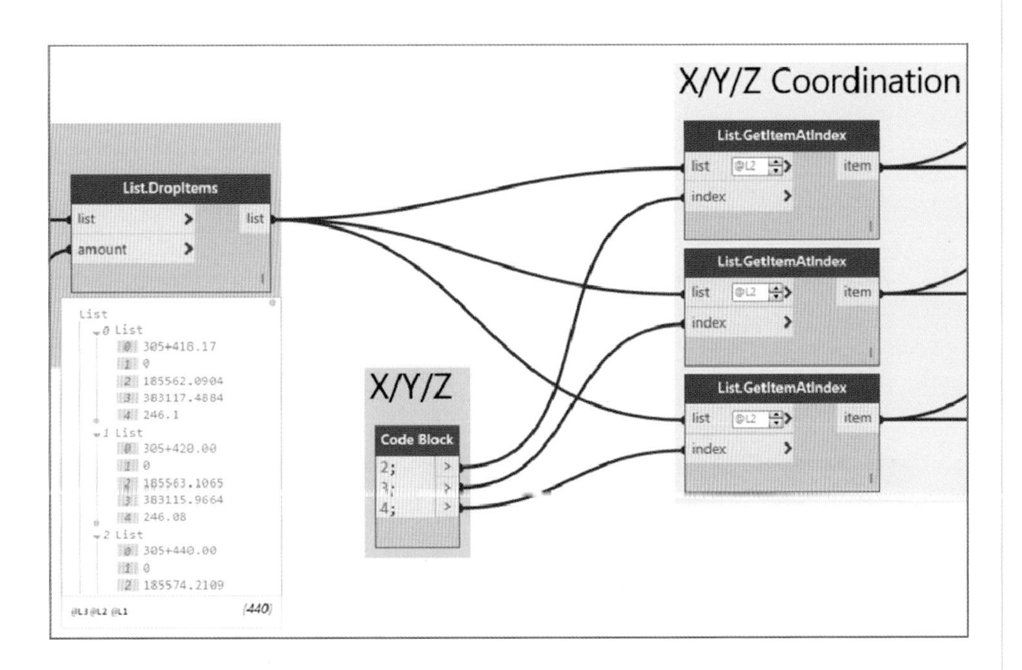

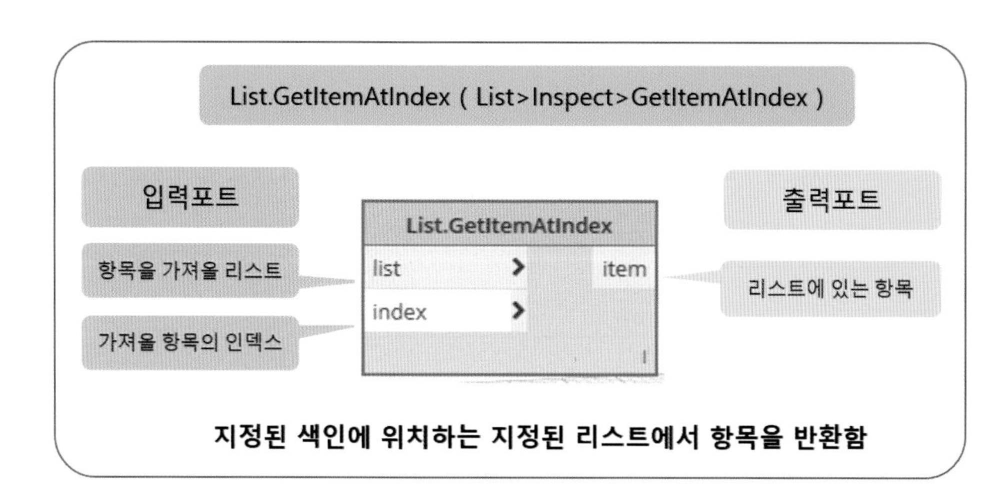

03 원점 정의하기

① X, Y, Z 좌표를 가지고 점을 생성하면 터널을 위한 선형 좌표 생성은 끝나지만, 터널의 시작점을 원점 (0, 0, 0)으로 설정하는 노드를 추가해야 합니다.

② 다이나모와 연동된 Revit프로젝트 내장 Categories노드를 생성한 후 리스트 항목 중 '대지-프로젝트 기준점'을 선택합니다. All Elements of Category 노드의 카테고리 입력포트에 선택한 Category를 연결합니다. 모델에서 지정된 모든 요소가 로드됩니다.

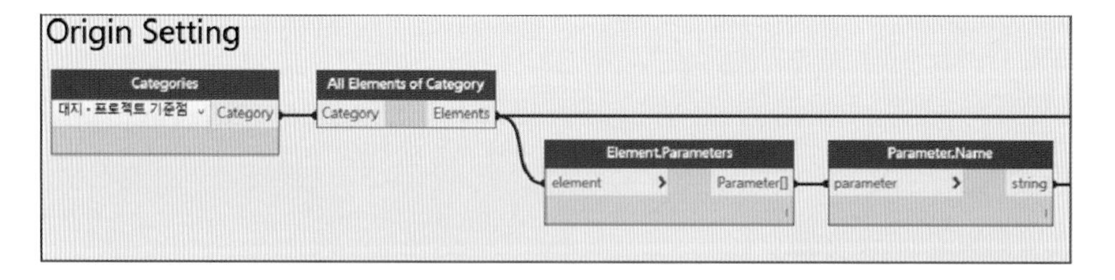

③ 해당 항목의 매개변수를 Element.Parameters 노드를 연결하여 로드하고, Parameter.Name 노드와 연결하여 매개변수 이름을 추출합니다. 추출된 매개변수 리스트를 Flatten 노드를 사용하여 1차원 리스트로 정리후 List.Sort 노드를 사용하여 매개변수 항목들을 오름차순으로 아래와 같이 정렬합니다.

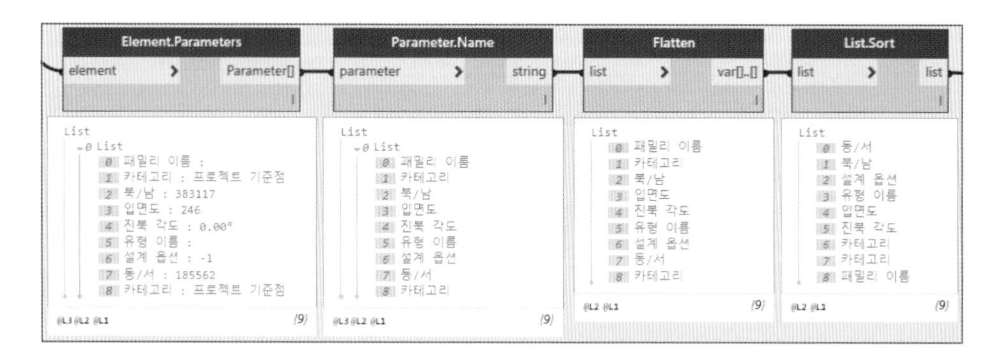

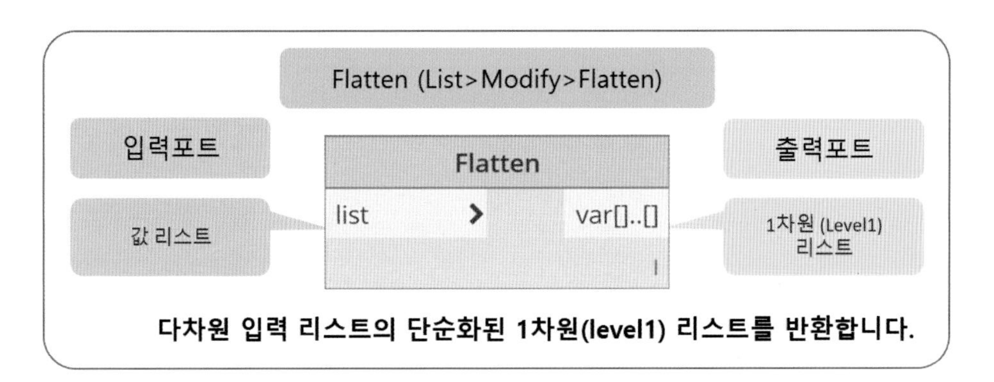

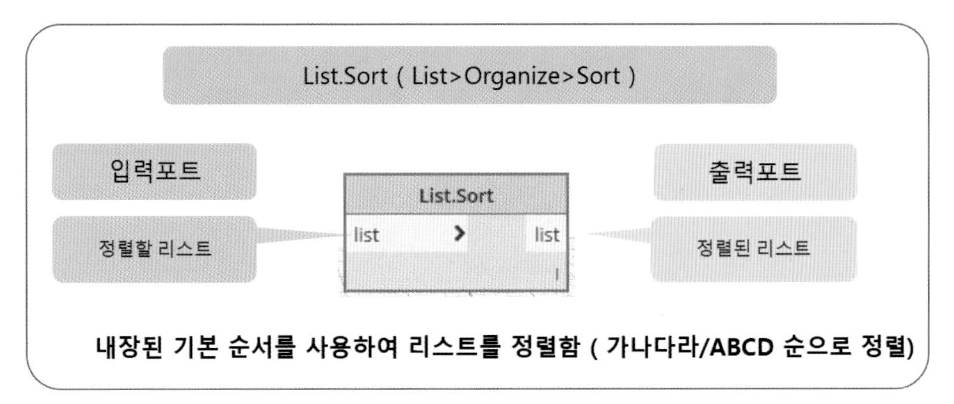

④ List.Sort 노드에 오름차순으로 정렬된 매개변수 항목 중 X, Y, Z 값에 해당하는 '0 동/서, 1 북/남, 4 입면도' 항목만 Code Block 노드에서 정의하여 List.GetItemAtIndex 노드에 index로 연결하여 추출합니다.
추출된 X, Y, Z에 값을 설정할 수 있도록 Element.SetParameterByName 노드를 사용합니다. element 입력포트에는 All Elements of Category 노드의 Elements를 연결합니다. parameterName 입력포트에는 List.GetItemAtIndex 노드의 item을 연결합니다. value에 해당하는 매개변수는 앞서 02 엑셀파일을 활용 선형 좌표 불러오기의 ③에서 생성한 List.GetItemAtIndex의 좌표들을 각각 List.FirstItem노드로 연결하여 리스트의 원점이 될 첫번째 항목만 추출합니다. 다음으로 List.Create 노드로 각 item들을 연결하여 하나의 새 리스트를 만든 뒤 터널 선형의 시작점이자 원점이 되는 value 입력포트로 연결합니다. 그리고 이 Element.SetParameterByName 노드의 레이싱을 최단에서 최장으로 변경합니다.

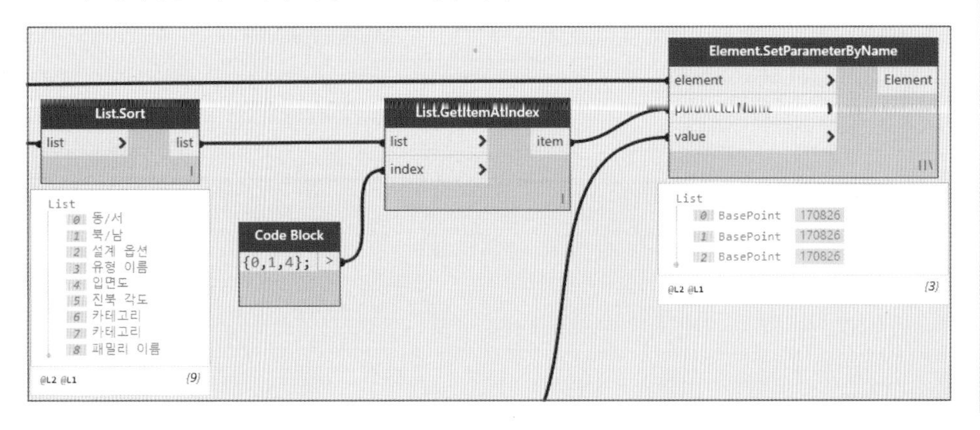

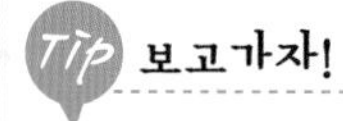
보고가자!

각 노드마다 레벨 및 레이싱에 대한 부분을 항상 주의하여 확인하시기 바랍니다. 로직 실행 시 자주 오류가 생기는 부분입니다.

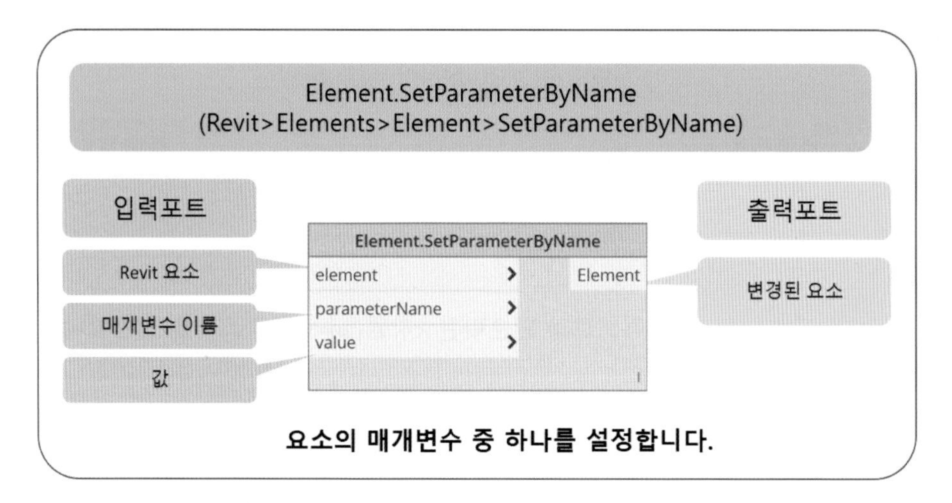

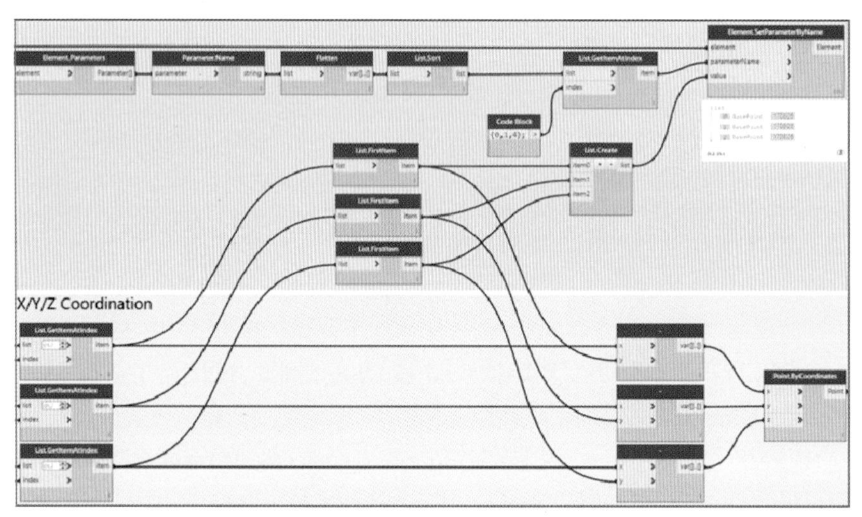

⑤ 선형 좌표를 위해 추출한 이 원점에서부터 상대좌표 값을 추출하여 선형 좌표 점을 생성하도록 합니다. 앞서 List.GetItemAtIndex로 추출한 X, Y, Z 리스트에서 List.FirstItem노드로 첫 번째 항목을 추출 후 '-' 노드를 사용하여 입력포트 x에는 X, Y, Z 원래의 좌표 값인 List.GetItemAtIndex 노드의 각 item을 연결하고 y에는 추출된 첫 번째 항목인 List.FirstItem 노드의 각 item을 위와 같이 연결합니다.

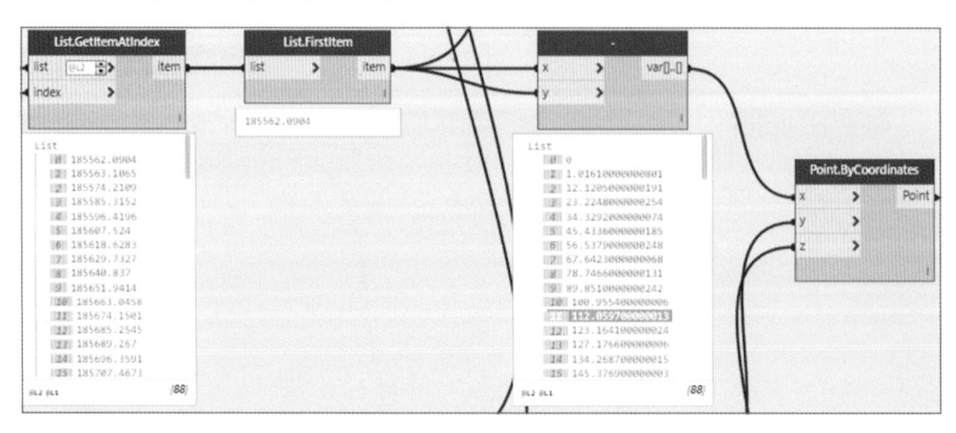

⑥ 추출된 X, Y, Z의 상대값을 각각 Point.ByCoordinates노드의 x, y, z 입력포트에 연결하여 터널 선형의 좌표점을 추출합니다. 작성한 다이나모 로직을 실행하면 아래와 같이 Revit상에 터널 선형 경로에 해당하는 좌표점이 생성됩니다.

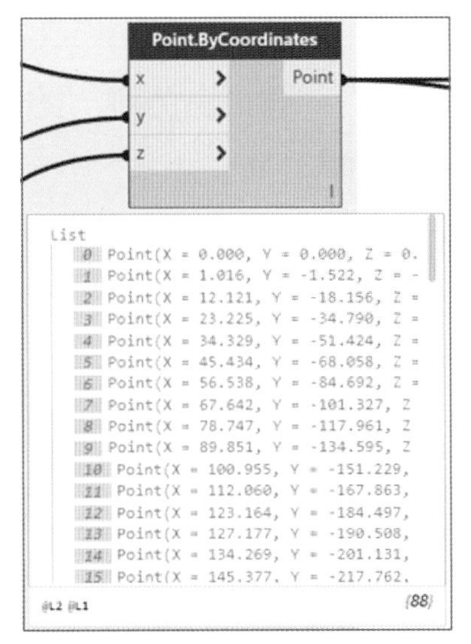

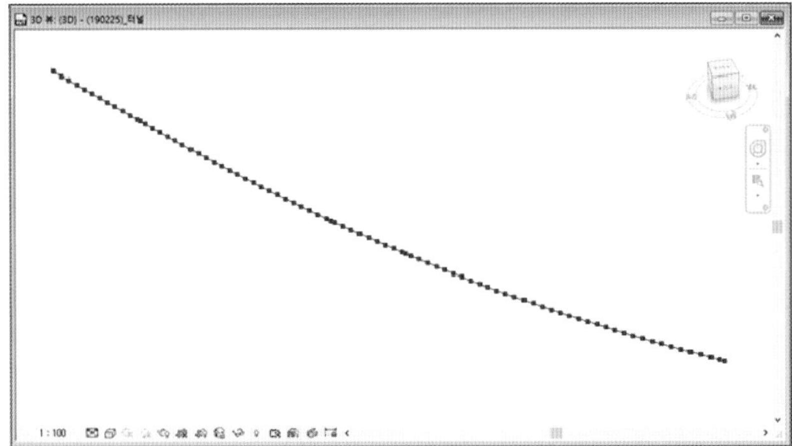

04 터널 패밀리 매개변수 정보 불러오기

앞서 선형 좌표를 불러왔던 것과 같은 방법으로 패밀리 매개변수 값을 불러오도록 하겠습니다.

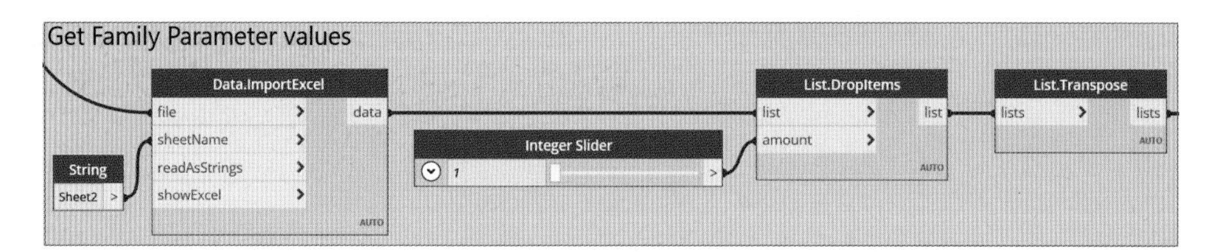

① Data.ImportExcel 노드를 통해 Civil Report엑셀 시트상의 모든 데이터를 file 입력포트로 불러온 후 String 노드를 생성하여 'Sheet2'를 입력한 뒤 sheetName 입력포트와 연결하여 터널 매개변수 값을 불러옵니다. List.DropItems 노드를 생성하여 list 입력포트에 터널 매개변수 data를 연결합니다. Integer Slider 값을 '1'로 설정하여, 엑셀 시트에서 불필요한 첫번째 행을 제외한 나머지 데이터를 amount 입력포트에 연결하여 아래와 같이 정렬합니다.

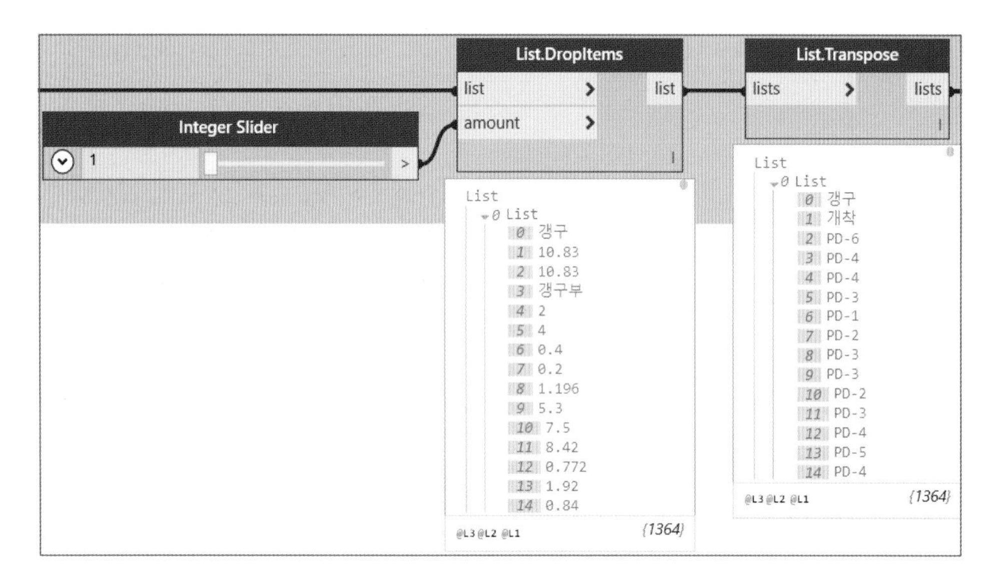

② 첫 번째 행을 제외하고 불러온 리스트에서 List.Transpose 노드를 위와 같이 연결하여 엑셀의 행 방향으로 정렬되었던 리스트를 열방향으로 변경하여 정렬합니다.

	A	B	C	D	E	F	G	H	I	J	K	L	M
1	-	-	0	-	락볼트 간격	1	T	T1	T2	R1	R2	R3	H1
2	갱구	10.83	10.83	갱구부	2	4	0.4	0.2	1.196	5.3	7.5	8.42	0.772
3	개착	10	20.83	개착터널	2	4	0.4	0.2	1.196	5.3	7.5	8.42	0.772
4	PD-6	12	32.83	직선/접속부 도싱	2	4	0.4	0.2	1.196	5.3	7.5	8.42	0.772
5	PD-4	43	75.83	직선/접속부 도싱	3	5	0.3	0.12	1.006	5.3	7.5	8.32	0.772
6	PD-4	23	98.83	직선/콘크리트 도	3	6	0.3	0.12	1.094	5.3	7.5	8.32	0.772
7	PD-3	38	136.83	직선/콘크리트 도	4	7	0.3	0.08	1.052	5.3	7.5	8.32	0.772

③ 레빗에서 작성한 각 패밀리의 매개변수 항목을 Code Block 노드를 사용하여 정리합니다. 사용자 편의에 따라, 패밀리 작성 항목 별로 따로 작성하여도 되고, 같은 노드에 여러 개를 작성하여도 무방합니다.

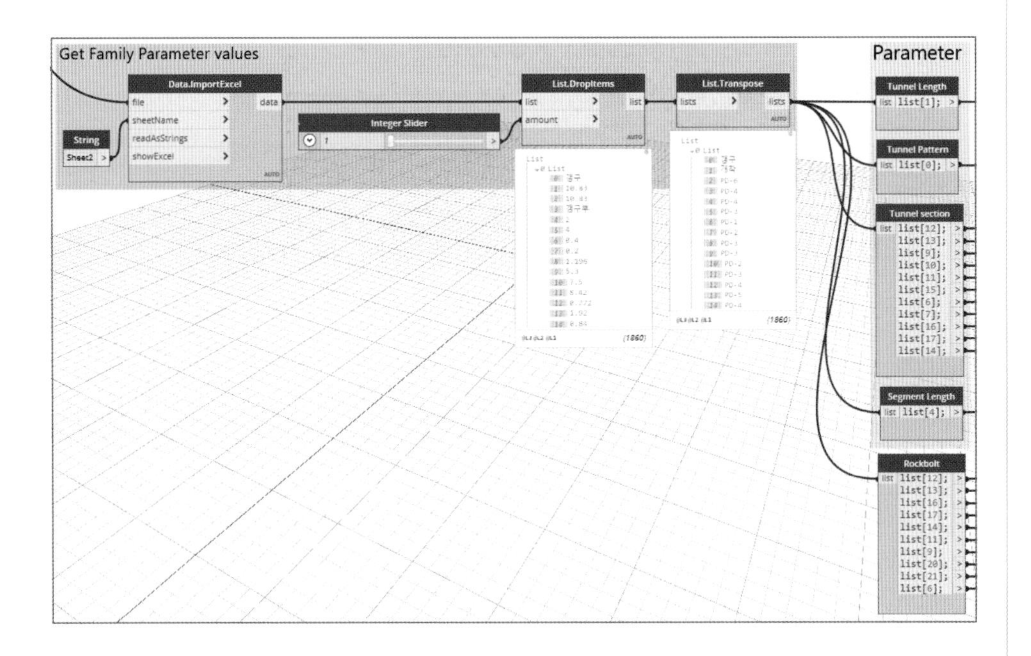

④ Parameter 작성 방법은 엑셀 시트를 참고하여 맨 왼쪽 열에서, 0부터 순차적으로 번호를 매기면 됩니다. 생성된 Code Block 노드에는 엑셀 시트에서 매긴 번호를 기준 List[#];으로 입력하면 됩니다. 이 과정으로 패밀리 매개변수 값 등 기본적인 정보를 다이나모로 불러오는 작업을 완료하였습니다.

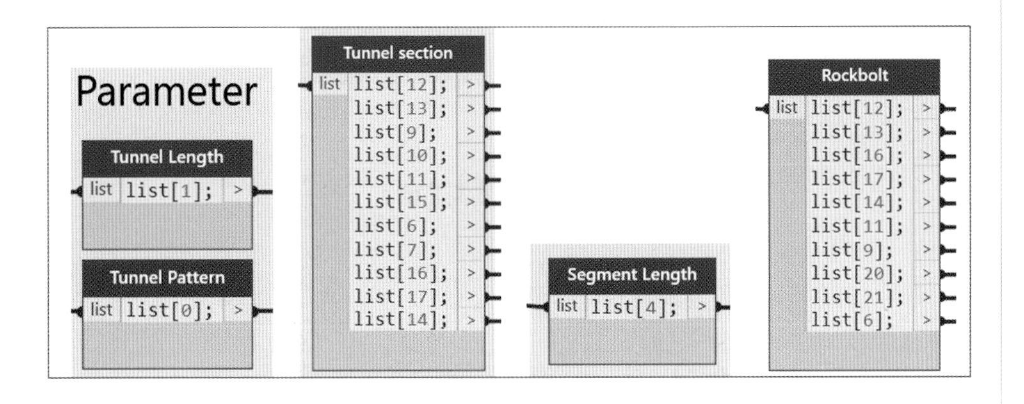

	A	B	C	D	E	F	G	H	I	J	K
1	패턴	거리	누적 거리	터널 타입	락볼트 간격	1	T	T1	T2	R1	R2

L	M	N	O	P	Q	R	S	T	U	V
R3	H1	H2	H3	W	C	G	LS	LR	Rockbolt Division	Rockbolt Length

05 투영 평면에 그리드 생성

다음은 선형 좌표점을 연결하여 3D 선형 커브를 만들고, 커브를 평면 투영하여 터널 패턴마다 그리드를 생성한 뒤 작성된 그리드를 따라 3D 선형을 세그먼트로 분할하는 과정을 진행하도록 합니다.

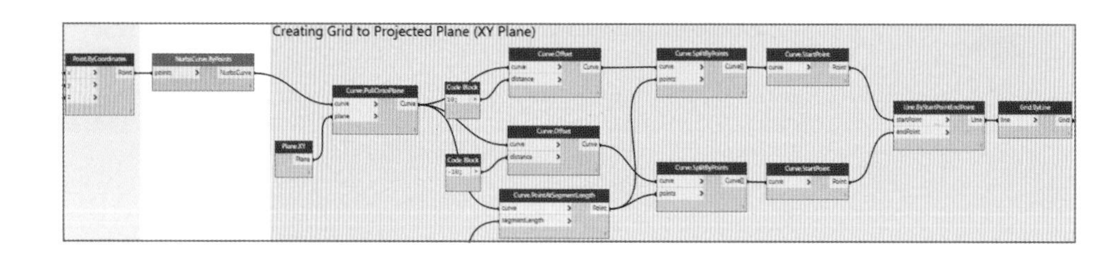

① 03 원점 정의하기의 ⑥에서 상대좌표로 생성된 Point.ByCoordinates 출력포트 포인트를 NurbsCurve.ByPoints 노드의 points 입력포트로 연결하여 NurbsCurve로 작성하고, 작성된 커브를 XY 평면에 투영시키는 작업을 Curve.PullOntoPlane 노드를 생성하여 NurbsCurve를 Curve 입력포트에 연결하여 진행합니다. 표준 XY 평면을 만들어주는 Plane.XY 노드를 plane 입력포트에 연결시켜 줍니다. 다음으로 곡선의 간격을 지정한 수치만큼 띄어주기 위하여 Curve.Offset 노드를 생성합니다. curve 입력포트에는 각각 평면에 투영된 Curve를 연결하고, distance 입력포트에는 Code Block을 생성하여 평면으로 투영한 곡선을 +10, −10 offset 간격으로 복제하도록 수치를 입력한 뒤 연결합니다. 복제된 커브를 segmentLength에서 추출한 점으로 분할하기 위하여 Curve.PointAtSegmentLength 노드를 생성하여 Curve를 연결하는데 해당 노드의 segmentLength 입력포트의 연결은 06 터널 패턴 누적거리에서 설명하도록 하겠습니다.

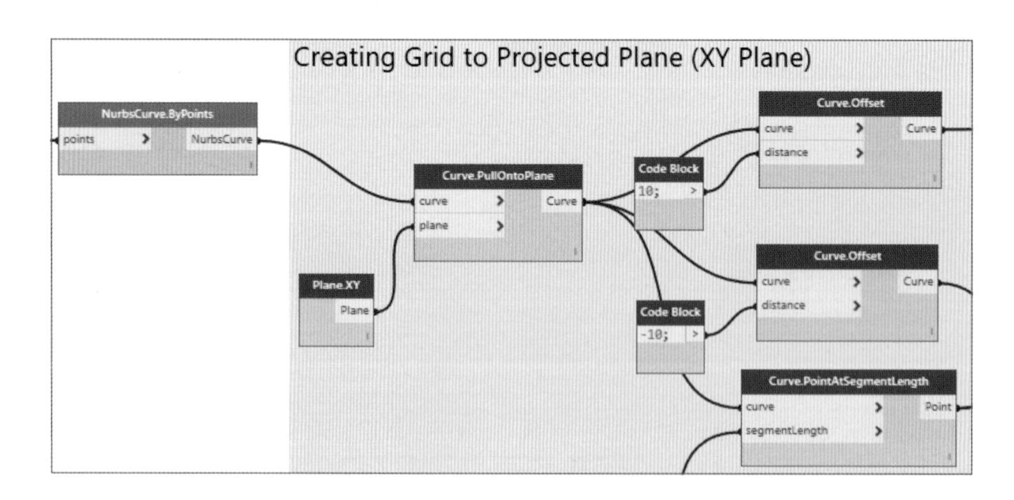

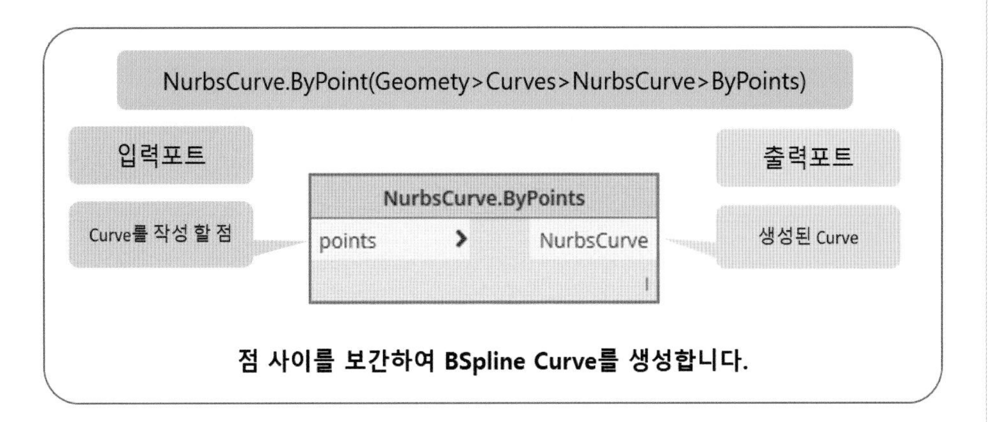

점 사이를 보간하여 BSpline Curve를 생성합니다.

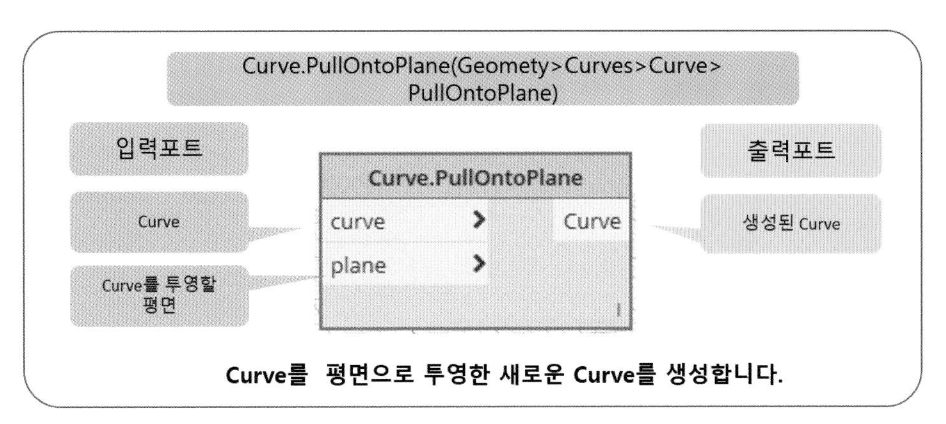

Curve를 평면으로 투영한 새로운 Curve를 생성합니다.

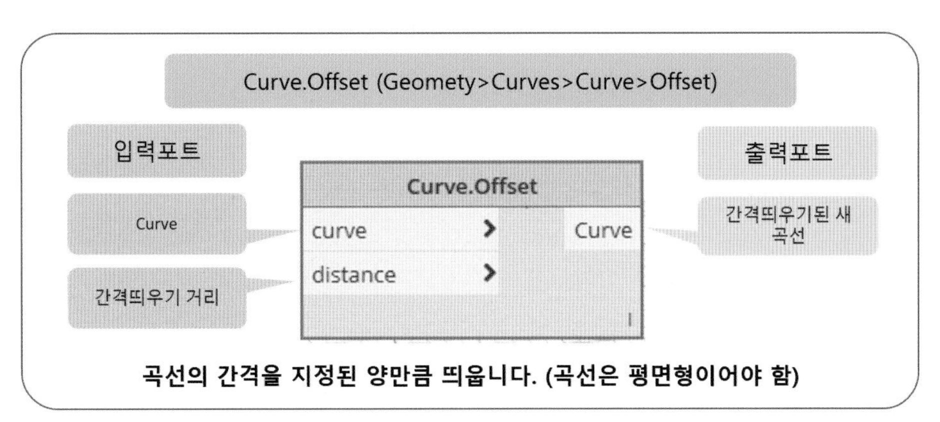

곡선의 간격을 지정된 양만큼 띄웁니다. (곡선은 평면형이어야 함)

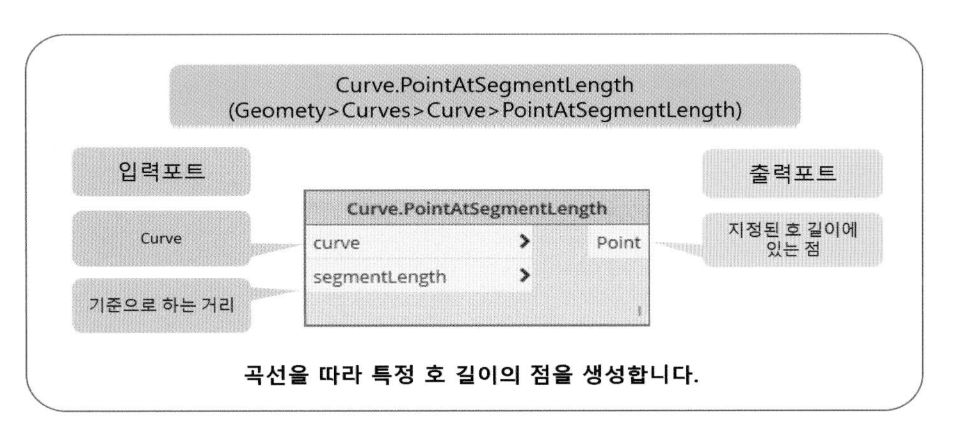

곡선을 따라 특정 호 길이의 점을 생성합니다.

② 평면으로 투영한 곡선과 곡선을 따라 호 길이의 지정된 점에 여러 개의 조각으로 분할하기 위하여 Curve.SplitByPoints 노드를 생성합니다.
curve 입력포트에는 간격이 지정된 Curve를 연결하고 Points 입력포트는 Curve.pointAtSegmentLength 노드의 Point를 연결합니다. 다음으로 두 Curve의 시작점을 가져오기 위하여 Curve.StartPoint 노드를 각각 연결합니다. 지정된 호 길이의 점을 기준으로 곡선을 따라 시작점을 추출한 후 시작점과 끝점을 직선으로 연결하기 위하여 Line.ByStartPointEndPoint 노드를 생성한 후 각각 startPoint와 endPoint 입력포트에 Curve.StartPoint 출력포트를 연결합니다. 연결된 선에 그리드 요소를 생성하기 위하여 Grid.ByLine 노드를 생성하여 연결합니다.

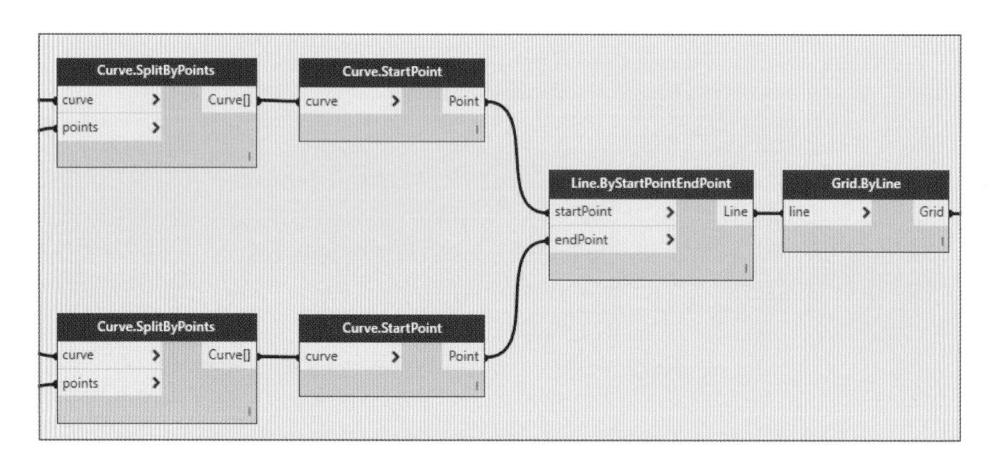

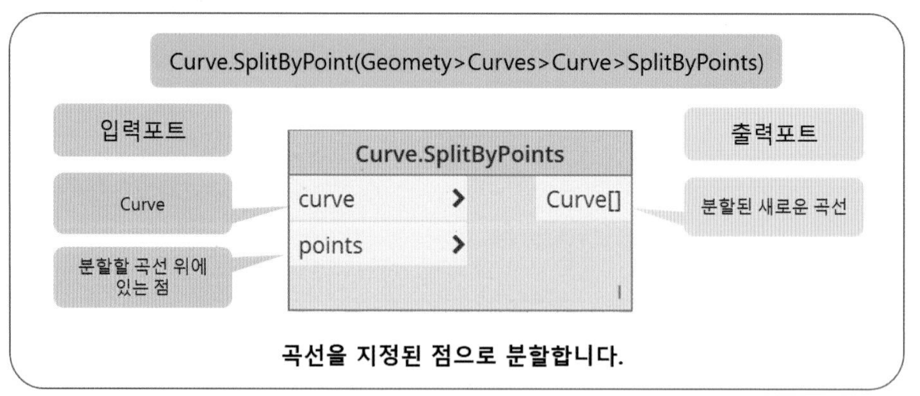

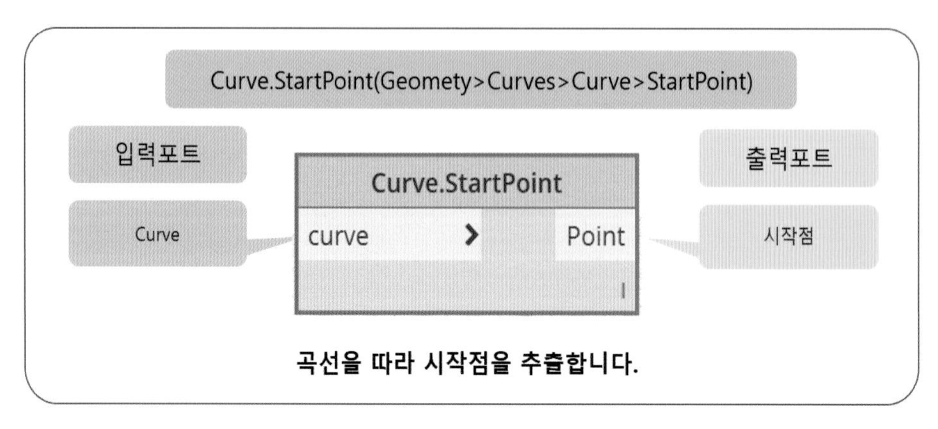

③ 위 과정을 통해 다이나모를 실행하면 아래와 같이 Revit 프로젝트에서 선형을 따라, 터널 패턴 거리에 맞춰 그리드가 작성됩니다. 그리드 형태가 출력되지 않는 경우에는 **06** 터널 패턴 누적거리에서 생성한 누적거리 합산 노드를 연결하면 확인이 가능합니다.

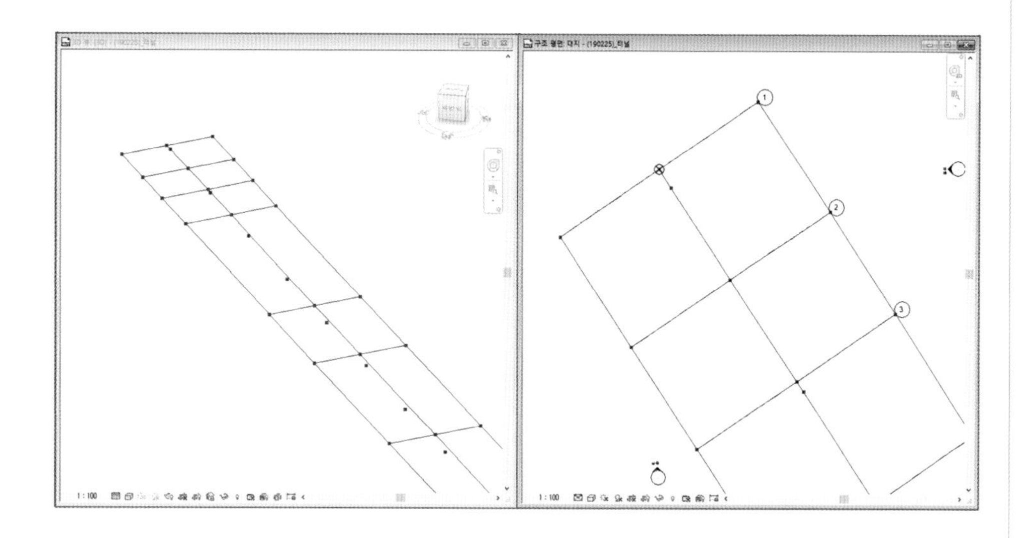

06 터널 패턴 누적거리

터널 모델의 패턴 누적거리를 작성하기 위하여 Civil Report의 'Sheet2' 엑셀에서 불러온 패밀리 매개변수 값 중에서, 터널 패턴의 거리에 해당하는 Tunnel Length 노드 값을 List.AddItemToFront 노드의 입력포트 list에 연결합니다. 이어서 터널 패턴의 누적거리를 구해야 하기 때문에, 이 리스트 앞에 '0'값을 추가하기 위하여 Code Block 노드에 0을 입력한 뒤 item 입력포트에 연결합니다.

List의 항목을 반환하기 위한 List.Count 노드와 연결한 후 리스트 중 처음부터 끝까지 넘버 0~a-1로 반환하기 위하여 Code Block을 0..a-1;로 작성하여 연결합니다. 다음으로 모든 리스트의 인덱스 값으로 List를 불러오기 위하여 Code Block을 0..keys;로 작성하여 연결합니다.

List.GetItemAtIndex 노드를 생성하여, 작성된 누적 리스트에 List.AddItemToFront 노드의 입력포트 리스트를 연결하고 Code Block의 keys를 index 입력포트에 연결합니다. 다음으로 Math.Sum 노드를 연결하여, 누적 거리를 계산한 값을 추출합니다. 이렇게 생성된 누적거리 값을 **05** 투영 평면에 그리드 생성의 ①에서 Curve.PointAtSegmentLength 노드의 segmentLength 입력포트에 연결하여 Point 생성 시 활용가능한 거리 데이터로 사용합니다.

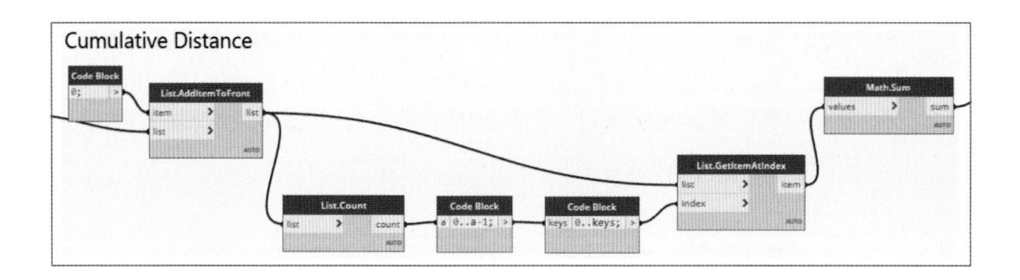

Cumulative Distance
Code Block
List.AddItemToFront
List.Count
Code Block
Code Block
List.GetItemAtIndex
Math.Sum

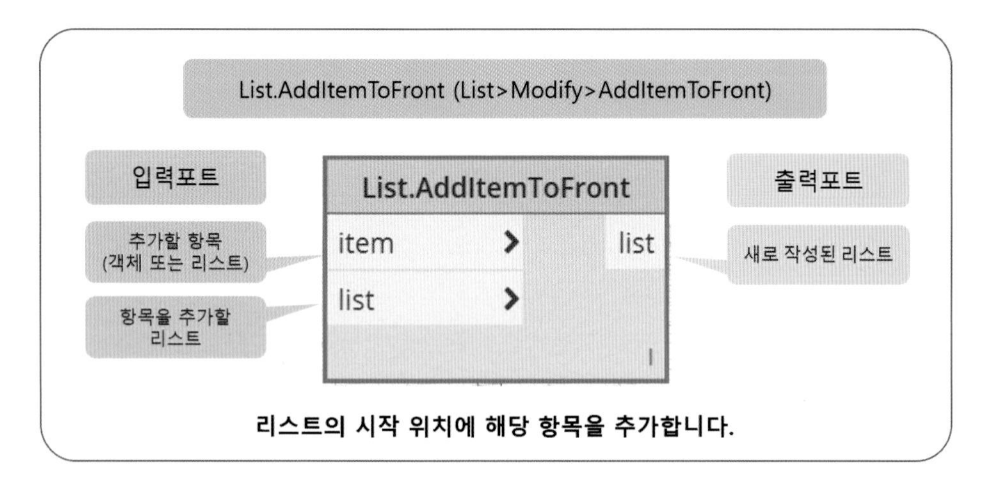

List.AddItemToFront (List>Modify>AddItemToFront)
입력포트
List.AddItemToFront
출력포트
추가할 항목
(객체 또는 리스트)
item
list
새로 작성된 리스트
항목을 추가할
리스트
list
리스트의 시작 위치에 해당 항목을 추가합니다.

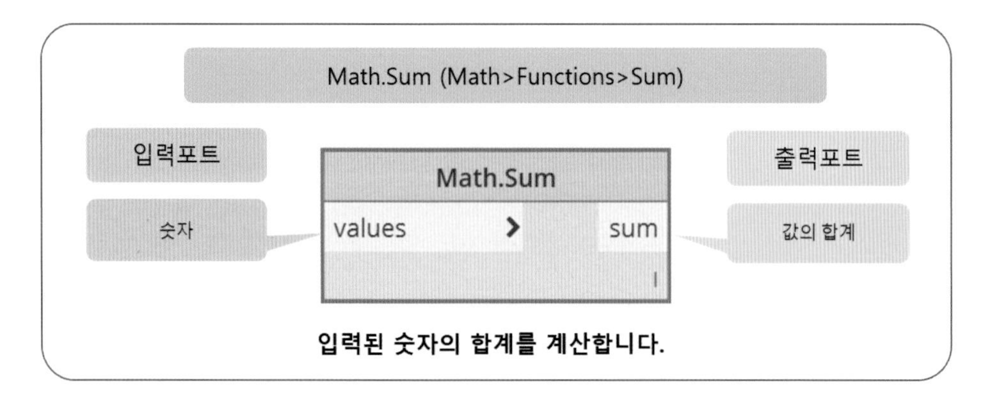

Math.Sum (Math>Functions>Sum)
입력포트
Math.Sum
출력포트
숫자
values
sum
값의 합계
입력된 숫자의 합계를 계산합니다.

07 그리드 선형 분할

3D 선형을 평면으로 투영하여 작성한 그리드와 3D 선형이 교차하는 지점에 절점을 생성하고, 절점을 좌표 값으로 추출하도록 합니다.

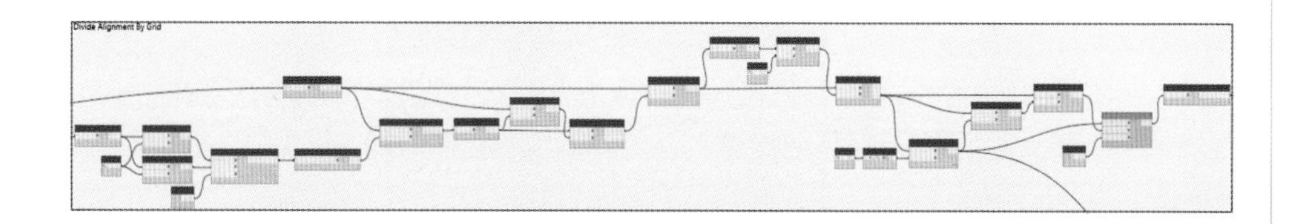

① Grid.Curve 노드를 생성한 뒤 05 투영 평면에 그리드 생성 ②에서 작성한 Grid.ByLine 노드를 연결하여, 그리드 요소에서 기본 곡선 형상을 로드합니다. StartParameter 또는 EndParameter 사이 지정된 매개변수에서 곡선상의 점 및 곡선에 접하는 벡터를 로드하기 위하여 Curve.PointAtParameter와 Curve.TangentAtParameter 노드를 생성합니다. 각 해당 노드의 curve 입력포트에는 Grid.Curve 출력포트를 연결하고, 매개변수 평가위치인 param 입력포트에는 Code Block을 생성하여 0을 입력한 뒤 연결합니다. 다음으로 원점에서 X 및 Y축으로 CoordinateSystem을 생성하는 CoordinateSystem.ByOriginVectors 노드를 생성합니다. Point 값인 Origin 입력포트에는 Curve.PointAtParameter 출력포트를 연결하고, Vector 값인 xAxis 입력포트에는 Curve.TangentAtParamter 출력포트를 연결한 뒤 yAxis 입력포트에는 Z축 벡터 Vector.ZAxis 노드를 연결합니다.

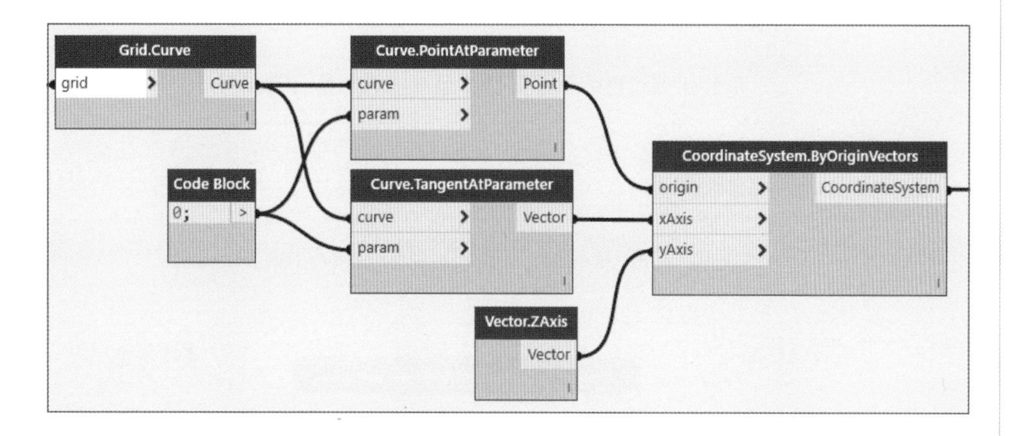

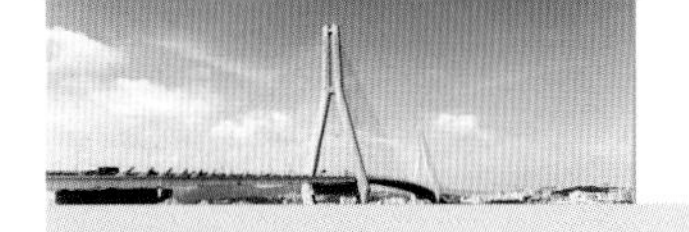

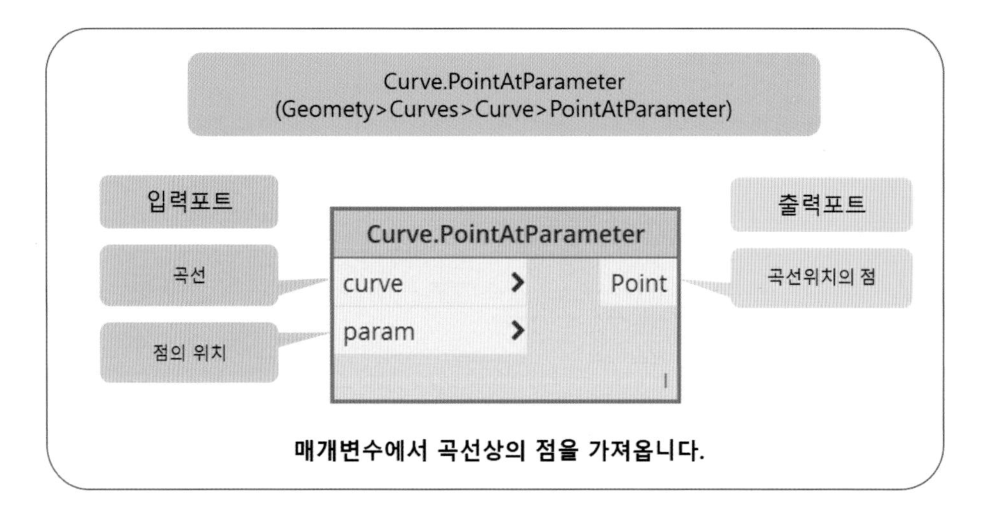
Curve.PointAtParameter
(Geomety>Curves>Curve>PointAtParameter)
입력포트
곡선
점의 위치
Curve.PointAtParameter
curve
param
Point
출력포트
곡선위치의 점
매개변수에서 곡선상의 점을 가져옵니다.

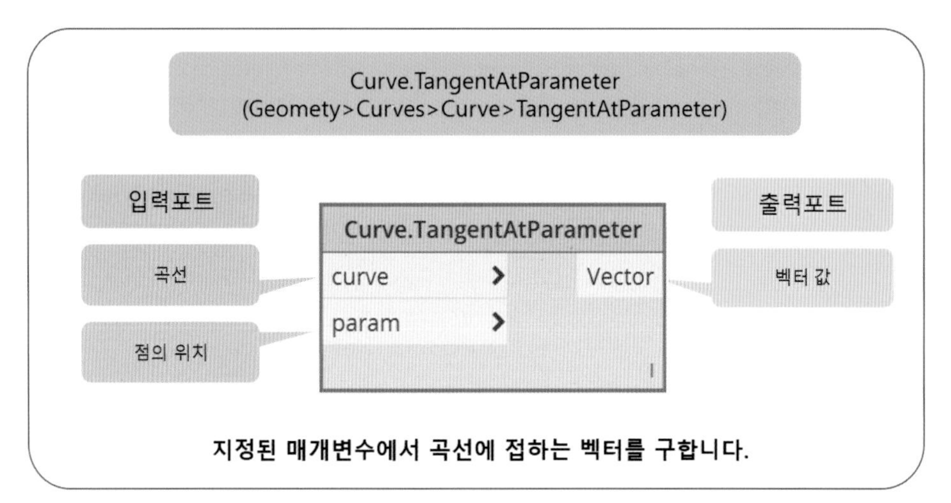
Curve.TangentAtParameter
(Geomety>Curves>Curve>TangentAtParameter)
입력포트
곡선
점의 위치
Curve.TangentAtParameter
curve
param
Vector
출력포트
벡터 값
지정된 매개변수에서 곡선에 접하는 벡터를 구합니다.

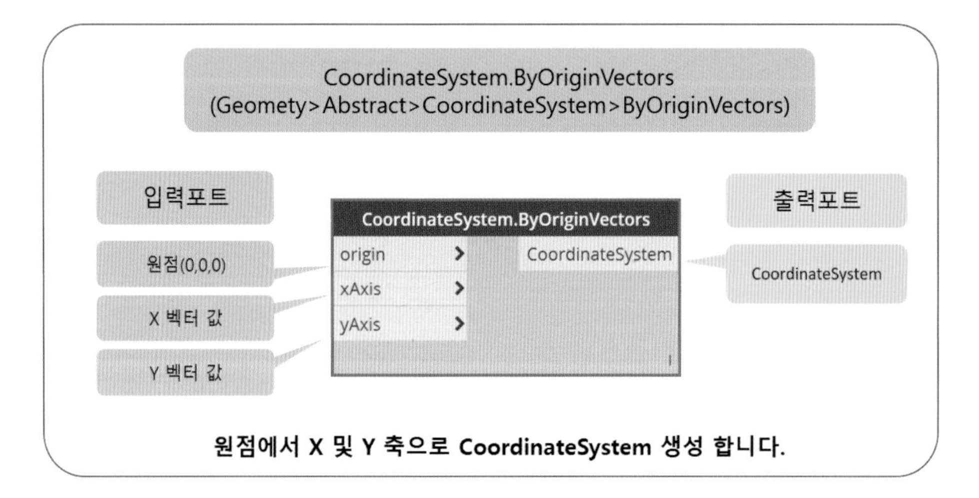
CoordinateSystem.ByOriginVectors
(Geomety>Abstract>CoordinateSystem>ByOriginVectors)
입력포트
원점(0,0,0)
X 벡터 값
Y 벡터 값
CoordinateSystem.ByOriginVectors
origin
xAxis
yAxis
CoordinateSystem
출력포트
CoordinateSystem
원점에서 X 및 Y 축으로 CoordinateSystem 생성 합니다.

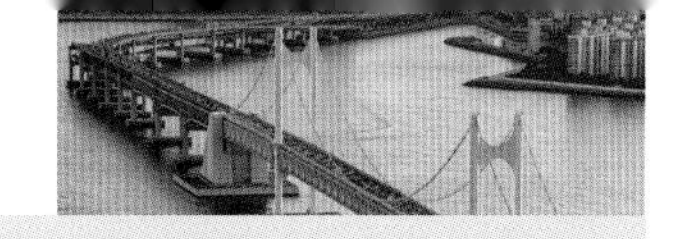

② 그리드 형상 시점부 절점과 벡터 데이터를 추출하여 좌표시스템을 생성한 뒤 이를 다시 CoordinateSystem.XYPlane 노드와 연결하여 XY 평면으로 추출합니다. 다음으로 03 원점 정의하기의 ⑥에서 형성한 Point를 NurbsCurve.ByPoints 노드를 생성하여 곡선으로 불러옵니다. NurbsCurve와 XY평면을 교차형상으로 가져오기 위하여 Geometry.Intersect 노드를 생성하여 geometry 입력포트에는 NurbsCurve를 other 입력포트에는 Plane을 각각 연결하고 Flatten 노드와 연결하여 1차원 리스트로 생성합니다. 아래 그림과 같이 각 노드 별 생성되는 리스트 및 레빗모델에서 어떻게 출력되는지 미리 확인할 수 있습니다.

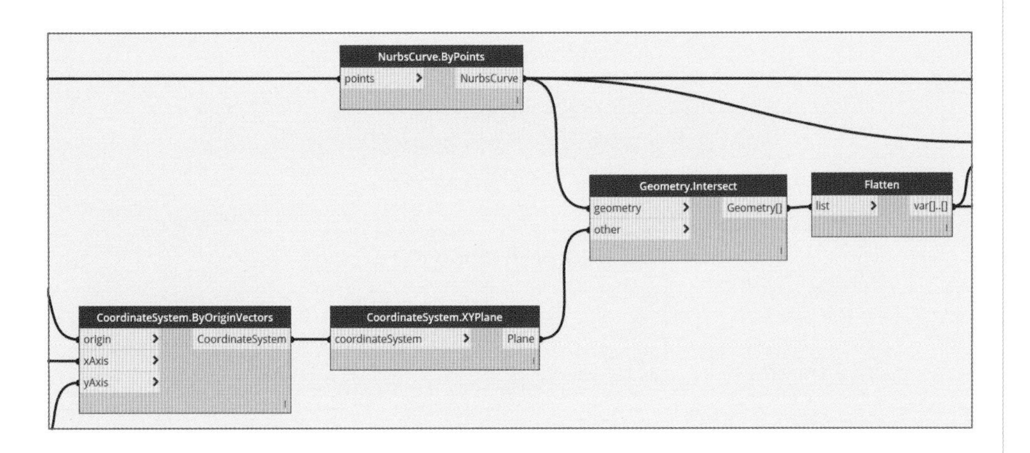

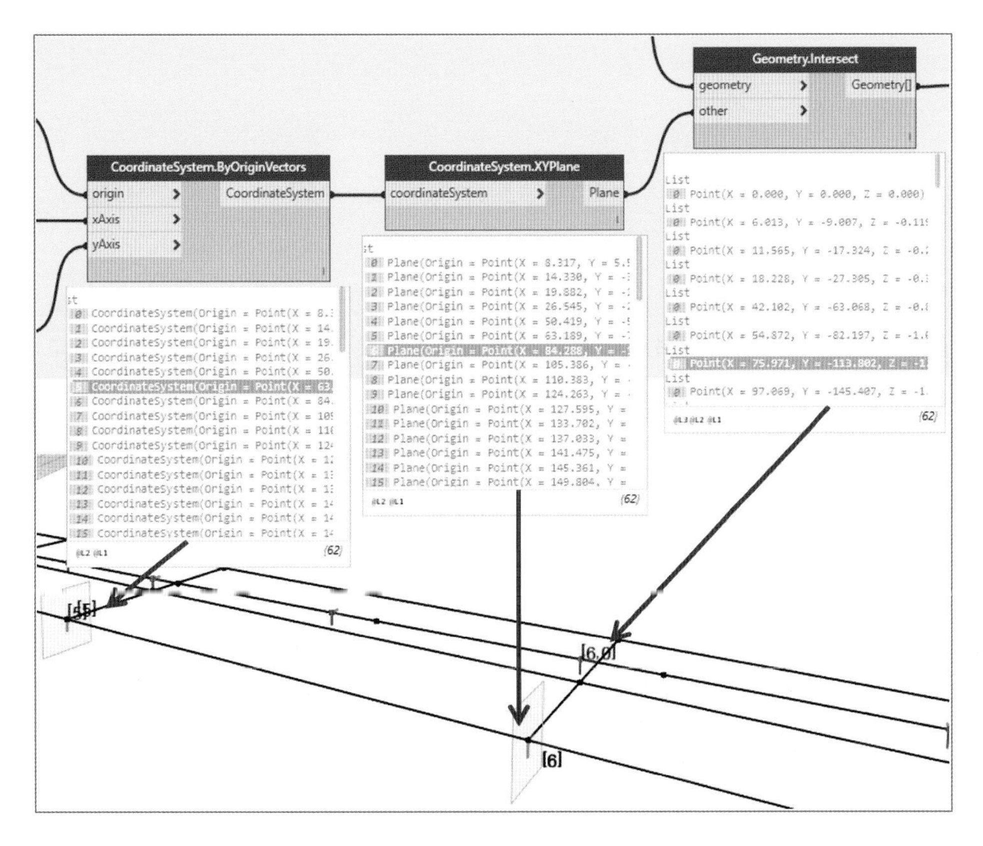

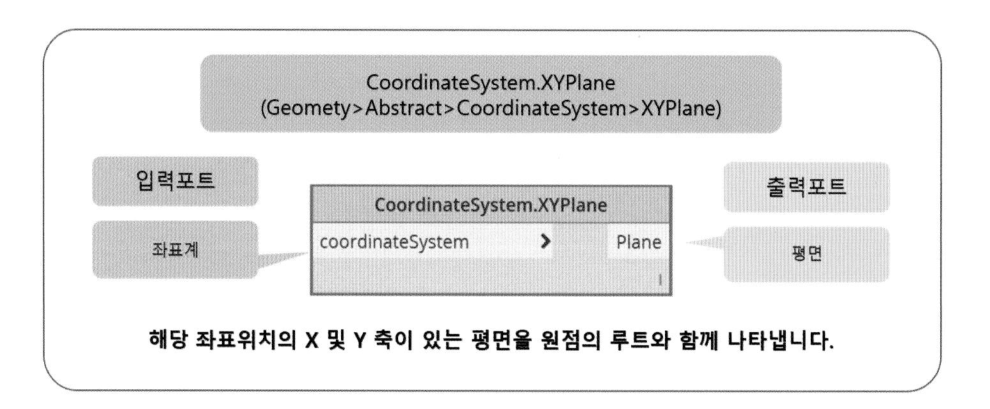

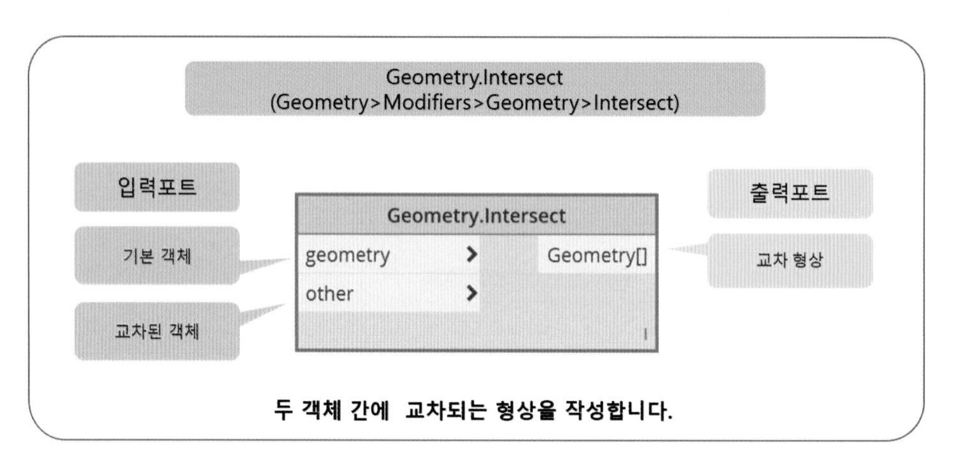

③ 이렇게 생성된 1차원 리스트의 곡선을 따라 매개변수를 불러오기 위하여 Curve.ParameterAtPoint 노드를 생성하여 Curve 입력포트에는 앞서 ②에서 생성한 NurbsCurve를 연결하고, Point 입력포트에는 Flatten 노드를 연결합니다.
이어서 Key를 기준으로 리스트를 정렬하기 위하여 List.SortByKey 노드를 생성하여 list 입력포트에는 Flatten 노드를 연결하고 Keys 입력포트에는 Curve.ParameterAtPoint 노드를 연결시켜줍니다. 다음으로 곡선을 지정된 점에 여러 개의 조각으로 분할하기 위하여 차후 록볼트 배치 다이나모 프로세스에서도 활용될 Curve.SplitByPoints 노드를 생성하여 curve 입력포트에는 마찬가지로 NurbsCurve를, points 입력포트에는 List.SortByKey 노드에서 정렬된 list를 연결합니다.
해당 곡선의 총 호 길이를 얻기 위하여 Curve.Length 노드를 생성하여 연결하고, 1보다 작은 길이를 출력하기 위하여 〈 노드의 x 입력포트에 Curve.Length 노드를 연결합니다. y 입력포트에는 Code Block을 만들어 1을 입력하고 연결합니다. 이후 별도의 부울 리스트에서 해당하는 인덱스를 조회하여 시퀀스를 필터링하는 List.FilterByBoolMask 노드를 생성하여 list 입력포트에는 Curve.SplitByPoints 노드를 연결하고, 부울 리스트인 mask 입력포트에는 〈 노드를 연결합니다.

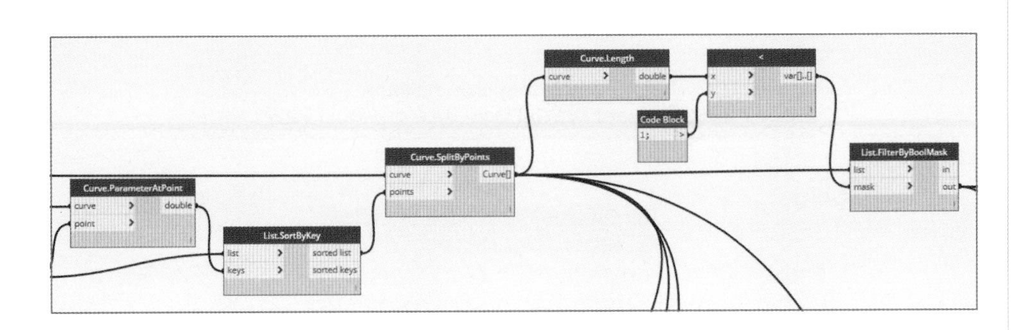

Curve.Length
curve
double
<
x
y
var[]..[]
Code Block
1;
Curve.SplitByPoints
curve
points
Curve[]
List.FilterByBoolMask
list
mask
in
out
Curve.ParameterAtPoint
curve
point
double
List.SortByKey
list
keys
sorted list
sorted keys

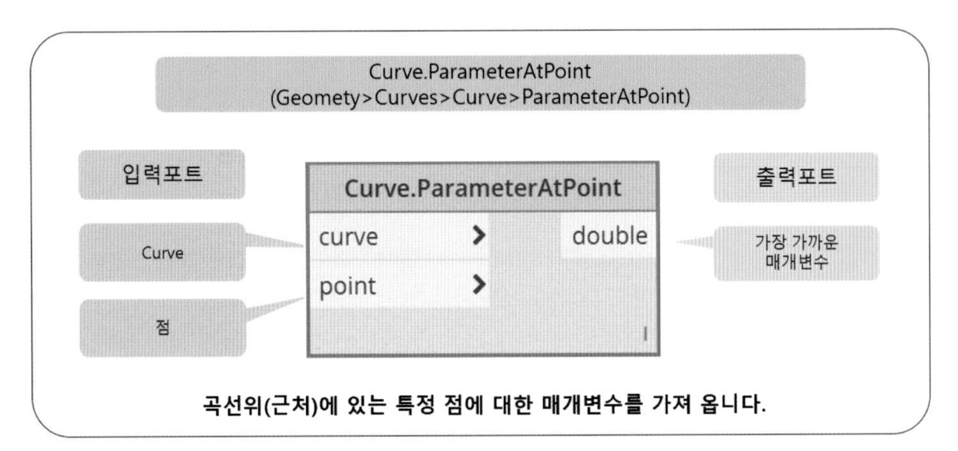

Curve.ParameterAtPoint
(Geomety>Curves>Curve>ParameterAtPoint)
입력포트
Curve
점
Curve.ParameterAtPoint
curve
point
double
출력포트
가장 가까운 매개변수
곡선위(근처)에 있는 특정 점에 대한 매개변수를 가져 옵니다.

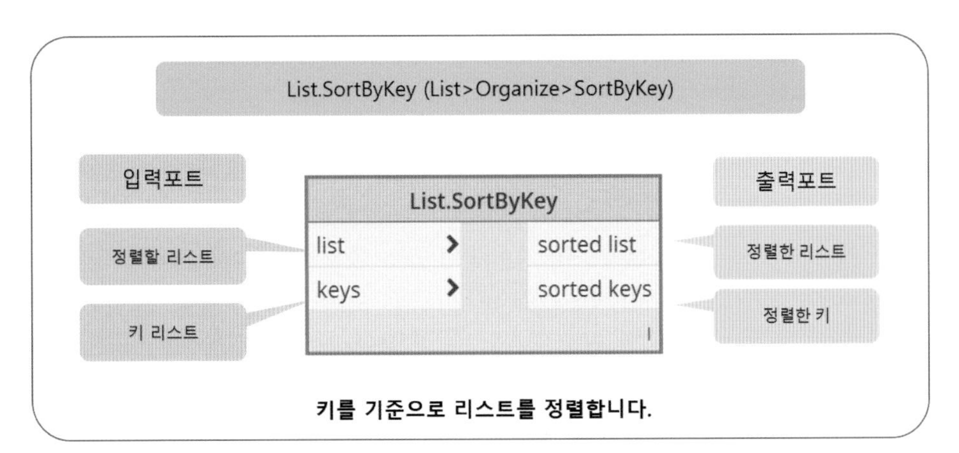

List.SortByKey (List>Organize>SortByKey)
입력포트
정렬할 리스트
키 리스트
List.SortByKey
list
keys
sorted list
sorted keys
출력포트
정렬한 리스트
정렬한 키
키를 기준으로 리스트를 정렬합니다.

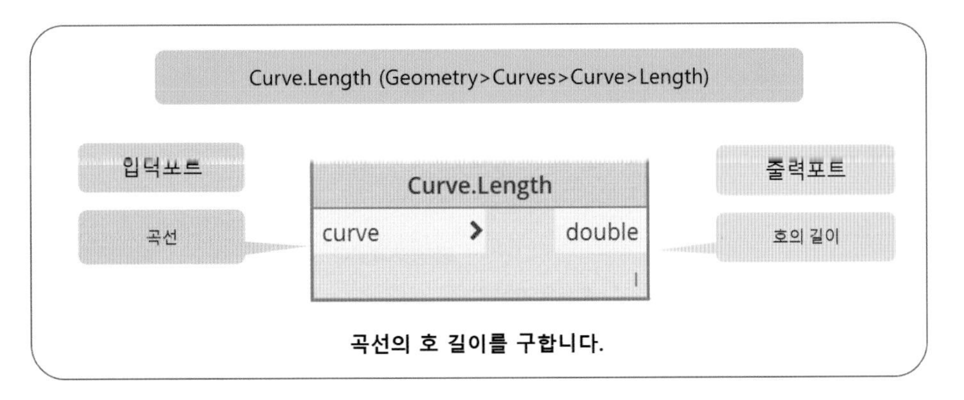

Curve.Length (Geometry>Curves>Curve>Length)
입력포트
곡선
Curve.Length
curve
double
출력포트
호의 길이
곡선의 호 길이를 구합니다.

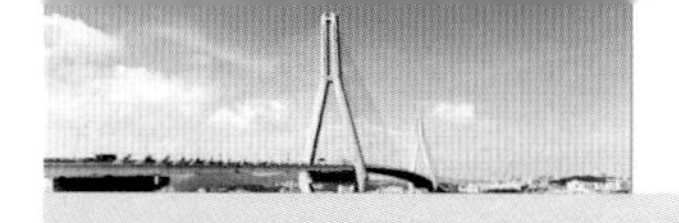

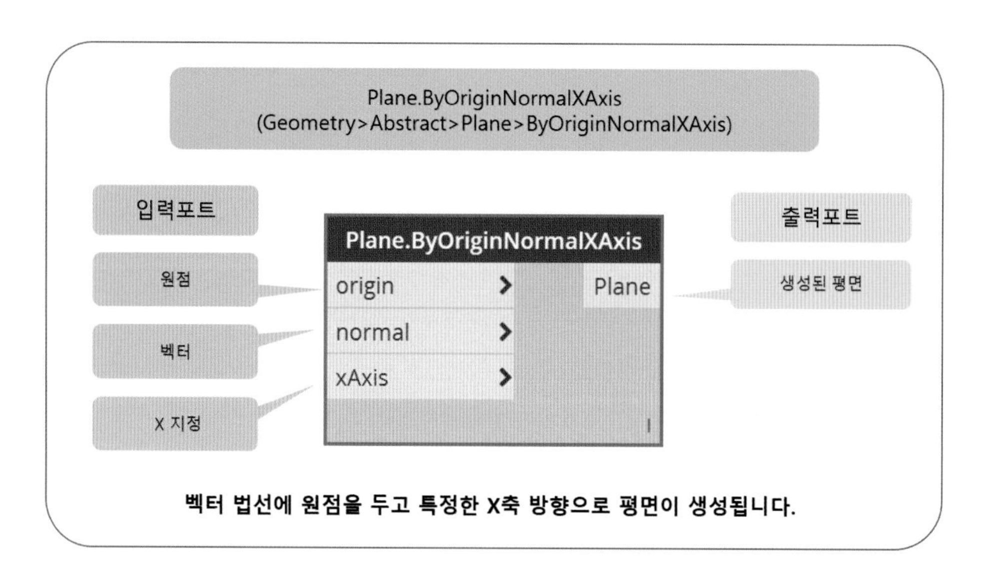

벡터 법선에 원점을 두고 특정한 X축 방향으로 평면이 생성됩니다.

④ 앞서 작성한 List.FilterByBoolMask 노드에서 마스크 인덱스가 false인 항목만 출력하도록 합니다. 시작과 끝 파라미터 사이의 지정된 매개변수에서 곡선상의 점을 가져오기 위하여 Curve.PointAtParameter 노드를 생성하여 curve 입력포트에 마스크 out 출력포트를 연결합니다. 그리고 Code Block을 두개를 생성하여 각각 3을 입력하고, 0..1..#n까지 범위와 개수를 입력한 후 param 입력포트에 연결합니다. 여기서 Curve.PointAtParameter 노드의 레이싱을 외적으로 변경하여 리스트를 그리드 형태로 설정합니다. 이번에는 곡선의 특정 점에서 매개변수를 가져오기 위하여 Curve.ParamterAtPoint 노드를 생성하여 curve 입력포트에는 mask의 out을 연결하고 point 입력포트는 Curve.PointAtParameter 노드와 연결해줍니다. 이어서 매개변수에서 곡선에 접하는 벡터를 가져오기 위하여 Curve.TangentAtParameter 노드를 생성하여 curve 입력포트에는 mask의 out 출력포트를 연결하고, param 입력포트는 Curve.ParameterAtPoint 노드와 이어줍니다. 다음으로 벡터 법선에 원점을 두고 특정한 X축 방향으로 방향이 지정된 평면을 만들기 위하여 Plane.ByOriginNormalXAxis 노드를 생성합니다. point를 입력하는 origin 입력포트에는 Curve.PointAtParameter 노드를 연결하고, 벡터 값을 입력하는 normal 입력포트에는 Curve.TangentAtParameter 노드를 연결합니다. 다음으로 축 지정 벡터 값을 입력하는 xAxis 입력포트에는 Vector.ZAxis 노드를 생성하여 연결합니다.
이 과정으로 생성된 평면을 Plane.ToCoordinateSystem 노드와 연결하여 새로운 CoordinateSystem을 생성합니다.

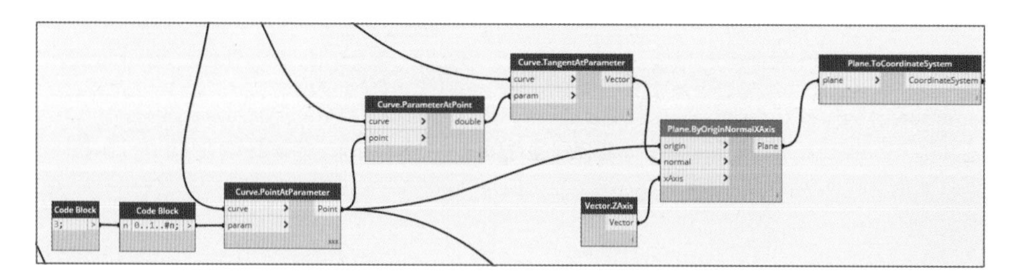

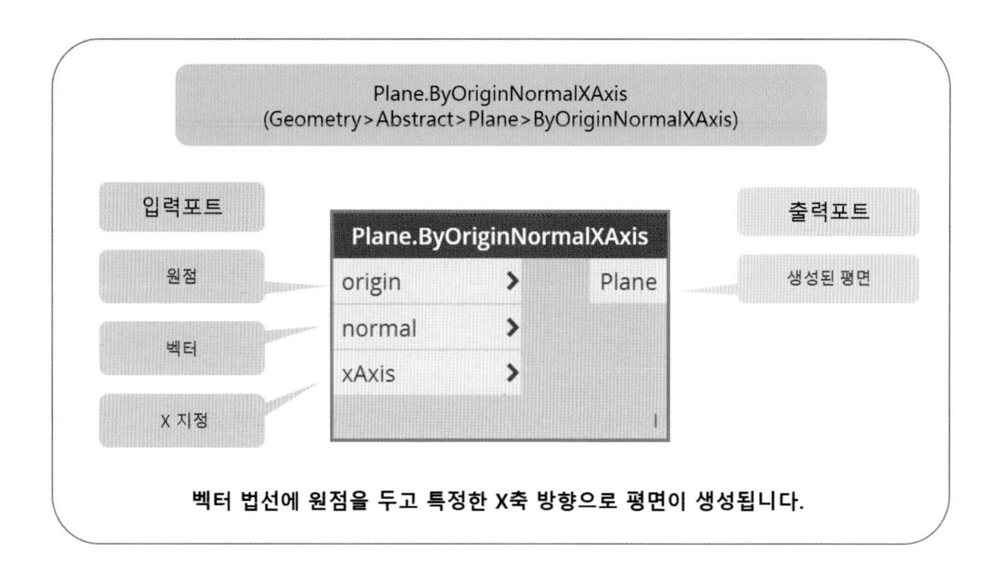

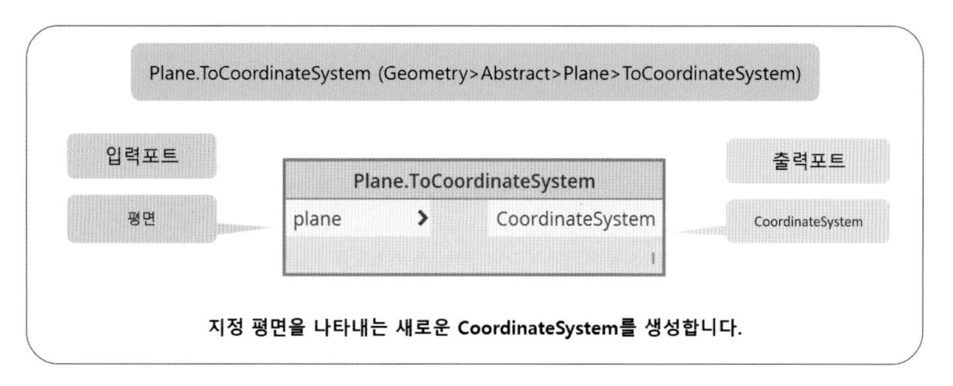

08 터널 패밀리 입력

앞에서 작성한 솔리드 형태의 Adaptive 3 Points 터널 패밀리를 다이나모에서 활용할 수 있도록 입력하여 가변 구성요소 리스트로 형성합니다.

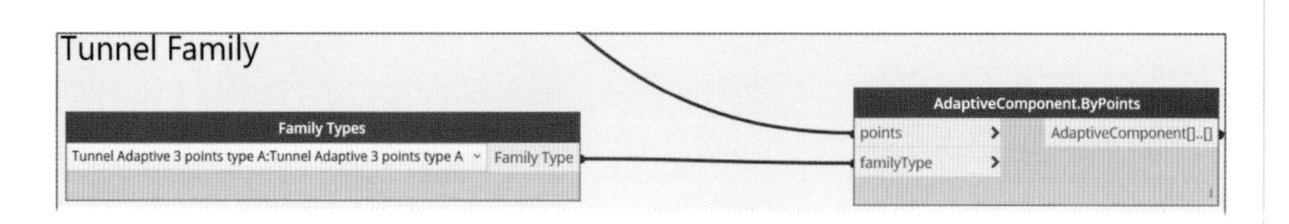

Family Types 노드를 생성하여 Family Type 리스트 중에서 Tunnel Adaptive 3 points 패밀리를 선택합니다. 다음으로 점의 2차원 배열에서 가변 구성요소 리스트를 작성하는 AdaptiveComponent.ByPoints 노드를 생성한 후 familyType 입력포트에 Family Types 노드를 연결하고, points 입력포트에는 07 그리드 선형 분할의 ④에서 Curve.PointAtParameter 노드를 연결하여 포인트를 가져옵니다.

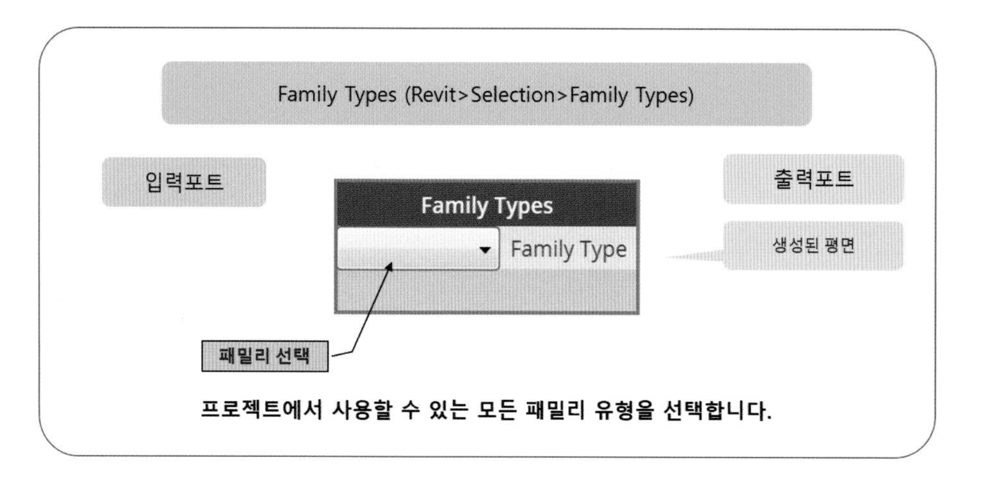

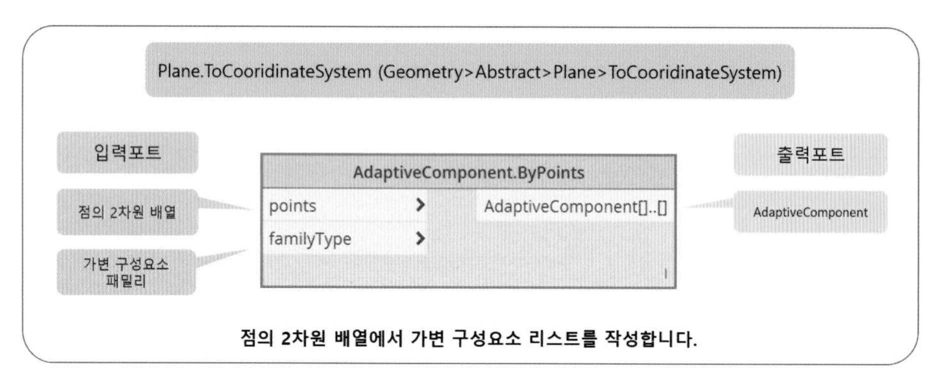

09 3절점 각도 회전

가변 구성요소 리스트로 구성된 3절점 터널 패밀리를 매개변수와 회전각도 방향을 지정하여 0~360각도 범위 안에서 회전이 가능하도록 구성합니다.

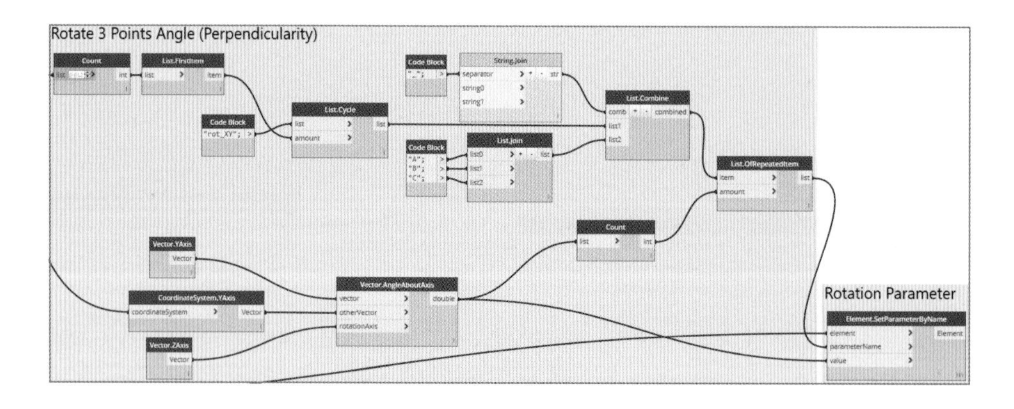

① 지정된 리스트의 항목 수를 반환하는 Count 노드를 생성하고, 앞서 07 그리드 선형 분할의 ④에서 작성한 Plane.ToCoordinateSystem 노드에 연결하고 레벨사용 및 리스트 구조 유지(1개 입력 리스트의 내포 유지)를 체크하여 @@L2로 노드를 설정합니다. 해당 노드를 List.FirstItem 노드와 연결하여

첫 번째 항목만 반환한 뒤 지정된 리스트의 사본을 연결하여 새 리스트를 만드는 List.Cycle 노드를 생성하여 list 입력포트에는 Code Block을 생성하여 “rot_XY”를 입력한 뒤 연결합니다. 반복할 횟수인 amount 입력포트에는 List.FirstItem 노드를 연결하여 “rot_XY” 항목 3개가 있는 리스트로 생성합니다.

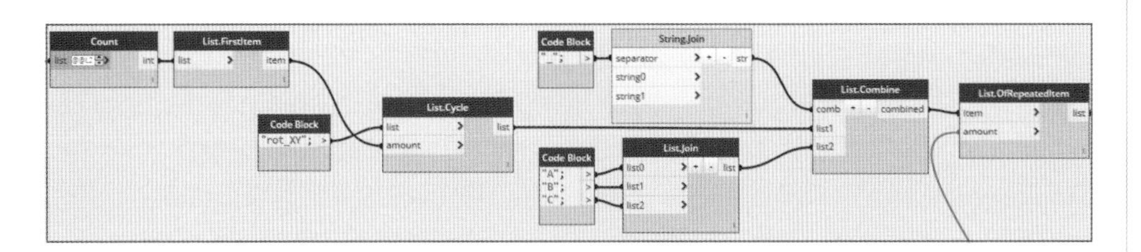

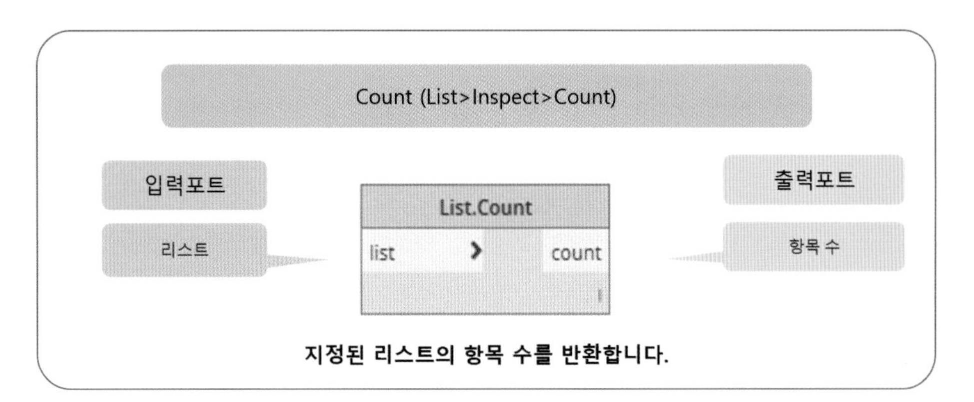

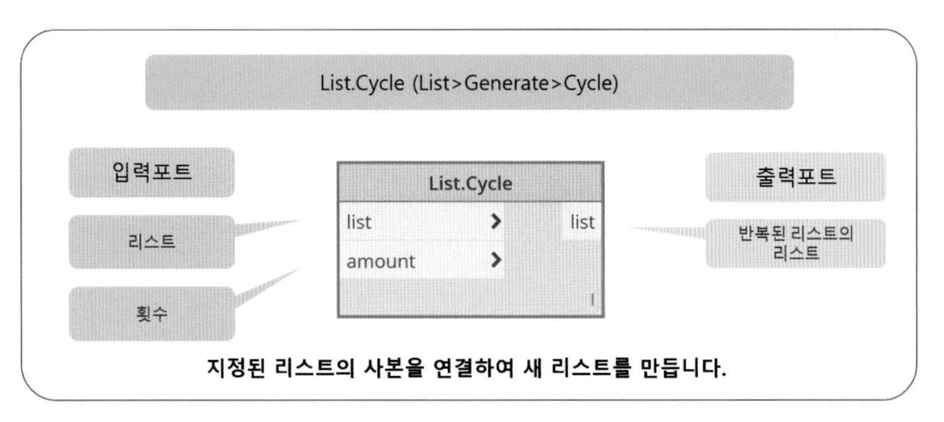

② 다음으로 결합된 리스트를 생성하는 List.Combine 노드를 생성하여 comb 입력포트에는 여러 문자열을 하나의 문자열로 만드는 String.Join 노드를 생성하여 연결하는데, 여기서 separator 입력포트에 Code Block으로 "_"을 입력한 뒤 이어줍니다. 첫 번째 리스트 항목인 list1 입력포트에는 List.Cycle 노드를 연결하고, list2 입력포트에는 List.Join 노드를 생성하여 결합할 리스트 항목들에 Code Block을 생성하여 "A", "B", "C"를 작성한 후 연결시켜서 터널 패밀리 3절점의 회전 매개변수 이름을 리스트로 생성합니다. 이후 지정된 항목의 횟수만큼 리스트를 생성하는 List.OfRepeatedItem 노드를 생성하여 item 입력포트에 List.Combine 노드를 연결하여 반복할 항목으로 설정합니다.

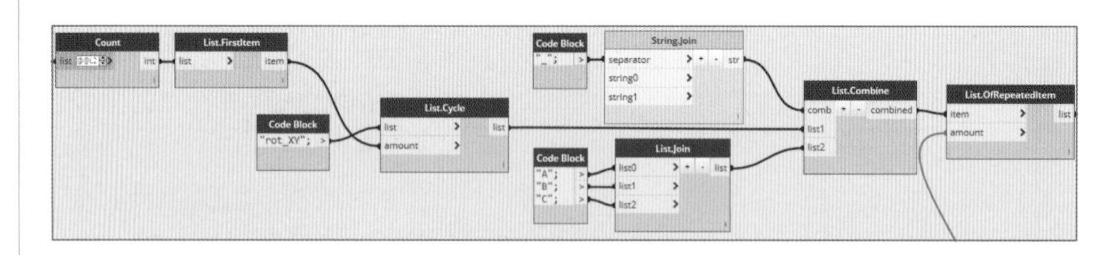

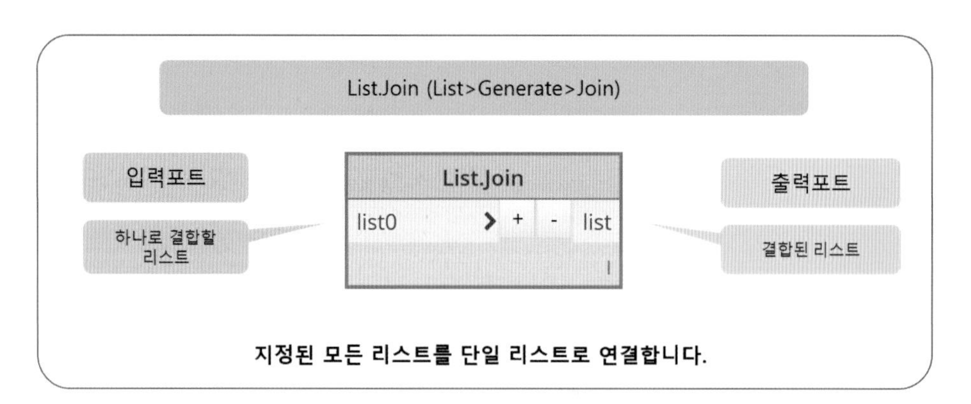

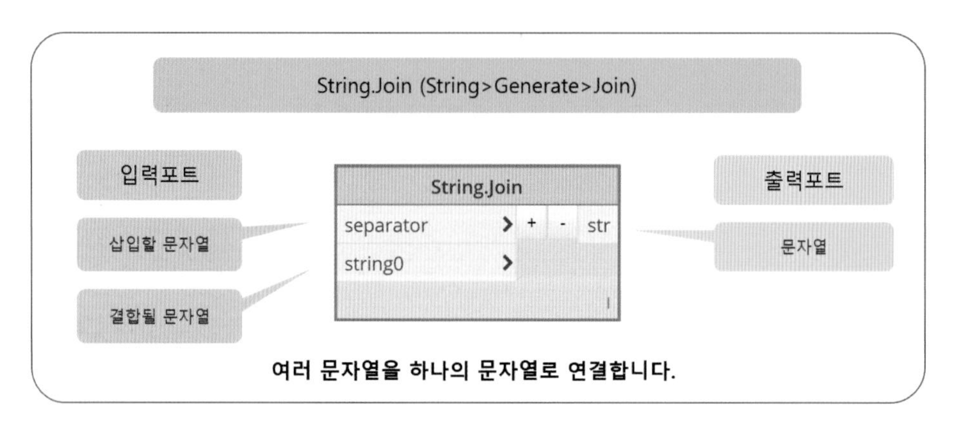

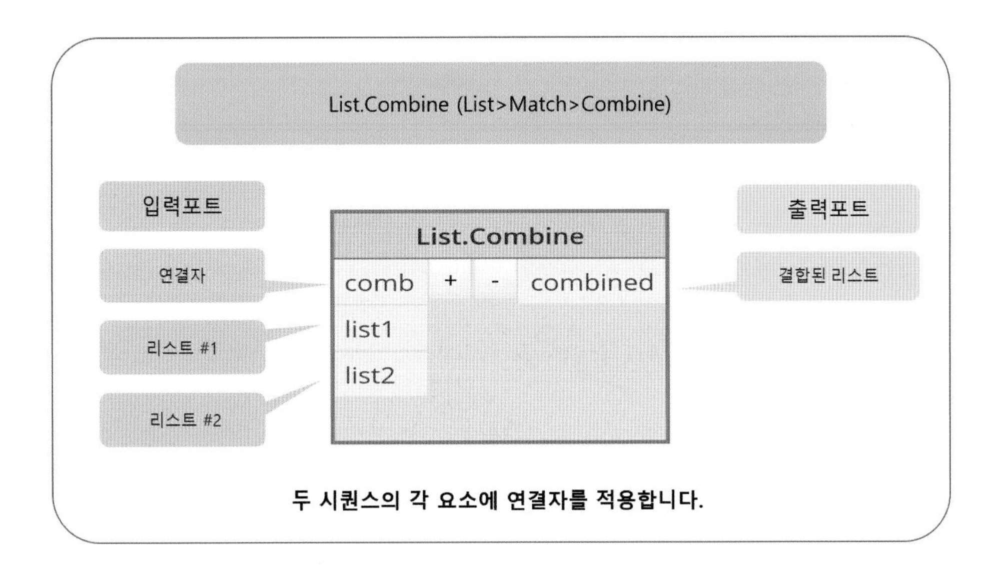

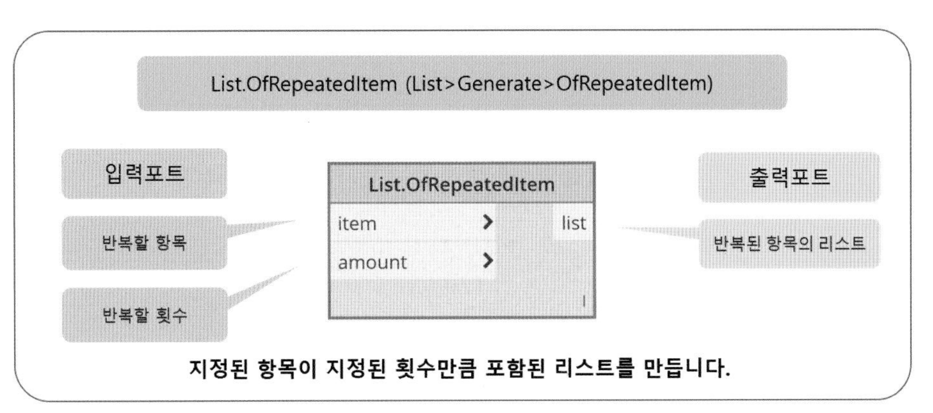

③ 다음으로 벡터사이의 각도를 반환하는 Vector.AngleAboutAxis 노드를 생성합니다. 첫 번째 입력포트인 vector 입력포트는 표준 Y축 벡터인 Vector.YAxis 노드를 생성하여 연결합니다. 두 번째 otherVector 노드는 CoordinateSystem.YAxis 노드를 생성하여 연결하는데, 앞서 07 그리드 선형 분할의 ④에서 생성한 CoordinationSystem을 입력포트로 불러옵니다. 회전을 지정하는 rotationAxis 입력포트는 Vector.ZAxis 노드를 연결합니다. 이어서 리스트의 항목 수를 출력하기 위하여 Count 노드를 생성하여 연결한 뒤 앞서 ②에서 생성한 List.OfRepeatedItem 노드의 amount 입력포트로 연결하여 반복 횟수 항목으로 설정합니다. 다음으로는 회전에 관한 매개변수를 설정하기 위하여 Element.SetParamterByName 노드를 생성하여 요소 항목인 element 입력포트는 08 터널 패밀리 입력에서 생성한 AdaptiveComponent.ByPoints 노드와 연결합니다. 매개변수 이름 항목인 parameterName 입력포트에는 List.OfRepeatedItem 노드를 이어주겠습니다. 이어서 값 항목인 value 입력포트에는 Vector.AngleAboutAxis 노드를 연결합니다. 이렇게 생성된 Element.SetParameterByName 노드는 레이싱을 최장으로 변경하여 요소 항목들 중에서 연계되지 않는 요소가 없도록 설정합니다.

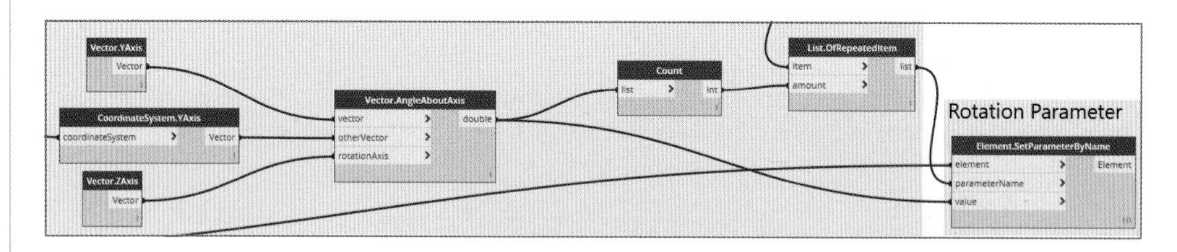

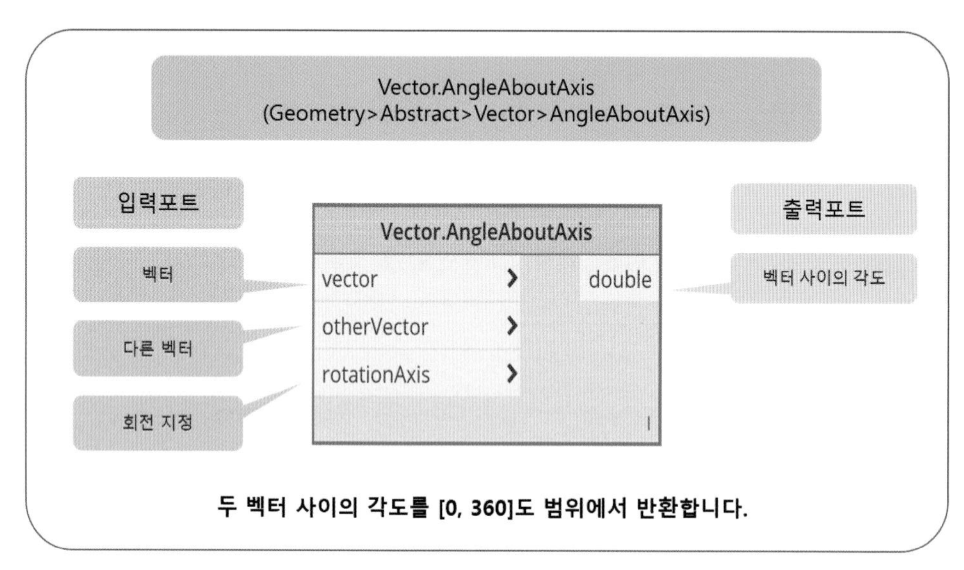

10 터널 패밀리 매개변수 설정

미리 생성한 Tunnel Pattern 및 Tunnel Section 노드의 매개변수와 터널 3절점 AdaptiveComponent를 활용하여 매개변수를 설정합니다.

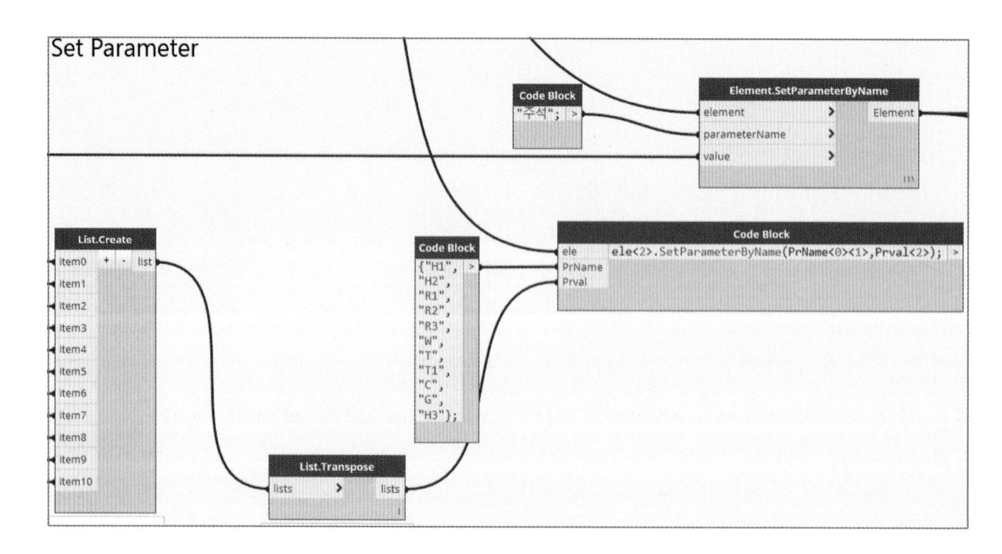

04 터널 패밀리 매개변수 정보 불러오기의 ④에서 작성한 Tunnel Pattern 매개변수와 Tunnel Section 매개변수를 활용하여 터널 패밀리 매개변수 설정을 진행합니다. 우선 요소의 매개변수를 설정하기 위하여 Element.SetParameterByName 노드를 생성하여 요소항목인 element 입력포트에는 08 터널 패밀리 입력에서 생성한 AdaptiveComponent.ByPoints 노드를 연결합니다. ParameterName 입력포트에는 Code Block을 생성하여 "주석"을 입력하여 연결합니다. 그리고 value 입력포트에 Tunnel Pattern 노드를 연결한 뒤 레이싱을 최장으로 설정합니다. 다음으로 Element.SetParameterByName 노드를 생성하여 element 입력포트에는 앞서와 같이 AdaptiveComponent.ByPoints를 연결합니다. 이어서 parameterName 입력포트에는 Code Block을 그림과 같이 생성하여 매개변수 이름을 작성하고 항목이 지정된 횟수만큼 반복되는 List.OfRepeatedItem 노드의 item 입력포트로 연결합니다. amount 입력포트에는 AdaptiveComponent.ByPoints의 항목 개수를 받아오기 위한 List.Count 노드를 연결하도록 합니다. 이렇게 연결된 List.OfRepeatedItem 노드를 paramterName으로 연결합니다. value 입력포트에는 List.Create 노드를 생성하여 Tunnel Section 노드의 10개 매개변수를 하나의 리스트로 만든 후 List.Transpose 노드로 행과 열을 변경한 뒤 연결합니다.

11 터널 패밀리 색상 보정

터널 패밀리 요소의 색상에 대하여 정의하고 보정하는 프로세스를 진행합니다.

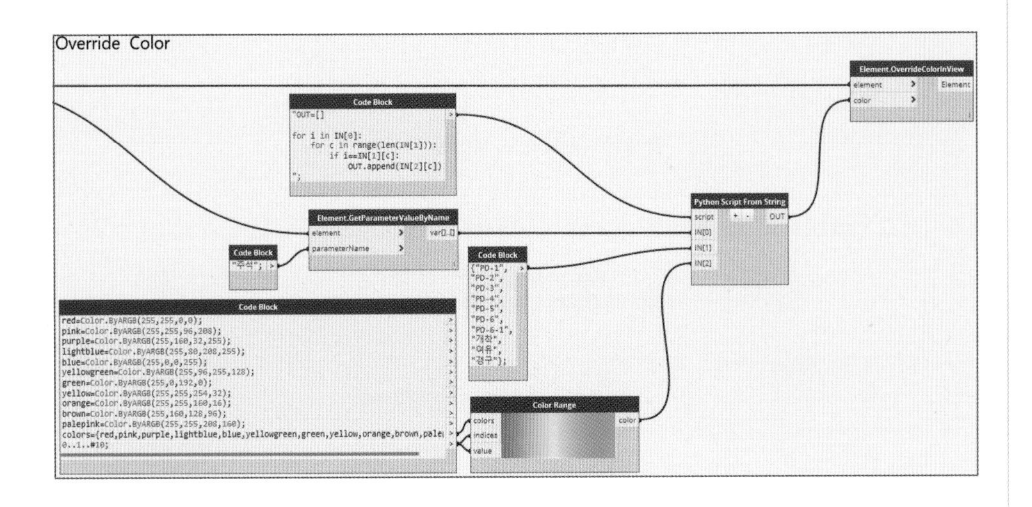

① 터널 패밀리 요소의 색상을 재지정하기 위하여 Element.OverrideColorInView 노드를 생성합니다. element 입력포트에는 10 터널 패밀리 매개변수 설정에서 터널 패밀리 요소가 있는 Element.SetParameterByName 노드를 연결합니다. color 입력포트에는 문자열에서 python 스크립트를 실행하는 Python Script From String 노드를 생성하여 연결합니다. Python Script From String 노드의 첫 번째 script 입력포트에는 Code Block을 생성하여 위 그

림과 같이 Input[0]과 Input[1]을 for 구문과 if 구문으로 하여 Input[2]에 있는 컬러를 출력하는 알고리즘을 작성합니다. 알고리즘에 활용될 Input 값인 IN[0] 입력포트에는 요소의 매개변수 중 하나의 값을 불러오는 Element.GetParamterValueByName 노드를 생성하여 연결합니다. Element.GetParameterValueByName 노드의 element 입력포트에는 10 터널 패밀리 매개변수 설정에서 터널 패밀리 요소가 있는 Element.SetParameterByName 노드를 연결합니다. parameterName 입력포트는 Code Block을 작성하여 "주석"을 입력 후 연결하여 이름을 정의합니다.

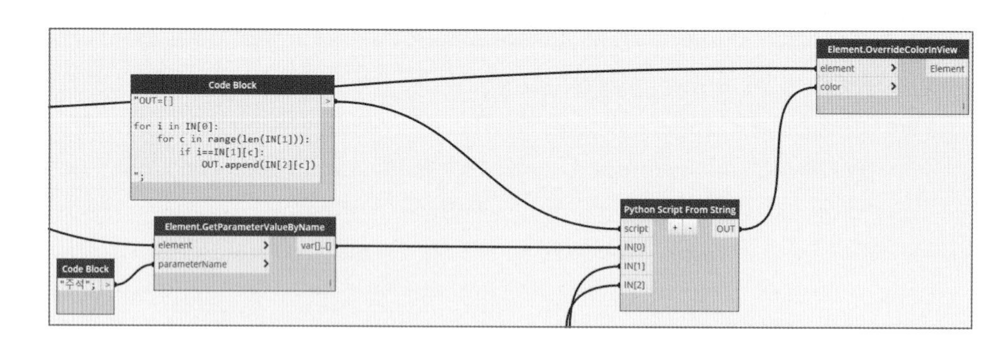

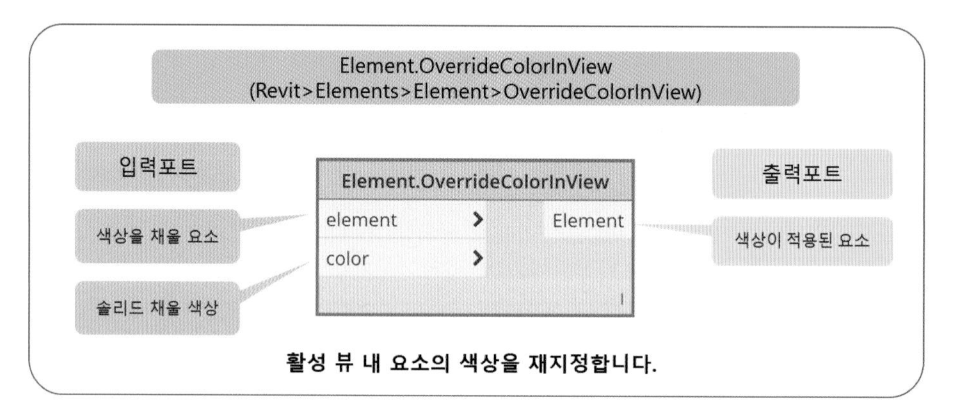

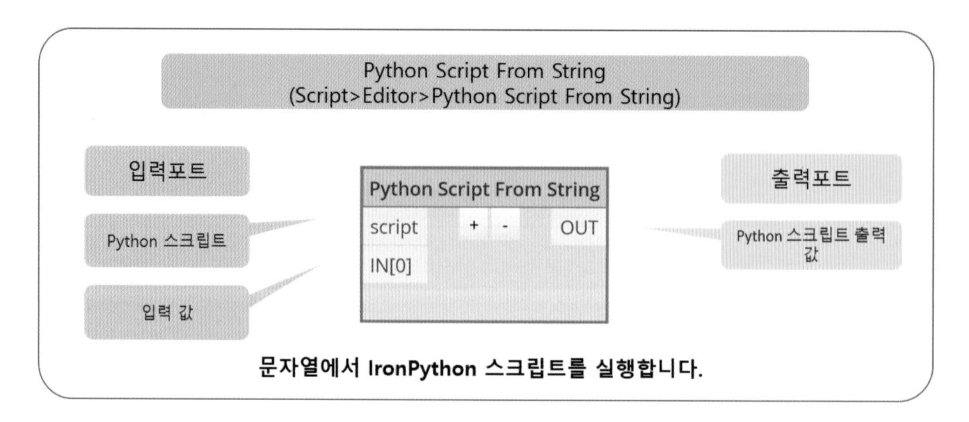

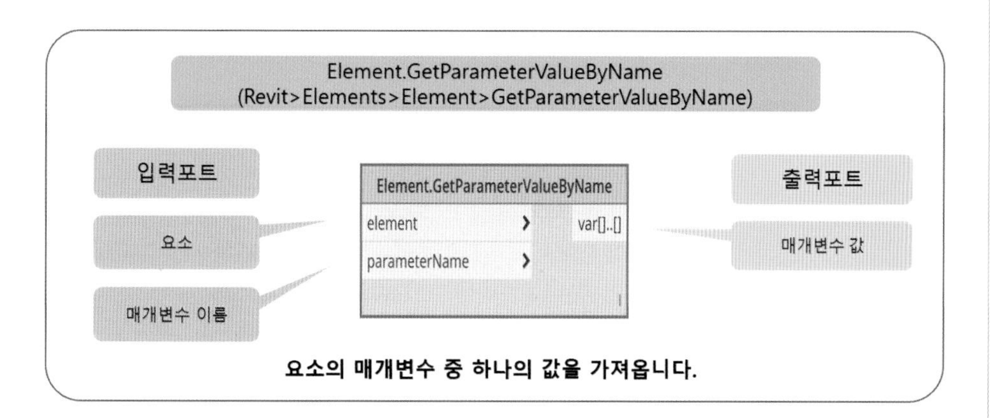

② Python Script From String 노드의 IN[1] 입력포트에는 Code Block을 작성하여 아래 그림과 같이 터널 구간의 패턴 항목을 입력하여 연결합니다. 다음으로 IN[2] 입력포트에는 지정된 색상범위 안에서 색상을 가져오는 Color Range 노드를 생성하여 연결합니다. Color Range 노드의 입력포트와 연결하기 위하여 Code Block을 생성하여 아래 그림과 같이 각 색상에 대한 코드 정의를 하고 colors라는 이름으로 각 정의된 색상을 그룹화하고 0..1..#10;의 범위와 개수를 입력합니다. Color Range 노드의 colors 입력포트에는 colors 그룹의 출력포트를 연결하고, indices와 value 입력포트에는 앞서 작성한 범위 출력포트를 연결합니다.

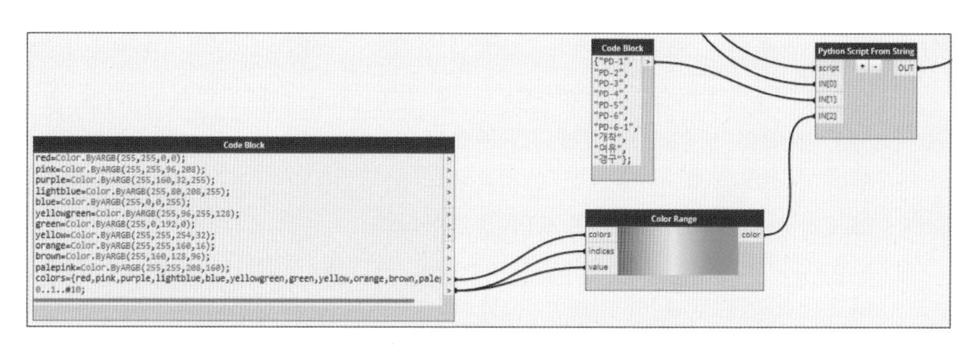

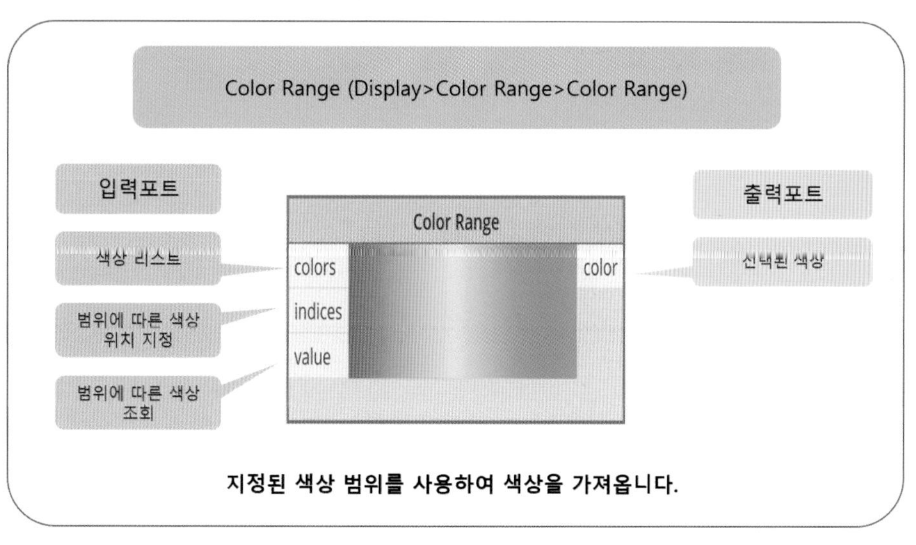

12 록볼트 배치

앞서 작성된 곡선과 그리드 매개변수 값 등과 록볼트 패밀리를 로드하여 연결함으로써 록볼트가 배치된 터널을 모델링합니다.
여기서 부터는 그대로 이어서 작업하셔도 되시고, 기존에 모델링한 프로젝트 파일을 저장하거나, "터널 프로젝트_터널부.rvt" 파일을 오픈한 뒤 "록볼트 배치_시작.dyn" 다이나모 파일을 열어서 보다 더 빠른 로직 실행으로 모델링을 이어갈 수도 있습니다.

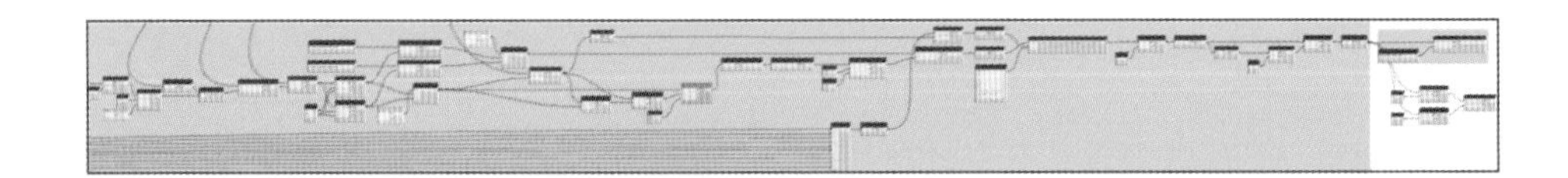

① 우선 **04** 터널 패밀리 매개변수 정보 불러오기의 ④에서 Segment Length 노드를 활용하여 길이 값을 불러옵니다. /노드를 생성하여 입력포트 x를 Segment Length 노드와 연결하고, y 입력포트는 Code Block에 '2'를 입력하여 연결하여 길이 값을 반으로 나눠줍니다. 이어서 조건에 따라 객체를 대체하기 위하여 ReplaceByCondition 노드를 생성하여 item 입력포트에 / 노드를 연결합니다. 대체할 객체인 replaceWith 입력포트에는 Code Block을 생성하여 '1'을 입력한 뒤 연결합니다. 조건 입력포트인 condition에는 객체가 null 인지를 확인하는 Object.IsNull 노드를 생성하여 연결해 줍니다. 다음으로 Code Block 노드를 생성한 후 0..1..dist; 를 입력하여 아래 그림과 같이 간격의 범위를 설정합니다. 1입력포트에는 Curve.Length 노드를 생성하여 연결하는데 이 노드의 입력포트는 **07** 그리드 선형 분할의 ③에서 생성한 Curve.SplitByPoints 노드와 연결합니다.
dist 입력포트에는 ReplaceByCondition 노드를 연결하여 조건 별 대체항목 리스트 간격으로 곡선 길이를 반환하는 리스트를 생성합니다.

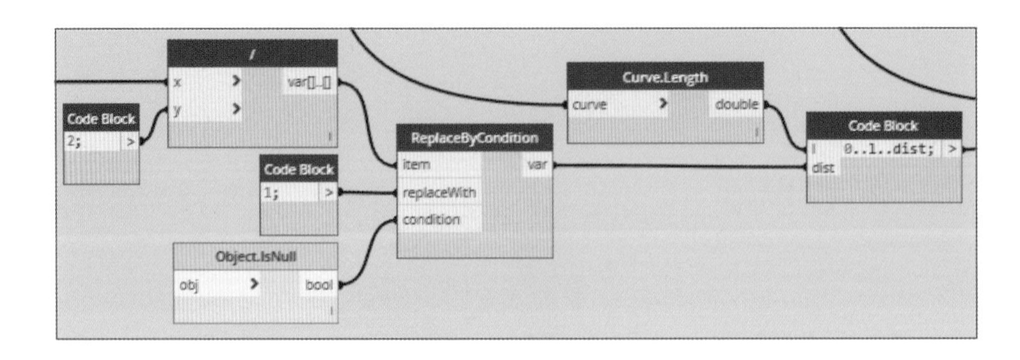

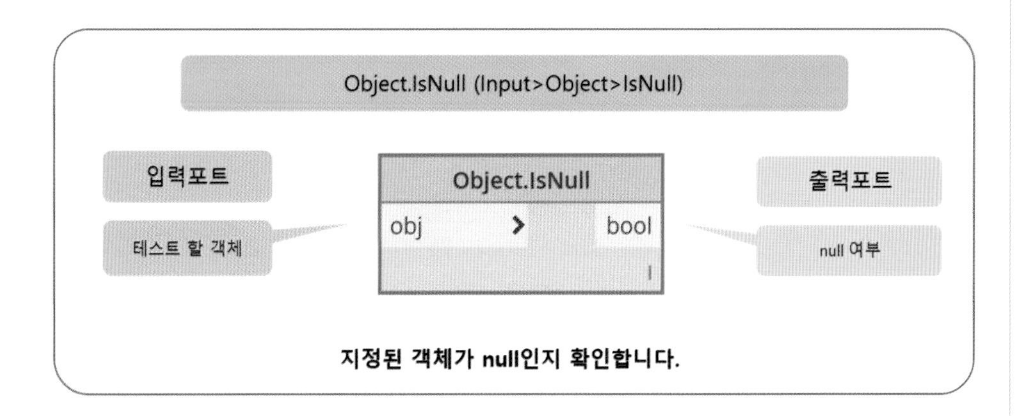

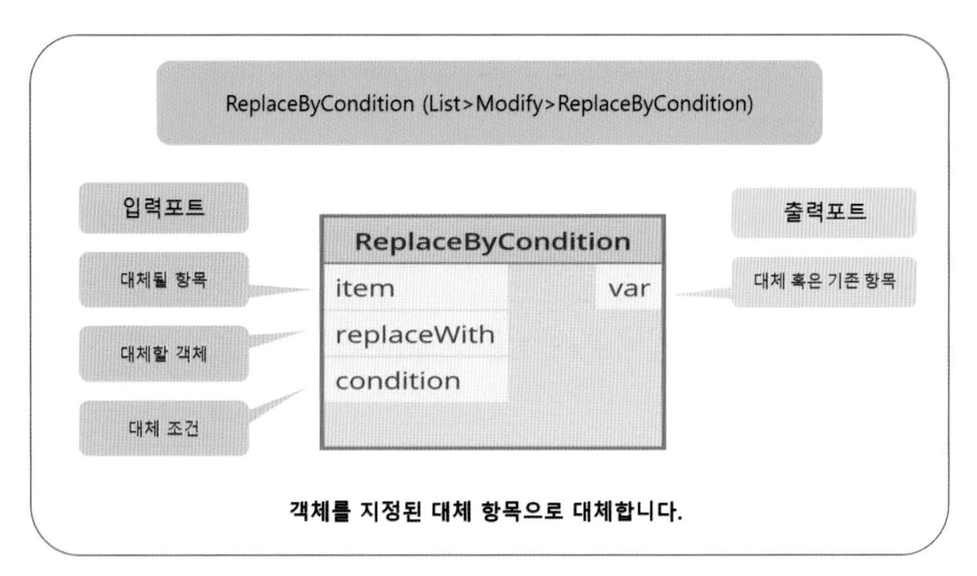

② 다음으로 곡선의 특정 호 길이의 매개변수를 가져오기 위하여 Curve.ParameterAtSegmentLength 노드를 생성하여 segmentLength 입력포트에는 앞서 생성한 Code Block 노드를 연결합니다. curve 입력포트에는 앞에서와 마찬가지로 Curve.SplitByPoints 노드를 연결하여 분할된 곡선을 정의합니다. 매개변수를 정의를 하였다면, 매개변수 사이의 곡선의 점을 가져오기 위하여 Curve.PointAtParameter 노드를 생성하여 param 입력포트에 앞에서의 Curve.ParameterAtSegmentLength 출력포트를 연결합니다. curve 입력포트 또한 Curve.SplitByPoints 노드와 이어줍니다. 리스트에서 간격띄우기 이후에 지정된 값의 배수 인덱스 항목을 불러오기 위하여 List.TakeEveryNthItem 노드를 생성하는데, offset 값의 차이를 두기 위하여 노드를 2개 생성합니다. 항목을 가져올 리스트인 list 입력포트는 레벨사용으로 @L2 설정 후 Curve.PointAtParameter 노드와 각각 연결합니다. 다음으로 n과 offset 입력포트에 연결할 Code Block을 생성한 후 2, 0, 1을 입력한 뒤 배수가 될 n값은 동일하게 2를 연결하고, offset 입력포트는 0과 1을 각각 연결합니다.

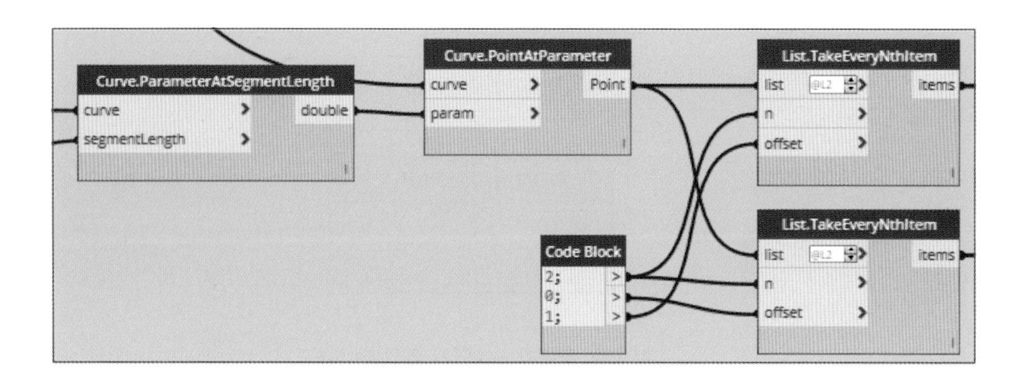

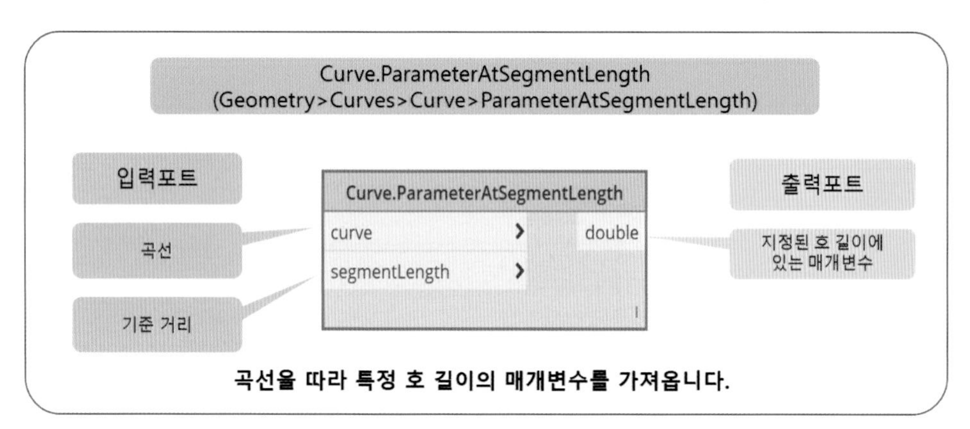

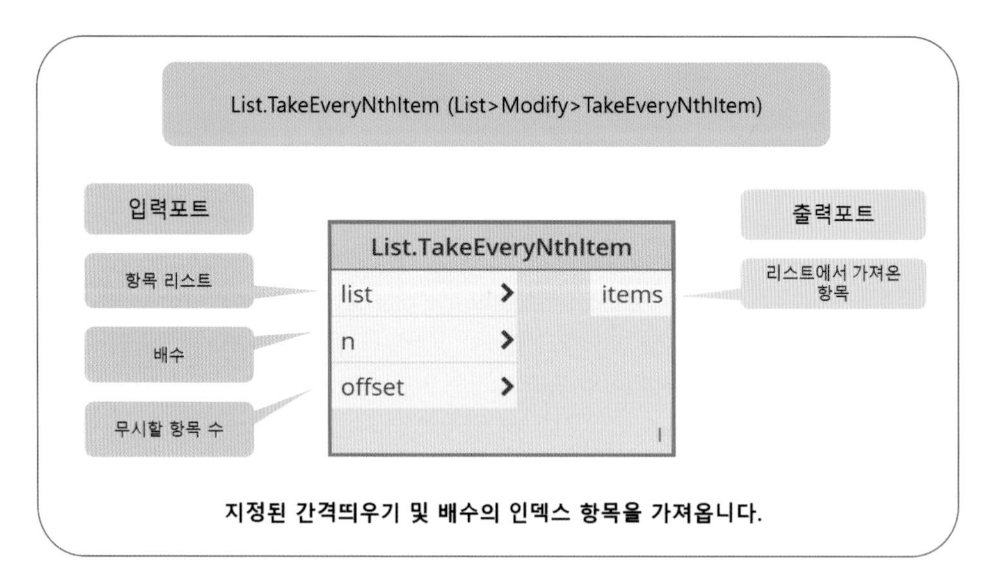

③ 해당 좌표가 지정된 록볼트 패밀리 인스턴스를 배치하는 작업을 진행합니다. FamilyInstance.ByPoint 노드를 2개 생성하여 familyType 입력포트에 각각 Family Types 노드로 Rock Bolt_Center 및 Rock Bolt_Lattice 패밀리를 로드 후 연결합니다.

point 입력포트에는 앞서 생성한 List.TakeEveryNthItem 출력포트를 각각 연결합니다. List.TakeEveryNthItem 노드들과 FamilyInstance.ByPoint 노드들의 리스트를 결합하기 위하여 List.Combine 노드 2개를 생성하여 각각 list1과 list2 입력포트로 연결해줍니다. 이어서 comb 입력포트에도 또한 각각 List.Join 노드를 생성하여 연결합니다.

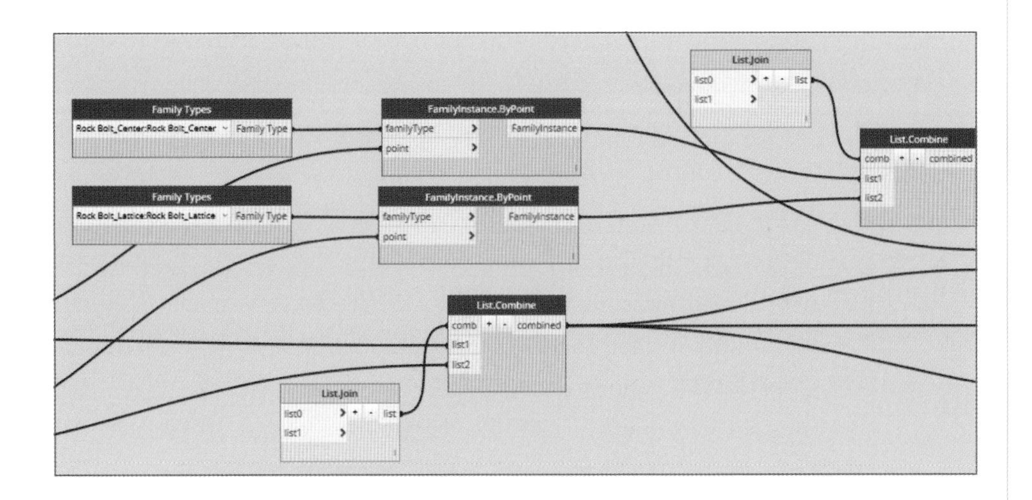

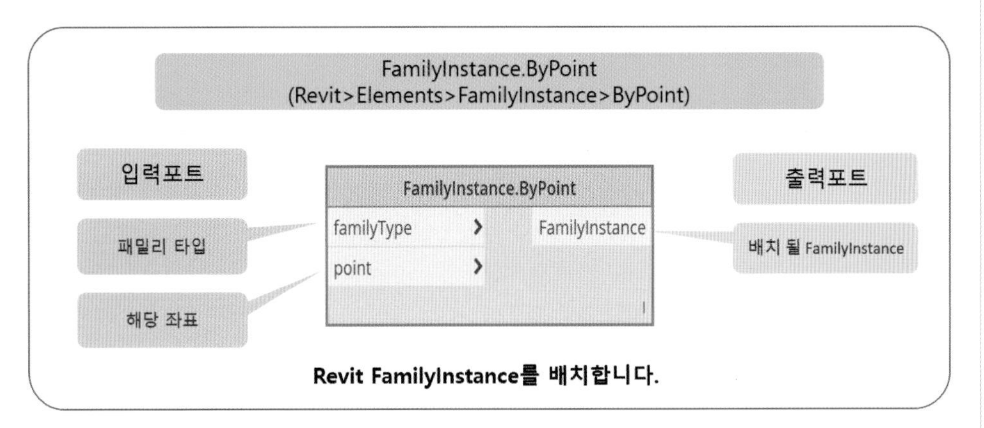

④ 다음으로 곡선을 여러 개의 점으로 분할하기 위하여 Curve.SplitByPoints 노드를 생성하여 curve 입력포트에는 07 그리드 선형 분할의 ③에서 생성한 Curve.SplitByPoints 노드를 연결합니다. Points 입력포트에는 앞서 List.TakeEveryNItem 노드들로 구성된 List.Combine 노드를 연결합니다. 분할된 곡선을 지정된 리스트의 항목으로 나누기 위하여 Count 노드를 생성하여 list 입력포트를 레벨사용 @L2 설정으로 하여 Curve.SplitByPoints 노드와 연결합니다. 이어서 곡선의 특정 점에서 매개변수를 가져오기 위하여 Curve.ParameterAtPoint 노드를 생성하여 curve 입력포트는 앞서 생성한 Curve.SplitByPoints와 연결하고, point 입력포트는 List.TakeEveryNthItem 노드들로 구성된 List.Combine 노드와 연결합니다.

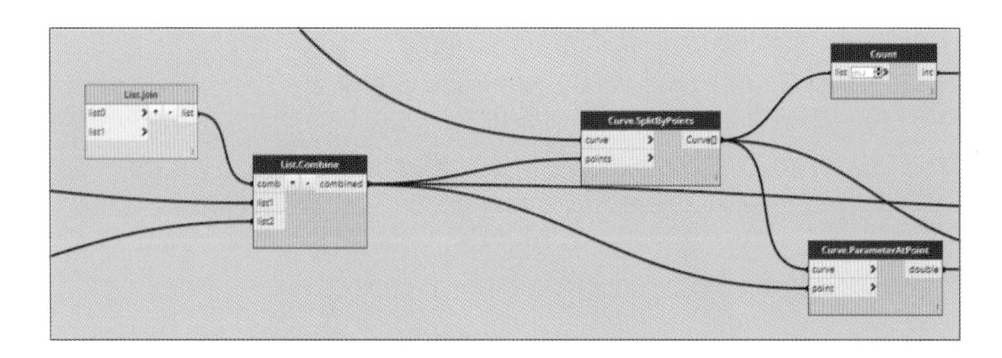

⑤ 이어지는 과정으로 평면을 만들기에 앞서 매개변수에서 곡선에 접하는 벡터 값을 가져오기 위하여 Curve.TangentAtParameter 노드를 생성하여 curve 입력포트에는 ④에서의 Curve.SplitByPoints 노드와 연결합니다. param 입력포트 또한 ④에서의 Curve.ParameterAtPoint 노드와 연결합니다. 평면을 만들기 위한 Plane.ByOriginNormalXAis 노드를 생성하여 point 값인 Origin 입력포트에는 ②에서 List.TakeEveryNthItem 노드들로 구성된 List.Combine 노드를 이어줍니다. normal 입력포트에는 벡터 값으로 앞서 생성한 Curve.TangentAtParameter 노드를 연결합니다. xAxis 입력포트의 경우에도 표준 z축 벡터 값 Vector.ZAxis 노드를 생성하여 연결합니다.
다음으로 CoordinateSystem을 만들기 위하여 Plane.ToCoordinateSystem 노드를 생성하여 plane 입력포트에 Plane.ByOriginNormalXAis 노드를 연결합니다. 이어서 해당 CoordinateSystem의 z축을 반환하기 위하여 CoordinateSystem.ZAxis 노드를 생성하여 연결합니다.

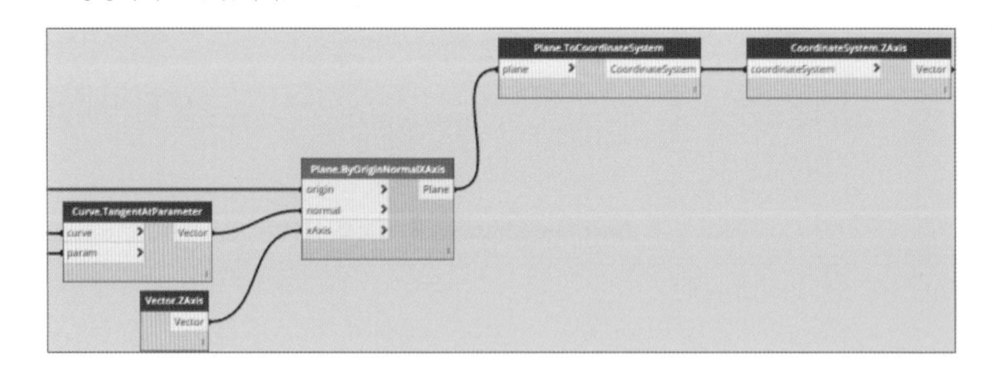

⑥ 다음은 두 벡터 사이의 각도를 출력하기 위한 Vector.AngleAboutAxis 노드를 생성하여 vector 입력포트로 ⑤의 CoordinateSystem.ZAxis 노드를 이어줍니다. otherVector 입력포트에는 Vector.YAxis 노드를 생성하여 연결하고, rotationAxis 입력포트에는 Vector.ZAxis 노드를 생성하여 연결하여 회전축을 설정합니다. 다음은 z축을 중심으로 패밀리 인스턴스의 오일러 각도(3차원 상의 각도)를 설정하는 FamilyInstance.SetRotation 노드를 생성하여 familyInstance 입력포트에는 ③의 FamilyInstance.ByPoint 노드들로 구성된 List.Combine 노드를 연결합니다. 이어서 z축 중심 각도 입력포트인 degree는 Vector.AngleAboutAxis 노드를 이어줍니다. 지정된 항목이 횟수만큼 포함된 리스트를 만들기 위하여 List.OfRepeatedItem 노드를 생성하

고, 반복할 항목인 item 입력포트에는 04 터널 패밀리 매개변수 정보 불러오기의 ④에서의 Rockbolt 매개변수 노드를 활용합니다. 이 Rockbolt 노드의 행과 열을 바꿔서 불러오기 위하여 List.Create 노드를 생성하여 매개변수들을 list로 생성한 후 List.Transpose 노드와 연결한 뒤 List.OfRepeatedItem 노드의 item 포트로 이어줍니다. amount 입력포트는 ④에서의 Count 노드를 연결한 후 List.OfRepeatedItem 노드의 레이싱을 최장으로 변경하여 모든 매개변수가 적용될 수 있도록 합니다.

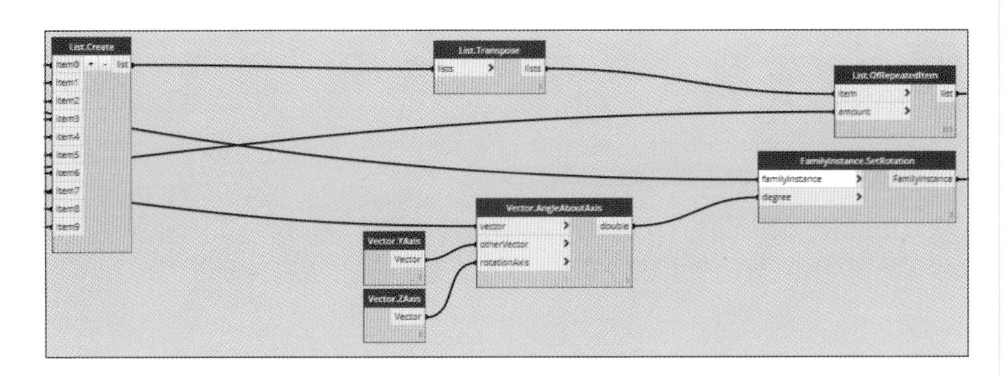

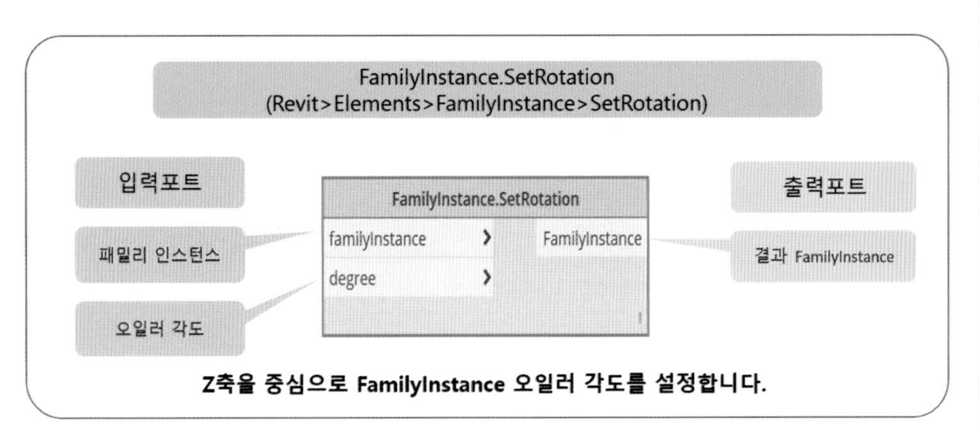

⑦ 이어서 앞서 ⑥에서 작성된 List.OfRepeatedItem 노드와 FamilyInstance.SetRotation 노드를 1차원 리스트로 반환하기 위하여 Flatten 노드로 각각 연결하는데, 전자와 연결되는 Flatten 노드는 레벨 사용을 @L2 설정으로 변경하여 하위 카테고리 항목으로 설정합니다. 이 노드들은 Code Block 안에 입력코드가 ele〈2〉.SetParameterByName(PrName〈2〉,Prval〈2〉); 로 요소의 매개변수 중 하나를 설정하는 노드와 연결합니다. ele 입력포트는 패밀리 인스턴스의 회전각도를 리스트로 담고 있는 Flatten 노드와 연결합니다.
PrName 입력포트는 Code Block을 생성하여 록볼트의 매개변수 이름 항목을 입력한 후 반복된 횟수를 맞추기 위하여 List.OfRepeatedItem 노드를 생성하여 item 입력포트에는 Code Block의 매개변수 이름을 연결하고, amount 입력포트에는 반복할 횟수인 숫자 "1794"를 Code Block으로 생성하여 연결합니다. 다음으로 List의 행렬을 바꾸기 위하여 List.Transpose 노드와 연결한 뒤 PrName 입력포트로 연결합니다. 그리고 Prval 입력포트는 반

복된 리스트의 Flatten 노드와 연결합니다. 이렇게 작성된 노드의 값 중에서 지정된 위치에 있는 항목만 반환하기 위하여 List.GetItemAtIndex 노드를 생성한 후 list 입력포트는 레벨 사용을 @L2로 설정한 뒤 앞에서의 Code Block 노드를 연결합니다. 위치 값인 index는 리스트의 첫 번째 항목을 반환하기 위하여 CodeBlock을 생성한 뒤 '1'을 입력하여 연결합니다.

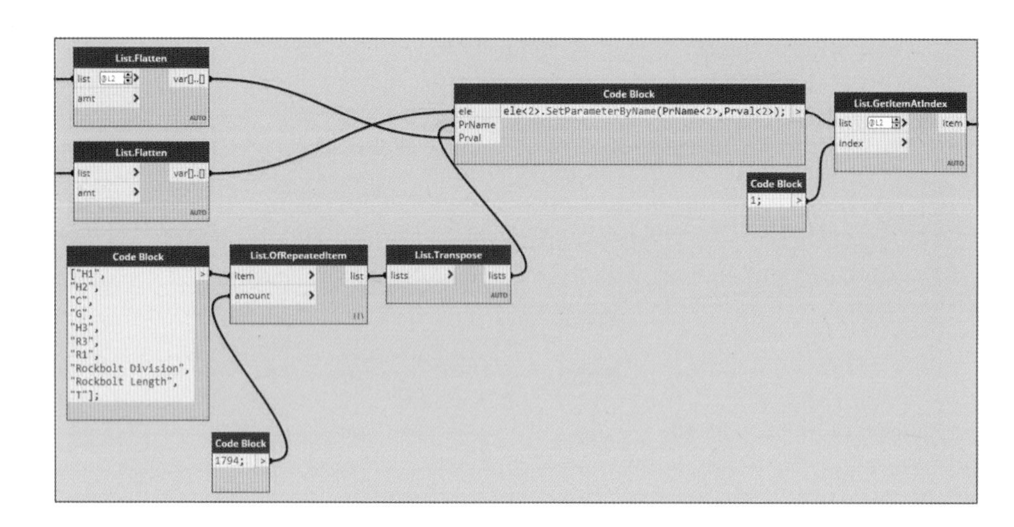

⑧ 이어서 객체와 관련한 모든 형상을 가져오는 Element.Geometry 노드와 지정된 항목 리스트를 연결합니다. 이 노드의 리스트를 분할하기 위하여 List.Chop 노드와 연결하는데 우선 레이싱을 최장으로 설정하고 자를 list 입력포트를 Element.Geometry 노드와 이어줍니다. 하위 리스트의 길이항목인 lengths 입력포트에는 Element.Geometry 노드로부터 Count 노드를 생성하여 레이싱을 최장으로 한 뒤 연결하고, 이 리스트 항목 수를 절반으로 나누기 위하여/ 노드를 생성한 뒤 x 입력포트에 연결합니다. y 입력포트에는 Code Block을 생성하여 '2'를 입력한 뒤 연결하고 List.Chop 노드의 lengths 입력포트와 연결하여 분할된 리스트를 형성합니다. 이 분할된 리스트의 행과 열을 바꾸기 위하여 List.Transpose 노드를 생성한 뒤 레이싱을 최장으로 바꾸고, 레벨 사용을 @L3으로 설정한 뒤 List.Chop 노드와 연결합니다.

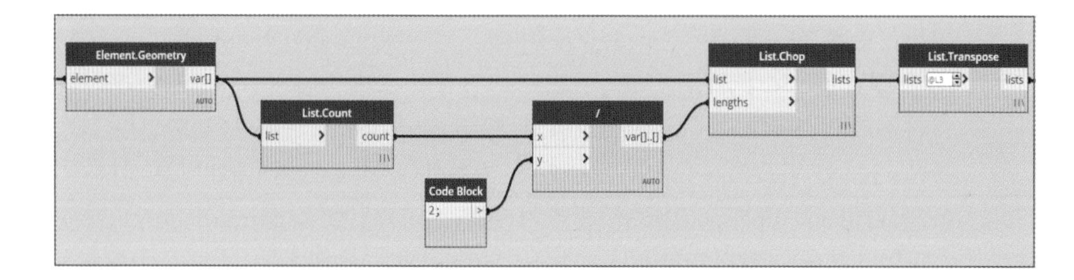

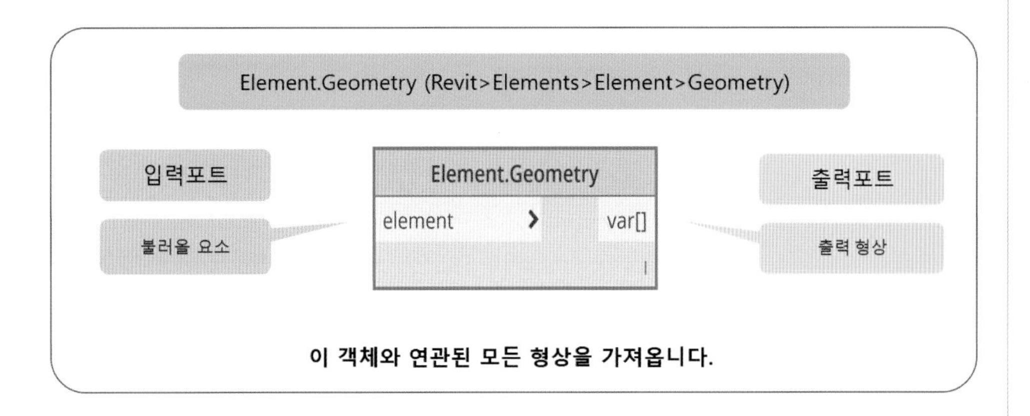

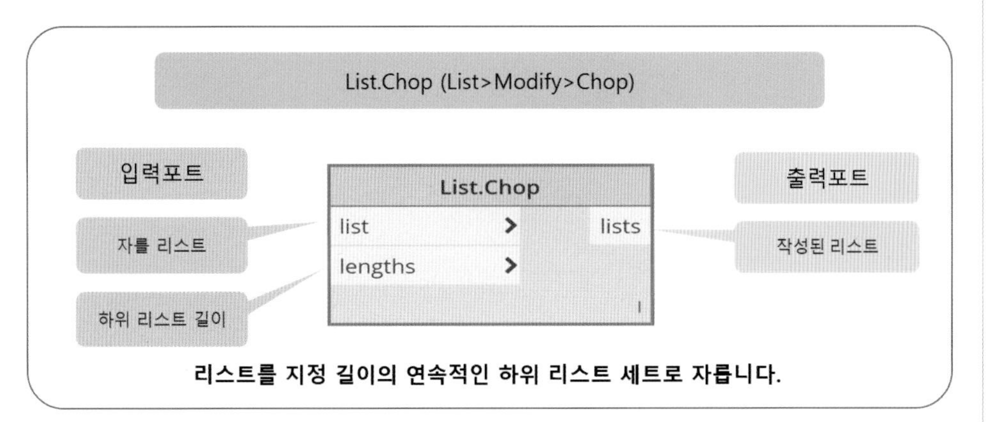

⑨ 다음은 ⑧에서 생성된 List.Transpose 노드의 리스트로 직선을 형성하고, 록볼트 패밀리를 로드합니다.
리스트를 직선으로 형성하기 위하여 Line.ByStartPointEndPoint 노드를 생성한 뒤 시작점과 끝점 각 입력포트에 지정된 리스트 항목만 불러오기 위하여 List.GetItemAtIndex 노드를 생성하고 레벨 사용을 @L2로 설정합니다. 이 List.GetItemAtIndex 노드 각각의 list 입력포트는 ⑧의 List.Transpose 노드와 연결하고, Index 입력포트 역시 각각 Code Block을 생성하여 0과1을 입력한 뒤 연결해줍니다. 이렇게 생성된 List.GetItemAtIndex 노드들을 index 입력값이 '0'인 노드는 startPoint 입력포트로, '1'인 노드는 endPoint 입력포트로 연결하여 두 입력점 사이의 직선을 출력하도록 합니다. 다음으로 Rock Bolt EA 패밀리를 배치하기 위하여 AdaptiveComponent.ByPoints 노드를 생성한 뒤 점의 배열을 위한 points 입력포트는 ⑧의 List.Transpose 노드와 연결합니다. familyType 입력포트는 Family Types 노드를 생성하여 Rock Bolt EA 패밀리를 불러와서 연결하여 록볼트 배치를 완료합니다. 혹시 이 부분에서 다이나모 로직 실행이 오래 걸리신다면, 04 터널 패밀리 매개변수 정보 불러오기의 Excel.ReadFromFile의 SheetName 입력포트에 연결되는 String 노드를 록볼트 변수 값이 수정된 Sheet5로 변경하신 뒤 실행시켜 보시기 바랍니다.

보고가자!

만약 레빗 상에 다이나모로 작성한 형상 패밀리 모델이 나타나지 않는다면, un 단축키를 눌러서 길이 단위가 m 단위로 되어있는지 확인해 보시기 바랍니다.

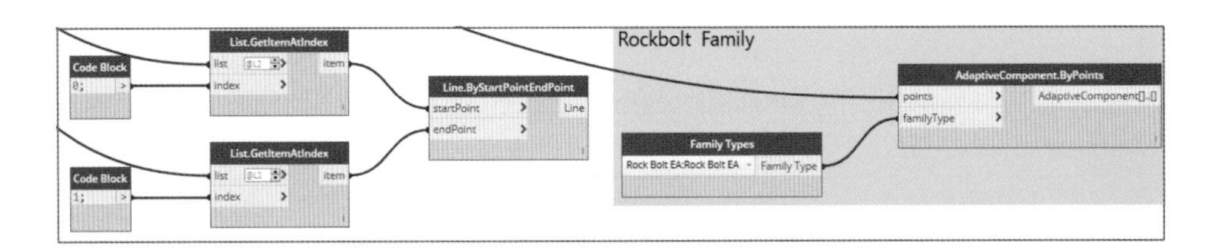

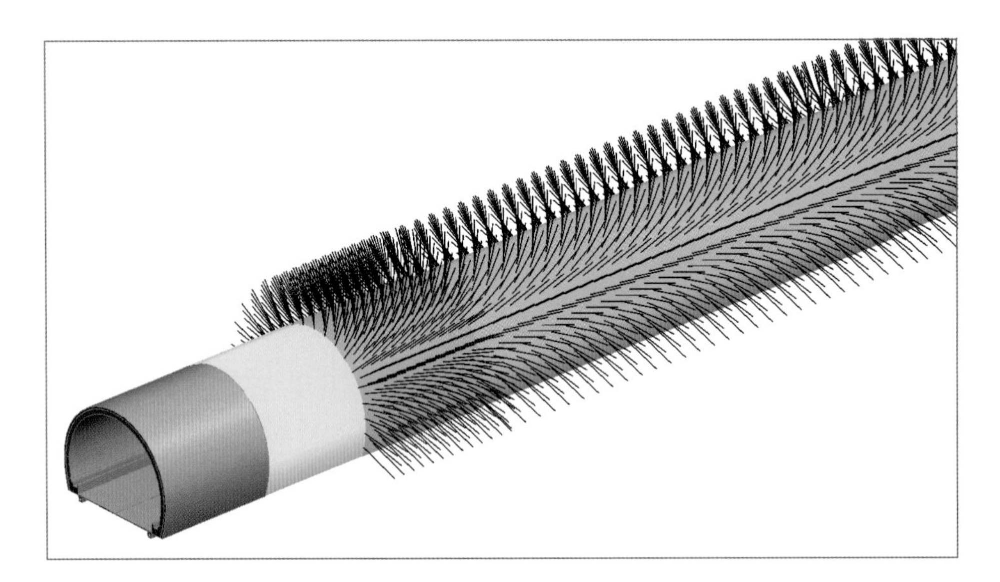

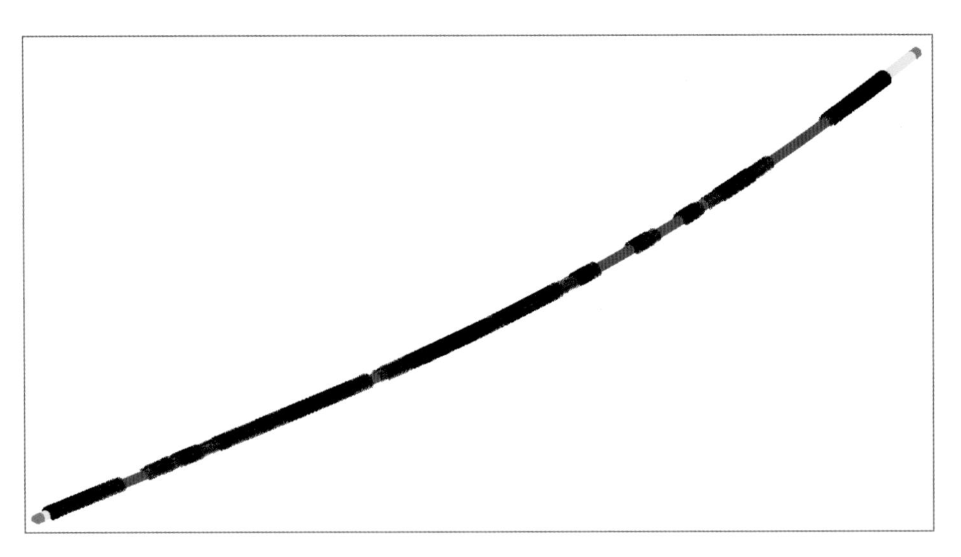

지금까지 전체 터널 프로젝트를 모델링하기 위한 패밀리 및 다이나모 로직 작성을 모두 완료 하였습니다.

memo

Text Coding 활용

파이썬 & C#

01_ Script의 이해

02_ 개발환경 살펴보기

03_ 파이썬의 기본구조 및 기본기능의 이해

04_ Dynamo에서 파이썬 활용하기

05_ C# 활용

section 04

Text Coding 활용 (파이썬 & C#)

Dynamo에서 기본적으로 제공되지 않는 포트나 Package에서 해결하기 힘든 부분들은 Text Coding을 활용할 수 있습니다. Dynamo는 기본적으로 파이썬 언어를 사용하고 있으므로 파이썬의 기본적인 기능과 함께 Dynamo와 연동되는 방법에 대해서 알아보도록 하겠습니다. 추가적으로 C#을 활용하는 방법에 대해서도 알아보도록 하겠습니다.

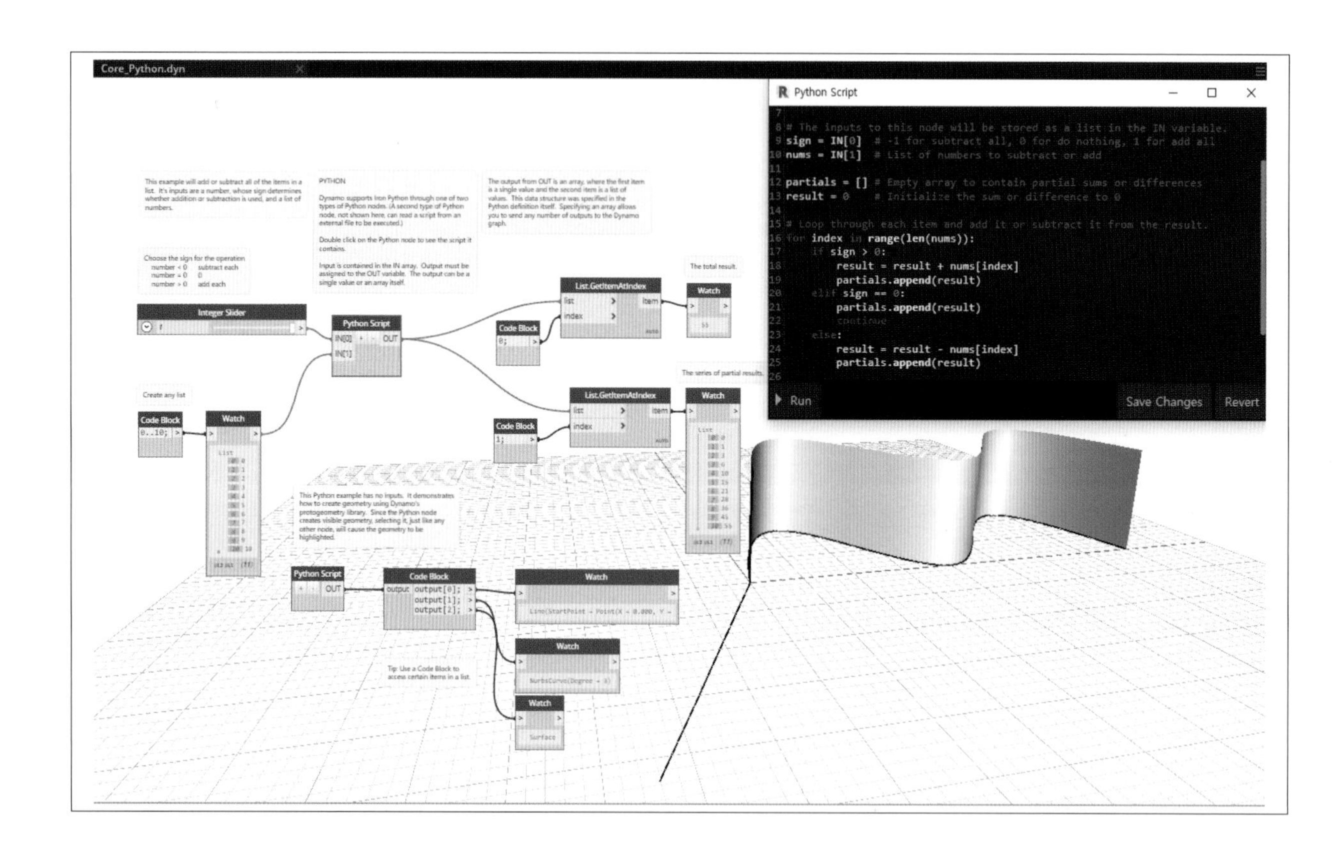

POINT!

- Script에 대한 소개
- 개발환경과 함께 파이썬의 기본 구조 알아보기
- Dynamo에서 파이썬 활용방법
- C# 활용방법에 대해서 알아보기

Script의 이해

chapter 01

시각적 스크립트(이하 다이나모)의 환경 내에서 텍스트기반의 스크립트(DesignScript, Python 및 C#)를 사용하면 보다 강력하고 효율적으로 다이나모를 활용할 수 있습니다. 사용자는 다이나모를 활용하여 작업 프로세스간 관계망을 형성하고 스크립트 언어를 통해 이를 통합 및 관리할 수 있으며 제공되는 개별 노드들의 기능적 한계를 극복할 수 있습니다. 두 가지 스크립트(다이나모와 Text코딩)의 결합을 바탕으로 보다 강력한 다이나모를 활용할 수 있습니다. 이번 Chapter에서는 스크립트를 활용하는 방법을 배움으로써 다이나모의 작동원리를 이해하고 보다 효과적인 다이나모를 활용하는 방법을 익힙니다.

01 API(Application Programming Interface)를 왜 배워야 하는가?

범용소프트웨어 [Revit,Excel,Autocad 등]는 특정사용자에게 최적화된 소프트웨어가 아니라 모든 사용자가 공통으로 사용할 수 있는 기능들로 구성되어 있습니다. 그러나 프로그램을 사용하다 보면 개별사용자의 요구조건을 충족시켜 주는 기능의 구현이 안되어 있는 경우가 종종 있습니다. 이에 따라서 소프트웨어 개발사는 개인사용자가 원하는 기능은 본인이 직접 만들어 사용할 수 있는 기능을 제공하고 있습니다. 이러한 기능들을 통해서 사용자는 본인이 원하는 기능들을 원하는 데로 만들어 사용할 수 있습니다. 컴퓨터 언어를 통해 만들어야 하는 구조로 되어 있어 컴퓨터 언어에 익숙하지 않은 일반사용자의 진입장벽이 높은 건 사실입니다. 이를 좀 더 편하고 직관적으로 구현할 수 있도록 도와주는 기능입니다. 이 다이나모 같은 비쥬얼 코딩방식이 있습니다. 하나하나의 노드들[Function]을 연결하여 하나의 Add-ins를 만들어 가는 과정이라고 이해 할 수 있습니다. 다만 그 노드들 역시 소프트웨어 개발사에서 제공하는 기능을 사용하는 방식이라 각 사용자의 요구를 100% 충족시켜 줄 수는 없습니다. 지금부터 사용자 중심의 기능들을 하나하나 배워 보겠습니다.

02 어떤 언어를 선택할까?

프로그램 언어를 배우고자 할 때 우리는 어떤 언어를 선택해야 하는지 많은 고민을 하게 됩니다. 표1과 같이 전 세계적으로 많은 언어들이 사용되고 있습니다.
그 중 우리는 4번째 7번째에 랭크되어 있는 파이썬과 C#을 배워보는 시간을 가질 것입니다. 개인적인 생각은 파이썬도 좋지만 우리가 사용하는 BIM 관련 프로그램들은 대부분 C#을 기본으로 하고 있어서 다른 응용프로그램에서 사용하길 원한다면 C#을 선택하는 것도 나쁘지 않다고 생각합니다. 둘 다 배우면 더 좋을 것 같습니다.

May 2020	May 2019	Change	Programming Language	Ratings	Change
1	2	↑	C	17.07%	+2.82%
2	1	↓	Java	16.28%	+0.28%
3	4	↑	Python	9.12%	+1.29%
4	3	↓	C++	6.13%	-1.97%
5	6	↑	C#	4.29%	+0.30%
6	5	↓	Visual Basic	4.18%	-1.01%
7	7		JavaScript	2.68%	-0.01%
8	9	↑	PHP	2.49%	-0.00%
9	8	↓	SQL	2.09%	-0.47%
10	21	⇈	R	1.85%	+0.90%
11	18	⇈	Swift	1.79%	+0.64%
12	19	⇈	Go	1.27%	+0.15%
13	14	↑	MATLAB	1.17%	-0.20%
14	10	⇊	Assembly language	1.12%	-0.69%
15	15		Ruby	1.02%	-0.32%
16	20	⇈	PL/SQL	0.99%	-0.03%
17	16	↓	Classic Visual Basic	0.89%	-0.43%
18	13	⇊	Perl	0.88%	-0.51%
19	28	⇈	Scratch	0.83%	+0.32%
20	11	⇊	Objective-C	0.80%	-0.83%

03 Python이란?

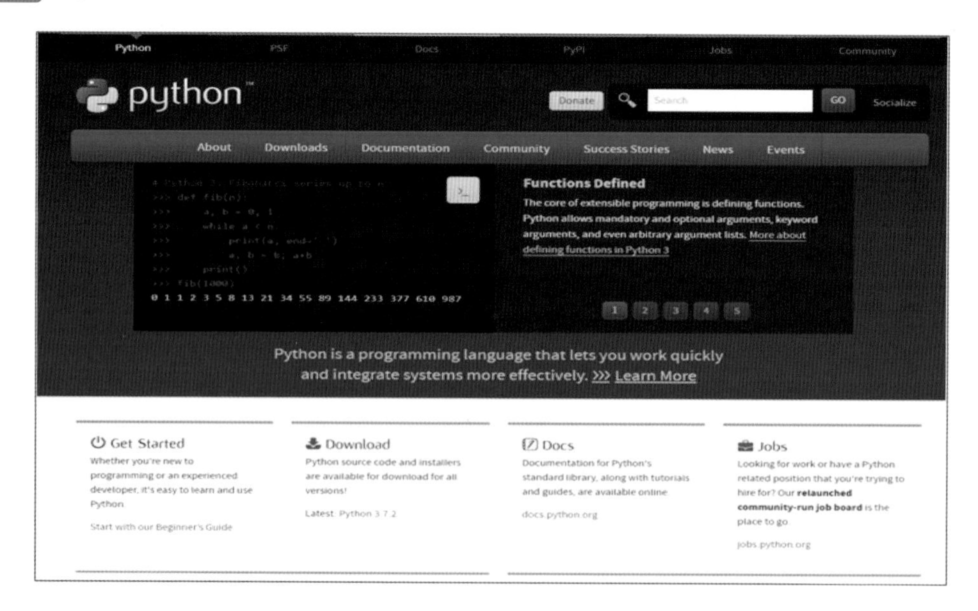

1. 개요

"**파이썬**[1](영어: Python)은 1991년[2] 프로그래머인 귀도반로섬(Guido van Rossum)[3]이 발표한 고급 프로그래밍언어로, 플랫폼 독립적이며 인터프리터식, 객체지향적, 동적타이핑(dynamically typed) 대화형 언어이다. 파이썬이라는 이름은 귀도가 좋아하는 코미디 〈Monty Python's Flying Circus〉에서 따온 것이다. 파이썬은 비영리의 파이썬소프트웨어재단이 관리하는 개방형, 공동체 기반 개발 모델을 가지고 있다. C언어로 구현된 C파이썬 구현이 사실상의 표준이다.

파이썬은 초보자부터 전문가까지 사용자층을 보유하고 있다. 동적타이핑(dynamic typing) 범용프로그래밍언어로, 펄 및 루비와 자주 비교된다. 다양한 플랫폼에서 쓸 수 있고, 라이브러리(모듈)가 풍부하여, 대학을 비롯한 여러 교육기관, 연구 기관 및 산업계에서 이용이 증가하고 있다. 또 파이썬은 순수한 프로그램 언어로서의 기능 외에도 다른 언어로 쓰인 모듈들을 연결하는 풀언어(glue language)로써 자주 이용된다. 실제 파이썬은 많은 상용 응용 프로그램에서 스크립트언어로 채용되고 있다. 도움말 문서도 정리가 잘 되어 있으며, 유니코드 문자열을 지원해서 다양한 언어의 문자 처리에도 능하다."

출처 - https://ko.wikipedia.org/wiki/파이썬

〈Wirefarme〉

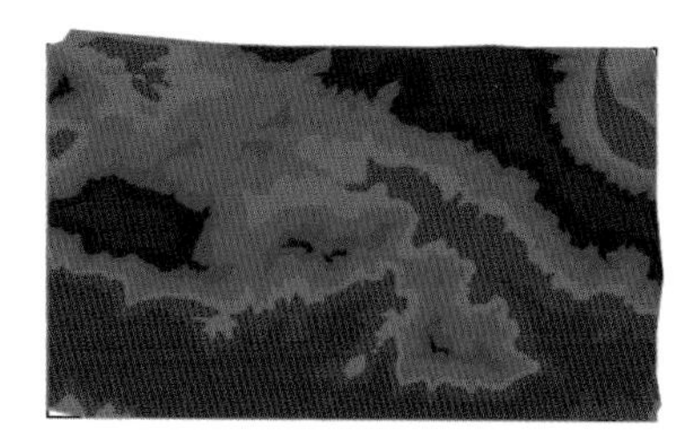

〈표고버섯〉

2. 파이썬의 특징

① 인터프리터(Interpreter) 환경에서 구동합니다.

인터프리터는 소스코드를 바로 실행하는 컴퓨터 프로그램 또는 환경을 말합니다. 원시코드를 기계어로 변환하여 구동하는 컴파일러를 활용하는(C#, C++,java) 다른언어와 달리 소스코드를 직접 실행합니다. 이는 인터프리터 시스템의 일부인 컴파일러가 바로 그 결과를 보여주는 방식으로 즉각적으로 그 결과를 확인할 수 있습니다. 또 전체 프로그램을 한문장씩 읽어서 명령의 결과를 보여주는 방식으로 간결하게 그 내용을 확인할 수 있으며 대표적인 인터프리터 방식은 언어에는 자바스크립트, 비유얼베이직스크립트, php 등이 있습니다.

② 교차 플랫폼 언어입니다. (Cross-platform language)

파이썬은 윈도우나, 리눅스, 유닉스, 매킨토시등 다른 플랫폼에서도 동일하게 구동할 수 있습니다.

③ 무료이고 오픈소스입니다.

파이썬은 자유롭게 무료 이용이 가능합니다. 오픈소스이므로 소스코드 또한 사용할 수 있습니다.

④ 멀티 패러다임

프로그래밍 패러다임은 크게 절차지향, 객체지향 그리고 함수형 패러다임으로 나눌 수 있는데 파이썬은 이 세가지 패러다임을 모두 구현할 수 있습니다. 절차지향 언어로는 C언어가, 객체지향 패러다임 언어에는 C# 함수형에는 LISP등이 있습니다. 파이썬은 상황에 맞는 유연한 코딩이 가능합니다.

⑤ 속도

파이썬의 인터프리터 언어이기에 다른 컴파일 언어보다 속도가 다소 느립니다. 실시간 거래 시스템처럼 매우 빠른실행을 요하는 프로그램을 만드는 경우에는 추천하고 싶지 않습니다.

⑥ 모바일 컴퓨팅과 브라우저 부재

파이썬은 많은 서버와 데스크톱 플랫폼에 존재하지만. 모바일 컴퓨팅에는 취약합니다. 파이썬으로 개발된 스마트폰의 어플리케이션이 거의 없는 것만 봐도 잘 알 수 있습니다.

04 다이나모에서의 파이썬

이러한 특징이 있는 파이썬을 대부분의 Visual Coding(다이나모, Grasshopper 등)에서 대표적인 텍스트 코딩의 언어로 선택했을까? 첫 번째로 간결하고 직관적으로 코드를 구성할 수 있으며 두 번째로 특별한 컴파일러 없이 바로 구동이 가능하다는 점 기본적으로 탑재된 많은 모듈을 활용함으로써 보다 유연하게 코딩을 할 수 있다는 점 세 번째로 어떤 환경에서도 동일하게 구동할 수 있다는 점이 Visual Coding의 대표주자로써 파이썬을 선택한 것이 이유입니다.

Python Script

```
1 import clr
2 clr.AddReference('ProtoGeometry')
3 from Autodesk.DesignScript.Geometry import *
4
5 #Import Revit API
6 clr.AddReference('RevitAPI')
7 from Autodesk.Revit.DB import *
8
9 #Import Document and Transaction Managers
10 clr.AddReference("RevitServices")
11 from RevitServices.Persistence import DocumentManager
12 from RevitServices.Transactions import TransactionManager
13 #The inputs to this node will be stored as a list in the IN variables.
14 family = UnwrapElement(IN[0])
15 output = []
16
17 #Assign Document
18 doc = DocumentManager.Instance.CurrentDBDocument
19
20 #Start Transaction
21 TransactionManager.Instance.EnsureInTransaction(doc)
22
23 for i in range(0,100,10):
24
25     fam = doc.Create.NewFamilyInstance(XYZ(i,0,0),family, Structure.StructuralType.NonStructural)
26
27     output.append(fam)
28
29 #End Transaction
30 TransactionManager.Instance.TransactionTaskDone()
31
32 #Assign your output to the OUT variable.
33 OUT = output
```

Run　Save Changes　Revert

개발환경 살펴보기

chapter 02

기본적인 파이썬의 컴퓨터 언어적 기능을 익히고 다이나모에서 활용하는 방법을 배웁니다.

01 개발환경 살펴보기

1. 텍스트코딩을 활용하기 위해서는 개발환경 구성이 필요합니다. 첫 번째로 아래 그림과 같이 다이나모 구동 환경에서 파이썬스크립트 노드를 활용하는 방법입니다. 검색창에 Python이라고 치면 두 가지 노드가 검색되고 우리가 사용할 스크립트 노드는 첫 번째 Python Script노드입니다. 노드 하단부를 더블클릭하거나 오른쪽마우스를 클릭 후 Edit를 선택하면 스크립트 화면을 열 수 있습니다.

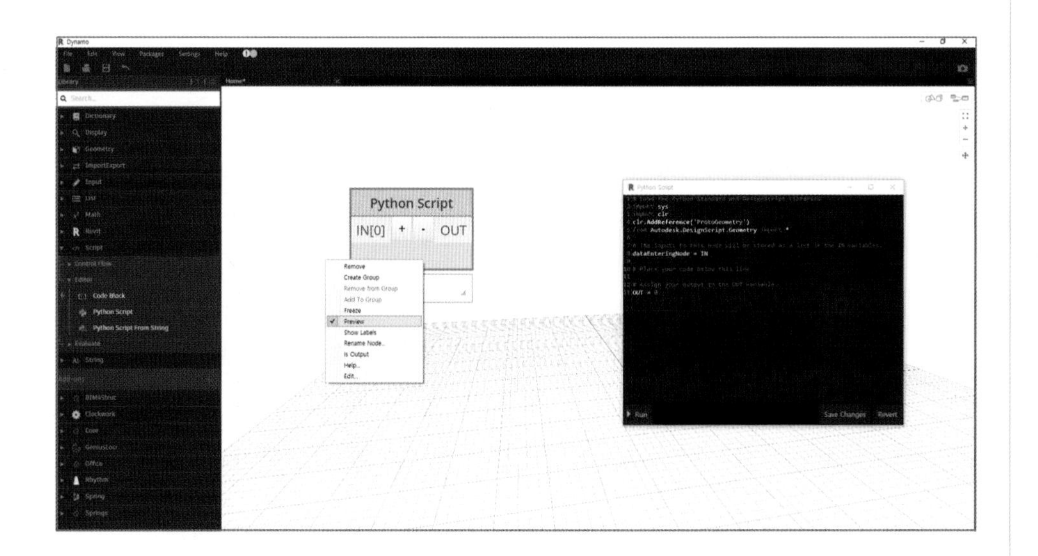

2. 두 번째로 비쥬얼 스튜디오(Visual Studio)를 활용하는 방법입니다. 전 세계 개발자들의 많은 사랑을 받고 있는 개발도구로 웹사이트, 서버, 응용 프로그램의 개발에 필요한 도구들을 하나로 통합 개발환경구성 프로그램입니다. 1997년 처음 발표되었고, 닷넷 프레임워크를 이용하는 관리코드 개발환경이 2002년부터 도입되면서 프로그램을 개발의 속도 및 편리성을 비약적으로 발전시켰습니다. 특히 CLR을 포함한 닷넷 프레임워크에서 비쥬얼 베이직, C++, C#등을 작성할 수 있는 전천후 개발도구입니다.

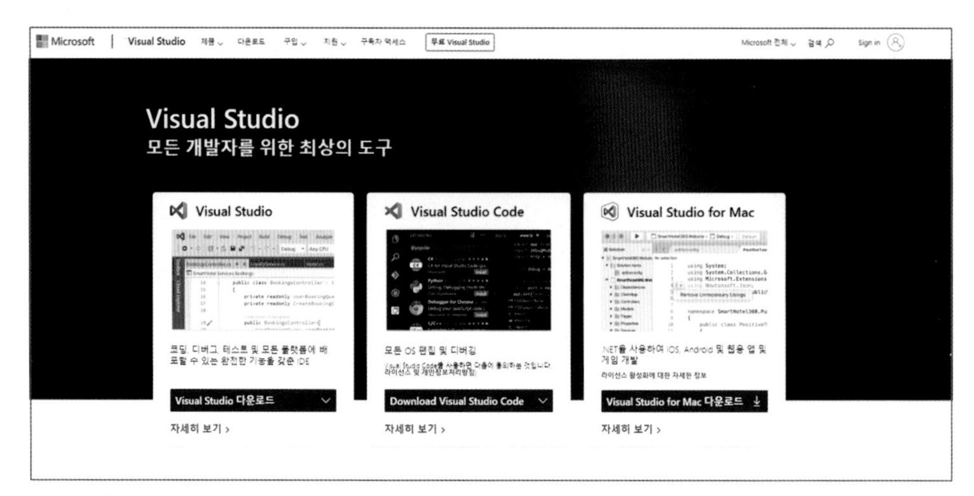

Visual Studio Homepage

3. 마이크로소프트의 비쥬얼 스튜디오 웹사이트에 접속합니다.
   https://visualstudio.microsoft.com/ko/downloads/좌측하단 다운로드 버튼을 클릭하면 아래 다운로드 페이지로 이동합니다.

Visual Studio 다운로드 화면

4. Visual Studio 2017 커뮤니티의 무료다운로드 버튼을 클릭합니다. 타 버전은 유료버전입니다. 무료로 사용할 수 있는 커뮤니티 제품을 설치합니다. 설치하는 과정은 매우 단순한 과정이므로 설치과정의 설명은 생략합니다. 설치가 완료되면 파일 풀다운 메뉴의 새로 만들기 클릭하면 아래그림처럼 파이썬 개발환경을 구성할 수 있습니다. 개발환경 선택부분의 상단에 파이썬 응용프로그램을 선택하시면 개발환경 구성이 완료됩니다.

Visual Studio 실행화면

파이썬 스크립트 노드를 사용하면 되는데 굳이 비쥬얼 스튜디오라는 프로그램을 활용해야하는 이유는 사실 스크립트 작성 노드는 스크립트를 작성하는 방법에서 불편한 점이 많이 있습니다. 비쥬얼 스튜디오의 좋은 기능들을 활용할 수 없고 최종적으로 다이나모는 Revit API를 활용하여 Revit 모델링 객체로 변환하는 과정을 거침으로써 그 기능을 극대화할 수 있습니다만 파이썬스크립트 노드만 가지고 어떤 기능을 구현하기에는 상대적으로 많은 제약이 따릅니다. 추후 더 많은 기능을 구현하기 위해서는 비쥬얼 스튜디오의 개발환경을 활용하는 것도 좋은 방법입니다.

5. 세 번째로 파이썬 에디터를 활용하는 방법입니다. 다이나모에서 파이썬 스크립트를 실행하고 아래 그림처럼 간단한 코딩을 작성하고 RUN을 실행하면 현재 다이나모의 파이썬 스크립트의 버전을 확인할 수 있습니다. 다이나모는 파이썬 버전은 2.7.3버전을 사용하는 것을 알 수 있습니다.

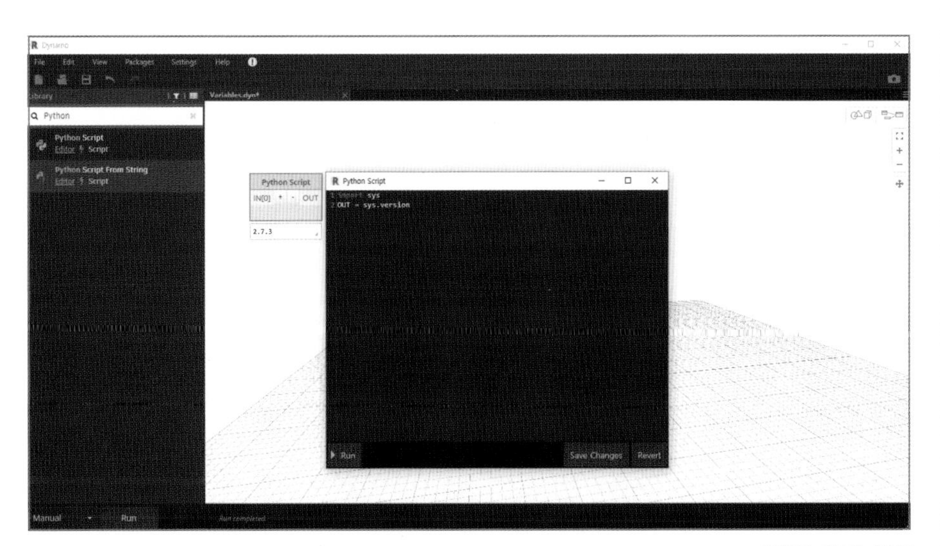

파이썬 버전 확인

6. 파이썬 공식사이트(https://www.python.org/downloads/)에 접속해서 해당 버전을 다운로드 받습니다. 다이나모와 같은 버전의 파이썬 에디터를 설치하면 파이썬에디터를 사용할 수 있습니다. 인스톨과정은 간단한 과정이라 설치방법은 생략합니다. 지금 최신버전은 3.7.2버전인 것을 확인할 수 있습니다.

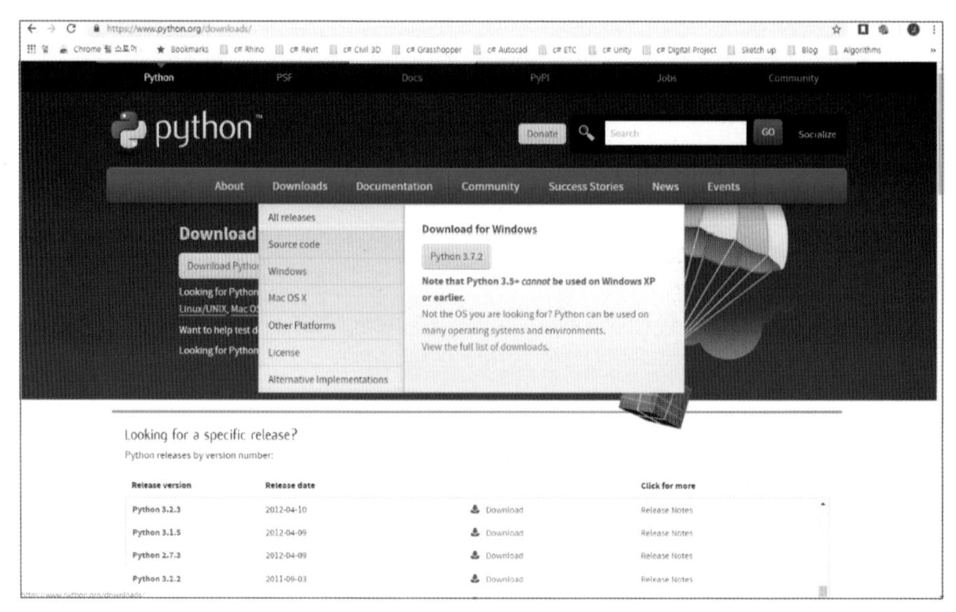

파이썬 다운로드 페이지

파이썬의 기본구조 및 기본기능의 이해

chapter 03

01 파이썬 시작하기

1. 다이나모를 실행하고 파이썬 스크립트를 실행합니다. +버튼을 클릭하면 인풋되는 데이터를 추가할 수 있습니다. 물론 -를 클릭하면 인풋되는 데이터추가 버튼을 삭제할 수 있습니다. 이것을 통해 인풋되는 데이터를 처리하여 아웃풋해주는 Text 코딩의 기본적인 함수의 구성을 확인할 수 있습니다.

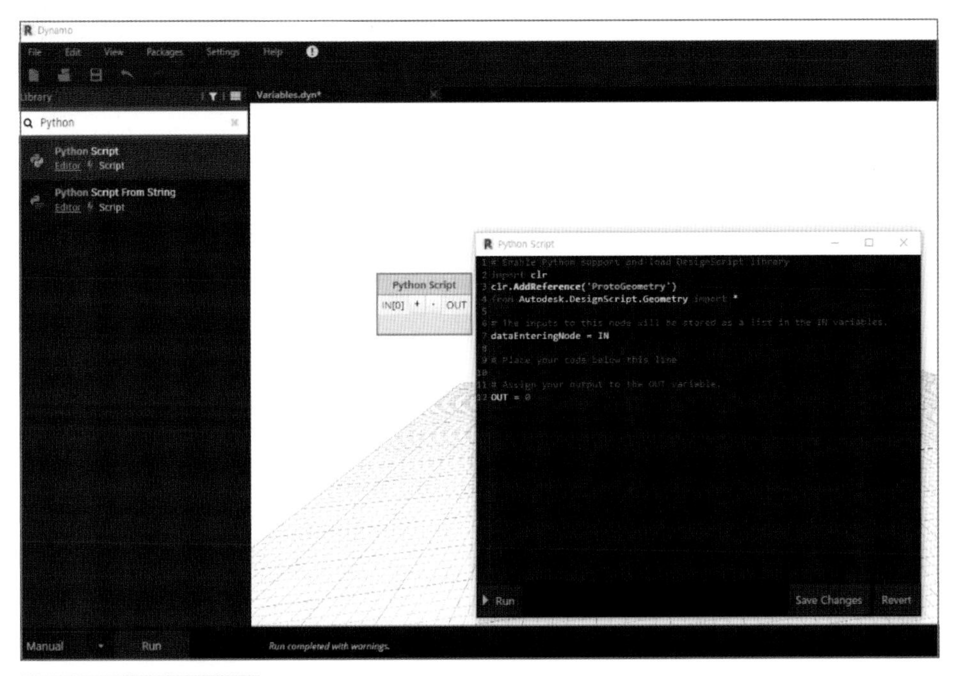

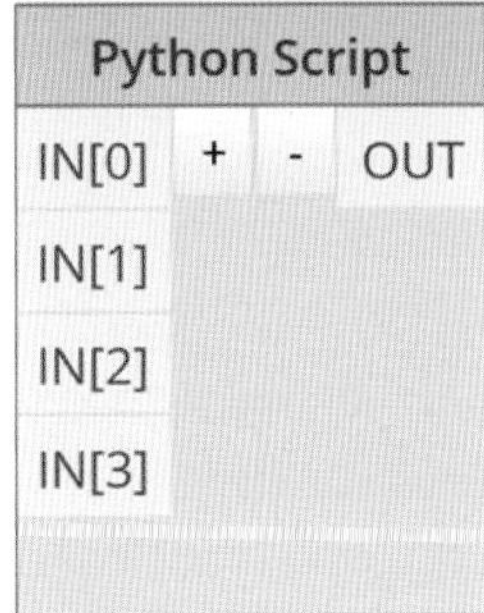

2. 다이나모의 다른 노드처럼 인풋되는 데이터와 아웃풋되는 데이터로 구성되어 있습니다. 인풋되는 데이터가 없더라도 우리는 스크립트를 통해서 아웃풋되는 데이터를 생성할 수도 있습니다.

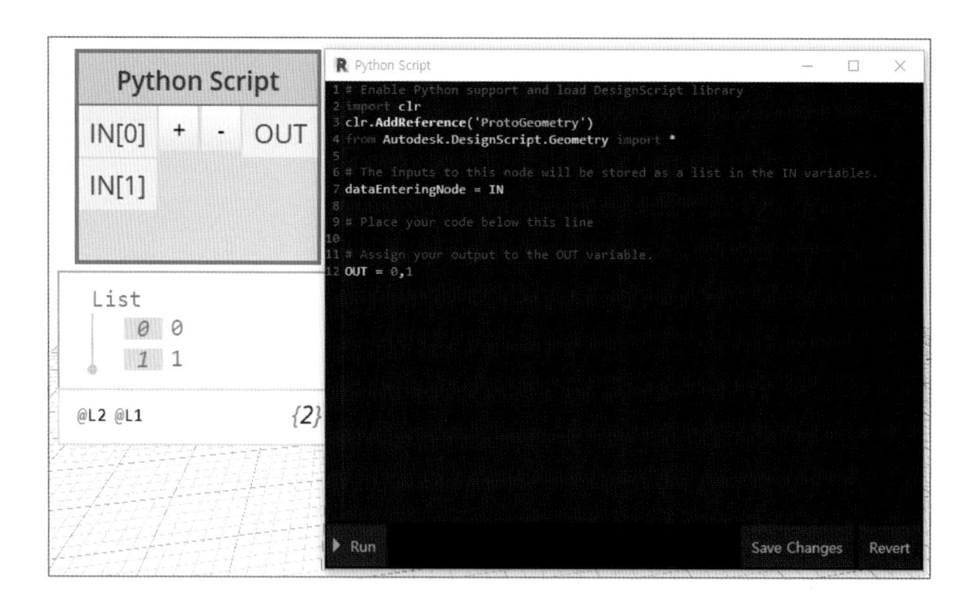

3. OUT이라고 되어 있는 부분에 0,1이라고 작성하고 실행합니다. 아직 인풋되는 곳에 어떤 데이터도 넣지 않았지만 실행결과를 보면 List〈T〉 형태로 아웃풋 되는 모습을 볼 수 있습니다.

02 포인트 생성하기

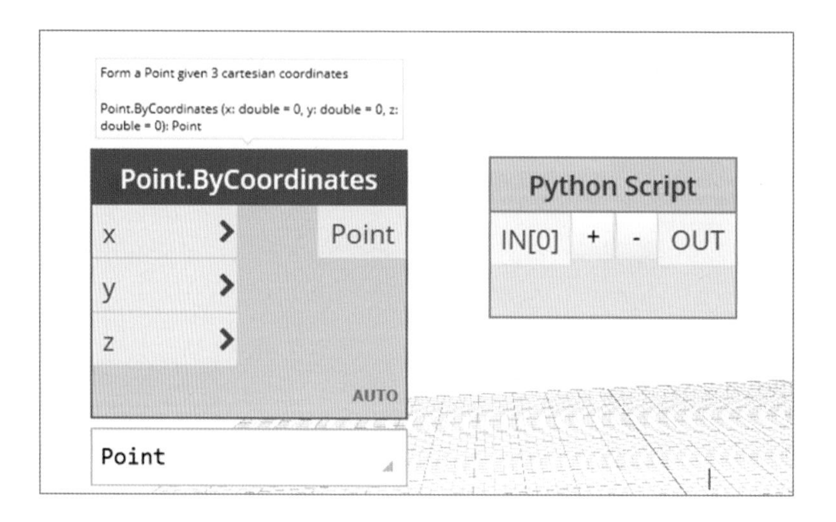

스크립트를 활용하여 다이나모 기본노드인 Point.ByCoodinates를 생성하는 코드를 구현해 보겠습니다. 마우스를 노드의 상단에 위치시키면 해당 노드의 생성원리를 확인할 수 있습니다. 명령어는 Point.ByCoorinates고 3가지의 값 X, Y, Z값을 입력해주면 해당 포인트를 얻을 수 있다는 설명을 볼 수 있습니다.

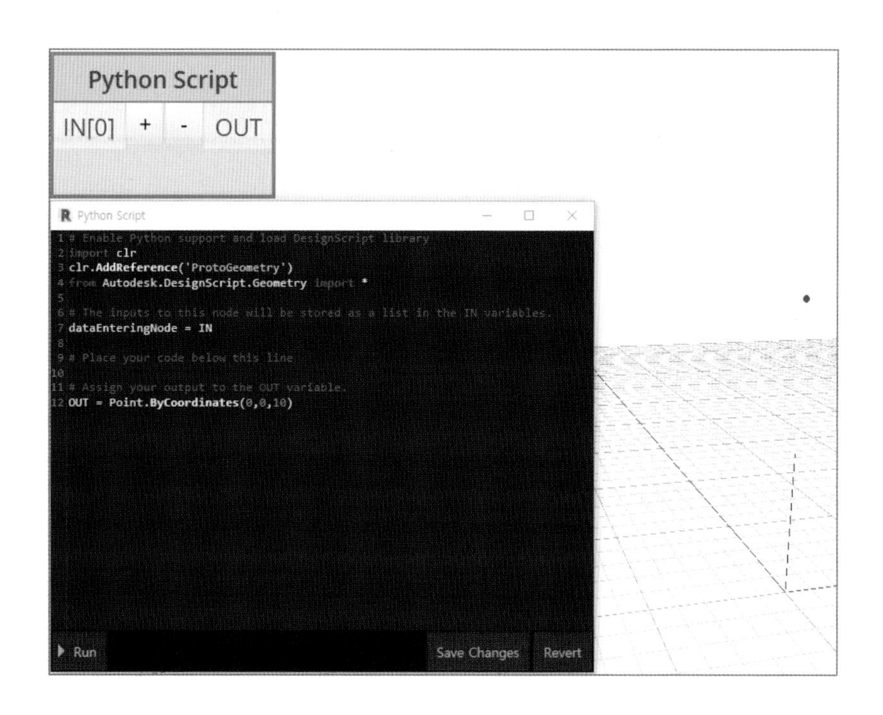

1. OUT 부분에 위 그림처럼 X값이 = 0, Y값이 = 0, Z값이 = 10인포인트를 생성하는 코드를 작성하고 Save Changes를 클릭한 후 Run을 실행하면(0,0,10)의 좌표에 포인트가 생성된 것을 확인할 수 있습니다. 원하는 값을 직접입력해서 포인트를 생성했는데(0,0,10)을 보통 상수(변하지 않는 값)이라고 합니다. 우리가 다이나모를 사용하는 이유는 다양한 변수(변하는 값)를 활용하여 데이터를 생성하는데 그 목적이 있으므로 지금부터 변수를 활용하여 포인트를 생성해 보겠습니다.

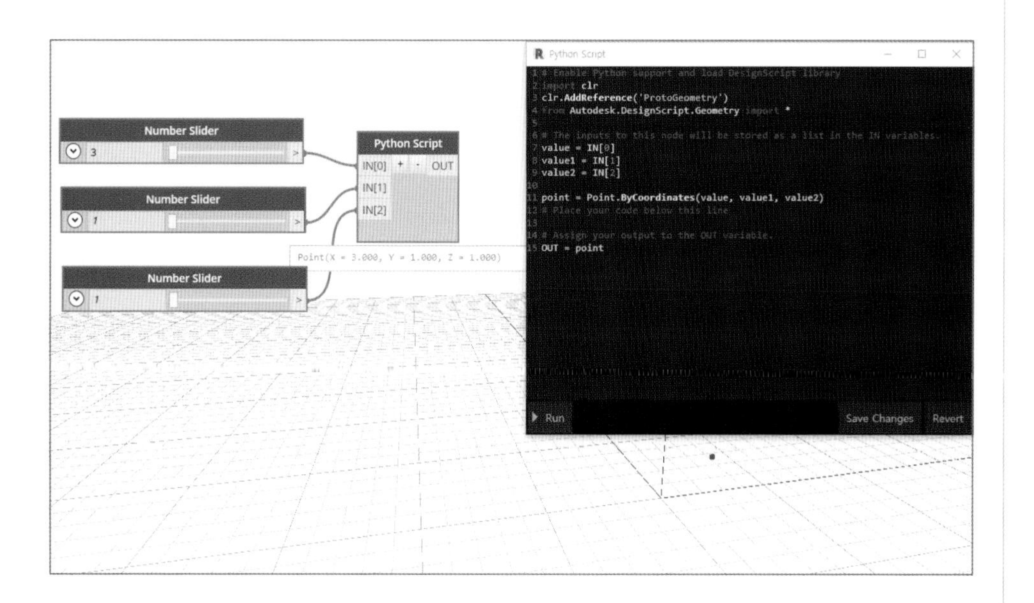

2. 변수역할을 할 넘버슬라이더를 3개 만들고 스크립트의 (+)버튼을 클릭하여 3가지 데이터를 받을 입력부분을 생성합니다. 위 그림처럼 입력 받은 데이터를 저장할 value를 3가지 구성하고 각각의 데이터를 연결합니다. 포인트 생성 명령어(이하함수)를 활용하여 포인트를 생성합니다. 생성된 포인트는 아웃풋 단자인 OUT과 연결해 주면 다이나모의 포인트 생성노드와 같은 기능의 커스텀노드를 생성 할 수 있습니다.

03 파이썬 연산자의 이해

1. 파이썬은 기본적인 수학연산을 모두 제공합니다. 각 연산자가 어떻게 쓰이는지 알아보도록 하겠습니다. 파이썬은 수식을 사용하는데 도움이 되는 내장함수를 포함하고 있고 그 내용은 아래 표와 같습니다.

연산자	설명
+	덧셈을 하는 연산자
−	뺄셈을 하는 연산자
*	곱셈을 하는 연산자
/	나눗셈을 하는 연산자
//	나눗셈의 몫을 구하는 연산자
%	나눗셈의 몫을 제외한 나머지를 구하는 연산자
**	지수 연산자
+var	단항 덧셈연산자
−var	단항 뺄셈연산자

기타 연산자는(https://docs.python.org/ko/3/reference/index.html)를 참조하기 바랍니다.

파이썬에서 연산자를 사용하는 방법은 아래그림과 같습니다.

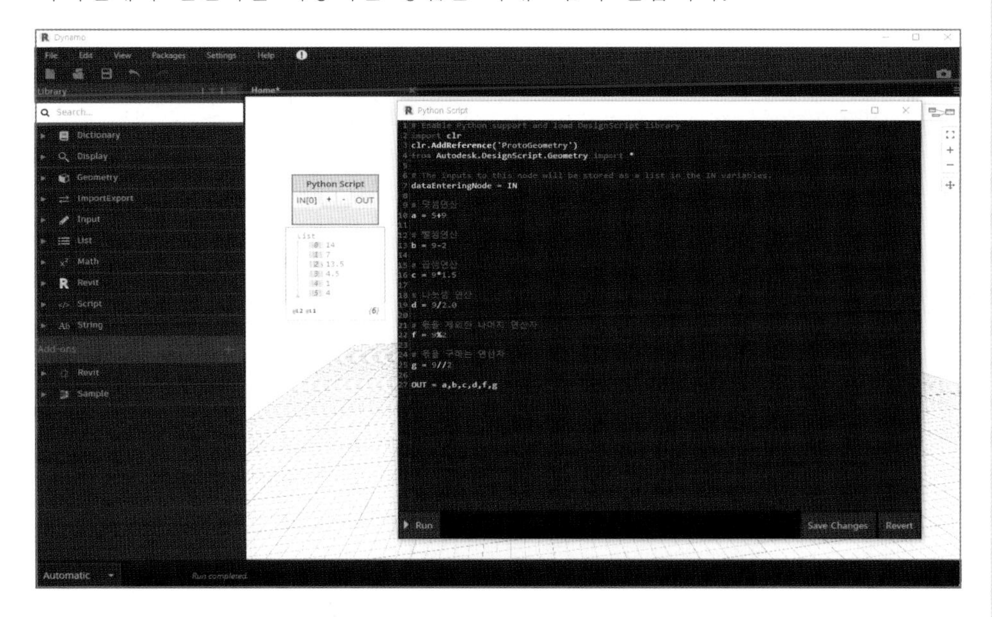

각 연산자를 사용하여 그 값을 계산해 보았으며 그 값이 정확하게 출력되는지 확인해 보았습니다. 여기서 주의할 것은 나누셈을 할 경우 d = 9/2의 결과값은 4라는 값이 출력됩니다. 실제값인 4.5를 출력하기 위해서는 d = 9/2.0 이런 형식으로 나누는 값이 소수점까지 작성을 해야 정확한 값을 얻을 수 있습니다.

04 파이썬 List의 이해

파이썬에서 List는 간단히 '무언가를 담을 수 있는 커다란 가방이다'라고 생각하시면 이해하기가 좀 수월합니다. 언어적으로 이야기를 하면 파이썬의 자료구로 형태중 하나로 리스트는 자료형 데이터를 담아 놓는 것이라고 말할 수 있습니다. 또한 리스트는 시퀀스 데이터이기도 합니다. 시퀀스 데이터는 순서를 정하는 것을 의미하는데 그래서 각 리스트의 데이터들은 리스트에 담기는 순간 각 번호(Index)를 할당 받습니다. 그래서 우리는 인덱스 번호로 리스트의 데이터를 찾아 갈 수 있는 것입니다.
A = [1,2,3,4,5] 라는 리스트가 있을 때 우리는 A라는 리스트에서 4번째 자료를 사용하시고 싶다면 B = A[3](인덱스번호는 [0]부터 시작합니다.) 이렇게 표현하면 해당 리스트의 3번째 데이터를 가져와 사용할 수 있습니다.

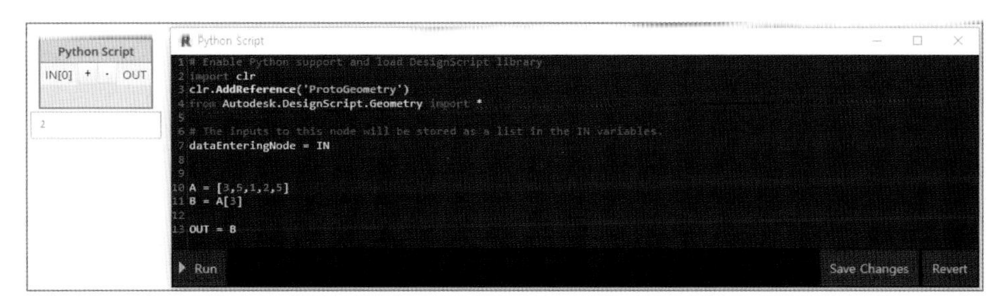

05 파이썬 List의 종류 및 활용

파이썬의 리스트는 다양한 구조가 존재합니다. 그 만큼 활용범위도 넓습니다. or 다양합니다.
아래그림은 다양한 리스트의 형태를 보여줍니다.
List1 = [ ] : 비어있는 리스트를 표현합니다.
List2 = [1,2,3,4,5,6] : Interger 형태의 리스트를 표현합니다.
List3 = ["우리나라", "대한민국", "팔도강산"] : 문자열의 리스트를 표현합니다.
List4 = [2019, "Revit", "Python"] : 혼합형 리스트를 표현합니다.
List5 = [2019,2010,["Revit", "Dynamo"]] : 리스트에 리스트를 포함하는 리스트를 표현합니다.

리스트의 표현은 대괄호([ ]) 표현하고 모든 리스트는 혼합이 가능합니다. 단 주의해야 할 점은 문자열 리스트를 생성할 때에는 따옴표("문자")를 사용하여 데이터를 생성합니다. 아래 그림은 리스트에서 각각 2번째 인덱스의 데이터를 사용하는 방법입니다.

06 파이썬 List 호출

```
Python Script
IN[0] + - OUT

List
  0 5
  1 대한민국
  2 Revit
  3 2010
@L2 @L1  {4}
```

```python
# Enable Python support and load DesignScript library
import clr
clr.AddReference('ProtoGeometry')
from Autodesk.DesignScript.Geometry import *

# The inputs to this node will be stored as a list in the IN variables.
dataEnteringNode = IN


List1 = [3,5,1,2,5]

List2 = ["우리나라", "대한민국", "팔도강산"]

List3 = [2019, "Revit", "Python"]

List4 = [2019,2010,["Revit", "Dynamo"]]

OUT = List1[1], List2[1], List3[1], List4[1]
```

출력부분에 각 리스트의 두 번째 데이터를 인덱스 접근으로 데이터를 추출하고 OUT항목으로 그 결과를 보여줍니다.

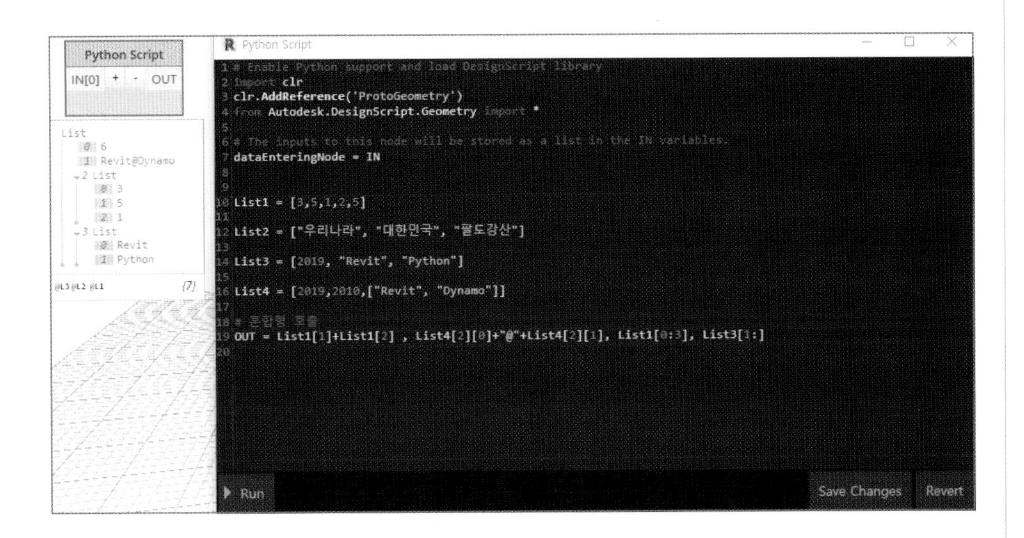

리스트는 인덱스로 데이터 호출도 가능하고 이외에 다양한 방법으로 데이터 호출이 가능합니다.

- List1[1]+List1[2] : 2개의 리스트를 합산해서 그 결과를 보여줍니다.
- List1[1]번의 5와 List1[2]번 1의 숫자를 합해서 그 결과값인 6을 호출합니다.
- List4[2][0]+"@"+List4[2][1] : 리스트속의 리스트의 형태에서 데이터를 호출하는 방법입니다. 2개의 문자열을 결합도 가능하고 그 사이에 새로운 문자열을 추가해서도 데이터를 추출할 수 있습니다.
- List1[0:3] : 리스트의 일정 범위 안에 들어 있는 데이터를 추출합니다. 첫 번째 0은 시작 인덱스를 의미하고 3은 3미만의 숫자 즉 2를 의미합니다. 위 결과에서도 알 수 있듯이 추출되는 데이터는 0, 1, 2번의 인덱스 데이터입니다.
- List[1:] : 이것도 리스트의 범위 안에 있는 데이터를 추출하는 방법입니다. 만약 범위를 나타내는 뒷자리 숫자가 없을 경우 리스트를 끝까지 읽어서 데이터를 추출한다는 의미입니다. 위 그림처럼 인덱스번호 1번부터 마지막(인덱스2번)까지 데이터를 읽어서 추출하는 모습을 볼 수 있습니다.

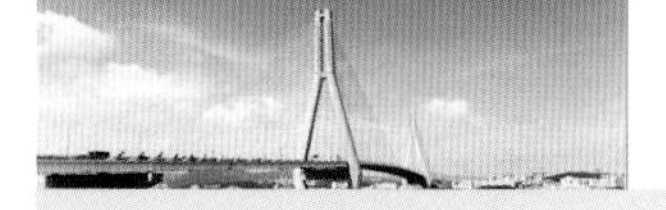

07 파이썬 List 수정

Python Script
IN[0] + - OUT
List
0 3
1 5
2 우리나라
3 2
4 5
@L2 @L1 {5}
Python Script
1 # Enable Python support and load DesignScript library
2 import clr
3 clr.AddReference('ProtoGeometry')
4 from Autodesk.DesignScript.Geometry import *
5
6 # The inputs to this node will be stored as a list in the IN variables.
7 dataEnteringNode = IN
8
9 List1 = [3,5,1,2,5]
10 List1[2] = "우리나라"
11
12 OUT = List1
Run
Save Changes
Revert

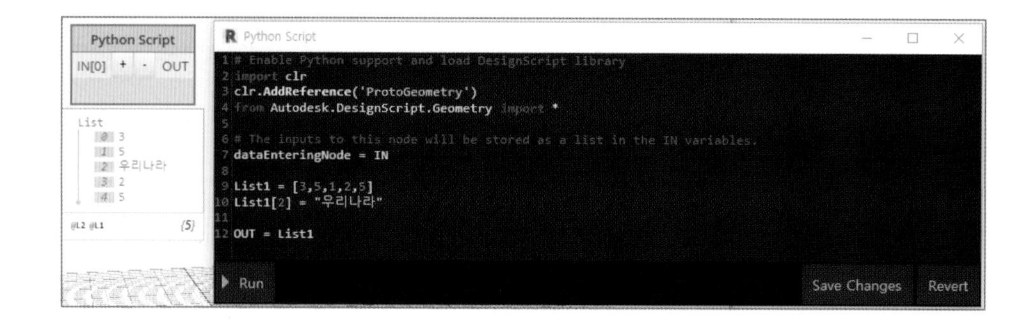

만들어진 리스트는 수정도 가능합니다. 위 그림에서 볼 수 있듯이 List1의 인덱스 [2]번째 데이터를 문자열로 바꾸는 모습을 볼 수 있습니다. 만들어진 리스트를 수정하고 싶을 때에는 첫 번째로 해당리스트의 수정하고자 하는 데이터를 호출하고 그 부분을 다시 정의해 주는 형태로 리스트를 수정할 수 있습니다. List1의 3번째 데이터가 "우리나라"라는 문자열로 변형된 것을 확인할 수 있습니다. 다른 언어(C#, Java)와 다르게 파이썬은 동적으로 데이터를 컨트롤 하는데 많은 장점이 있습니다.

Python Script
IN[0] + - OUT
List
0 3
1 5
2 1
3 2
4 5
5 대한민국
@L2 @L1 {6}
Python Script
1 # Enable Python support and load DesignScript library
2 import clr
3 clr.AddReference('ProtoGeometry')
4 from Autodesk.DesignScript.Geometry import *
5
6 # The inputs to this node will be stored as a list in the IN variables.
7 dataEnteringNode = IN
8
9 List1 = [3,5,1,2,5]
10 List1.append("대한민국")
11
12 OUT = List1
Run
Save Changes
Revert

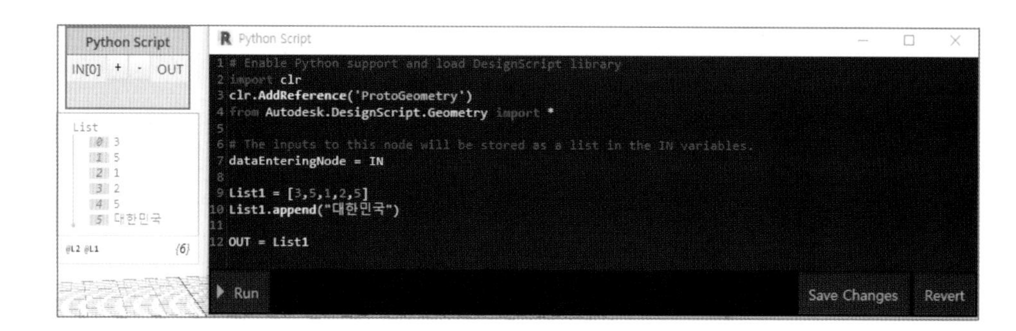

리스트에 새로운 데이터를 추가하는 방법으로 append라는 명령어를 사용합니다. List1.append하고 내용을 추가하면 해당리트의 마지막에 데이터가 추가된 것을 확인할 수 있습니다.

Python Script
IN[0] + - OUT
List
0 대한민국
1 3
2 5
3 1
4 2
5 5
@L2 @L1 {6}
Python Script
1 # Enable Python support and load DesignScript library
2 import clr
3 clr.AddReference('ProtoGeometry')
4 from Autodesk.DesignScript.Geometry import *
5
6 # The inputs to this node will be stored as a list in the IN variables.
7 dataEnteringNode = IN
8
9 List1 = [3,5,1,2,5]
10 List1.insert(0, "대한민국")
11
12 OUT = List1
Run
Save Changes
Revert

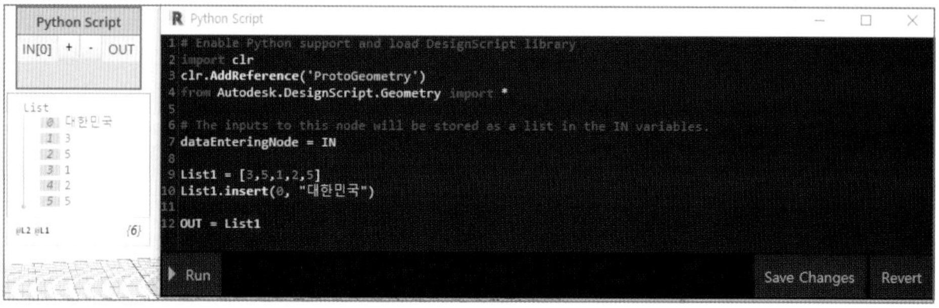

리스트의 마지막부분이 아닌 사용자가 원하는 인덱스 번호에 데이터를 추가하고 싶을 때 insert라는 명령어를 사용합니다. 사용법은 위 그림처럼 넣고자 하는 인덱스 번호를 입력하고 넣고자 하는 데이터를 추가하면 해당 인덱스 번호에 데이터가 삽입된 것을 확인할 수 있습니다.

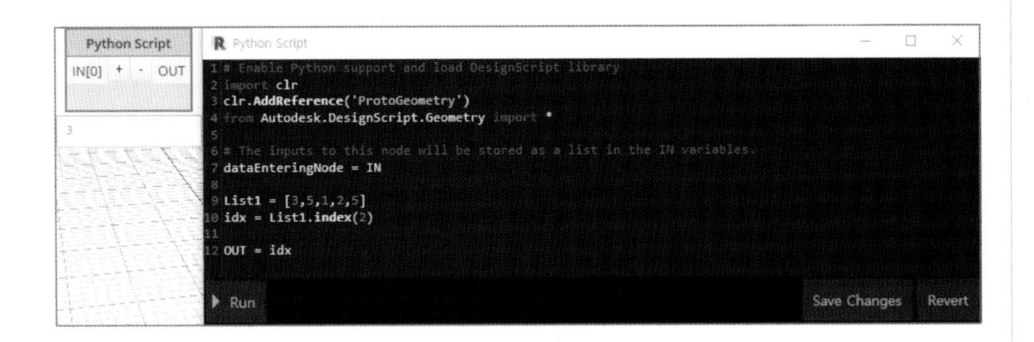

리스트 안에 해당 인덱스 번호를 알고 싶을 때는 List1.index라는 명령어를 통해 해당 데이터의 인덱스 번호를 알 수 있습니다.

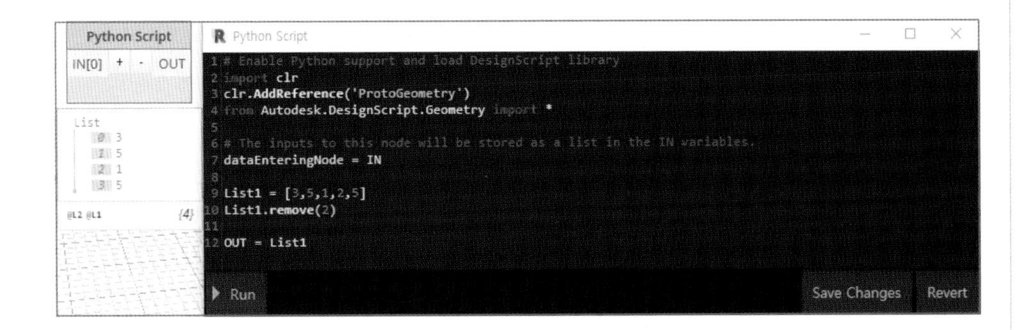

리스트 안에 데이터를 삭제할 경우 remove라는 명령어를 통해 해당 리스트안의 데이터를 삭제할 수 있습니다.

08 Dictionary의 이해

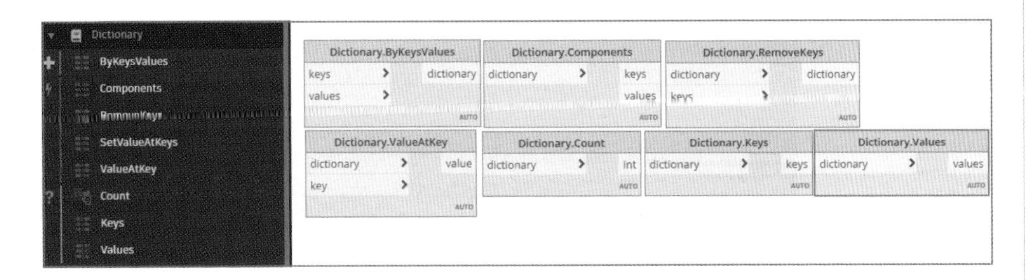

우리는 주민등록번호를 가지고 있습니다. 주민등록번호는 이름 = 주민등록번호로 구성되어 있고 홍길동 = 0000000000 이런 형태로 표현되어 지는데 이런 형태의 자료형 구조를 딕셔너리(Dictionary)라고 합니다. 딕셔너리는 변하지 않는 값 key를 가지고 있고 변하는 값 Value를 가지고 쌍으로 활용됩니다.

Key	value
Name	홍길동
Age	19
Address	서울시 송파구

리스트의 인덱스 접근과 비슷하게 딕셔너리는 Key값으로 데이터에 접근, 활용할 수 있습니다.
그렇다면 딕셔너리는 어떤 것을 표현할 때 쓰는 것인지 예를 들면 위 표의 각각의 데이터들은 사람의 특성을 나타내는 고유의 값(Value)를 가지고 있습니다. 이것을 리스트나 문자열로 표현해서 활용하는 것은 쉽지 않아 보입니다. 각각의 특성에 맞는 키 값이 있고 이에 대응하는 Value값을 활용하여 데이터를 보다 폭넓게 사용할 수 있습니다. 그럼 딕셔너리는 어떻게 사용하는지 알아보겠습니다.

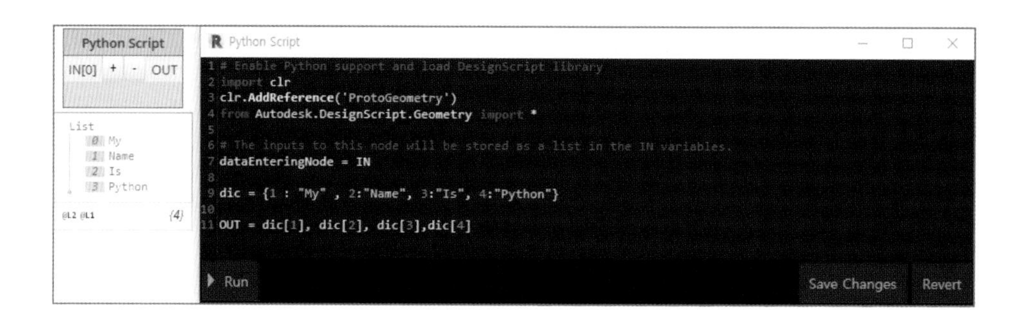

딕셔너리는 괄호 안에 key : Value 형태의 구성으로 이루어집니다. 위 그림처럼 dic의 키 값으로 그 내용을 확인하고 그 결과를 확인할 수 있습니다. 출력되는 내용을 보면 Value값만 출력되는 것을 확인할 수 있습니다.

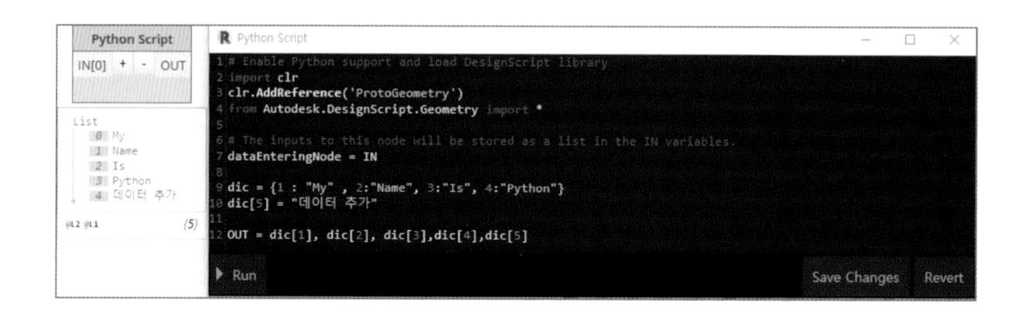

리스트에서 배운 것과 동일하게 딕셔너리에도 해당키 값을 설정하고 그에 따른 Value값을 입력하면 데이터가 추가됩니다.

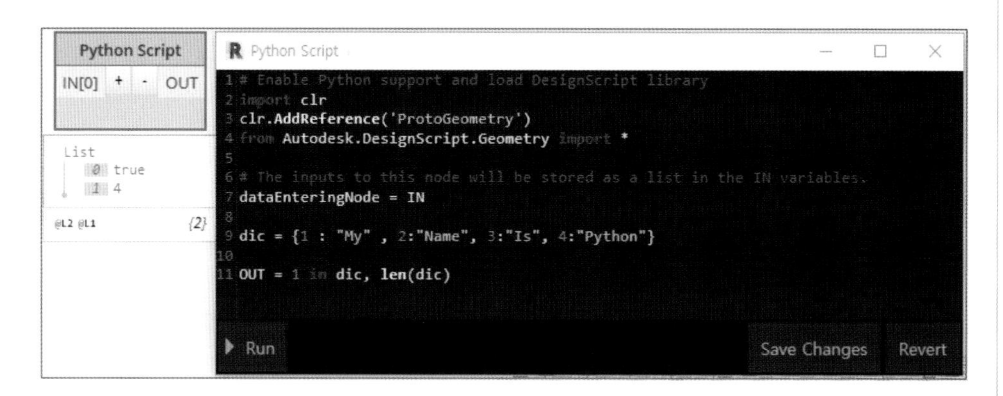

딕셔너리 내부의 키 값이 존재하는지 않으면 오류가 납니다. 위 그림처럼 X in dic이라는 구문을 사용하여 딕셔너리 내부의 키 값이 존재하는지 확인할 수 있습니다. 1이라는 키 값은 존재하므로 리스트에 true라는 결과를 보여줍니다. 뒤에 배울 루프 구문을 배울 때 많이 사용될 내용으로 len(dic)라는 구문을 사용하여 딕셔너리 내부의 리스트 개수를 확인할 수 있습니다. 그림에서처럼 총 4개의 Key와 Value로 구성된 딕셔너리의 개수를 확인할 수 있습니다. 기타 다른 기능들이 많이 있지만 간단하게 딕셔너리에 대해 알아보았고 뒤쪽 예제에서 그 활용하는 방법에 대해 더 자세히 알아보겠습니다.

09 조건문(IF)의 이해

스크립트를 작성하는데 가장 많이 사용하는 구문이라고 해도 과언이 아닌 조건문입니다. 만약에 ~하면 ~결과 이런 식의 내용으로 해석될 수 있고 Revit내의 Parameter 포뮬러를 작성하거나 Excel 등을 사용할 때 많이 사용하는 방법으로 우리에게는 너무 익숙한 구문이라고 할 수 있습니다. 아래표는 조건문에서 사용되는 비교연산자에 대한 내용입니다.

1. 비교연산자

비교연산자	내용
X < Y	X가 Y보다 작다.
X > Y	X가 Y보다 크다.
X == Y	X와 Y가 같다.
X != Y	X와 Y가 같지 않다.
X >= Y	X가 Y보다 크거나 같다.
X <= Y	X가 Y보다 작거나 같다.

2. 논리연산자

논리연산자	내용
X or Y	X와 Y 둘 중에 하나만 True면 True다.
X and Y	X와 Y 모두 True여야 True다.
Not X	X가 거짓이면 참이다.

3. In 연산자

in연산자	내용
In	포함이 되었으면 True
Not in	포함이 안되었으면 True

예제를 통해 조건문에 대해 알아보겠습니다.

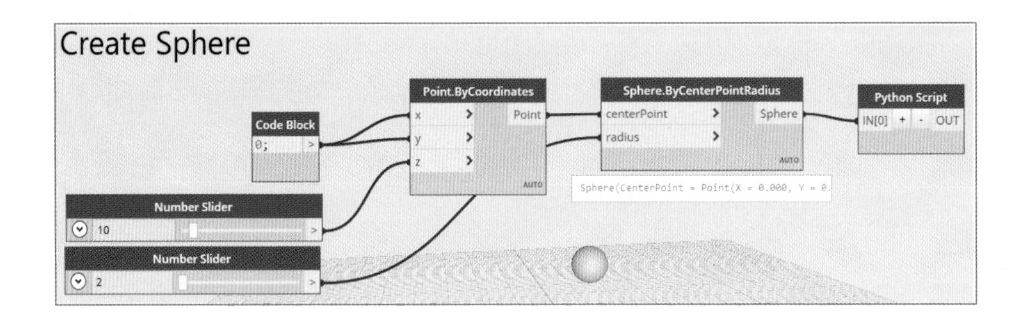

우선 간단히 Sphere를 만드는 로직을 작성하였습니다.

위 로직을 활용하여 Sphere의 Radius와 Center포인트를 활용하여 비교 연산자 구문을 간단히 구성해 보았습니다.

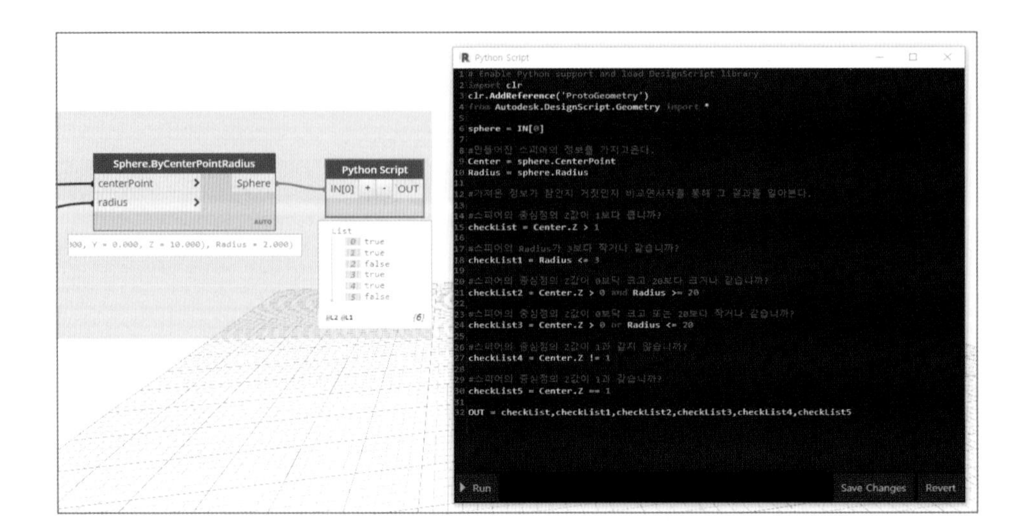

그림에서 확인할 수 있듯이 각각의 비교연산자를 통해 그 결과값이 True냐 False냐로 구분지어 리스트로 결과값이 나오는 것을 확인할 수 있습니다. 논리연산자, 비교연산자 등의 비교문은 그 결과값이 항상 True냐 False냐로 구분되어지면 그 결과값에 따라 데이터를 구분하고 활용할 수 있습니다. 다른 예제를 보겠습니다.

위 그림처럼 a = 20, b =10이라는 값으로 정의하고 아래 IF구문을 통해 그 결과값을 확인할 수 있습니다.
또 다른 예제로 IF문을 응용하는 예제를 보겠습니다.

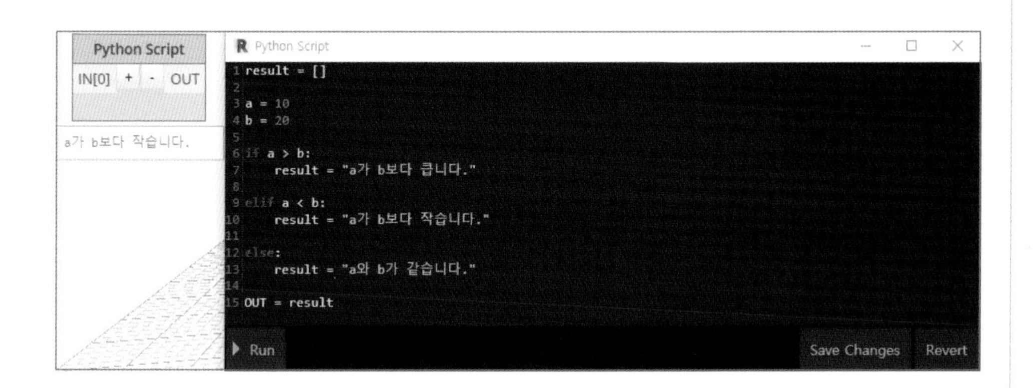

IF문에 elif구문을 더해서 사용하게 되면 여러 단계의 조건문을 구성할 수 있습니다. 조건서식은 만약에 ~ 하지 않는다면 다음 조건문으로 이동해서 그 조건을 확인해라 라는 의미이며 조건서식을 단계적으로 만들어 갈 수 있습니다. 위 그림처럼 첫 번째 조건 a가 b보다 큽니까? 라는 조건에 만족하지 않았으므로 다음 조건서식인 그렇다면 a가 b보다 작습니까? 라는 조건문으로 이동하게 되고 그 결과가 만족하는 조건이 나오면 그 결과를 result에 표현해주는 형태입니다.

마지막 예제로 리스트 안에서의 조건문을 통해 그 결과를 찾는 과정을 알아보겠습니다.

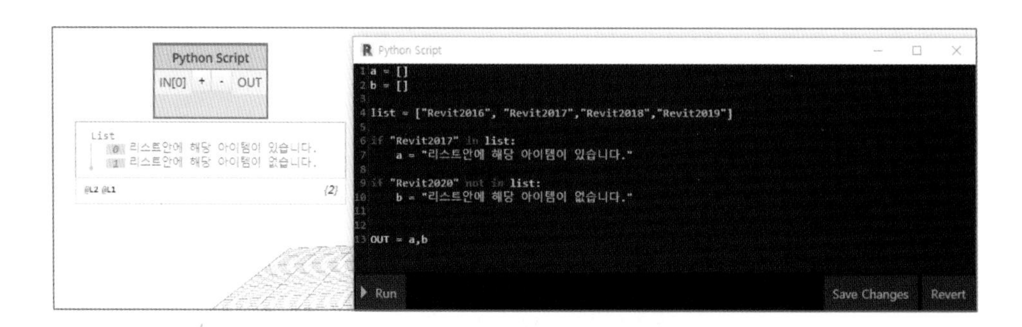

간단한 문자열 리스트를 만들었습니다. 그리고 해당리스트 안에 찾고자 하는 데이터가 있는지 없는지를 조건문을 통해 알아보는 예제입니다. 첫 번째로 in연산자를 활용해서 리스트 안에 "Revit2017"이라는 문자열을 검색하고 그 조건에 만족한다면 a[ ]에 그 결과를 출력해 줍니다. 리스트 안에 데이터가 존재하므로 a에는 "리스트 안에 해당 아이템이 있습니다"라는 결과를 확인할 수 있습니다. not in 연산자도 마찬가지로 그 결과값을 보여줍니다.

10 반복문의 이해(for구문)

반복문(Looping)은 어떤 주어진 조건에서 사용자가 요구하는 특정작업을 반복적으로 실행하는 구문을 말합니다. 반복적으로 어떤 일을 수행한다라는 것은 예를 들면 우리가 Revit객체를 생성할 때 보나 기둥 등을 반복적으로 Familyinstance를 생성하게 된 것을 컴퓨팅기술을 활용해서 그 반복되는 일을 줄여 나갈 수 있다는 애기가 될 수 있습니다. 이 애기는 반복문을 잘 활용한다면 작업시간을 많이 줄여줄 수 있습니다. 자 그럼 반복문에 대해 예제를 통해 간단히 알아보겠습니다.

```
1 # Enable Python support and load DesignScript library
2 import clr
3 clr.AddReference('ProtoGeometry')
4 from Autodesk.DesignScript.Geometry import *
5
6 # The inputs to this node will be stored as a list in the IN variables.
7 dataEnteringNode = IN
8
9 List = ["사과","바나나","오렌지","키위"]
10 result = []
11
12 for var in List:
13     result.append(var)
14
15 OUT = List, result
```

첫 번째로 간단한 리스트를 만들었습니다. 그 다음에 결과를 담을 빈 리스트를 하나 만들었고 for문이라고 불리는 구문을 하나 작성하였습니다. for구문의 내용을 풀이해보면 List[ ]안에 들어있는 내용을 하나씩 꺼내서 result라는 빈 리스트에 담는다는 내용입니다. 그 결과를 보면 첫 번째로 List[ ]를 보여주고 있고 두 번째 리스트에서는 for문을 통해 만들어진 result[ ]리스트를 보여주고 있습니다.

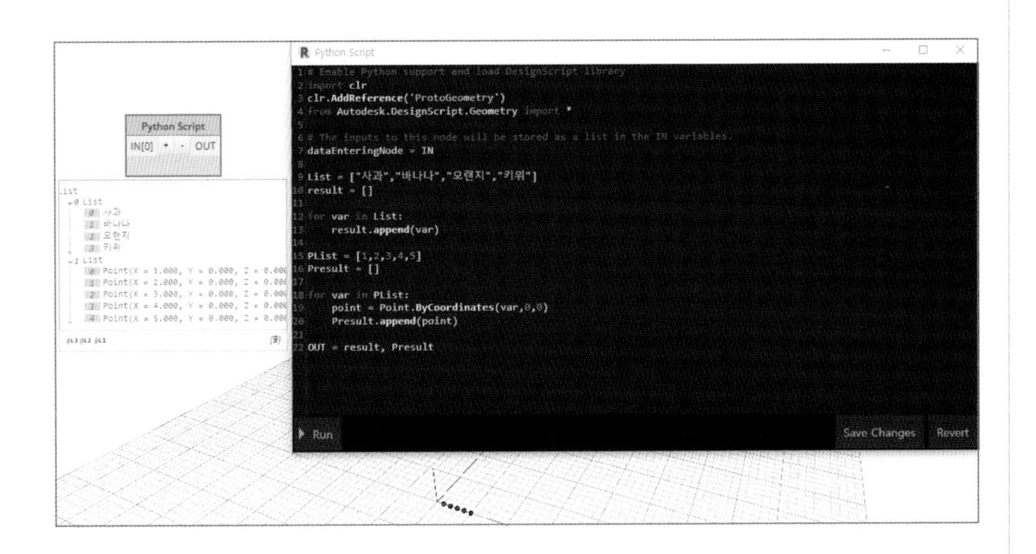

for구문을 약간 응용해 보겠습니다. PList[ ]에 1.2.3.4.5라는 정보를 넣어 리스트를 하나 만듭니다. 그리고 그 결과를 확인할 수 있는 Presult[ ]라는 빈 리스트를 하나 만들고 for구문을 통해 포인트를 생성합니다. 포인트를 생성하는 명령어는 앞에서 배웠듯이 Point.ByCoordinates(x,y,z)를 활용하였습니다. 5개의 데이터가 for문을 통해 하나씩 추출되어 반복되는 포인트 생성을 아주 간단하게 표현할 수 있습니다. 즉 var값이 1,2,3,4,5로 순차적으로 입력되어 5개의 포인트가 생성되는 원리입니다. 앞서 배운 조건문하고 결합해서 한번 응용해 보겠습니다.

```
# Enable Python support and load DesignScript library
import clr
clr.AddReference('ProtoGeometry')
from Autodesk.DesignScript.Geometry import *

# The inputs to this node will be stored as a list in the IN variables.
dataEnteringNode = IN

PList = [1,2,3,4,5,6,7,8,9,10]
Presult = []

for var in PList:
    if var > 3:
        point = Point.ByCoordinates(0,0,var)
        Presult.append(point)

OUT = Presult
```

앞서 배운 for문과 동일하지만 그 내부적으로 앞에서 배운 IF문을 결합함으로써 새로운 리스트의 생성이 가능합니다. 그 내용을 잠시보면 PList[ ]의 정보를 for문을 통해 하나씩 검색하고 만약 그 값이 3보다 큰 수만 포인트를 생성한다라는 복합문을 만들고 활용할 수 있습니다. 결과를 보니 좌측하단 그림처럼 4부터 10까지의 7개의 포인트만 생성된 것을 확인할 수 있습니다. 다른 리스트를 활용한 예제를 보겠습니다.

리스트를 구성하는 종류는 다양합니다. 그 형태도 너무 다양해서 사용자가 어떻게 리스트를 구성하느냐에 따라 활용하는 방법 및 결과를 다양하게 적용할 수 있습니다. 일단 PList[ ]안에 리스트를 2개씩 쌍으로 만들었습니다. 그리고 해당 데이터를 하나씩 추출해서 활용하기 위해서 for문에 안에서도 (var, var1)으로 변화를 주었습니다. 리스트 안에 있는 데이터구조의 형태를 맞춰줘야 for문에서 오류 없이 사용할 수 있습니다. 만약 리스트가 (1, 2, 3)이렇게 3개로 구성되어 있다면 당연히 for구문에서도 (var, var1, var2)이런 식으로 그 형태를 맞추어 주어야 합니다.
위 구문의 결과로 그림 좌측 하단에 대각선으로 포인트가 생성된 것을 확인할 수 있습니다. 첫 번째 포인트는 (1, 2)데이터가 추출되어서 (0, 1, 2)의 좌표를 갖는 포인트가 생성된 것을 알 수 있습니다.

11 반복문의 이해-1(While구문)

두 번째 반복문의 구문중 하나인 While문에 대해 알아보겠습니다. While문은 어떤 조건이 참 또는 거짓일 때 까지 Looping을 하는 구문으로 그 형태는 아래와 같습니다.

While(조건){실행되는 내용(반복 수행되는 내용)}
이렇게 간단하게 구성됩니다. 어떻게 보면 for구문보다 간단하고 어떻게 보면 for구문과 if구문의 결합 형태라고도 말할 수 있습니다. 그럼 간단한 예제를 통해 좀 더 알아보겠습니다.

```
# Enable Python support and load DesignScript library
import clr
clr.AddReference('ProtoGeometry')
from Autodesk.DesignScript.Geometry import *

# The inputs to this node will be stored as a list in the IN variables.
dataEnteringNode = IN

var = 0
result = []

while var < 5:
    result.append(var)
    var = var + 1

# Place your code below this line

# Assign your output to the OUT variable.
OUT = result
```

우선 var이란 변수를 만들고 그 결과를 담을 result[ ]라는 리스트를 만들었습니다. 그리고 Whlie구문을 통해 var이 5보다 작을 때까지 라는 조건을 주었으며 그 결과를 result[ ]에 담는다라는 명령어를 실행했고 var+1을 통해서 변수 var 값을 +1 씩 증가하게 만들었습니다. 즉 While문을 한번 Looping할 때마다 var은 1씩 증가하게 되고 그 var값이 5보다 작을 때 까지 While문이 작동하는 원리입니다. 그래서 그 결과값이 좌측에 보이는 것처럼 0.1.2.3.4가 추출되는 모습을 볼 수 있습니다. 약간 응용된 예제를 한번 보겠습니다.

우리는 아직 Line을 생성하는 명령어를 배우진 않았지만 While문을 통해 여러 개의 라인을 생성해 보았습니다. 일단 p1은 고정점으로 p2의 좌표를 While문을 통해 변화시켜가면서 Line을 생성하는 코드입니다. 자세한 내용은 뒤에 예제를 통해 알아보도록 하고 While구문이나 for구문을 통해 반복되는 작업을 최소화 시킬 수 있는 방법을 배워 보았습니다.

12 함수의 이해(def)

함수는 특정작업을 수행한 다음 결과값을 반환해서 얻는 방식입니다. C#에서는 Function이라고 하는데 파이썬에서는 def를 활용해서 생성합니다. 다이나모 코드블럭에서도 만들 수 있습니다. 그럼 함수라는 것이 어떤 것인지 예제를 통해 알아보겠습니다.

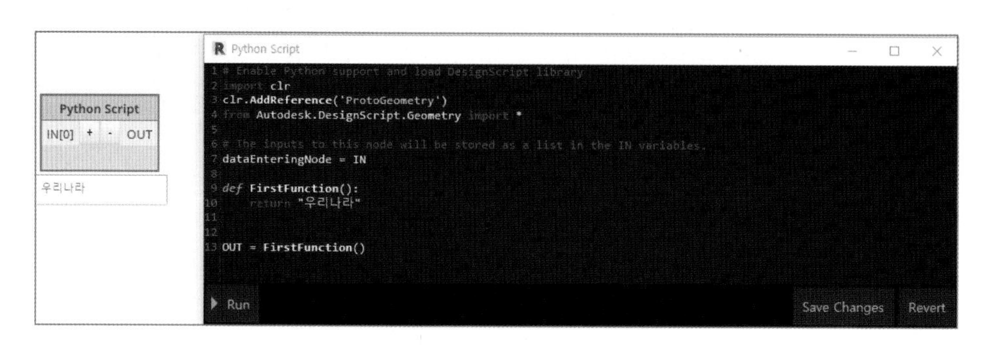

"우리나라"라는 문자열을 반환받는 간단한 함수를 만들어 보았습니다. 통상 진입점이라고 얘기하는 함수의 진입구문은 def라는 명령어를 입력하고 함수의 이름(사용자가 원하는 이름)을 입력합니다. ( )를 통해 함수를 생성하고 그 아래 return이라는 구문을 통해 사용자가 받고 싶은 데이터를 입력합니다. 이렇게 구성된 def는 OUT에서 그 함수의 이름만 호출해줌으로써 함수가 "우리나라"라는 문자열을 반환해줍니다. 다른 예제를 통해 좀 더 알아보겠습니다.

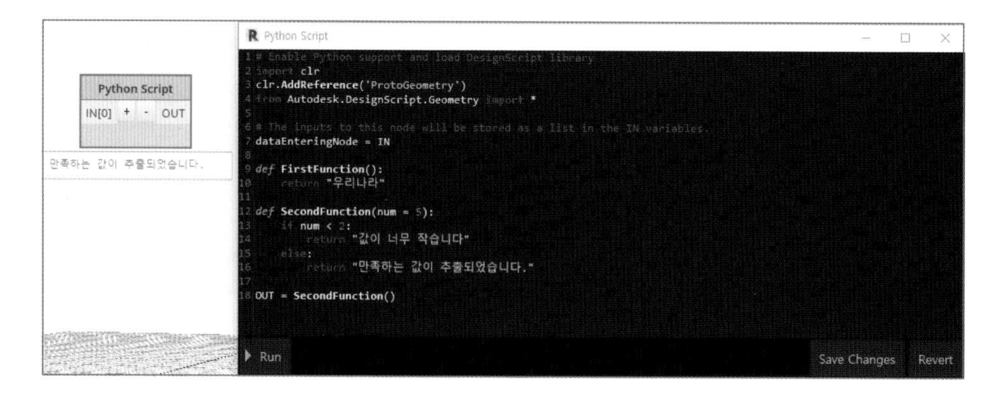

def를 통해 Second Function이라는 함수를 만들어 ( ) 안에 인자라고 하는 숫자 5를 넣었습니다. 그 하위에 조건문을 통해 글 결과값을 반환받는 함수를 하나 만들고 그 결과값을 확인해 보았습니다. 결과값에서 확인할 수 있듯이 함수에 들어가는 인자의 값이 5이므로 결과값으로 "만족하는 값이 추출되었습니다." 라는 결과를 얻을 수 있습니다. 이렇듯 함수는 사용자가 원하는 값(인자)를 넣어주고 함수 안에 코드를 통해 그 결과값을 얻을 수 있습니다. 함수의 사용은 코드의 재활용성과 간결성에 아주 중요한 요소입니다. 잘 만들어진 함수는 다양한 부분에서 강력하게 작용합니다. 그럼 좀 더 복잡한 예제를 통해서 함수의 보다 강력한 기능에 대해 알아보겠습니다.

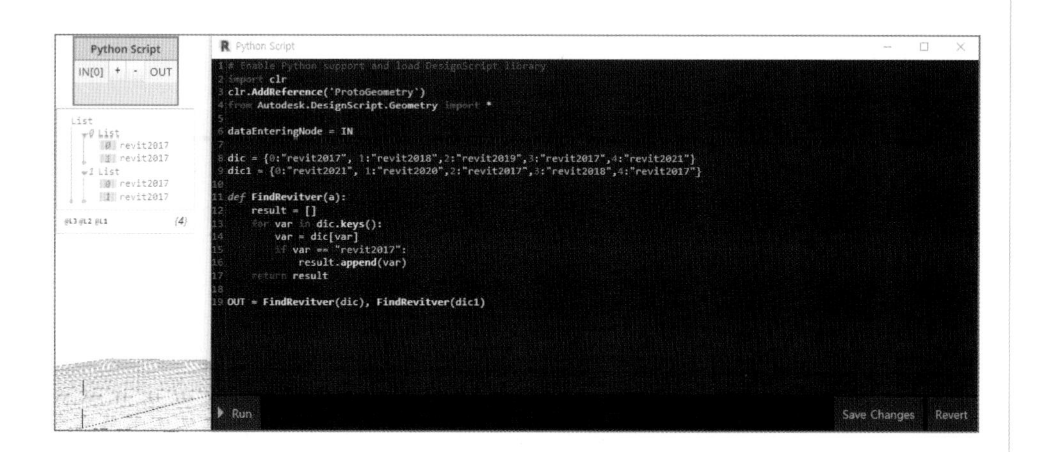

먼저 2개의 딕셔너리를 만들었습니다. 2개의 딕셔너리의 내용 중 “revit2017”의 내용을 찾는 코드입니다. FindRevitver이란 함수를 만들고 함수에 들어갈 인자 “a”로 지정하였습니다. 함수 안에 내용은 딕셔너리를 for문으로 검색해서 만약에 딕셔너리의 내용 중 “revit2017”이라는 값이 존재하면 result[ ] 리스트에 그 내용을 담고 최종적으로 result[ ]를 리턴해주는 함수입니다. 그 결과를 실행하면 각각 2개의 데이터를 얻을 수 있습니다. 만약 함수를 사용하지 않았다면 각각의 데이터를 찾는 코딩을 해줘야 했을겁니다. 그러면 코드는 길어지고 보기도 힘들고 오류가 생겼을 경우에 그 내용을 찾기란 여간 어려운 일이 아닙니다. 이렇듯 함수를 사용하게 되면 중복되는 코딩을 하지 않아도 되고 언제든 그 내용을 복사하여 다른 스크립트에서 사용할 수 있고 문제가 생겼을 경우 함수 안에 코드를 수정함으로써 손쉽게 오류를 찾아 나갈 수 있습니다. 처음에는 조금 어색하거나 어려울 수 있지만 스크립트 작성해서 중요도가 매우 높은 기능으로 꼭 익혀 두시길 당부 드립니다.

13 모듈의 이해(Module)

보통 파이썬의 장점 중 라이브러리가 풍부하다라는 말을 많이 합니다. 파이썬에서는 라이브러리를 모듈이라고 이야기 합니다. 모듈이란 함수나 변수 또는 클래스 들을 모아 놓은 파일입니다. 다른 사람이 만들어 놓은 모듈을 사용할 수 있고 사용자가 직접 만들어 사용할 수도 있습니다. 좀 더 쉽게 이야기하면 모듈은 프로그램의 명령어 상자라고 말할 수 있습니다. 명령어가 모아져있는 상자 속에서 사용자는 원하는 기능을 꺼내서 사용할 수 있습니다. 그럼 예제를 통해 알아보도록 하겠습니다.

```
1 # Enable Python support and load DesignScript library
2 import clr
3 clr.AddReference('ProtoGeometry')
4 from Autodesk.DesignScript.Geometry import *
5
6 #수학모듈 임포트하기
7 import math
8
9 # The inputs to this node will be stored as a list in the IN variables.
10 dataEnteringNode = IN
11
12 # Place your code below this line
13
14 # Assign your output to the OUT variable.
15 OUT = dir(math)
```

첫 번째로 수학적 연산을 도와주는 math모듈을 가져와 보겠습니다. import라는 구문을 통해서 math라는 모듈을 불러올 수 있습니다. OUT부분에 dir(math) 함수를 통해서 모듈 안에 들어있는 명령어들을 확인할 수 있습니다. Sin, Cos, Log등 수학적 연산을 할 수 있는 명령어들이 보입니다. 그럼 이제 math 모듈을 사용할 준비가 다 되었습니다.

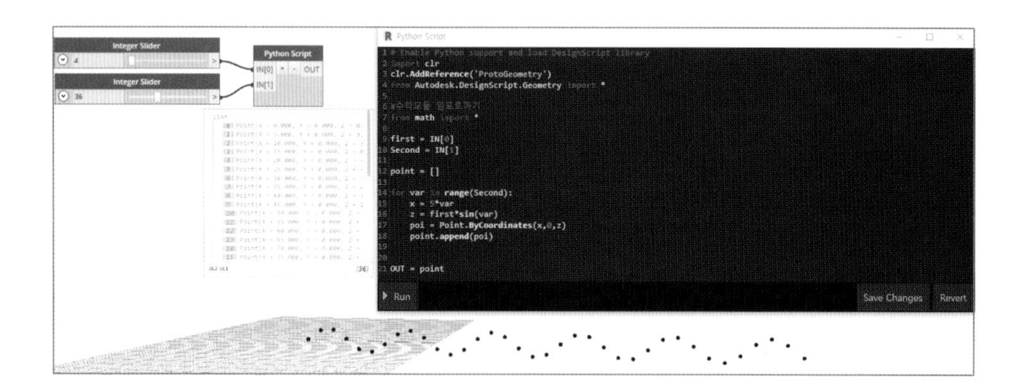

Math 관련 가장 많은 예제인 Sin함수의 표현을 math 모듈을 통해 작성해 보았습니다. 간단한 for문을 통해서 sin함수 그래프를 간단히 표현할 수가 있습니다. 스크립트의 내용보다는 함수모듈을 어떻게 가져와서 활용하는지가 중요합니다. sin 함수를 사용하기 위해서는 math라는 명령어상자를 가져와서 그 안에 sin 기능을 사용한다 정도로 이해하시면 됩니다.

다이나모는 기본적으로 IronPythonModules.dll을 사용해서 만들어져 있어서 파이썬의 대부분의 모듈을 사용할 수 있습니다.

```
1 # Enable Python support and load DesignScript library
2 import clr
3 clr.AddReference('ProtoGeometry')
4 from Autodesk.DesignScript.Geometry import *
5
6 # The inputs to this node will be stored as a list in the IN variables.
7 dataEnteringNode = IN
8
9 # Place your code below this line
10
11 # Assign your output to the OUT variable.
12 OUT = 0
```

그렇다면 왜 다이나모 파이썬 스크립트를 열면 clr이라는 모듈이 기본적으로 적혀져 있는 것인지 알아보겠습니다.

공통 언어 런타임(Common Language Runtime, CLR)은 마이크로소프트 닷넷 이니셔티브의 가상머신 구성 요소이다. 프로그램 코드를 위한 실행 환경을 정의하는 마이크로소프트의 공통언어기반(CLI) 표준의 기능이다. 공통 언어 런타임은 공통중간언어(CIL, 이전에는 MSIL로 알려져 있었음)라고 불리는 바이트코드의 형태를 실행한다.
공통 언어 런타임을 사용하는 개발자들은 C#이나 VB 닷넷과 같은 언어로 프로그래밍하며, 해당 언어의 컴파일러가 소스 코드를 공통 중간 언어 코드로 변환한다. 일반적으로 런타임에 공통 언어 런타임의 JIT 컴파일러가 공통 중간 언어 코드를 운영 체제의 네이티브 코드로 변환한다. 하지만 마이크로소프트 닷넷프레임워크에 포함된 NGen 같은 AOT 컴파일러를 사용하면 중간 언어 코드를 타겟 머신에서 실행 전에 네이티브 코드로 컴파일해 둘 수도 있다. 이 경우 JIT 컴파일로 인한 추가 CPU/메모리 부담을 없애고, 컴파일 된 기계어를 여러 프로세스에서 공유할 수 있으며, 애플리케이션 시작 시간을 단축하는 장점은 있으나 컴파일한 코드의 크기가 크고 실행 시간 정보를 이용한 최적화가 불가능해 오래 실행되는 서버 프로그램에서 기대할 수 있는 추가적인 성능 향상을 꾀할 수 없다.

– http://ko.wikipedia.org/wiki/공통_언어_런타임-

스크립트를 처음 접는 분들은 다소 생소하고 어려울 수 있습니다. 간단히 얘기하면 다이나모의 파이썬 스크립트를 다이나모 환경에서 사용자가 스크립트를 작성할 수 있게 적합한 환경을 제공하고 컴파일러가 없이도 Run이라는 버튼만으로 프로그램을 실행시켜주는 개발환경을 제공한다라고 이해하고 넘어가면 될 것 같습니다. 좀 더 깊이 알고 싶으신 분들은 위 위키싸이트를 참조하기 바랍니다.

chapter 04 Dynamo에서 파이썬 활용하기

다이나모는 독자적으로 작동하는 프로그램은 아닙니다. 결국에는 Revit에 지오메트리생성 하는 것이 어찌보면 최종결과물이라고 말할 수 있습니다. 그렇게 보면 결국 Revit API의 기능을 숙지해야하는 문제가 발생합니다. 하지만 실망하시긴 아직 이릅니다. 다이나모의 Revit과 연결하는 모듈을 Import하여 보다 손쉽게 Revit 모델과 연결할 수 있습니다. 예제를 통해 하나하나 알아가 보도록 하겠습니다.

01 다이나모의 Revit 모듈활용하기

일단 다이나모의 Revit Node기능을 사용하기 위해 RevitNodes를 참조하고 Revit 모듈을 Import 합니다. 간단히 Revit 모듈에 어떤 것들이 들어 있는지 확인하기 위해 OUT에 dir(Revit.Elements)를 입력하고 그 내용을 확인해 보면 Revit Node 중 Elements 부분과 동일한 명령어가 로드되는 것을 확인할 수 있습니다. 이 모듈을 활용하여 예제코드를 작성해 보겠습니다.

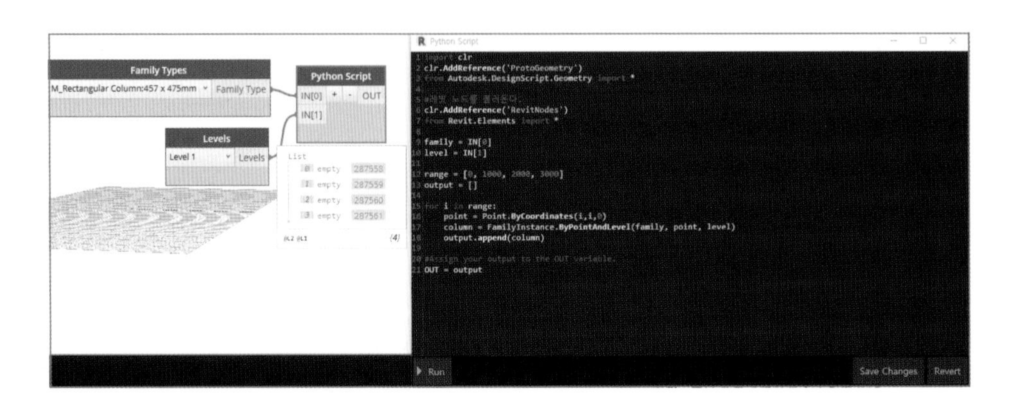

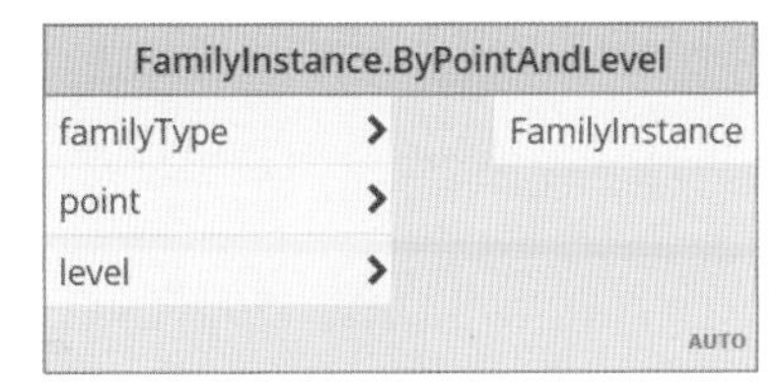

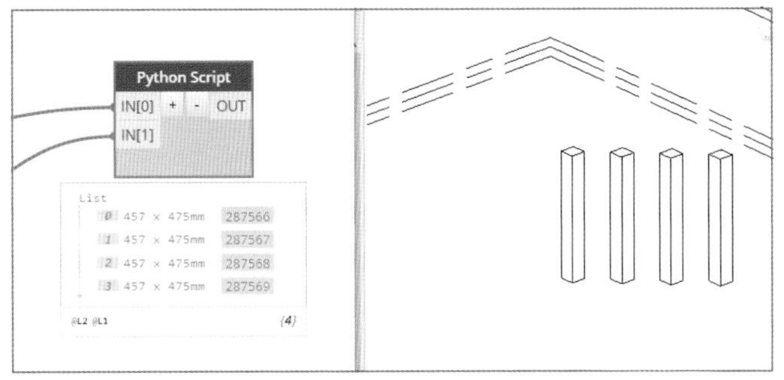

포인트와 레벨을 활용하여 패밀리 인스턴스를 생성하는 다이나모 노드를 파이썬 스크립트로 구현해 보았습니다. 패밀리 타입과 레벨은 다이나모의 기본 노드를 사용하고 for문을 사용하여 range[ ] 리스트의 0,1000,2000,3000의 데이터를 활용하여 삽입되는 포인트를 만들고 그 결과를 output[ ]로 받아서 Revit 화면에 구현하는 간단한 코드입니다. 이렇듯 Revit API를 사용하지 않더라도 다이나모의 Revit.Elements의 기능을 활용한다면 스크립트를 통해 손쉽게 모델객체를 작성할 수 있습니다.

02 Revit API 모듈 활용하기

Revit API 기능을 다이렉트로 사용하기 위해서는 Revit API 모듈을 임포트해서 사용해야 합니다. 우리는 아직 Revit API에 대한 사전지식은 없지만 한 단계 한 단계 알아보도록 하겠습니다.

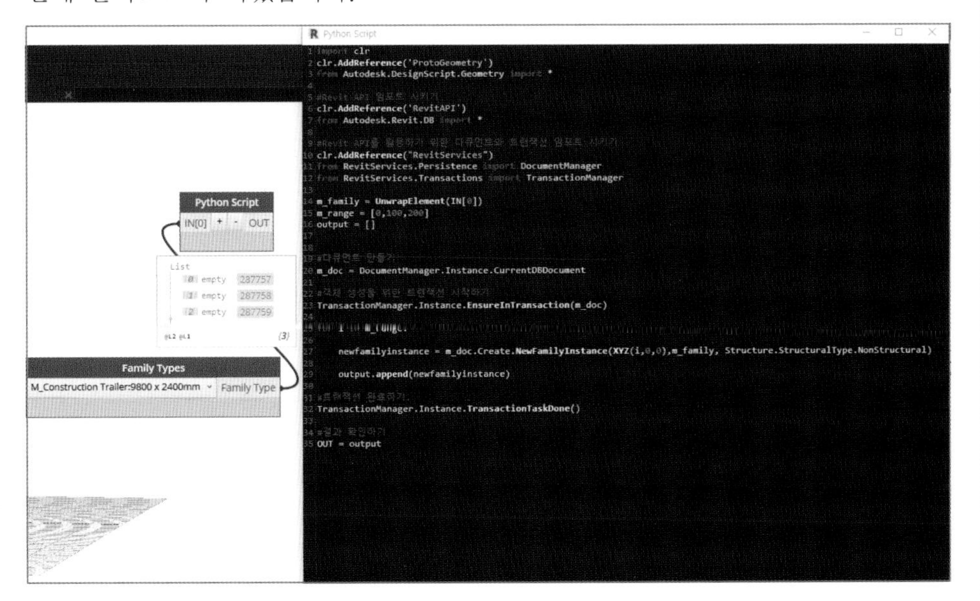

```
#Revit API 임포트 시키기
clr. AddReference('RevitAPI')
from Autodesk.Revit.DB import *
clr. AddReference("RevitServices")
from RevitServices.Persistence import DocumentManager
from RevitServices.Transactions import TransactionManager
```

첫 번째로 파이썬 개발환경에 Revit API중에 Familyinstance를 생성할 수 있는 Revit DB와 DocumentManager 그리고 객체를 생성, 삭제, 제어 등을 할 수 있는 TransactionManager를 임포트 시킵니다. DocumentManager는 Revit의 환경 즉 Document를 인스턴스 객체로 만들어서 활용할 수 있고 TransactionManager는 Revit의 Transaction 기능을 사용하기 위한 인스턴스 객체를 생성할 수 있습니다. 기본적으로 Revit은 Document와 Transaction이 있어야 객체를 생성할 수 있습니다.
다음으로
http://www.revitapidocs.com/2018.1/9cdda5d9-85f7-4445-1e84-5fda77d41f74.htm
RevitAPI 레퍼런스가이드에 접속하여 Familyinstance를 생성할 수 있는 Method를 확인합니다.

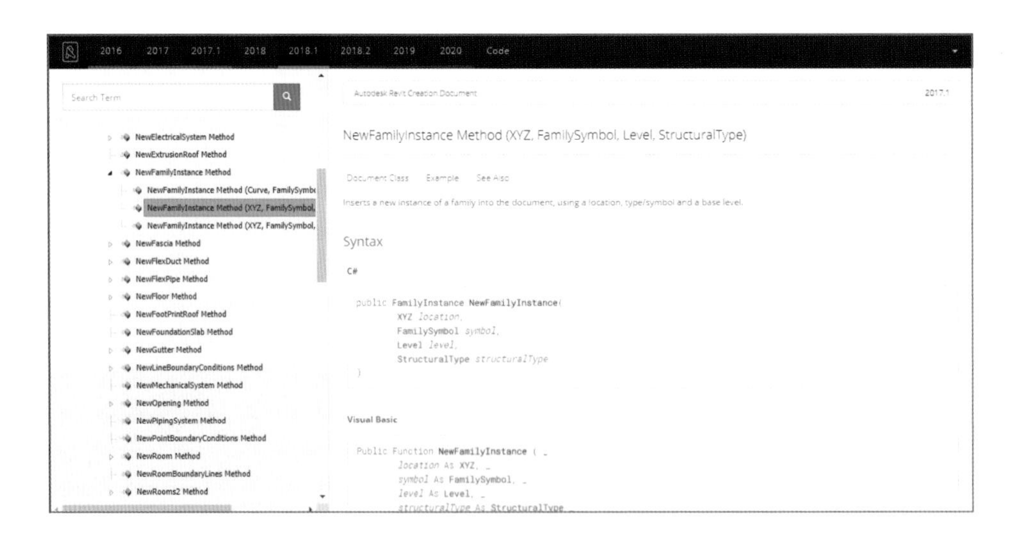

Familyinstance를 생성하는 방법은 3가지가 존재합니다. Line Base와 XYZ의 Point Base 그리고 창호나 기타 호스트객체가 있어야 생성할 수 있는 Host Base가 있습니다. 위 코드에서 사용된 내용은 Point Base Familyinstance를 생성하는 방법입니다.
앞서 배운 함수처럼 객체를 생성하기 위한 인자들 즉 Location XYZ, FamilySymbol, Level, StructuralType을 넣어주면 새로운 Familyinstance를 생성해줍니다.

#다큐먼트 만들기
m_doc=DocumentManager.Instance.CurrentDBDocument
객체를 생성하기 위해서는 사용자는 어디에 객체를 만들 것인 지를 결정하여야 합니다. 우리는 Revit의 Document 즉 현제 활성화되어 있는 Revit 화면에 그 결과를 보여주길 원합니다. 그에 따라 객체생성을 위한 Document가 필요하고 그 Document를 얻어오는 방법입니다.

#객체 생성을 위한 트랜잭션 시작하기
TransactionManager.Instance. EnsureInTransaction(m_doc)

Revit API에서는 객체를 생성, 삭제, 이동 등의 동작을 작동시킬 때 Transaction이라는 구문을 사용합니다. 이는 Start로 시작하고 Committ으로 정리됩니다. 다이나모 파이썬 스크립트에서는 EnsureInTransaction이 Transaction의 시작을 나타내고 작동이 완료되는 것을 TransactionTaskDone( )으로 마무리합니다. 같은 API인데 동일한 구문을 사용하면 좀 더 좋을텐데 각각의 내용을 또 숙지해야 하는 불편함이 있습니다.

이로써 새로운 패밀리인스턴스를 생성하기 위한 모든 준비가 됐으며 API 레퍼런스가이드의 내용처럼 아래 Method를 활용하여 객체를 생성합니다.
newfamilyinstance = m_doc.Create.
NewFamilyInstance(XYZ(i,0,0),m_family,
Structure.StructuralType.NonStructural)

실행결과 m_range[ ]의 개수 3개만큼 패밀리인스턴스가 생성되는 것을 확인 할 수 있습니다.

03 객체 필터링(Element Filtering)

이번에는 스크립트를 활용해서 Revit의 객체를 필터링하는 방법을 알아보도록 하겠습니다. 아래 그림은 Revit에 생성되어 있는 Door를 필터링하는 예제입니다.

앞장에서 배운 바와 같이 필요한 정보들을 입력합니다. Revit API와 RevitNodes 그리고 RevitServices를 임포트 합니다.

#Element 필터링
collector= FilteredElementCollector(doc, doc.ActiveView.Id)

Filtered Element Collector method를 통해서 활성화 되어있는 Revit 화면으로부터 필터링을 진행합니다.

#Familyinstance 필터링↓
filter= ElementCategoryFilter(BuiltInCategory.OST_Doors)↓
doors=collector.WherePasses(filter). ToElements(   )

Revit은 기본적으로Category로 구성되어 있습니다. 그것을 내장된 카테코리 "BuiltinCategory"라고 합니다. 그리고 빌트인 카테고리 안에서 Revit의 카테고리를 분류할 수 있습니다. 최종적으로 collector. WherePasses(filter). ToElements( )라는 구문을 통해 Door를 필터링하고 그 Elements들을 collector에 담습니다.

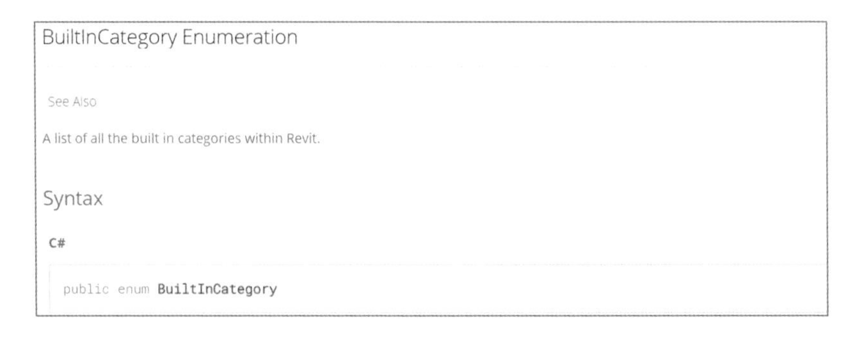
BuiltInCategory Enumeration

See Also

A list of all the built in categories within Revit.

Syntax

C#

public enum BuiltInCategory

BuiltInCategory는 Revit API Docs 싸이트의 http://www.revitapidocs.com/2018.1/ba1c5b30-242f-5fdc-8ea9-ec3b61e6e722.htm에서 아이템별 카테고리 이름을 확인할 수 있습니다.

04 Revit 모델생성하기(Create Floor, Create Wall)

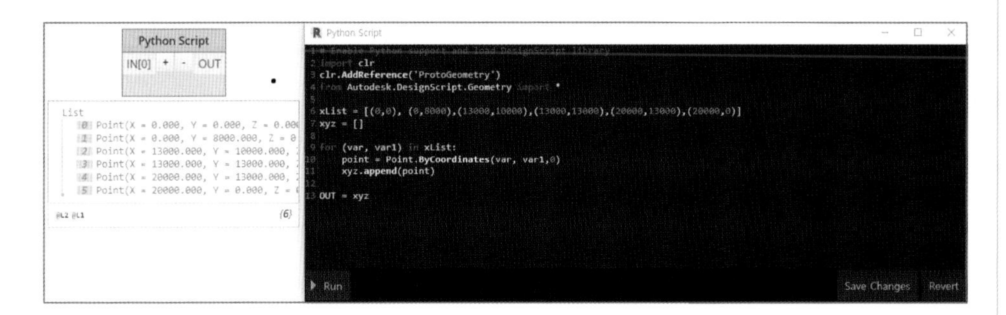

우선 앞서 배운 for구문을 활용해서 Floor를 생성하기 위한 Z값이 0인 5개의 포인트를 생성하였습니다.

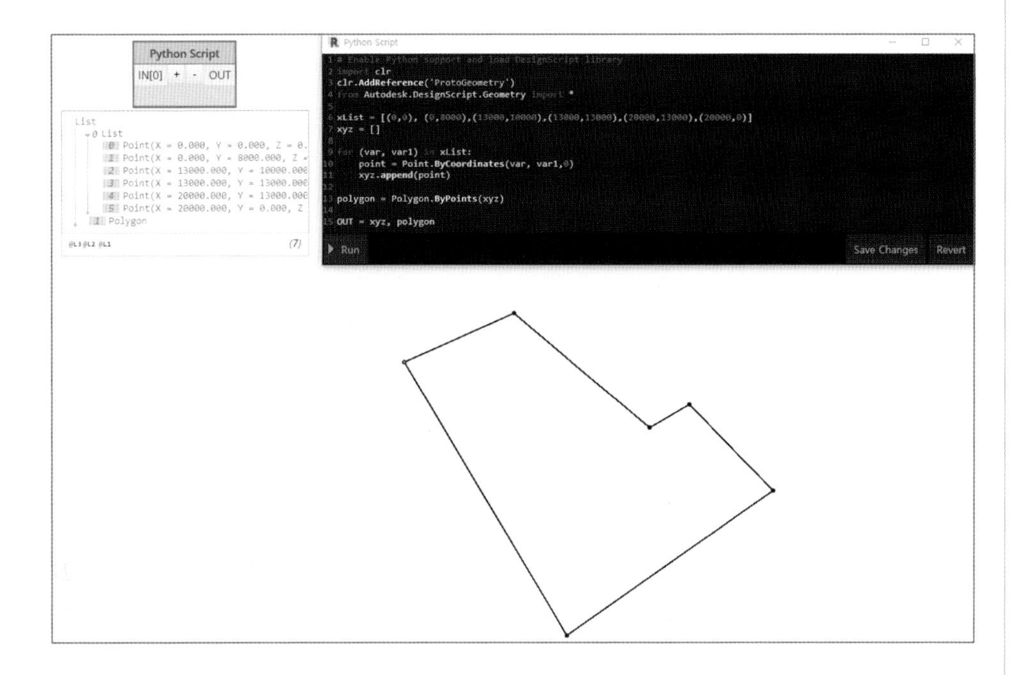

슬라브를 만들기 위해서는 폐곡선이 필요합니다.
그래서 Polygon.ByPoints(List[T])를 활용하여 폐곡선과 포인트를 구성하였습니다. 그리고 슬라브를 방법을 Revit API Docs싸이트에서 확인합니다. 3가지 방법이 있습니다.

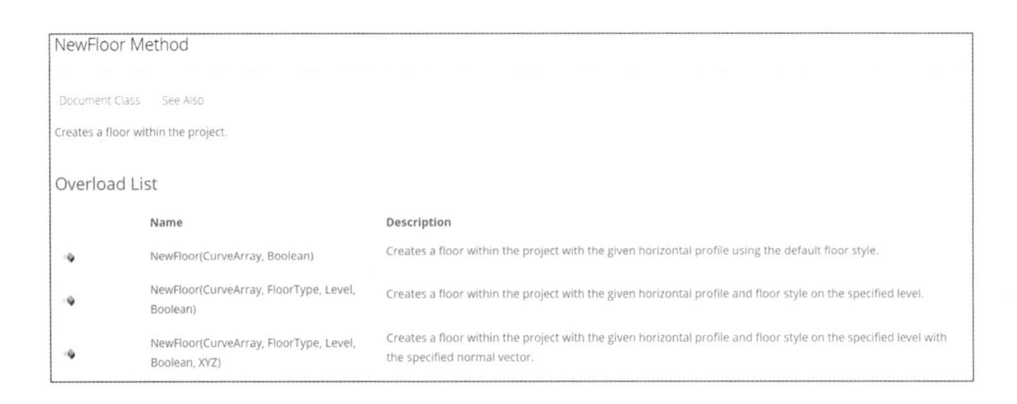

NewFloor Method

Document Class See Also

Creates a floor within the project.

Overload List

	Name	Description
◈	NewFloor(CurveArray, Boolean)	Creates a floor within the project with the given horizontal profile using the default floor style.
◈	NewFloor(CurveArray, FloorType, Level, Boolean)	Creates a floor within the project with the given horizontal profile and floor style on the specified level.
◈	NewFloor(CurveArray, FloorType, Level, Boolean, XYZ)	Creates a floor within the project with the given horizontal profile and floor style on the specified level with the specified normal vector.

슬라브를 만드는 첫 번째 방법은 CurveArray라는 List[ ]가 필요하고 Boolean 즉 건축객체를 생성할 것이냐 구조객체를 생성할 것이냐를 결정하면 슬라브를 만들어 줍니다. 두 번째는 슬라브 유형하고 레벨값을 넣어서 생성하는 방법이고 세 번째는 (XYZ)여기서 말하는 XYZ는 포인트가 아니라 Normal Vector 방향을 의미합니다. 슬라브는 기본적으로 경사로 그려지지 않기 때문에 Vector_XYZ 값에 (0,0,1) 즉 위방향으로 설정하면 슬라브를 생성할 수 있습니다. 우리는 첫 번째 방법을 통해 Revit Documenet에 슬라브를 그려 보겠습니다.

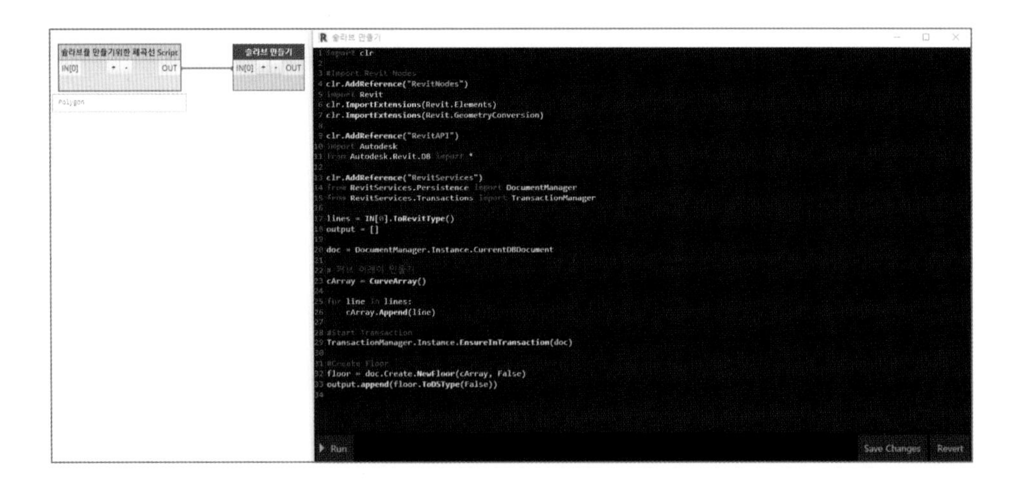

위 코드에서 새로운 구문이 보입니다. ToRevitType( ), floor.ToDSType(False) 다소 생소한 구문인데요, 다이나모에서 Revit으로 또는 Revit 객체를 다이나모에서 사용하기 위해서는 형변환이라고 하는 각각의 시스템에서 사용할 수 있는 형태로 변환을 해줘야 합니다. 이것은 기본적으로 Revit의 요소와 다이나모의 요소간 서로 매칭되는 정보가 없을 경우 사용할 수 없기에 이러한 과정을 거쳐줘야 합니다. 보통 wrapping, unwrapping이라고 하는데 아직 초급과정을 진행하고 있는 여러분에게는 다소 어렵게 다가올 수 있습니다. 지금은 "아, 이런게 있구나" 정도로 이해하고 다음 과정으로 넘어가겠습니다.

```
cArray = CurveArray()
for line in lines:
cArray.Append(line)
```

슬라브를 만들기 위한 CurveArray( )를 먼저 생성하고 앞서 배운 For문을 통해 CurveArray에 폴리라인의 라인들을 리스트에 저장합니다. 객체를 생성하기 TransactionManager.Instance. EnsureInTransaction(doc)을 실행하고 Revit API의 기능인 슬라브를 만드는 doc.Create.NewFloor(CurveArray, Boolean) 구문에 해당 데이터를 넣어주고 마지막으로 RUN 버튼을 통해 Revit 객체로 변환해 주면 슬라브 생성이 마무리 됩니다.

이번에는 폴리라인을 통해 벽도 같이 생성해보겠습니다. Revit의 벽체 역시 선을 기반으로 하기에 작성된 코드를 사용해서 생성해 보겠습니다. 일단 Wall을 생성하는 Method가 무엇이지부터 알아 봐야겠지요? Revit API Docs에 접속해서 그 내용을 확인해 봅니다.
http://www.revitapidocs.com/2018.1/f3ad9b32-007e-a113-d314-efb668071180.htm

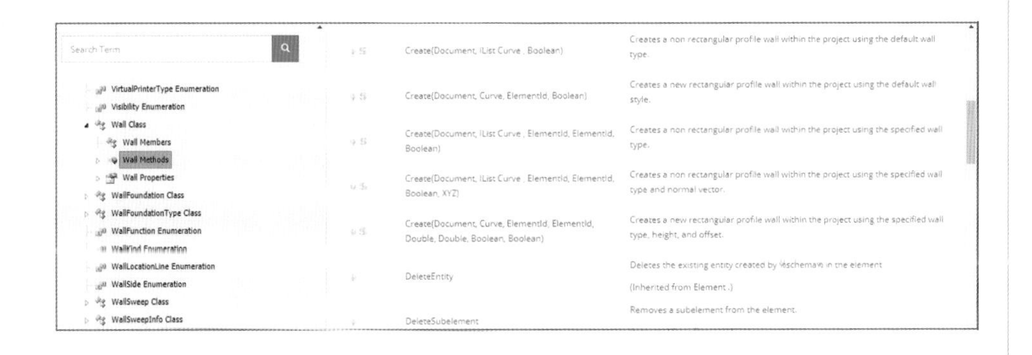

Wall을 생성하는 방법은 크게 2가지로 나누어집니다. 입면에서 그리는 방법 즉 우리가 Wall을 그리고 3D나 입면뷰에서 수정하는 방법이 있고 기본적인 방법인 선을 활용하는 방법입니다. IList〈 〉가 들어가 있는 Method가 profile을 활용하

여 입면형태의 벽체를 생성하는 방법입니다. 우리는 선을 활용하는 방법으로 벽체를 생성해보겠습니다.

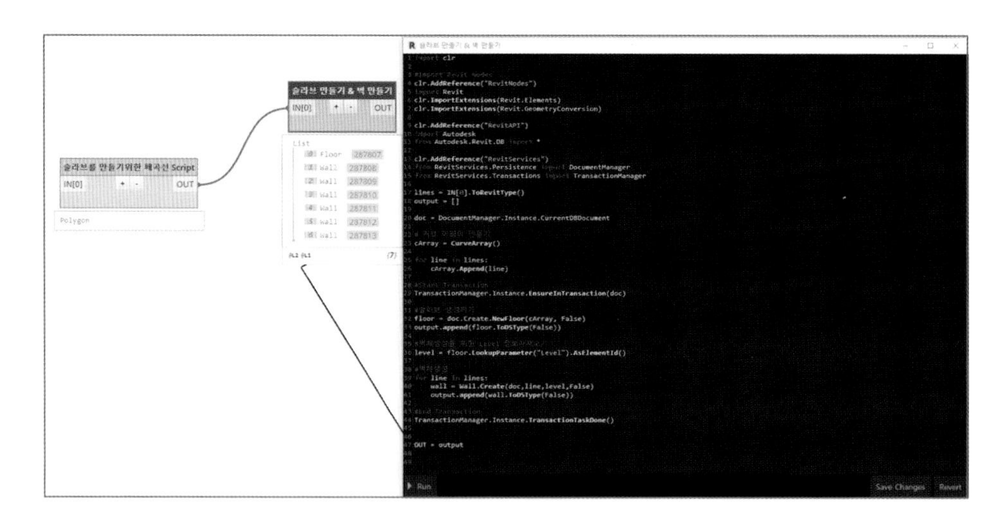

슬라브를 만드는 것에 벽도 추가하였습니다. 벽을 만들기 위해서는 해당 레벨이 필요합니다. 위에 보이는 2번째 Create Method에 있는 Elementid값이 레벨값입니다. 우리는 슬라브를 미리 만들었기 때문에 만들어진 슬라브에서 레벨값을 가져오는 방법을 택했습니다.

```
level = floor.LookupParameter("Level").AsElementId()
```

LookupParameter를 통해 얻고자 하는 파라미터를 검색하고 그 값을 Elementid 값으로 얻어옵니다. 그러면 이제 벽체를 생성하기 위한 모든 준비가 다 됐습니다. 슬라브와 달리 벽체는 하나의 선(Curve)만 요구되기 때문에 For 구문을 통해 lines에 담겨 있는 6개의 Curve를 하나씩 벽 객체로 변환하였습니다.

```
for line in lines: ↓
    wall=Wall.Create(doc,line,level,False) ↓
    output.append(wall.ToDSType(False))
```

여기서도 마찬가지로 형태를 변환하여 Revit 객체로 변환하는 과정을 거쳤습니다.

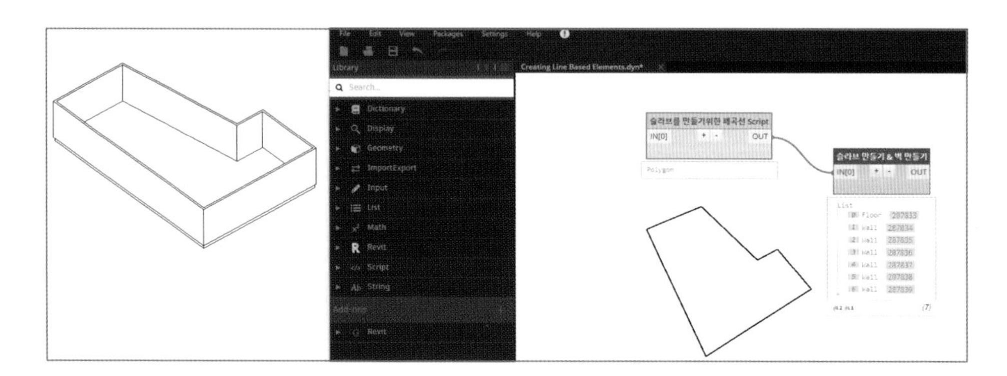

최종적으로 1개의 슬라브와 6개의 벽이 Revit 화면에 그려지는 걸 확인할 수 있고 OUT리스트에는 해당 객체의 타입과 Elementid가 보여지는 것을 확인할 수 있습니다. 단 다이나모 화면에는 Revit에서 생성된 객체는 디스플레이 되지 않습니다. 이유는 위에서 설명해드린 바와 같이 다이나모에서 Revit Elements를 사용하려면 별도의 변환과정을 거쳐야 합니다.

05 파라미터 활용하기(Parameters)

파이썬 스크립트 마지막 예제로 데이터 모델링의 기법인 BIM 프로세스에서 중요한 역할을 하는 파라미터에 대해 알아보겠습니다. 정보를 추출하고 관리하고 재생산할 수 있는 파라미터는 어떻게 보면 정보모델의 핵심이라고 말할 수 있습니다. 그렇다면 다이나모에서 Revit 객체의 파라미터를 어떻게 활용할 수 있는지 알아보겠습니다.

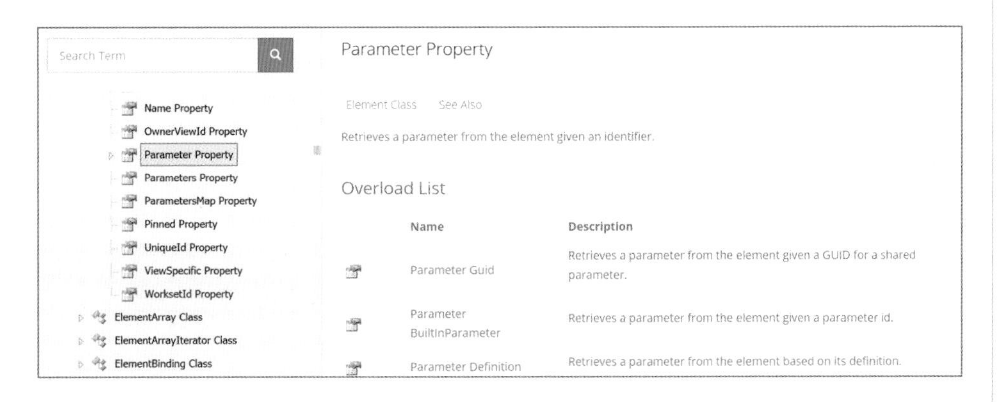

Revit API에서 파라미터를 검색해보면 "지정된 요소에서 매개변수를 검색합니다." 라고 나와있습니다. 파라미터는 빌트인파라미터와 쉐어파라미터가 있고 매개변수를 검색할 수 있는 요소로 구분되어져 있습니다.

	Definition	Name
파라미터(Parameters)	Value	Int Double String ElementID

파라미터는 Definition이라고 말하는 이름이 있고 Parameters는 고유의 값을 가지고 있습니다. 고유의 값은 특정한 형태로 존재합니다. 우리가 매개변수를 만들 때 면적, 길이, YorN 등을 만드는 것처럼 파라미터도 4가지 형태로 값을 가지고 있습니다. 정수나, Y/N를 나타낼 때 쓰는 Int형 그리고 면적, 길이 등 숫자를 나타낼 때 쓰는 Double형 그리고 문자를 쓸 수 있는 String형 마지막으로 레벨, 뷰, Element 등을 나타내는 ElementID 값으로 구성되어 있습니다. 예제를 통해 알아보겠습니다.

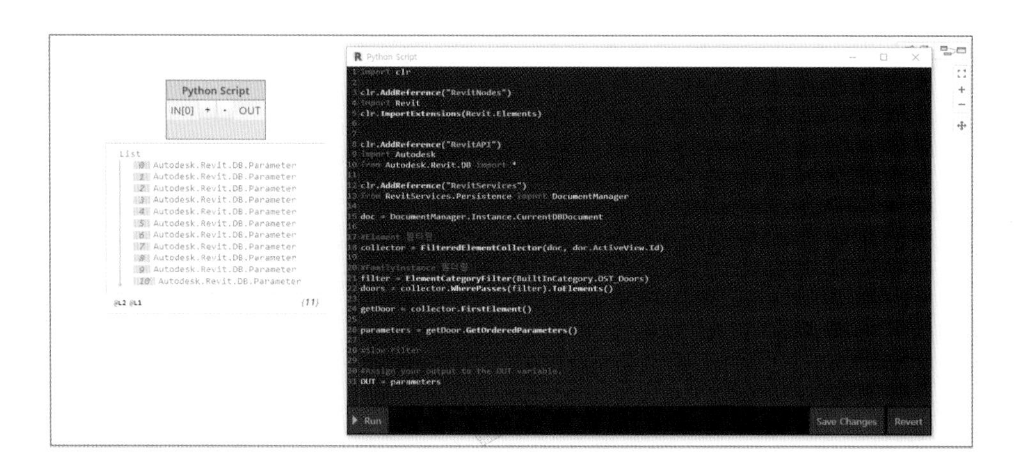

앞선 Door 필터링 예제를 활용해서 진행해 보겠습니다. 우선 Collector에 Revit 화면에 있는 Door들을 검색해서 담아 두었습니다. 일단 테스트이니 필터링된 리스트에서 Door를 1개만 꺼내서 파라미터를 확인해 보겠습니다. 사용 구문은 FirstElement( ) 첫 번째 Element를 얻어 온다는 이야기입니다.

가져온 getDoor의 파라미터를 값을 추출하고 그 결과를 확인해 보았습니다. 12개의 단순 파라미터 값만 추출되어 있어서 내용을 확인하기 어렵네요. 그럼 그 안에 파라미터의 이름이 무엇인지 확인해 보겠습니다.

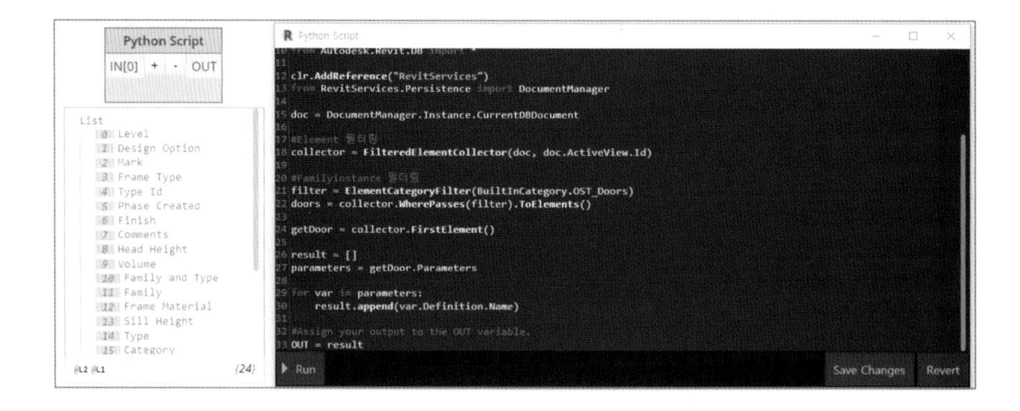

선택된 파라미터의 이름을 For문을 활용해서 확인해 보았습니다. 결과값에서 알 수 있듯이 우리가 그동안 보아오던 파라미터의 이름들이 보입니다. 그런데 아쉽지만 파라미터의 이름으로는 그 값을 확인할 수 없습니다.

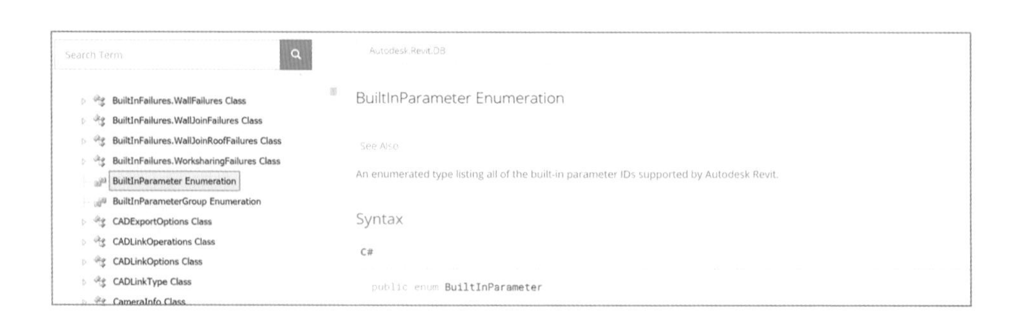

조금 내용을 바꿔서 파라미터값을 확인할 수 있는 BuiltInParameter로 변환해 보겠습니다.

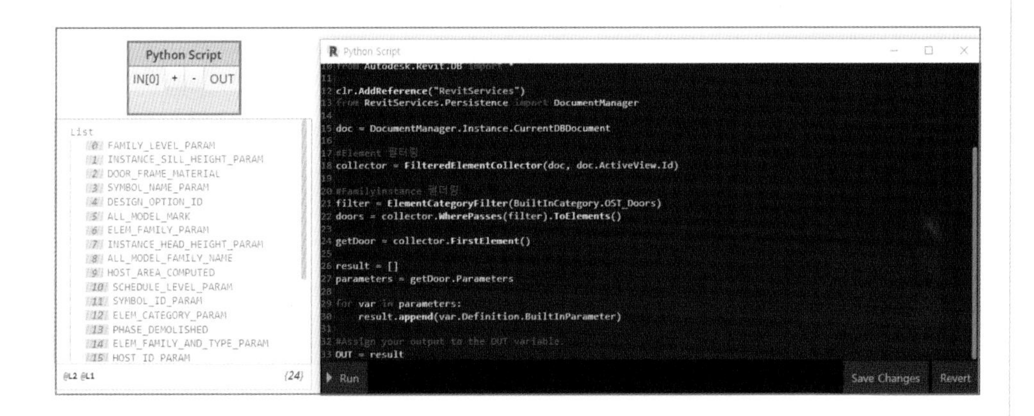

Result의 값에 Definition이름이 아닌 BuiltInParmeter를 append하고 그 결과를 확인해 보았습니다. 24개의 파라미터가 검출이 되었고 그 내용이 다소 생소할 수도 있습니다. 추출된 내용을 기반으로 간단히 설명하자면 우리가 Revit화면에서 보여지는 파라미터의 이름은 단순히 일반사용자들이 손쉽게 이해할 수 있게 영문 또는 한글로 표현되어진 모습이고 실제 그 안에 내용은 위 그림의 결과값처럼 보입니다. 실제 파라미터를 사용하려면 BuiltInParameter를 확인하고 사용하여야 합니다. 우리는 BuiltInParameter가 어떤 기능을 하는지 알았습니다. 이제 각 파라미터의 실제 값을 추출해 보겠습니다.

먼저 get_Parameter라는 구분을 통해 BuiltInParameter내의 원하는 파라미터값을 추출합니다. 하지만 결과값이 조금 이상합니다. 파라미터의 Value값을 원했지만 Paramter라고만 출력됩니다. 이유는 위에 표를 참조하시면 '각 파라미터는 고유의 타입을 갖는다' 라고 이전 페이지에서 설명드린 바가 있습니다. 그렇기 때문에 Parameter값을 각 값에 맞는 형태로 변환시켜 줘야 하는 과정이 있습니다.

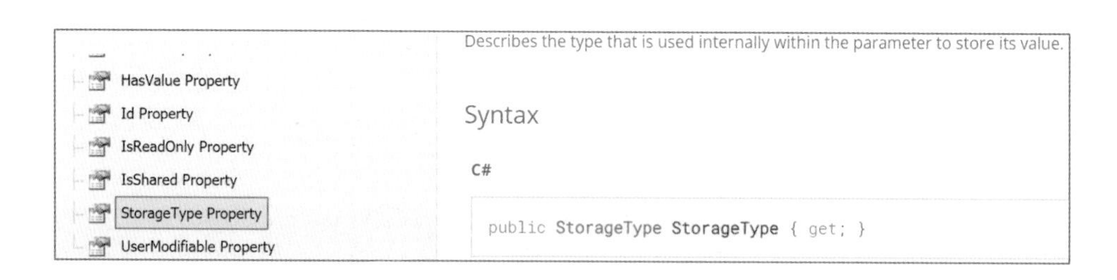

마지막으로 각 StorageType으로 변환해주면 우리가 사용할 수 있는 데이터로 변환됩니다.

추출하고자 하는 Parameter에 StorageType이라는 명령어를 활용하여 최종적으로 DOOR_FRAME_MATERIAL의 StorageType이 문자열(String)이라는 것을 확인할 수 있습니다.

마지막으로 AsString( )을 통해 해당 파라미터의 정보를 표현해 줍니다. Revit에서의 Door의 Frame Material의 파라미터값을 가져와 그 정보값을 추출해 줍니다. 최종적으로 OUT에서 그 결과를 확인할 수 있습니다.

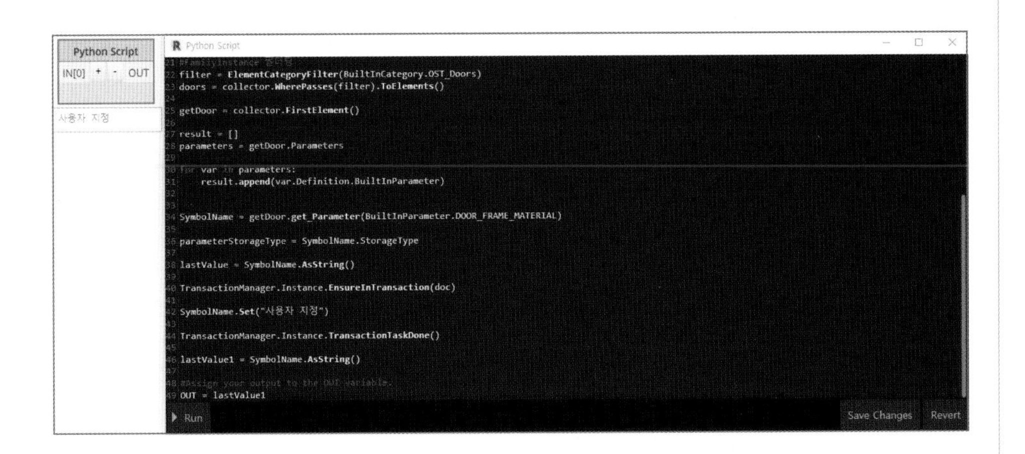

반대로 트랜젝션을 통해 파라미터값을 변경할 수도 있습니다. Parameter. Set("변경값")을 통해 해당 파라미터의 값을 변경할 수 있습니다.

chapter 05 C# 활용

다이나모를 사용하다 어느정도 수준에 올라오면 본인만의 노드들을 만들어 사용하고 싶은 욕구가 생깁니다. C#은 파이썬 스크립트와는 달리 커스텀 노드를 생성할 수 있습니다. Revit의 주 언어는 C#입니다. 파이썬을 노드를 사용하여 간단히 스크립트를 작성할 수 있지만 보다 많은 기능을 담고 사용하기에는 C#이 더 유리합니다. 지금부터 C#을 통한 커스텀노드를 생성하고 활용하는 법에 대해 배워보겠습니다.

01 비쥬얼 스튜디오 시작하기

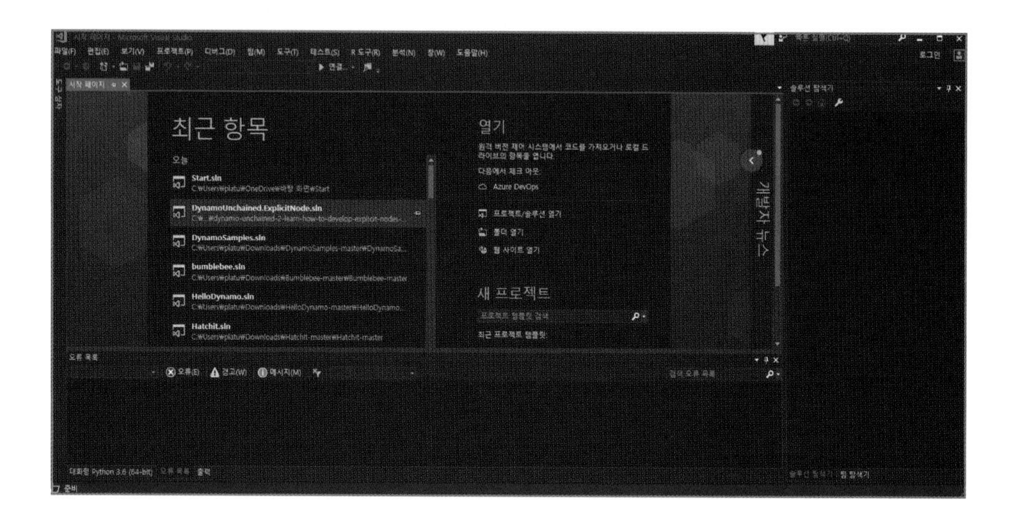

설치방법은 앞선 페이지의 개발환경 살펴보기 페이지를 참고하시고 설치가 완료되면 실행버튼을 클릭하여 Visual Studio를 실행합니다. 파일 풀다운 메뉴에서 새로 만들기를 클릭하면 아래와 같은 창이 나타납니다. 아래층에서 클래스 라이브러리(NET Framework)을 클릭하고 이름과 저장위치를 지정해주고 확인버튼을 누릅니다.

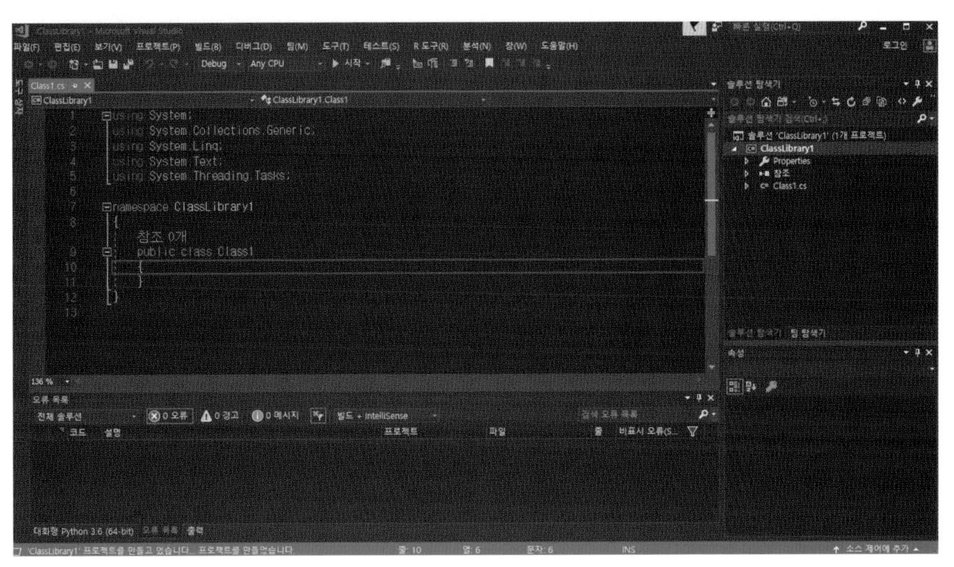

첫 화면의 모습입니다. 파이썬에서는 모듈이라는 것을 임포트해서 사용했지만 비주얼스튜디오는 dll(dyanmilc linked library)을 참조해서 명령어상자를 활용합니다.

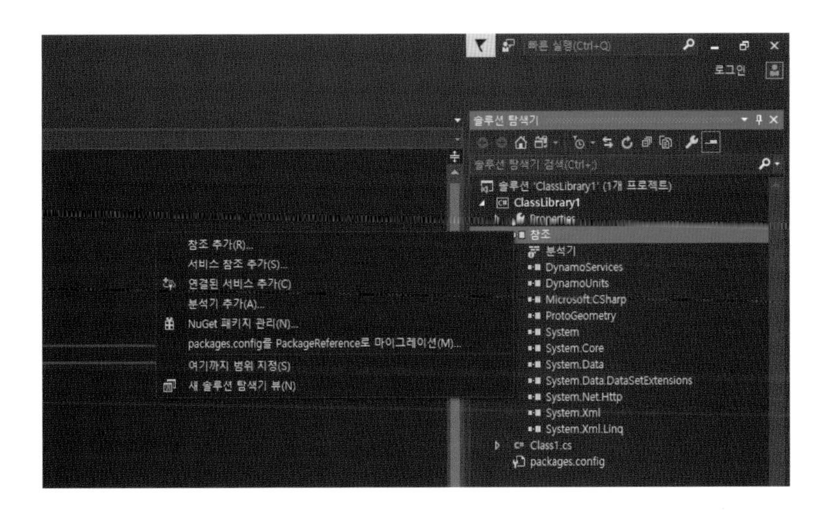

우측 상단에 참조부분을 클릭하고 오른쪽 마우스를 클릭한 후 NuGet 패키지 관리(N)을 선택합니다.

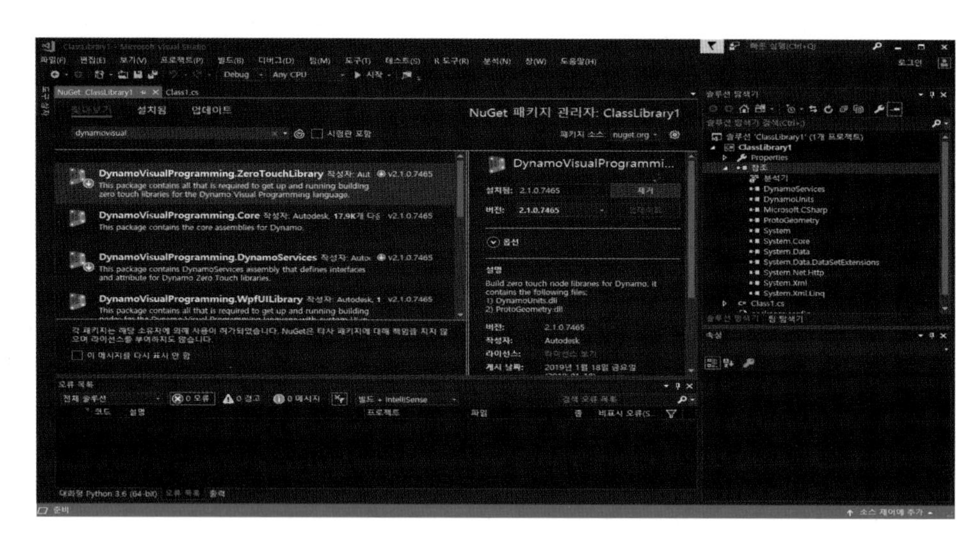

찾아보기를 클릭한 후 dynamo visual이라고 입력하면 dynamo 개발관련 패키지를 찾을 수 있습니다. 그 중에 첫 번째 ZeroTouchLibrary를 클릭하고 설치버튼을 클릭합니다. 저는 미리 설치가 되어 있어서 제거버튼이 보이는 것 입니다. 설치가 끝나게 되면 참조부분에 처음과는 다른 몇 가지 아이템이 늘어난 것을 확인할 수 있습니다. (DynamoServices, DynamoUnits, ProtoGeometry) 이제 어느 정도 커스텀 노드를 만들기 위한 준비가 다 되어 갑니다. 혹시 라이브러리가 설치되지 않는다면 아래 그림의 경로에 가서 찾을 수 있습니다.

내 PC › 로컬 디스크 (C:) › Program Files › Dynamo

이름	수정한 날짜	유형
Dynamo Core	2019-01-13 오후 ...	파일 폴더
Dynamo Revit	2019-01-13 오후 ...	파일 폴더

다이나모 관련은 Core 폴더에 Revit 관련은 Revit 폴더에서 위 dll들을 확인할 수 있습니다. 참조에서 오른쪽 마우스클릭하고 참조 추가 버튼을 클릭해서 해당 경로에 있는 위 dll을 추가 해주시면 됩니다.

```
using System;
using System.Collections.Generic;
using System.Linq;
using System.Text;
using System.Threading.Tasks;

using Autodesk.DesignScript.Geometry;
using Autodesk.DesignScript.Interfaces;
using Autodesk.DesignScript.Runtime;

namespace ClassLibrary1
{
    참조 0개
    public class Class1
    {
    }
}
```

앞서 파이썬에서 Import 구문을 통해 모듈의 기능을 사용하였지만 C#에서는 using이라는 선언문을 통해 그 기능을 활용합니다. 위 그림처럼 상단에 using~ XXX를 작성합니다. DesingScript는 다이나모의 객체를 사용하겠다는 의미라고 이해하고 넘어 가겠습니다. 우리는 앞서 파이썬 스크립트에서 def 즉, 함수를 만드는 것을 배웠습니다. C#에서의 다이나모는 이 함수를 파이썬이 아닌 C#으로 만든다고 생각하면 좀 더 이해하기가 쉬울 것으로 생각됩니다. 그러면 C#에서 함수는 어떻게 만드는지 한번 보겠습니다.

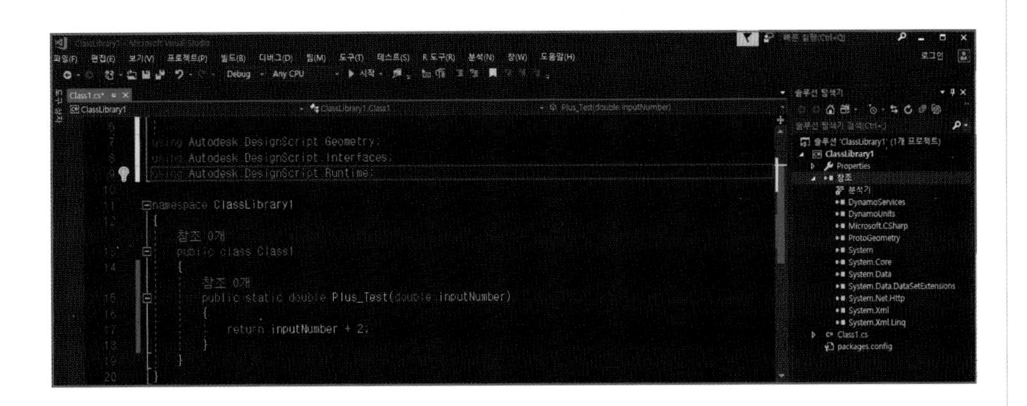

C#에서 함수를 만드는 것은 파이썬에서와 마찬가지로 { } 안에 코드를 작성하고 ( ) 이 부분에 변수(인자)를 넣어주면 작성된 코드가 계산된 값을 return하는 방식입니다. 앞서 파이썬에서의 함수 구성을 다시 한번 생각해 보시면 이해하시가 좀 더 수월 합니다. 하지만 파이썬에서 보이지 않았던 double이라는 값이 보입니다. 파이썬은 인터프리터방식으로 사용자가 string이나 interger나 double값을 입력하지 않아도 알아서 처리해 줬었습니다. 하지만 C#은 사용자가 나타내고자 하는 값의 형식을 결정해 줘야 합니다. 우리는 소수점 이하의 계산값이 들어간 결과를 원하기 때문에 double이라는 형식을 사용하였습니다.
C#에서 기본적으로 사용하는 형식에 대해 잠시 알아보겠습니다.

형식	내용
String	문자열을 처리하는 형식으로 유니코드 인코딩을 사용합니다.
Bool	True냐 false냐를 결정하는데 사용합니다.
Int	정수형 숫자를 나타내는데 사용합니다.
Double	실수형 숫자를 나타내는데 사용합니다.
Char	유니코드 16비트 문자를 나타냅니다
Float	32비트 부동 소수점 값을 저장하는 단순 형식을 나타냅니다.

이제 빌드라는 것을 해보겠습니다. 빌드라고 하는 것은 커스텀노드 즉 dll 파일을 만드는 일이라고 이해하시면 됩니다.

상단 메뉴에서 빌드 탭의 풀다운 메뉴에서 첫 번째 솔루션 빌드를 선택합니다.

```
namespace ClassLibrary1
{
    참조 0개
    public class Class1
    {
        참조 0개
        public static double Plus_Test(double inputNumber)
        {
            return inputNumber + 2;
        }
    }
}
```

```
출력
출력 보기 선택(S): 빌드
1>------ 빌드 시작: 프로젝트: ClassLibrary1, 구성: Debug Any CPU ------
1> ClassLibrary1 -> D:\dynamo 교재관련\Visual Studio\ClassLibrary1\ClassLibrary1\bin\Debug\ClassLibrary1.dll
========== 빌드: 성공 1, 실패 0, 최신 0, 생략 0 ==========
```

빌드가 정상적으로 이루어졌다면 하단에 위 그림처럼 빌드성공이라는 문구를 보실 수 있습니다. 좀 더 자세히 내용을 보면 빌드성공으로 만들어 dll 파일이 어디에 저장되었는지 확인할 수 있습니다. 처음에 사용자가 만들어 놓은 프로젝트 파일에 bin이라는 폴더 안에 Debug 폴더에 저장된 것을 확인할 수 있습니다.

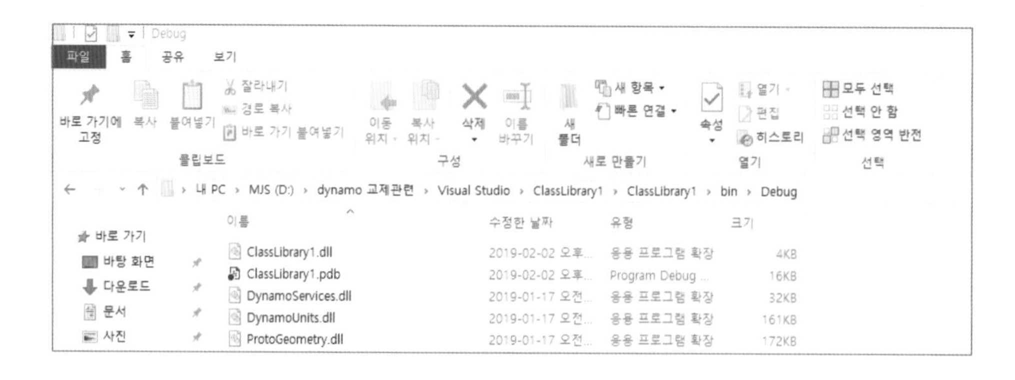

해당 폴더를 열어보면 ClassLibrary1이라는 dll 파일이 만들어진 것을 확인할 수 있습니다. 그렇다면 dll 파일을 다이나모에서 사용하는 방법을 알아보겠습니다.

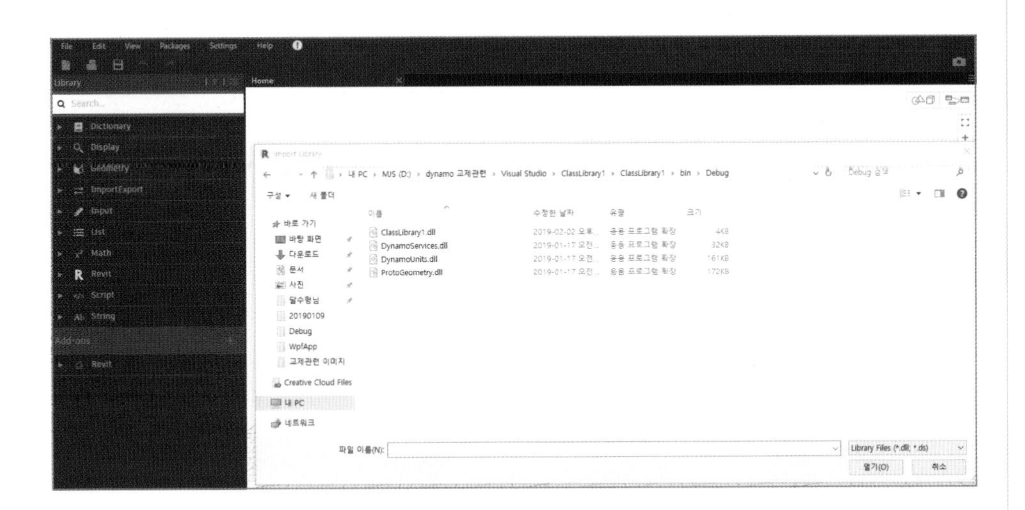

다이나모 화면의 Add-ons의 우측부분에 +버튼을 클릭하거나 파일메뉴 중 Import Library를 클릭합니다. 파일선택 창이 뜨고 사용자가 빌드해 놓은 폴더로 이동하고 ClassLibrary1.dll 파일을 클릭합니다.

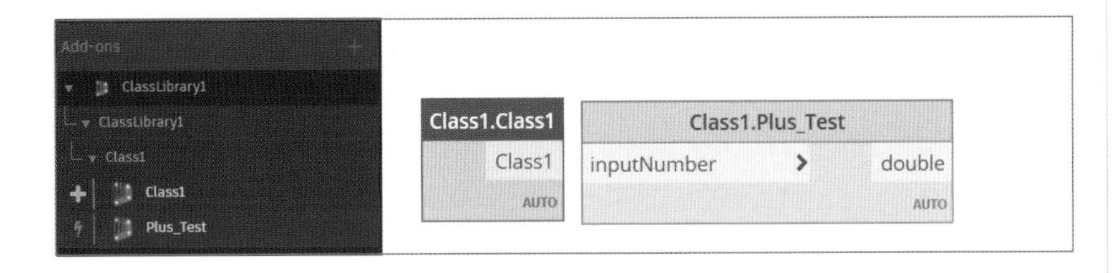

2개의 노드가 만들어 진 것을 확인할 수 있습니다.
Class1 그리고 Class1.Plus.Test 이렇게 생성이 되었는데 왜 이런 노드가 만들어졌는지 다시 비쥬얼 스튜디오의 화면으로 가보겠습니다.

```
namespace ClassLibrary1
{
    참조 0개
    public class Class1
    {
        참조 0개
        public static double Plus_Test(double inputNumber)
        {
            return inputNumber + 2;
        }
    }
}
```

인풋 단자는 우리가 만든 함수의 인자의 이름이고 double이라는 값은 우리가 만든 함수의 return 받는 형식입니다. 커스텀 노드의 이름은 Class1에 함수 이름이 더해져서 커스텀 노드의 이름이 됩니다. 결국 Class1이라는 커다란 방에 여러 가지 기능을 담을 수 있다는 것을 알 수 있습니다.

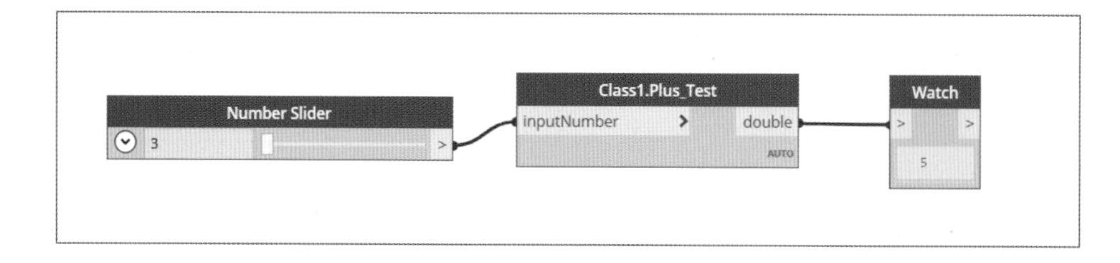

실제 값을 입력해서 우리가 만든 함수가 잘 작동하는지 확인합니다. 인풋부분에 Number Slider로 3이라 하는 숫자를 입력하였고 실제 함수에 inputNumber + 2 결과인 5가 Watch 창에 보여지는 것을 확인할 수 있습니다. Number Slider의 값을 변화를 주어서 그 결과를 확인해 봅니다. 동적으로 연결된 노드는 입력되는 값에 따라 동적으로 작동하는 것을 확인 할 수 있습니다. 다른 예제를 한번 더 해보겠습니다.

```
namespace ClassLibrary1
{
    public class Class1
    {
        public static double Plus_Test(double inputNumber)
        {
            return inputNumber + 2;
        }

        public static double Plus_Test_one(double inputNumber, double inputNumber1)
        {
            return inputNumber * inputNumber1;
        }
```

같은 방법으로 하단에 함수 하나를 더 만들었습니다. 2개의 double 값을 넣어서 그 값의 곱셉의 결과를 나타내는 함수입니다. 연산자의 경우 앞서 배운 파이썬 스크립트하고 동일합니다. 그럼 빌드를 하고 그 결과를 확인해 보겠습니다. 위 내용과 같은 방법으로 dll 파일을 로드합니다.

Manage Node and Package Paths
Add paths to make nodes and packages show up in the library.
Top path is the default save location.
Paths:
C:\Users\platu\AppData\Roaming\Dynamo\Dynamo Revit\2.0
D:\dynamo 교제관련\Visual Studio\ClassLibrary1\ClassLibrary1\bin\Debug\ClassLibrary1.dll
Accept Changes Cancel

다이나모의 Setting 메뉴에 Manage Node and Package Paths를 선택해 보면 한번 로드된 dll 파일은 계속해서 그 경로가 유지되는 것을 확인할 수 있습니다. 이렇게 경로가 유지되어 있다면 다시 dll 파일을 로드하지 않아도 수정된 dll파일이 업데이트 돼서 다이나모화면에 표현되는 것을 볼 수 있습니다.

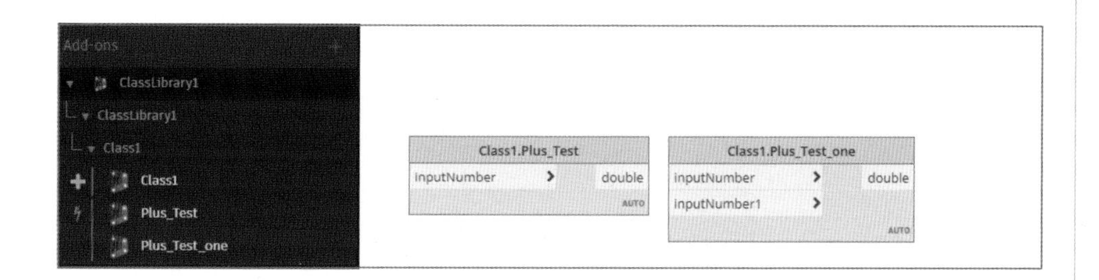

다이나모의 Add-ons 부분을 확인해 보면 dll 파일이 업그레이드 돼서 나타나는 것을 확인할 수 있습니다. 동일한 클래스에 함수가 추가되어서 파일구조는 Class1에 3개의 커스텀 노드가 생긴 것을 확인할 수 있습니다. 결국 노드의 파일구조는 Class라고 하는 데이터와 함수를 묶어 놓은 집합에 의해 결정된다고 말할 수 있습니다.

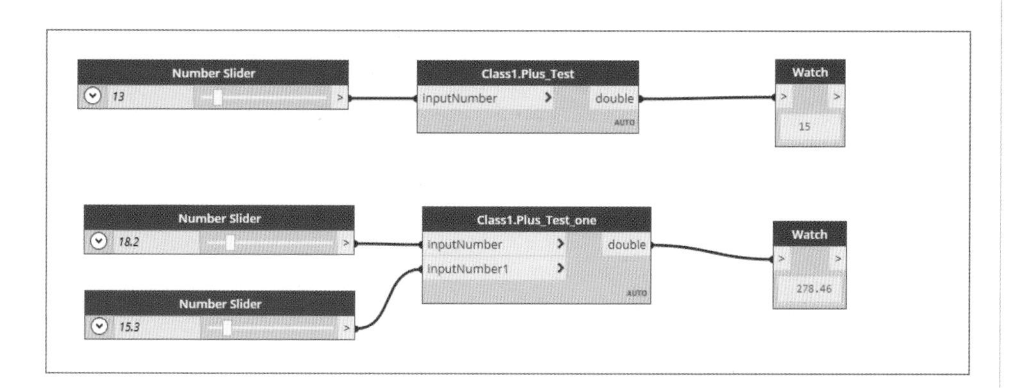

우리가 만든 함수(메소드)가 잘 작동하는지 확인해 보았습니다. 첫 번째 함수는 덧셈의 결과가 나타나고 두 번째 함수는 곱셈의 결과가 나타나는 것을 확인할 수 있습니다.

02 예제를 통한 C# 활용하기(딕셔너리를 활용한 멀티 아웃풋 컨트롤)

지금까지는 여러 개의 인풋되는 부분만 알아봤습니다. 이제부터는 여러 개의 아웃풋 인자는 어떻게 구성하는지 알아보겠습니다. 여러 개의 값을 return 받는 방법은 약간 복잡합니다. 일반적인 방법이 아닌 파이썬스크립트에서 배운 적이 있는 딕셔너리(dictionary)를 사용하여야 합니다. 딕셔너리란 key값과 Value값으로 쌍으로 이루어진 리스트였습니다. 우선 C#에서 딕셔너리를 사용하기 위해서는 using System.Collection.Generic이라는 선언문을 사용하여야 합니다. C#

에서 다른 어떤 리스트를 사용하더라도 위에 선언문이 있어야 사용이 가능합니다. 기본적으로 선언이 되어 있지만 안 되어 있다면 추가합니다.

```
using Autodesk.DesignScript.Interfaces;
using Autodesk.DesignScript.Runtime;

using System.Collections.Generic;

namespace ClassLibrary1
{
    참조 0개
    public class Class1
    {
        [MultiReturn(new[] { "덧셈결과", "곱셈결과", "나눗셈결과" })]
        참조 0개
        public static Dictionary<string, object> ReturnMulti(double inputData, double inputData1)
        {
            Dictionary<string, object> dic = new Dictionary<string, object>();

            dic.Add("더하기결과", inputData + inputData1);
            dic.Add("곱하기결과", inputData * inputData1);
            dic.Add("나누기결과", inputData / inputData1);

            return dic;
        }
    }
}
```

MultiReturn이라는 구문에 new[ ]라는 리스트를 만듭니다. 그리고 딕셔너리를 return 받을 수 있는 함수를 만듭니다. 예시로 double값을 2개의 인자로 "더하기 결과"라는 키값에 인자 2개를 더하는 결과를 "곱하기결과"라는 킷값에 2개인자의 곱셈을 그리고 "나누기결과"라는 키값에 2개 인자의 나누기 값을 dic이라는 리스트에 담았습니다. 앞선 파이썬에서는 Append라는 명령을 사용했지만 C#에서는 Add라는 명령어를 사용해서 dic 리스트에 추가합니다. 마지막으로 딕셔너리를 return 받음으로써 함수를 종료합니다. 키값이 아웃풋 되는 순서가 될 것입니다. 다이나모에서 실행되는 결과를 보겠습니다. 빌드를 실행합니다.

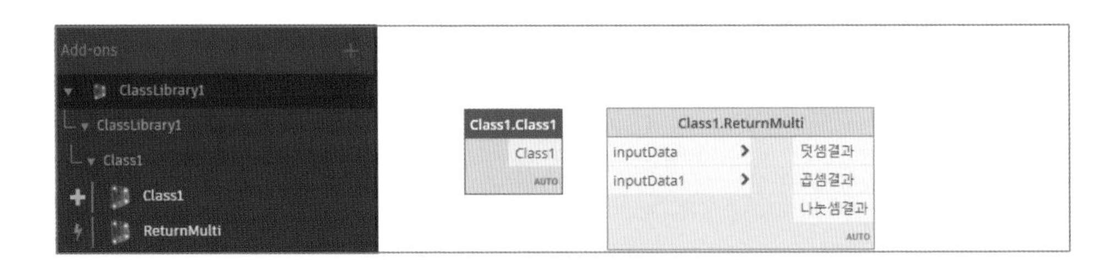

인풋은 동일하고 아웃풋이 3개로 달라진 모습을 볼 수 있습니다. 함수 이름에 따라 노드의 이름도 Class1.ReturnMulti라고 변경된 모습을 볼 수 있습니다. 딕셔너리의 키값의 내용처럼 3가지의 아웃풋 단자가 만들어진 것을 확인할 수 있습니다.

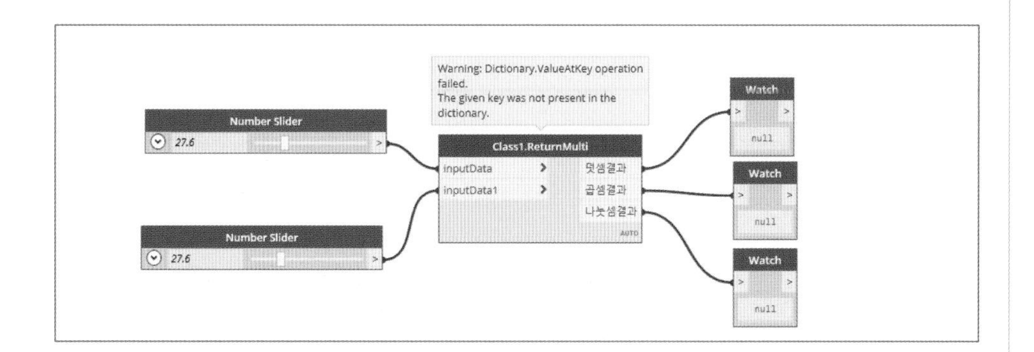

결과값을 확인하는 과정에서 오류가 나타납니다. 일반적으로 많이 나는 오류입니다. MultiReturn의 값과 딕셔너리의 키값이 일치하지 않는 경우 위와 같은 오류가 발생합니다. 다시 말해 첫 번째 "더하기결과"와 딕셔너리의 키값인 "덧셈결과"가 일치하지 않아서 생기는 오류입니다. 그럼 오류를 수정해 보겠습니다.

```
ClassLibrary1          ClassLibrary1.Class1          ReturnMulti(double inputData, double inputData1)
 7  using Autodesk.DesignScript.Interfaces;
 8  using Autodesk.DesignScript.Runtime;
 9
10  using System.Collections.Generic;
11
12  namespace ClassLibrary1
13  {
        참조 0개
14      public class Class1
15      {
16          [MultiReturn(new[] { "덧셈결과", "곱셈결과", "나눗셈결과" })]
            참조 0개
17          public static Dictionary<string, object> ReturnMulti(double inputData, double inputData1)
18          {
19              Dictionary<string, object> dic = new Dictionary<string, object>();
20
21              dic.Add("덧셈결과", inputData + inputData1);
22              dic.Add("곱셈결과", inputData * inputData1);
23              dic.Add("나눗셈결과", inputData / inputData1);
24
25              return dic;
26          }
27      }
28  }
```

위 그림처럼 덧셈결과 = 덧셈결과, 곱셈결과 = 곱셈결과, 나눗셈결과 = 나눗셈결과와 같이 딕셔너리의 키값과 MultiReturn의 [ ]의 값을 동일하게 맞춥니다.

다시 빌드해서 다이나모 화면에서 그 결과를 확인해 봅니다.

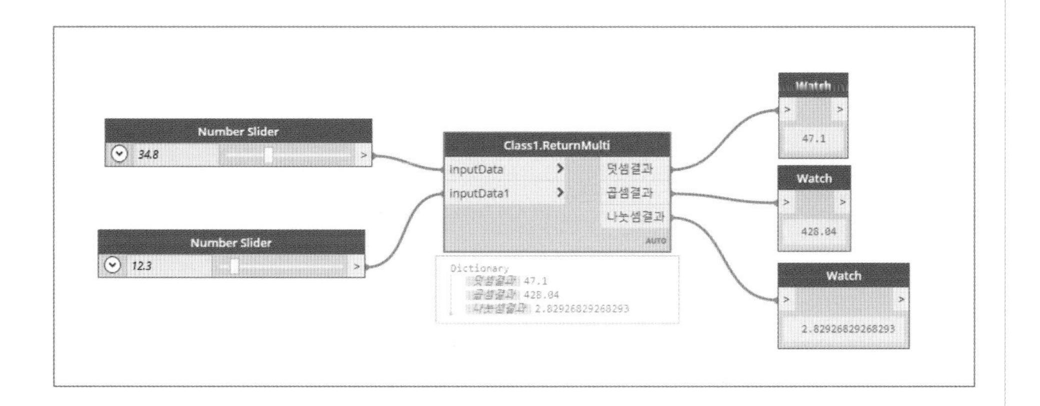

화면에 보는 바와 같이 키값과 리턴값의 이름을 동일하게 해야 정확한 결과를 얻을 수 있습니다. 계산된 결과치를 확인해 보니 딕셔너리값이 추출되는 모습을 볼 수 있고 아웃풋에는 그 결과값만 확인되는 것을 볼 수 있습니다.

03 예제를 통한 C# 활용하기-1(Element Filter)

파이썬 스크립트나 C#을 활용한 커스텀노드를 제작하는 것이나 최종적으로는 Revit에 그 결과물을 확인하는 과정이 있거나 Revit에서 작성된 Element의 정보를 컨트롤 할 수 있어야 합니다. 이번에는 Revit 객체에서 Elemet를 필터링 하는 과정에 대해 알아보겠습니다.

파이썬 스크립트에서와 마찬가지로 Revit의 기능을 사용하기 위해서는 Revit API로 접근을 해야 합니다. 그러기 위해서는 Revit API를 활용할 수 있는 dll (모듈)을 참조해서 사용해야 합니다. 파이썬에서는 Import 기능을 사용 하였습니다. 솔루션 탐색기의 참조부분에서 오른쪽 마우스를 누르고 첫 번째 있는 참조추가를 선택합니다. 참조추가 관리자라는 창이 뜨고 찾아보기를 클릭합니다. Revit API를 활용하기 위해서는 RevitAPI.dll과 RevitAPIUI.dll이 필요합니다. 이 dll이 있는 위치는 C:₩Program Files₩Autodesk₩Revit 2019 이곳을 찾아가면 해당 dll을 확인할 수 있습니다.

RevitAPI.dll	2018-08-06 오후...	응용 프로그램 확장	27,151KB
RevitAPIBrowserUtils.dll	2018-08-07 오전...	응용 프로그램 확장	81KB
RevitAPIFoundation.dll	2018-08-07 오전...	응용 프로그램 확장	1,168KB
RevitAPIIFC.dll	2018-08-07 오전...	응용 프로그램 확장	371KB
RevitAPILink.dll	2018-08-07 오전...	응용 프로그램 확장	32KB
RevitAPIMacros.dll	2018-08-07 오전...	응용 프로그램 확장	102KB
RevitAPIMacrosInterop.dll	2018-08-07 오전...	응용 프로그램 확장	544KB
RevitAPIMacrosInteropAPI.dll	2018-08-07 오전...	응용 프로그램 확장	561KB
RevitAPISteel.dll	2018-08-07 오전...	응용 프로그램 확장	207KB
RevitAPIUI.dll	2018-08-06 오후...	응용 프로그램 확장	2,748KB

해당 파일을 선택해서 레퍼런스를 참조했다면 이제 RevitAPI와 RevitAPIUI를 선택하고 오른쪽 마우스를 클릭하고 속성창을 엽니다. 해당 속성창을 열고 로컬 복사가 True로 되어있는 것을 False로 변경합니다.

다음으로 RevitServices.dll도 참조에 추가해 줍니다. 해당dll은 C:₩Program Files₩Dynamo₩Dynamo Revit₩2₩Revit_2019에 위치하고 있습니다.
이제 Revit API를 사용할 준비가 다 되었습니다.

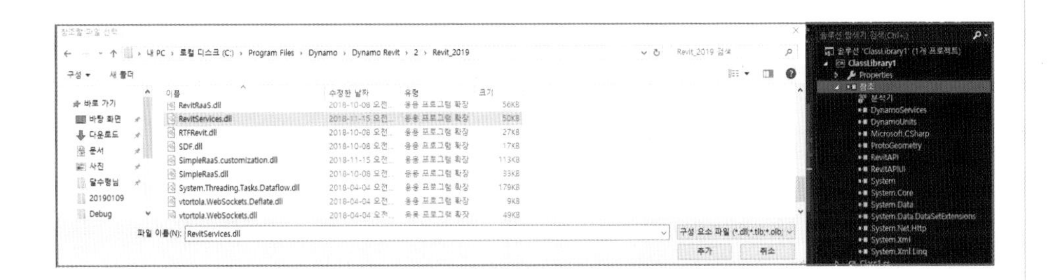

이제 Revit에 작성되어 있는 Wall의 이름을 리스트에 담고 그 결과를 보여주는 간단한 코딩을 진행하였습니다.

```
namespace ClassLibrary1
{
    참조 0개
    public class Class1
    {
        참조 0개
        public static List<string> ReturnElementNaem()
        {
            Document doc = RevitServices.Persistence.DocumentManager.Instance.CurrentDBDocument;
            List<string> nameList = new List<string>();

            FilteredElementCollector col = new FilteredElementCollector(doc)
                .OfCategory(BuiltInCategory.OST_Walls)
                .OfClass(typeof(Wall));

            foreach (Wall item in col)
            {
                nameList.Add(item.Name);
            }

            return nameList;
        }
```

FilteredElementCollector라고 하는 명령어(Class)를 사용해서 앞서 배운 BuiltInCategory를 활용해서 벽체 인스턴스만 추출하였습니다. foreach 구문을 통해 col이라는 리스트에서 객체를 하나씩 꺼내서 그 이름을 확인하고 nameList라는 리스트에 담고 최종적으로 그 이름이 모여 있는 리스트를 리턴하는 간단한 함수입니다.

여기서 잠시 알아가야 할 Loop 구문이 있습니다. 파이썬 스크립트에서는 사용되지 않는 foreach 구문입니다. 어떻게 보면 앞서 배운 While 구문과도 매우 유사한데요 단지 While문에 있었던 "조건"이란 것이 빠져있는 모습니다.
Foreach(Type var in List)
{내용…..;}
foreach 구문은 'List [ ] 안에서(in) 데이터를 하나 꺼내서(var) 이 데이터를 활용한다' 라고 해석될 수 있습니다. 간단한 예를 들어 보겠습니다.
List〈과일〉과일상자 = new List( )**[사과, 오랜지, 바나나]**라는 리스트를 하나 만들었다고 가정하면
Foreach(이것은 과일입니다 과일상자에서 꺼낸과일in 과일상자)
{첫번째 꺼낸 과일의 이름은 사과입니다.;}
이런 식으로 과일상자 안에 과일이 다 떨어질 때까지 Looping을 합니다. 조금 생소해 보일 수는 있지만 처음 배우는 언어라고 가정한다면 영어의 구문을 배우듯이 배워야겠지요. 간단히 foreach구문에 대해 알아 봤습니다. 본론으로 돌아와서 이제 우리가 작성한 코드의 결과를 확인해 보겠습니다.

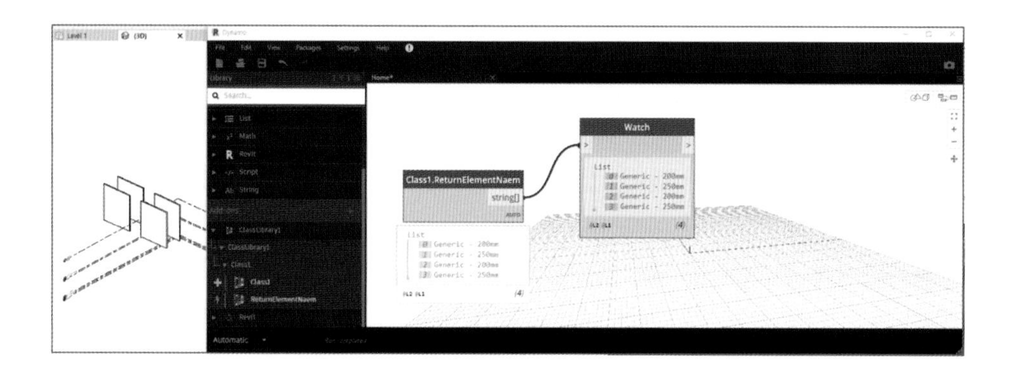

인풋되는 인자에 아무것도 넣지 않은 함수를 만들었기 때문에 인풋되는 곳은 빈곳으로 나타나지만 Revit에 그려져 있는 4개의 벽체의 Type이름이 List[ ]의 결과를 나타내는 것을 볼 수 있습니다. 이렇듯 기본적으로 다이나모는 Revit을 기반으로 구동되는 프로그램으로 Revit API를 활용하는 것은 어쩌면 당연한 일입니다.

04 예제를 통한 C# 활용하기-2(From Revit to Dynamo)

앞서 파이썬 스트립트 예제에서도 언급한 내용입니다만 기본적으로 다이나모와 RevitAPI는 동일한 dll을 사용하지 않습니다. 그렇기에 형태를 변환해서 두 개의 프로그램에 적합한 데이터로 변환하는 과정을 거쳐야 합니다. 왜 이렇게 만들었는지는 알 수 없지만 아쉬운 부분인 것은 어쩔 수 없습니다. 간단한 예를 들어 보겠습니다.

Revit API에서 Wall :
Public static Autodesk.Revit.DB.Wall wall; : 이렇게 표현합니다.
Dynamo에시의 Wall:
Public static Revit.Elements.Wall wall : 다이나모에서는 이렇게 표현합니다.

두 개의 데이터가 비슷해 보이지만 사실 다른 내용입니다. 좀 더 구체적인 예를 들어 보겠습니다.
Revit 데이터를 변환하기 위해서는 또 다른 참조가 필요합니다. 조금 복잡할 수 있지만 어쩔 수 없습니다.

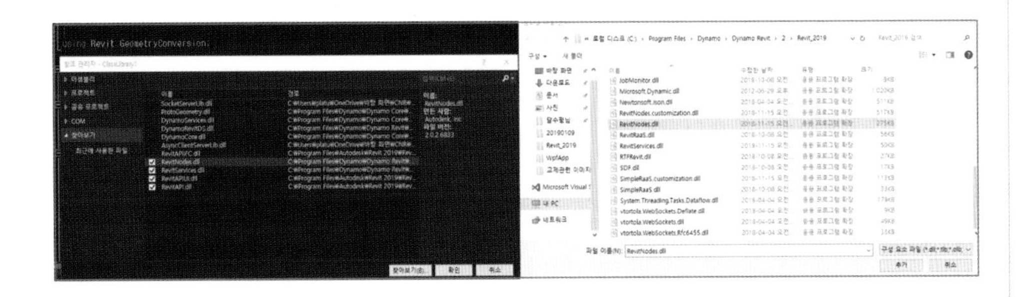

파일 경로는 C:₩Program Files₩Dynamo₩Dynamo Revit₩2₩Revit_2019 안에 RevitNodes.dll이라는 라이브러리를 추가 합니다.
그리고 상단에 using Revit.GeometryConversion;이라고 선언을 해줍니다.
이제 Revit Element를 다이나모에서 활용할 수 있는 준비가 다 되었습니다.
간단한 예를 들어보겠습니다.

```
using System.Collections.Generic;
using Autodesk.Revit.UI;

using Revit.GeometryConversion;

namespace ClassLibrary1
{
    public class Class1
    {

        public static Autodesk.DesignScript.Geometry.Curve WallLocationLine(Revit.Elements.Wall wall)
        {
            // Revit의 벽체를 얻어 옵니다.
            var revitWall = wall.InternalElement;

            // 얻어온 벽체에서 벽을 구성하는 커브를 얻어옵니다.
            var locationCurve = revitWall.Location as LocationCurve;

            // 다이나모에서 사용할 수 있게 데이터를 변환해서 리턴합니다.
            return locationCurve.Curve.ToProtoType();
        }
```

Revit의 Wall 객체에서 Location Curve(벽을 구성하는 기본라이)를 추출하고 다이나모에서 활용할 수 있는 Curve로 변환하는 과정입니다. 결과부터 보겠습니다.

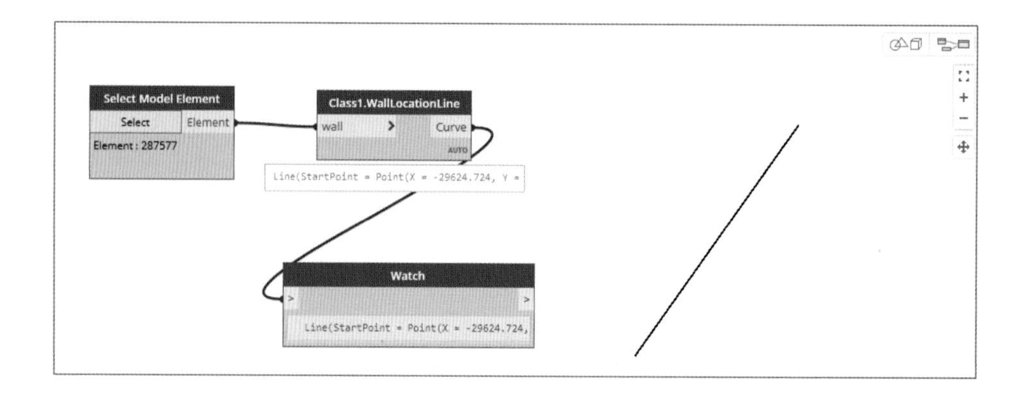

Select Model Element 노드를 통해 객체를 선택하고 우리가 만든 노드에 정보를 인풋합니다.
인풋된 정보는 벽체의 기본생성선인 LocationCurve를 Wall.Location as LocationCurve 구문을 활용해서 Curve 정보를 얻어 옵니다. 마지막으로 RevitElement에서 가져온 데이터를 다이나모에서 활용할 수 있는 데이터로 ToProtoType( )을 사용하여 변환하는 과정을 거치면 다이나모에서 그 결과를 확인할 수 있습니다.
Revit과 다이나모의 데이터 변환과정에 대한 내용을 배워 보았습니다. 그렇다면 다른 데이터는 어떻게 변환하면 될지 알아보겠습니다.

아래표는 Element.ToDSType(bool)변환 방법을 활용하는 내용입니다.

Revit Data	Dynamo Data	비고
XYZ.ToPoint( )	Point	
XYZ.ToVector( )	Vector	
Point.ToProtoType( )	Point	
List<XYZ>.ToPoints( )	List<Point>	
UV.ToProtoType( )	UV	
Curve.ToProtoType( )	Curve	
CurveArray.ToProtoType( )	PolyCurve	
PolyLine.ToProtoType( )	PolyCurve	
Plane.ToPlane( )	Plan	
Solid.ToProtoType( )	Solid	
Mesh.ToProtoType( )	Mesh	
IEnumerable<Mesh>.ToProtoType( )	Mesh[ ]	
Face.ProtoType( )	IEnumerable<Surface>	
Transform.ToCoodinamteSystem( )	CoordinateSystem	
BoundingBoxXYZ.ToProtoType( )	BoundingBox	

위 표는 기본적으로 많이 사용하는 데이터 타입의 변환 방식입니다. 다이나모에서 Revit으로 데이터 변환을 사용할 경우 반대로 적용하면 됩니다.
좀 더 자세한 내용은 우리가 위에서 참조했던 RevitNodes.dll 파일 안에 GeometryPrimitiveConverter의 내용을 확인하면 알 수 있지만 초급자의 경우 그 내용을 확인하기가 조금 어려울 수 있습니다. 간단히 그 내용을 확인하는 방법에 대해 알아보겠습니다.

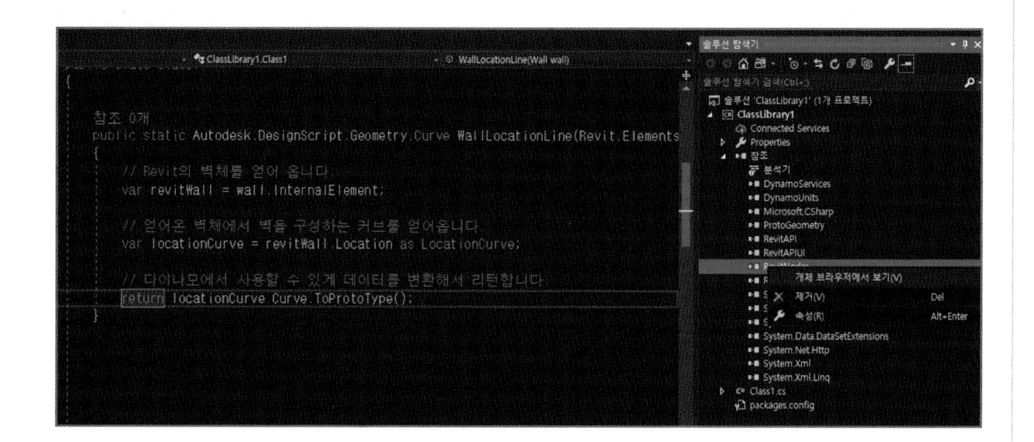

먼저 참조 부분의 RevitNode.dll에서 오른쪽 마우스 클릭하고 개체 브라우저에서 보기를 클릭합니다. 개체 브라우저라고 하는 새로운 창이 열리고 아래 그림과 같이 RevitNodes에서 Revit.GeometryConversion의 하위 메뉴의 GeometryPrimitiveConverter를 클릭하면 위 표와 같은 내용을 확인할 수 있습니다. 초급자의 경우 그 내용을 확인하는 과정을 알아본다는 정도로 인지하고 예제를 통해서 그 활용 방법을 익히는 것이 좋습니다.

05 예제를 통한 C# 활용하기-3(Create Floor)

앞서 우리는 LocationCurve를 RevitElemet에서 얻어오는 방법을 배웠습니다. 이 커브를 활용해서 슬라브 객체로 변환하는 과정을 배워보겠습니다. 일단 앞에서 사용한 코드를 수정해 보겠습니다.

```
using System.Collections.Generic;
using Autodesk.Revit.UI;

using Revit.GeometryConversion;

namespace ClassLibrary1
{
    참조 0개
    public class Class1
    {

        참조 0개
        public static List<Autodesk.DesignScript.Geometry.Curve> WallLocationLine(List<Revit.Elements.Wall> wall)
        {
            List<Autodesk.DesignScript.Geometry.Curve> FloorCurve = new List<Autodesk.DesignScript.Geometry.Curve>();

            foreach (Revit.Elements.Wall item in wall)
            {
                var revitWall = item.InternalElement;
                var locationCurve = revitWall.Location as LocationCurve;

                FloorCurve.Add(locationCurve.Curve.ToProtoType());
            }

            // 다이나모에서 사용할 수 있게 데이터를 변환해서 리턴합니다
            return FloorCurve;
        }
```

첫 번째로 Return되는 데이터 형식이 List〈Autodesk.DesignScript.Geometry.Curve〉로 변경된 것을 확인할 수 있습니다.

우리는 2개 이상의 벽체의 LocationCurve를 추출해서 데이터를 Return해야 하므로 리턴타입을 단수에서 복수로 변경하였습니다. 당연히 인풋되는 데이터 역시 단수에서 복수(List〈T〉)로 변경된 것을 볼 수 있습니다. 다음으로 foreach 구문을 통해 반복적으로 List〈Curve〉 안에 데이터를 하나씩 불러옵니다. 불러온 데이터에서 앞서 배운 LocationCurve 구문을 통해 Curve를 추출하고 추출된 데이터는 FloorCurve라는 리스트에 .Add 합니다. 최종적으로 List〈Curve〉를 리턴합니다. 중간과정을 빌드를 통해서 확인해 보겠습니다.

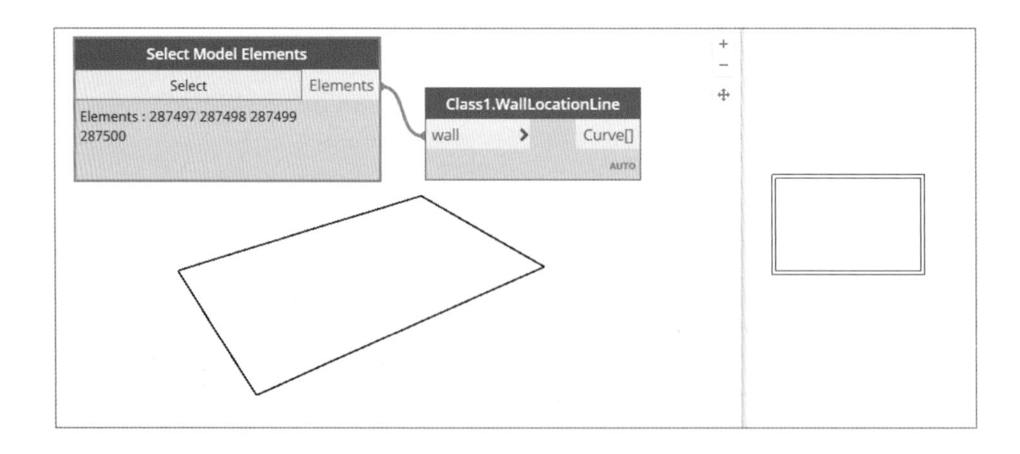

4개의 벽체를 Select Model Elements 노드를 활용해서 선택하고 그 데이터를 우리가 만든 노드에 연결하면 위 그림과 같은 결과가 만들어진 것을 확인할 수 있습니다. Class1.WallLocationLine 노드 안에 foreach라는 loop 구문이 포함되어 있기 때문에 다이나모에서 리스트를 만들 필요가 없습니다. 이제 슬라브를 만들 4개의 라인이 완성됐습니다. 여기서 잠깐 우리가 만든 노드의 아웃풋 형태를 보면 이전 단일 객체 선택과는 다르게 Curve[ ] 형태로 보이는 것을 확인할 수 있습니다. List〈T〉의 형태로 리턴 받았기 때문에 아웃풋의 형태도 리스트형태로 변경된 것을 확인할 수 있습니다. 그렇다면 이제 4개의 라인을 활용해서 Revit에서 슬라브를 만들어 보겠습니다.

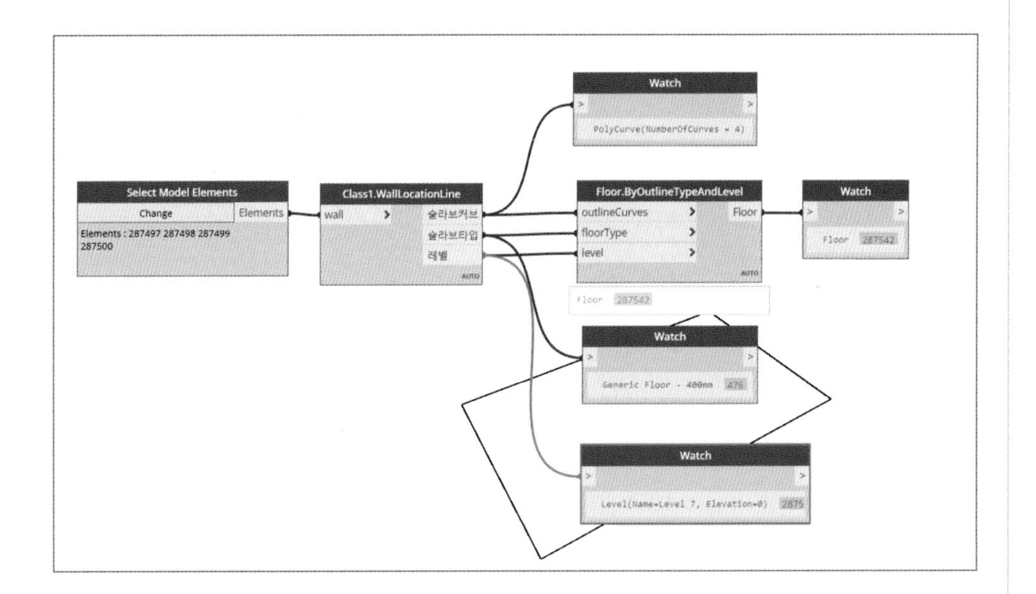

먼저 결과를 확인해보겠습니다. 우리는 4개의 벽체를 선택해서 각각의 데이터를 추출하고 앞서 배운 방식으로 3가지 데이터로 분할하였습니다. 각각의 데이터를 활용해서 Floor.ByOutlineTypeAndLevel 노드를 활용해서 슬라브를 완성하였습니다.
지금부터 각각의 데이터를 어떻게 분할하고 활용했는지 내용을 알아보겠습니다.

```
using System;
using System.Linq;
using System.Text;
using System.Threading.Tasks;
using Autodesk.DesignScript.Geometry;
using Autodesk.DesignScript.Interfaces;
using Autodesk.DesignScript.Runtime;
using Autodesk.Revit.DB;
using Autodesk.Revit.ApplicationServices;
using System.Collections.Generic;
using Autodesk.Revit.UI;
using Revit.GeometryConversion;

publicclass Class1
    {
        [MultiReturn(new[] {"슬라브커브", "슬라브타입", "레벨"})]
publicstaticDictionary<string, object>
WallLocationLine(List<Revit.Elements.Wall> wall)
        {
   Dictionary<string, object> dic = newDictionary<string, object>();
```

```
            List<Autodesk.DesignScript.Geometry.Curve> FloorCurve =
newList<Autodesk.DesignScript.Geometry.Curve>( );
foreach(Revit.Elements.Wall item inwall)
            {
varrevitWall = item.InternalElement;
varlocationCurve = revitWall.Location asLocationCurve;
                FloorCurve.Add(locationCurve.Curve.ToProtoType());
            }
            Autodesk.DesignScript.Geometry.PolyCurve pc =
Autodesk.DesignScript.Geometry.PolyCurve.ByJoinedCurves(FloorCurve,
0.1);
            dic.Add("슬라브커브", pc);



            Document doc =
RevitServices.Persistence.DocumentManager.Instance.CurrentDBDocument;
            FilteredElementCollector col =
newFilteredElementCollector(doc).OfCategory(BuiltInCategory.OST_Floors).
OfClass(typeof(FloorType));
            FloorType ft = null;
foreach(FloorType item incol)
            {
                ft = item;
break;
            }
stringname = ft.Name;
            Revit.Elements.FloorType floorType =
   Revit.Elements.FloorType.ByName(name);
            dic.Add("슬라브타입", floorType);

            FilteredElementCollector collector1 =
 newFilteredElementCollector(doc);
            ElementClassFilter classFilter1 =
 newElementClassFilter(typeof(Autodesk.Revit.DB.View));
            FilteredElementIterator iter1 =
 collector1.WherePasses(classFilter1).GetElementIterator( );
            List<Level> levelList = newList<Level>( );

while(iter1.MoveNext())
            {
```

```
                Autodesk.Revit.DB.View findview = iter1.Current asAutodesk.
Revit.DB.View;
if(findview.GenLevel == null) continue;
if(findview.ViewType != ViewType.EngineeringPlan && findview.ViewType
!= ViewType.FloorPlan) continue;
                Level findlevel = findview.GenLevel;
                levelList.Add(findlevel);
            }

            Revit.Elements.Level level_Dynamo =
 Revit.Elements.Level.ByElevation(levelList[0].Elevation);
            dic.Add("레벨", level_Dynamo);
returndic;
        }
```

전체적인 코드는 위와 같습니다. 이제 하나하나 내용을 확인해 보겠습니다. 내용이 길어 보이긴 하지만 간단한 코드들로 구성되어 있습니다.
마지막으로 슬라브를 생성하는 노드는 Floor.ByOutlineTypeAndLevel로 결정하였습니다. Revit API로도 가능하지만 다이나모 기본노드를 선택했습니다. 위 노드를 사용하기 위해서는 3가지 데이터가 필요합니다. 슬라브의 아웃라인이 필요하고 슬라브의 타입정보 그리고 레벨정보가 요구됩니다.
첫 번째로 OutLineCurves입니다. 우리는 이전부분에서 이미 벽체를 통한 4개의 커브를 생성하였습니다.
이 커브를 이용하여 다음과 같은 코드를 작성하였습니다.

```
Autodesk.DesignScript.Geometry.PolyCurve pc =
Autodesk.DesignScript.Geometry.PolyCurve.ByJoinedCurves(FloorCurve,
0.1);
```

다이나모의 폴리커브를 만드는 함수입니다. 여러 개의 커브와 조인이 가능한 범위(0.1로 표현된)를 입력하면 Poly Curve를 리턴합니다. 그리고 MultiReturn를 활용하기 위해 Dictionary에 저장합니다.

두 번째로 슬라브 타입을 결정하는 부분입니다. 아래 코드에 하나하나 주석을 달아보겠습니다.

```
Document doc =
RevitServices.Persistence.DocumentManager.Instance.CurrentDBDocument;
```

Revit의 객체를 필터링 하는 부분으로 현재 활성화되어 있는 Revit파일에서 Document를 가져옵니다.

```
            FilteredElementCollector col =
newFilteredElementCollector(doc).OfCategory(BuiltInCategory.OST_Floors).
OfClass(typeof(FloorType));
```

앞서 배운 대로 현재 활성화되어 있는 Revit 파일에서 FloorType을 필터링 합니다.

```
            FloorType ft = null;
foreach(FloorType item incol)
            {
             ft = item;
break;
            }
```

Foreach 구문을 통해서 FloorType을 선택합니다. 단, 특정 슬라브타입을 선택하는 과정이 아니라서 리스트 안에 첫 번째 슬라브타입을 선택하고 break를 통해서 더 이상 loop를 진행하지 않게 작성하였습니다.

```
stringname = ft.Name;
            Revit.Elements.FloorType floorType =
Revit.Elements.FloorType.ByName(name);
            dic.Add("슬라브타입", floorType);
```

마지막으로 다이나모의 함수를 활용해서 선택된 슬라브타입의 이름으로 다이나모에서 활용할 수 있는 슬라브타입으로 만들었습니다.
Revit의 Autodesk.Revit.DB.FloorType과 Revit.Elements.FloorType은 서로 데이터의 타입이 달라서 사용할 수 없습니다. 그래서 Revit에서 선택한 슬라브타입을 다이나모에서 사용하는 Type으로 변환하는 과정 중 다이나모의 기본함수를 사용해서 변환하였습니다. 마지막으로 2번째 아웃풋 항목인 dictionary에 변환된 데이터를 추가하였습니다.

마지막으로 슬라브가 그려질 해당 레벨을 필터링하는 과정입니다.

```
FilteredElementCollector collector1 = newFilteredElementCollector(doc);
            ElementClassFilter classFilter1 =
newElementClassFilter(typeof(Autodesk.Revit.DB.View));
            FilteredElementIterator iter1 =
collector1.WherePasses(classFilter1).GetElementIterator( );
            List<Level> levelList = newList<Level>( );
```

앞서 배운 필터링 방식과는 조금 다른 모습입니다. 객체를 필터링하는 방식은 아주 다양합니다. 사용자는 본인이 원하는 방식으로 필터링하는 방식을 익혀둘 필요가 있습니다. 위 코드는 ElementClassFilter를 활용하였습니다.
미리 사용자가 생성한 Filter를 통해서 좀더 효과적으로 객체를 필터링 할 수 있습니다.

```
while(iter1.MoveNext())
            {
                Autodesk.Revit.DB.View    findview    =    iter1.Current
asAutodesk.Revit.DB.View;
if(findview.GenLevel == null) continue;
if(findview.ViewType != ViewType.EngineeringPlan && findview.ViewType
!= ViewType.FloorPlan) continue;
                Level findlevel = findview.GenLevel;
                levelList.Add(findlevel);
            }
```

필터링된 객체를 While 구문을 활용해서 List〈Level〉 levelList에 데이터를 담았습니다. 중간중간 조건문이 보입니다. 필요 없거나 사용자가 원하지 않는 데이터를 조건문을 통해서 좀서 상세히 필터링 할 수 있습니다.

```
            Revit.Elements.Level level_Dynamo =
Revit.Elements.Level.ByElevation(levelList[0].Elevation);
            dic.Add("레벨", level_Dynamo);
```

마지막으로 앞선 내용과 동일한 방식으로 Revit.Element.Level의 객체로 변환하는 과정을 거쳤습니다. 사용한 함수는 다이나모의 기본노드에 있는 선택한 레벨의 Elevation값으로 찾는 함수를 활용하였습니다.

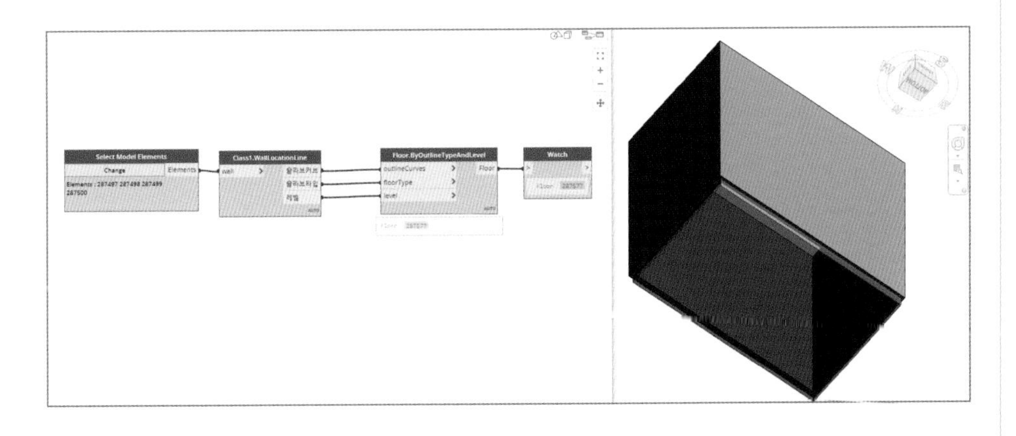

결과를 확인한 모습입니다. 벽체의 중심라인을 바탕으로 슬라브가 생성된 것을 확인할 수 있습니다.

지금까지 파이썬 스크립트와 C# 스크립트를 작성하고 활용하는 방법에 대해 간단히 알아봤습니다. 다이나모 같은 그래픽 코딩 기법은 접근하기가 수월하고 활용면에서도 아주 훌륭한 결과를 만들어 낼 수 있습니다. 다만 조금 부족한 기능 또는 사용자가 원하는 데이터를 만들기 위해서 스크립트는 어쩌면 필수항목이 아닐까 생각합니다.
지금 이 교재를 보시는 분들은 스크립트가 다소 생소하고 어렵게 느껴지실 것입니다. 새로운 무언가를 배우는 것은 항상 생소하고 어려운 부분이니까요. 하지만 조금만 노력한다면 더 좋은 결과물, 내가 원하는 결과물을 빠르고 정확하게 구현할 수 있을 것이라고 확신합니다.

memo

부 록

사장교 모델링

부록 사장교 모델링

이번에는 실제로 Dynamo로 모델링 사례에 대해서 알아보겠습니다.
사장교와 같은 특수교량을 Dynamo를 활용해서 어떻게 로직을 구성하고 모델링 하였는지
상세히 알아보도록 하겠습니다.

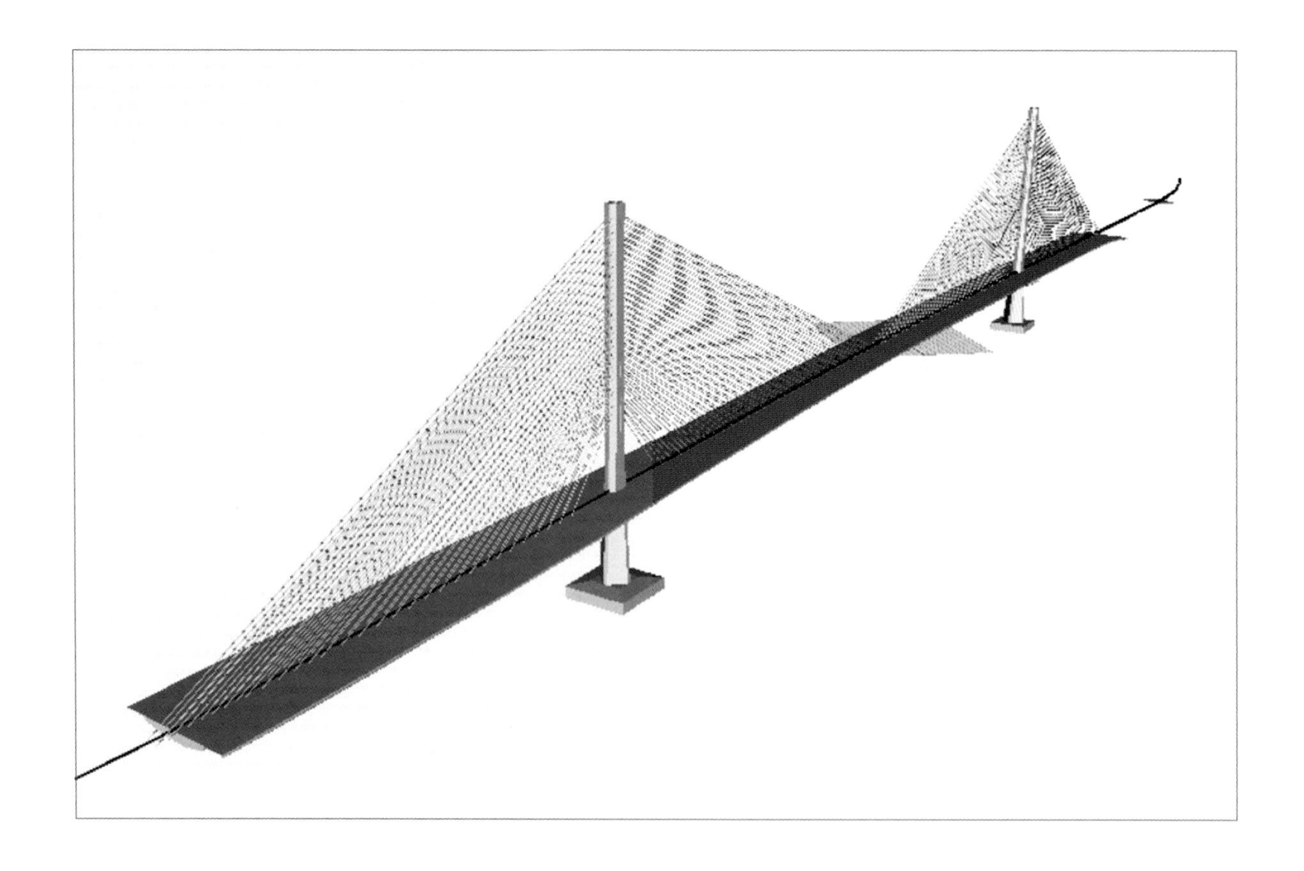

POINT!

- Dynamo기반 특수교량 모델링의 이해
- 사장교 각 파트별 Dynamo로직 이해
- 다양한 매개변수 활용 방법 이해

선형정보 가져오기

chapter 01

사장교와 같은 케이블 지지 교량은 시공 중 형상관리가 중요한 구조물입니다. 따라서, 모델링을 위해서는 교량을 구성하는 각 객체별로 형상의 변동 가능성을 면밀하게 고려하여 변수를 설정하고 각 객체간 관계를 설정하는 것이 필요합니다. 교량의 구성요소별로 이를 생성하는 알고리즘을 구성하고 최종적으로 선형을 근거로 조합하여 교량 모델을 완성하도록 하면 모델의 활용도를 높일 수 있습니다. 또한, 시공 중이나 완공 후에 형상의 변화를 빠르게 반영할 수 있도록 좌표기반으로 모델링을 설정하거나 단면의 형상에 선형 좌표를 어떤 기준점으로 연계시키는 것이 유용한지에 대한 고려가 필요합니다.
Section02에서는 Civil3D에서 보낸 좌표 정보를 가져와서 구조물 모델링하는 방법에 대해서 설명을 드렸지만 이번 Section05에서는 선형정보가 포함된 캐드 파일을 가져와서 모델링 하는 방법에 대해서 알아보도록 하겠습니다.

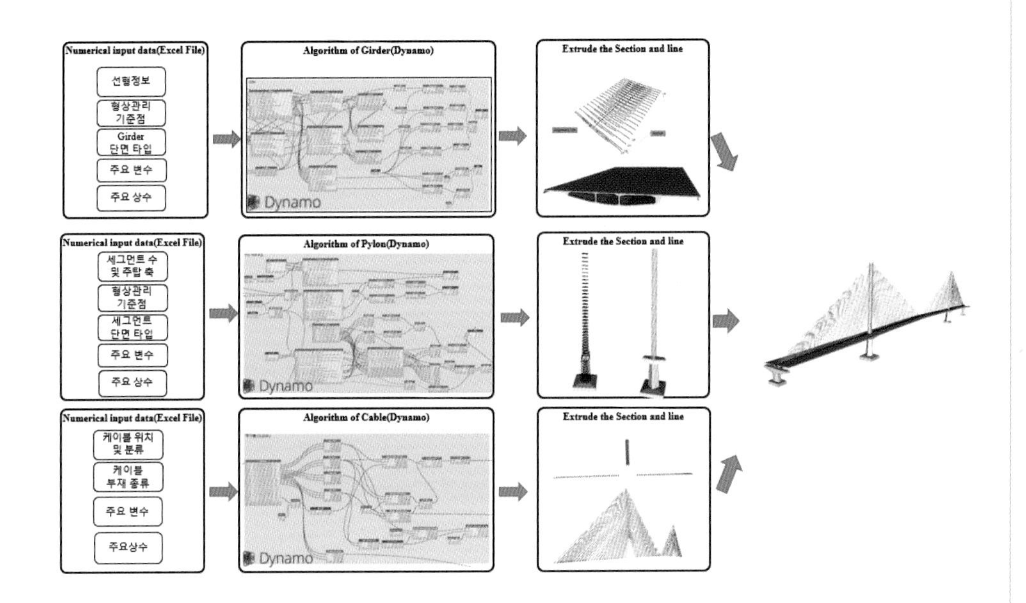

기본적으로 사장교와 같은 케이블을 사용하는 교량은 경간이 긴 교량으로 선형이 가지고 있는 데이터(좌표계)만으로도 프로그램의 구동에 큰 시간이 소요될 수 있습니다. 또한, 실제 절대좌표계로 생성되어 있는 선형을 기반으로 교량을 모델링하는 경우 Dynamo에서 제공하는 프로그램이 숫자 한계 범위가 있기 때문에 Dynamo 알고리즘을 생성하기 전에 Revit에서 기본적인 설정을 해주는 것이 필요합니다.

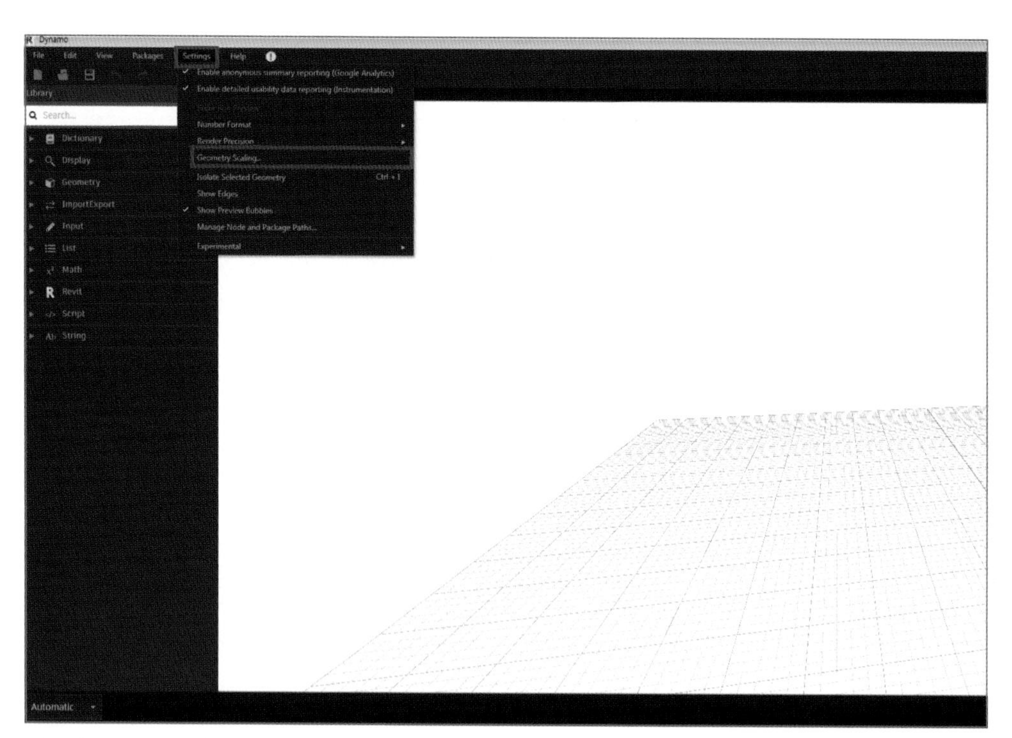

지오메트리 숫자 범위

➡ Dynamo 〉 Settings 〉 Geometry Scaling

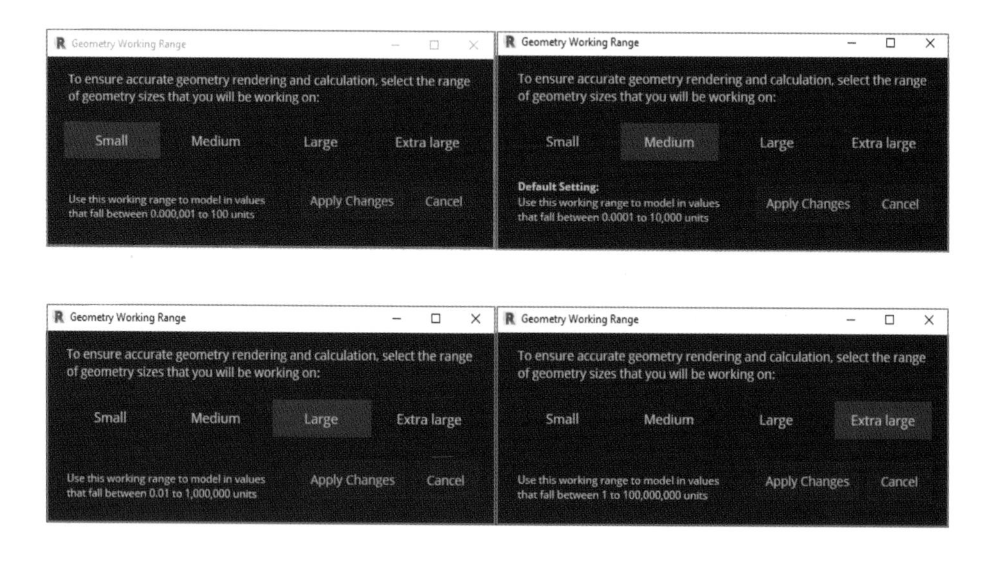

현재 Dynamo 프로그램 내에서 설정할 수 있는 Geometry Working Range인데, Small부터 Extra Large까지 4가지의 범위가 있고 필요에 맞게 설정하면 됩니다. Small (0.000001 ~ 100), Medium (0.0001 ~ 10,000), Large (0.01 ~ 1,000,000), Extra Large (1 ~ 100,000,000)으로 제공하고 있습니다.

01 Revit Unit 및 CAD LINK

기존에 설계된 선형(DWG)을 REVIT으로 불러오기 위해서는 도로 선형과 Unit을 맞추어 주어야 합니다. (REVIT〉 상단 메뉴 Manage 〉 Project Units)

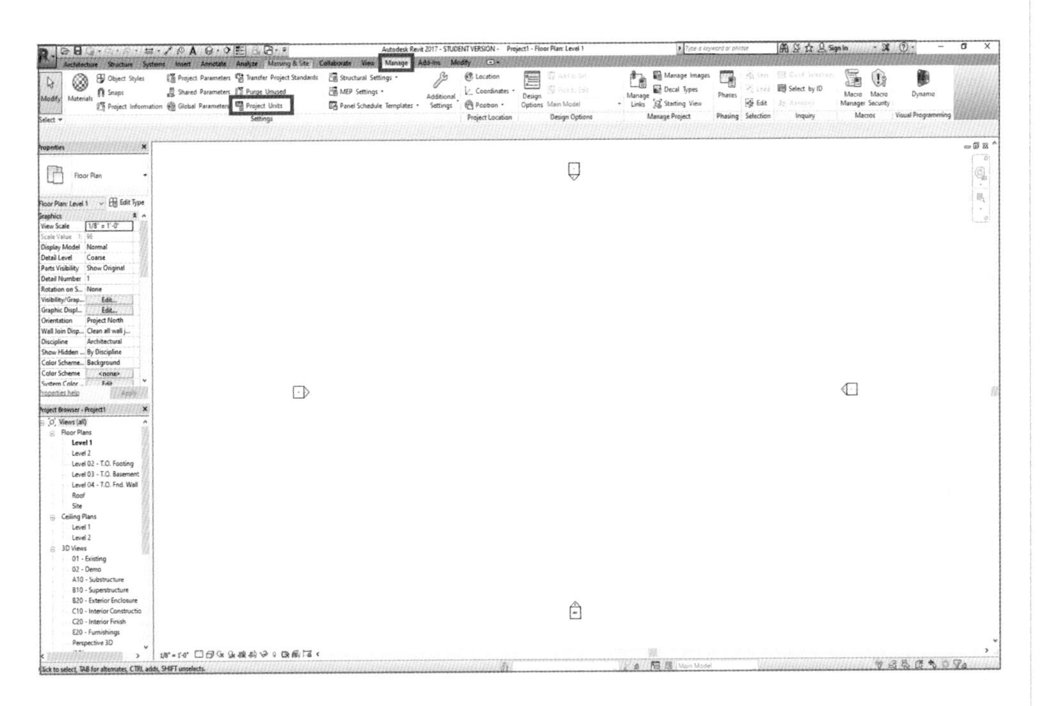

Project Units 창에서 바꾸어줄 Units의 Format들을 필요에 맞게 바꿔 줍니다. 이 프로젝트에서는 Meters으로 변경해주고, Rounding 파트에서는 3 decimal places를 선택한 후 OK를 눌러줍니다.

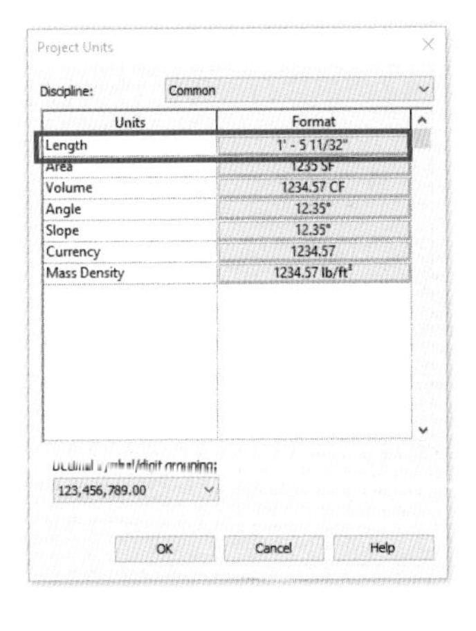

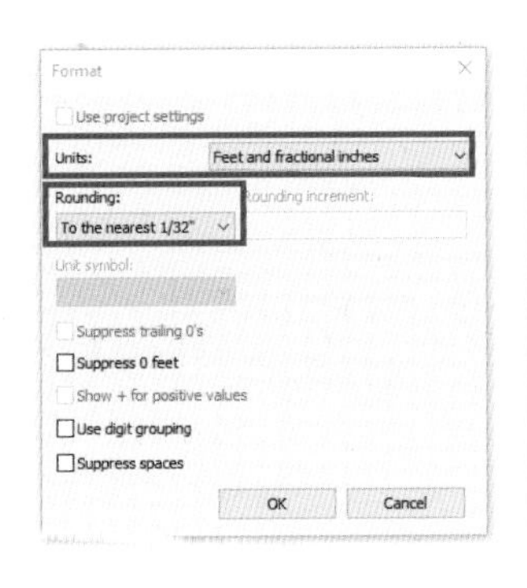

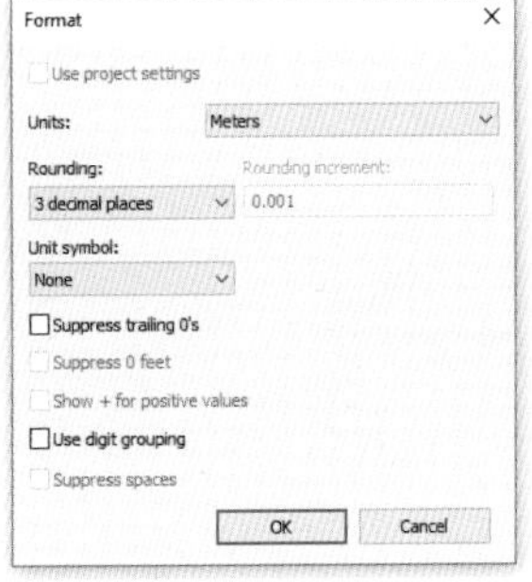

Revit내에 생성될 모델에 대한 Units을 설정해준 후, 그 다음으로는 불러올 선형이 위치할 곳을 지정해주기 위해 상단 메뉴 Manage 〉 Location 기능에 들어가 새 위치를 설정해줍니다.

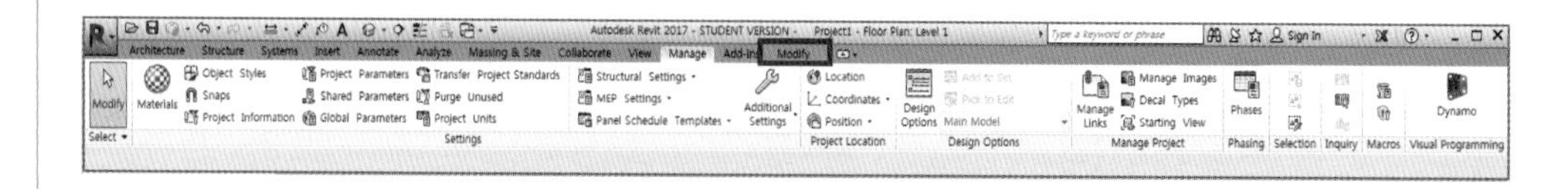

새 위치를 설정해주기 위해 Location 기능을 눌러 아래 사진과 같은 Location Weather and Site 창이 나타나도록 합니다. 3개의 카테고리 중 Site에서 Duplicate를 눌러 다른 새로운 위치를 생성해줍니다. 사용할 이름을 설정 후 Make Current로 설정하여 기존의 위치로부터 변경해줍니다.

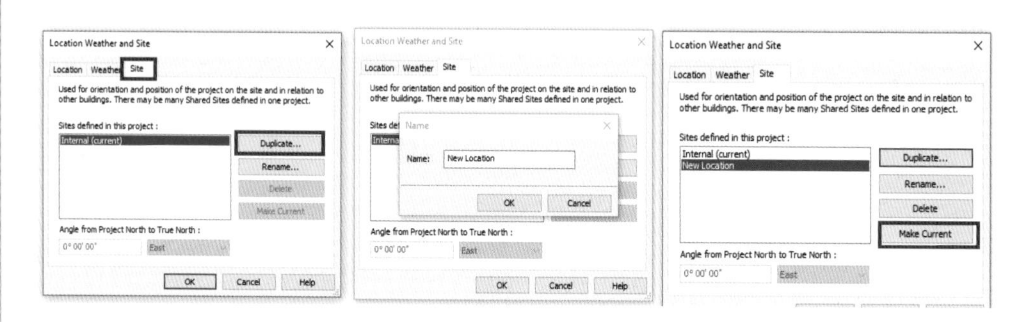

Units와 Location의 설정이 다 완료된 후 선형 파일을 REVIT내로 불러옵니다.

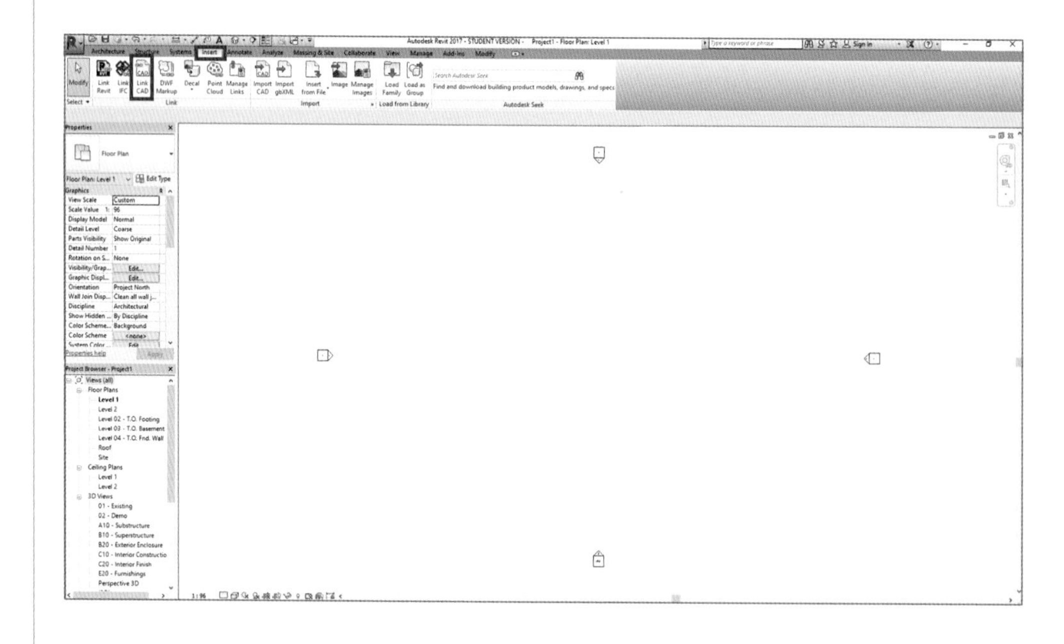

1. Revit 상단메뉴 Insert 〉 Link CAD

Link CAD Formats에서 사용할 선형 파일을 선택해 준 후, Import units에서 meter로 변경 그리고 Positioning을 Auto - By Shared Coordinates, Place at에서 현재 Level를 택해준 후 Open합니다.

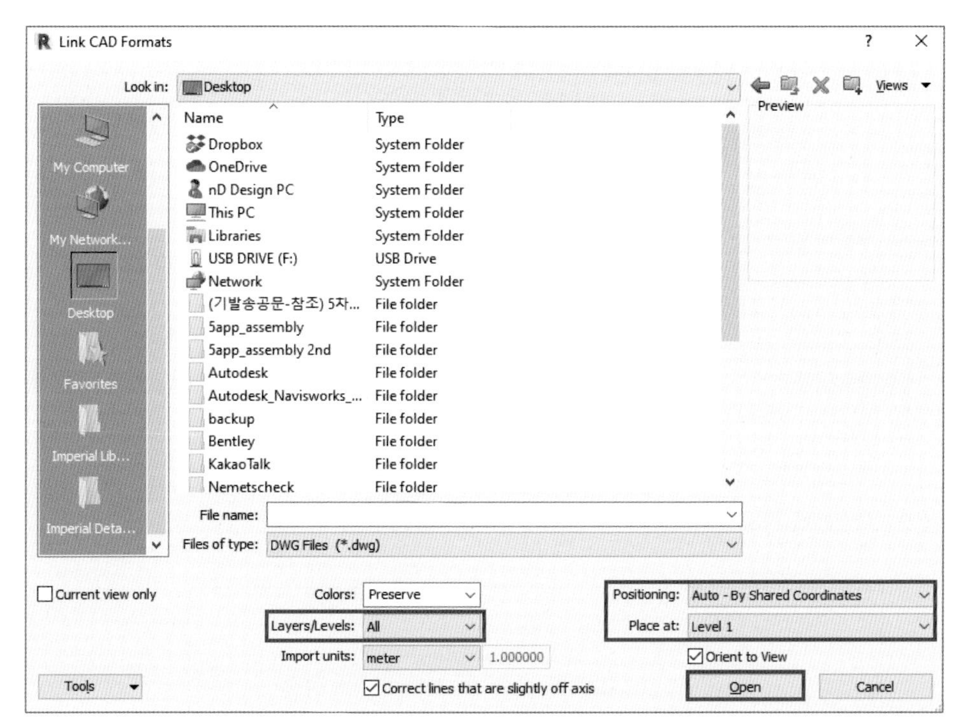

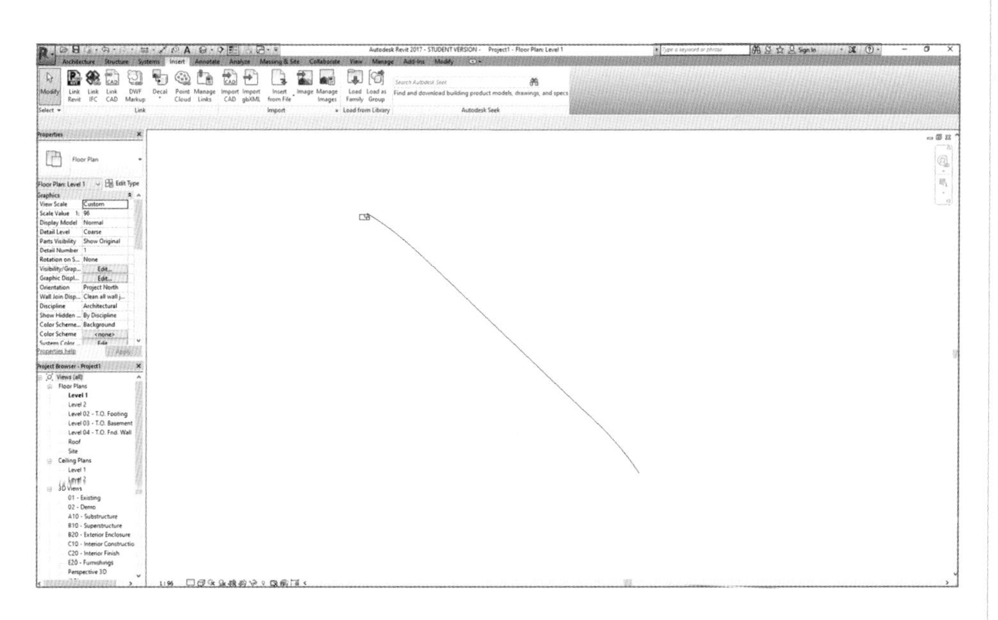

불러온 선형으로부터 기존에 내재되어 있던 좌표를 얻기 위해 좌표 공유 기능(Acquire Coordinate)활성화해줍니다.

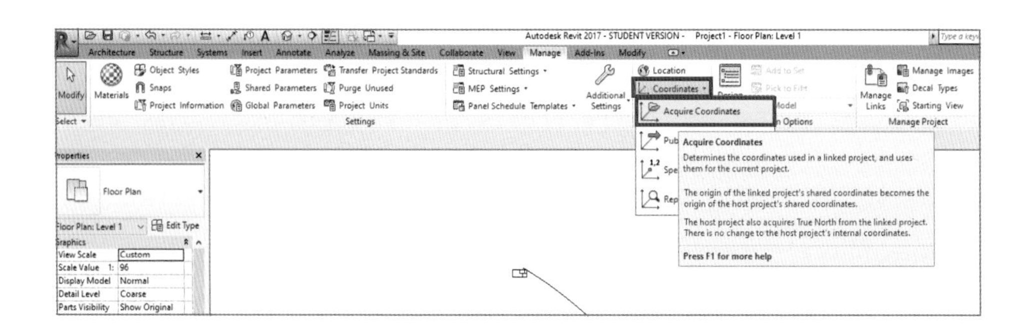

2. Revit 상단 메뉴 〉 Manage 〉 Coordinates 〉 Acquire Coordinates 〉 불러온 선형 선택
좌표 획득 및 선형을 선택한 후 획득한 좌표를 공유하고 있는지 확인하기 위해 다음과 같은 설정을 해준다.

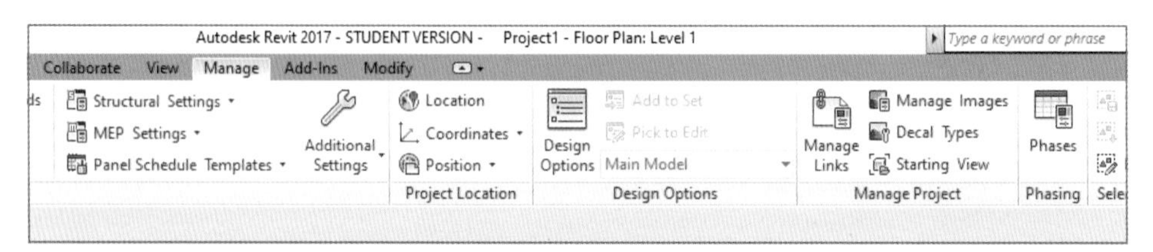

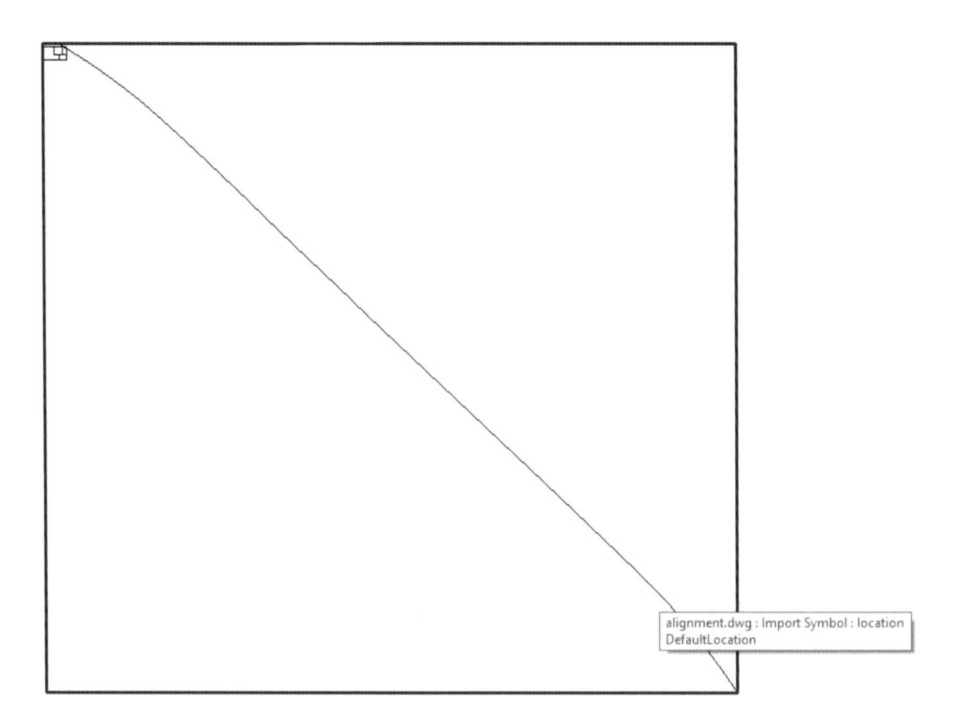

3. Revit 하단 메뉴 〉 Reveal Hidden Elements

4. 좌표 획득을 한 후(After Acquire Coordinates)

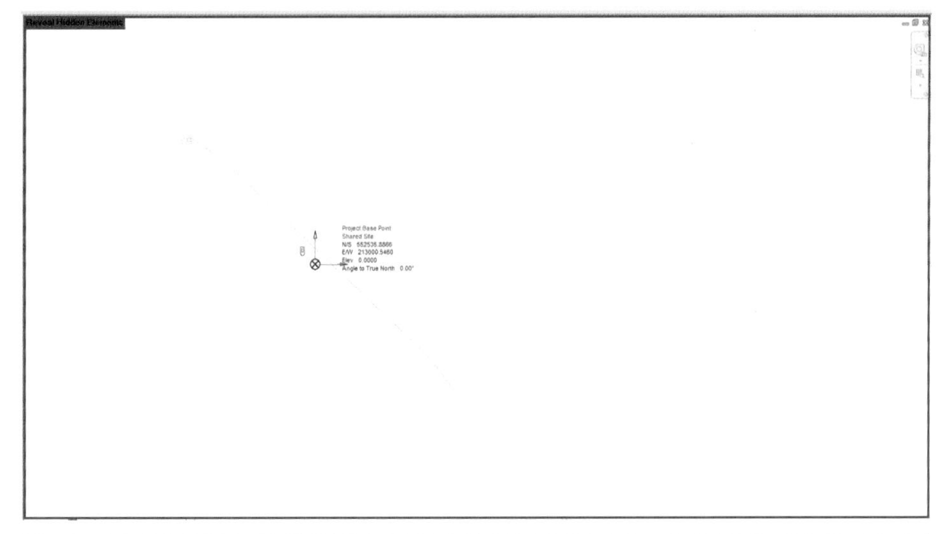

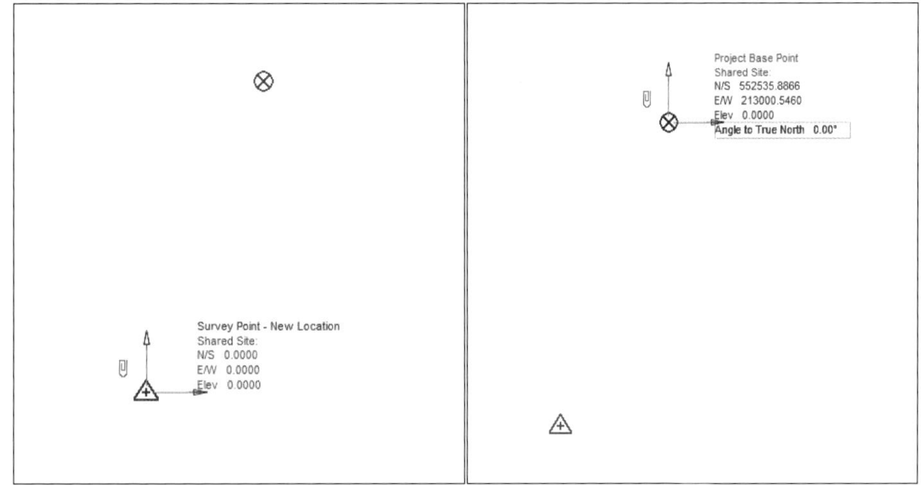

5. 좌표 획득을 하기 전(Before Acquire coordinates)

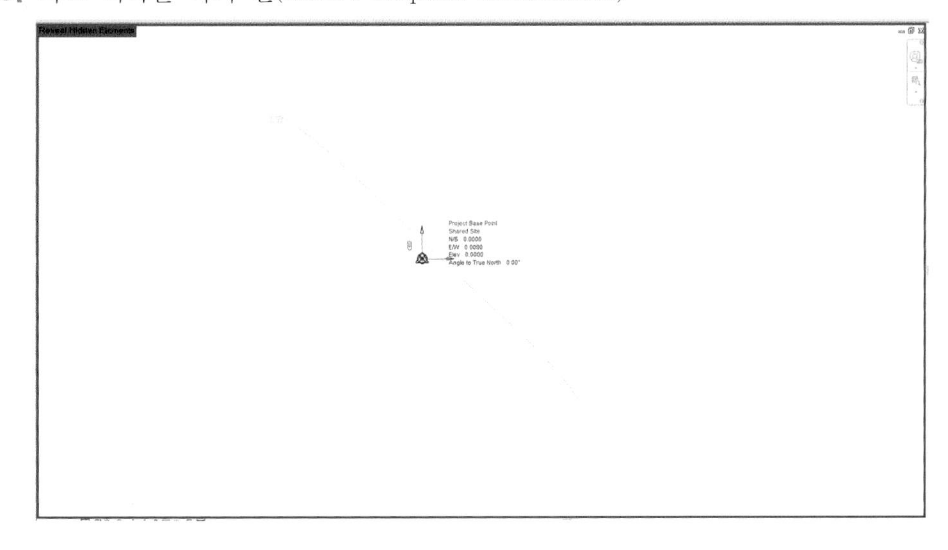

02 Dynamo 내 선형 설정

349쪽 사진들을 비교해 보면 시작이 되는 기준 좌표가 달라져 있음을 확인할 수 있습니다. 좌표가 바뀐 것이 확인이 되면, Dynamo를 실행하여 Revit에서 불러온 선형을 마찬가지로 프로그램 내에 불러옵니다. 그러기 위해서는 먼저 Dynamo를 작동한 후, 특정 Node(Select Model Element)의 기능을 빌려야 하는데, 왼쪽 Node는 아직 Revit에서 가져올 Model Element를 택하지 않은 시점이고, 오른쪽 Node는 선택을 완료한 시점입니다. 선택하기 위해서는 Select Model Element Node 내에 있는 Select를 누른 후, Revit 화면에서 가져올 Element를 택하면 됩니다.

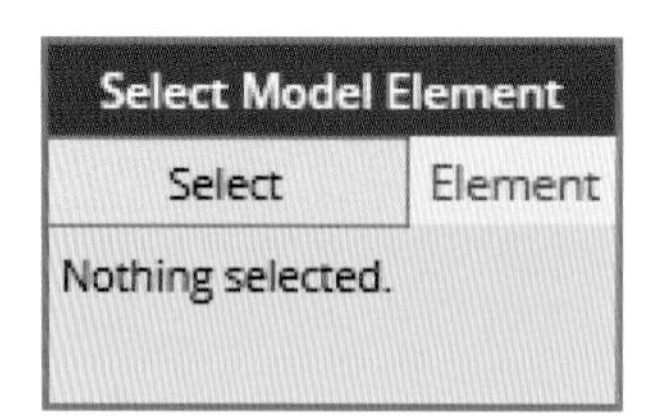

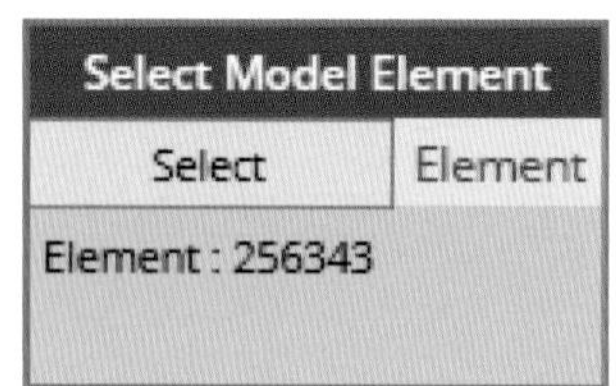

1. Dynamo 〉 Select Model Element

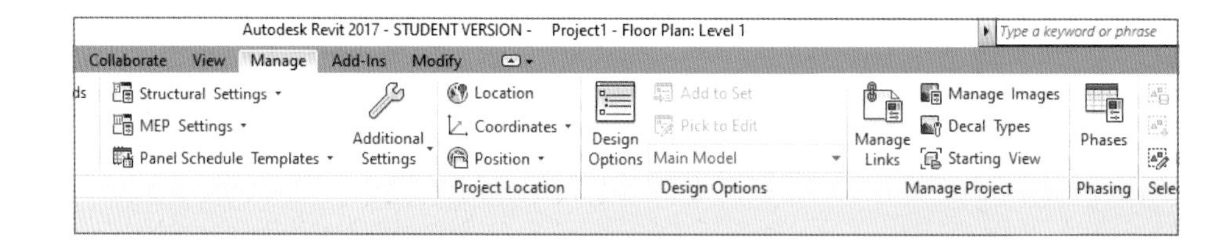

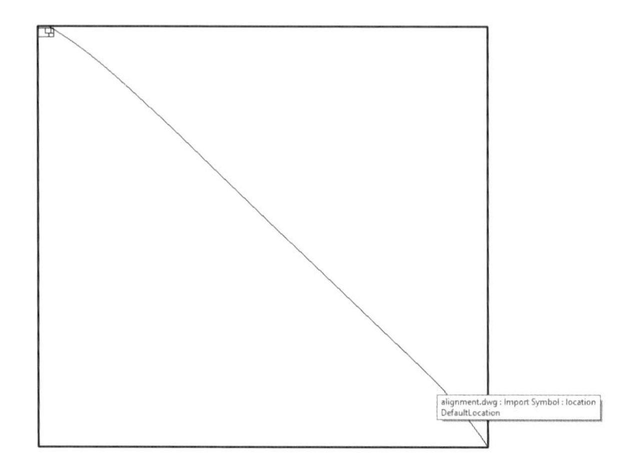

2. Revit에서 Model를 선택할 때 활성화되는 파란 테두리

앞서 불러온 Node가 활성화 되면 Element.Geometry Node를 통하여 Dynamo 내 Geometry로 변환해줍니다.

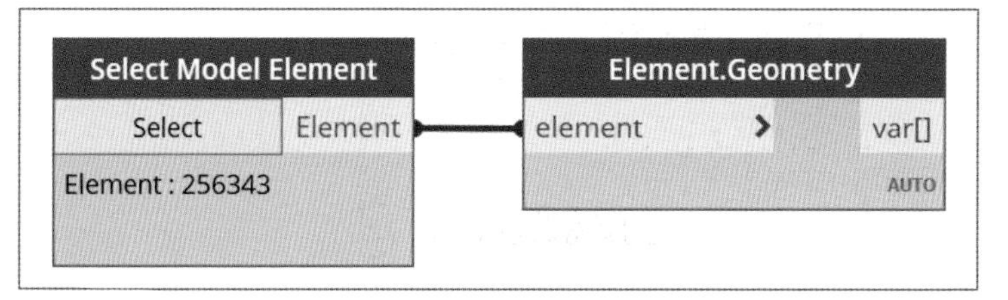

3. Select Model Element 〉 Element.Geometry

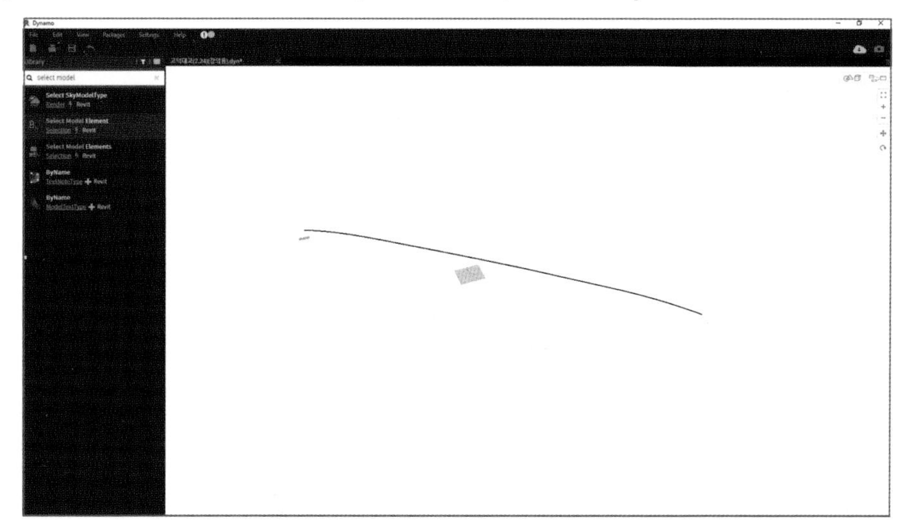

이렇게 선형이 불러오는 것이 완료되면 선형의 각 위치에 생성될 부재들의 점들(Points)을 추출합니다.

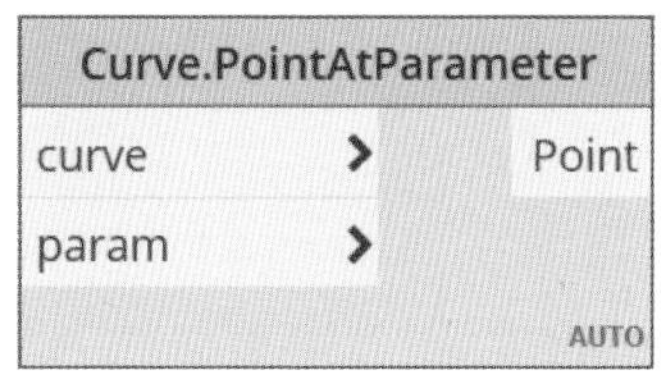

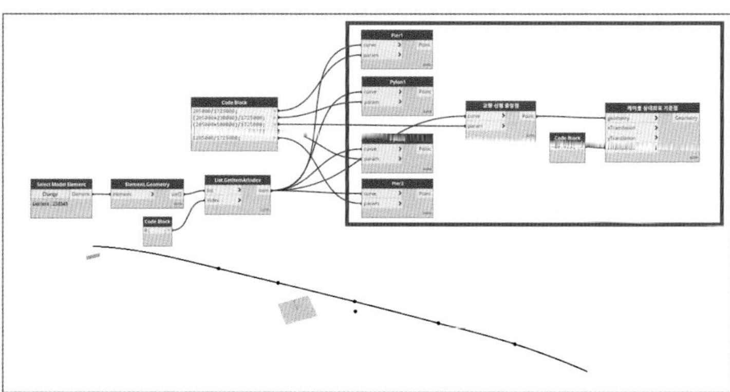

먼저 이 선형에 위치할 각 부재들의 위치를 알고 있기 때문에 선형의 길이로 각 부재가 선형의 시작점으로 부터 떨어져 있는 거리를 나누어 Parameter값(선형의 시작점부터 부재가 위치할 곳까지의 거리/선형의 길이)으로 바꾸어준 후, 그 값을 Curve.PointatParameter의 input값으로 넣어 줍니다. 그리고 Curve-Input값은 Revit에서 불러온 선형으로 넣어 줍니다.
이 사장교의 경우는 2개의 교각, 2개의 주탑 그리고 케이블의 상대 좌표 기준점 이렇게 하여 총 5개의 점들을 Curve.PointatParameter Node의 기능을 통해 Output 값으로 추출하였습니다.

chapter 02 부재 모델링

01 사장교 보강형 모델링

보강형의 단면은 도로의 확폭부, 선형의 곡선부 등과 같은 위치에서는 변화가 일어나기 때문에 단면의 형상이 동일하지 않습니다. 그렇기 때문에 보강형 단면의 변화가 위치에서 단면의 길이 변화가 일어나는 부분과 일어나지 않는 부분을 나누어 변수 및 상수로 설정하여 값의 변화를 받아들이도록 설정해주어야 합니다.

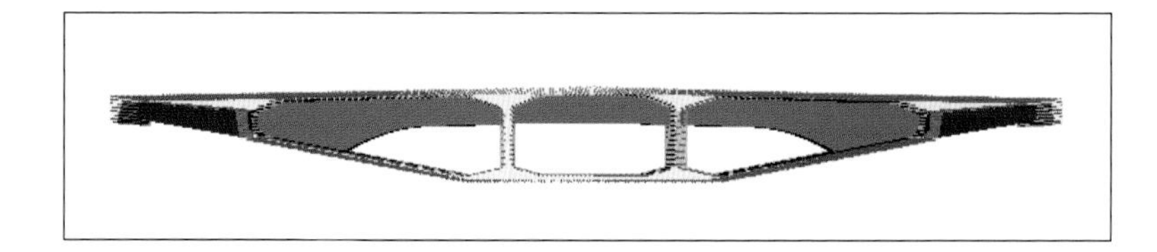

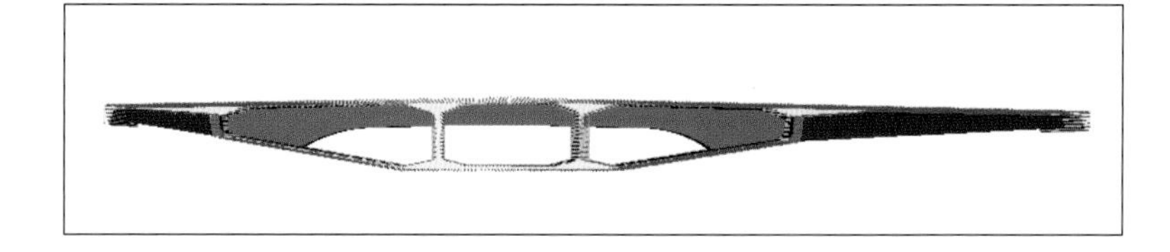

그렇게 설정된 보강형의 단면으로 보강형객체(3D)를 형성하는 것이 아니라(Extrude의 기능) 보강형의 반대편 단면을 구성하는 단면과의 형상과 맞추어 객체를 만들어 주어야 합니다. 단면의 동일한 지점의 절점끼리 연결(Loft 기능)하여 객체를 만들어 주는 방법까지 고려되어야 보강형 객체의 전체를 생성할 수 있다.

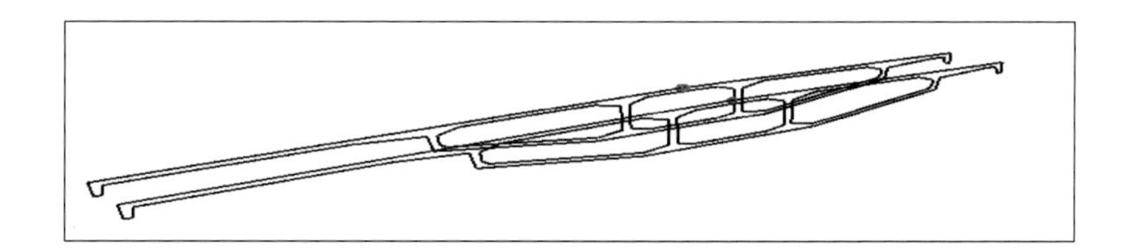

모델링 하기에 앞서 모델링을 하기 위한 환경들을 먼저 갖추어줍니다. 사용되는 다수의 변수 데이터 값들은 설계에 의해 변경될 수 있기 때문에, 데이터 값을 상시 변경할 수 있도록 외부 소프트웨어인 엑셀(Microsoft Excel)에서 관리하도록 설정하였습니다. Dynamo 내에서 엑셀 데이터를 불러오기 위해서는 내부에서 특정 Node를 이용하여 데이터 값들을 불러오고 편집을 통해 필요한 데이터 값, String 및 Double 값들을 적절하게 분리하여 필요에 맞게 Input 데이터로 변경해주어야 합니다.

1. Dynamo 〉 File Path(불러올 File의 경로를 나타낸다.)

File Path Node를 통해 파일이 위치하고 있는 경로를 Dynamo 내에 불러오고 그 경로에 있는 파일을 Dynamo에서 사용할 수 있도록 File From Path Node를 통해 변환합니다. 변환된 file – Output값을 Data.ImportExcel의 Input값으로 넣어주고 Excel 파일 내에서 데이터들이 저장되어 있는 Sheet의 이름을 String값으로 변환(String Node를 이용 혹은 Code Block 내에서 " "를 이용한 문자열 변환)하여 Data.ImportExcel으로 넣어줍니다.

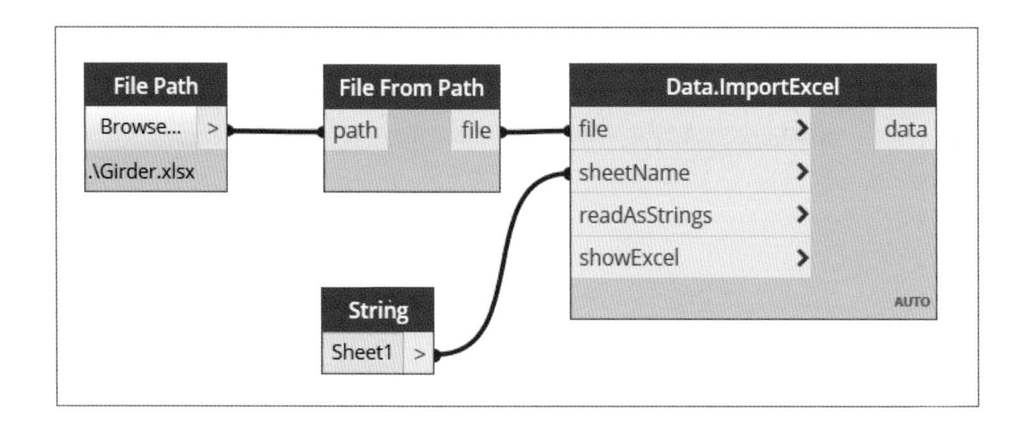

2. File Path 〉 File From Path 〉 Data.ImportExcel, String 〉 Data.ImportExcel

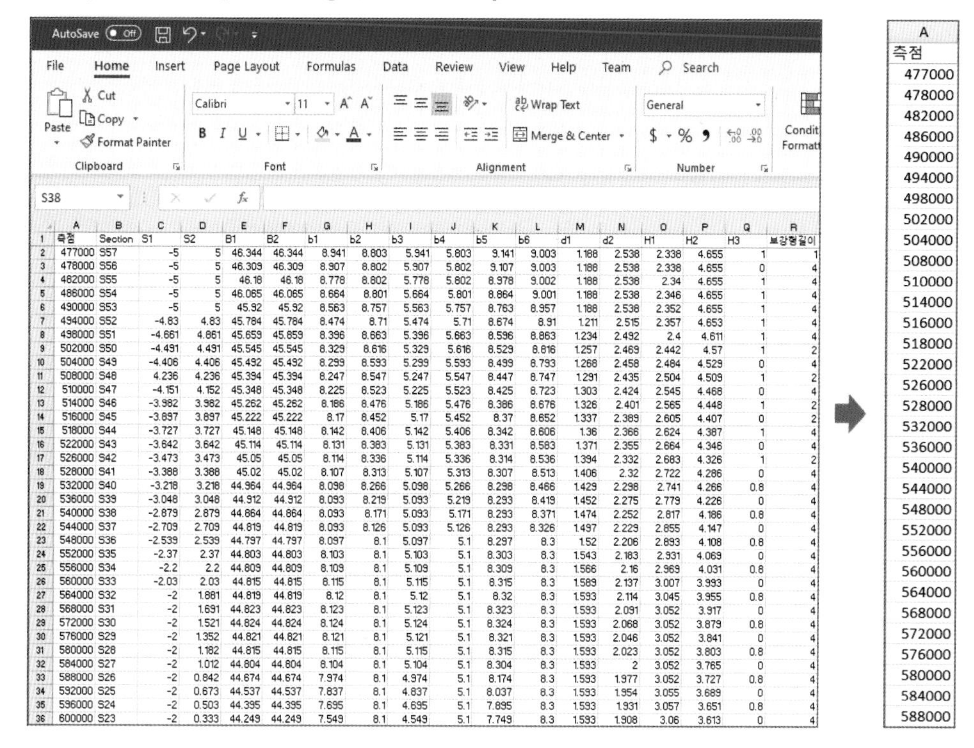

	A	B	C	D	E	F	G	H	I	J	K	L	M	N	O	P	Q	R
1	측점	Section	S1	S2	B1	B2	b1	b2	b3	b4	b5	b6	d1	d2	H1	H2	H3	보강형길이
2	477000	S57	-5	5	46.344	46.344	8.941	8.803	5.941	5.803	9.141	9.003	1.188	2.538	2.338	4.655	1	1
3	478000	S56	-5	5	46.309	46.309	8.907	8.802	5.907	5.802	9.107	9.003	1.188	2.538	2.338	4.655	0	4
4	482000	S55	-5	5	46.18	46.18	8.778	8.802	5.778	5.802	8.978	9.002	1.188	2.538	2.34	4.655	1	4
5	486000	S54	-5	5	46.065	46.065	8.664	8.801	5.664	5.801	8.864	9.001	1.188	2.538	2.346	4.655	1	4
6	490000	S53	-5	5	45.92	45.92	8.563	8.757	5.563	5.757	8.763	8.957	1.188	2.538	2.352	4.655	1	4
7	494000	S52	-4.83	4.83	45.784	45.784	8.474	8.71	5.474	5.71	8.674	8.91	1.211	2.515	2.357	4.653	1	4
8	498000	S51	-4.661	4.861	45.659	45.859	8.396	8.663	5.396	5.663	8.596	8.863	1.234	2.492	2.4	4.611	1	4
9	502000	S50	-4.491	4.491	45.545	45.545	8.329	8.616	5.329	5.616	8.529	8.816	1.257	2.469	2.442	4.57	1	2
10	504000	S49	-4.406	4.406	45.492	45.492	8.299	8.593	5.299	5.593	8.499	8.793	1.268	2.458	2.484	4.529	0	4
11	508000	S48	4.236	4.236	45.394	45.394	8.247	8.547	5.247	5.547	8.447	8.747	1.291	2.435	2.504	4.509	1	2
12	510000	S47	-4.151	4.152	45.348	45.348	8.225	8.523	5.225	5.523	8.425	8.723	1.303	2.424	2.545	4.468	0	4
13	514000	S46	-3.982	3.982	45.262	45.262	8.186	8.476	5.186	5.476	8.386	8.676	1.326	2.401	2.565	4.448	1	2
14	516000	S45	-3.897	3.897	45.222	45.222	8.17	8.452	5.17	5.452	8.37	8.652	1.337	2.389	2.605	4.407	0	2
15	518000	S44	-3.727	3.727	45.148	45.148	8.142	8.406	5.142	5.406	8.342	8.606	1.36	2.366	2.624	4.387	1	4
16	522000	S43	-3.642	3.642	45.114	45.114	8.131	8.383	5.131	5.383	8.331	8.583	1.371	2.355	2.664	4.346	0	4
17	526000	S42	-3.473	3.473	45.05	45.05	8.114	8.336	5.114	5.336	8.314	8.536	1.394	2.332	2.683	4.326	1	2
18	528000	S41	-3.388	3.388	45.02	45.02	8.107	8.313	5.107	5.313	8.307	8.513	1.406	2.32	2.722	4.286	0	4
19	532000	S40	-3.218	3.218	44.964	44.964	8.098	8.266	5.098	5.266	8.298	8.466	1.429	2.298	2.741	4.266	0.8	4
20	536000	S39	-3.048	3.048	44.912	44.912	8.093	8.219	5.093	5.219	8.293	8.419	1.452	2.275	2.779	4.226	0	4
21	540000	S38	-2.879	2.879	44.864	44.864	8.093	8.171	5.093	5.171	8.293	8.371	1.474	2.252	2.817	4.186	0.8	4
22	544000	S37	-2.709	2.709	44.819	44.819	8.093	8.126	5.093	5.126	8.293	8.326	1.497	2.229	2.855	4.147	0	4
23	548000	S36	-2.539	2.539	44.797	44.797	8.097	8.1	5.097	5.1	8.297	8.3	1.52	2.206	2.893	4.108	0.8	4
24	552000	S35	-2.37	2.37	44.803	44.803	8.103	8.1	5.103	5.1	8.303	8.3	1.543	2.183	2.931	4.069	0	4
25	556000	S34	-2.2	2.2	44.809	44.809	8.109	8.1	5.109	5.1	8.309	8.3	1.566	2.16	2.969	4.031	0.8	4
26	560000	S33	-2.03	2.03	44.815	44.815	8.115	8.1	5.115	5.1	8.315	8.3	1.589	2.137	3.007	3.993	0	4
27	564000	S32	-2	1.881	44.819	44.819	8.12	8.1	5.12	5.1	8.32	8.3	1.593	2.114	3.045	3.955	0.8	4
28	568000	S31	-2	1.691	44.823	44.823	8.123	8.1	5.123	5.1	8.323	8.3	1.593	2.091	3.052	3.917	0	4
29	572000	S30	-2	1.521	44.824	44.824	8.124	8.1	5.124	5.1	8.324	8.3	1.593	2.068	3.052	3.879	0.8	4
30	576000	S29	-2	1.352	44.821	44.821	8.121	8.1	5.121	5.1	8.321	8.3	1.593	2.046	3.052	3.841	0	4
31	580000	S28	-2	1.182	44.815	44.815	8.115	8.1	5.115	5.1	8.315	8.3	1.593	2.023	3.052	3.803	0.8	4
32	584000	S27	-2	1.012	44.804	44.804	8.104	8.1	5.104	5.1	8.304	8.3	1.593	2	3.052	3.765	0	4
33	588000	S26	-2	0.842	44.674	44.674	7.974	8.1	4.974	5.1	8.174	8.3	1.593	1.977	3.052	3.727	0.8	4
34	592000	S25	-2	0.673	44.537	44.537	7.837	8.1	4.837	5.1	8.037	8.3	1.593	1.954	3.055	3.689	0	4
35	596000	S24	-2	0.503	44.395	44.395	7.695	8.1	4.695	5.1	7.895	8.3	1.593	1.931	3.057	3.651	0.8	4
36	600000	S23	-2	0.333	44.249	44.249	7.549	8.1	4.549	5.1	7.749	8.3	1.593	1.908	3.06	3.613	0	4

A
측점
477000
478000
482000
486000
490000
494000
498000
502000
504000
508000
510000
514000
516000
518000
522000
526000
528000
532000
536000
540000
544000
548000
552000
556000
560000
564000
568000
572000
576000
580000
584000
588000

3. File Path를 통해 가져온 Excel 데이터

이 Excel에 저장되어 있는 Data들은 문자열과 숫자열을 가지고 있습니다. 모델링에 사용될 데이터들은 숫자열이기 때문에 데이터 값이 사용되기 전에 먼저 문자열을 다 제거할 필요가 있습니다.(숫자열이 들어와야 할 곳에 문자열이 들어오면 Error가 발생). 먼저 A열에 있는 측점 데이터(각 보강형의 선형 내 위치)를 가져와 각 보강형의 단면이 위치할 점들이 Parameter값으로 Output되도록 설정합니다.

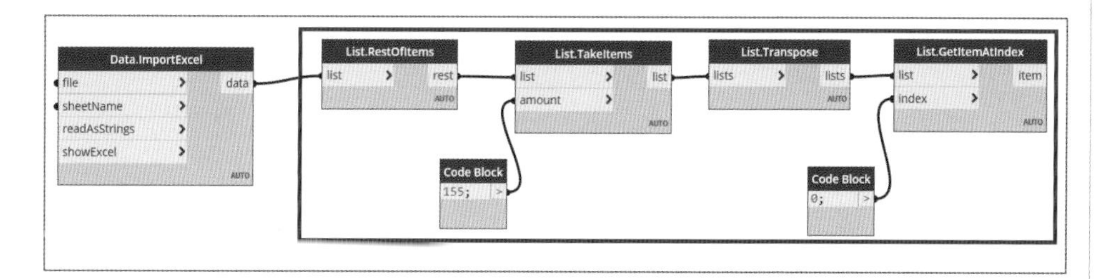

4. List.RestofItems(데이터의 1행을 제거한 후, 나머지 데이터를 Output)

5. List.TakeItems(amount에 Input되는 숫자의 크기만큼 데이터의 행의 개수를 Output)

6. List.Transpose(행과 열의 위치를 변경 후 Output)

7. List.GetItemAtiIndex(Index에 Input 되는 숫자의 행에 해당되는 데이터를 Output, Dynamo에서는 0부터 시작)

위와 같은 알고리즘을 통해 가져온 데이터들을 처음 선형에서 각 부재들이 위치할 점들을 추출해낸 것과 같은 방법으로 각 보강형의 위치들을 선형으로부터 추출합니다.

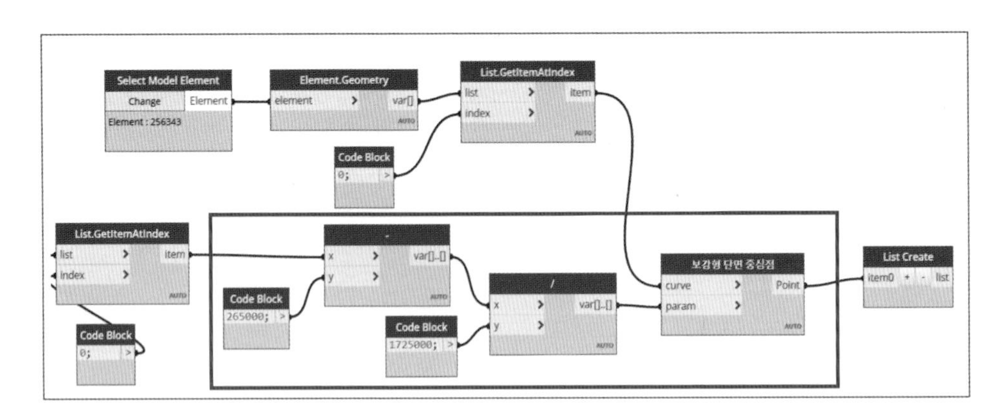

8. Output된 Excel의 데이터를 선형 기준 Parameter로 변환(선형의 시작점부터 부재가 위치할 곳 까지의 거리/선형의 길이)해줍니다.
그 후 Curve.PointAtParameter Node를 통해 Point로 변환해줍니다.

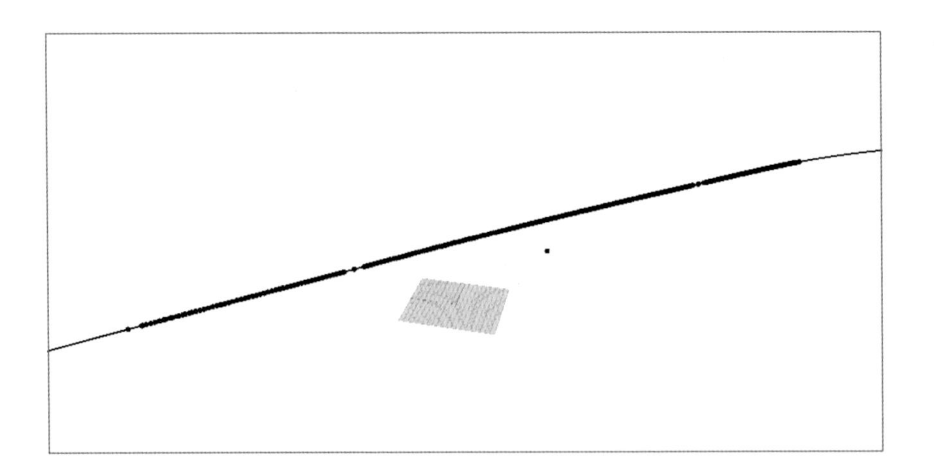

이렇게 각 보강형들이 위치할 지점의 포인트를 선형으로부터 추출했다면 이 포인트들을 각 보강형 단면의 기준점으로 잡고 보강형 파라메트릭 모델링을 실시합니다.

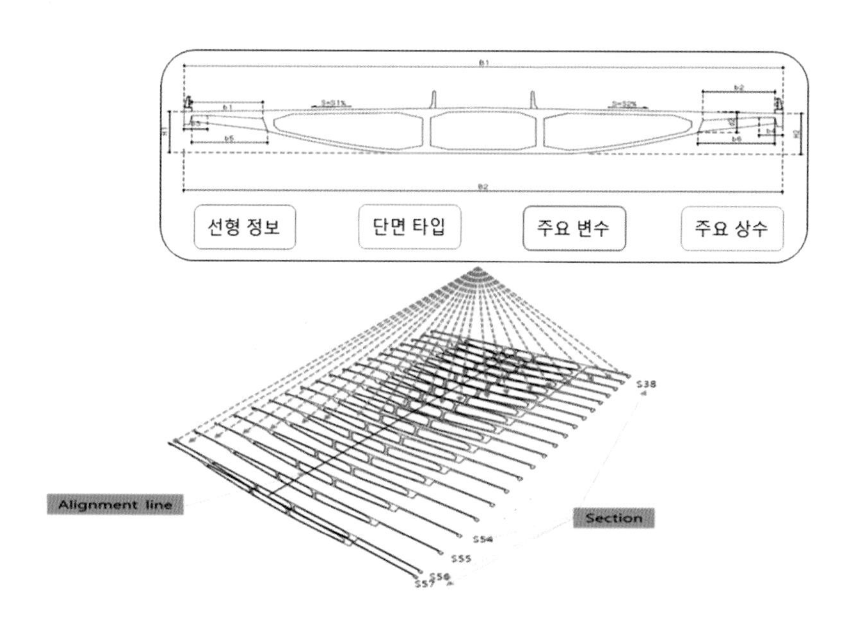

C	D	E	F	G	H	I	J	K	L	M	N	O	P	Q	R
S1	S2	B1	B2	b1	b2	b3	b4	b5	b6	d1	d2	H1	H2	H3	보강형길이
-5	5	46.344	46.344	8.941	8.803	5.941	5.803	9.141	9.003	1.188	2.538	2.338	4.655	1	1
-5	5	46.309	46.309	8.907	8.802	5.907	5.802	9.107	9.003	1.188	2.538	2.338	4.655	0	4
-5	5	46.18	46.18	8.778	8.802	5.778	5.802	8.978	9.002	1.188	2.538	2.34	4.655	1	4
-5	5	46.065	46.065	8.664	8.801	5.664	5.801	8.864	9.001	1.188	2.538	2.346	4.655	1	4
-5	5	45.92	45.92	8.563	8.757	5.563	5.757	8.763	8.957	1.188	2.538	2.352	4.655	1	4
-4.83	4.83	45.784	45.784	8.474	8.71	5.474	5.71	8.674	8.91	1.211	2.515	2.357	4.653	1	4
-4.661	4.861	45.659	45.859	8.396	8.663	5.396	5.663	8.596	8.863	1.234	2.492	2.4	4.611	1	4
-4.491	4.491	45.545	45.545	8.329	8.616	5.329	5.616	8.529	8.816	1.257	2.469	2.442	4.57	1	2
-4.406	4.406	45.492	45.492	8.299	8.593	5.299	5.593	8.499	8.793	1.268	2.458	2.484	4.529	0	4
4.236	4.236	45.394	45.394	8.247	8.547	5.247	5.547	8.447	8.747	1.291	2.435	2.504	4.509	1	2
-4.151	4.152	45.348	45.348	8.225	8.523	5.225	5.523	8.425	8.723	1.303	2.424	2.545	4.468	0	4
-3.982	3.982	45.262	45.262	8.186	8.476	5.186	5.476	8.386	8.676	1.326	2.401	2.565	4.448	1	2
-3.897	3.897	45.222	45.222	8.17	8.452	5.17	5.452	8.37	8.652	1.337	2.389	2.605	4.407	0	2
-3.727	3.727	45.148	45.148	8.142	8.406	5.142	5.406	8.342	8.606	1.36	2.366	2.624	4.387	1	4
-3.642	3.642	45.114	45.114	8.131	8.383	5.131	5.383	8.331	8.583	1.371	2.355	2.664	4.346	0	4
-3.473	3.473	45.05	45.05	8.114	8.336	5.114	5.336	8.314	8.536	1.394	2.332	2.683	4.326	1	2
-3.388	3.388	45.02	45.02	8.107	8.313	5.107	5.313	8.307	8.513	1.406	2.32	2.722	4.286	0	4
-3.218	3.218	44.964	44.964	8.098	8.266	5.098	5.266	8.298	8.466	1.429	2.298	2.741	4.266	0.8	4
-3.048	3.048	44.912	44.912	8.093	8.219	5.093	5.219	8.293	8.419	1.452	2.275	2.779	4.226	0	4
-2.879	2.879	44.864	44.864	8.093	8.171	5.093	5.171	8.293	8.371	1.474	2.252	2.817	4.186	0.8	4
-2.709	2.709	44.819	44.819	8.093	8.126	5.093	5.126	8.293	8.326	1.497	2.229	2.855	4.147	0	4
-2.539	2.539	44.797	44.797	8.097	8.1	5.097	5.1	8.297	8.3	1.52	2.206	2.893	4.108	0.8	4
-2.37	2.37	44.803	44.803	8.103	8.1	5.103	5.1	8.303	8.3	1.543	2.183	2.931	4.069	0	4
-2.2	2.2	44.809	44.809	8.109	8.1	5.109	5.1	8.309	8.3	1.566	2.16	2.969	4.031	0.8	4
-2.03	2.03	44.815	44.815	8.115	8.1	5.115	5.1	8.315	8.3	1.589	2.137	3.007	3.993	0	4
-2	1.881	44.819	44.819	8.12	8.1	5.12	5.1	8.32	8.3	1.593	2.114	3.045	3.955	0.8	4
-2	1.691	44.823	44.823	8.123	8.1	5.123	5.1	8.323	8.3	1.593	2.091	3.052	3.917	0	4
-2	1.521	44.824	44.824	8.124	8.1	5.124	5.1	8.324	8.3	1.593	2.068	3.052	3.879	0.8	4
-2	1.352	44.821	44.821	8.121	8.1	5.121	5.1	8.321	8.3	1.593	2.046	3.052	3.841	0	4
-2	1.182	44.815	44.815	8.115	8.1	5.115	5.1	8.315	8.3	1.593	2.023	3.052	3.803	0.8	4
-2	1.012	44.804	44.804	8.104	8.1	5.104	5.1	8.304	8.3	1.593	2	3.052	3.765	0	4

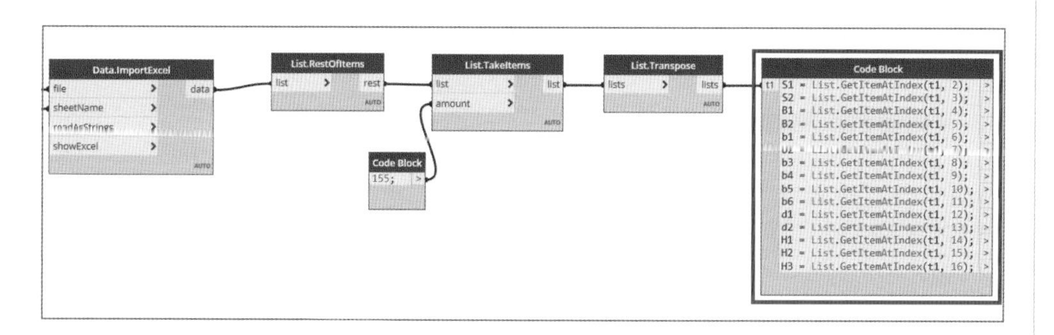

9. 단면 모델링에서 사용되는 변수는 엑셀에 저장되어 있는 데이터들을 List.GetItemAtIndex기능을 이용한 Code를 통해 열마다 따로 호출(똑같은 기능들이 계속 사용되기 때문에 Node가 아닌 Code를 사용하였습니다. 예를 들어 S1 = List.GetItemAtIndex(list,2))

10. List.GetItemAtIndex(Index에 Input 되는 숫자의 행에 해당되는 데이터를 Output, Index의 처음 숫자는 1이 아닌 0)

보강형 단면에서 길이가 변하는 곳을 변수로 두고 길이가 변하지 않는 곳을 상수로 둡니다. 상수값은Dynamo 내에서 값을 설정해주고, 변수값은 엑셀에서 불러와 값을 설정해줍니다.

```
Code Block
O1  O2 = Point.Translate(O1,-(10.600/2+8.700+0.300+3.500+b3),0,(10.600/2+8.700+0.300+
b3  O3 = Point.Translate(O2,0,0,-1.000);
S1  O4 = Point.Translate(O3,0.350,0,0);
b5  O5 = Point.Translate(O4,0.150,0,1.000-0.320);
d1  O6 = Point.Translate(O5,b3-(0.350+0.150),0,(b3-(0.350+0.150))/100*-S1);
H1  O7 = Point.Translate(O2,b3+3.500,0,(b3+3.500)/100*-S1-0.630);
b4  O8 = Point.Translate(O5,b5,0,-(d1-0.320));
S2  //O88 = Point.Translate(O7,300,0,-(d1-630));
b6  O9 = Point.Translate(O2,(b3+3.500+0.300+8.700),0,-H1);
d2
H2  O10 = Point.Translate(O1,(10.600/2+8.700+0.300+3.500+b4),0,(10.600/2+8.700+0.300+
    O11 = Point.Translate(O10,0,0,-1.000);
    O12 = Point.Translate(O11,-0.350,0,0);
    O13 = Point.Translate(O12,-0.150,0,1.000-0.320);
    O14 = Point.Translate(O13,-(b4-(0.350+0.150)),0,(b4-(0.350+0.150))/100*-S2);
    O15 = Point.Translate(O10,-(3.500+b4),0,-(3.500+b4)/100*S2-0.630);
    O16 = Point.Translate(O13,-(b6),0,-(d2-0.320));
    O17 = Point.Translate(O10,-(b4+3.500+0.300+8.700),0,-H2);
```

11. 선형을 기준으로 추출한 점을 보강형의 기준점으로 삼고 그 점으로부터 변수 및 상수만큼 점을 평행이동해줍니다. 평행이동하기 위해 Point.Translate Node기능을 이용하여 기준점으로부터 종속되도록 설정해줍니다. 이와 같은 방법으로 보강형의 절점 수만큼 반복하여 보강형들을 구성하는 점들을 생성합니다.

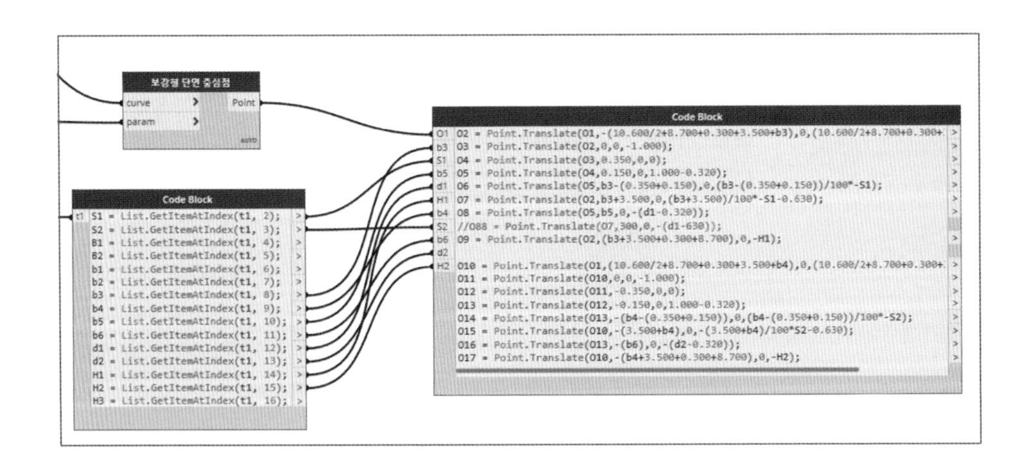

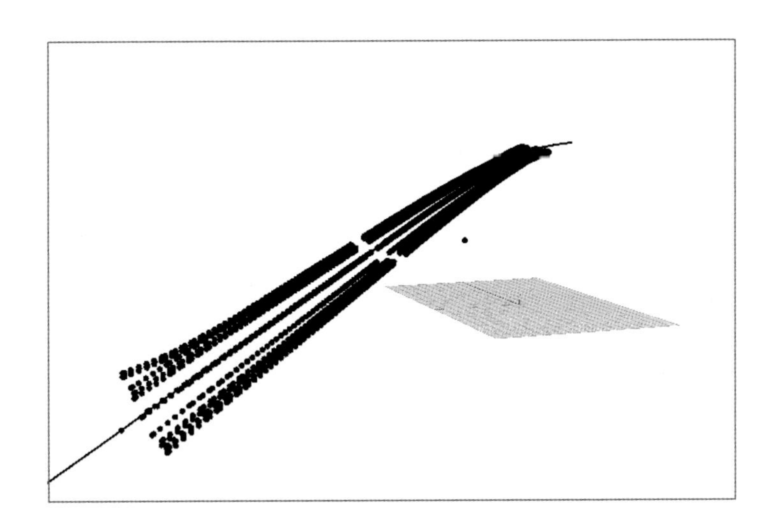

12. 선형의 점을 중심으로 파라메트릭 모델링(parametric modeling)을 적용한 점들의 집합.

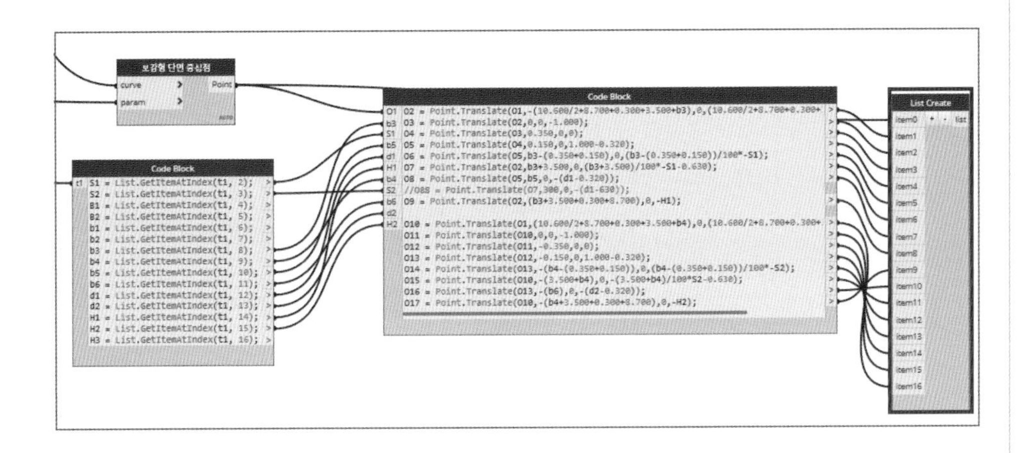

13. 이 점들을 List.Create Node의 기능을 통해 하나의 List로 묶어줍니다.

묶여진 상태로 Polygon 혹은 Polycurve를 생성하면 아래와 같은 결과가 일어나게 됩니다.

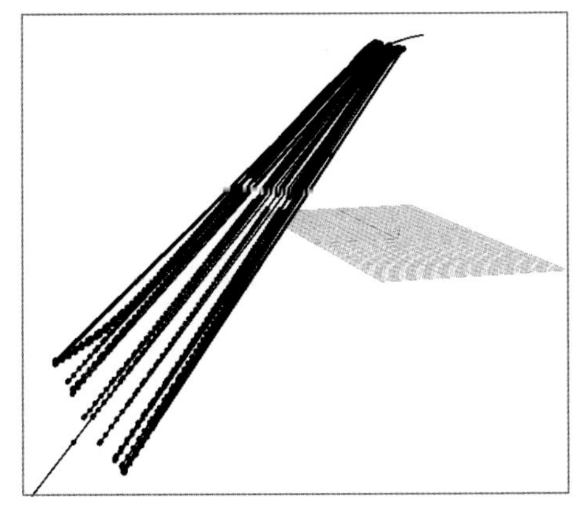

14. List화 된 점들은 같은 점들끼리 리스트화되었기 때문에 같은 단면을 이루는 절점들끼리 이어지지 않고 같은 이름을 가진 점들끼리 묶이게 됩니다. 이 점을 해결하기 위해 List.Transpose를 이용하여 같은 단면을 이루는 점들끼리 리스트가 되도록 만들어 준 후 Polygon.ByPoints로 각 리스트끼리 Polygon을 생성합니다.

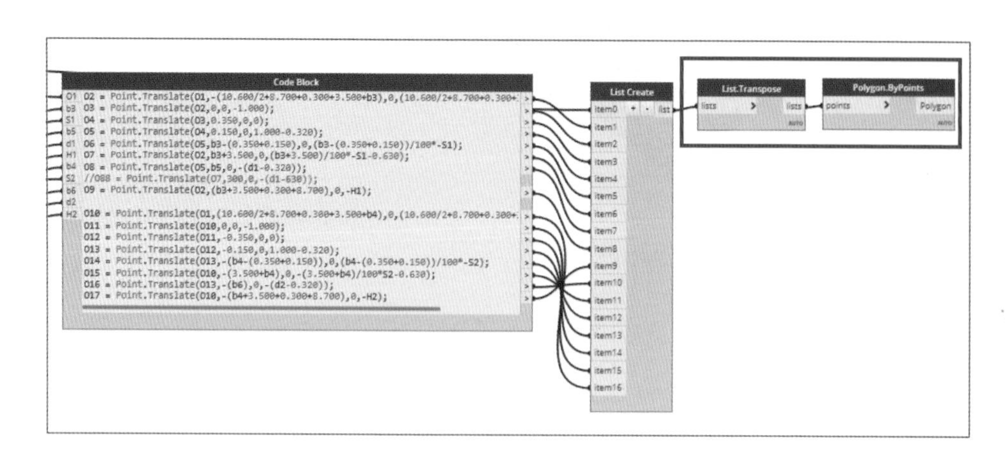

15. List.Create〉List.Transpose〉Polygon.ByPoints or Polycurve.Bypoints (Bool값은 1)

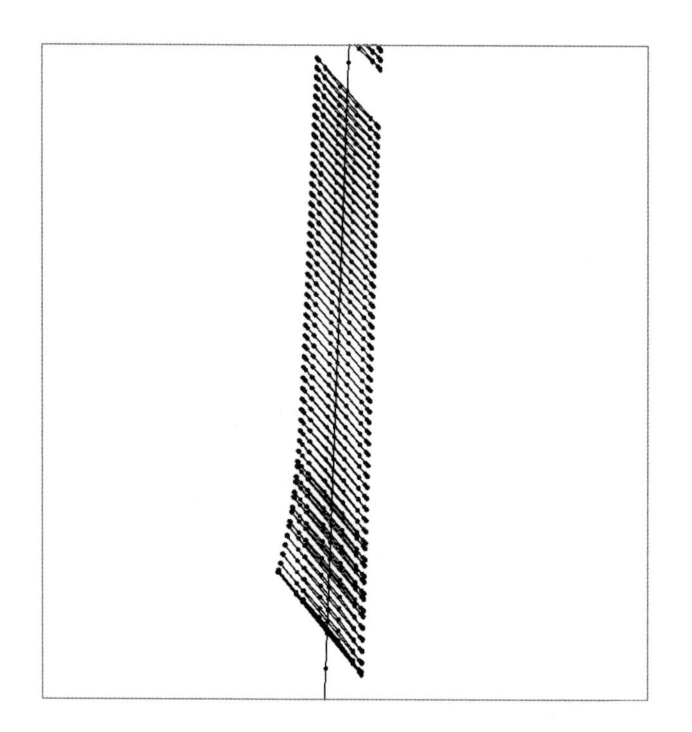

16. XZ단면 기준으로 생성된 Polygon 단면

처음 보강형 단면의 알고리즘을 제작할 때는 XZ단면을 기준으로 단면의 변수 및 상수를 설정해주었기 때문에 단면은 XZ단면의 법선벡터와 크기만 차이 날뿐 평행합니다. 하지만 실제 선형에 위치할 보강형은 선형에 위치할 곳에서의 벡터와 평행해야하기 때문에 모든 보강형의 단면의 법선 벡터가 선형으로부터 추출해 낸 점들의 선형방향 미소벡터와 내적 시에 Theta값이 0이 나와야 합니다. 그러기 위해서는 모든 단면을 회전시켜줄 필요가 있습니다. 먼저 Geometry를 회전해주는 Node를 이용하기 전에 두 개의 벡터를 구하고 그 벡터들 사잇각을 구해줄 필요가 있습니다.

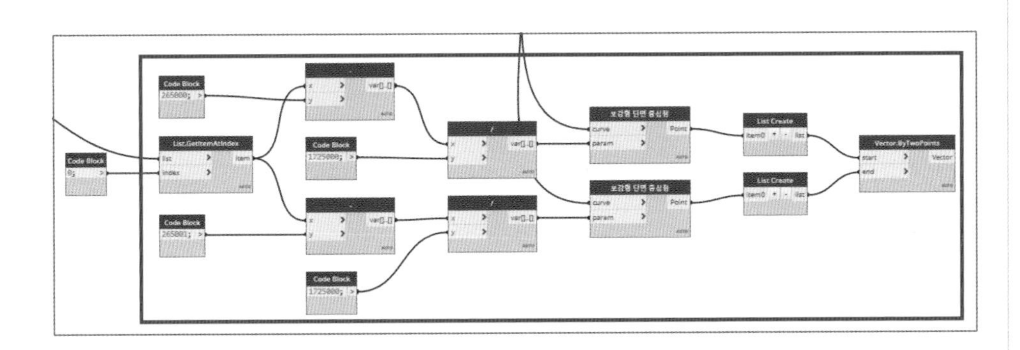

17. 각 보강형이 위치하는 점에서의 교량 선형 방향의 벡터 값을 법선벡터로 가지는 평면을 먼저 만들어주기 위해 Curve.PlaneAtParameter 노드의 기능을 통해 생성해줍니다. 그 후, 각 평면의 법선벡터를 구해주는 Plane.Normal 기능을 통하여 Vector.AngleAboutAxis에 들어간 벡터 인자 1개를 먼저 구해줍니다. 그 후, XZ평면 기준으로 그렸던 보강형 단면을 포함하는 평면을 Curve.Normal을 통해 그려주면 나머지 벡터 인자가 완성됩니다. 계산되어진 각도를 보고 값에 따라서 Vector.Reverse기능을 통해 각도를 조정해주면 됩니다.

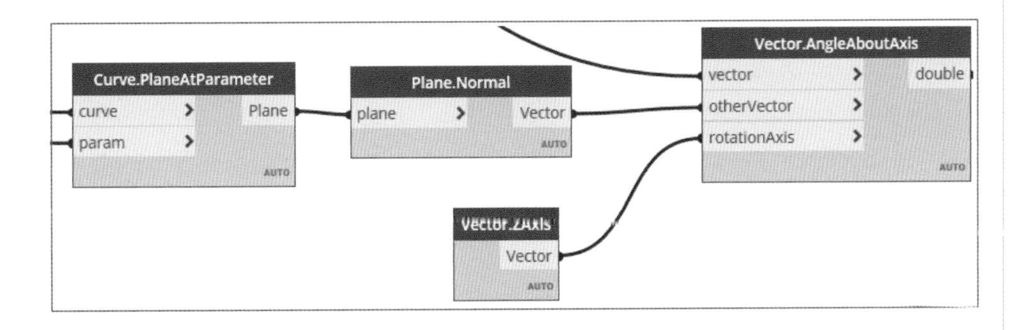

18. Curve.Normal Node를 이용한 단면의 법선벡터

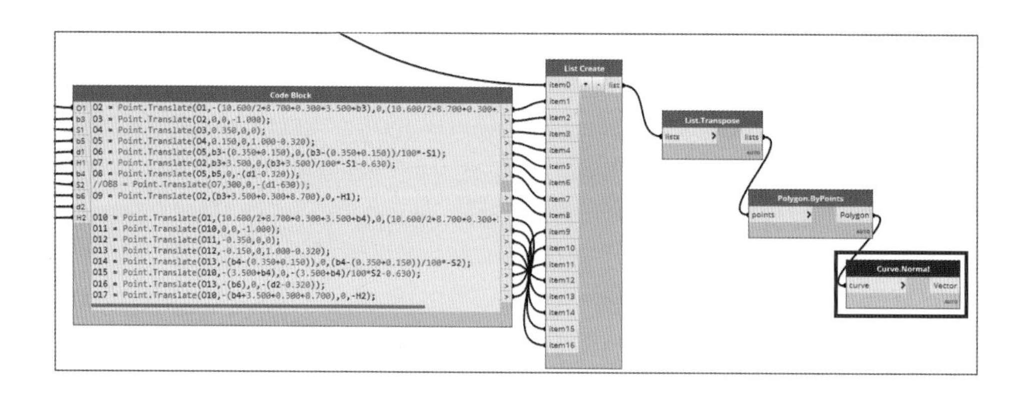

19. 선형 미소벡터와 단면의 법선벡터가 이루는 각도를 Vector.AngleAboutAxis Node를 이용하여 구해준다. 이 Node의 Input값으로 두 개의 벡터를 넣어주고, rotationAxis는 Vector.ZAxis로 넣어줍니다.

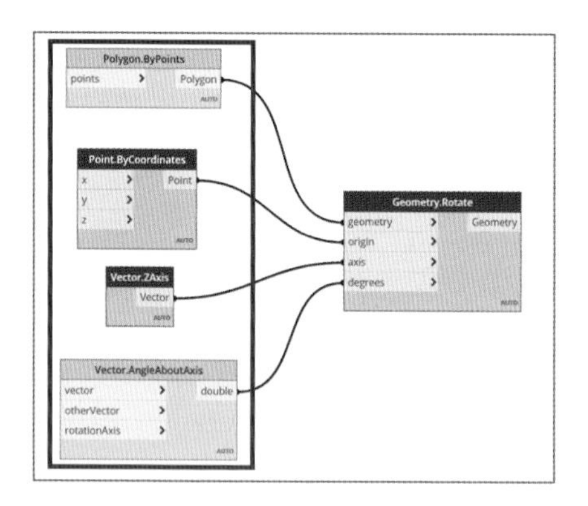

20. Vector를 통해 사잇값을 구해준 후, Geometry.Rotate Node를 이용해 보강형 단면을 회전해줍니다. Geometry.Rotate Input 데이터에 회전할 단면을을 Input값으로 먼저 넣고, Origin Input데이터에는 보강형 모델링에 기준점이었던 점들을 넣고, axis에는 Vector.ZAxis, degrees에는 두 개의 벡터를 이용하여 구한 Angles값을 넣어줍니다.

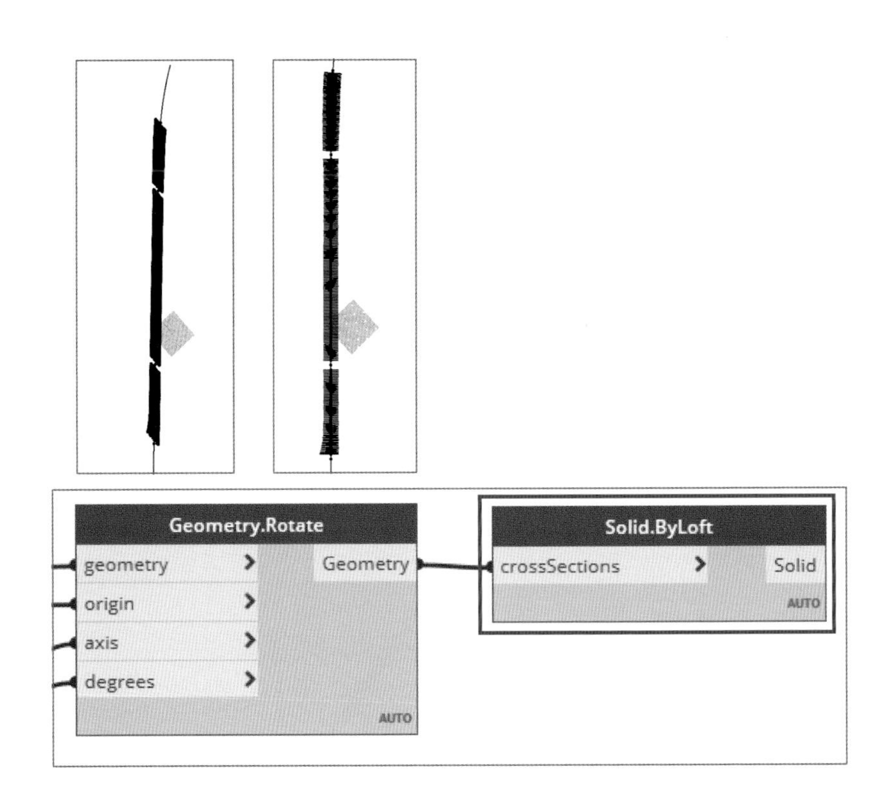

21. 회전이 된 단면은 Solid.ByLoft Node의 기능을 이용하여 Solid로 생성

02 케이블 모델링

케이블 객체는 케이블을 이루는 양 끝단의 중심점(W.P.P, W.P.G)을 기반으로 만들어집니다. 선형의 중앙점을 상대 좌표계 기준점으로 삼고, 기준점으로 부터 케이블이 위치할 주탑 지점(W.P.P) 및 보강형지점(W.P.G)거리 만큼 평행 이동한 상대좌표계를 가지고 모델링을 실시합니다.

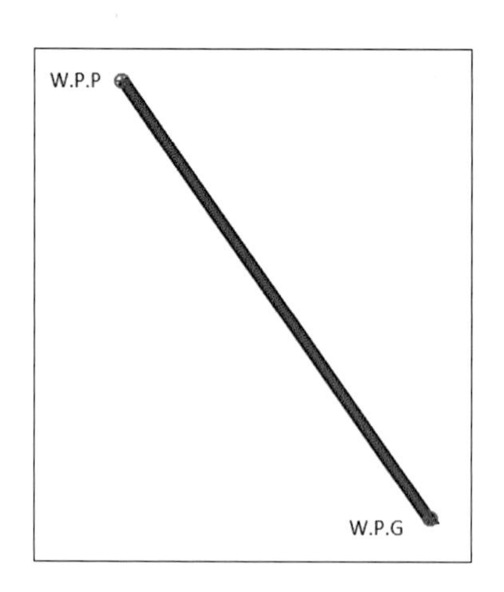

케이블 모델링도 보강형과 마찬가지로 데이터를 외부에서 관리합니다. 케이블 좌표가 설계 및 시공 단계에 따라 변경될 수 있기 때문에 유동적으로 대처할 수 있도록 외부에서 한 번에 변경이 가능하도록 엑셀에서 데이터를 관리하는 기반으로 모델링을 실시합니다.

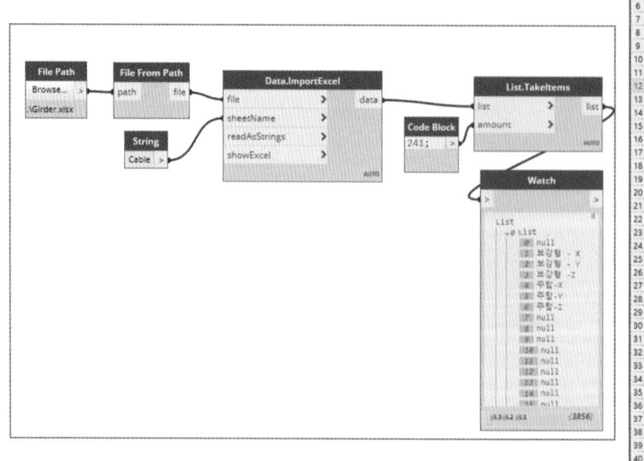

	A	B	C	D	E	F	G
1		보강형 - X	보강형 - Y	보강형 -Z	주탑-X	주탑-Y	주탑-Z
2	CLS30L	-499,336	30,993	-6,644	-271,750	155,474	-1,300
3	CLS29L	-495,353	31,073	-6,359	-271,750	152,674	-1,300
4	CLS28L	-490,572	31,169	-6,032	-271,750	149,874	-1,300
5	CLS27L	-486,588	31,248	-5,772	-271,750	147,074	-1,300
6	CLS26L	-482,603	31,328	-5,524	-271,750	144,274	-1,300
7	CLS25L	-478,616	31,408	-5,289	-271,750	141,474	-1,300
8	CLS24L	-474,629	31,488	-5,065	-271,750	138,674	-1,300
9	CLS23L	-470,641	31,568	-4,853	-271,750	135,874	-1,300
10	CLS22L	-464,658	31,687	-4,556	-271,750	133,074	-1,300
11	CLS21L	-458,673	31,807	-4,283	-271,750	130,274	-1,300
12	CLS20L	-452,687	31,927	-4,033	-271,750	127,474	-1,300
13	CLS19L	-446,700	32,046	-3,805	-271,750	124,674	-1,300
14	CLS18L	-440,711	32,366	-3,597	-271,750	121,874	-1,300
15	CLS17L	-432,725	32,526	-3,352	-271,750	119,074	-1,300
16	CLS16L	-424,737	32,685	-3,139	-271,750	116,274	-1,300
17	CLS15L	-416,748	32,845	-2,958	-271,750	113,474	-1,300
18	CLS14L	-408,757	33,005	-2,804	-271,750	110,674	-1,300
19	CLS13L	-400,765	33,164	-2,677	-271,750	107,874	-1,300
20	CLS12L	-392,772	33,324	-2,573	-271,750	105,074	-1,300
21	CLS11L	-384,778	33,483	-2,490	-271,750	102,274	-1,300
22	CLS10L	-376,784	33,643	-2,426	-271,750	99,474	-1,300
23	CLS09L	-368,788	33,803	-2,378	-271,750	96,674	-1,300
24	CLS08L	-360,792	33,962	-2,344	-271,750	93,874	-1,300
25	CLS07L	-352,795	34,122	-2,321	-271,750	91,074	-1,300
26	CLS06L	-344,797	34,281	-2,307	-271,750	88,274	-1,300
27	CLS05L	-336,799	34,441	-2,299	-271,750	85,474	-1,300
28	CLS04L	-328,800	34,601	-2,300	-271,750	82,674	-1,300
29	CLS03L	-320,800	34,760	-2,300	-271,750	79,874	-1,300
30	CLS02L	-312,800	34,920	-2,300	-271,750	77,074	-1,300
31	CLS01L	-304,800	35,079	-2,300	-271,750	74,274	-1,300
32	CLS30R	-499,672	30,993	-2,057	-271,750	155,474	1,300
33	CLS29R	-495,675	31,073	-1,770	-271,750	152,674	1,300
34	CLS28R	-490,878	31,169	-1,442	-271,750	149,874	1,300
35	CLS27R	-486,880	31,248	-1,181	-271,750	147,074	1,300
36	CLS26R	-482,880	31,328	-932	-271,750	144,274	1,300
37	CLS25R	-478,881	31,408	-696	-271,750	141,474	1,300
38	CLS24R	-474,880	31,488	-472	-271,750	138,674	1,300
39	CLS23R	-470,879	31,568	-259	-271,750	135,874	1,300
40	CLS22R	-464,877	31,687	39	-271,750	133,074	1,300

Sheet1 | Sheet2 | Cable | Sheet3 | Sheet4

1. File Path 〉 File From Path 〉 Data.ImportExcel 〉 List.TakeItems
(케이블의 수만큼 엑셀 데이터 양을 Import)
엑셀에 있는 데이터 기반으로 케이블을 모델링 하는데, 기반이 되어야 하는 데이터들은 문자열(String)이 아닌 숫자열(Double, Integer)이기 때문에 문자열을 필요에 맞게 제거 후 데이터를 최종 Output에 도달하도록 알고리즘을 생성해야 합니다. 불러올 데이터는 1행과 1열에만 문자가 있기 때문에, 첫 행을 제거해주는 Node Function을 사용하면 됩니다.

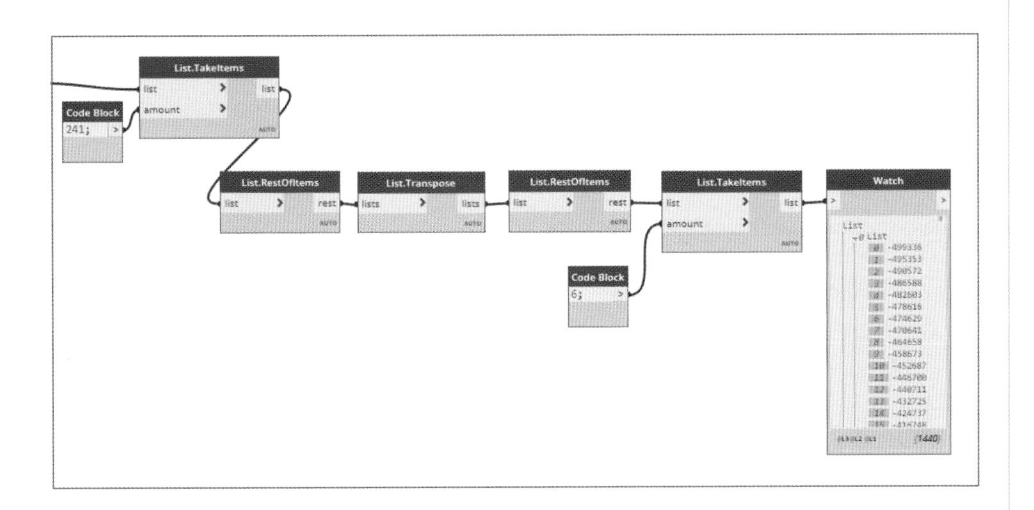

2. List.RestofItems : List의 첫 행을 제거해하고 나머지 행을 Output

3. List.Transpose : List의 행과 열의 위치를 바꾸고 Output

4. List.RestOfItems〉List.Transpose〉List.RestOfItems〉List.TakeItems

최종적으로 Output되는 값은 mm단위계로 설정되어 있기 때문에 m 단위로 바꾸어주어야 다른 부재와 Scale을 동일하게 맞출 수 있습니다.

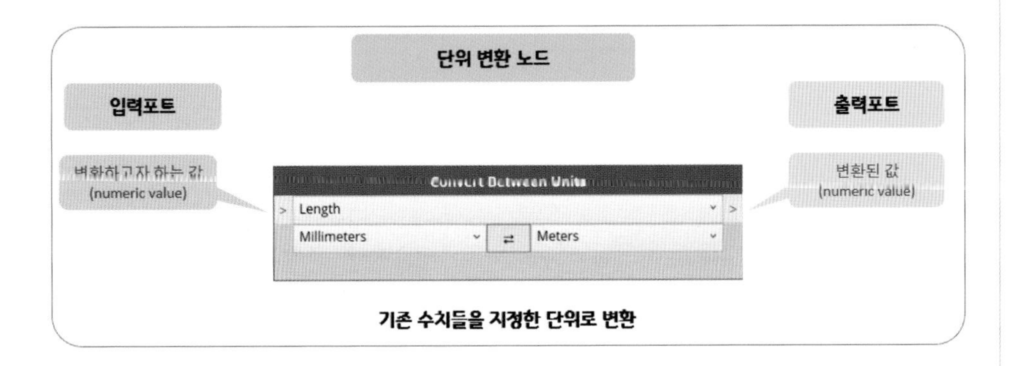

5. Convert Between Units(Millimeters ➡ Meters)

단위계를 맞춘 후, 엑셀 데이터를 열마다 나누어 각 열이 X, Y, Z값의 데이터로 분산되어 들어가도록 만들어줍니다. 그렇기 위해서는 전에도 사용한 List.GetItemAtIndex Node를 통하여 기능을 사용합니다.

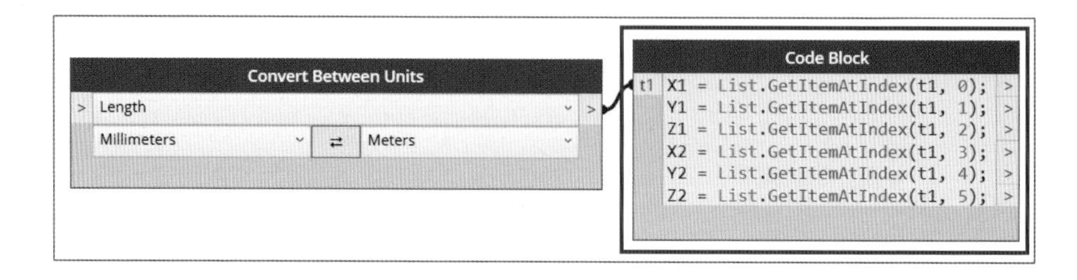

6. X1,Y1,Z1,X2,Y2,Z2가 의미하는 바는 케이블 양 끝 점의 좌표를 의미합니다.

7. Convert Between Units 〉 List.GetItemAtIndex

Excel 데이터에서 가져오는 값들은 케이블 상대좌표 기준점으로부터의 좌표 이동을 의미하기 때문에, 먼저 전에 설정해놓은 케이블 상대좌표 원점을 Input값으로 가져온 뒤, Geometry.Translate를 이용하여 Excel에서 나타내는 데이터값 만큼 평행이동 시켜줍니다.

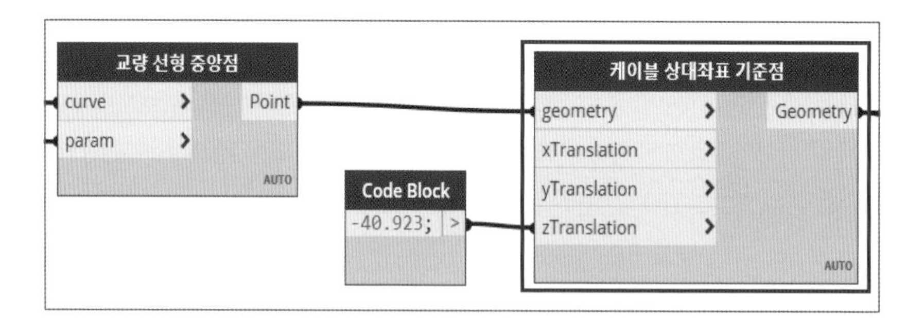

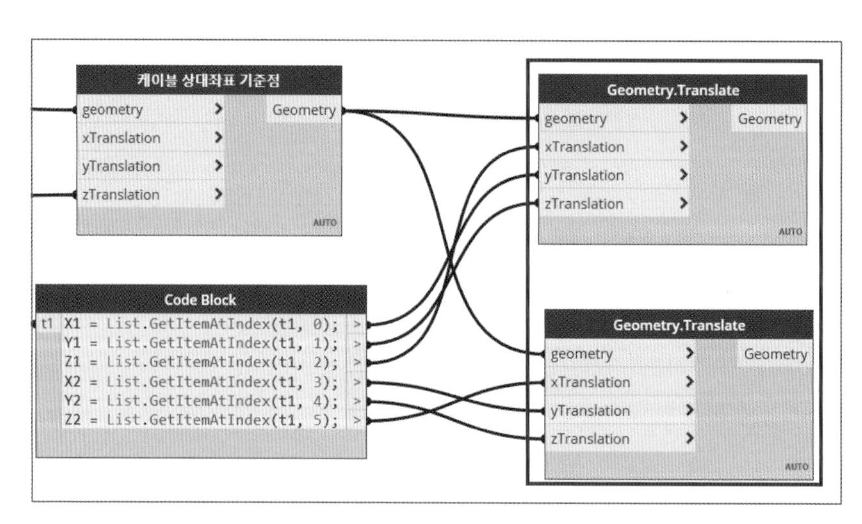

8. List.GetItemAtIndex, Geometry.Translate 〉 Geometry.Translate

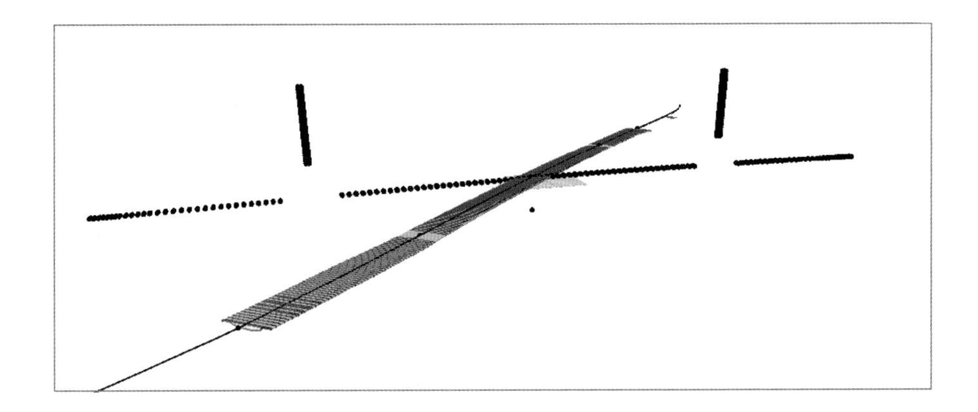

위의 알고리즘 순서대로 Point들을 평행이동 시켜주면 이런 형태의 점들이 생기는데, 이 점들은 케이블의 양 끝단의 중심점이기 때문에 이것들을 중심으로 하는 원기둥을 생성해줍니다.(케이블의 단면 및 직경은 고려하지 않았음.)

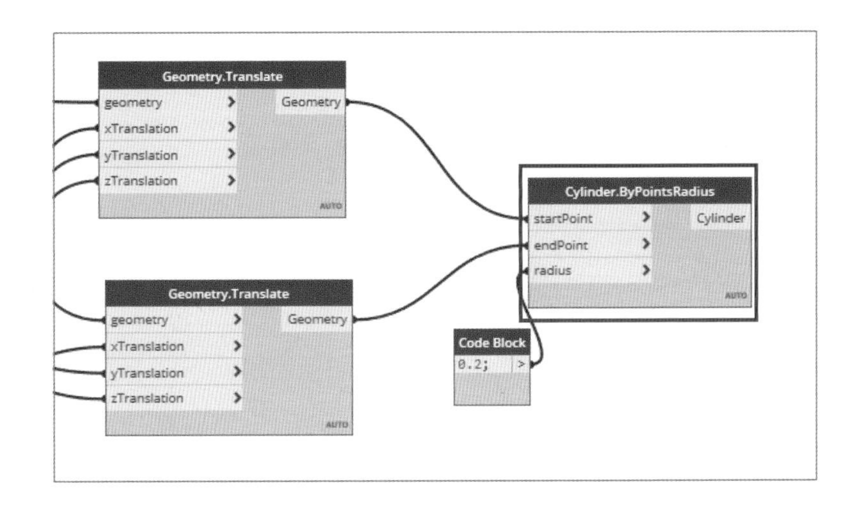

9. Geometry.Translate 〉 Cylinder.ByPointsRadius(Radius = 0.2)

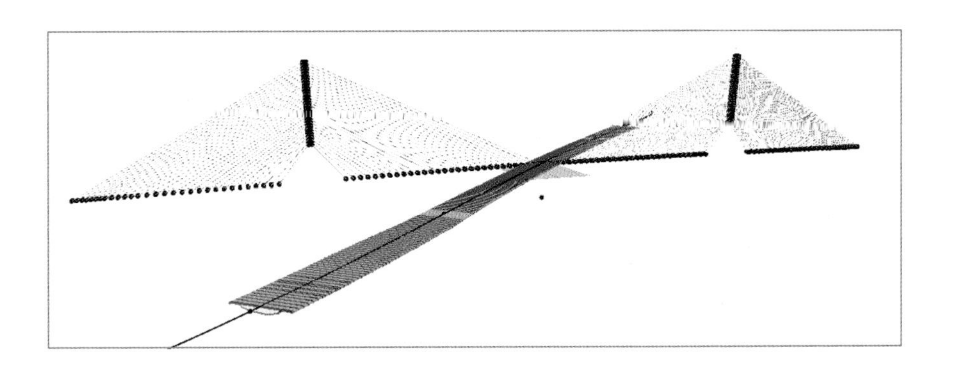

이 케이블들은 상대좌표계 기준으로 모델링이 되어있기 때문에, 기존의 절대 좌표계 기반으로 생성된 선형과 차이가 있음을 위 사진을 통해 알 수 있습니다. 그렇기에 보강형의 단면과 같이 케이블 전체계도 마찬가지로 교량의 선형 벡터와 일치하도록 만들어주어야 합니다. 그렇기 위해는 Θ만큼 회전을 해주어야 합니다.

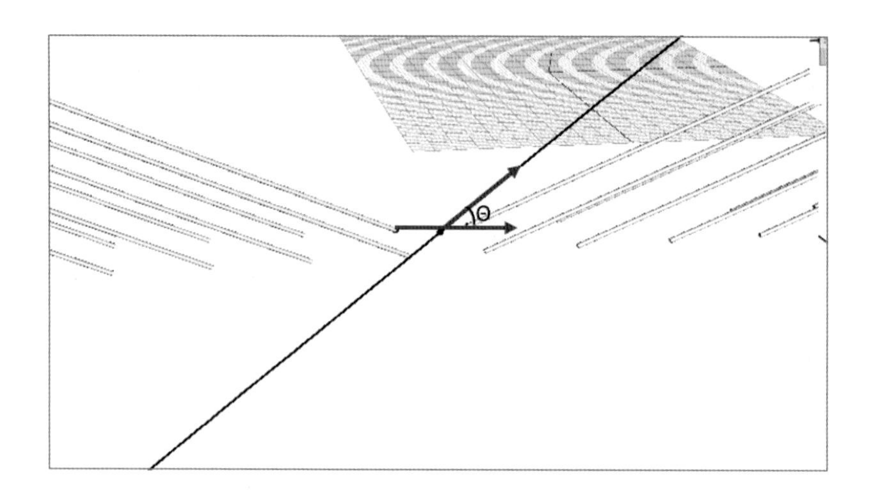

10. 절대 좌표계와 상대 좌표계의 벡터 방향 차(Θ)

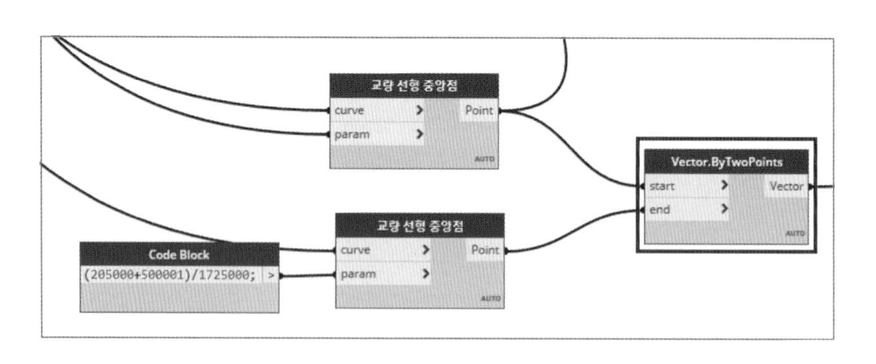

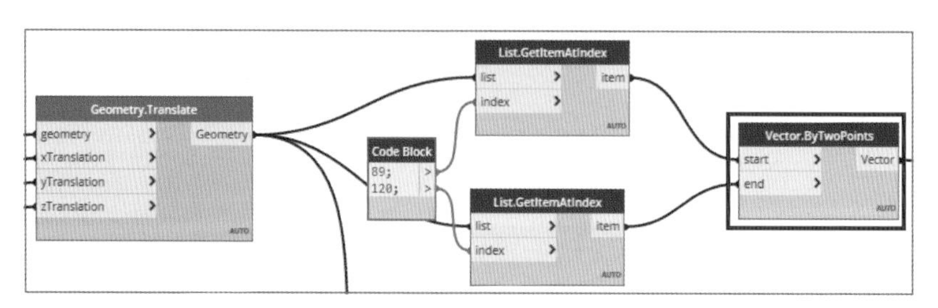

① 선형 중앙점과 선형 방향으로 미소 크기만큼 이동한 점을 Vector.ByTwoPoints로 벡터 변환

② 연이어 있는 케이블 양끝단 점을 Vector.ByTwoPoints로 벡터 변환

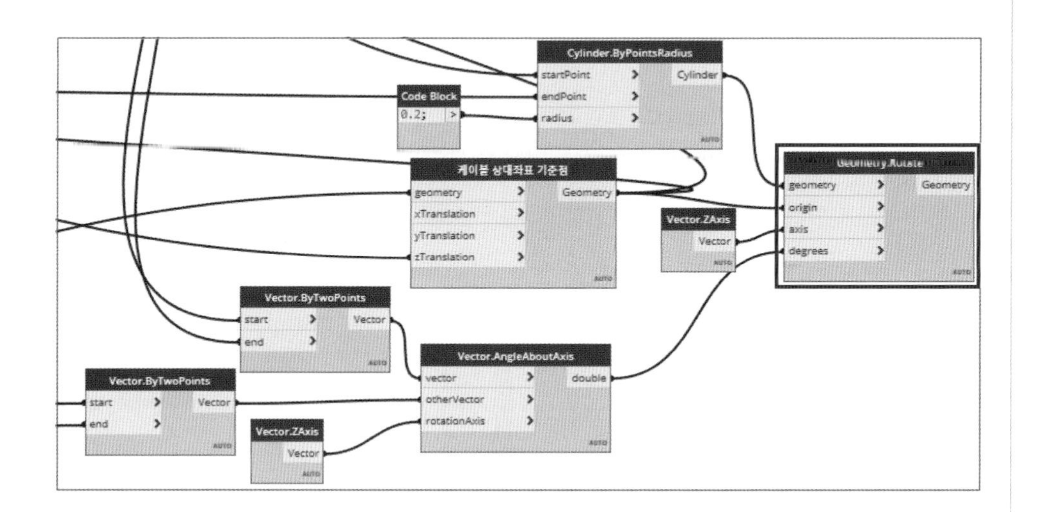

- 2개의 벡터를 Input값으로 삼은 후 Vector.AngleAboutAxis Node기능을 통해 Z.Axis축을 기반으로 한 사잇각 산출.
- Geometry.Rotate Node를 통하여 전체 케이블계를 사잇각만큼 Z축 기준으로 선형중앙점 원점으로 한 채 회전.
- Cylinder.ByPointRadius(Geometry), Geometry.Translate(Origin), Vector.Zaxis(axis), Vector.AngleAboutAxis(degrees) 〉Geometry.Rotate

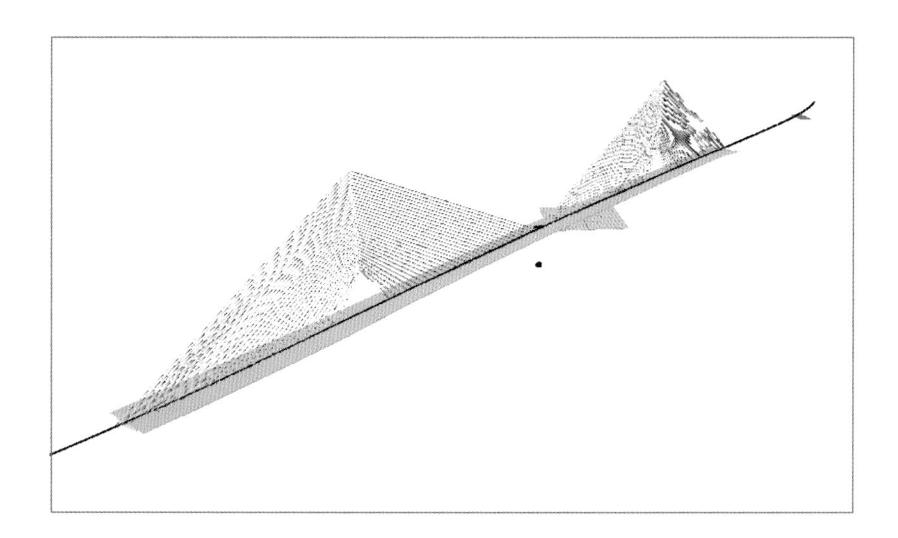

03 주탑 모델링

주탑의 경우 하나의 주탑이 여러 개의 요소로 이루어져 있기 때문에 각 요소를 별개의 방법으로 모델링한 후 합치는 방법으로 모델링을 실시합니다. 즉, 기초부, 기둥부, 코핑부, 주탑 상부 4파트로 나누어 모델링을 실시합니다. 합치는 과정에 있어 각 부재들이 이어지는 부분을 고려하여 기대 형상에 문제가 없도록 실시합니다.

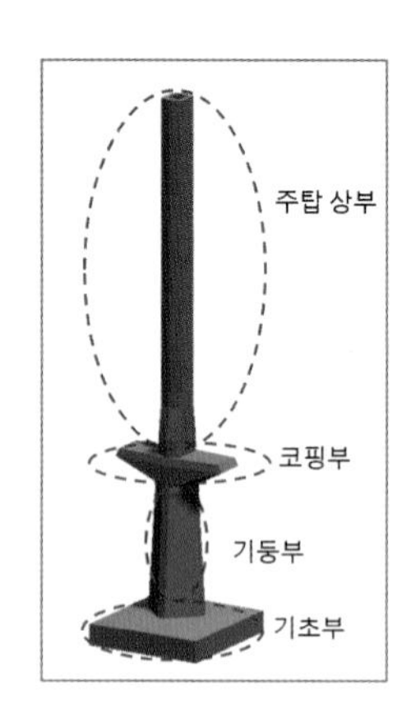

1. 주탑 상부

주탑 상부는 Elevation이 증가함에 따라 단면 형상의 치수가 바뀌는데, 그 바뀌는 척도가 보강형 단면과 마찬가지로 변수 및 상수로 정의할 수 있기 때문에 변수 기반 모델링을 통해 단면의 형상을 정의해주고 그 변수들은 타 부재와 마찬가지로 엑셀 데이터에서 Import하는 방법으로 모델링을 실시합니다.

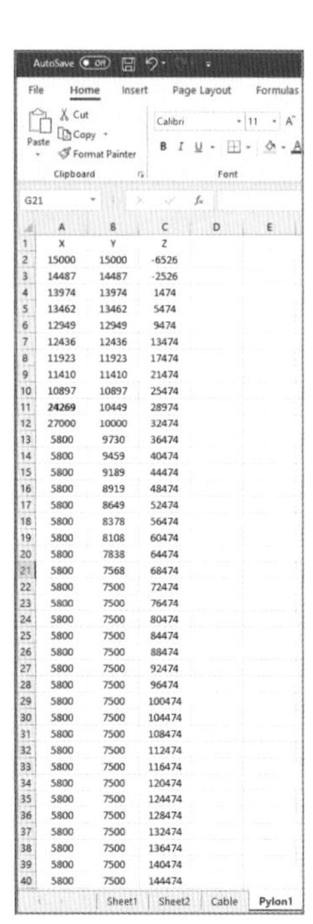

	A	B	C
1	X	Y	Z
2	15000	15000	-6526
3	14487	14487	-2526
4	13974	13974	1474
5	13462	13462	5474
6	12949	12949	9474
7	12436	12436	13474
8	11923	11923	17474
9	11410	11410	21474
10	10897	10897	25474
11	24269	10449	28974
12	27000	10000	32474
13	5800	9730	36474
14	5800	9459	40474
15	5800	9189	44474
16	5800	8919	48474
17	5800	8649	52474
18	5800	8378	56474
19	5800	8108	60474
20	5800	7838	64474
21	5800	7568	68474
22	5800	7500	72474
23	5800	7500	76474
24	5800	7500	80474
25	5800	7500	84474
26	5800	7500	88474
27	5800	7500	92474
28	5800	7500	96474
29	5800	7500	100474
30	5800	7500	104474
31	5800	7500	108474
32	5800	7500	112474
33	5800	7500	116474
34	5800	7500	120474
35	5800	7500	124474
36	5800	7500	128474
37	5800	7500	132474
38	5800	7500	136474
39	5800	7500	140474
40	5800	7500	144474

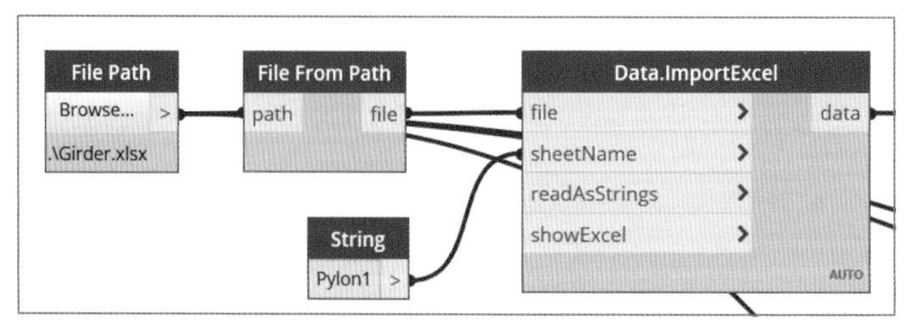

- File Path 〉 File From Path 〉Data.ImportExcel(sheetName: String(Pylon1))

엑셀 데이터에서 문자열을 가려내고 숫자열만 Import하기 위해서는 일련의 과정들이 필요합니다. 그리고 주탑 상부에 해당하는 데이터만 추려내어 가져오는 알고리즘이 필요하고 뿐만 아니라 데이터들은 mm단위계로 적혀 있기 때문에 m(미터) 단위계로 바꿔주는 알고리즘이 필요합니다. 그 알고리즘 과정은 아래 그림과 같습니다.

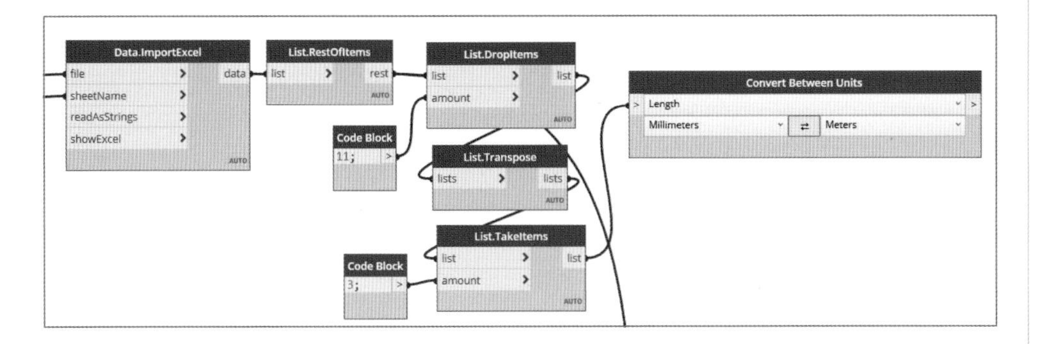

- Date.ImportExcel 〉 List.RestOfItems 〉 List.DropItems(Amount:11) 〉 List.Transpose 〉 ListTakeItems(Amount:3) 〉 Convert Between Units(Millimeters ➡ Meters)

엑셀 데이터의 Z값은 Elevation 0값을 기준으로 평행 이동해야 하는 값입니다. 처음 선형 설정에서 Pylon이 위치할 점을 추출했었는데, 그 점의 Elevation만큼 Z축 하향으로 평행이동 해줍니다. Pylon이 위치한 점의 Elevation을 알기 위해서는 Point.Z Node의 기능을 이용하여 Double값을 Output받을 수 있습니다.

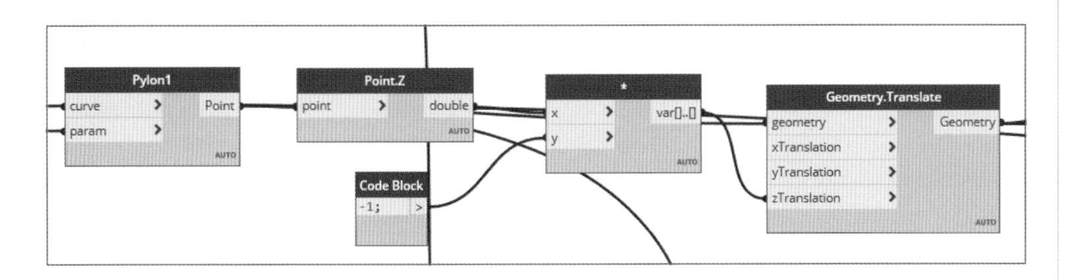

- Curve.PointAtParameter〉Point.Z〉Math.*(곱셈기능) 〉Geometry.Translate

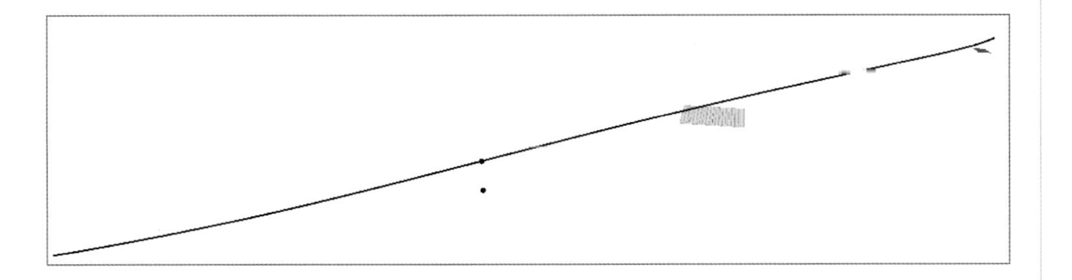

- 선형 위 주탑이 위치할 점으로부터 그 점의 Elevation만큼 아래 방향으로 평행 이동한 점

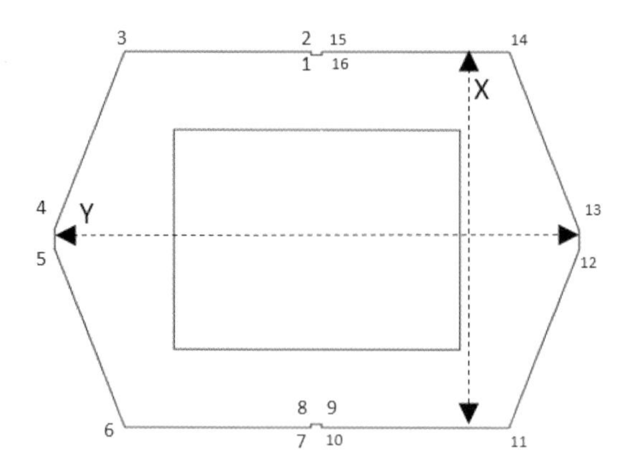
3
2 15
1 16
14
X
4
Y
5
13
12
8 9
6
7 10
11

엑셀데이터에는 위 단면에서 보여지는 X,Y값만 주어지기 때문에 X,Y값에 비례하는 알고리즘을 통해 16개의 점을 만들어 주어야 합니다.

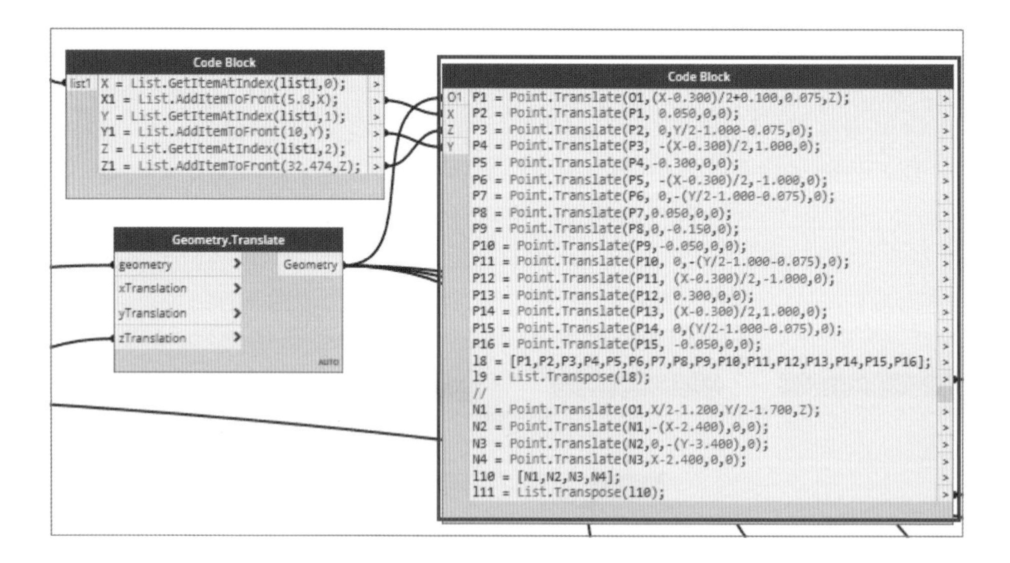
Code Block
list1
X = List.GetItemAtIndex(list1,0);
X1 = List.AddItemToFront(5.8,X);
Y = List.GetItemAtIndex(list1,1);
Y1 = List.AddItemToFront(10,Y);
Z = List.GetItemAtIndex(list1,2);
Z1 = List.AddItemToFront(32.474,Z);
Geometry.Translate
geometry
xTranslation
yTranslation
zTranslation
Geometry
AUTO
Code Block
O1
X
Z
Y
P1 = Point.Translate(O1,(X-0.300)/2+0.100,0.075,Z);
P2 = Point.Translate(P1, 0.050,0,0);
P3 = Point.Translate(P2, 0,Y/2-1.000-0.075,0);
P4 = Point.Translate(P3, -(X-0.300)/2,1.000,0);
P5 = Point.Translate(P4,-0.300,0,0);
P6 = Point.Translate(P5, -(X-0.300)/2,-1.000,0);
P7 = Point.Translate(P6, 0,-(Y/2-1.000-0.075),0);
P8 = Point.Translate(P7,0.050,0,0);
P9 = Point.Translate(P8,0,-0.150,0);
P10 = Point.Translate(P9,-0.050,0,0);
P11 = Point.Translate(P10, 0,-(Y/2-1.000-0.075),0);
P12 = Point.Translate(P11, (X-0.300)/2,-1.000,0);
P13 = Point.Translate(P12, 0.300,0,0);
P14 = Point.Translate(P13, (X-0.300)/2,1.000,0);
P15 = Point.Translate(P14, 0,(Y/2-1.000-0.075),0);
P16 = Point.Translate(P15, -0.050,0,0);
l8 = [P1,P2,P3,P4,P5,P6,P7,P8,P9,P10,P11,P12,P13,P14,P15,P16];
l9 = List.Transpose(l8);
//
N1 = Point.Translate(O1,X/2-1.200,Y/2-1.700,Z);
N2 = Point.Translate(N1,-(X-2.400),0,0);
N3 = Point.Translate(N2,0,-(Y-3.400),0);
N4 = Point.Translate(N3,X-2.400,0,0);
l10 = [N1,N2,N3,N4];
l11 = List.Transpose(l10);

- 보강형 단면의 알고리즘과 마찬가지로 주탑 상부 단면의 중심점(O1)으로 부터 평행이동합니다.
- P1~P16은 상부 주탑 바깥쪽 단면의 절점, N1~N4는 안쪽 단면의 절점
- Point.Translate 〉 List.Create 〉 List.Transpose

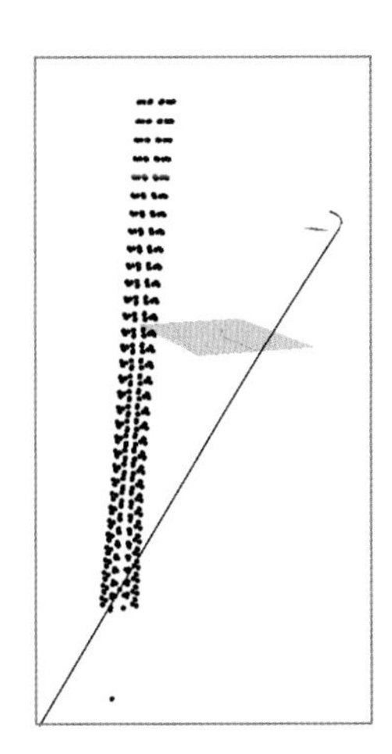

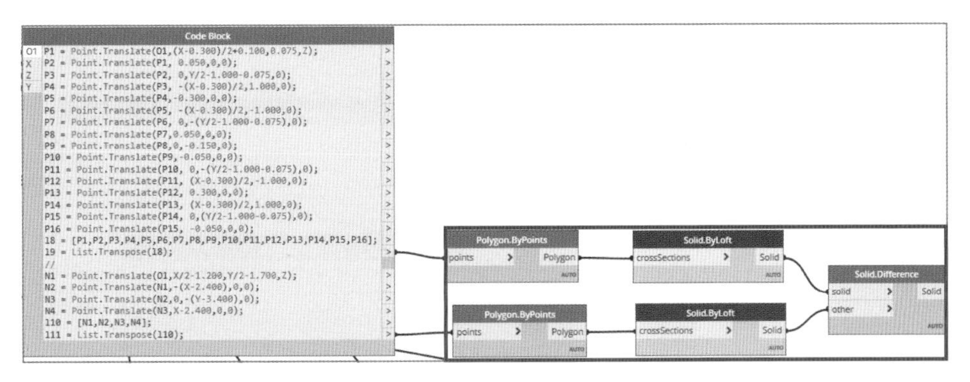
Code Block
O1
X
Z
Y
P1 = Point.Translate(O1,(X-0.300)/2+0.100,0.075,Z);
P2 = Point.Translate(P1, 0.050,0,0);
P3 = Point.Translate(P2, 0,Y/2-1.000-0.075,0);
P4 = Point.Translate(P3, -(X-0.300)/2,1.000,0);
P5 = Point.Translate(P4,-0.300,0,0);
P6 = Point.Translate(P5, -(X-0.300)/2,-1.000,0);
P7 = Point.Translate(P6, 0,-(Y/2-1.000-0.075),0);
P8 = Point.Translate(P7,0.050,0,0);
P9 = Point.Translate(P8,0,-0.150,0);
P10 = Point.Translate(P9,-0.050,0,0);
P11 = Point.Translate(P10, 0,-(Y/2-1.000-0.075),0);
P12 = Point.Translate(P11, (X-0.300)/2,-1.000,0);
P13 = Point.Translate(P12, 0.300,0,0);
P14 = Point.Translate(P13, (X-0.300)/2,1.000,0);
P15 = Point.Translate(P14, 0,(Y/2-1.000-0.075),0);
P16 = Point.Translate(P15, -0.050,0,0);
18 = [P1,P2,P3,P4,P5,P6,P7,P8,P9,P10,P11,P12,P13,P14,P15,P16];
19 = List.Transpose(18);
//
N1 = Point.Translate(O1,X/2-1.200,Y/2-1.700,Z);
N2 = Point.Translate(N1,-(X-2.400),0,0);
N3 = Point.Translate(N2,0,-(Y-3.400),0);
N4 = Point.Translate(N3,X-2.400,0,0);
110 = [N1,N2,N3,N4];
111 = List.Transpose(110);
Polygon.ByPoints
points
Polygon
Solid.ByLoft
crossSections
Solid
Solid.Difference
solid
other
Solid
Polygon.ByPoints
points
Polygon
Solid.ByLoft
crossSections
Solid

- List.Transpose 〉 Polygon.ByPoints(P1~P16) 〉 Solid.ByLoft 〉 Solid Difference
- List.Transpose 〉 Polygon.ByPoints(N1~N4) 〉 Solid.ByLoft 〉 Solid Difference
- Solid.Difference는 Input.Solid에서 겹치는 Input.Other를 빼주는 기능

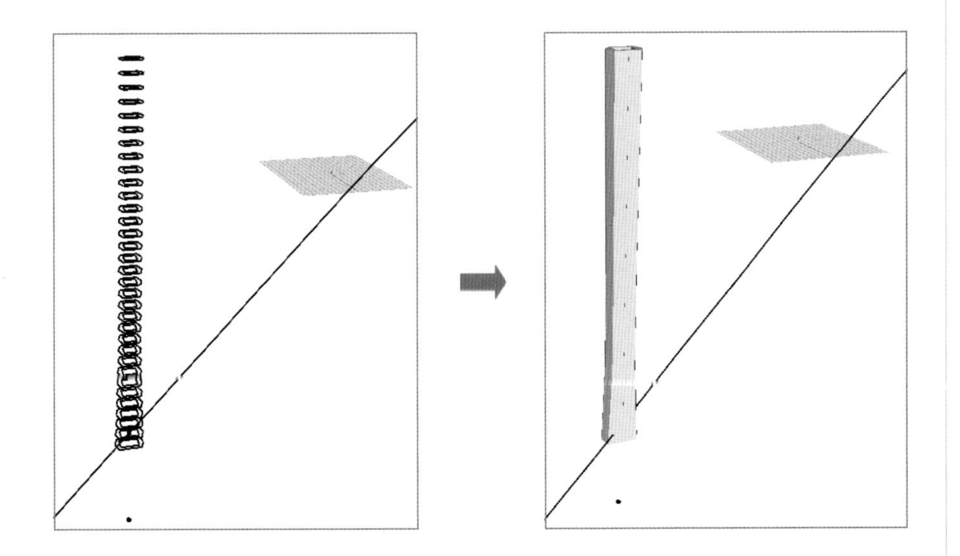

2. 기둥부

기둥부도 주탑 상부와 같이 Elevation이 증가함에 따라 단면 형상의 치수가 바뀌는데, 그 바뀌는 척도가 보강형 단면과 마찬가지로 변수 및 상수로 정의할 수 있기 때문에 변수 기반 모델링을 통해 단면의 형상을 정의해주고 그 변수들은 타 부재와 마찬가지로 엑셀 데이터에서 Import하는 방법으로 제작을 실시합니다.

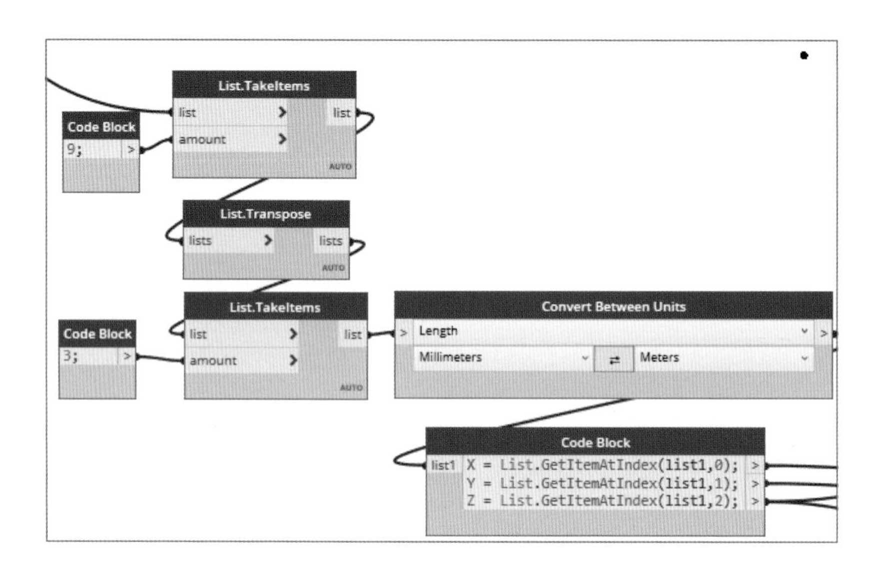

• List.TakeItems 〉 List.Transpose 〉 List.TakeItems 〉 Convert Between Units 〉 List.GetItemAtIndex(list,0~2)

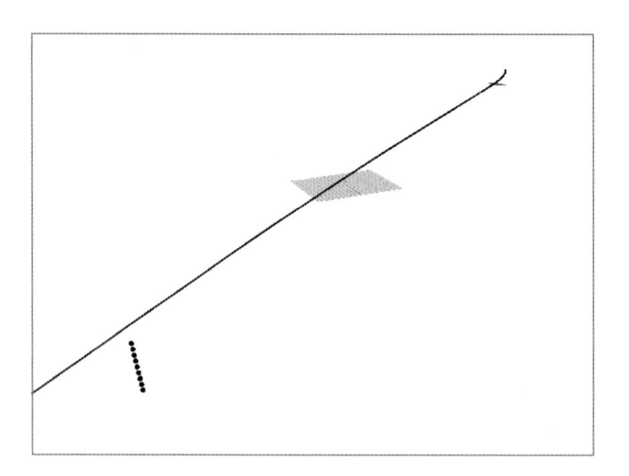

• 주탑이 위치하는 점(Elevation = 0)인 지점을 기준으로 추출한 엑셀의 Z데이터 값만큼 평행이동한 점을 기준으로 기둥부 단면 생성

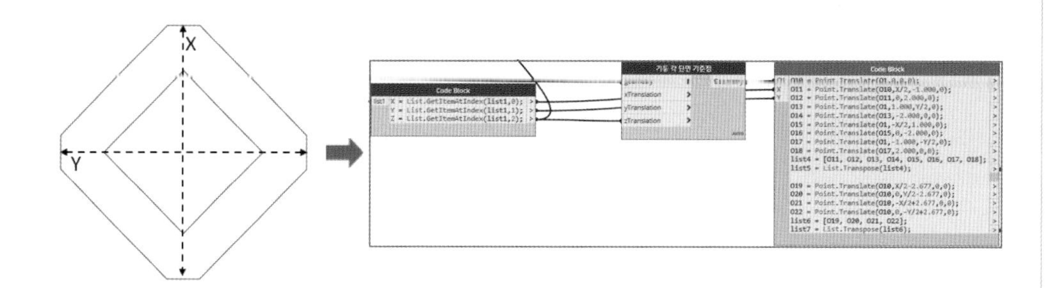

• 위 단면에서 보여지는 X, Y값만 주어지기 때문에 X, Y값만을 가지고 단면의 형상이 되도록 알고리즘을 형성해야합니다.

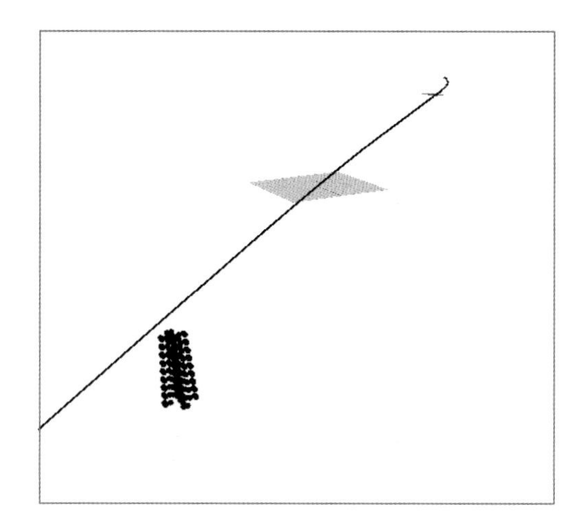

• 기둥부 단면 기준점을 기준으로 평행이동된 점들

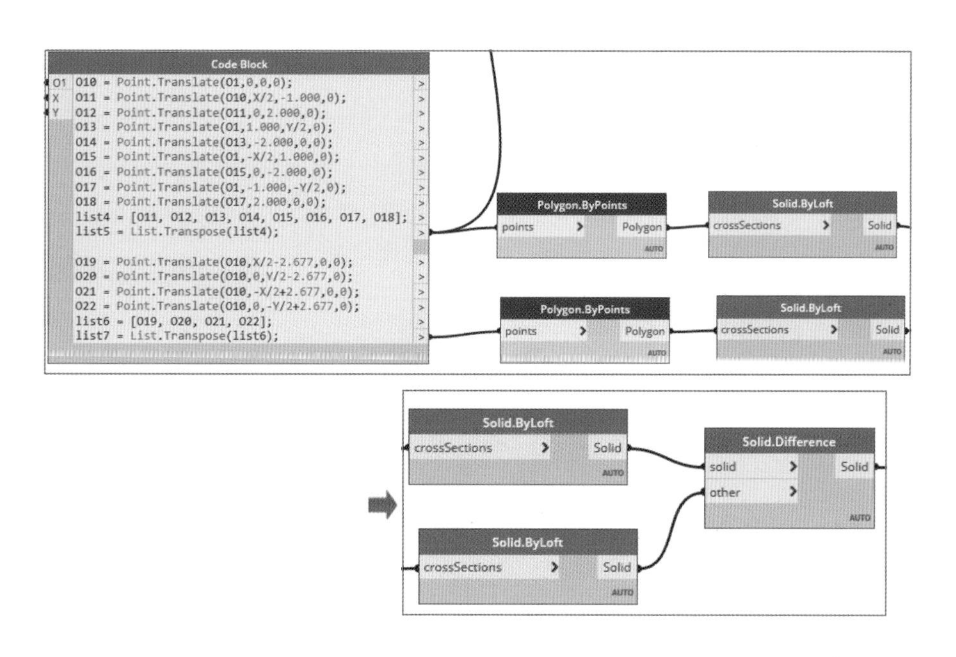

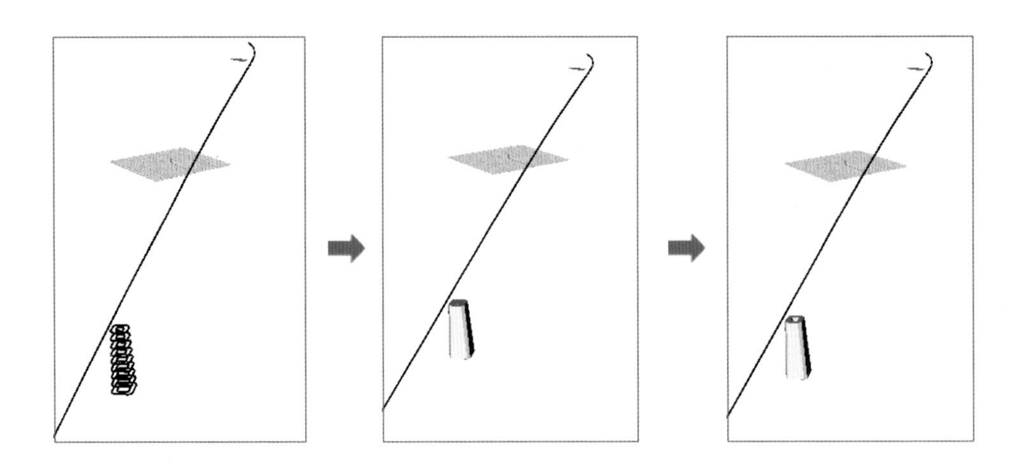

• Points.Translate 〉 list.create(Points) 〉 Polygon.Bypoints 〉 Solid.ByLoft 〉 Solid.Difference

3. 코핑부

코핑부는 기둥부의 가장 윗 단면과 이어지기 때문에 윗 단면과 코핑부의 아랫단면을 연결해줘야 합니다. 그렇기 위해서는 기둥부의 가장 윗 단면을 추출하고 Node 기능을 통해 이어 줍니다.

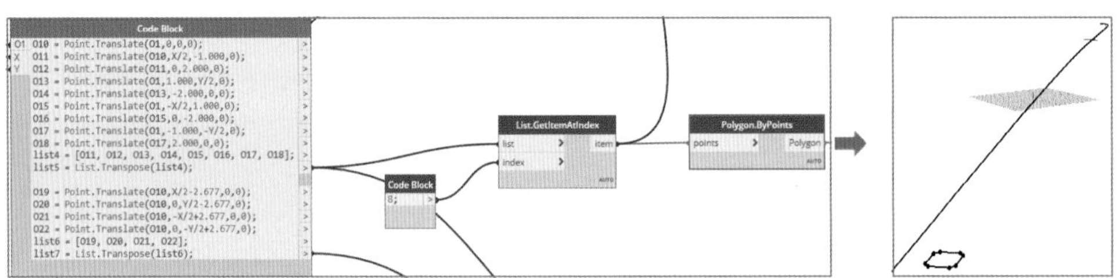

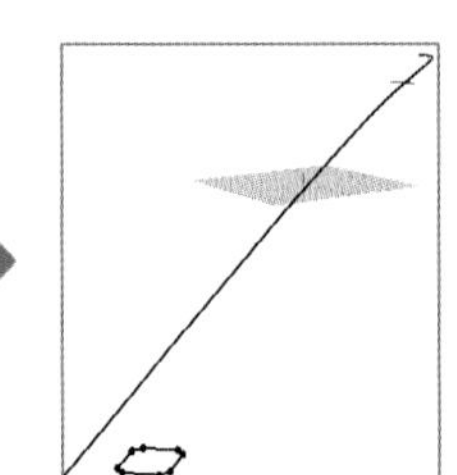

• List.GetItenmAtIndex〉Polygon.Bypoints

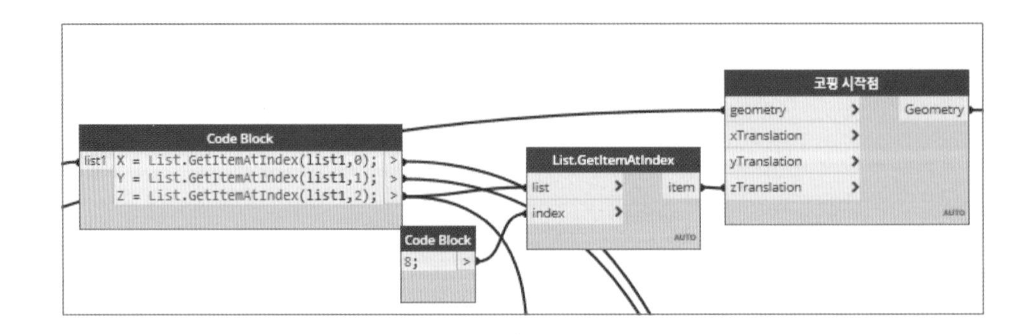

- 코핑이 시작되는 기준점을 먼저 설정
- List.GetItemAtIndex〉Geometry.Translate

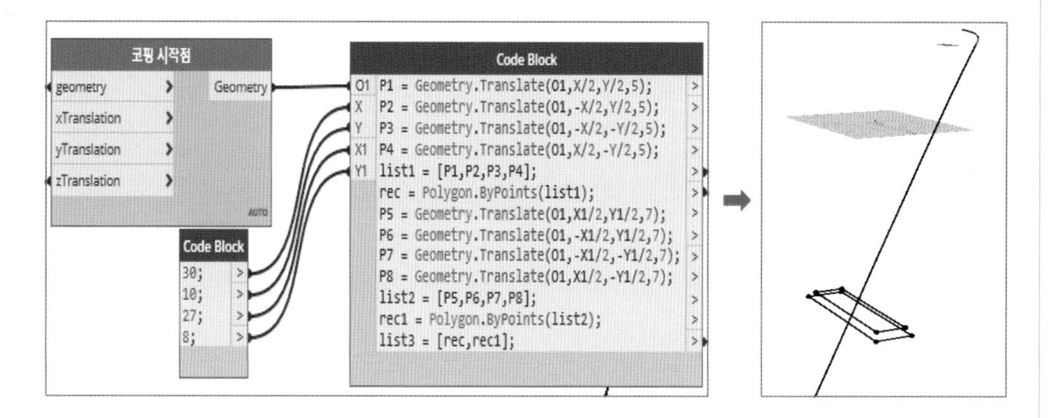

- Geometry.Translate〉List.Create〉Polygon.Bypoints

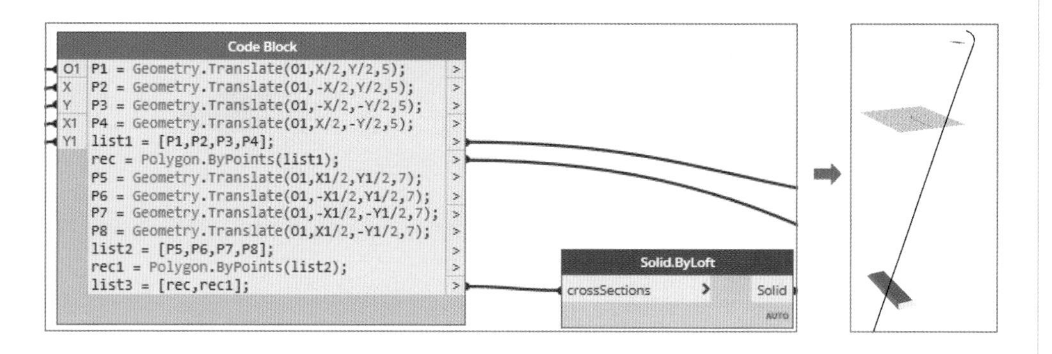

- 코핑부 위 솔리드

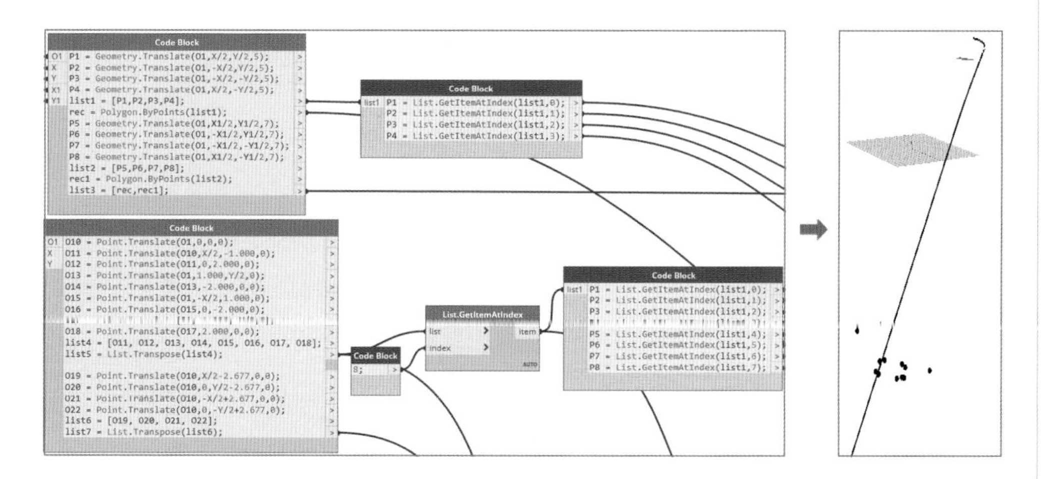

• 기둥부의 위 단면을 이루는 점들을 추출, 코핑부 아래 단면의 점들을 추출합니다.

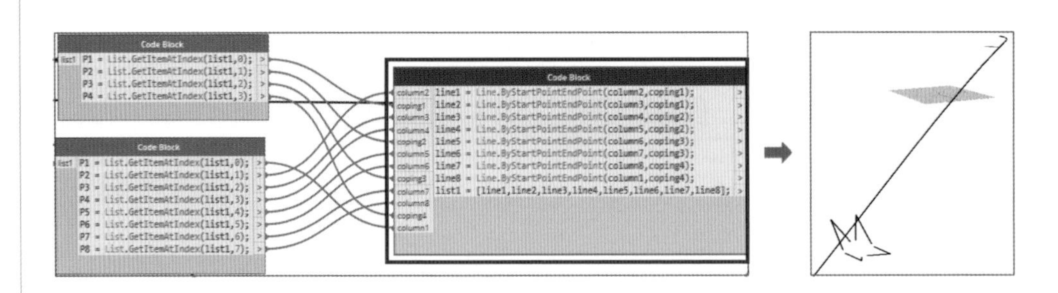

• 윗면에서 추출한 점과 아래 면에서 추출한 점을 이용하여 선을 만들어줍니다.
• Line.ByStartPointEndPoint

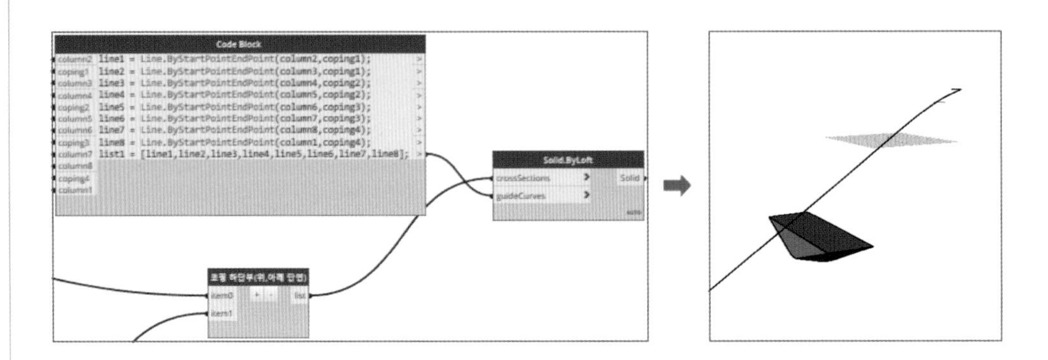

• GuideCurves.Input기능이 없는 Solid.ByLoft 기능을 사용할 시, 아래 단면의 절점은 8개, 위 단면의 절점은 4개라 서로의 개수가 다르기 때문에 보강형 단면에 왜곡이 발생합니다.

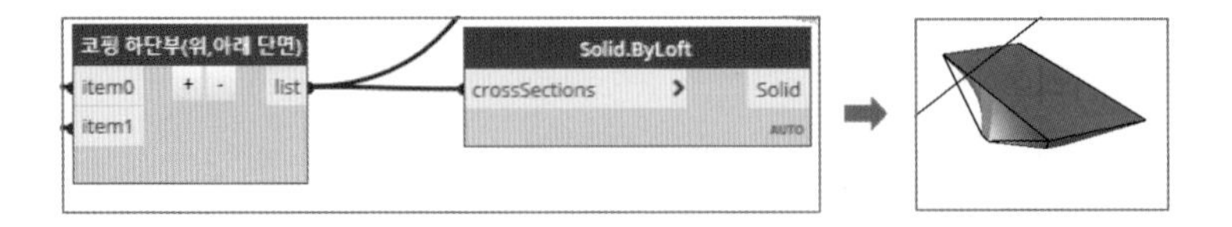

코핑부의 아래 Solid와 위 Solid를 결합해줍니다.

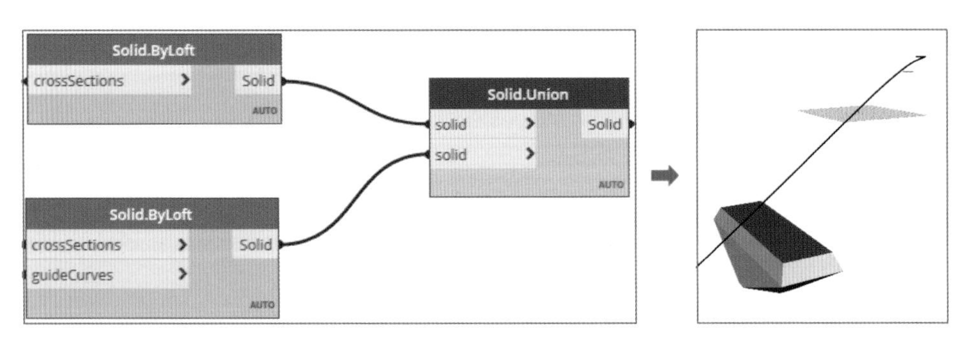

• Solid.Union

4. 기초부

기초부의 단면의 기준점을 잡기 위해 먼저 주탑부가 위치하는 선형의 점으로 부터 Z축 방향 평행이동을 합니다. 평행이동한 후 기준점으로부터 단면을 이루는 절점을 평행이동 기능으로 생성합니다.

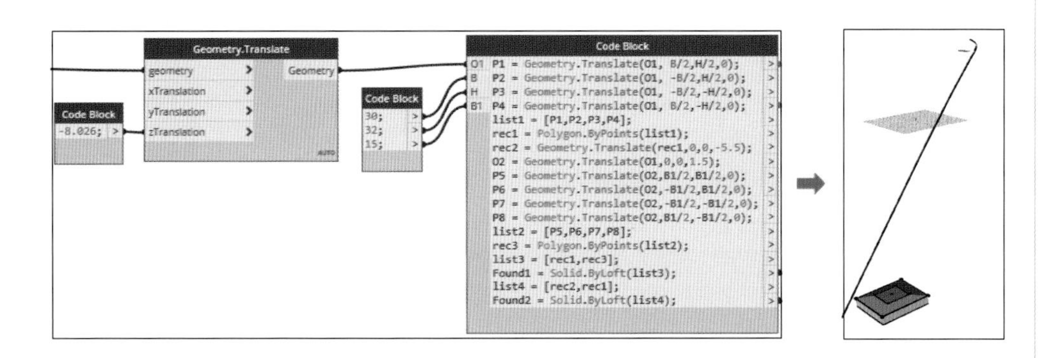

- Geometry.Translate 〉 Geometry.Translate 〉 List.Create 〉 Polygon.ByPoints 〉 Solid.ByLoft

5. 부재 결합 후 회전

1~4단계에서 만든 부재들을 결합을 하고 선형의 방향과 맞게 솔리드를 회전해 줍니다.

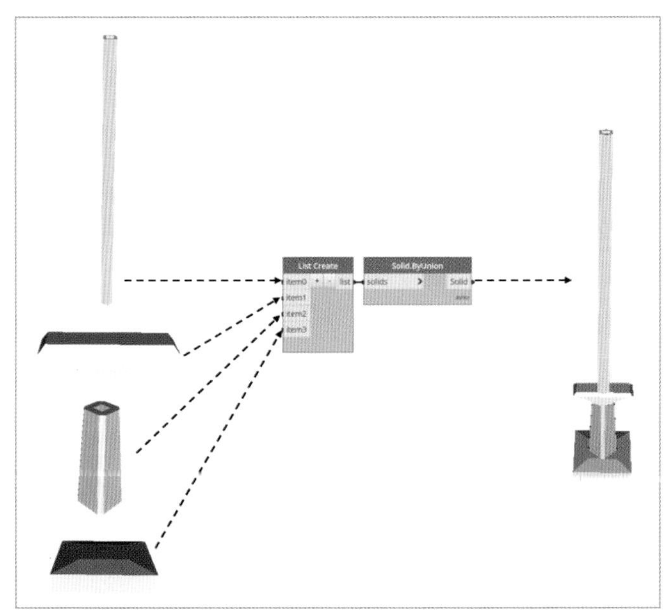

- 각 부재들을 List화 한 후, 결합
- List.Create 〉 Solid.ByUnion

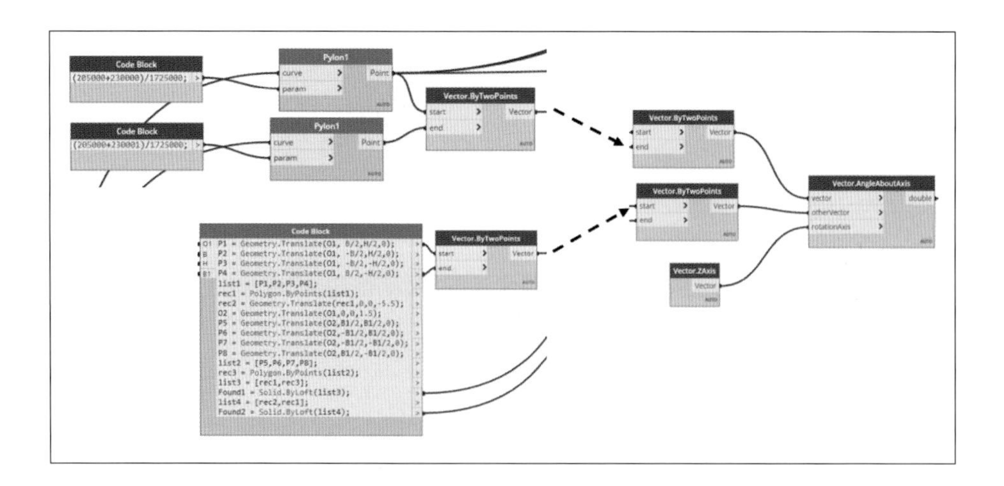

① 주탑이 위치하는 선형 위의 점과 그 점을 기준으로 선형방향으로 미소의 크기만큼 이동한 점을 Input값으로 Vector.ByTwoPoints생성

② 주탑 내의 두 점을 이용하여 벡터 생성

- Vector.ByTwoPoints 〉 Vector.AngleAboutAxis(Vector.ZAxis)

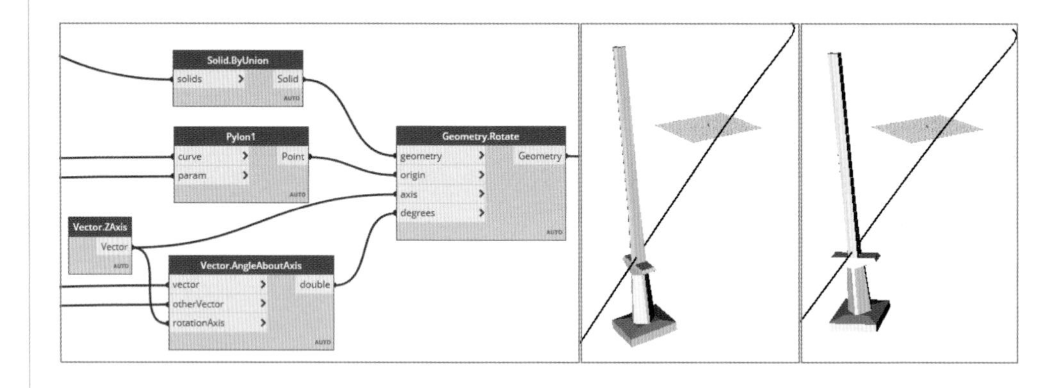

- Solid.ByUnion(Geometry), Geometry.Translate(Origin), Vector.Zaxis(axis), Vector.AngleAboutAxis(degrees) 〉 Geometry.Rotate

04 전체 모델 결합

아래 그림과 같이 각 구성 모델이 알고리즘에 의해 생성되지만, 생성된 모델들은 서로 일부분이 겹쳐있는 상태이기 때문에 겹치는 부분을 빼주어야 실제 교량의 형상과 같아집니다. 즉 보강형에서 케이블 겹치는 부분, 보강형에서 주탑이 겹치는 부분, 주탑에서 케이블이 겹치는 부분을 제거하고 결합해주면 실제 모델의 형상과 같습니다.

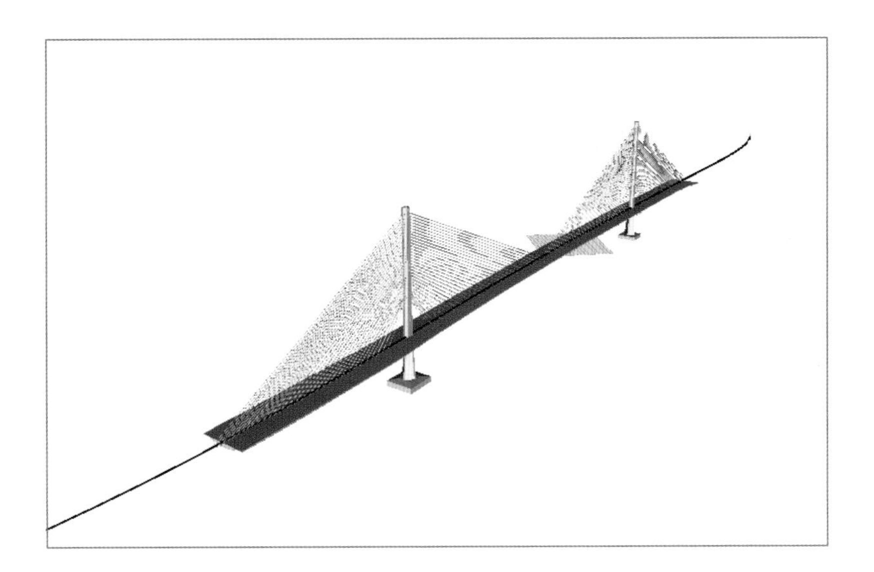

1. 보강형 - 케이블(중첩되는 부분 제거)

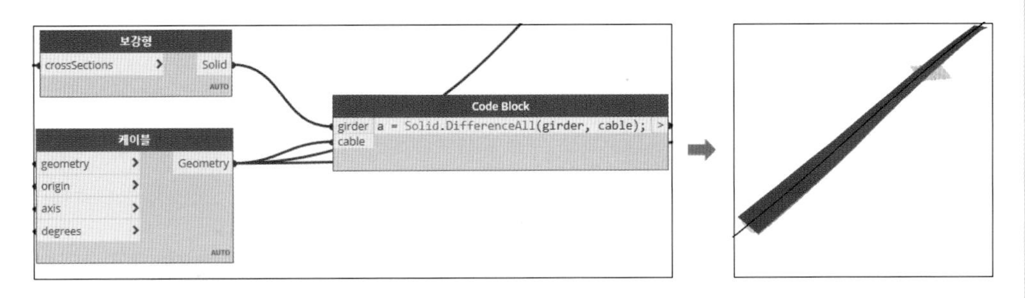

• Geometry 〉Solid.Union〉Solid.DifferenceAll

2. 보강형 - 케이블 - 주탑(중첩되는 부분 제거)

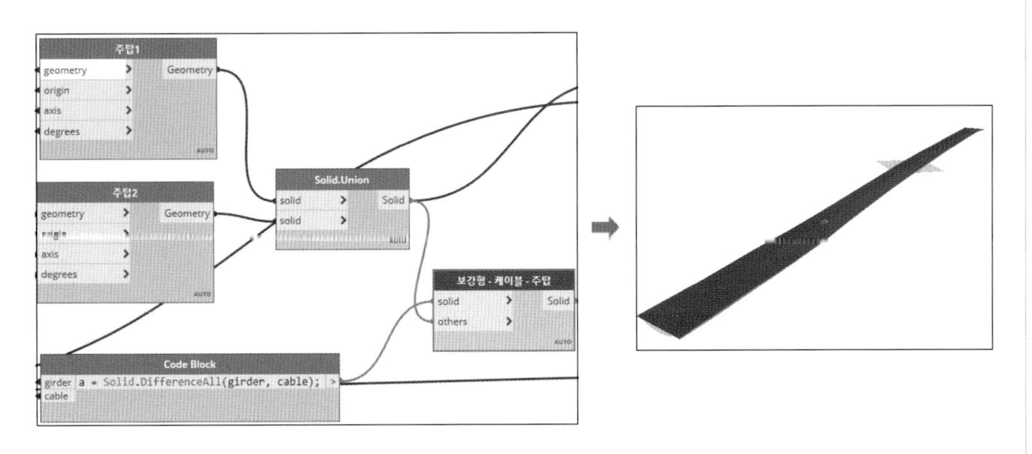

• Geometry 〉Solid.Union〉Solid.DifferenceAll

3. 주탑 - 케이블(중첩되는 부분 제거)

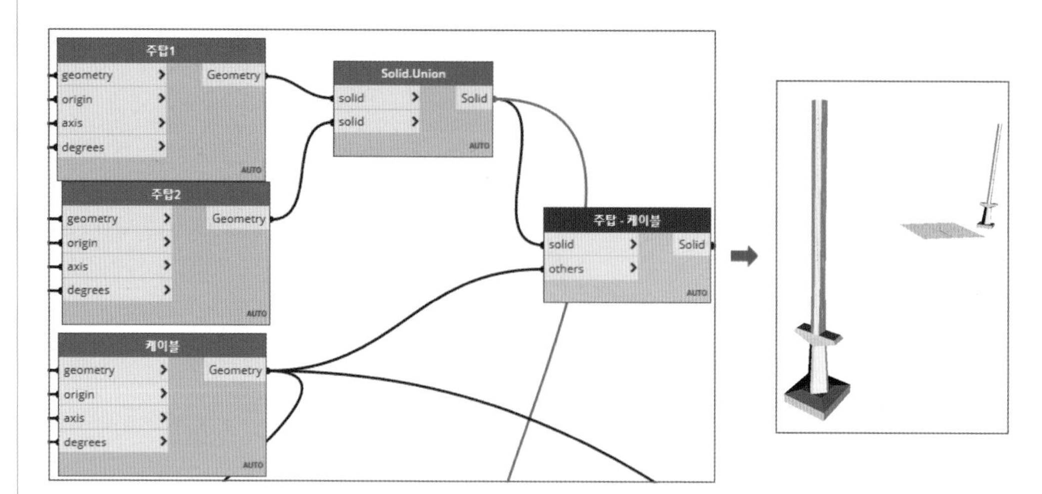

• Geometry 〉 Solid.Union 〉 Solid.DifferenceAll

4. 전체 모델 결합

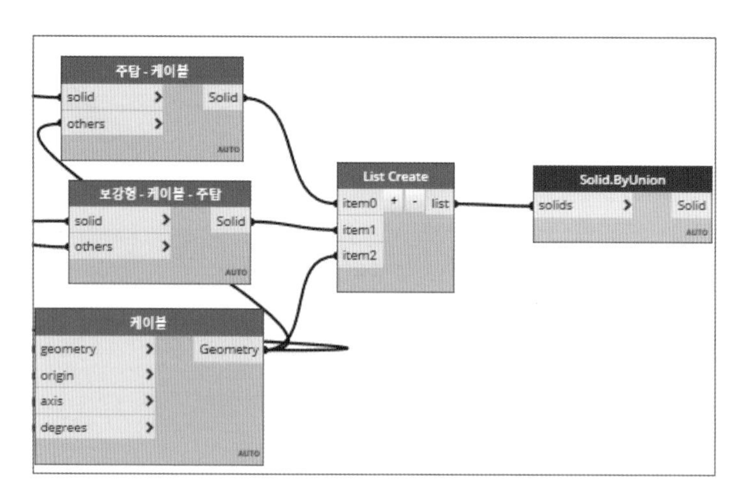

• Solid 〉 List.create 〉 Solid.ByUnion

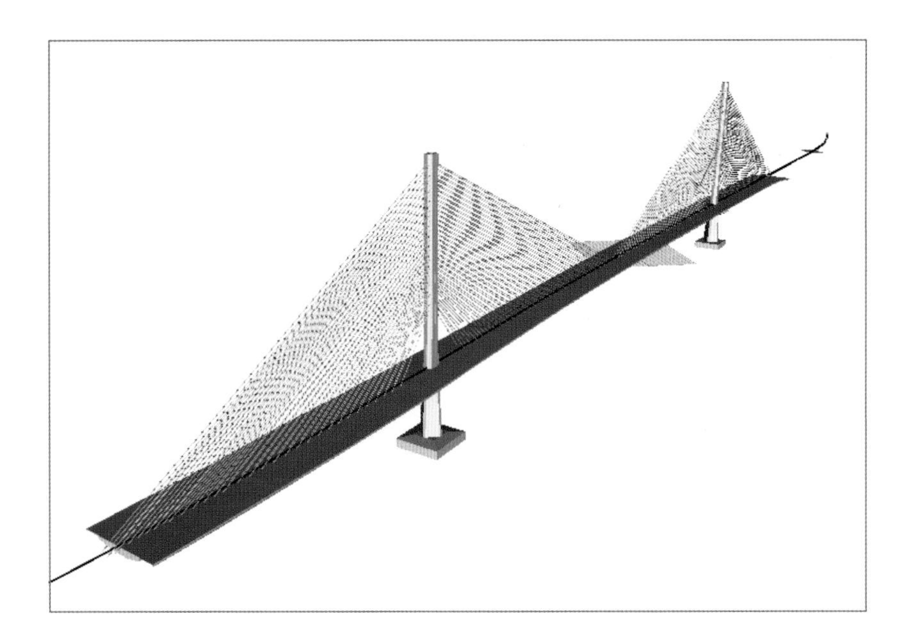

BIM 고급편

토목 BIM 설계활용서

비쥬얼 프로그래밍(Dynamo)을 이용한 교량 및 터널

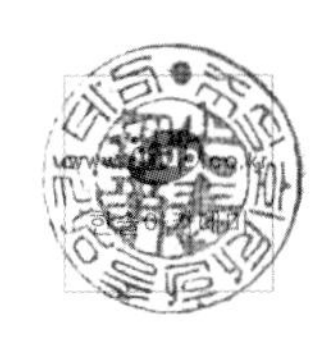

제1판 제1쇄 인쇄 • 2020년 7월 2일
제1판 제1쇄 발행 • 2020년 7월 8일

이 책을 함께 만든 사람들

지은이 • 김영휘·박형순·송윤상·신현준·
안서현·박진훈·노기태
발행처 • (주)한솔아카데미
발행인 • 이종권
책임편집 • 안주현
표지디자인 • 강수정

주소 • 서울시 서초구 마방로10길 25 A동 20층 2002호
대표전화 • 02)575-6144
팩스 • 02)529-1130
등록 • 1998년 2월 19일(제16-1608호)
홈페이지 • www.inup.co.kr /www.bestbook.co.kr

ISBN • 979-11-5656-908-4 13530
정가 • 30,000원

• 잘못된 책은 구입처에서 교환해 드립니다.